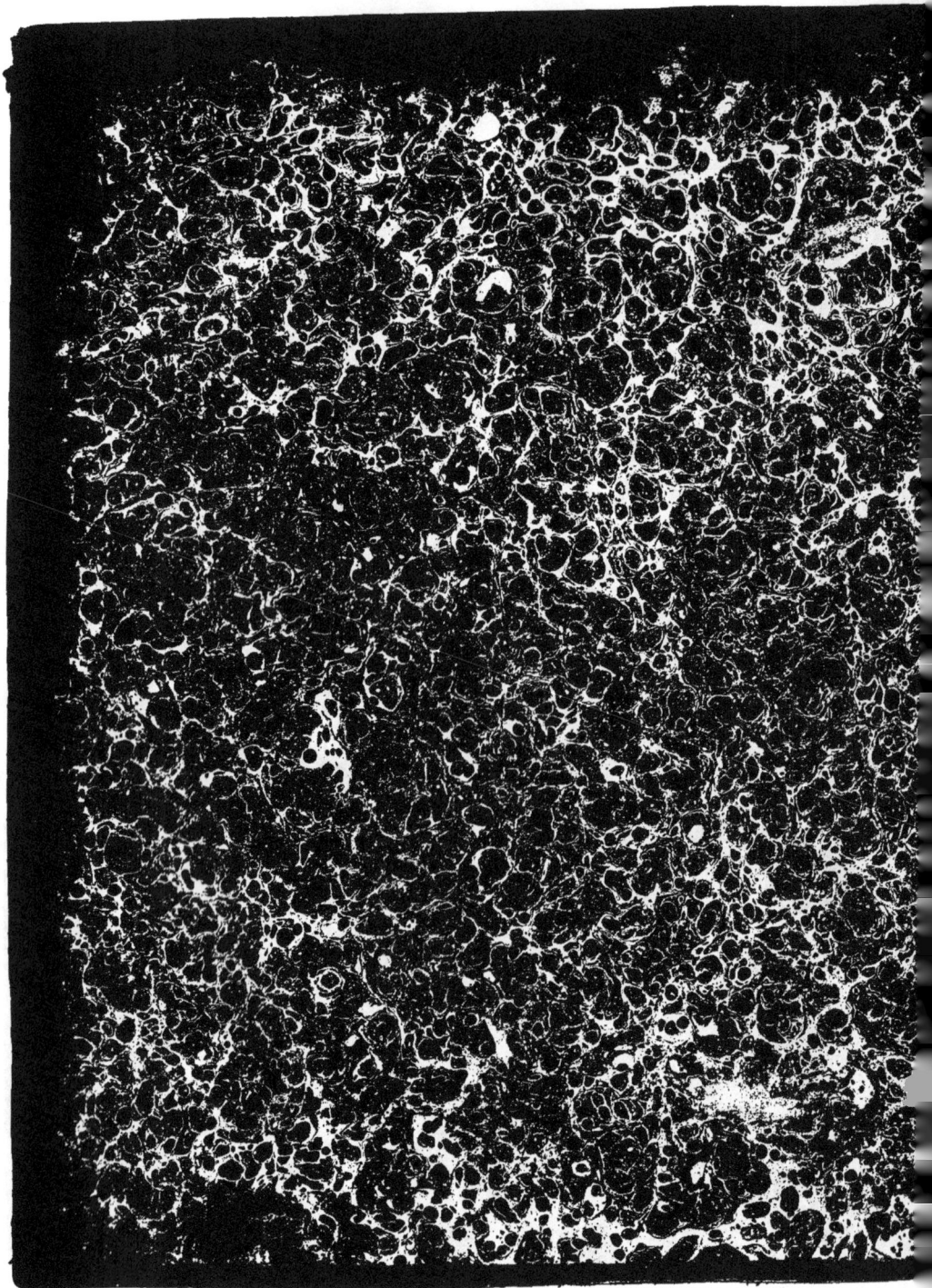

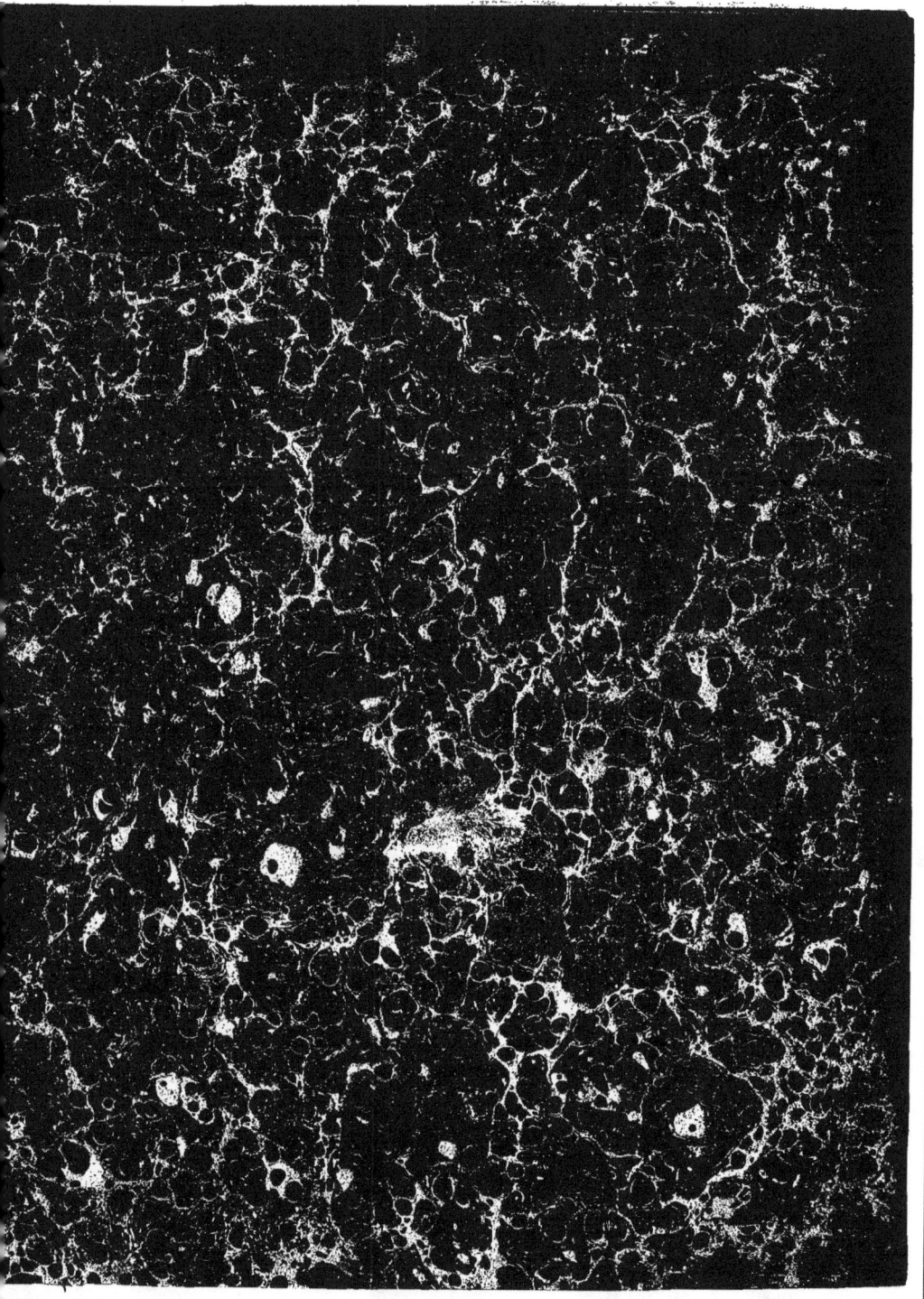

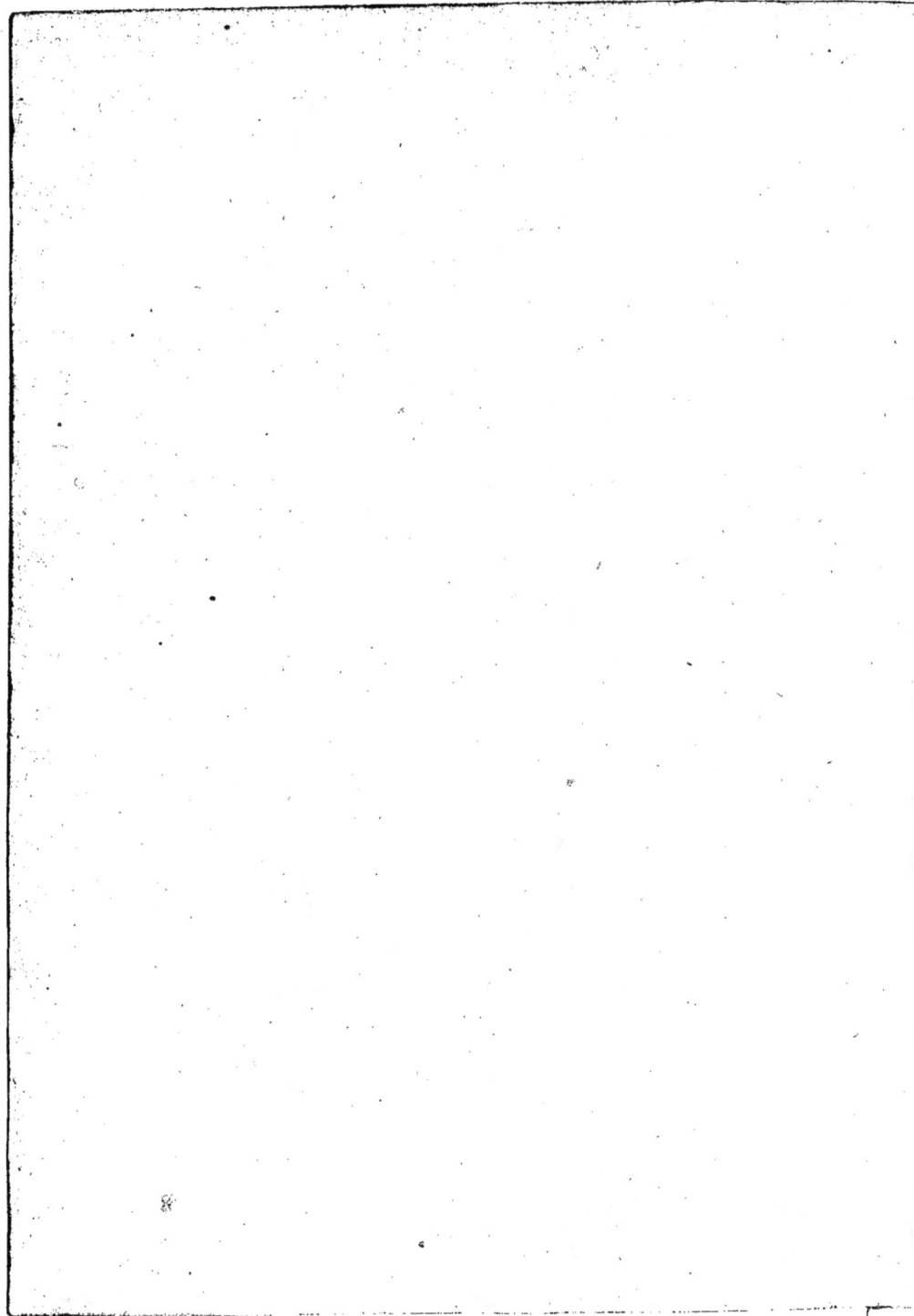

RECHERCHES

sur

LES OSSEMENS FOSSILES

DE QUADRUPEDES.

TOME IV.

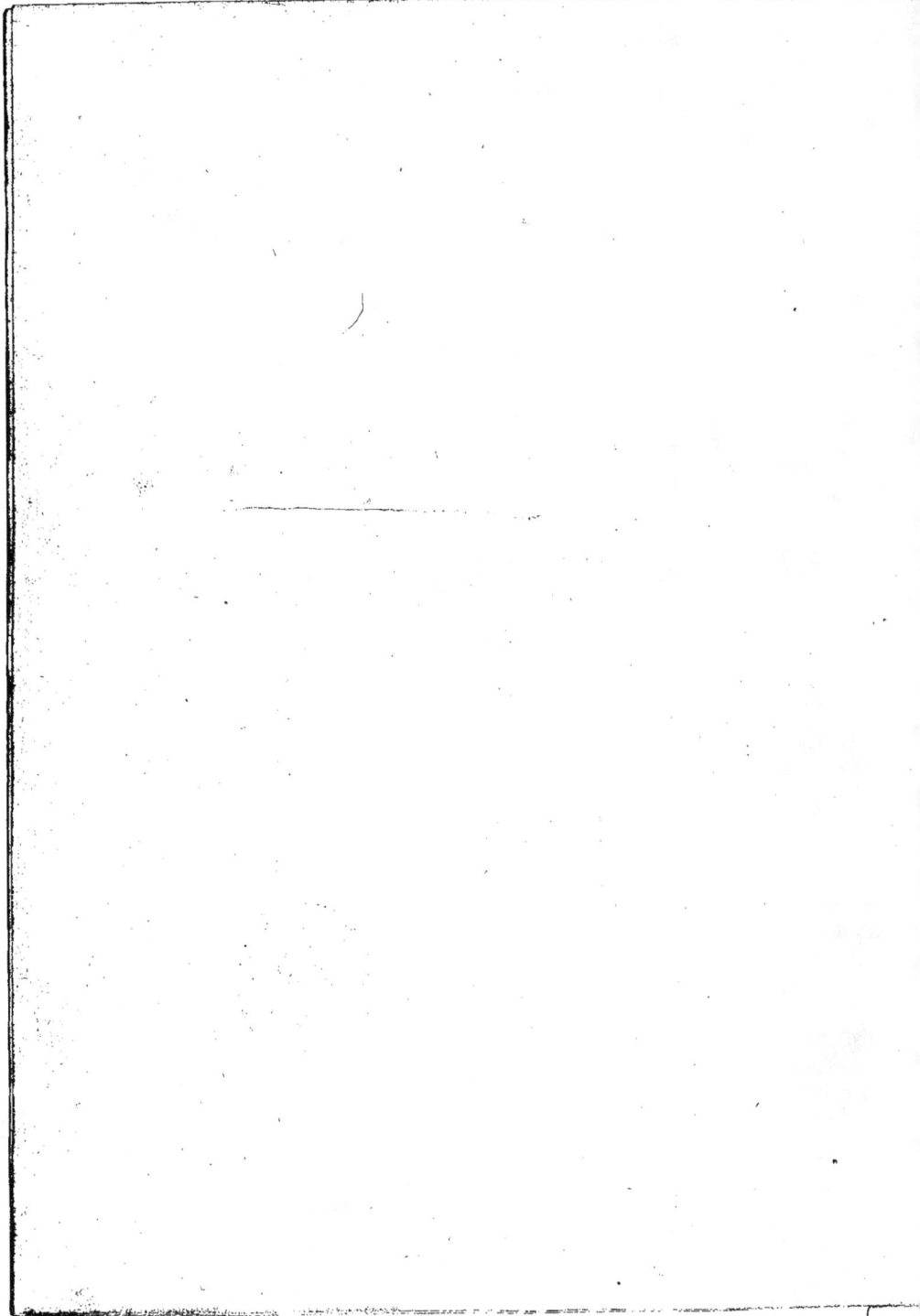

RECHERCHES

SUR

LES OSSEMENS FOSSILES

DE QUADRUPÈDES,

OU L'ON RÉTABLIT

LES CARACTÈRES DE PLUSIEURS ESPÈCES D'ANIMAUX

QUE LES RÉVOLUTIONS DU GLOBE PAROISSENT AVOIR DÉTRUITES ;

Par M. CUVIER,

Chevalier de l'Empire et de la Légion d'honneur, Secrétaire perpétuel de l'Institut de France, Conseiller titulaire de l'Université impériale, Lecteur et Professeur impérial au Collége de France, Professeur administrateur au Muséum d'Histoire naturelle ; de la Société royale de Londres, de l'Académie royale des Sciences et Belles-Lettres de Prusse, de l'Académie impériale des Sciences de Saint-Pétersbourg, de l'Académie royale des Sciences de Suède, de l'Académie impériale de Turin, des Sociétés royales des Sciences de Copenhague et de Gottingue, de l'Académie royale de Bavière, de celles de Harlem, de Vilna, de Gênes, de Sienne, de Marseille, de Rouen, de Pistoia ; des Sociétés philomatique et philotechnique de Paris ; des Sociétés des Naturalistes de Berlin, de Moscou, de Vetteravie ; des Sociétés de Médecine de Paris, d'Edimbourg, de Cologne, de Venise, de Pétersbourg, d'Erlang, de Montpellier, de Berue, de Bordeaux, de Liége ; des Sociétés d'Agriculture de Florence, de Lyon et de Véronne, de la Société d'Art vétérinaire de Copenhague ; des Sociétés d'Emulation de Bordeaux, de Nancy, de Soissons, d'Anvers, de Colmar, de Poitiers, d'Abbeville, etc.

TOME QUATRIÈME.

CONTENANT LES RUMINANS, LES ONGUICULÉS ET LES REPTILES FOSSILES.

A PARIS,

Chez DETERVILLE, Libraire, rue Hautefeuille, n° 8.

1812.

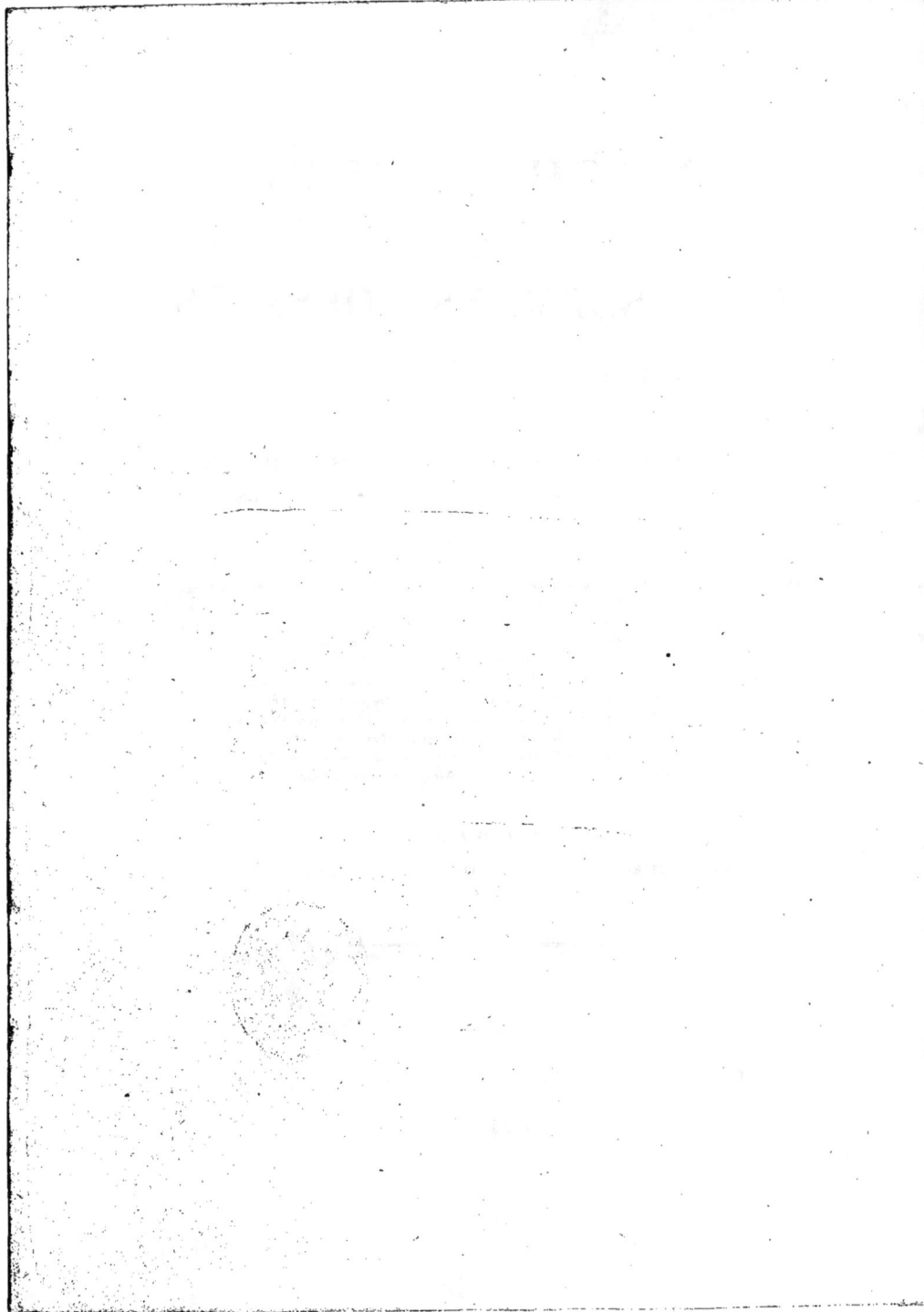

TABLE DES CHAPITRES

DONT SE COMPOSE CE QUATRIÈME VOLUME.

Vᵉ. PARTIE. Ossemens fossiles de Quadrupèdes ovipares.

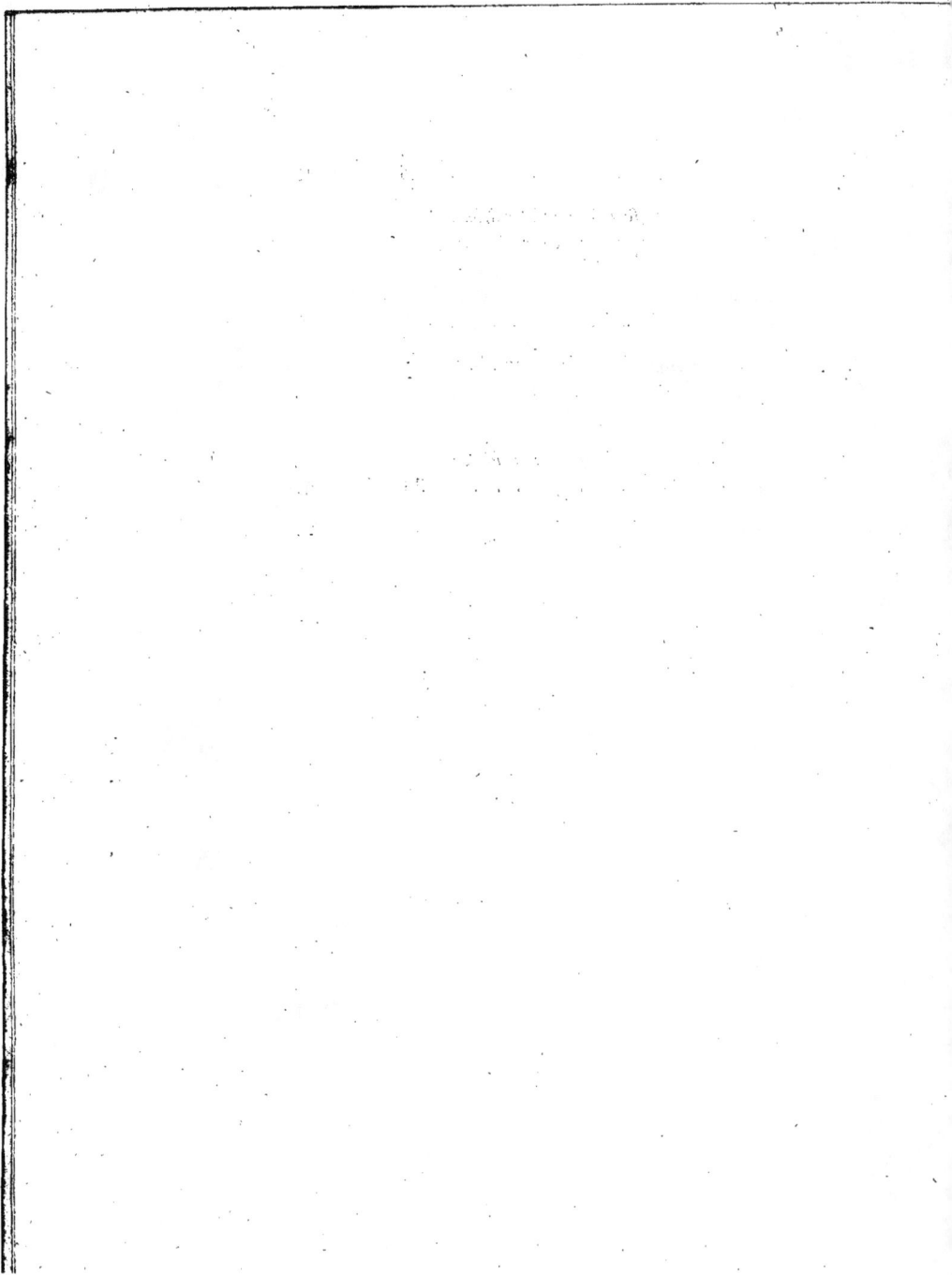

RECHERCHES

SUR

LES OSSEMENS FOSSILES

DE QUADRUPÈDES.

QUATRIÈME VOLUME

CONTENANT LES TROIS DERNIÈRES PARTIES.

~~~~~~~~~~~~~~~~~~~~

Aprés avoir fait dans notre troisième volume, l'histoire détaillée d'un terrain particulier ; après y avoir montré dans des couches pierreuses régulières, formées dans l'eau douce, recouvertes par des couches également régulières, mais d'origine évidemment marine, une foule d'animaux dont les genres même ont disparu ; après avoir recomposé péniblement les squelettes de ces animaux, nous revenons maintenant à des objets plus répandus et à des formes plus rapprochées de celles de nos jours.

Nous terminerons d'abord l'histoire des animaux à sabots, en traitant des ruminans, des chevaux et des sangliers des couches meubles. Les ruminans seuls nous fourniront dans le buffle de Sibérie et dans le cerf à grands bois palmés d'Irlande, des espèces bien manifestement inconnues; celle-ci sur-tout ne laisse aucune équivoque, et ne peut être confondue avec aucun grand cerf de l'un ni de l'autre continent; au contraire les chevaux et les sangliers fossiles n'ont dans leurs ossemens rien qui les distingue de ceux d'aujourd'hui; et cependant les premiers se trouvent dans les mêmes couches que les éléphans et les rhinocéros: il est vrai qu'on auroit aussi de la peine à distinguer les os du zèbre de ceux de notre cheval ordinaire, quoique l'espèce en soit regardée comme différente. A la suite des ruminans des couches meubles, nous traiterons des os renfermés par des stalactites ou des concrétions dans les fentes des rochers, et dont la plupart viennent aussi d'animaux ruminans; ils y sont mêlés à ceux de chevaux et de différens rongeurs, dont quelques-uns sont inconnus, mais dont la plupart ne peuvent être distingués de ceux du pays.

Ne voulant pas séparer des os trouvés dans les

mêmes pierres, nous laisserons les descriptions de ceux des rongeurs dans la troisième partie, quoiqu'ils appartiennent proprement à la quatrième, qui embrasse tous les os fossiles de quadrupèdes onguiculés.

Nous commençons cette quatrième partie par le grand phénomène des cavernes remplies d'ossemens, si abondantes dans certaines montagnes d'Allemagne et de Hongrie, et par les ours qui ont fourni la plus grande partie de ces ossemens, et qui nous forment encore deux espèces dont l'une au moins est inconnue.

Viennent ensuite les tigres, les hyènes, les loups, les renards et ces autres carnassiers qui paroissent avoir eu dans les cavernes un repaire commun avec les ours, et qui y ont aussi laissé leurs os par milliers. Tous ces animaux se rapprochent assez, les uns de quadrupèdes étrangers encore vivans, les autres même de quadrupèdes du pays, pour qu'il soit difficile de soutenir la différence de leurs espèces, si elle n'étoit appuyée par la différence bien évidente des grands ours leurs compagnons fidèles.

On peut en dire autant des castors trouvés dans les tourbes ou les terrains meubles; ce sont des animaux identiques, ou au moins extrêmement semblables à ceux d'aujourd'hui.

Mais le Mégatherium et le Megalonyx qui terminent cette quatrième partie, et en général toute l'histoire des quadrupèdes vivipares ensevelis dans le sein de la terre, nous offrent un autre spectacle; ils nous ramènent à ces espèces gigantesques de la première partie; à ces éléphans, à ces rhinocéros, à ces Mastodontes de l'ancienne création; ils les surpassent même par la bizarre configuration de leurs diverses parties; et quoiqu'ils offrent des rapports de famille avec les paresseux, il est impossible au zoologiste de n'en pas faire un genre distinct de tous ceux qui ont été établis jusqu'à ce jour.

Les lamantins ayant des rapports nombreux avec les quadrupèdes, n'étant pas non plus tout-à-fait des habitans de l'eau salée, qu'une inondation marine ait pu épargner, nous avions des motifs pour en traiter, et nous avons placé leur histoire à la suite de cette quatrième partie. Nous avons dit en même-temps quelques mots sur des os de phoques trouvés avec les leurs, mais l'ostéologie des cétacés ne nous a point paru assez connue pour entrer dans les détails de leurs

ossemens fossiles ; nous avons cru d'ailleurs pouvoir nous en dispenser dans un ouvrage consacré
par sa nature aux dépouilles d'animaux non marins.

Notre plan nous engageoit au contraire à traiter des quadrupèdes ovipares de terre ou d'eau
douce, et nous l'avons fait dans notre cinquième
partie ; les résultats importans de nos recherches
sur les crocodiles vivans, et sur les ossemens fossiles de crocodiles et d'autres grands lézards, nous
ont bien dédommagé de cette excursion dans le
domaine d'une autre classe ; la détermination précise du genre du fameux animal de Maëstricht
nous paroît sur-tout aussi remarquable pour la
théorie des lois zoologiques, que pour l'histoire
du globe.

Ainsi se termine un ouvrage auquel nous avons
travaillé pendant plus de douze ans, et que nous
ne considérons néanmoins que comme un essai.
Déjà il nous arrive de nouveaux morceaux, ou des
renseignemens précieux, dont nous pourrons bientôt former un cinquième volume, qui servira de
supplément aux quatre premiers, et où nous ferons
entrer les corrections que le tems nous fera juger
nécessaires.

IIIe. PARTIE.

OSSEMENS

DE RUMINANS, DE CHEVAUX,
DE COCHONS, etc.

SUR LES OS FOSSILES

DE RUMINANS,

TROUVÉS DANS LES TERRAINS MEUBLES.

Nous voici arrivés à la fois à l'une des familles les plus nombreuses parmi les fossiles, et à celle qui présente le plus de difficultés dans son étude, soit sous le rapport ostéologique, soit sous le rapport géologique.

C'est en effet celle dont les espèces sont le plus difficiles à discerner les unes des autres; car les ruminans, qui se distinguent d'une manière fort tranchée des autres quadrupèdes, se ressemblent tellement entre eux, que l'on a été obligé d'employer dans cette famille, pour caractères de genres, des parties telles que les cornes, qui non-seulement sont tout-à-fait extérieures, et par conséquent de peu d'importance, mais encore qui varient dans la même espèce, selon le sexe, l'âge et le climat, pour la forme, pour la grandeur, et même jusqu'au point de manquer tout-à-fait dans plusieurs de ces circonstances.

I

Mais les difficultés que les ruminans offrent en géologie sont plus grandes encore, s'il est possible, que celles qui concernent la distinction de leurs os.

Jusqu'à présent nous n'avons trouvé dans les terrains meubles que des pachydermes différens par l'espèce de ceux d'aujourd'hui. Les carnassiers qui les accompagnent sont au moins d'espèces fort étrangères à notre climat ; les cavernes elles-mêmes ne nous offrent guère que des carnassiers inconnus ou étrangers; mais, parmi les ruminans, presque toutes les espèces que nous trouvons fossiles, soit dans les terrains meubles, soit dans les fentes de rochers remplies de stalactites, ne paroissent différer en rien d'essentiel de celles de notre pays et de notre temps.

L'*élan fossile* d'Irlande, qui paroît véritablement perdu, fait bien exception à cette règle, et rentre dans celles que nous avons observées relativement aux pachydermes; quelques espèces de cerf peuvent encore s'y rapporter; mais je dois avouer qu'il m'a été impossible de ne pas reconnoître des crânes d'aurochs, de bœufs et de certains buffles, pour ce qu'ils sont véritablement.

Le genre des chevaux partage, avec les ruminans, cette ressemblance des os fossiles avec ceux des espèces vivantes.

A la vérité le plus grand nombre des os de cheval, de bœuf et d'aurochs que j'ai observés, avoient été tirés des alluvions les plus récentes, ou même des tourbières; quelques-uns sortoient aussi de sables qui pouvoient s'être éboulés sur eux; mais il y en a qui ne sont point dans ces situations, et l'on ne trouve guère d'ossemens d'éléphans et de rhinocéros qui ne soient accompagnés d'os de bœufs, de buffles et de chevaux. Il y en avoit par milliers dans le fameux dépôt de Canstadt;

j'en ai vu moi-même retirer des centaines du canal de l'Ourcq, sans qu'il m'ait été possible d'apercevoir de différence entre leur gisement et celui des os d'éléphans sortis du même canal.

Ces os appartenoient-ils à des races dont quelques individus, en se retirant sur les montagnes, ont échappé à la catastrophe qui a enfoui les éléphans et les rhinocéros dans nos plaines ?

Ou les terrains dans lesquels on les trouve pêle-mêle avec des races perdues, ont-ils été remués postérieurement à la destruction de celles-ci ?

Ou bien ces espèces de ruminans se distinguoient-elles de celles d'aujourd'hui par des caractères extérieurs que l'on ne peut plus retrouver dans leur squelette, comme le zèbre diffère de l'âne, par exemple, et le couagga du cheval ?

Ou bien enfin seroit-il arrivé que l'on n'auroit recueilli avec des os d'éléphans et autres semblables, que des parties non caractéristiques, qui étoient les mêmes dans les espèces perdues et les vivantes, tandis que les crânes et autres parties distinctives, semblables à celles des espèces vivantes, n'auroient été retirés que de terrains modernes ?

Ces quatre cas sont possibles. Lequel a eu lieu ? Je n'ose encore le décider ; peut-être la suite de nos recherches nous donnera-t-elle des motifs d'être plus hardis ; en attendant, poursuivons-en le cours, et cherchons à en remplir l'objet essentiel, qui est la détermination des os.

Pour cet effet, commençons par exposer en peu de mots les principaux caractères ostéologiques communs à tous les ruminans, et par indiquer une partie de ceux qui peuvent le mieux servir à distinguer les genres.

RUMINANS FOSSILES.

Remarques générales sur l'ostéologie des ruminans.

Leurs dents mâchelières doivent former leur premier caractère. Dans l'état parfait ils en ont six de chaque côté, tant en haut qu'en bas.

Les chameaux et les lamas font cependant une exception notable à cette première règle comme à beaucoup d'autres; ils n'ont en série continue que cinq molaires, encore la première d'en-bas est-elle si petite, qu'elle tombe de bonne heure; mais les molaires qui paroissent leur manquer sont seulement séparées des autres et placées plus en avant, où on leur donne communément le nom de deuxièmes canines, à cause de leur forme simple et pointue.

La dernière des mâchelières inférieures de tous les ruminans est formée de trois demi-cylindres, à la suite l'un de l'autre; les deux antérieurs, lorsqu'ils sont en germe, ont à leur couronne deux collines saillantes en forme de croissans, dont la convexité seroit tournée en dehors; en s'usant, ces croissans s'élargissent, et montrent leur ivoire bordé d'émail, jusqu'à ce qu'ils se confondent l'un avec l'autre : le troisième demi-cylindre ne présente qu'un seul croissant; il y en a donc cinq à cette dernière dent.

Les deux dents qui précèdent la dernière n'ont chacune que deux demi-cylindres, chacun à deux croissans; elles ont donc chacune quatre croissans placés deux à deux.

Telles sont les *arrières-molaires*, qui ne viennent qu'une fois, et ne changent pas.

Mais les trois qui les précèdent dans la série, changent

comme dans les autres animaux. Elles ont donc premièrement leur forme de *molaires de lait*, et ensuite celle de *molaires de remplacement*. Décrivons d'abord celles de remplacement, que l'animal porte pendant la plus grande partie de sa vie.

La troisième, ou celle qui précède immédiatement la première arrière-molaire, est aussi formée de deux demi-cylindres et de quatre croissans; mais le cylindre postérieur est plus petit que l'autre, et ses croissans se confondent plus vîte. Dans la deuxième, le cylindre postérieur se réduit à une petite arête saillante. La première est simplement comprimée, avec deux sillons à sa face interne.

Quant aux molaires de lait, leur différence d'avec celles de remplacement consiste, comme à l'ordinaire, dans une plus grande complication.

La troisième de lait est formée de trois demi-cylindres et de trois croissans doubles; par conséquent elle est encore plus compliquée que la troisième arrière-molaire.

La deuxième a deux croissans simples et trois proéminences transverses vers l'intérieur; la première a deux croissans simples, et une seule ligne transverse.

Ces animaux prennent leurs deux premières arrière-molaires avant la chûte de leurs molaires de lait; par conséquent, tant qu'ils n'ont pas plus de cinq dents, c'est la troisième qui est formée de trois doubles cylindres; mais, quand ils en ont six, c'est la sixième qui est dans ce cas. Ce phénomène très-simple étonna Daubenton lorsqu'il décrivit le squelette d'*élan* du Muséum, et il crut que cette troisième dent, plus compliquée, pouvoit être un caractère d'espèce : ce n'étoit qu'un caractère d'âge, qui se retrouve le même dans tous les ruminans, et qui a son analogue dans tous les animaux.

Les trois arrière-molaires supérieures des ruminans semblent être des inférieures retournées; elles sont de même formées de deux demi-cylindres, présentant chacun un double croissant, mais dont la convexité regarde en dedans; elles sont aussi plus larges; la dernière, comme les autres, n'a que deux demi-cylindres, et non pas trois comme celle d'en-bas.

Les trois molaires de remplacement, ou les antérieures de l'animal adulte, ont chacune un seul demi-cylindre et une seule paire de croissans; encore la première de toutes est-elle irrégulière; mais les molaires de lait, toujours fidèles à la loi d'une plus grande complication, ont toutes les trois des cylindres et des paires de croissans doubles comme les arrière-molaires; et comme elles ne tombent aussi qu'après l'éruption des deux arrière-molaires antérieures, il y a une époque où l'animal a cinq mâchelières supérieures semblables entre elles. Il est essentiel de bien connoître ces variations pour ne pas s'exposer à multiplier les espèces.

Nous n'avons pas besoin de dire que les chameaux n'ont, dans leur série, que deux molaires sujettes à l'échange: c'est ce qui découle de l'exception que nous avons établie pour eux; mais elles suivent dans les variations de leur forme les mêmes lois que les deux dernières de lait et de remplacement des autres genres.

Nous ne nous arrêterons pas aux changemens des incisives qui ont été mieux observés, parce qu'ils étoient nécessaires pour juger l'âge des bœufs et des moutons; et quant au reste du squelette, nous en dirons quelques mots seulement, renvoyant à Daubenton et à nos leçons d'anatomie comparée.

Le principal caractère qu'il fournit est celui des pieds, toujours composés de deux doigts que portent un métacarpe et un métatarse d'une seule pièce, à deux têtes inférieures, et que terminent deux grandes phalanges triangulaires, aplaties par leur côté interne, revêtues d'un grand sabot de même forme.

Les chameaux font encore exception à cette règle, par leurs dernières phalanges petites et symétriques, recouvertes seulement d'un petit ongle, et par la semelle unique qui réunit leurs deux doigts en dessous.

Ils en font une autre, en ce que le scaphoïde et le cuboïde du tarse restent distincts chez eux, tandis qu'ils sont soudés dans tous les autres.

Quelques espèces ont au pied de devant, en dehors de la base du métacarpe, un stilet mobile, très-court vestige d'un troisième doigt : dans d'autres il se soude au métacarpe; dans le plus grand nombre il disparoît.

La jambe donne un autre caractère, par son péroné, réduit à un petit osselet qui s'articule entre le calcanéum et le bord externe de la tête inférieure du tibia. Les chameaux l'ont comme les autres; mais ce sont les chevrotins qui font exception ici. Leur péroné, comme celui des chevaux, est un stilet attaché au côté externe de la tête supérieure du tibia, et descendant jusque près de l'inférieure.

Le radius forme la partie principale de l'avant-bras; sa tête occupe tout le devant du coude, et s'articule par gynglime à l'humérus. Le cubitus n'en est presque qu'un appendice, tantôt distinct sur toute sa longueur, comme dans les cerfs, les antilopes, les bœufs, les moutons; tantôt disparoissant bientôt après l'olécrâne, comme dans la giraffe, et encore plus dans le chameau.

Le fémur n'a point de troisième trochanter; la crête deltoïdienne de l'humérus est peu saillante; l'omoplate en triangle isoscèle a la partie de son épine la plus voisine de la tête plus saillante, etc.

Voilà une partie des traits les plus propres à faire reconnoître les os de ruminans, et qui, si l'on y joint la considération de la forme plus grêle ou plus grosse, et quelques autres relatives à la tête, que des figures ou des comparaisons immédiates feront sentir mieux que des paroles, ne laissent pas que de conduire assez vite, en bien des cas, à la détermination des espèces.

Mais le moyen le plus certain et le plus prompt d'y arriver, est d'employer le frontal et les os qui portent ou qui forment les cornes; avec cette partie on peut toujours décider la question et terminer tous les doutes : aussi nous sommes-nous donné les plus grands soins pour nous la procurer.

Article II.

OSSEMENS FOSSILES DU GENRE DES CERFS.

§ I. De l'élan fossile d'Irlande.

Voici le plus célèbre de tous les ruminans fossiles, et celui que les naturalistes regardent le plus unanimement comme une espèce inconnue sur le globe; aussi doit-on s'étonner que M. *Faujas* n'en ait fait aucune mention dans ses *Essais de géologie*.

C'est dans les ouvrages des naturalistes anglais qu'il faut en chercher les notices; ils en ont donné d'assez nombreuses, et les ont accompagnées de figures assez exactes, pour nous mettre en état de prononcer sur cette espèce, quoique nous n'en ayons vu par nous-mêmes qu'une partie mutilée du crâne.

Dès 1697, Thomas Molyneux en fit représenter (dans les *Transactions philosophiques*, n.° 227), un beau crâne avec ses cornes, dont l'envergure étoit de dix pieds anglois. Il avoit été déterré à *Dardistown*, dans le comté de *Meath*, à deux milles de *Drogheda*; c'étoit la troisième tête trouvée dans le même verger, qui n'avoit qu'un acre d'étendue, et l'auteur assuroit qu'on en avoit trouvé à sa connoissance trente en vingt ans, toutes par hasard; ce qui prouvoit à quel point elles devoient être communes. Ce crâne et sa description reparurent dans l'Histoire naturelle d'Irlande, page 137.

Jacques Kelly, de *Down Patrick*, en représenta (dans le même recueil, n.° 394), un bois isolé, bien entier, de près de six pieds anglois de longueur, quoique le nombre des andouillers indiquât qu'il provenoit d'un individu plus jeune que le précédent : il donna en même temps une bonne description des lits sous lesquels ces bois se déterrent.

En 1746, il s'en découvrit en Angleterre, *à Cowthrop*, près *Northdreigthon*, dans le comté d'*Yorck*, un crâne avec ses bois, mais de six pieds seulement d'envergure; aussi étoient-ils encore couverts de duvet, au dire de *Thomas Knowlton*, qui les décrivit et en donna une assez mauvaise figure dans le n.° 479 des *Transactions philosophiques*, t. 44, p. 124.

Pennant en publia une autre dans son histoire des quadrupèdes, p. 98, pl. XI, fig. 1. Il ajoute que ces bois sont communs dans les cabinets et dans les maisons des gentilshommes irlandois.

Le docteur *Percy*, évêque de *Dromore*, en fit connoître, en 1785, dans le sixième volume de l'*Archéologie britannique*, une tête et un bois presque aussi grand que celui de Molyneux; car son envergure étoit de neuf pieds dix pouces; on l'avoit

2

trouvé près de *Dromore*, dans le comté de *Down*, en 1783 (1).

Le plus grand de tous seroit cependant celui qu'a décrit *Thomas Wrigth* dans sa *Louthiana*, si, comme on l'assure, chaque bois avoit huit pieds, et si leur envergure étoit de quatorze pieds.

Enfin le comte *Grégoire Razoumowski* en a donné encore une fort belle tête avec son bois, dans les Mémoires de la société de Lausanne, t. II, p. 27; d'après un dessin fait par le comte *de Preston*, irlandois, dans les biens duquel on l'avoit déterré près du village de *Dobber*, dans la partie septentrionale du comté de *Meath*; le crâne surtout y est dessiné avec beaucoup plus de soin que dans les autres figures.

Ce sont là, comme on voit, des renseignemens plus que suffisans pour donner une idée complète des parties les plus caractéristiques de cet animal.

La première notion que nous en prenons, est celle de l'énorme grandeur de son bois, dont l'envergure va communément à près de dix pieds anglois, c'est-à-dire qu'elle passe neuf pieds de France, ou approche de trois mètres; et même, suivant *Wrigth*, elle passeroit quelquefois quatre mètres.

Un semblable bois ne permettoit de chercher l'analogue de cette espèce que dans celle de l'élan, qui est le plus grand des cerfs connus, et cette idée dut se présenter avec d'autant plus d'avantage, que la forme des bois de l'un et de l'autre n'est pas non plus sans quelques rapports.

Pallas l'adopta au moins pour l'un de ces bois, celui de *Kelly*, auquel elle ne convient cependant pas plus qu'aux au-

_____

(1) J'ai dû la première connoissance de la description de ce beau morceau à l'intérêt que M. le comte de Linange Westerbourg a bien voulu prendre à mes travaux sur les fossiles.

tres (1). *Camper* l'auroit eue aussi un moment, suivant M. de
Razoumowsky (2); mais il ne tarda pas à en énoncer et à en
développer une bien contraire (3). M. *Pallas* adoptoit également, pour quelques-uns de ces bois, l'opinion de *Mortimer,*
qu'ils pouvoient provenir du renne (4); ce qui est beaucoup
moins soutenable encore, puisqu'ils n'ont jamais d'empaumures ramifiées.

Buffon a avancé successivement l'une et l'autre idée, selon
ce qu'il trouvoit dans les auteurs anglois qu'il consultoit, ou
dans les lettres qu'il recevoit de ce pays-là, mais non d'après
des comparaisons qui lui auroient été propres (5).

Il est cependant certain que les bois fossiles d'Irlande ne
peuvent venir ni de l'élan ni du renne : nous n'avons pas besoin de le prouver au long pour ce dernier, puisque leur différence saute aux yeux; l'andouiller qui descend sur le front,
et qui a seul donné lieu à la comparaison, étant toujours simple
dans le fossile, et jamais branchu comme dans le renne (6);
mais nous entrerons dans quelques détails de plus par rapport
à l'élan, dont les caractères sont un peu moins tranchés.

---

(1) *Novi Comment. Petrop.* XIII, p. 468. Note.

(2) Soc. de Lausanne, II, 27.

(3) *Nova acta Petrop.* II, 1788, p. 258.

(4) *Nov. Comm.* XIII, *ib.*

(5) Il attribue ces bois aux rennes en 1776, suppl. III, p. 131; et aux élans en
1789, dans son tome posthume, suppl. VII, p. 324. Ces deux passages, écrits à douze
ans de distance, ont été ridiculement cousus dans l'édition de Buffon par Dufart,
à l'article principal de l'élan, qui date lui-même de 1764; et comme rien n'avertit
qu'ils sont tirés de volumes différens, rien n'explique la contradiction choquante qui
résulte de leur rapprochement.

(6) *Voyez* la note de Mortimer sur la lettre de Samuel Dale, concernant l'élan
d'Amérique. *Trans. phil.* n.° 444, p. 389.

D'abord les bois de nos plus grands élans atteignent à peine la moitié de la taille des bois fossiles.

M. *de Wangenheim*, grand maître des eaux et forêts de la Lithuanie prussienne, qui a publié une excellente histoire naturelle de l'*élan* dans les *Nouveaux écrits de la Société des naturalistes de Berlin* (t. I, in-4.°, 1795, p. 1), donne la série des formes et des grandeurs que prennent les bois de cet animal, ainsi que les dimensions des plus considérables.

Ceux-ci, en Prusse, ont 28 andouillers, et pèsent 36 livres. M. de Wangenheim ayant été en Amérique, assure que les bois d'élans, les plus grands qu'il y ait vus, avoient 26 andouillers, et pesoient 41 livres. Il ne donne pas les dimensions de ces grands bois, mais bien celles de bois de moyenne taille, à 16 andouillers, qui pesoient 27 livres 9 onces, et dont les extrémités des perches étoient à 2 pieds 9 pouces de distance.

Pennant décrit aussi le plus grand bois d'élan d'Amérique qu'il ait vu, et qui étoit à Londres dans l'hôtel de la compagnie de la baie d'Hudson; il pesoit 56 livres angl. Chaque palme avoit 32″ angl. ou 0,82 de long, et leurs extrémités étoient distantes de 34″ ou 0,86 (1).

Nous avons examiné nous-mêmes tous les bois d'élan de notre Muséum, dont Daubenton avoit déjà décrit quelques-uns, et parmi lesquels il y en a d'Europe aussi bien que d'Amérique, et voici un tableau des mesures et des poids que nous leur avons trouvés.

---

(1) *Histor. of. quadr.* I, 94.

1.° *Bois dont les deux perches adhèrent au frontal.*

INDICATION.	POIDS.	Andouillers à gauche.	Andouillers à droite.	LONGUEUR d'une perche.	Sa plus grande largeur.	DISTANCE des deux sommets.	Plus grand écartement des deux andouillers externes.
Daub. XII, pl. VIII, fig. 1, du Canada.	....	8	6	. . . . .	0,2	. . . . .	0,9
Daub. *ib.* fig. 2...........	33 liv.	9	12	0,815	0,33	. . . . .	1,52
Daub. MCXVII....	....	10	10	0,815		. . . . .	1,30
Autre bois placé au cabinet........	....	13 Mais le maître andouiller est cassé.	18 Mais il y a plusieurs replis à l'empaumure.	0,92		. . . . .	1,55
Bois de l'élan empaillé..	....	15	16				

2°. *Perches isolées.*

INDICATION.	POIDS.	ANDOUILLERS.	LONGUEUR.	LARGEUR.
	3 l. 12	6	0,405	0,33
	4″ 14°	7	0,59	0,25
Daub XII, pl. IX, fig. 1.......	20 l.	15	0,92	0,49

On voit que nous avons eu des bois plus âgés que ceux de M. de *Wangenheim*, puisque leurs andouillers étoient plus nombreux, et cependant que leurs dimensions n'étoient pas beaucoup plus considérables.

Il n'est pas possible, en effet, que ces bois atteignent à une grandeur indéterminée, puisque la vie de l'*élan* n'est pas très-longue.

M. de *Wangenheim* en donne exactement tous les périodes, ainsi que ceux de l'accroissement de son bois. Il n'a, la première année, que des tubercules d'un pouce au plus : la seconde, il porte une dague simple, qui peut aller à un pied ; la troisième, la dague devient quelquefois fourchue. Le bois de la quatrième année porte six andouillers (c'est-à-dire trois de chaque côté), et commence à s'aplatir. Ce n'est que la cinquième année que les bois prennent la forme de petites palmes. Les andouillers augmentent toujours en nombre, sans aller au-delà de vingt-huit, excepté dans des bois irréguliers, et dont l'empaumure a ses bords plissés, comme celui de trente-six, que nous avons au cabinet. Cette limitation se conçoit très-bien, d'après ce fait que l'élan atteint toute la taille de son corps, qui est de six pieds au garrot, avant l'âge de huit ans, et ne prolonge guère sa vie au-delà de dix-huit.

Réduisons maintenant en tableau et en mètres les dimensions des principaux bois fossiles qui ont été observés par les différens auteurs, et nous verrons qu'avec beaucoup moins d'andouillers ils surpassent beaucoup en dimensions tous les bois d'élans connus.

Bois fossiles.

INDICATION.	POIDS.	ANDOUILLERS à gauche.	ANDOUILLERS à droite.	Longueur d'une perche.	Largeur.	Distance des deux sommets.	Plus grand écartement des deux bords externes.
Bois décrit par Wrigth..	....	....	....	2,42	....	....	4,249
Bois décrit par le docteur Percy......	....	9	9	2,09	....	....	2,98
Bois décrit par Molyneux	....	10	10	1,56	1,10	2,12	3,26
Bois décrit par Knowlton.........	....	En partie cassés.	8	1,543	0,63	1,82	
Bois décrit par Razoumowsky.....	....	8	8	1,46	0,65	2,35	
Bois décrit par Pennant.	....	....	....	1,64	0,45	2,35	
Perche séparée, décrite par Kelly...	....	8	....	1,84			

On voit, par cette table, que le nombre des andouillers est de seize à vingt, tandis que, dans l'*élan*, il va jusqu'à trente, et au-delà; c'est déjà une circonstance de forme à ajouter à celle de la grandeur. Il y en a trois autres très-essentielles, qui distingueront toujours les bois fossiles de ceux d'élan, et qui ont été saisies par les premiers qui les ont comparés; car *Molyneux* les indique déjà.

La première est cet andouiller qui sort de la base de la perche fossile pour descendre sur le front, et qui manque toujours à l'élan. Il se détache bien quelquefois de l'empau-

mure de celui-ci une branche qui se divise plus ou moins,
mais ce n'est jamais de la partie cylindrique de la perche.

La deuxième, c'est que le bois fossile a des andouillers le
long du bord interne de son empaumure, où l'élan n'en a
jamais; car il les porte tous au bord externe.

La troisième, c'est que l'empaumure du bois fossile va en
s'élargissant par degrés, et prenant la figure d'un éventail;
celle de l'élan est au contraire plus large à sa partie inférieure,
et se rétrécit dans le haut.

A ces différences dans la grandeur et dans la forme du bois,
s'en joint une autre très-importante dans la forme de la tête,
que Camper avoit déjà parfaitement sentie et indiquée (1),
mais qu'il est bon de développer ici.

Le muffle cartilagineux et charnu de l'élan est singulièrement renflé, et sa lèvre supérieure se prolonge plus qu'à l'ordinaire; c'est même ce qui a fait dire long-temps qu'il ne
pouvoit paître qu'en reculant. Cette organisation exigeant plus
de place pour les parties molles, a beaucoup réduit les parties
osseuses, et extraordinairement élargi et alongé les ouvertures
osseuses des narines, en raccourcissant les os propres du nez.

Il résulte de là, 1.º que les os intermaxillaires, au lieu de
remonter jusqu'aux os propres du nez, comme dans les autres
cerfs et dans le plus grand nombre des animaux, finissent en
pointe sur le milieu du bord antérieur des maxillaires; 2.º que
les os propres du nez, au lieu de se terminer comme dans le
cerf à quelques pouces en avant des mâchelières, finissent au-
dessus de la seconde; 3.º que la longueur des narines osseuses
extérieures fait presque moitié de celle de la tête, tandis qu'elle
n'en est pas le quart dans le cerf.

(1) *Nov. act. Petrop.* II, 1788, p. 285.

J'ai vérifié ces trois points dans des crânes d'élans adultes et jeunes, mâles et femelles.

Sous tous ces rapports, l'animal fossile ressembloit au cerf et non pas à l'élan, comme on peut s'en assurer par la belle figure de sa tête, publiée par M. de *Razoumowsky*, dont nous donnons une copie réduite, pl. I, fig. 7, à côté de celle de l'élan, pl. I, fig. 8. Les autres figures, quoique moins bonnes, s'accordent avec celle-ci, pour l'essentiel. Cela nous prouve que le fossile n'avoit ni le museau renflé ni la lèvre alongée de l'élan.

Il paroît aussi que la tête fossile ne suivoit pas pour la grandeur la monstrueuse proportion de son bois; au contraire, les plus grandes têtes fossiles sont plus courtes que des têtes ordinaires d'élan. Un élan de 6 pieds 2″ au garrot avoit, selon M. de Wangenheim, la tête longue de 2′ 6″; mais en suivant les courbures, et en y comprenant la lèvre. L'élan empaillé de notre cabinet, haut de 5 pieds, n'a la tête que d'un pied 9 pouces, ou 0,57; mais elle n'est pas soutenue par le crâne, et la lèvre en est retirée et raccornie. Autant que j'en puis juger, en comparant la tête de notre squelette d'élan avec une portion de celle de l'élan empaillé, celle-ci devoit avoir, sans les chairs, 0,53; d'où je conclus pour la longueur de celle d'un élan de 6 pieds de haut, 0,63. Mais je vois aussi, par des portions de crânes attachés à nos grands bois, qu'il doit y avoir des têtes de 0,7, ce qui annonceroit des élans d'environ 7 pieds. *Camper* dit aussi que les élans ordinaires ont la tête osseuse, longue de plus de deux pieds du Rhin, ou de 0,62, et que celle qu'il possédoit, quoique d'un jeune élan, étoit déjà plus longue qu'une tête fossile.

En effet, le plus grand bois que l'on connoisse, celui de

3

Dromore, est porté par une tête qui n'a qu'un pied 11½ an-glois, ou 0,595.

La tête de Knowlton n'a que 1' 10", ou 0,557; celle de Ra-zoumowsky 1' 7" franç. ou 0,515; celle de Molyneux seule est annoncée pour avoir 2 pieds anglois, ou 0,607.

Si nous ajoutons à cette comparaison le fait prouvé plus haut, que l'animal fossile n'avoit point le museau renflé ni la lèvre prolongée de l'élan, nous trouverons que, dans l'état de vie, sa tête devoit encore plus différer de celle de l'élan, par la proportion de sa longueur avec celle de son bois, qu'elle ne le fait dans l'état décharné; mais elle étoit plus large à proportion de sa propre longueur que ne seroit celle de l'élan. Ces deux dimensions sont, dans le fossile, comme 1 à 2, et dans l'élan comme 1 à 3.

Il ne seroit pas sûr de vouloir calculer la grandeur du corps d'après celle de la tête, en suivant les proportions de l'élan : la tête de celui-ci est plus longue par rapport à la longueur de son corps que dans aucun autre cerf, et le fossile pouvoit bien avoir des proportions plus ordinaires. Si nous lui supposons celles du cerf commun, sa plus grande hauteur auroit été de 1,62, ou 4' 10" au garrot, et la longueur de son tronc, du poi-trail à la queue, auroit atteint 1,9, ou 5' 10". Mais si l'on aimoit mieux lui supposer les proportions de l'élan, on ne trouveroit pour sa hauteur, comme pour sa longueur, que 1,48, ou 4' 5" 9"', taille qui paroît beaucoup trop petite pour un bois si énorme : à peine conçoit-on même que la précédente ait pu suffire à le porter.

Ce sont là des différences entre lesquelles l'observation ef-fective ne peut encore décider, puisque l'on n'a ni recueilli ni décrit les ossemens des membres et du corps de l'animal fossile; mais il n'en reste pas moins certain que son bois et sa tête sont déjà suffisans pour réfuter les naturalistes qui les attribuoient à l'élan.

On a donc été obligé, pour lui chercher un analogue vivant, de supposer qu'il existe en Amérique quelque autre animal du genre des cerfs, et supérieur en grandeur à l'élan. Pour cet effet, on s'est étayé de passages exagérés ou mal entendus des premiers descripteurs du Canada et de la nouvelle Angleterre, et principalement de *Josselyn* et de *la Hontan*.

Pour les expliquer, il faut d'abord poser en principe que les naturalistes modernes ne connoissent dans l'Amérique septentrionale que trois grandes espèces de cerfs; savoir, le *caribou* ou *maccaribo*, qui est analogue au renne; l'*orignal* ou *moose*, qui n'est autre que l'*élan*; et le *cerf de Canada*, qui est de la forme et de la couleur du nôtre, mais dont le bois plus volumineux se termine simplement par une fourche, et non par une empaumure de plusieurs andouillers en couronne. C'est à ce cerf du Canada, dont Schreber a fait mal à propos deux espèces (*cervus Canadensis* et *strongylo-ceros*), que les Anglois et les habitans des Etats-Unis ont donné le nom d'*elk*, qui est dans tout le nord de l'Europe celui du véritable *élan*; et M. *Jefferson*, pour le distinguer, le nomme l'*élan* à bois ronds (*the elk with round horns*).

Or, on a prétendu que les descriptions des auteurs que nous venons de citer, indiquent encore une quatrième espèce plus grande que les autres.

« *L'orignal*, dit la Hontan (1), est une espèce d'élan

---

(1) Tome I, in-12, p. 85, deuxième édition.

» qui diffère un peu de ceux qu'on voit en Moscovie. Il est
» grand comme un mulet d'Auvergne, et de figure semblable,
» à la réserve du muffle, de la queue, et d'un grand bois
» plat qui pèse jusqu'à trois cents livres, et même jusqu'à
» quatre cents, s'il en faut croire quelques sauvages, qui as-
» surent en avoir vu de ce poids là. »

On voit que la Hontan n'établit pas même une différence
d'espèce, que la grandeur qu'il donne à l'animal est celle du
véritable *élan*, et qu'il se borne à exagérer le poids du bois ;
celui-ci paroît en effet si énorme, qu'on est tenté de le croire
beaucoup plus lourd qu'il n'est quand on ne le pèse pas.

Hearne, qui a fort bien décrit le *moose*, donne à ses bois
seulement soixante livres de poids, mais il ne dit pas les avoir
pesés lui-même (1).

Dudley ne rapporte que sur la foi de ses chasseurs, qu'il
y a des mâles de quatorze empans dans l'espèce de son *moose*
noir, qui est l'ordinaire ; mais la biche, qu'il dit avoir été
mesurée près de Boston, n'avoit que 6' 11" angl. ou 6' 4½" de
France, hauteur très-ordinaire (2). Quant à son *moose gris*,
ou plus petit, nommé *wampoose* par les sauvages, ce n'est
que le cerf du Canada.

Pour *Josselyn*, il exagère plus que tous les autres la grandeur de son *moose*, puisqu'il lui donne douze pieds de haut
et des bois de six pieds ; mais il faudroit, pour ajouter foi à
de pareils récits, que l'on eût trouvé en Amérique, dans nos
temps récens, quelque chose qui en approchât.

Pennant l'avoit espéré un moment, et sur des avis qu'il
existoit dans le nord du Canada un animal supérieur à l'élan,

(1) Trad. françoise, t. II, p. 22.
(2) *Trans, phil*, n.° 368.

que les sauvages appellent *waskesser*, il s'étoit figuré que ce pouvoit bien être le *moose* de *Josselyn;* mais des recherches ultérieures lui apprirent que le *waskesser*, l'*orignal* et l'*élan*, étoient toujours la même chose (1).

A la vérité, *Hearne* prétend que le nom de *wewaskish* (2), qu'il croit le même que *waskesser*, appartient à un animal très-différent de l'élan; mais comme il dit aussi que c'est un animal beaucoup plus petit, dont le bois n'est point palmé, et que les Anglois appellent *daim rouge*, il est probable qu'il veut parler du *cerf du Canada*, et dans aucun cas on ne peut appliquer ce qu'il dit à nos bois fossiles. En général, *Hearne* et *Mackensie*, qui ont parcouru, dans tous les sens, les plus affreux déserts de l'Amérique septentrionale, n'y ont vu aucun cerf supérieur à l'élan; par conséquent toutes les mesures de *Dudley*, et même de *Josselyn*, pourroient tout au plus faire étendre la limite que cet animal peut atteindre, mais non pas faire établir une espèce différente de la sienne.

Il n'y a même aucune preuve que l'*élan* d'Amérique, ou le *moose*, puisse être distingué de l'*élan* d'Europe par quelque caractère constant; l'andouiller qui se sépare du bas de son empaumure, et qui le feroit reconnoître, selon *Dale* (3), ne s'y trouve pas toujours, et se voit aussi quelquefois dans celui d'Europe. *Pennant* dit même ne l'avoir jamais vu dans les bois venus d'Amérique aussi prononcé que dans celui de *Dale*, qui est encore aujourd'hui au cabinet de la Société royale.

Il est d'ailleurs évident que, quand même on trouveroit ces grandes espèces prétendues, elles ne seroient point notre

---

(1) *History of quadrup.* l. 98.
(2) *Trad. franç.* t. 2, p. 176.
(3) *Trans. phil.* n.° 444, p. 384.

animal fossile, puisque nous avons montré que ce n'étoit point par la grandeur de sa taille, mais seulement par celle de son bois qu'il se distinguoit.

Tout semble donc s'accorder pour faire de l'élan fossile d'Irlande un animal perdu, comme le rhinocéros a tête prolongée, comme le petit hippopotame, comme l'éléphant à longs alvéoles, comme le tapir gigantesque, enfin comme tant d'autres espèces décrites dans cet ouvrage, et qui, pour appartenir à des genres connus, n'en sont pas moins inconnues comme espèces à la surface actuelle de la terre.

Les os de cet élan, comme ceux des autres quadrupèdes fossiles de genres connus, se trouvent dans des couches assez superficielles.

La tête décrite par Molyneux étoit à quatre ou cinq pieds de profondeur, dans une espèce de marne recouverte de tourbe et de terre franche.

Knowlton dit que la sienne fut trouvée dans un lit de mousse, *peat moss*, et rapporte qu'un M. Joice, bailli du comté de Carlisle, en avoit trouvé une autre sous deux pieds de terre végétale, un pied de sable, dix-huit pouces de pierre, six pouces de sable, et encore un troisième lit de pierre; mais il est probable que cette pierre n'étoit que du tuf.

Kelly décrit aussi avec soin les lits qui recouvrent les bois de *Down Patrick*. C'est en cherchant de la marne dans les lieux enfoncés et marécageux qu'on les trouve. On rencontre d'abord trois pieds de tourbe, puis un lit de gravier d'un demi-pied, suivi d'une tourbe meilleure, dans laquelle sont couchés des troncs d'arbres, et qui recouvre des feuilles de chênes encore reconnoissables, mais trop décomposées pour supporter le toucher. Un demi-pied d'argile bleue, mêlée de coquilles, annonce la vraie marne, qui est blanche, et aussi mêlée de coquilles. Celles-ci, dit Kelly, sont de petits *turbo* (*perry-winkles*), semblables à ceux qu'on nomme en Ecosse *buccins d'eau douce* (*fresh-water wrilks*); ce qui me feroit croire que cette marne est un tuf formé dans l'eau douce, comme celui qui est si abondant et souvent si épais dans nos environs de Paris.

C'est dans cette marne qu'on trouve les bois fossiles. Leur situation seroit donc exactement la même que celle de nos ossemens fossiles d'éléphans.

Il s'agit maintenant d'examiner dans quels pays on a trouvé de ces bois hors de l'Irlande. On voit déjà, par le mémoire de Knowlton, qu'il y en a en Angleterre, et je crois avoir la preuve qu'il y en a également en Allemagne et en France.

M. *de Rochow*, chanoine de Magdebourg, homme digne de respect par les fondations utiles dont il a enrichi sa patrie, représente dans le II.ᵉ tome des *Ecrits de la Société des naturalistes de Berlin* (Berl. 1781), p. 388, et pl. X, fig. 2, une portion de bois enduite d'une légère couche pierreuse, et trouvée dans le Rhin, près de *Worms*, en 1771, dont nous donnons une copie réduite, pl. I, fig. 3; sa longueur, depuis la meule *a* jusqu'à l'endroit *b*, où la perche est rompue, est de 3' 4 pouces du Rhin. La meule a un pied de tour; la partie restante du premier andouiller *c*, 9 pouces, et le second andouiller *d*, qui est entier, 1 pied 10 pouces de long. Le premier est aplati, le second se recourbe un peu vers le bas, et l'on voit plus haut et en arrière la naissance d'un troisième *e*, qui a été rompu; enfin, l'extrémité *b* s'élargit en s'aplatissant, et devoit donner naissance à une empaumure.

M. *de Rochow* remarque, avec raison, que les grandes di-

mensions de ce bois, la place et la direction de ses andouillers,
ne sauroient convenir à un cerf connu, et soupçonne qu'il
pourroit venir de quelque espèce détruite, telle que le bison
de Jules-César, qu'il croit différer de l'urus ou aurochs, aussi
bien que de l'alces ou élan. Ce qui est certain, c'est que ce
bois n'est autre que celui d'un élan fossile, semblable à ceux
d'Irlande, le premier andouiller descendant vers les yeux, le
deuxième aussi un peu recourbé vers le bas, et surtout le troisième dirigé en arrière, enfin la sommité s'aplatissant, en sont
des caractères certains. L'aplatissement du premier andouiller
n'est pas constant dans cette espèce. On l'y observe cependant
quelquefois, et le bois figuré par Pennant le montre très-clai-
rement.

Le renne a bien quelquefois un troisième andouiller dirigé
en arrière, mais il est très-court; d'ailleurs son deuxième est
toujours palmé; enfin aucun renne n'a des bois de ce volume.

Le daim a bien aussi ce troisième andouiller, mais le premier n'est jamais aplati, et il n'y a aucun rapport de grandeur.

On a trouvé dans les fouilles du canal de l'*Ourcq*, près de
Sevran, dans la forêt de *Bondi*, à six lieues de Paris, précisément au même endroit que les os d'éléphans dont j'ai parlé
à leur chapitre, une partie supérieure de crâne du genre du
cerf, avec deux moignons de bois, qui, dans tout ce qui en
reste, paroissent ressembler à l'*élan d'Irlande*. J'en donne la
figure réduite au cinquième, pl. I, fig. 9.

La largeur entre les bords externes des orbites est de 0,23, ce
qui prouve que ce crâne étoit d'un individu de moyenne taille;
car les grands crânes d'Irlande ont cette dimension de 0,30;
mais celui de M. de Razoumowsky ne l'a que de 0,24. Du reste,
la direction en dehors et en arrière des merrains, leur diamètre

de 0,07, la rupture *a*, *a*, qui indique l'endroit d'où sortoit le premier andouiller, la position du trou pour l'artère de la corne, la saillie de la ligne entre les deux bois, la proportion de la largeur du front à sa longueur, tout se trouve ici comme dans le fossile d'Irlande. Cet animal auroit donc été répandu dans plusieurs parties de l'Europe.

J'espérois que la découverte de son crâne, dans le canal de l'Ourcq, ne tarderoit pas à être suivie de celle de plusieurs portions de son squelette; mais je n'ai reçu jusqu'à présent que deux fragmens, l'un de bassin, l'autre de calcanéum, qui me paroissent lui appartenir. Ils sont évidemment du genre du cerf, et ressemblent assez à leurs analogues dans l'élan; mais, par leur grandeur, ils n'indiquent guère qu'un individu de quatre pieds et quelques pouces de hauteur au garrot.

2.° *Sur un grand bois déterré en Scanie, et qui a des rapports éloignés avec celui du daim.*

C'est probablement encore ici le bois d'une espèce inconnue. M. *Retzius*, savant professeur à *Lund*, qui en a publié la description dans les Mémoires de l'*Académie de Stockholm*, quatrième trimestre de 1802, p. 285, ne le rapporte au daim qu'avec doute, et expose lui-même en détail les caractères distinctifs qui l'en séparent.

1.° Il est beaucoup plus grand que celui du daim; sa longueur, en suivant la courbure, étant de 47 pouces de Suède, quoique l'extrémité supérieure y manque.

2.° Son empaumure, en partie plate, est beaucoup moins large à proportion, n'ayant presque que la largeur absolue

4

de celle du daim, qui est de 4 pouces, tandis que celle du bois fossile est de 4 pouces trois quarts.

3.° La courbure de cette empaumure est beaucoup plus forte que dans le daim; car son bord antérieur, qui n'est pas dentelé, décrit plus d'un demi-cercle, et son extrémité a l'air de s'être dirigée, non-seulement en avant, mais même de s'être un peu recourbée vers le bas.

4.° La partie mince du bois ou le merrain est beaucoup plus longue à proportion, et fait plus des deux tiers de la longueur totale; mais elle n'est pas ronde partout, et sa moitié supérieure s'aplatit et prend un contour ovale.

5.° Il n'y a à ce merrain qu'un seul andouiller, placé à quatre pouces et demi au-dessus de la meule, et dirigé en avant. L'andouiller que le daim porte en arrière est remplacé dans cette espèce par un simple tubercule.

6.° L'empaumure paroît avoir eu quatre andouillers en arrière ou plutôt en dessus, et s'être encore élargie à son extrémité; mais les andouillers et l'extrémité étant cassés, on ne peut juger de leur grandeur.

Peut-être trouvera-t-on ce bois plus semblable encore à celui du renne, par sa grandeur, et par la courbure et la configuration de son empaumure; mais il en différeroit toujours fortement par la simplicité et la petitesse de son maître andouiller.

Ce morceau important a été tiré d'une tourbière près du petit Svedala, en Scanie.

Je dois témoigner ici ma reconnoissance à M. Retzius, qui a bien voulu contribuer à compléter mon travail, en m'indiquant son excellent Mémoire, que je n'aurois peut être pas connu sans la complaisance du savant auteur.

Je donne une copie réduite de sa planche, qui est la neuvième du volume cité, dans ma pl. III, fig. 2.

3.° *Sur des bois assez semblables à ceux du* DAIM, *mais d'une très-grande taille, trouvés dans la vallée de la Somme, et en Allemagne.*

Le bois dont on voit le merrain et une partie de l'empaumure, pl. I, fig. 19, A et B, a été découvert auprès d'*Abbeville*, et envoyé à notre Muséum par M. *Traullé*, correspondant de l'Institut. Il y manque une partie dont il est impossible de savoir au juste la longueur. La portion de frontal restée à la meule est aussi mutilée; mais on aperçoit cependant qu'elle n'étoit pas beaucoup plus considérable que celle d'un daim ordinaire.

L'analogie de ce bois avec celui du daim se manifeste par les deux andouillers coniques, qui ont la même direction, et par l'empaumure de la sommité; mais il s'y montre aussi quelques différences:

1.° Dans la grandeur, qui surpasse de plus d'un tiers celle du bois de daim ordinaire. Le grand diamètre de la meule ab est dans le fossile de 0,085; dans les vivans, de 0,04 à 0,05: l'intervalle des deux andouillers dans le fossile, de 0,30; dans les vivans, de 0,17 à 0,20.

Dans les vieux daims, cet intervalle ne fait que le tiers de la longueur totale; ainsi, d'après cette proportion, notre bois fossile, s'il étoit entier, auroit 0,90 de longueur.

Or, M. *de Mellin* nous apprend (*Ecrits de la Soc. des nat. de Berl.* I, 173), que les bois de daim ne passent guère deux pieds de Rhin, ou 0,62, même en les mesurant selon la courbure, et qu'à mesure que le daim vieillit, il lui revient des bois plus petits. Daubenton n'en cite point qui passent 0,66, et encore à présent le Muséum n'en a pas de plus longs;

2.° Par l'aplatissement que prend le merrain dès le milieu de l'intervalle des deux andouillers, partie qui reste ordinairement ronde dans les plus vieux daims. J'en ai cependant vu un où l'on commençoit de voir une apparence d'aplatissement;

3.° Par la régularité des andouillers de l'empaumure qui est plus marquée que dans le daim;

4.° Par la connexion immédiate de la meule au frontal, sans aucune proéminence ou pédicule intermédiaire qui la porte, comme il y en a dans le daim.

Mais cette proéminence diminuant en général avec l'âge, tant dans le daim que dans le cerf, il seroit possible qu'elle se réduisît presque à rien dans les très-vieux individus.

Il se pourroit encore qu'il y ait eu quelque autre différence dans la partie de ce bois qui nous manque.

Cependant comme les bois de daims que j'ai rassemblés en assez grand nombre pour les comparer à celui-ci, m'ont offert entre eux des différences, qui, pour n'être pas les mêmes que celles que je viens d'indiquer, n'en doivent pas moins être considérées comme aussi fortes, je ne crois pas qu'on puisse établir une espèce nouvelle sur ce que je viens de rapporter: la grandeur seule pourroit y engager; mais les restes fossiles d'aurochs et de bœufs, que je ne sépare point non plus des espèces vivantes, nous montrent la même supériorité de taille.

Ce bois a été trouvé dans les sables qui couvrent le penchant des collines à droite de la vallée de la Somme, tout près d'Abbeville.

Il paroît qu'on en trouve aussi en Allemagne; car j'ai reçu

de M. *Autenrieth* le dessin d'un crâne et d'un merrain y ad-
hérant, déposés au cabinet de Stuttgard, et que ce savant rapportoit à l'élan fossile, mais qui me paroissent plutôt se devoir
rapporter à ce daim, à cause de la longueur de la partie cylindrique.

4.° *Sur une espèce particulière de* CERF, *voisine du* RENNE,
mais de la taille du CHEVREUIL, *dont les os se sont trouvés*
*en abondance près d'*ETAMPES, *avec une digression sur*
les espèces petites et moyennes de CERFS *d'Amérique.*

Guettard, qui étoit d'*Etampes*, a fait connoître cette
découverte, et décrit ces os en détail dans ses *Mémoires sur*
différentes parties des sciences et des arts, t. I, p. 29—80;
malheureusement ses descriptions, quoique fort longues, ne
sont pas toutes accompagnées de mesures, et ses figures sont
sur des échelles différentes; mais comme nous avons sous les
yeux quelques-unes des pièces dont il a parlé, nous pouvons
les décrire et les comparer directement.

La ville d'Etampes est placée dans une vallée qui ne fait
en quelque sorte qu'effleurer la superficie de la Beauce, et qui
n'y pénètre pas assez profondément pour arriver au-dessous
des sables remplis de grès, qui forment le massif principal de
cette vaste plaine élevée.

On creuse les flancs de la vallée pour y prendre un sable
utile aux fondeurs, ou des grès propres aux constructions et
au pavé, et la surface de la plaine supérieure offre de nombreuses excavations pratiquées dans le tuf d'eau douce qui la
recouvre immédiatement sous la terre végétale, et que l'on
emploie à faire de la chaux.

Les grès d'Etampes, comme tous ceux des environs de Paris, sont des concrétions formées dans le sable, et environnées de sable de tous côtés. C'est entre des blocs de ces grès, et dans le sable qui les enveloppe, et qui en remplit les intervalles, que se trouvèrent les os en question.

Il paroît qu'ils étoient en fort grand nombre, et qu'ils appartenoient à des animaux de tailles assez différentes; car il y en avoit que l'on soupçonna d'hippopotames; mais les plus nombreux et les mieux caractérisés appartenoient évidemment à un ruminant d'une taille intermédiaire entre celle du chevreuil et celle du daïm, et qui, portant des bois, ne pouvoit être rapporté qu'au genre du cerf.

Guettard ayant montré de ces bois à l'Académie, on leur trouva quelque ressemblance avec ceux du renne; et c'est sous le nom de renne que l'on parla de cet animal dans les journaux du temps (1).

En effet, ces bois minces, presque filiformes, légèrement comprimés, et donnant à quelque distance de leur base un ou deux andouillers en avant, ne sont pas sans quelques rapports avec ceux des jeunes rennes, lorsqu'ils n'ont pas encore pris ces empaumures élargies qui caractérisent leur espèce.

Cependant un examen attentif des fragmens de ces bois fossiles que Guettard a représentés, et de ceux que nous possédons au Muséum, y fait promptement apercevoir des différences assez marquées.

On peut diviser ces bois en deux sortes, qui proviennent sans doute de deux âges différens du même animal.

Les uns, pl. I, fig. 14, 15, 16, 17, donnent à un, deux ou

---

(1) Mélanges d'Histoire naturelle, par *Alléon Dulac*, I, 19 et suiv,

trois pouces au-dessus de la meule, un andouiller isolé, qui se porte en avant; et alors le merrain lui-même, qui n'est guère plus gros que cet andouiller, se porte en arrière, pour se partager encore une fois de la même façon, ou au moins pour donner un deuxième andouiller de sa partie postérieure. C'est du moins là ce qu'on peut juger par les morceaux des figures 16 et 17, qui sont un peu plus complets que les autres.

Dans l'autre sorte de ces bois fossiles (fig. 10, 11, 12), le merrain produit, dans sa partie inférieure, ordinairement à un pouce au-dessus de sa base, quelquefois plus bas, deux andouillers à peu de distance l'un de l'autre, et qui se portent tous deux en avant, tandis que le merrain se porte en arrière; et, dans ces deux sortes, la meule ou la partie par laquelle le bois s'attachoit au crâne, est presque ronde, quoique la tige ou le merrain ne tarde pas à s'aplatir, surtout dans ceux de la seconde sorte, où la réunion du merrain et des deux andouillers offre une partie plate, quelquefois de deux pouces de largeur : ordinairement le merrain n'a guère que dix lignes dans son grand diamètre.

Il est clair d'abord que de pareils bois ne pourroient convenir qu'à de très-jeunes rennes, vu leur petit diamètre; cependant les os trouvés avec eux paroissent avoir été d'animaux adultes, et dont les épiphyses étoient soudées au corps de l'os.

Ensuite les jeunes rennes eux-mêmes n'ont pas tout-à-fait la même disposition dans leurs andouillers.

Nous possédons le squelette d'un individu de cette espèce, que le feu roi de Suède, *Gustave III*, avoit donné au *prince de Condé*, et qui avoit vécu quelque temps à Chantilly. Le maître andouiller et le merrain y sortent en avant l'un de

l'autre de la meule, sans être portés d'abord par une tige commune, et cette meule a sa base de figure alongée, comme il le
falloit, pour donner en quelque sorte naissance à deux merrains.

Il paroît qu'il en est de même dans tous les rennes où le
maître andouiller est unique, et que, dans ceux où il est double,
l'inférieur naît immédiatement de la meule, comme on peut
le voir dans les figures de jeunes rennes, faites d'après nature par M. le comte *de Mellin*, et publiées dans les *Ecrits
de la Société des naturalistes de Berlin*, t. I, pl. I et II, et
dans *les quadrupèdes de Schreber*, pl. CCXLVIII, A et B.
Une seule de ces figures montre un petit vestige de tige commune, qui pourroit être venu de l'inadvertence du graveur.

Cependant j'avoue que c'est là un bien petit caractère,
et que l'on n'oseroit soutenir sur lui seul que les bois
d'*Etampes* ne venoient pas de jeunes rennes; mais comment, sur plus de trente bois que l'on trouva, n'y en avoit-
il pas d'individus plus âgés, qui alors auroient eu une toute
autre taille et des formes toutes différentes? Comment ces
jeunes bois se trouvoient-ils avec des os d'une taille convenable pour eux, et qui cependant venoient d'animaux adultes?

N'est-il pas vraisemblable que cette ressemblance apparente
avec le renne, ne tient qu'à la mutilation de ces bois, et
que, si l'on en avoit conservé les extrémités, on y auroit
trouvé d'autres caractères plus frappans?

Toutefois, il faut en convenir, ce ne sont là que des conjectures, et je ne les donne que pour ce qu'elles valent. J'ai
toujours eu soin de distinguer nettement, dans le cours de mes
recherches, les faits positifs, résultats de l'observation immédiate, de ceux qui ne tiennent qu'aux combinaisons du raisonnement, et je ne quitterai pas ici cette méthode essentielle,

Il est donc fort à désirer, pour approfondir ce sujet, que l'on fasse de nouvelles recherches sur les lieux, afin d'y obtenir un bois entier ; c'est alors seulement qu'on saura avec certitude si le cerf fossile d'Etampes différoit constamment du renne.

J'avoue que dès à présent je n'en doute presque pas, tant je suis porté à croire que l'analogie des autres espèces ne se trouvera pas en défaut pour celle-ci.

Aucune des autres petites espèces de cerfs connues dans les deux continens, ne pourroit avoir fourni ces bois : cela est évident de reste pour ceux de l'ancien ; quant au nouveau, on ne connoît pas encore à la vérité d'une manière bien exacte toutes les espèces qu'il produit au-dessous de la taille du *caribou* et du *cerf du Canada ;* c'est même une chose assez extraordinaire que tant de naturalistes qui en ont écrit, ne se soient pas donné la peine d'en faire graver de bonnes figures ; pour moi, dans les longues recherches que j'ai faites, je n'ai pu découvrir l'existence que de cinq, dont deux, ne portant jamais que des dagues sans andouillers, n'appartiennent point à notre sujet.

Elles ne se trouvent toutes les cinq que dans les pays chauds, suivant la loi générale qui rend les quadrupèdes des pays froids à-peu-près communs aux deux continens; ce n'est donc qu'en *Virginie* qu'il faut commencer à chercher des *cerfs* propres à l'Amérique.

Le premier nous est aujourd'hui bien connu, puisque nous le possédons vivant à la ménagerie, et qu'il y propage. Le premier couple avoit été envoyé de la Martinique à l'Impératrice, sous le nom de cerf de la Louisiane, et S. M. a daigné en faire présent à notre établissement.

5

Cette espèce est charmante par sa douceur, par l'élégance de sa taille, et la finesse de sa physionomie. Sa grandeur est à-peu-près celle du daim; mais son museau est encore plus pointu, et ses proportions plus sveltes que celles de l'axis. Le pelage des deux sexes est semblable, savoir, en été, d'un joli fauve roussâtre, et, en hiver, d'un fauve cendré tant dessous que dessus; les pieds sont un peu plus pâles; un espace blanc occupe, comme dans l'axis, la gorge et le dessous de la mâchoire inférieure. Il n'y a de blanc aux fesses que la partie que recouvre la queue; et celle-ci, qui est grosse et longue comme dans le daim, est blanche dessous, fauve dessus, à l'exception du tiers inférieur qui est noir : le petit bout est blanc. Il n'y a ni taches sur le corps, ni raies noires sur le dos, ou sur les côtés des fesses, comme au daim. Le dessus du chanfrein et la convexité de l'oreille sont gris-brun foncé; une tache blanche est sur la base de l'oreille.

Le bois de cette espèce est blanchâtre, assez lisse, excepté vers la base, où il a quelques tubercules. Il s'écarte d'abord un peu en dehors et en arrière, et se recourbe en demi-cercle, pour revenir en avant et en dedans.

Il en naît, un peu au-dessus de sa base, à sa face interne, un petit andouiller simple; puis, au tiers de sa hauteur, un autre plus grand, dirigé un peu en arrière et en dedans, et la pointe se bifurque encore.

Dans les divers individus que nous avons observés, le nombre des andouillers ne va point au-delà; mais la longueur totale augmente avec l'âge jusqu'à quinze pouces, en suivant la courbure. Les faons de cette espèce sont tachetés comme ceux du cerf commun.

Il n'y a point de doute que ce ne soit l'animal auquel les

Virginiens ont transporté le nom de *daim* (*fallow-deer*), tout aussi mal-à-propos qu'ils ont donné celui d'*élan* (*elk*) au cerf du Canada, et dont *Pennant* a donné une description incomplète, copiée par *Gmelin*, et par M. *Schaw*, sous le nom de *cervus virginianus*; il est bien probable aussi que c'est quelqu'un des *mazames* de *Hernandès*; mais ce seroit en vain qu'on chercheroit à deviner lequel, d'après les caractères incomplets de cet ancien auteur. Ni M. d'*Azzara* ni *Laborde*, dans les supplémens de *Buffon*, ne paroissent en avoir parlé.

Le deuxième des moyens cerfs d'Amérique, est celui dont *Daubenton* a fait représenter les bois (Hist. nat., VI, pl. XXXVII), sous le nom de *chevreuil d'Amérique*. Ces bois ont la même grosseur, la même courbure, et les mêmes andouillers que les précédens : seulement le grand andouiller de derrière s'y bifurque quelquefois ; mais leur couleur est brune, et leur merrain est hérissé de nombreux tubercules ou perlures : il ne paroît pas non plus qu'ils deviennent si longs ; car nous n'en avons pas de plus de onze pouces, en suivant les courbures.

Comme nous ne connoissons de cet animal que le bois, nous ne pouvons assurer qu'il ait été décrit par les auteurs ; il paroît cependant que c'est lui que *Pennant* entend, sous le nom de *cervus mexicanus*; car il cite la planche de Daubenton, et le bois qu'il représente, quoique surchargé d'andouillers, ne semble qu'une variété de celui-ci ; mais il ne nous dit pas d'où il a tiré sa description, et le fait que les faons sont aussi tachetés. Cette dernière circonstance me le feroit rapporter au *gouazouti* de d'Azzara: sans elle, je l'aurois plutôt rapporté au *gouazou poucou* du même.

Dans tous les cas., il faut qu'il y ait au moins trois cerfs à bois ramifié dans la partie chaude de l'Amérique.

Quant aux deux espèces à bois simple, c'est encore d'Azzara qui les a le premier bien décrits, et nous en possédons une au Muséum, qu'il a reçonnu lui-même, son *gouazou pita*, qui se distingue par sa belle couleur marron.

Mais il est presque impossible d'accorder les descriptions de d'Azzara avec celles de Laborde ; ce qui peut faire présumer qu'il y a encore une ou deux espèces, outre les cinq que nous venons d'indiquer ; cependant leurs bois ne peuvent être considérables, d'après tout ce que l'on en rapporte.

5.° *D'un chevreuil fossile des environs d'*ORLÉANS.

Ces os sont, par leur situation, les plus extraordinaires que j'aie encore observés; car, si ce qu'on en rapporte est juste, c'est la première fois que l'on trouve, avec des os d'animaux perdus, d'autres os que l'on ne peut distinguer de ceux d'une espèce vivante de notre pays.

J'ai parlé ailleurs (1) de cette carrière du hameau de *Montabusard*, commune d'*Ingré*, d'où M. Defay, naturaliste d'Orléans a retiré, depuis 1778 jusqu'en 1781, plusieurs os d'animaux différens, dont deux espèces au moins appartenoient au genre *palæotherium*, et une autre, au genre *mastodonte*.

Mais, dans le nombre, il se trouvoit aussi deux fragmens de bois, cités par M. Defay (2), et plusieurs portions de

---

(1) Dans mon Mémoire sur les espèces fossiles de Montmartre, et dans le chapitre sur divers mastodontes.

(2) La Nature considérée dans plusieurs de ses opérations, p. 57.

mâchoires, qu'il m'a été impossible de distinguer des parties
analogues de notre chevreuil commun. Outre les morceaux
qui m'ont été prêtés par M. Defay, j'en ai vu quelques autres
envoyés au conseil des mines par M. Prozet, et qui sont dans le
même cas.

Nos chevreuils existoient-ils péle-méle avec des palæotherium de plusieurs tailles, et avec des mastodontes? ou y
avoit-il, entre les couches dans lesquelles on trouve leurs
os, des distinctions à faire, qui n'ont pas été saisies par les
observateurs? ou bien, enfin, étoit-ce une espèce de chevreuils, dont le caractère distinctif se trouvoit dans des parties que je n'ai pas obtenues?

J'ai encore sous les yeux des fragmens de la pierre qui contient ces mâchoires de chevreuil ; c'est un calcaire marneux,
rougeâtre, pénétré de petites fentes, et contenant quelques coquilles qui m'ont paru d'eau douce; en un mot, je le regarde
comme un tuf d'eau douce, semblable à celui de nos environs,
que M. Brongniart a suivi, non-seulement jusqu'à Orléans,
mais jusqu'au fond de l'Auvergne. La pierre qui contenoit les
os de palæotherium, étoit peut-être un peu inférieure; mais je
n'oserois l'assurer, et les morceaux de ce genre que j'ai vus,
étant dépouillés de leur gangue, je ne puis avoir d'opinion à
cet égard.

6.° *Sur un bois singulier de chevreuil, des tourbières de la
Somme* (pl. I, fig. 12).

J'ai été bien étonné, en apercevant encore des caractères
particuliers dans ce bois, que sa grandeur et le nombre de ses
principaux andouillers, me faisoient rapporter au chevreuil com-

mun ; mais, ayant réuni beaucoup de bois de chevreuils, je n'ai
trouvé dans aucun le petit andouiller de la base de celui-ci, et
je n'y ai jamais vu le troisième andouiller égaler le deuxième en
hauteur. Au reste, tout cela peut n'être pas spécifique ; et comme
les tourbières recèlent beaucoup d'ossemens connus, il est très-
possible que celui-ci doive être rangé dans la même cathégo-
rie. Je le dois, comme tant d'autres fossiles du même canton,
à l'attention de M. Traullé pour tout ce qui peut être utile
aux sciences ou à l'archéologie.

Au reste, on trouve de vrais bois de chevreuil dans les tourbières et dans les sables d'alluvion. Il y en a au cabinet du conseil des mines, qui ont été tirés des tourbières des environs de
Beauvais, et qui ne diffèrent en rien des bois de chevreuil ordinaire, si ce n'est qu'ils ont été teints en noir par leur séjour
dans la tourbe.

7.° *Sur des bois semblables à ceux du cerf ordinaire, trouvés*
dans les tourbières ou les sablonnières d'un grand nombre
de lieux

Rien n'est plus abondant : les alluvions récentes en ont toutes
fourni.

En France, la vallée de la Somme en est surtout plus riche
qu'aucune autre ; les bois de cerf s'y trouvent par centaines, dans
les premiers pieds de profondeur, soit de la tourbe, soit du
sable. M. *Traullé* en parle dans le Magasin encyclopédique,
2.° année, t. I, p. 183, et t. V, p. 35. Ce savant zélé en a adressé
au Muséum des échantillons fort bien conservés, accompagnés de quelques os des membres, très-reconnoissables ; et
l'établissement en doit aussi quelques-uns aux soins de M. Bail-

lon, son correspondant à Abbeville, qui lui a procuré tant d'autres objets intéressans. Il y en a également dans d'autres provinces de France. Le cabinet du conseil des mines possède de ces bois, qui ont été tirés des tourbières du département de l'Oise, avec différens os de bœuf, des bois de chevreuil, et des défenses de sanglier, par conséquent au milieu de dépouilles des animaux du pays. Le même cabinet en possède un fragment, déterré à Fayence, département du Var, à huit mètres de profondeur, avec des coquilles dont on n'a pas mentionné l'espèce.

Outre ces bois, que nous avons examinés nous-mêmes, et dont l'identité avec ceux de nos cerfs communs est frappante, les auteurs parlent de plusieurs autres, que nous croyons pouvoir admettre sur leur témoignage, attendu qu'il seroit difficile de s'être trompé sur des objets si faciles à reconnoître. Ainsi, c'est encore un vrai bois de cerf que celui qui fut trouvé sous une roche de grès, dans le sable, sur le chemin de Nemours à Montargis, et que Guettard a fait graver (*Mém. sur les sc. et les arts*, t. VI, mém. X, pl. VIII, fig. 2).

Il existe un mémoire particulier de M. *Faujas*, sur des bois de cerfs déterrés près de Montélimart, à quatorze pieds de profondeur, dans du sable (1); c'est un des premiers ouvrages de ce savant géologiste.

La grande collection des Transactions philosophiques offre plusieurs pièces analogues, d'autant plus remarquables, qu'il n'y a point aujourd'hui de cerfs sauvages en Angleterre.

Hopkins figure (n.° 422, fig 4) un bois de cerf, long de trente pouces, quoique mutilé, tiré par un pêcheur de la mer, sur la côte du comté de Lancastre.

(1) Grenbble, 1776, in-4.

Knowlton en représente (vol. 44, n.° 479, p. 124, pl. I, fig. 2) une tête, aves ses bois longs de deux pieds dix pouces ; chaque perche portoit neuf andouillers On l'avoit trouvée dans un lit de sable, dans la rivière de Rye, qui coule dans la Derwent dans l'East-riding du comté d'York.

Robert Barker décrit encore un bois (t. 75), long de trente-neuf pouces et demi, déterré avec d'autres os, dans un tuf assez dur, à six pieds de profondeur, à *Alport*, paroisse de *Youlgreave*, dans le comté de *Derby*.

C'est aussi dans le *Derbyshire*, et près de *Youlgreave*, à *Lathilldale*, que fut trouvé le bois de cerf décrit par *Roger Gale*, dans le volume de 1745, p. 262. Il étoit à neuf verges sous le sol, et avoit auprès de lui des os qui venoient sans doute du même animal, mais que l'on regarda, sans preuve, comme des os humains.

Leigh, dans son Histoire naturelle du comté de *Lancastre*, représente une tête de cerf, trouvée sous la mousse, et dont les bois avoient quarante pouces, c'est-à-dire, plus d'un mètre; ce qui est très-considérable. Il y en a une copie dans les *Memorabilia Saxoniæ subterraneæ* de *Milius*, p. 55, pl. VIII.

Il est aussi question de bois semblables dans l'Histoire naturelle du comté de *Northampton*, par *Morton*.

Je trouve encore un fragment de bois qui me paroît avoir été de l'espèce commune, dans l'Histoire naturelle du comté de *Cornouailles*, par *Borlase*, pl. XXVII, fig. 5; mais ce tronçon étant très-gros, et ayant été arraché d'un roc, je conserve quelque doute sur l'espèce qui l'avoit fourni. Il venoit de *Newkaye*, paroisse du *Bas-St-Columb*, non loin de *Padstow*.

Quant à l'*elaphoceration* ou *bois de cerf fossile*, que *Luid* (*Lithophil. brit.* p. 79, n.° 1562) rapporte avoir été trouvé à

Whitney, et près de *Whitton* en *Lincolnshire*, nous n'en pouvons rien dire, attendu que cet auteur n'en donne ni description ni figure.

Scheuchzer, dans son *Museum diluvianum*, p. 100, parle de deux squelettes entiers de cerf, trouvés, l'un, à *Wiedikon*, dans une glaisière, à la profondeur de dix pieds ; l'autre, à *Flurlingen*, dans une carrière, à celle de vingt. Il cite aussi un morceau de bois de cerf, tiré d'une carrière, à *Megenwil*, dans les *baillages libres*.

M. *Karg*, dans son Mémoire sur les carrières d'*OEningen* (*Mém. de la Soc. des nat. de Souabe*, t. I, p. 25), assure également que l'on trouva, il y a plusieurs années, dans la carrière supérieure, un squelette entier de cerf, qui fut brisé par l'incurie des ouvriers, mais dont il reste des fragmens dans le cabinet de *Mersebourg*.

Le plus célèbre des cerfs fossiles, s'il étoit bien authentique, seroit celui dont parle *Spada* (*Catal. lapidum veronensium*, p. 45), et qui, dit-il, avoit été trouvé entier, mais ramassé en bloc, dans les montagnes de *Valmenara di Grezzana*, incrusté dans un roc si dur, qu'on ne put l'en arracher que par morceaux ; *Spada* assure cependant qu'on y reconnoissoit les bois, le crâne, les mâchoires, les dents, les omoplates, les vertèbres et tous les os des pieds. Il est probable qu'il n'étoit pas dans la masse du roc, mais dans quelque fente remplie après coup de stalactite.

M. *Allioni*, dans son Essai sur l'oryctographie du Piémont, p. 82, cite des bois de cerfs, trouvés dans des lits d'argile de la colline *di Campagnole*, qui lui furent donnés par le chevalier de Rubilant, et M. Faujas (*loc. cit.*, p 20) assure en avoir eu aussi du Piémont, et en avoir vu chez le comte de Gui...

Mercati rapporte (*Metallotheca vaticana*, p. 325) qu'il y avoit au cabinet du Vatican plusieurs bois de cerf, déterrés auprès de *Véronne*.

Si l'on ne trouve pas sur les bois de cerf fossiles beaucoup de témoignages au-delà de ceux que nous venons de rapporter, c'est probablement parce que ces bois, appartenant visiblement à des animaux du pays, et ne se trouvant qu'à de petites profondeurs, on n'y a rien vu de bien remarquable, ni qui fût digne d'être noté.

ARTICLE III.

Sur les différentes espèces de bœufs fossiles.

L'écrivain qui veut approfondir un sujet quelconque, ne se voit que trop souvent exposé au malheur d'être obligé d'examiner et de remettre en ordre tout ce qui a été confondu et embrouillé par ses prédécesseurs; et j'éprouve plus que personne cet inconvénient, parce que les faits relatifs aux os fossiles ayant presque toujours été transmis par des minéralogistes qui n'avoient pas des connoissances suffisantes en anatomie, il s'y est glissé plus de méprises que dans aucune autre matière.

Ainsi dans ce chapitre, pour expliquer les os fossiles de bœufs qui devroient être si faciles à reconnoître, je me vois obligé de reprendre une foule de questions relatives aux bœufs vivans et à leurs caractères, que j'aurois pu supposer connus, si je ne voyois qu'ils n'ont pas toujours été saisis, même par des savans très-célèbres.

Par exemple, mon illustre confrère, M. Faujas, qui semble s'être proposé de n'admettre parmi les fossiles, aucun animal inconnu, qui m'a combattu même sur les plus évidentes de mes propositions en ce genre, puisqu'il n'a voulu regarder ni l'éléphant à longs alvéoles, ni le rhinocéros à museau prolongé, ni le crocodile de Honfleur, comme des espèces nouvelles, a fini par donner pour telles, deux crânes fossiles du genre des bœufs, qu'il a décrits et représentés une première fois dans ses Essais de Géologie, (tom. I , pag. 329 et suiv. , et pl. XVII), et une seconde dans les Annales du Muséum d'histoire naturelle, (t. II , p. 188 , pl. XXXIII et XXXIV), affirmant à plusieurs reprises que ni l'un ni l'autre n'est un crâne d'*aurochs*, et disant que s'il reste quelque espoir d'en trouver les espèces vivantes, ce sera apparemment dans les parties intérieures et peu connues des Indes.

Il n'étoit pas nécessaire d'aller si loin; la vérité est que le premier de ces crânes est celui d'un *aurochs*, sans aucune différence qui puisse raisonnablement être regardée comme spécifique; et (chose bien plus singulière encore), que le second appartient tout simplement à l'espèce de notre *bœuf domestique* et en a tous les caractères. La grandeur de l'un et de l'autre comparée aux squelettes ordinaires de nos cabinets, et la direction des cornes ont seules fait illusion; mais les naturalistes savent bien que ce ne sont pas là des caractères constans ni propres à distinguer les espèces.

Avant d'offrir une nouvelle description de ces deux crânes et de ceux qui leur ressemblent, il est nécessaire que je rappelle les caractères ostéologiques que j'ai donnés ailleurs pour distinguer le *bœuf* et l'*aurochs*, et que je me livre encore à quelques autres discussions.

« Le front du *bœuf* est plat et même un peu concave; celui » de l'*aurochs* est bombé, quoiqu'un peu moins que dans le » *bœuf;* ce même front est carré dans le premier, sa hauteur » étant à-peu-près égale à sa largeur, en prenant sa base entre

» les orbites; dans l'*aurochs*, en le mesurant de même, il est
» beaucoup plus large que haut, comme trois à deux. Les
» cornes sont attachées, dans le *bœuf*, aux extrémités de la
» ligne saillante la plus élevée de la tête, celle qui sépare l'oc-
» ciput du front; dans l'*aurochs*, cette ligne est deux pouces
» plus en arrière que la racine des cornes; le plan de l'occi-
» put fait un angle aigu avec le front dans le *bœuf*; cet angle
» est obtus dans l'*aurochs*; enfin ce plan de l'occiput quadra-
» gulaire dans le *bœuf*, représente un demi-cercle dans l'*au-
» rochs* (1) ».

Les caractères assignés à l'espèce du bœuf, ne sont pas seulement ceux d'une ou deux variétés; ils se sont trouvés constans, non-seulement dans tous nos bœufs et vaches ordinaires,
mais encore dans toutes les variétés étrangères que nous avons
examinées, telles que les petits bœufs d'*Ecosse*; les bœufs à
grandes cornes, de la *Romagne*; les bœufs *sans cornes*; les
zébus ou *bœufs à bosse*, grands et petits, avec des cornes
et sans cornes; enfin jusque dans les crânes embaumés de
bœufs, rapportés des grottes de la *Haute-Egypte* par M. Geoffroy.

On peut s'en assurer en examinant la pl. II, où, à côté du
crâne de l'*aurochs*, fig. 1 et 2, j'ai fait représenter; 1.° celui du
bœuf sans cornes, fig. 3 et 4; 2.° celui du zébu à cornes, fig. 5 et
6; 3.° celui d'un bœuf de la Romagne à grandes cornes, fig. 7 et 8;
4.° celui d'un petit bœuf d'Ecosse à cornes descendantes,
fig. 9 et 10, que j'ai fait suivre de ceux des différens buffles, tous
d'après la même échelle, c'est-à-dire réduits au dixième.

Si l'on ajoute encore à ces caractères pris du crâne, cette

(1) Ménagerie du Muséum d'Hist. nat. art. du *Zébu*,

circonstance déjà observée par Daubenton (1), et par moi, que l'*aurochs* a quatorze paires de côtes, tandis que les *bœufs*, comme la plupart des ruminans, n'en ont que treize; cette autre que ses jambes sont plus minces et plus longues que celles du *taureau* et du *buffle*; et cette troisième, rapportée par M. *Gilibert*, que sa langue est d'une couleur bleue (2); l'on trouvera sans doute que c'est avec un peu de légèreté que nos plus grands naturalistes ont regardé l'*aurochs*, comme la tige sauvage de nos bœufs domestiques (3).

L'opinion des mêmes naturalistes, qu'il y a encore à présent, dans le nord de l'Europe, deux races sauvages différentes, l'une sans bosse, qu'ils appellent particulièrement *aurochs*, et l'autre à bosse, à laquelle ils donnent le nom de *bison*, n'est pas mieux fondée, quoiqu'elle semble s'accorder avec des témoignages formels des anciens, dont nous donnerons bientôt une explication plus vraisemblable (4). Personne en effet n'a pu retrouver, dans nos temps modernes, ces deux animaux des anciens; les deux figures que *Gesner* prétend en donner, et dont il emprunte l'une d'*Herberstein*, et l'autre de *Wied*, ne représentent que l'*aurochs*, et *Pallas* nous explique complètement les petites différences qu'on observe entre elles, en nous apprenant que les vieux mâles *aurochs* prennent des poils plus longs et une

---

(1) Hist. nat. XI, p. 418.

(2) Gilbert, *Opuscula phythologico-zoologica prima*, p. 70.

(3) Buff. XII, 307; Lin. *Bos taurus ferus*.

(4) Jubatos bisontes excellentique et vi et velocitate uros. Plin. VIII, 15.

    Tibi dant variæ peetora tigres,
    Tibi villosi terga bisontes,
    Latisque feri cornibus uri.

                SÉNÈQUE, Hippol. etc.

saillie plus forte sur les épaules que les jeunes et les femelles ;
enfin *Raczinsky*, auteur polonois, ne parle du *bison* que d'a-
près *Gesner* ; il dit même positivement que la figure d'*Herberstein* appartient à l'*aurochs*, nommé en Polonois *zubr* ; et
le *thur* des Polonois, que quelques-uns ont cru être le *bison*,
n'est selon *Pallas*, autre chose que le *buffle ordinaire* introduit au midi de la Pologne bien après le temps des anciens.

Il seroit fort à désirer que le grand bœuf sauvage de l'Amérique septrionale, ou *buffalo* des Anglo - Américains (*Bos
americanus, Linn. gm.*) fut aussi bien connu ostéologiquement que le *bœuf* et l'*aurochs* le sont maintenant. Ce seroit
le seul moyen de décider s'il doit être regardé comme
une espèce à part ; car les caractères que l'on peut lui assigner
jusqu'à présent, d'après les descriptions extérieures que l'on
en a, ne sont peut-être pas assez importans pour cela. On peut
les voir dans les articles et dans les figures d'Allamand et de
Buffon ; ils consistent dans une bosse plus sensible, dans une
laine épaisse qui recouvre toujours les épaules, le cou et le
dessus de la tête ; dans une longue barbe qui leur pend sous
le menton ; enfin, et surtout, dans leur queue courte qui ne
va pas jusqu'au jarret. Les naturalistes américains pourront
facilement en dessiner le crâne, et nous apprendre s'il diffère
autant de ceux du *bœuf* et de l'*aurochs*, que ceux-ci diffèrent
entre eux.

L'identité de l'*aurochs* et du *bœuf sauvage d'Amérique*
seroit d'autant plus singulière, qu'il n'y a point d'*aurochs* en
Sibérie, et qu'il faudroit, comme le remarque M. *Pallas*, que
l'espèce se fut portée d'un continent à l'autre par le nord de
l'Europe. Heureusement la solution de cette question n'est pas
nécessaire pour nos recherches actuelles ; il nous suffit d'avoir

montré les différences de l'*aurochs* et du *bœuf*; différences qui vont se trouver confirmées, puisqu'elles distinguoient déjà les deux espèces aux époques reculées où les deux sortes de crânes dont nous allons parler, ont été enfouies.

1.° *Des crânes fossiles déterrés en divers pays, et qui ne diffèrent presque en rien de ceux d'aurochs.*

Le premier dont nous parlerons est celui du Muséum, que M. *Faujas* a déjà représenté, et que nous reproduisons pl. III, fig. 1, et de profil fig. 6.

Quoiqu'en ait dit ce savant géologiste (Ess. de Géol. p. 343), la comparaison la plus scrupuleuse de ce crâne, avec celui du squelette d'aurochs de notre Muséum, n'offre de différence forte, que dans la grandeur proportionnelle des cornes; mais comme on sait que les cornes croissent toute la vie, et que l'abondance de la nourriture exerce une grande influence sur leur volume, ce ne peut être là un caractère spécifique. L'aurochs de notre Muséum a bien aussi une corne courbée en en-bas, mais ce n'est qu'un accident dont il est encore moins permis de tenir compte. Des différences plus légères dans la saillie des bords osseux des orbites, et dans la largeur proportionnelle de l'occiput, peuvent tout aussi aisément s'expliquer par l'âge et par le sexe, non pas comme on l'a fait, si souvent dans ces matières sur des conjectures vagues, mais parce qu'on a la preuve que ces circonstances produisent dans le genre des bœufs, des différences aussi grandes que celle-ci.

Néanmoins le crâne est d'une grandeur énorme, quoique l'individu dont il vient ne fût pas très-âgé, à en juger par les sutures.

La largeur de la face occipitale entre les angles mastoïdiens est de 13″ ou 0,35; et la distance des bords des orbites dans le haut, de 15″ou 0,405.

Notre squelette d'aurochs, qui a ces deux dimensions de 0,2 et 0,25, est élevé, au garrot, de 5′ 1″ ou 1,65. Le fossile l'auroit donc été de plus de 2,60, ou de 8 pieds de roi.

Il ne paroît pas que les *aurochs* actuels, qui sont confinés dans les pays du nord, parviennent à cette taille-là. Le squelette d'un grand aurochs mâle, du cabinet de l'Académie de Pétersbourg, n'a, suivant M. Pallas, entre les angles mastoïdiens, que 9″ 9‴ ou 0,265, et entre les orbites 11″ 9″ ou 0,32. Sa hauteur devoit donc être de 2,11 ou 6 pieds 6 pouces.

Mais il est possible que ceux qui vivoient autrefois dans des climats plus doux et plus abondans, acquissent ce volume. Or, tout le monde sait que les aurochs ont existé dans notre pays, même dans les temps historiques, puisque César et Pline en parlent assez au long.

Ce qui reste des noyaux osseux des cornes est presque horizontal, remonte peu vers le haut, mais est légèrement arqué en avant. La circonférence de leur base est de plus d'un pied, et tout fait juger que les cornes devoient être fort considérables. La croissance de ce gros noyau se porte même en partie sur l'épaisseur des os du front, où la base de la corne se prolonge en une espèce de bourrelet peu saillant.

Mais un autre crâne fossile d'aurochs du Muséum, beaucoup plus jeune et plus petit que le précédent, a des noyaux de cornes très-courts. Comme il est parfaitement entier, je l'ai fait dessiner de face et de profil, fig. 8 et 9; et sa longueur étant exactement la même que celle de notre squelette d'aurochs vivant, il a été aisé de les comparer, et de voir que leur différence se réduit à un peu plus de largeur du museau et de saillie des orbites dans le fossile ; mais le taureau et la vache diffèrent souvent davantage entre eux à cet égard.

M. *Faujas* nous apprend (1) que le grand crâne a été trouvé sur les bords du Rhin, du côté de *Bonn* ; mais on ignore d'où vient le petit ; les personnes qui l'ont déposé au Cabinet n'ayant point laissé de note sur son origine.

Ils ne peuvent, au reste, avoir été déterrés, ni l'un ni l'autre, dans des couches bien profondes ni bien anciennes. Le petit surtout est à peine altéré autrement que par l'action de l'air, et ses parties intérieures n'ont presque point encore perdu leur couleur ni leur luisant naturel. Le grand l'est davantage.

Le crâne représenté par *Klein*, dans le 32.ᵉ vol. des Trans. philosophiques, est parfaitement semblable au grand crâne de notre Muséum, et ses dimensions en différoient fort peu, seulement les noyaux de ses cornes étoient encore plus gros ; mais tout habile zoologiste qu'étoit *Klein*, et quoiqu'il habitât si près du pays des *aurochs*, il ne reconnut pas ce crâne, et dit expressément qu'il n'y a point de preuve que ce soit celui d'un de ces *zubr* dont *Gesner* a parlé d'après *Münster*. Cette pièce avoit été trouvée sous terre, près de *Dirschaw*, sur la Vistule, à trois milles au sud de *Dantzig*, mais on ne nous indique ni la profondeur ni la nature de la couche. Il est probable que c'étoit aussi dans l'alluvion du fleuve.

On a également trouvé de ces crânes en Hollande. M. *Brugmans*, célèbre professeur à Leyden, a eu la bonté de m'en donner un dessin entièrement conforme à celui de *Klein* et au nôtre. L'intervalle des cornes y est de 13 pouces du Rhin,

_____

(1) Annales du Mus. II, 1911

ou 0,34, et le contour de leur noyau de 16, ou 0,415. Les cornes y étoient donc un peu plus fortes que dans le nôtre.

Je ne puis non plus rapporter qu'à cette espèce un noyau de corne isolé, et d'une courbure uniforme, dont M. *Hacquet*, savant minéralogiste, et conseiller des mines de l'Empereur, à Léopol en Gallicie, a bien voulu m'envoyer le dessin. Sa longueur, en suivant la courbure, est de 2 pieds de roi, ou 0,66, et le contour de sa base, de 15 pouces. M. Hacquet l'a trouvé près de la petite ville de *Szczbrzeszyn*, à quelques milles de *Cracovie*. Sa surface est enduite de terre calcaire.

L'une des plus grosses cornes que l'on ait trouvées de cette espèce, est celle dont M. *Peale* a envoyé d'Amérique à notre Muséum une copie moulée en plâtre, avec la portion de crâne à laquelle elle tenoit, et dont nous donnons une figure, pl. II, fig. 2. Ce qui reste du crâne dans ce morceau est, ainsi que la direction de la corne, semblable à ce que l'on observe dans les crânes déterrés en Europe, les dimensions du crâne elles-mêmes ne sont pas beaucoup plus considérables, mais le contour du noyau de la corne est de 18 pouces 2 lignes, ou de 0,49.

M. *Peale* découvrit ce crâne dans la province de *Kentuckey*, en allant à la recherche des os de mastodonte ; sa découverte ne peut que rendre les naturalistes plus curieux de connoître la forme du crâne des bœufs sauvages de l'Amérique.

Cependant, si le noyau de corne de sept pouces un tiers de diamètre, trouvé en Bohême, et représenté par M. Mayer, dans les Mémoires d'une société particulière de Bohême, t. VI, pl. III, p. 260, est de cette espèce, comme il me le paroît, il surpasseroit encore ceux d'Amérique.

Cette grandeur des cornes de crânes fossiles pourroit disposer à les croire d'une race plus différente de l'*aurochs* que nous ne le pensons, attendu que la plupart des naturalistes assurent que les cornes de l'aurochs sont plus petites que celles du bœuf domestique, et M. *Hacquet* m'écrit que les plus grands individus n'ont pas de noyaux de cornes de plus d'un pied de longueur.

Mais aujourd'hui que les aurochs sont devenus si rares, on est peut-être réduit à juger de leur proportion d'après des jeunes os des femelles ; la figure d'*Herberstein*, copiée dans *Gesner*, dans *Aldrovande*, dans *Jonston*, dans *Shaw* et ailleurs, montre déjà des cornes qui restent fort peu au-dessous de la proportion des fossiles, et quand ces animaux disposoient à leur gré des vastes forêts et des gras pâturages qui couvroient la plus grande partie de la France et de l'Allemagne, l'abondance de leur nourriture influoit probablement sur le développement de leurs armes.

2.° *Des crânes qui paroissent appartenir à l'espèce du bœuf, mais qui surpassent beaucoup en grandeur ceux de nos bœufs domestiques, et dont les cornes sont autrement dirigées.*

Tous les caractères que j'ai assignés à l'espèce du bœuf, se rencontrent dans ces crânes-ci, et je ne doute pas qu'il n'aient appartenu à une race sauvage, très-différente de l'*aurochs*, et qui a été la véritable souche de nos bœufs domestiques : race qui aura été anéantie par la civilisation, comme le sont maintenant celles du *chameau* et du *dromadaire*.

Le contour général du frontal, sa concavité, la courbe rentrante qui le termine vers le haut, et qui s'étend comme une

arête d'une corne à l'autre, l'angle que la face antérieure fait
avec la face occipitale, la circonscription de celle-ci, la fosse
temporale, sont absolument, dans ces deux crânes, comme
dans le taureau.

Seulement, les cornes des bœufs les plus communs se dirigent en dehors, et se recourbent plus ou moins en haut ou en
avant, tandis que les noyaux des cornes de ces crânes, après
s'être dirigés en dehors, se recourbent un peu en avant et en
bas ; mais on sait à quel point la grandeur et la flexion des
cornes varie dans nos races domestiques, et personne ne sera
tenté d'y voir des caractères spécifiques. Nous avons même
au Cabinet le crâne d'un petit taureau d'Écosse, dont les
cornes sont dirigées de côté et en bas.

Cependant, ces crânes fossiles annoncent des animaux bien
supérieurs à nos bœufs de France. Celui que nous représentons, pl. III, fig. 3 et fig. 8, et que M. Faujas a déjà donné
(Essais de Géologie, pl. XVII, fig. 2, et Annal. du Mus., II,
pl. XXXIV) a 12 pouces un quart, ou 0,332 de largeur entre
les cornes, et 11 pouces 10 lignes, ou 0,32 entre les orbites ;
ce qui, d'après les proportions du taureau, annonceroit un
animal de douze pieds de long, et de six pieds et demi de
hauteur au garrot.

La circonférence du noyau de la corne est de 12 pouces 8 *,
et sa longueur, en suivant la courbure, de 27 pouces.

Il n'y a néanmoins rien là qui excède beaucoup ce qu'on
rapporte des grands bœufs de la Podolie, de la Hongrie et de
la Sicile.

Ces sortes de crânes ne sont pas rares dans les tourbières
de la vallée de la Somme. Le Muséum en possède deux qui
viennent des environs d'Abbeville, et qui lui ont été envoyés

par M. *Traullé* et par M. *Baillon*, et une corne adressée par
M. *Pincepré*, et déterrée auprès de *Péronne*. C'est aussi un
pareil crâne qui a été trouvé à *Piquigny*, et annoncé comme
celui d'un *aurochs*, par M. *Boucher*, dans le *Magasin encyclopédique*, IV.ᵉ année, tome IV, pag. 24.

Il suffit de lire la table que donne l'auteur des mesures de
ce crâne, comparées à celles du crâne d'une vache, pour
juger que les proportions étant les mêmes, il s'agit d'un crâne
de l'espèce du bœuf et non de celle de l'aurochs.

M. *Faujas* nous apprend qu'il a vu des crânes semblables
dans les Cabinets de Mannheim, de Darmstadt, et chez M. Satz-
wedel, à Francfort (1).

M. *Autenrieth* a bien voulu m'adresser le dessin d'un autre
de la même espèce, tiré de la rivière d'*Enz*, en Souabe, et
déposé dans le Cabinet de Stuttgardt. Le diamètre des noyaux
de ses cornes est, à la base, de six pouces du Rhin. Ce savant
m'assure qu'on trouve assez souvent de pareilles cornes dans
les tourbières de *Sindelfingen*, à deux lieues de *Stuttgardt*,
où elles sont accompagnées de coquilles ordinaires d'eau
douce.

On a envoyé récemment de Berlin, au Muséum, un noyau
de corne de cette espèce, trouvé en 1749 dans le limon de la
rivière de *Stohr*, près du village de Plate.

Gesner en a fait graver, il y a plus de deux cents ans, un
crâne tout pareil à celui que nous représentons, dont le dessin
lui avoit été envoyé d'Angleterre par son ami *Caius*, qui lui
assuroit avoir vu un autre crâne semblable dans le château de
Warwick (2).

---

(1) Annales du Muséum, II, 194.
(2) Gesner, quadr, 137.

M. *Soldani*, dans son *Essai orictographique*, imprimé à Sienne, en 1780, représente encore, pl. XXIV et XXV, un crâne de cette espèce, parfaitement reconnoissable, dont le front avoit un pied de large, la corne deux pieds sept pouces de long et un pied deux pouces de contour à sa base, et trouvé auprès d'Arezzo, dans un sable mêlé de parcelles talqueuses et d'ocre jaunâtre, sans aucuns testacés.

Le même auteur parle d'un crâne analogue trouvé près de Rome, à vingt pieds de profondeur, dans de la pouzzolane, par le père *Jacquier*. La distance des orbites y étoit de quatorze pouces, et le contour des noyaux des cornes de dix-huit.

Cette espèce auroit donc été répandue dans la plus grande partie de l'Europe; et si l'on se rappelle maintenant que les anciens distinguoient en Gaule et en Germanie deux sortes de bœufs sauvages, l'*urus* et le *bison*, ne sera-t-on pas tenté de croire que l'une des deux étoit celle de cet article, qui, après avoir fourni nos bœufs domestiques, aura été extirpée dans son état sauvage; tandis que l'autre, qui n'a pu être domptée, subsiste encore, en très-petit nombre, dans les seules forêts de la Lithuanie.

3.° *Des crânes fossiles de grands buffles, trouvés en Sibérie, et digression sur une race de buffles à très-grandes cornes, dont les naturalistes modernes font une espèce particulière, sous le nom d'*Arni.

Je n'ai, sur les crânes de buffles fossiles de Sibérie, d'autres documens que ceux que me fournit M. *Pallas*. Il en a décrit une tête dans les *Nov. comment. Petrop.* XIII, pag. 460: il l'a comparée à celle de l'aurochs; et, après avoir montré leurs différences, il conclut qu'elle doit provenir du buffle ordinaire des Indes et de l'Italie.

Ces têtes sont supérieures de près d'un quart, dans toutes leurs dimensions, à celles des plus grands buffles et des plus grands aurochs, comme on peut le voir par la table comparative de M. Pallas.

Indépendamment de la grandeur, les différences de forme et de proportion, avec l'aurochs, sont trop frappantes pour qu'un naturaliste, tel que M. Pallas, ait pu s'y méprendre, en ayant l'une et l'autre tête sous les yeux ; mais il paroît qu'il n'avoit pas celle du buffle ordinaire, et qu'il ne s'est déterminé à rapporter ses crânes fossiles à cette espèce, que par la considération de l'angle ou arête qui règne tout le long de leurs cornes.

Or j'y trouve encore d'autres différences qui me paroissent plus fortes que celles qui distinguent les aurochs et les bœufs fossiles des vivans.

Quoique le buffle ordinaire ait la convexité et le contour du front à-peu-près pareils à ceux du buffle fossile, la largeur de sa tête est moindre à proportion de sa longueur, surtout entre les orbites, dont la distance donne au fossile un caractère tout particulier.

La courbure des cornes est aussi différente; celles du buffle ordinaire se portent en arrière de côté et en haut, sans revenir sensiblement en avant; celles du buffle fossile vont d'abord obliquement, en haut et de côté, et leur pointe revient en avant.

Enfin l'angle saillant longitudinal y paroît aussi moins marqué.

On peut s'assurer de ces différences en comparant le crâne

du buffle, pl. II, fig. 11 et 12, avec le crâne fossile, pl. III, fig. 4 et 5.

M. *Pallas* a reconnu lui-même depuis, implicitement, que ces têtes fossiles ne viennent pas du buffle ordinaire ; car il les a rapportées (1) à une prétendue espèce de très-grands buffles, nommés *arnee* ou *arnis*, que l'on disoit nouvellement découverte dans les montagnes de l'Indostan, et dont le docteur *Anderson*, d'Edimbourg, avoit donné une notice dans un journal intitulé : *the Bee* (décembre 1792). M. *Pallas* assure que les dessins du crâne et des cornes envoyés par M. *Anderson*, ressembloient entièrement à ceux qu'il a publiés autrefois (*Nov. Com. XIII*). et qui font l'objet de cet article.

Il faut qu'il y ait eu quelque méprise dans cet envoi, car les notions détaillées, publiées sur l'*arni* depuis cette époque, prouvent qu'il ne se rapproche pas plus que le buffle de l'espèce fossile ; elles font même voir, selon nous, que l'*arni* n'est autre chose qu'une race de buffles à grandes cornes, dont on n'auroit pas dû faire une espèce particulière.

Il en existoit depuis long-temps un indice dans les Transactions philosophiques. Les cornes de cinq pieds anglois, de longueur, trouvées dans un magasin de marchandises indiennes, et décrites par *Sloane*, en 1727, dans le n.° 397, ne peuvent appartenir qu'à l'*arni*.

Nous possédons aujourd'hui, au Muséum, quelques-unes de ces cornes, rapportées de *Timor*, par MM. *Péron* et *Leschenaud*. Elles frappent beaucoup par leur longueur, qui surpasse quelquefois quatre et cinq pieds de France ; mais comme leur base n'est guère plus grosse que dans le buffle

---

(1) Neue nordische beytræge, VI, 250.

ordinaire, elles ne prouvent rien pour la grandeur de l'animal qui les portoit.

En effet, on a maintenant deux figures du crâne de l'*arni*; l'une est gravée dans les *Abbildungen* de M. *Blumenbach*, pl. LXIII, d'après un dessin envoyé par *sir Joseph Banks*; l'autre est en simple trait dans l'*animal kingdom* de *Kew* p. 336, pl. CCXCV, et dans la *Zoologie générale* de *Shaw*, tom. II, part. II, pl. CCX, p. 400.

La tête de M. *Banks*, que nous avons fait copier, pl. II, fig. 13, est accompagnée d'une échelle qui montre que la longueur est de 2 pieds anglois, ou de 0,607, et l'absence des sutures fait bien voir qu'elle est adulte. Or, nos *buffles ordinaires* d'Italie, hauts de 4 pieds et demi, ou 1,5 au garrot, ont la tête longue de 0,5; d'où je conclus que les *arnis* semblables à celui de M. Banks, doivent être hauts de 1,814, c'est-à-dire de 5 pieds 5 à 6 pouces.

Les voilà bien descendus de cette taille de 14 pieds qu'on leur attribuoit; mais on voit bien que cette taille étoit, non pas observée, mais conclue d'après les cornes, et chacun sait que la longueur des cornes dans le genre des bœufs, n'est point en rapport constant avec la taille.

La figure d'*arni*, donnée par M. *Kerr*, quoique faite d'après une simple peinture indienne, ne dément point mon calcul; les cornes y ont à-peu-près deux fois la longueur de la tête, et le corps a un peu plus de deux fois et demie cette longueur en hauteur; or, les cornes d'*arni* étant longues au plus de quatre à cinq pieds, ce sont les mêmes proportion que nous venons de déterminer; mais M. *Kerr* a fait placer à côté de son *arni*, une figure humaine trop petite, qui fait paroître la hauteur du bœuf, au garrot, d'environ huit pieds.

8

L'auteur ajoute que cet animal tient du bœuf, du cheval et du cerf, mais sa figure ne donne que l'idée d'un bœuf ou d'un buffle.

Au reste, quelle que soit la taille de l'*arni*, il suffit de comparer son crâne, fig. 13, avec celui du *buffle commun*, fig. 11 et 12, pour voir qu'il lui ressemble entièrement, à la longueur des cornes près; c'est la même convexité du front, la même position des cornes et des yeux, la même saillie des orbites, la même proportion du museau; et si l'*arni* est sauvage, on ne peut douter qu'il ne soit la souche primitive de notre *buffle*, laquelle surpassera les races domestiques en grosseur, comme cela arrive assez souvent. Au reste, il y a aussi en domesticité de ces buffles à longues cornes, dans plusieurs parties de l'Inde, et notamment dans toutes les Moluques. M. Leschenaud en a fait une description qui paroît conforme à tout ce que l'on sait de positif sur l'*arni*.

D'ailleurs, il est évident que la tête d'*arni* de notre fig. 13, pl. II, ne ressemble pas plus que celle du *buffle*, fig. 11 et 12, à celle des *buffles fossiles de Sibérie*, pl. III, fig. 4 et 5; les grandes cornes, seul caractère distinctif de l'*arni*, ne s'observent même point dans le fossile.

Je conclus de ces détails et de ces comparaisons, que les buffles fossiles de Sibérie sont d'une espèce particulière, différente et du buffle commun et du buffle à grandes corne ou *arni*; mais bien plus différente encore du *bœuf* et de l'*aurochs*, soit vivans soit fossiles.

Il seroit intéressant d'en connoître les gisemens, et de savoir s'ils se trouvent dans des terrains plus anciens que les autres espèces de bœufs; mais M. *Pallas* ne nous donne que bien peu de lumières là-dessus.

Le premier crâne qu'il a décrit avoit été trouvé près de la rivière d'*Ilga*, où une inondation l'avoit mis à découvert, et c'étoit *Müller* l'historien qui l'avoit rapporté. Le cabinet de Petersbourg possédoit alors des fragmens de trois autres crânes dont on ignoroit le lieu originaire ; mais Gmelin, dans son voyage, assure qu'on en trouve dans les parties les plus reculées de la Sibérie, sur l'*Anadir* et chez les nouveaux Tonguses. M. *Pallas* lui-même a depuis augmenté ce nombre de plusieurs autres crânes trouvés sur les bords du *Jaïk*, de l'*Istisch*, et même, dans les régions les plus boréales, sur ceux de l'*Ob* (1).

Je ne crois donc pas me faire illusion, en considérant cette espèce-ci comme véritablement contemporaine des éléphans à longs alvéoles, et des rhinocéros à crânes allongés, dont fourmillent ces contrées glaciales ; mais je conviens qu'avant de regarder cette idée comme certaine, il faudroit avoir des relations plus exactes des lieux de leurs découvertes.

4.° *Des crânes fossiles à cornes rapprochées par leur base, que l'on a trouvés en Sibérie, et qui paroissent analogues à ceux du* BOEUF MUSQUÉ *du Canada.*

C'est encore uniquement à M. Pallas que nous devons la connoissance des dépouilles fossiles de cette espèce. Ce savant, aux recherches infatigables et aux vues ingénieuses duquel l'histoire naturelle doit tant d'accroissemens, dit n'en avoir vu que deux crânes, trouvés, l'un, sur les bords de

(1) *Nov. Com.* vol. XVII, p. 606.

l'*Ob*, sous le fort d'*Obdor*, et l'autre, dans des contrées plus septentrionales, du côté de *Tundra* (1).

Il hésitoit d'abord s'il devoit le rapporter au *buffle du Cap*, dont on ne connoissoit alors que les cornes, d'après *Buffon*, et que *Sparmann* a décrit depuis, ou au *bœuf musqué d'Amérique*, dont il avoit vu une tête dans le Muséum britannique, ou enfin, s'il ne falloit pas en faire une troisième espèce. Quelques années après, M. Pallas, ayant trouvé une description plus ample du bœuf musqué dans *Pennant*, et connoissant, par sa correspondance avec M. *Sparmann*, ce que ce dernier avoit observé du buffle du Cap, se détermina à regarder les crânes dont je parle comme appartenant à l'espèce d'Amérique (2). Il paroît avoir été mu principalement par cette considération que ces crânes pouvoient facilement avoir été amenés en Sibérie par les courans de la mer Glaciale.

Il est certain en effet que les crânes sibériens diffèrent de ceux du Cap. Comme nous avons au Muséum plusieurs de ces derniers, j'ai été à même d'en faire une comparaison exacte avec les figures de M. Pallas, et j'ai vu que, 1.° les cornes de celui de Sibérie se rapprochent de manière que leurs bases se regardent par des droites parallèles, tandis que, dans celui du Cap, ces lignes forment presque un angle droit, dont la pointe est dirigée vers le sommet.

2.° Le museau est plus étroit, à proportion du crâne, dans le buffle du Cap, que dans celui de Sibérie.

3.° Les orbites de celui de Sibérie forment des tubes sail-

---

(1) *Nov. Comment. Petrop.* XIII, p. 601.

(2) *Nov. Act, Petrop.* t. I, part, II, p. 243,

lans, tandis que, dans celui du Cap, ils ne sont point proéminens.

Chacun peut vérifier ces différences, en comparant les figures du buffle du Cap, pl. II, fig. 14 et 15 et celles du *buffle fossile à cornes rapprochées*, pl. III., fig 9 et 10, que nous avons copiées de M. *Pallas*.

On peut voir aussi par ces figures, qui sont réduites sur la même échelle, que les crânes fossiles sont beaucoup plus petits.

Tout rend donc vraisemblable la conjecture de M. *Pallas*, qui les rapporte au bœuf musqué; mais, dans une matière comme celle-ci, les conjectures les plus vraisemblables auroient besoin d'être confirmées par des comparaisons effectives, et je suis hors d'état de les entreprendre, faute d'un crâne de bœuf musqué, ou même d'une figure de ce crâne dépouillé de sa peau.

M. *Faujas* dit bien (Essais de Géologie, I, p. 336) qu'*il y en a une belle tête au Muséum d'histoire de Paris*; mais c'est qu'il aura pris pour elle la tête du buffle du Cap.

La figure donnée par Buffon (Suppl., t. VI, *in* 4.°, pl. III), d'après un dessin envoyé par *Maguan*, est encore revêtue de son poil; et celles que Pennant a publiées de tout l'animal, outre qu'elles partagent le même inconvénient, ont encore celui de n'être pas très-authentiques.

Il est évident, par exemple, que celle du mâle (History of quadrupeds, p. 27) est copiée d'une prétendue figure d'*Urus*, gravée dans le *César, in-fol.*, édit. de Londres, Tonson, 1712, pl. 134, aux cornes près, qui ont été arrangées : cette même figure est encore dans l'Histoire des Voyages, trad. fr., I, p 481, in-4.°, sous le nom de *buffle de Célébes. Pennant* n'a pas même eu la précaution d'y faire raccourcir la queue, quoique tous ceux qui ont vu le bœuf musqué, disent que sa queue est très-courte, et la comparent à celle de l'ours (1). Cependant M. *Shaw* copie bonnement cette figure, et la suppose faite d'après un animal en mue (General Zoology, I, part. II, p. 449.)

La figure de la femelle, donnée par Pennant, dans son *Arctic Zoology*, est faite avec plus d'adresse; mais il faudroit savoir si elle n'a pas été faite aussi d'après les descriptions.

Je conclus toujours qu'il faut engager les naturalistes anglois à faire venir du Canada la dépouille de cet animal singulier, et à donner des figures exactes de son crâne osseux, avec les dimensions; c'est alors seulement qu'on pourra porter un jugement certain sur les crânes fossiles de Sibérie.

En admettant au reste l'identité de ceux-ci avec ceux du bœuf musqué d'Amérique, il faudra remarquer qu'ils sont dans une position relative bien différente de celle des autres os fossiles de cette contrée. Les seuls analogues que l'on ait cru jusqu'à présent trouver à ceux-ci, vivent dans la zone torride, et les bœufs musqués habitent la zone glaciale. Il est donc probable que si ces crânes leur appartiennent en effet, ils se seront trouvés dans des couches et à des profondeurs toutes différentes de celles qui fournissent les os d'éléphans, de rhinocéros et de grands buffles. C'est encore un point sur lequel il est de notre devoir de rendre attentifs les voyageurs qui visiteront à l'avenir les bords septentrionaux de la Sibérie.

---

(1) Voyez *Hearne*.

5.° *Quelques remarques sur les os isolés de bœufs.*

Après avoir distingué ainsi les quatre sortes de crânes de bœufs, qui ont été jusqu'à présent découvertes dans un état plus ou moins fossile, il faudroit examiner et comparer les os du tronc ou des extrémités trouvés avec les crânes, soit isolément, soit dans les mêmes couches; mais cette recherche éprouve ici les mêmes difficultés que dans le genre des cerfs, c'est-à-dire qu'on a fort peu rassemblé de ces os, qu'ils sont très-difficiles à distinguer dans les différentes espèces de bœufs, et à plus forte raison quand ils sont mutilés, comme les os fossiles le sont presque toujours.

Il y a cependant quelques caractères propres à fournir des indications, et les os des extrémités, surtout de leurs articulations inférieures, sont généralement plus gros à proportion dans le buffle que dans le bœuf, tandis qu'ils sont plus grêles dans l'aurochs.

C'est d'après cette différence qu'il m'a paru que les os de ce genre, trouvés avec ceux d'éléphant, dans le canal de l'Ourcq, sont plutôt des os de buffle que des os de bœuf; et comme ils sont généralement plus grands d'un cinquième que ceux de nos buffles ordinaires d'Italie, j'ai tout lieu de croire qu'ils appartiennent à l'espèce du buffle fossile de Sibérie, observée par M. Pallas.

Je vois, par les notes que j'ai reçues de divers savans, qu'il doit se trouver en plusieurs autres lieux d'Europe, des ossemens de cette espèce; car on m'a envoyé de différens endroits des figures d'os longs, du genre du bœuf, évidemment plus grands, mais surtout plus épais que ceux de nos

bœufs ordinaires, quoi qu'ils en aient d'ailleurs tous les caractères ostéologiques.

C'est ce que j'observe surtout par rapport à un métacarpe
du Cabinet de Darmstadt, dessiné par M. *Fischer*, et à la tête
supérieure d'un radius, du cabinet de M. *Camper*, trouvée
avec des débris de *rhinocéros* et de *chevaux*, dans le terreau
qui recouvre les basaltes d'*Unkel*.

Cette tête est si forte que M. *Camper* l'avoit prise d'abord
pour celle du radius d'une *giraffe*, et sa grandeur s'y rappor-
teroit assez; mais il me semble, d'après le dessin que M. *Camper*
a bien voulu m'en adresser, que le *cubitus* s'y prolonge beaucoup plus bas qu'il ne fait dans la giraffe.

ARTICLE III.

Résumé général de ce chapitre.

D'après cet examen, on voit que les os de ruminans des
terrains meubles, autant qu'il est possible de les distinguer,
se rapportent à deux classes, tant dans le genre des cerfs que
dans celui des bœufs; savoir celle des os de ruminans inconnus dans laquelle nous rangeons l'*élan d'Irlande*, le *petit
cerf à bois grêle d'Etampes*, le *cerf de Scanie* et le *grand
buffle de Sibérie*; et celle des ruminans connus, qui sont
le *cerf ordinaire*, le *chevreuil ordinaire*, l'*aurochs*, le *bœuf
qui paroît être la souche originale de notre bœuf domestique*, et le *buffle à cornes rapprochées*, qui semble analogue au bœuf musqué *du Canada*.

Après quoi il nous reste une espèce douteuse; savoir le
grand daim de la Somme, qui ressemble beaucoup au *daim
commun*.

Les gisemens de tous ces os ne sont pas connus exactement à beaucoup près; mais si l'on compare ceux de ces gisemens que l'on connoît, on trouvera que les espèces connues sont toujours dans des terrains qui paroissent plus récens que les autres.

Cela est certain, du moins pour les *cerfs*, pour les *chevreuils* et pour les *bœufs* de la vallée de la Somme, qui sont dans des sables mobiles et superficiels, ou dans des tourbières. Les *aurochs* paroissent également s'être toujours trouvés dans des alluvions ou attérissemens récens et encore susceptibles d'être augmentés ou diminués; et les bois de *cerfs* d'Angleterre ont été souvent retirés du lit même des rivières.

Quant aux espèces inconnues, on a pu remarquer que l'*élan d'Irlande*, quoiqu'il faille traverser des lits de tourbe pour le trouver, n'est pas dans la tourbe même, mais bien dans des lits de marne ou de craie situés dessous; le cerf d'*Etampes*, trouvé dans les sables de la Beauce, étoit inférieur au terrain d'eau douce qui recouvre les sables; enfin le *buffle de Sibérie*, accompagnant les *éléphans* et les *rhinocéros fossiles*, devoit être de même âge et être enveloppé dans les mêmes couches.

Il n'y a parmi les inconnus que le *cerf de Scanie*, qui soit annoncé comme ayant été trouvé dans une tourbière, mais peut-être cette circonstance mériteroit-elle d'être vérifiée.

Sans doute, avec le peu d'attention qu'on a donné jusqu'ici aux gisemens des os fossiles, le résultat que j'offre est encore bien chancelant; aussi ne prétens-je lui assigner d'autre valeur que celle d'une indication digne d'être examinée par les naturalistes qui en auront les occasions.

Une remarque d'un autre genre a déjà plus de certitude. Les ruminans fossiles connus, sont aussi des animaux du climat

9

où on les trouve; ainsi le cerf, le bœuf, l'aurochs, le chevreuil,
le bœuf musqué du Canada, habitent et ont toujours habité dans
les pays froids et tempérés, tandis que les espèces que nous re-
gardons comme inconnus, si l'on vouloit à toute force les rapporter à des analogues existans, ne trouveroient ces analogues
que dans les pays chauds ; nos ruminans fossiles inconnus suivent en partie cette analogie; le grand buffle de Sibérie ne
peut être comparé qu'au *buffle des Indes* ou à l'*arni*, tout
comme ce n'est que dans l'*éléphant des Indes* et dans le *rhinocéros d'Afrique* que l'on a prétendu voir les originaux des
mammouths et des *rhinocéros fossiles* avec lesquels on trouve
les os de ce *buffle*.

L'*élan d'Irlande* et les *cerfs d'Etampes* et de *Scanie*, pourroient, à la vérité, être comparés à des animaux des pays
froids; mais ils ne s'en rapprochent point assez pour que notre
raisonnement en soit infirmé. Les faits recueillis jusqu'à ce
jour, semblent donc annoncer, autant du moins que des documens aussi incomplets peuvent le faire, que les deux sortes
de ruminans fossiles appartiennent à deux ordres de terrains,
et par conséquent à deux époques géologiques différentes; que
les uns ont été ensevelis, et le sont encore journellement dans
la période où nous vivons, tandis que les autres ont été victimes de la même révolution qui a détruit les autres fossiles
des terrains meubles, tels que les mammouths, les *mastodontes* et tous les pachydermes dont les genres ne vivent plus
aujourd'hui que dans la zone torride.

Fig. 1.

Fig. 2.

Fig. 3.

Fig. 4.

Fig. 5.

Fig. 6.

Fig. 7.

Fig. 8.

Fig. 9.

Fig. 10.

Fig. 11.

Fig. 12.

Fig. 13.

Fig. 14.

Fig. 15.

Fig. 16.

Fig. 17.

Fig. 18.

Fig. 19. A.

Fig. 19. B.

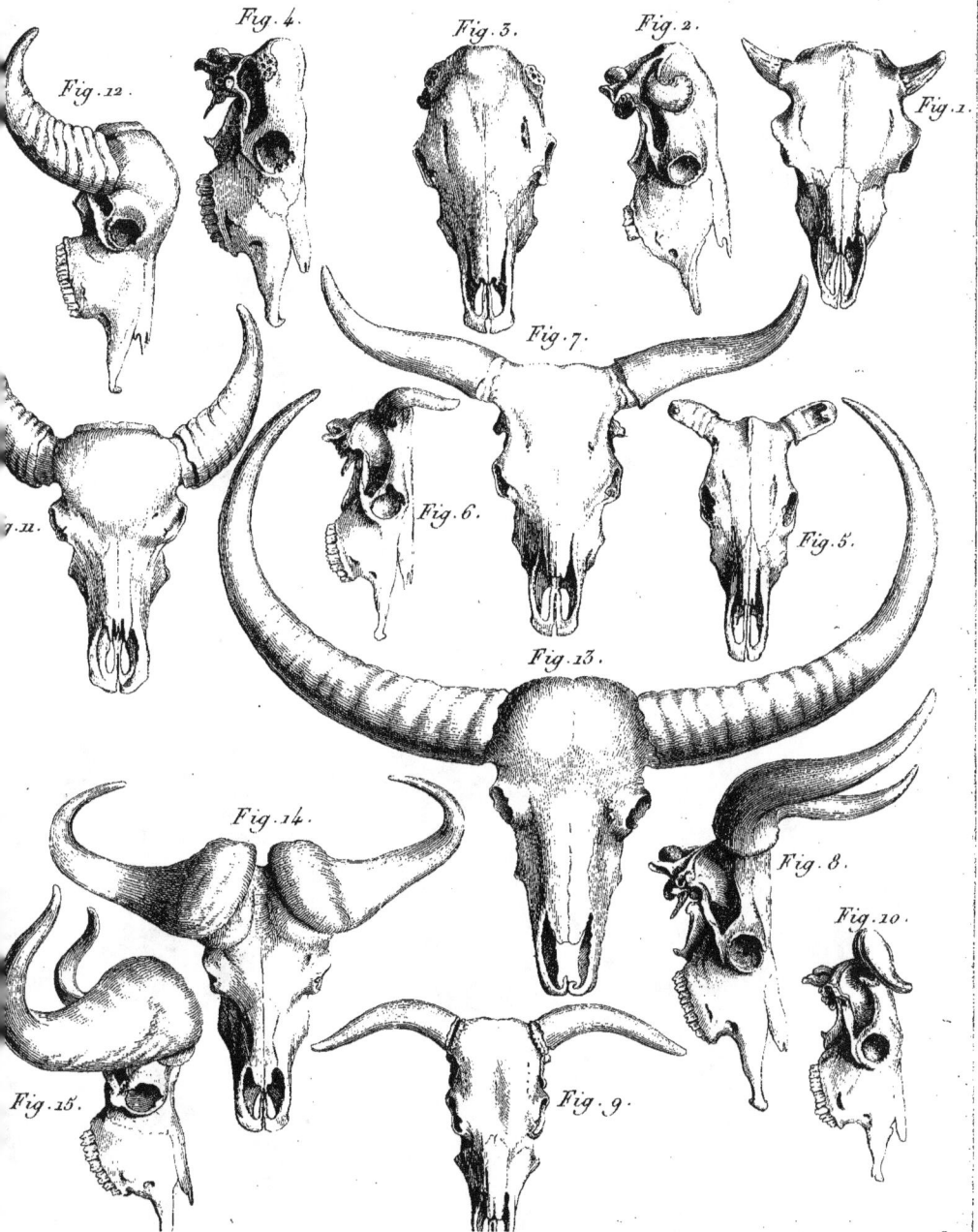

Fig. 12.

Fig. 4.

Fig. 3.

Fig. 2.

Fig. 1.

Fig. 7.

Fig. 6.

Fig. 5.

Fig. 11.

Fig. 13.

Fig. 14.

Fig. 8.

Fig. 10.

Fig. 15.

Fig. 9.

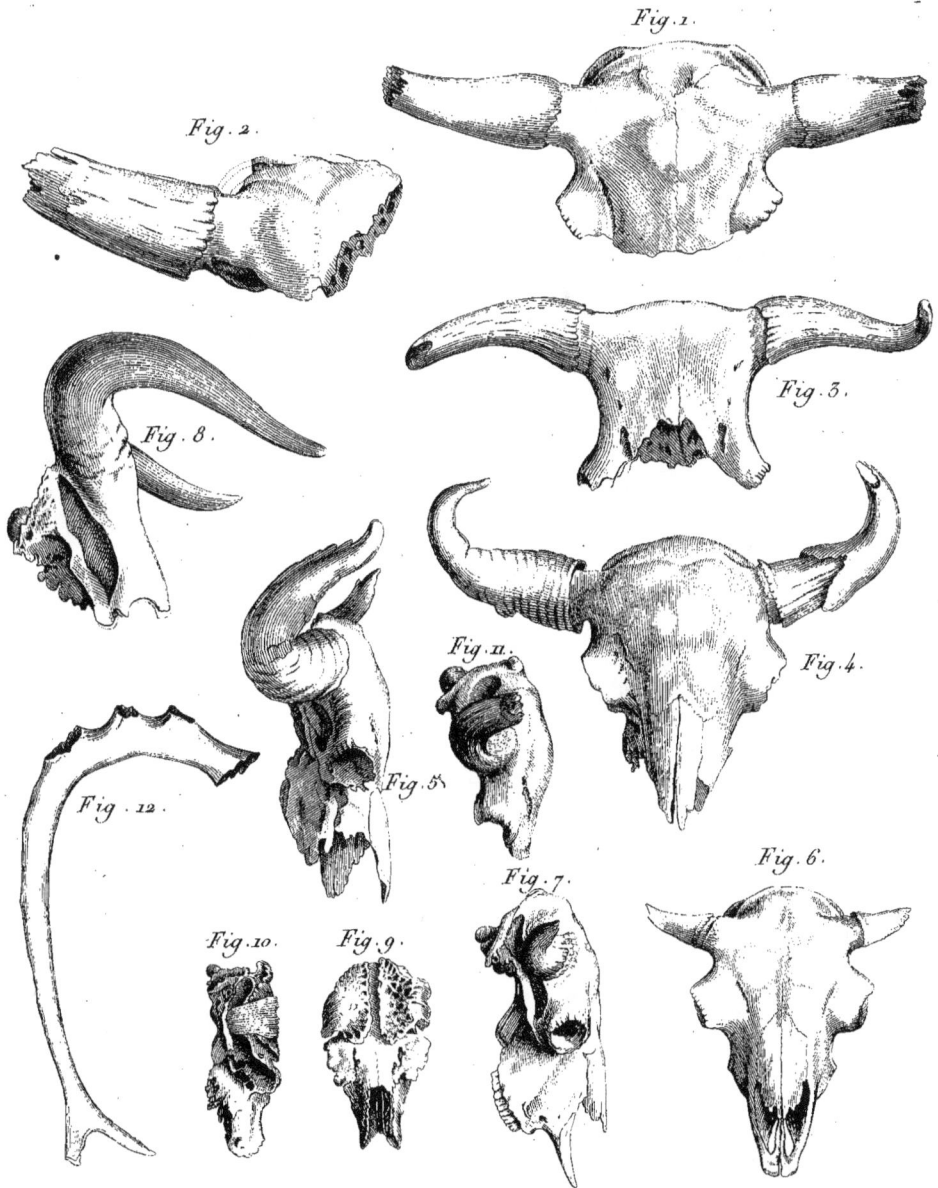

Fig. 1.

Fig. 2.

Fig. 8.

Fig. 3.

Fig. 11.

Fig. 4.

Fig. 12.

Fig. 5.

Fig. 6.

Fig. 10.

Fig. 9.

Fig. 7.

RUMINANS FOSSILES. Pl. III. bœufs fossiles. ⁷/₁₀.

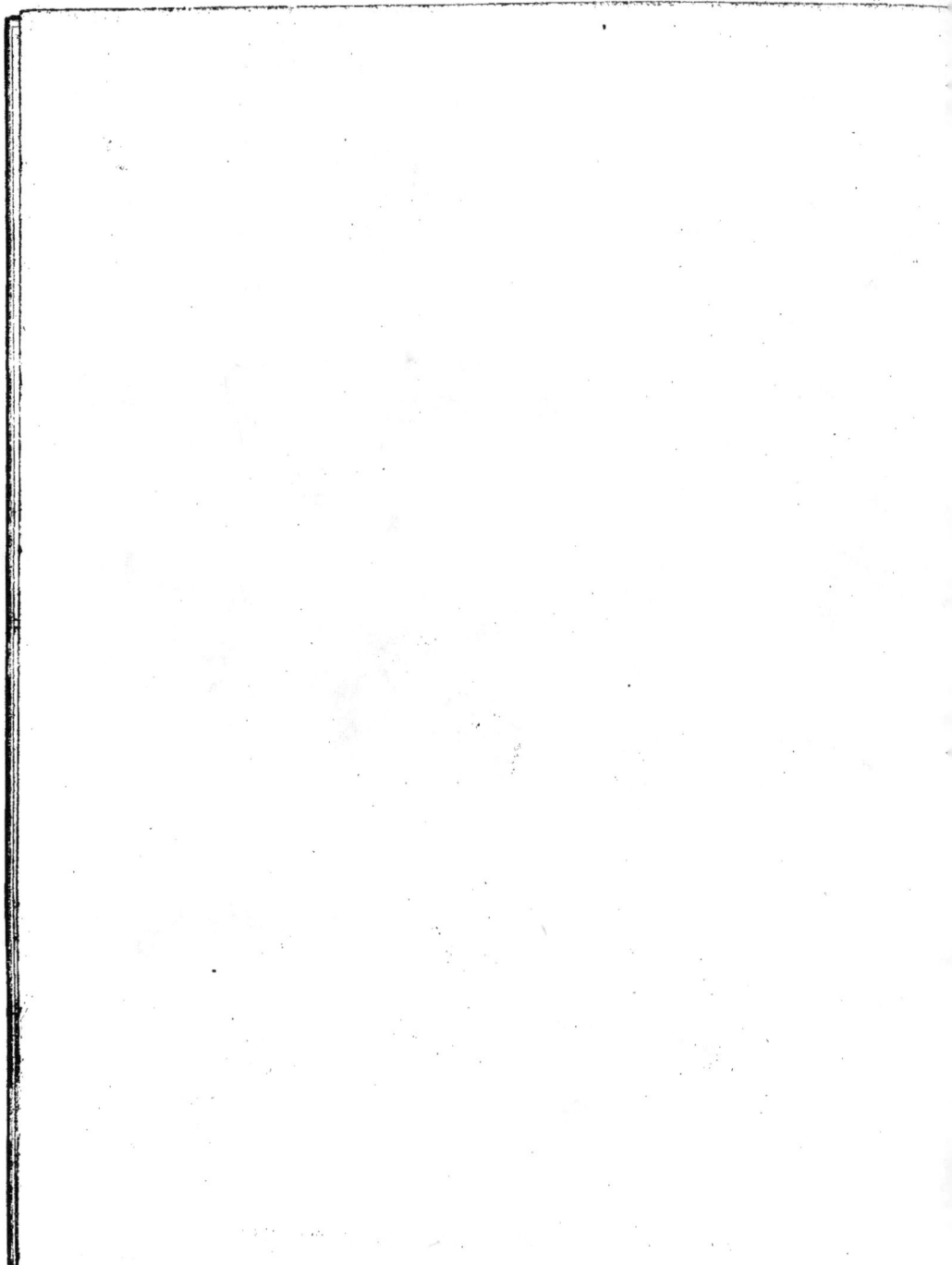

SUR LES BRÈCHES OSSEUSES

*Qui remplissent les fentes de rochers à Gibraltar
et dans plusieurs autres lieux des côtes de la
Méditerranée, et sur les animaux qui en ont
fourni les os.*

Des rochers épars, et souvent isolés, à plusieurs centaines de lieues les uns des autres, mais formés de la même pierre, sont fendus en différens sens; leurs fissures sont remplies d'une concrétion semblable partout, qui enveloppe des os et des fragmens de pierres, et à toutes ces distances les fragmens de pierres et les os sont à peu près les mêmes.

Tel est l'objet de ce chapitre, et l'un des phénomènes les plus curieux de la géologie.

La ressemblance de ces brèches osseuses, dans les lieux les plus éloignés, est une chose tellement étonnante que, pour éviter tout soupçon de nous être livrés à des rapprochemens hasardés, nous croyons devoir décrire séparément celles de chaque lieu, dans les termes même qu'ont employés les naturalistes les plus accrédités; c'est le moyen le plus sûr de faire ressortir clairement cette circonstance essentielle, en montrant la similitude frappante des observations faites par des hommes qui ont travaillé chacun isolément.

I

Nous commencerons par les brèches de Gibraltar, qui sont les plus anciennement célèbres.

ARTICLE PREMIER.

Des brèches osseuses de Gibraltar.

Le rocher de Gibraltar, si fameux dans l'histoire politique de nos derniers temps, mérite aussi une place distinguée dans l'histoire naturelle, par sa position singulière et par les observations auxquelles il a donné lieu.

Tout le monde sait qu'il forme un cap étroit et escarpé, lié au continent par un isthme ou plutôt par une langue de sable basse et unie.

On en trouve une bonne description minéralogique, faite par le major *Imrie*, dans les *Transactions de la société royale d'Edimbourg*, tome IV, pour 1798, pag. 191.

« La direction du rocher (dit cet officier) est presque du » nord au sud; sa longueur est de trois milles, et sa largeur » variable. Sa plus grande hauteur vers le nord est de 1350 » pieds anglois, vers le milieu de 1276, et vers le sud de 1439.

» Le côté du nord est presque vertical, à un étroit passage » près, qui conduit à l'isthme; celui qui regarde l'occident est » mêlé de précipices ou de talus très-raboteux; à l'orient sont » encore des précipices et un banc de sable qui couvre les deux » tiers de la hauteur; enfin le côté méridional tombe par une » descente rapide dans une plaine de roches fort étendue, bordée » de précipices, suivie d'une autre plus basse, bordée de même, » et qui fait l'extrémité du cap.

» La masse de la montagne est un marbre gris, dense, en

» bancs de 20 à 40 pieds d'épaisseur, inclinés de 35° de l'est
» à l'ouest, sans autres lits entre eux, et ne contenant que
» quelques coquilles changées dans la substance même des
» bancs, et dont l'intérieur est spathique.

» Vers l'ouest seulement sont plusieurs lits hétérogènes,
» minces, de terre rouge et noirâtre; le plus inférieur, qui est
» aussi le plus épais, quoiqu'il n'ait que 17 pouces, est d'un
» quarz bleuâtre, et a dans ses fentes de petits cristaux, que
» l'on appelle communément diamans de Gibraltar.

» A peu de distance et plus près de la mer se voient quel-
» ques lits d'une argile grasse, et vers le sud des nids de glaise
rouge avec des pierres à fusil verdâtres.

» Ces bancs de marbre sont creusés de plusieurs cavernes,
» dont quelques-unes sont fort grandes.

» La plus curieuse se nomme *Grotte de Saint-Michel.* Elle
» est située entre le milieu et l'extrémité sud, à mille pieds
» de hauteur, très-irrégulière, profonde, et remplie de stalac-
» tites.

» Ces mêmes bancs (et c'est là ce qui nous intéresse principalement) ont plusieurs fentes perpendiculaires qui con-
» tiennent une concrétion calcaire, d'un beau rouge de rouille,
» à cassure terreuse, fort dure, renfermant des os mêlés avec
» des coquilles d'escargot, des fragmens du rocher même, et
» des particules de spath, tous objets que l'on rencontre en-
» core épars à la surface de la montagne.

» Il y a aussi de cette concrétion dans quelques cavernes;
» mais il y a des preuves (dit le major Imrie) que celles-là
» ont autrefois communiqué avec la surface.

» Dans les fentes étroites, la concrétion est entièrement

» durcie à 6 pieds de profondeur; dans les endroits plus larges,
» elle ne l'est pas à douze; dans les grottes où elle forme de
» grandes masses, elle est divisée en lits, séparés par des cou-
» ches minces de spath.

» Les os n'ont pas éprouvé la moindre pétrification; ils sont
» plutôt calcinés, et se laissent entamer aisément.

» Ils sont de différentes grandeurs et dans toutes sortes de
» directions; les cavités des plus grands contiennent de petits
» cristaux de spath blanc; mais dans la plupart il n'y a qu'une
» croûte rougeâtre, à peine transparenté.

» Il n'y en a pas également partout; à la base de la mon-
» tagne, la concrétion ne contient que des débris du roc prin-
» cipal; dans les endroits où les pentes sont rapides, on voit
» des brèches entièrement composées de coquilles de limaçons
» avec une croûte spathique jaune-brun; leur intérieur est
» rempli d'un spath plus pur.

» Du côté de l'Espagne, à une grande hauteur, il n'y a
» qu'une terre calcaire rougeâtre, qui ne contient que des os
» de petits oiseaux, qui sont probablement les restes des éper-
» viers qui nichent en grand nombre autour de cet endroit.

» Au nord de la montagne, c'est toujours dans les fentes
» verticales qu'on trouve la concrétion : mais à *Rosia-Bay*, à
» l'ouest de *Gibraltar*, dans un lieu qui doit avoir été une grotte
» formée par des masses informes de roc tombées l'une sur
» l'autre, la concrétion a tout rempli, et est aujourd'hui ex-
» posée à la vue, parce que la masse extérieure est tombée
» par l'action de la mer. C'est là qu'on mène les étrangers, et
» que, voyant les os occuper un grand espace, ils adoptent
» l'idée que tout le rocher en est composé.

» On peut cependant suivre la communication de cette grotte
» jusqu'à la surface; mais le haut en est aujourd'hui couvert
» par le rempart.

» Il y a de ces os (dit toujours M. *Imrie*) qui ont l'appa-
» rence d'être humains, dispersés parmi d'autres de différentes
» espèces et grandeurs, jusqu'aux moindres os de petits oiseaux.
» J'y ai trouvé (ajoute-t-il) une mâchoire complète de mou-
» ton, avec toutes ses dents, dont l'émail étoit parfait, et la
» blancheur et le lustre sans atteinte. Les ouvriers employés
» aux fortifications trouvèrent un jour vers le haut de la mon-
» tagne, à une grande profondeur, deux crânes que l'on sup-
» posa humains; mais l'un deux, sinon tous les deux (dit
» M. *Imrie*) me parut trop petit, et ses os étant parfaitement
» solides, ce qui prouve qu'il étoit adulte avant d'être incrusté,
» j'aime mieux croire qu'il vient de l'espèce de singes qui ha-
» bite encore en grand nombre la partie inaccessible des ro-
» chers (1) ».

Le volume LX des Transactions philosophiques, pl. X,
offre le profil de l'une des parties du rocher de Gibraltar, où
l'on trouve des os à 45 pieds au-dessus du niveau de la haute
mer. Cette figure accompagne une lettre de *John Boddington* à
William Hunter, (*ib*. art. XXXV, p. 414) où se trouve l'une
des premières relations de ces os, et il paroît que l'idée qu'il
y en avoit d'humains étoit en vogue dès ce temps-là; car *Will.
Hunter* la contredit dans sa réponse, p. 415. « *En examinant*
» *ces os*, dit-il, *j'ai trouvé qu'ils ne sont pas humains, comme*
» *je l'avois cru d'abord, mais qu'ils appartiennent à quelques*

---

(1) Ces singes, qui sont des *magots* (*simia inuus*) ont le crâne trop-petit, et
trop différent de celui de l'homme, pour que l'on ait pu raisonnablement prendre
l'un pour l'autre.

» *animaux. Je l'ai reconnu avec l'aide de mon frère, en*
» *débarrassant les dents de la croûte qui les recouvroit, et*
» *en mettant leur forme à découvert* ».

John Hunter, frère de *William*, confirme cette assertion
dans les Transactions de 1794, 1.re partie, pag. 412. « *Les os*
» *de Gibraltar,* y dit-il, *sont de la famille des ruminans, du*
» *genre des lièvres, et de la classe des oiseaux. Il y en a*
» *cependant aussi qui appartiennent à quelque petit chien ou*
» *renard* ».

Tous les morceaux de Gibraltar que j'ai pu observer, et
ceux dont mes amis m'ont procuré des figures ou des descriptions, ont confirmé les rapports des naturalistes que je viens
de citer.

J'en ai dû surtout une provision considérable à M. *Cheva-*
lier, bibliothécaire du Panthéon, et célèbre auteur du *Voyage*
dans la Troade, qui les avoit arrachés lui-même du rocher.

Les morceaux d'ossemens sont lardés dans la pierre rouge
dans toute sorte de direction; et comme ils ne se touchent
point entre eux, il faut de nécessité que la concrétion qui les
enveloppe se soit formée à mesure que les os tomboient dans
les fentes du rocher. Les os eux-mêmes étoient en grande
partie cassés avant d'être incrustés; ils étoient depuis du temps
séparés les uns des autres, et n'ont plus dans leur position
aucun rapport avec leur ordre dans le squelette. Cependant
ils n'étoient point roulés.

La concrétion rougeâtre ressemble singulièrement à de l'argile à briques bien cuite; elle est d'ailleurs criblée de petites
cavités irrégulières, aujourd'hui toutes tapissées, et quelquefois remplies d'une incrustation spathique.

L'intérieur des os fistuleux est tapissé de la même manière;

les os sont calcinés et d'une blancheur parfaite, mais ils ne manquent pas de dureté; on pourroit même les considérer comme pétrifiés. L'émail des dents est intact et pur.

Les empreintes de coquilles appartiennent à des limaçons terrestres; il n'y a aucun vestige de coquilles marines.

Les morceaux de marbre gris-bleuâtre sont en partie anguleux, et en partie arrondis; il y en a depuis la grosseur du poing jusqu'à des dimensions très-petites. Quelques-uns de ces morceaux ont des veines de spath blanc.

Quant à l'espèce des os, je n'ai pu trouver, dans ceux que je possède, que des os d'un ruminant, à peine de la taille du daim; mais comme je n'ai point aperçu de vestiges de bois ni de cornes, et que la tête inférieure du fémur, pl. I, fig. 2, est un peu plus semblable à celle d'une antilope qu'à celle d'un cerf ou d'un mouton, si j'avois à me décider sur le genre, je pencherois plutôt pour celui des antilopes.

Cette tête inférieure se caractérise en effet pour celle d'un ruminant, par la longueur de son diamètre antéro-postérieur, parce que son côté interne ab est plus long que l'autre, parce que l'extrémité antérieure de ce côté a ne fait point saillie en dehors de l'os, etc.

Le premier de ces caractères ne permet d'en chercher l'original que parmi les animaux à sabots; le second écarte le cochon et le tapir; le troisième le cheval, l'âne, etc. Il ne reste que les ruminans.

Les dimensions sont,

d'a en b. 0,06
de c en d 0,05
d'e en f 0,045

Je n'ai pas besoin de prouver que les dents des figures 1 et
3 viennent de la même classe. Leurs doubles croissans le démontrent suffisamment, et le troisième fût fait voir en même
temps que ce sont les dernières molaires inférieures.

Longueur de la dent, fig. 1. 0,025
Longueur de celle de la fig. 3. 0,023

Tous les autres fragmens que j'ai de Gibraltar, comme os
de canon, phalanges, etc. annoncent un animal du même genre
et de la même grandeur; mais comme ils sont trop mutilés
pour offrir des caractères spécifiques, je n'ai pas jugé à propos
de les faire graver.

Je n'ai point vu moi-même d'ossemens de rongeurs de ces
roches; mais la fig. 4, dessinée de la main de M. Adrien
Camper, en présente deux demi-mâchoires et deux autres os,
qui sont conservés dans le riche cabinet de ce savant anatomiste.

Le premier coup-d'œil sur la mâchoire A prouve qu'elle appartient au genre des lièvres, mais qu'elle est trop petite pour
venir de notre lapin commun.

Quand j'ai en découvert, comme je le dirai plus bas, dans
les brèches de *Corse* une espèce de *lagomys* très-voisine du
lagomys alpinus de Sibérie, j'ai soupçonné qu'elle se trouveroit aussi à *Gibraltar*, et que ces petites mâchoires pourroient
bien lui appartenir. La comparaison du dessin de M. *Camper*,
avec la figure de la mâchoire du *lagomys alpinus*, donnée par
M. *Pallas*, pl. II, fig. 3, et avec celle du *lagomys ogotonna*,
ib. f. 2, n'est pas entièrement favorable à mon idée; car la
mâchoire des lagomys a en avant de la branche montante un

petit crochet a a, qui paroît manquer à celles de Gibraltar ; cependant celles-ci pourroient être mutilées.

Ce doit donc être maintenant un sujet de recherches inté-ressant pour les naturalistes qui visiteront Gibraltar, que de savoir s'il s'y trouveroit des ossemens de lagomys.

Article II.

Des brèches osseuses de Cette.

Le rocher de *Cette* offre, avec celui de *Gibraltar*, des traits d'une ressemblance physique, véritablement extraordinaire ; il est de même avancé dans la mer, et comme isolé ; il se lie de même au continent par un banc de sable long et étroit ; il est aussi formé en grande partie d'un calcaire compact ou espèce de marbre à pâte fine, d'un gris foncé ; enfin les couches de ce marbre sont interrompues de même par des filons remplis d'une brèche à ciment rougeâtre, paîtrie d'ossemens divers, et de fragmens d'un marbre qui, à la vérité, diffère un peu de celui dans lequel les filons sont pratiqués.

Mon savant ami, M. *Decandolle*, professeur de botanique à la faculté de médecine de Montpellier, a eu la complaisance d'examiner avec soin cette montagne singulière, et de m'en donner une excellente description, qui va servir de base à la mienne.

La montagne de Cette est un cône isolé, qui tient à la terre par une langue de sable très-étroite, et par un long pont bâti sur le canal de Thau.

Sa hauteur n'est que de 108 mètres ; mais elle se fait re-marquer de loin aux vaisseaux qui viennent de Provence ou d'Italie, par sa configuration et par son isolement, qui la fait paroître comme si elle étoit au milieu des eaux.

La masse générale de la montagne est un calcaire gris compact, entrecoupé çà et là de veines de spath blanc. On y distingue cependant, avec raison, différens lits. Vers la base, la pierre est très-compacte et sans grain, ni couches sensibles. On la nomme *pierre de masse*, et on l'exploite pour obtenir les gros blocs qu'on jette chaque année devant le mole, afin de le garantir de l'effort des vagues. Au-dessus est *la pierre de couche*, semblable à la précédente par la nature et l'apparence, mais disposée par couches, assez régulières, horizontales en quelques endroits, inclinées vers la mer et vers l'ouest, tandis qu'à l'est elles sont relevées, et souvent cassées à pic.

Les couches d'en-bas sont les plus épaisses, et ont de 18 à 24 pouces; les autres diminuent par degrés, et les supérieures sont si minces et si friables, qu'on ne peut les employer. On ne les exploite que pour parvenir aux moyennes et aux inférieures qu'on débite en moellons pour les édifices particuliers.

Telle est la composition générale de la montagne; voici maintenant la description particulière des filons qui contiennent les os.

Il y en a de deux sortes; les uns, appelés *nerfs* par les ouvriers, qu'ils gênent beaucoup dans l'exploitation, sont des déchirures ou des coulées verticales pratiquées dans la pierre de couche; les autres, qui n'ont pas reçu de nom, se trouvent dans la pierre de masse.

Les nerfs sont remplis dans le bas d'une pierre blanche, un peu cristalline, compacte et très-dure, où l'on a trouvé de loin en loin des ossemens, que l'on rapporte avoir été un peu plus grands que ceux de l'homme; dans le haut, cette pierre devient plus friable, se colore en rouge, et est mêlée ou recouverte de spath calcaire. On n'y trouve point d'os fossiles.

Les autres filons, qui occupent la pierre de masse, et qui sont par conséquent beaucoup plus bas que les premiers, sont remplis d'une brèche à ciment terreux et rougeâtre, qui renferme un grand nombre de morceaux, les uns anguleux, et les autres arrondis, d'un marbre salin à gros grains, de couleur bleuâtre, qui a toute l'apparence d'un grès. C'est là qu'on trouve les petits os. Ils sont très-abondans aux endroits où la brèche est plus molle et plus terreuse, et très-peu à ceux où elle est plus dure et plus infiltrée de spath.

A ces renseignemens précieux, M. *Decandolle* a bien voulu joindre des échantillons de toutes les matières dont il vient d'être question; la *pierre de masse* et la pierre de *couche* sont en effet des calcaires d'un gris brun foncé, à pâte complétement homogène, parsemés de veines d'un spath blanc; la substance qui remplit la partie inférieure des nerfs, et où se trouvent quelquefois de grands os, est une concrétion jaunâtre, contenant quelques fragmens de la pierre grise, et creusée de beaucoup de petites cavités que tapissent des cristaux de spath.

La partie supérieure des nerfs, au contraire, est remplie d'une concrétion très-rouge, assez dure, et tout-à-fait semblable à celle de Gibraltar; mais à Cette il ne s'y trouve point d'os; et dans les morceaux que M. Decandolle m'a envoyés, il n'y a point de fragmens de marbre.

Quant à la substance qui remplit les filons de la pierre de masse, et qui fourmille de petits ossemens, elle est très-rouge, plus tendre, et les morceaux de pierre qu'elle contient sont des fragmens, d'un marbre à gros grain, d'un gris bleuâtre

foncé, qui se dissout presque entièrement dans l'acide nitrique, ne laissant qu'un léger résidu argileux. Ce n'est donc
point un grès, comme l'ont cru quelques personnes trompées
par l'apparence. Une partie de ces fragmens semble avoir été
un peu roulée.

Il seroit intéressant de savoir si les petits ossemens de Gibraltar sont aussi dans des filons inférieurs, et si leur gangue
contient de ce marbre semblable à du grès; mais les descriptions de cette montagne ne disent rien de cette circonstance.
Au reste, il y a aussi des ossemens plus grands dans ces filons
inférieurs, et mêlés avec du marbre à gros grain; car c'est
dans cette sorte de gangue que s'est trouvé le fémur de ruminant dont je parlerai bientôt.

Mais ce qui seroit plus important à déterminer que tout le
reste, c'est à quelle profondeur horizontale pénètrent ces filons
de la pierre de masse, s'ils ne s'élèvent point jusque dans la
pierre de couche, et si la brèche remplie de petits os les remplit partout.

J'avoue qu'il me paroît qu'elle doit y être assez superficielle,
attendu que la plus grande partie des os que j'y ai découverts
ressemblent à ceux d'animaux du pays; cependant j'en ai eu
une grande quantité à ma disposition, grâces à la complaisance
de M. Decandolle, et je me suis occupé avec beaucoup de soin
de dégager de leur gangue ceux qui conservoient le mieux leurs
parties caractéristiques.

Cinq sortes d'animaux ont fourni ces petits ossemens; des
lapins de la taille et de la forme de ceux d'aujourd'hui, d'autres
lapins d'un tiers plus petit, des rongeurs fort semblables au
campagnol, des oiseaux de la taille de la bergeronnette; enfin
des serpens de celle de la couleuvre commune.

Les os de lapins sont les plus communs; et dans tout ce que j'en ai vu, je les ai trouvés indiscernables d'avec ceux de nos lapins sauvages.

Le lecteur peut en juger par lui-même, s'il veut comparer les deux demi-mâchoires, pl. II, f. 13 et 14; les portions d'humérus, f. 15; de cubitus, f. 17; de fémur, f. 16 et 18; le métatarsien du petit doigt, f. 19, et les phalanges, f. 20 et 21, avec leurs analogues dans le lapin sauvage de France. J'ai beaucoup d'autres os, tels que tibia, radius, calcanéum, cuboïde, scaphoïde, cunéiforme, et une infinité de fragmens d'os de la même espèce; mais comme ils n'offrent non plus aucune différence appréciable, je n'ai pas jugé nécessaire de les faire graver; on ne peut trop donner de figures quand il s'agit de constater l'existence d'une espèce inconnue; mais quand on a déterminé, selon toutes les règles de l'anatomie, une espèce vulgaire, quelques morceaux caractéristiques doivent suffire.

Je ne voudrois cependant pas affirmer que ces lapins fossiles n'aient pu différer des nôtres à l'extérieur; car leur ostéologie ne s'en rapproche pas beaucoup plus que celle du lapin de l'Amérique septentrionale, ni même celle du lapin d'Egypte, que tous les naturalistes doivent cependant considérer comme des espèces différentes du lapin d'Europe.

La deuxième espèce de lapins m'a été connue d'abord par des portions de son omoplate, qui ont tout-à-fait la forme des parties analogues de l'omoplate du lapin, et qui cependant sont à peine de la grandeur du cochon d'Inde. Il seroit très-possible que ces omoplates eussent appartenu à la même espèce que les petites mâchoires de Gibraltar, décrites précédemment.

J'ai trouvé ensuite quelques autres os, notamment de petits os du tarse, qui, par leur forme, se rapportent encore au même genre, mais qui correspondent par leur grandeur aux omoplates en question.

Pour les *campagnols*, j'en ai eu diverses parties indubitables, et particulièrement les dents que j'ai représentées au triple de leur grandeur, pl. II, f. 24 et 25. Comparées à la loupe avec celles de notre campagnol vulgaire (*mus arvalis*, Lin.), elles ne m'ont laissé apercevoir aucune différence; mais les espèces de *campagnols*, sans compter notre *rat d'eau* (*mus amphibius*) et le *schermaus* (*mus terrestris*, Lin.), étant très-multipliées, principalement en Sibérie, je n'oserois rien affirmer sur l'espèce; la moitié inférieure de l'humérus, et quelques phalanges que j'ai eues en même temps que les dents, ne fournissant pas plus que celles-ci de caractères spécifiques.

Les oiseaux m'ont été annoncés par une seule moitié inférieure du cubitus, mais que personne ne peut méconnoître, quand ce ne seroit qu'aux petites élévations qui servoient d'attaches aux plumes; son articulation inférieure et sa grandeur correspondent à celles de la *bergeronnette* et d'autres *passeres*.

Enfin les vertèbres de *serpens* sont fort communes dans ces brèches. Elles ont la forme et la grandeur de celles de notre *couleuvre à collier* (*coluber natrix*, Lin.); mais on sent bien que, dans un genre où l'ostéologie des espèces a tant de ressemblance, ce n'est pas dans des vertèbres isolées que l'on peut trouver les caractères spécifiques.

Voilà les genres dont j'ai pu découvrir les ossemens dans les nombreux morceaux de la brèche des filons inférieurs que m'a procuré M. *Decandolle*. J'ai dit plus haut qu'il s'y trouve aussi des os de ruminans; et c'est au savant et respectable M. *Gouan* que j'en ai dû la connoissance. On m'avoit dit qu'il possédoit dans son cabinet un fémur humain, tiré des carrières de *Cette;* je m'empressai de lui écrire pour être informé plus au juste d'un phénomène aussi rare parmi les fossiles; il eut sur-le-champ la complaisance de m'adresser un dessin colorié de grandeur naturelle, et fait de sa main, de l'os déposé dans son cabinet, et de la pierre qui le contient. J'ai vu, depuis, ce morceau de mes propres yeux, en passant à Montpellier, et j'en ai dessiné la tête inférieure. Le lecteur peut voir une réduction des deux dessins au tiers de la grandeur, pl. II, f. 22 et 23. La longueur de l'os et la proportion de ses têtes peuvent s'y juger; mais une partie de la tête inférieure étant emportée, l'on ne peut bien en rétablir la forme. Cependant la brièveté du col, la hauteur du grand trochanter, la grandeur du diamètre antéro-postérieur de la tête inférieure, et enfin les dimensions absolues démontrent, au premier coup-d'œil, que c'est ici le fémur d'un ruminant qui avoit la même taille que le daim, et qui pourroit fort bien être de la même espèce dont les dépouilles sont si communes dans les brèches de Gibraltar.

Ce fémur, dont l'intérieur est rempli de cristaux spathiques, avoit été tiré, il y a vingt-cinq ans, du bas de la montagne, avec des os et des mâchoires de lapin qui avoient passé dans le cabinet de madame *de Marnézia*, et dont M. *Adrien Lezay-Marnézia* a bien voulu me procurer un dessin. Je n'y ai rien trouvé de différent des autres os de lapins de cette montagne.

Il ne me reste plus qu'à parler des coquilles, pour avoir terminé tout ce qui regarde *Cette*.

J'y en ai trouvé de trois sortes, toutes les trois terrestres; savoir, deux *hélix* et un *pupa*.

Je n'ai pu y découvrir, non plus que dans aucune autre des brèches que nous examinons dans ce chapitre, la moindre trace

de coquille de mer ni d'aucun autre animal marin ; et lorsque
M. *Faujas* dit (*Annales du Muséum*, tom. X, pag. 410)
« qu'à *Cette* des ossemens de quadrupèdes terrestres sont
» confondus avec ceux d'animaux marins », j'ai lieu de croire
que son assertion est erronée.

ARTICLE III.

Des brèches osseuses de Nice et d'Antibes.

Le rocher qui porte le château de *Nice* est en quelque sorte
la dernière extrémité de la chaîne des Alpes, qui se bifurque
un peu au-dessus, pour former vers l'ouest les montagnes de
Provence, et vers l'est celles de Gènes, qui sont elles-mêmes
le commencement de la chaîne des Apennins. Le roc dont il est
question est un peu isolé, et ne se lie à la montagne de Montalban, située à son orient, que par une colline un peu plus
basse que l'un et que l'autre. Comme on y a pratiqué de grands
escarpemens pour diverses constructions, il est facile d'apercevoir sa structure, et M. *Faujas* nous en a donné récemment
une très-bonne description (Annales du Muséum d'hist. nat.
tom. X, pag. 409 et suiv.).

« Sa hauteur moyenne est de 120 pieds; — la pierre calcaire,
» dont il se compose, est d'un gris cendré, qui passe quel-
» quefois au gris lavé de blanc, et d'autrefois prend une teinte
» jaunâtre; son grain est fin, sa pâte est dure, et reçoit le
» poli : — des déchirures, qui ont quelquefois 10 à 12 pieds
» d'ouverture, se manifestent depuis le sommet jusqu'à la base,
» décrivant tantôt des diagonales, tantôt se courbant en arc de
» cercle, ou se croisant sur quelques points, avec des ouvertures

» semblables, et formant alors de doubles cavités disposées en
» voûtes et en arcades. Ces grandes solutions de continuité
» sont remplies tantôt par une brèche composée d'une mul-
» titude de fragmens et d'éclats anguleux de la pierre calcaire
» qui constitue le rocher, d'une multitude d'ossemens frac-
» turés de coquilles, — étroitement réunis par un ciment d'un
» rouge ocreux, très-dur, mélangé de quelques veines d'un
» spath calcaire blanc ».

Il paroît, d'après ce que M. Faujas ajoute (pag. 418) qu'il
y a aussi de ces filons remplis de brèches osseuses, près des
ruines de *Cimiez*, ancienne ville placée, comme on sait, un
peu plus haut que *Nice*, et de l'autre côté du *Paillon*, et il
y a lieu de conclure, de toute sa description, que la montagne
de *Montalban*, celle de *Villefranche*, et la plupart de celles
qui entourent la petite plaine de *Nice*, sont couvertes d'une
terre ocreuse rougeâtre, semblable à celle qui fait le ciment
de ces brèches.

M. *Provençal*, docteur en médecine de la faculté de Montpellier, et naturaliste très-instruit, s'étant trouvé à Nice, précisément à une époque où l'on faisoit des travaux sur les flancs
du rocher, a été plus à portée que personne d'en observer les
particularités. « *Malgré l'abondance des os que l'on en réti-*
» *roit*, dit-il, *je n'ai jamais vu de squelette entier; mais j'ai*
» *pu me convaincre, par l'examen d'un grand nombre d'os*
» *et de dents, qu'il n'y a que des animaux herbivores. — On*
» *y trouve aussi quelques coquilles terrestres, et j'ai vu, sur*
» *une mâchoire qui me paroît très-semblable à celle d'un*
» *cerf, une coquille de l'hélix algira. — Outre les fentes rem-*
» *plies de concrétion* (ajoute M. Provençal) *il y a quelques*
» *cavernes peu profondes, dont les parois sont tapissées en*

3

» *certains endroits*, *de la même brèche osseuse qui remplit*
» *les fentes; mais elle y est très-dure; peut-être la mer ou*
» *le temps en ont-ils enlevé les portions plus molles, et formé*
» *ainsi ces cavernes* ».

M. *Provençal* m'a procuré un assez bon nombre de morceaux de cette brèche de *Nice.* Leur pâte est un peu moins
rouge qu'à *Gibraltar* et à *Cette;* mais elle a le même tissu, est
pénétrée de même d'infiltrations spathiques, et contient aussi,
avec les os, des coquilles terrestres et des fragmens de marbre.

Tous les os que j'ai eus viennent ou de *chevaux*, ou de *ruminans.*

Il y a surtout un bout antérieur de mâchoire inférieure de
cheval avec les six incisives, dont deux entières, et les deux
canines, qui ne peut laisser aucun doute. On juge par les dents
que l'individu devoit être âgé de cinq à six ans, et par la grandeur du morceau, que sa taille devoit égaler celle d'un fort
cheval de carrosse.

Quant aux os, et surtout aux dents de ruminans, j'en ai vu
de deux grandeurs: les unes de ces dents répondent à la taille
de celles de veau; les autres ne surpassent point celles de cerf.

Je n'ai rien aperçu qui annonçât des animaux plus petits.

Je n'ai pu rien découvrir qui ait appartenu à des poissons
ou à des cétacés; j'ai même examiné avec soin les coquilles de
mes morceaux, et je les ai toutes trouvées terrestres, soit d'*hélix*
ou de *pupa* : l'*hélix algira* s'y fait le plus remarquer par sa
grandeur. Il se peut qu'il y ait aussi des *planorbes*, comme
l'annonce M. *Faujas.* (*Ann. du Mus.* X, pag. 413).

Quant aux *serpules* et à la *volute* dont parle le même auteur (*ib.* pag. 415) comme il ne les a vues que dans un cabinet, il est possible qu'il ait été trompé, et l'analogie me fait

soupçonner qu'il en est de même pour le *turbo rugosus*, qu'il cite pag. 414.

Je ne pense donc pas qu'il y ait à *Nice* plus qu'à *Cette* des animaux marins mêlés aux terrestres.

La ville d'*Antibes* n'est séparée de celle de *Nice* que par une baie de quatre lieues de largeur, dans le fond de laquelle se jettent quelques torrens, dont le *Var* est le principal, et il paroît qu'elle est entourée de collines de même nature.

A une demi-lieue au sud-ouest, vers le *cap Gros*, est un rocher nu, de trente à quarante toises de hauteur; et à peu de distance d'une chapelle construite à son sommet, s'observe une fente d'un à deux pieds de large, remplie de la même concrétion qu'à *Nice*.

M. *Provençal*, à qui je dois ces détails, m'a procuré quelques morceaux où j'ai trouvé des os de ruminans semblables à ceux de *Nice*.

On en voit un fragment, pl. II, fig. 10 et 11. C'est une portion de mâchoire contenant trois dents entières.

On dit qu'il y a quelques clous d'enfoncés dans les parois de cette fissure; on sait aussi le fait d'un clou trouvé au fond du port de Nice, dans une pierre, et que l'on croit avoir été tirée des fissures des rochers du côté de Villefranche; mais ces deux faits n'ont rien de bien authentiques. On peut surtout consulter, par rapport au dernier, les éclaircissemens fournis par M. *Faujas* dans le Mémoire cité plus haut.

Article IV.

Des brèches osseuses de Corse.

La découverte en est tout récente; elle a été faite par M. *Rampasse*, ancien officier d'infanterie légère Corse, qui en a inséré une relation dans les *Annales du Muséum d'histoire naturelle*, tom. X, pag. 163—168.

Elles sont à quelque distance au nord de Bastia, à une demi-lieue de la mer, et à peu près à cent toises au-dessus de son niveau, dans un banc calcaire d'environ vingt-cinq pieds d'épaisseur, de couleur bleuâtre et blanchâtre, dont l'escarpement fait face au nord et à l'ouest, et occupe en demi-cercle une longueur de trente-cinq à quarante toises. Les fentes ou filons, remplis de terre rouge, et long de trois à quatre pieds, se dessinent sur ce fond bleuâtre comme autant de pilastres irréguliers, dont les uns occupent toute la hauteur de l'escarpement, tandis que d'autres n'ont que deux ou trois pieds d'élévation, parce que des fouilles ou carrières en ont détruit une partie. Leur profondeur n'a pu être déterminée.

On voit, par ce résumé de la description de M. *Rampasse*, que les brèches de Corse sont absolument semblables, par leur position, leur couleur et leur nature, à toutes celles de notre chapitre.

M. *Rampasse* ayant bien voulu m'en faire voir plusieurs échantillons, et m'en ayant même donné quelques-uns, j'ai pu me convaincre par mes yeux de leur ressemblance avec celles de *Gibraltar*, laquelle est beaucoup plus complète que dans celles de *Nice* et de *Cette*. C'est le même ciment rougeâtre, enveloppant de même des fragmens anguleux de marbre salin, quelques coquilles de limaçons, et des parcelles innombrables d'ossemens, et conservant quelques vides remplis ou tapissés après coup par de la stalactite. Seulement, il n'y a, dans les morceaux rapportés par M. *Rampasse*, que des os à peu près de la grandeur de ceux du lapin, du *cochon d'Inde* ou du *rat*, tandis qu'à *Gibraltar* le plus grand nombre est grand comme ceux du *mouton* ou du *daim*.

C'est en effet à la classe des rongeurs que se rapportent tous les os de Corse que j'ai examinés; mais ils n'appartiennent pas, comme à Cette, à des espèces communes dans le pays; j'y ai même reconnu une tête complète d'un genre dont les espèces n'ont été jusqu'à présent observées qu'en Sibérie.

On voit ce morceau curieux représenté par trois faces, pl. II, fig. 4, 5 et 6, tel qu'il a été dégagé de sa gangue, après beaucoup de peine et de travail.

Je m'apperçus bien vite à l'intervalle vide entre la place des mâchelières et celle des incisives que c'étoit un rongeur; mais l'aplatissement du crâne, la direction des orbites, dont l'ouverture regarde en haut, l'apophyse en forme de crochet *a a*, placée à la base antérieure de l'arcade zygomatique; l'autre apophyse plus longue *b b*, qui continue cette arcade en arrière, m'apprenoient que l'espèce et même le genre m'étoient inconnus.

Je me rappelai cependant les figures données par *Pallas* (*glires*, pl. IV, A.) des crânes des petits *lièvres sans queue de Sibérie* (auxquels j'ai appliqué le nom de *lagomys*); j'y recourus, et je fus frappé de leur ressemblance; enfin mon savant ami M. *Geoffroy* ayant rapporté de Lisbonne une peau de *lagomys ogotonna*, qui avoit encore son crâne, et ayant permis qu'on l'en retirât, je ne conservai plus aucun doute.

Pour n'en pas laisser davantage à mes lecteurs, j'ai fait graver par deux faces, fig. 1 et 2, ce crâne mutilé d'*ogotonna*, rapporté par M. *Geoffroy*, et j'ai fait copier au simple trait, fig. 3, celui du *lagomys alpinus*, d'après le dessin de M. Pallas.

On voit que ces deux animaux ont le même aplatissement de crâne, la même direction d'orbites, et particulièrement les mêmes deux apophyses que notre fossile; mais on voit aussi que c'est le *lagomys alpinus* qui lui ressemble le plus par les proportions des parties aussi bien que par la grandeur absolue.

Cette ressemblance est même telle, que j'ai cru d'abord à une identité parfaite; mais j'ai trouvé ensuite que le crâne fossile est un peu plus grand, et diffère encore à quelques autres égards.

Voici d'abord les dimensions exactes du crâne fossile.

Longueur totale 0,06
Largeur du crâne 0,025
Largeur totale derrière les orbites 0,033
Largeur devant les orbites. 0,027
Saillie du petit crochet 0,007
Saillie de la pointe zygomatique 0,012
Largeur de l'occiput 0,022
Distance des deux condyles en dedans. 0,008
Longueur de l'orbite. 0,015
Largeur. 0,012

Or, M. *Pallas* nous donne les dimensions d'un jeune individu et d'une petite variété, dont voici quelques-unes réduites en parties de mètres.

Longueur du crâne. 0,041
Largeur devant les tympans 0,016
Largeur totale avec les arcades. 0,02

Saillie de la proéminence zygomatique en arrière. 0,007
Longueur de l'orbite 0,009
Diamètre du trou occipital. 0,006

Ce savant naturaliste ajoute que les plus grands crânes, des individus de l'Altaï, ont 0,056 de longueur. Ils n'égalent donc pas encore le nôtre.

On voit aussi, par la comparaison des mesures, ainsi que par celle des figures, que l'orbite du fossile est plus grand, et le crochet de la base antérieure de l'arcade zygomatique plus saillant que dans le vivant.

Il n'en est pas moins vrai que la ressemblance de ces deux êtres est frappante, et telle que l'on auroit peine à en faire deux espèces, s'il y avoit un peu plus de proximité entre les lieux qui les produisent.

Le *lagomys alpinus* n'habite que les montagnes les plus âpres, les rochers les plus escarpés de la Sibérie, immédiatement au-dessous des neiges perpétuelles, et ne commence à se faire voir que sur la chaîne de l'Altaï, dans la province de Koliwan, d'où il s'étend jusqu'à l'extrémité de l'Asie la plus voisine de l'Amérique; mais il n'y en a point dans la chaîne de l'Oural, qui sépare l'Asie de l'Europe. S'il y en avoit, on ne pourroit l'ignorer; car l'instinct qu'a cet animal de se faire des tas d'herbes séchées pour l'hiver, le fait remarquer de tous les peuples de Sibérie, pour qui ces amas du foin le plus pur sont souvent une ressource précieuse pour nourrir leurs chevaux, quand ils s'écartent en chassant les zibelines.

Le *lagomys ogotonna* se rapproche encore moins de nous, puisqu'on ne le rencontre qu'au-delà du lac Baïcal.

A la vérité, le midi des monts Ourals nourrit une espèce voisine, le *lagomys pusillus*, qui descend au midi presque autant que le Volga; mais outre qu'il est encore plus petit que les deux autres, la forme de sa tête ne permet pas de la confondre avec notre crâne fossile.

Ceux qui attribuent une partie des phénomènes géologiques des bords de la Méditerranée à la rupture du Bosphore et à l'irruption de l'Euxin, auroient cependant eu beau jeu, de trouver en Corse les débris d'un animal qui vit précisément dans les contrées vers lesquelles l'Euxin s'étendoit, selon eux, avant cette catastrophe.

Je sais que le *Muffoli* de Corse et de Sardaigne (*ovis musimon*, L.)est fort voisin de l'*Argali* de Sibérie, s'il n'est pas le même, et que l'on peut admettre que les montagnes de ces deux îles nourrissent également quelque espèce voisine des *lagomys*: ce seroit là l'objet d'une recherche bien intéressante de la part des naturalistes qui les habitent; car je ne crois point que l'observation en ait été faite d'une manière positive, et il seroit curieux que ce fût la recherche des os fossiles qui eût annoncé dans un pays l'existence d'une espèce vivante.

J'ai trouvé aussi, dans ces brèches de Corse, une quantité énorme d'os d'un rongeur qui ressemble parfaitement au *rat d'eau*, dans tout ce que j'en ai vu, excepté qu'il est un peu plus petit. Je le croirois volontiers le même que le *campagnol* fossile de *Cette*; mais je le trouve un peu plus grand. Son abondance est telle, que j'en ai retiré sept demi-mâchoires inférieures d'un morceau de brèche, qui n'est pas gros comme la moitié du poing.

Je donne la figure de la plus entière, que M. *Rampasse* a conservée, pl. II, fig. 7.

Il y a en même temps des fragmens innombrables de petits os; dont tous ceux que j'ai pu reconnoître viennent de ce même animal. Si c'est une espèce connue, on ne peut le rapporter qu'au *scherr-mauss* d'*Hermann*, *mus terrestris* de *Linné*, dont le nom a été si bizarrement changé en celui de *Scherman*, dans les supplémens de *Buffon*, tom. VII, p. 278; erreur qui, malgré les avertissemens répétés d'*Hermann*, a été fidèlement copiée dans l'édition de *Dufart*, tóm. XXV, pag. 219.

ARTICLE V.

Des brèches osseuses de Dalmatie.

Ce sont celles de toutes qui occupent l'étendue la plus considérable; car il paroît qu'on en trouve tout le long de la côte de la Dalmatie vénitienne, et même beaucoup plus loin vers le sud.

Vitaliano Donati en a parlé le premier, et sa description est tout-à-fait conforme avec ce qu'on observe à Gibraltar.

« *Dans le voisinage des îles Couronnées*, dit-il (Hist. de » *la mer Adr. trad. fr. pag. 8) est un bas-fond appelé* Rasip, » *où l'on voit des os d'hommes pétrifiés; ils sont dans un* » *mélange* DE MARBRE DE ROVIGNO, DE TERRE ROUGE ET DE » STALACTITE. —

» *J'ai aussi déterré de ces os pétrifiés avec le même mé-* » *lange à* Rogosniza, *près de* Sébénico, *et sur les bords de* » *la rivière* Ciccola, *du côté de* Dernio ».

Le zélé naturaliste *Albert Fortis*, en dit aussi quelques mots dans son voyage en Dalmatie; mais il en donna ensuite une relation beaucoup plus détaillée dans *ses Observations faites aux îles de* Cherso *et d'*Ozero, publiées à Venise en 1771, in-4.°. C'est d'après lui que nous allons en parler ici.

4

« Les fréquens amas de ces os, dit-il (1), la constance de
» l'empâtement, la variété des positions pourroient faire croire
» qu'il y en a eu, dans les siècles reculés, une couche im-
» mense. Les os viennent de divers animaux terrestres, et sont
» tantôt brisés et confus, tantôt bien rangés et reconnoissables
» Les dépôts les plus communs sont éloignés de la mer, et
» dans les grandes fentes verticales et horizontales, ou dans
» les séparations des couches de marbre. Les pêcheurs en
» montrent beaucoup quand on côtoie l'île dans leurs petites
» barques; les pâtres en connoissent sur terre et dans les ca-
» vernes, et le hazard pourroit encore en faire découvrir aux
» observateurs.

» Chaque amas d'os est incrusté d'une enveloppe de stalac-
» tite spathique, épaisse d'une palme et plus, de couleur rou-
» geâtre. — La substance des os est, pour l'ordinaire, calcinée
» et très-blanche; on y voit quelquefois des dendrites; l'inté-
» rieur des os creux est rempli de spath. — Quand ils sont
» grands, ils sont remplis d'une matière pierreuse, ocracée et
» rougeâtre. — Les dents conservent le brillant naturel de
» leur émail. — Avec ces os sont attachés par le même ciment
» beaucoup de morceaux de différentes grandeurs, et un grand
» nombre d'éclats de marbre blanc anguleux, et par consé-
» quent n'ayant jamais été roulés par les eaux. La pâte qui les
» unit est toujours rouge ocracée; elle s'endurcit beaucoup à
» l'air, et l'on n'y aperçoit aucun vestige de corps marins. —
» On retrouve cette enveloppe même dans des lieux dont le
» terrain n'est point du tout ferrugineux. — Elle accompagne

---

(1) *Saggio d'osservazioni sopra l'isola di Cherso ed Ozero*, pag. 90 et seq.

» les os dans toutes les îles et sur toutes les côtes de l'Illirie.
» — On n'a jamais trouvé aucun squelette entier ».

On voit que, d'après cette description, les amas d'os de
Dalmatie ressemblent, en tous points, à ceux des autres contrées dont nous parlons dans ce chapitre.

La seule première phrase de *Fortis* pourroit faire illusion,
en donnant à croire qu'il y en a, au moins en apparence, une
certaine continuité; mais l'auteur s'est rectifié lui-même dans
un autre ouvrage. « J'ai entrepris (dit-il, dans ses *Mémoires*
» *sur l'histoire naturelle de l'Italie*, tom. II, pag. 335), un
» voyage exprès vers une île, qu'on disoit toute patrie d'osse-
» mens, et je n'y en ai pas trouvé plus d'une douzaine de dé-
» pôts épars ».

Fortis donne l'énumération de ces différens dépôts dans son
Saggio d'osserv. pag. 97, et les marque sur sa carte.

Il y en a deux sur le rocher isolé de *Cuttim*; un dans l'endroit de l'île de *Cherso*, appelé *Platt*, et situé vis-à-vis de ce
rocher; un quatrième dans les cavernes de *Ghermoschall*;
trois différens dans l'île d'*Ozero*, près de *Porto-Cicale*, à
Vallischall et à *Balvanida*; un dans la petite île de *Canidole*
ou *Stracani*, et un enfin dans celle de *Sansego*.

Il cite encore les lieux de terre ferme dont *Donati* avoit
déjà parlé, y ajoute l'endroit appelé *Fustapidama*, dans l'île
de *Corfou*, et dit quelques mots des os de l'île *Cerigo*.

Quant à l'espèce des os, *Fortis* a cru quelque temps, comme
Donati, qu'il y en avoit d'humains, et rapporte qu'en ayant
examiné un bloc bien avant son voyage dans les îles de *Cherso*
et d'*Ozero*, il y trouva une mâchoire humaine, une vertèbre
et un tibia, qui parurent aussi humains, quoique d'une taille
au-dessus de l'ordinaire, quelques os de bêtes et des dents de

chevaux et de bœufs; il cite même à ce sujet le témoignage du savant anatomiste *Caldani*; mais il ne donne ni figure ni description propre à justifier son assertion.

Il se borne à faire graver un morceau de ces îles, conservé dans le cabinet du noble vénitien *Jacques Morosini*, qui offre un fragment de mâchoire fendu selon sa longueur. A en juger par la forme que le graveur a donnée aux dents, cette mâchoire doit être venue d'un ruminant à peu près de la taille du mouton.

Fortis n'a pas toujours conservé son opinion sur l'espèce des os de l'Illirie. *« Je n'oserois point assurer* (dit-il, dans *ses* » *Mémoires sur l'Italie*, tom. II, pag. 335 et 336), *qu'il y* » *en eut un seul appartenant à notre espèce.* Il est vrai qu'un » anatomiste, à qui j'en ai fait voir dans le temps des échan- » tillons, a cru y reconnoître une mâchoire, un tibia et des » vertèbres humaines, un peu plus grands, disoit-il, que les » proportions communes de nos jours; mais, depuis ce temps- » là, j'ai bien des raisons de douter de son exactitude ».

Pour moi, j'ai examiné avec beaucoup de soin tous les morceaux des brèches osseuses d'Illirie que j'ai pu me procurer, et tous les os reconnoissables que j'y ai trouvés étoient de *ruminans.*

Il y en a un bloc au cabinet de géologie du Muséum d'histoire naturelle, et un autre dans la collection particulière de M. *Faujas*. Le premier, pl. I, fig. 5, contient deux arrière-molaires inférieures avec les empreintes de deux autres; et le second, pl. I, fig. 8, deux arrière-molaires supérieures. Il n'y a qu'une dent entière dans chaque morceau. La substance des dents, ainsi que celle des os et fragmens d'os qui les accompagnent, est d'un blanc pur; le brillant de l'émail se laisse

encore apercevoir. Ils sont empâtés dans un ciment rougeâtre,
percé irrégulièrement comme s'il eût été rongé des vers, et
contenant, outre les os, des morceaux irréguliers de marbre
gris, de différentes grosseurs; la ressemblance de cette brèche
avec les autres est donc très-frappante.

Il ne peut y avoir de doute sur la famille à laquelle appartiennent les dents; mais leur espèce n'est pas si aisée à déterminer, puisque nous n'avons de ressource que dans leur grandeur.

La longueur de la grande arrière-dent inférieure, ab, fig. 5,
est de 0,027; la hauteur de son fût, ed, de 0,02; la longueur
de la précédente ac, de 0,022, et sa hauteur gf, en y comprenant une portion de racine, de 0,023. Ces dimensions conviennent assez à un cerf ou à quelque antilope de sa taille.

La dent supérieure de la figure 8 est un peu plus petite.
Je l'ai comparée à sa correspondante dans le *daim*, sans y
apercevoir la moindre différence de grandeur ni de conformation.

Les fig. 6 et 7, gravées d'après des dessins de M. Camper,
représentent aussi deux portions de mâchoires inférieures de
ruminans, qui paroissent venir d'une espèce de la taille du
daim. Il est probable que ces trois morceaux sont du même
animal que les os si communs à Gibraltar.

John Hunter, qui a aussi examiné des os de Dalmatie, dit
également qu'ils appartiennent, en général, à la famille des
ruminans; mais il assure avoir trouvé parmi eux une portion
de l'os hyoïde d'un cheval. (Voyez *son Mémoire sur les os
fossiles d'ours d'Allemagne*, Trans. phil. 1794, pag. 412).

Article VI.

Des brèches osseuses de l'île de Cérigo.

Nous ne les connoissons que par la description de *Spallanzani*, insérée dans les *Mémoires de la Société italienne*, tom.
III, pag. 439 (1), laquelle est fort loin d'être complète, ni
même vraisemblable dans toutes ses parties.

« On les trouve (dit-il) (2), dans une montagne inculte,
» en forme de cône tronqué, peu éloigné de la mer, et dis-
» tante d'un demi-mille du village qui porte le nom de l'île.
» On lui donne le nom de *la montagne des os*. A l'endroit où
» elle commence à en montrer, sa circonférence est d'un mille;
» et *depuis là jusqu'à la cime, elle est remplie de ces dé-
» pouilles animales, tant à l'intérieur qu'à l'extérieur* ».

Sans doute que l'auteur n'a pas culbuté toute cette cime de
montagne pour vérifier cette dernière circonstance, et qu'il
faut expliquer sa phrase, en supposant qu'en effet on y trouve
des os sur un grand nombre de points.

On n'a pas beaucoup besoin d'études (ajoute-t-il, p. 452)
*pour reconnoître que la plus grande partie sont des os hu-
mains. Je crois l'avoir vu clairement par quelques phalanges
des doigts, et quelques morceaux de radius et de tibia.*

Or, il faudroit au contraire *beaucoup d'études* pour être en
état de vérifier une espèce sur des phalanges, et des morceaux
de radius et de tibia, et *Spallanzani* donne, quelques lignes
plus bas, la preuve que ces études lui manquoient entièrement.

---

(1) *Osservazioni fisiche istituite nell'isola di* Citera, *oggidì detta* Cerigo,

(2) *Loc. cit.* pag. 451 et seq.

Il y a aussi quelques os d'animaux (dit-il) *bien que je n'aie pas pu reconnoître à quel genre ils appartiennent : je me suis seulement déterminé à croire qu'ils sont plutôt de quadrupèdes que d'autres classes.*

On peut, je crois, affirmer, sans témérité, que celui qui n'est pas en état de distinguer sûrement si un os est d'un quadrupède ou d'une autre classe, l'est encore bien moins de dire si cet os vient d'un homme ou d'un quadrupède.

Spallanzani ajoute que le *médecin de l'île, homme qui lui a paru digne de foi par la simplicité de ses mœurs et une certaine ingénuité naturelle, lui avoit dit avoir vu retirer de cette montagne une mâchoire humaine avec ses dents, et un morceau de crâne avec ses sutures;* mais mon expérience m'a trop appris ce que valent de pareils témoignages, quand ils ne sont pas appuyés de pièces, pour que je m'en rapporte à cette assertion isolée. La *simplicité des mœurs* et l'*ingénuité naturelle* ne suffisent pas pour décider des questions d'anatomie comparée.

Le reste de la description de ces os et de leur gangue est assez conforme à ce que nous savons des autres brèches osseuses.

« Leur couleur intérieure et extérieure est très-blanche;
» mais quelquefois la superficie est couverte de petites taches,
» comme en voit sur l'ivoire fossile. Ils ne sont pas entièrement
» calcinés; mais leur poids et leur dureté montrent qu'ils sont
» en partie pétrifiés : rarement on les trouve entiers en rom-
» pant les pierres qui les contiennent; ils sont plus souvent
» brisés. — On voit qu'ils ont été enveloppés dans une matière
» molle et terreuse, qui, en se pétrifiant, a produit un effet

» semblable sur les os. Dans quelques cavités, il y a de petits
» cristaux spathiques, très-élégans.
» Cette pâte n'est point volcanique, c'est une marne endur-
» cie, d'un jaune rougeâtre, contenant de petites pierres mar-
» neuses aussi; quelquefois il y a de la marne dans les cavités
» des pierres »,

Fortis, qui dit aussi un mot de ces brèches de *Cérigo*,
dans son Mémoire sur celle de *Dalmatie*, assure que la pâte
des premières est plus dure, d'une couleur moins brune, et
que les os y sont plus confondus.

Article VII.

Des os fossiles de Concud, près Téruel en Arragon.

Je pense que ceux qui ont lu avec attention les articles précédens, retrouveront à peu près les mêmes traits, quoique
manifestement défigurés, dans la description que donne *Bowles*
dans son Histoire naturelle d'Espagne, du dépôt d'ossemens
de *Concud*, village d'Arragon situé à une lieue au nord-ouest
de *Téruel*, sur la route qui va de cette ville à Madrid.

» En sortant du village du côté du nord (dit-il) (1), on
» parvient à la colline de *Cueva-Rubia*, ainsi nommée par
» rapport *à une espèce de terre rouge* que les eaux d'un ravin
» ont découverte. — Le sommet de la colline qui borde le
» ravin est composé d'un *rocher calcaire gris;* — il est rempli

---

(1) Introduction à l'histoire naturelle et à la géographie physique de l'Espagne,
trad. en franç. par le vicomte *de Flavigny*, pag. 224.

» *de coquilles terrestres et fluviatiles , comme de petits*
» *limaçons, de buccins,* etc. qui paroissent seulement être
» calcinés. On trouve aussi dans le centre des mêmes roches
» beaucoup d'os *de bœuf, des dents de cheval et d'âne,* ainsi
» que d'*autres petits os d'animaux domestiques plus petits.*
» Plusieurs de ces os se conservent comme ceux des cime-
» tières; d'autres sont calcinés. Quelques-uns se trouvent so-
» lides, et d'autres s'en vont en poudre. On trouve des jambes
» et des cuisses d'hommes et de femmes dont les cavités sont
» remplies de matières cristallines; il y en a de blancs, de jau-
» nes et de noirs, etc. — Ordinairement ces os se rencontrent
» dans une couche de roche de trois pieds d'épaisseur, décom-
» posée, et presque convertie en terre, mais surmontée par
» une autre couche de pierre dure, qui sert de couverture
» à la colline. — La couche qui contient les os est assise sur
» une grande *masse de terre rousse , accompagnée de pierres*
» *rondes calcaires, conglutinées avec du sable rouge, de*
» *manière qu'elles forment une brèche dure.* Cette masse se
» trouve également dans le fond du ravin. — De l'autre côté
» du même ravin, on trouve, dans le point où il commence,
» une caverne, où l'on rencontre des os dans une couche de
» terre dure, de plus de soixante pieds d'élévation, qui est
» couverte de différentes couches de rochers. — Dans quelque
» partie de cette chaîne de colline que l'on creuse, on rencontre
» *des os et des coquilles fluviatiles et terrestres, en forme de*
» *morceau de roche dure,* de 4 pieds de large sur 8 de long.
    » J'ai vu des os encaissés dans le centre d'un de ces mor-
» ceaux, dont le grain étoit si dur et si lisse, qu'on pouvoit le
» polir comme le meilleur marbre.
    » A une portée de fusil du ravin, on remarque une colline

5

» formée par des rochers, qui se décomposent peu à peu, et
» qui se convertissent en terre. On y trouve quelques os et
» une très-grande quantité de dents, à un ou deux pieds de
» profondeur, et pas plus avant ».

J'avoue que *ce rocher gris, ces coquilles de terre et d'eau*
douce, mêlés avec les os, et au centre du rocher; cette
terre rouge, avec des morceaux de pierre ronds, annoncent
tant de ressemblance avec les autres brèches décrites dans ce
chapitre, qu'il me paroît fort probable qu'il y a la même analogie de position. *Bowles* aura vraisemblablement pris pour
des couches régulières ce qui n'étoit que des fissures ou des
déchirures du rocher, remplies après coup, comme toutes
celles dont nous avons parlé jusqu'ici. Je trouve aussi qu'il n'a
pas assez nettement distingué les dépôts dans de la terre et
ceux qui forment des brèches dures. Il est difficile de croire
qu'ils contiennent les mêmes os, et qu'ils aient la même origine.

Quoi qu'il en soit, lorsque mon savant ami, M. *Duméril,*
fut envoyé en Espagne il y a quatre ans, je le priai de me
procurer de ces os de Concud, et il y réussit, par l'amitié
du célèbre chimiste M. *Proust,* qui voulut bien lui en céder
quelques-uns de sa collection.

Malheureusement ces os paroissent avoir été pris dans la
partie du dépôt, dont la gangue est terreuse et décomposée,
ou peut-être en avoient-ils été lavés et détachés par les pluies;
car ils sont absolument débarrassés de toute enveloppe, ce
qui me met hors d'état de vérifier ma conjecture sur l'analogie
des brèches avec celles de Gibraltar.

Pour ce qui regarde les os eux-mêmes, les plus nombreux
de ceux qui m'ont été apportés, viennent, sans aucun doute,

d'ânes et de bœufs, semblables à ceux d'aujourd'hui; ce que j'ai vérifié plus particulièrement pour l'âne, dont j'ai eu des os du carpe. Pour le bœuf, je n'ai eu que quelques dents, qui ne fournissent, comme on sait, que des caractères équivoques. J'ai trouvé aussi l'astragale d'un mouton de fort petite taille.

Bowles a donc eu raison de dire que ces os viennent d'animaux domestiques, en tant du moins qu'il ne s'agit que des os pris dans les parties terreuses; reste à savoir s'il a été aussi heureux pour ceux de la brèche dure, et surtout lorsqu'il a prétendu y trouver *des jambes et des cuisses d'hommes et de femmes.* Il me semble qu'il faudroit une grande habitude de ces recherches pour distinguer les sexes dans des os fossiles presque toujours mutilés.

Article VII.

Des concrétions osseuses du Vicentin et du Véronois.

J'ai presque autant de doute sur l'analogie de ces concrétions avec celles de *Gibraltar*, que j'en ai eu sur celle des dépôts de *Concud*, attendu que leur ciment a un autre grain, une autre couleur, et que leur position ne m'est connue que par quelques passages épars dans les ouvrages de Fortis et de quelques autres naturalistes; enfin parce que je ne trouve point de fragmens de marbre ni de coquilles d'aucune espèce dans les échantillons que je possède.

Il existe bien une dissertation italienne de *Grégoire Piccoli*, imprimée à Vérone en 1739, sur une grotte des montagnes voisines de cette ville, où se trouvent divers *animaux diluviens,* et il est probable que j'y aurois trouvé quelques renseignemens; mais je n'ai pu me procurer ce petit ouvrage.

Il y a grande apparence aussi que le cerf trouvé dans une roche à *Valmenara di Grezzana*, dont parle *Spada*, et les bois de cerf des environs de Véronne, déposés au cabinet du Vatican, selon *Mercati*, appartenoient à l'ordre des fossiles qui nous occupent maintenant; mais ces auteurs ne nous ont laissé aucun détail sur le gisement de ces objets.

Les morceaux que j'ai eus en dessins et en nature, venoient, les uns de *Romagnano*, dans le *val de Pantena*, les autres de la *vallée de Ronca*, et des cavernes mêmes dont a parlé *Fortis*.

Je dois les dessins de *Romagnano* à l'amitié constante de M. *Adrien Camper*; les os du même lieu m'ont été communiqués par mon savant collègue M. *Faujas*, et ceux de la vallée de *Ronca* m'ont été donnés par le célèbre naturaliste M. *Bosc*, qui les a recueillis sur les lieux.

M. *Bosc* m'assure qu'ils ne forment point de couche régulière, mais qu'ils sont logés, comme à Gibraltar, dans les fentes des rochers, et qu'ayant comparé de l'œil leur position avec celle où se trouvèrent les os d'éléphant du mont *Serbaro*, près *Romagnano*, dont j'ai parlé ailleurs, il la jugea beaucoup plus élevée. Je soupçonne cependant qu'une partie au moins des os de Romagnano accompagnoit ceux d'éléphant; mais il faut se rappeler que ceux-ci étoient dans un enfoncement de la montagne, incrustés dans de l'argile durcie, très-fracturés, et ressoudés par de la stalactite, toutes circonstances qui les rapprochent des os ordinaires des brèches osseuses.

Quoi qu'il en soit, tous les os de *Romagnano* et de *Ronca*, dont je parle maintenant, appartiennent au cerf et au bœuf commun, sans aucune différence sensible; et les diverses parties de ces deux espèces y sont rapprochées pêle-mêle.

Dans les morceaux que m'a donnés M. *Bosc*, il y a des mâchoires et des fémurs de *cerf*, des fémurs, des humérus, et des os du métacarpe de *bœuf*, parfaitement reconnoissables, paîtris ensemble. Je n'ai pas cru nécessaire d'en faire graver autre chose que la mâchoire inférieure de cerf, représentée au tiers de sa grandeur, pl. II, fig 12.

Le morceau du cabinet de M. Faujas, que je représente également au tiers, pl. II, fig. 8, est la partie antérieure de la mâchoire supérieure du même animal. L'espèce en est même déterminée rigoureusement par l'alvéole de la canine ou du crochet, qui, comme on sait, manque à tous les autres rumi- nans cornus, et même aux autres cerfs, tels que le *daim*, l'*élan*, etc. Les chameaux seuls pourroient réclamer ce carac- tère; mais leur mâchoire seroit plus grande, celle du *lama* seroit plus petite, et sa canine seroit autrement faite et au- trement placée.

Enfin les dessins de M. *Camper* représentent encore des parties de cerf. On en voit une portion de mâchoire supérieure et deux morceaux d'os longs, pl. II, fig. 9, et le même savant m'en avoit adressé des figures de plusieurs autres os, qui ne présentant aucune différence sensible, ne m'ont point paru nécessaires à graver.

Article VIII.

Résumé général de ce chapitre.

Les observations recueillies dans les articles précédens me paroissent donner les résultats que voici.

1.° Les brèches osseuses n'ont été produites ni dans une mer tranquille, ni par une irruption de la mer.

2.° Elles sont même postérieures au dernier séjour de la mer

5 *

sur nos continens, puisqu'il ne s'y observe aucune trace de coquilles de mer, et qu'elles ne sont point recouvertes par d'autres couches.

3.° Les ossemens et les fragmens de pierres qu'elles contiennent tomboient successivement dans les fentes de rochers, à mesure que le ciment qui réunit ces différens corps s'y accumuloit.

4.° Presque toujours les pierres proviennent du rocher, même dans les fentes duquel la brèche est logée.

5.° Tous les ossemens bien déterminés, viennent d'animaux herbivores.

6.° Le plus grand nombre vient d'animaux connus, et même d'animaux encore existans sur les lieux.

7.° La formation de ces brèches paroît donc moderne, en comparaison de celles des grandes couches pierreuses régulières, et même des couches meubles qui contiennent des os d'animaux inconnus.

8.° Elle est cependant déjà ancienne relativement à nous, puisque rien n'annonce qu'il se forme encore aujourd'hui de ces brèches, et que même quelques-unes, comme celles de Corse, contiennent aussi des animaux inconnus.

9.° Le caractère le plus particulier du phénomène consiste plutôt dans la facilité que certains rochers ont eue à se fendre, que dans les matières qui ont rempli les fentes.

10.° Ce phénomène est très-différent de celui des cavernes d'Allemagne, qui ne renferment que des os de carnassiers, répandus sur leur sol, dans un tuf terreux en partie animal, quoique la nature des rochers qui contiennent ces cavernes ne paroisse pas éloignée de celle des rochers qui contiennent des brèches.

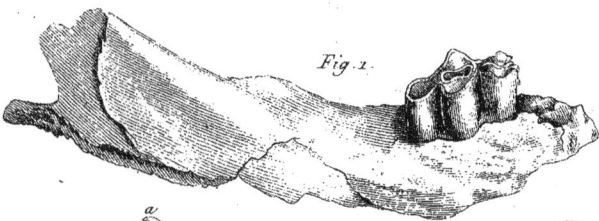

Fig. 1.

Fig. 4.

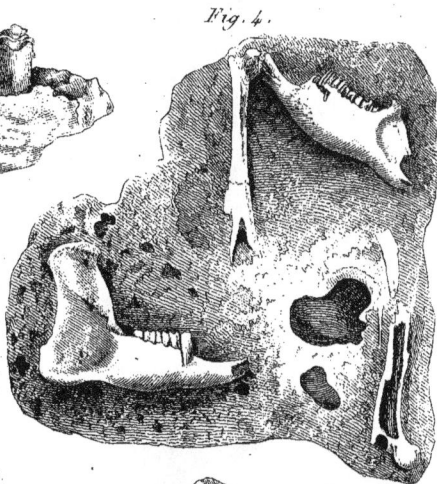

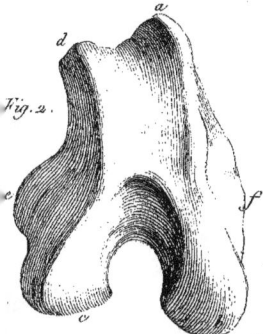

Fig. 2.

Fig. 3.

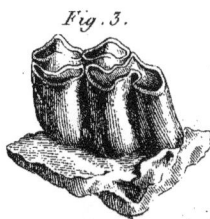

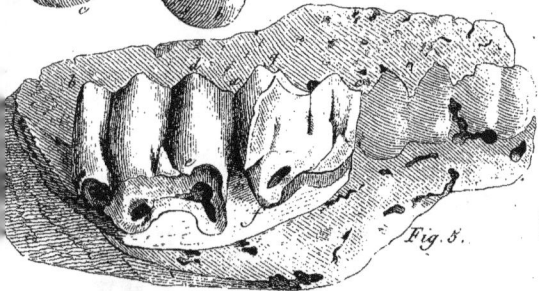

Fig. 6.

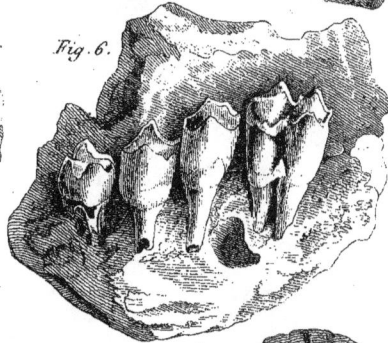

Fig. 5.

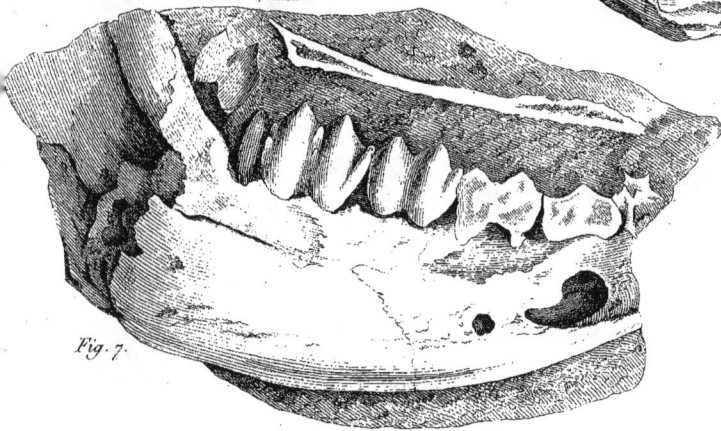

Fig. 8.

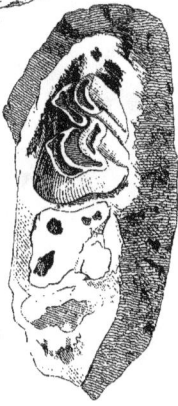

Fig. 7.

Fig. 1.

Fig. 2.

Fig. 3.

Fig. 4.

Fig. 5.

Fig. 6.

Fig. 7.

Fig. 8.

Fig. 9.

Fig. 10.

Fig. 11.

Fig. 12.

Fig. 13.

Fig. 14.

Fig. 15.

Fig. 16.

Fig. 17.

Fig. 18.

Fig. 19.

Fig. 20.

Fig. 21.

Fig. 22.

Fig. 23.

Fig. 24.

Fig. 25.

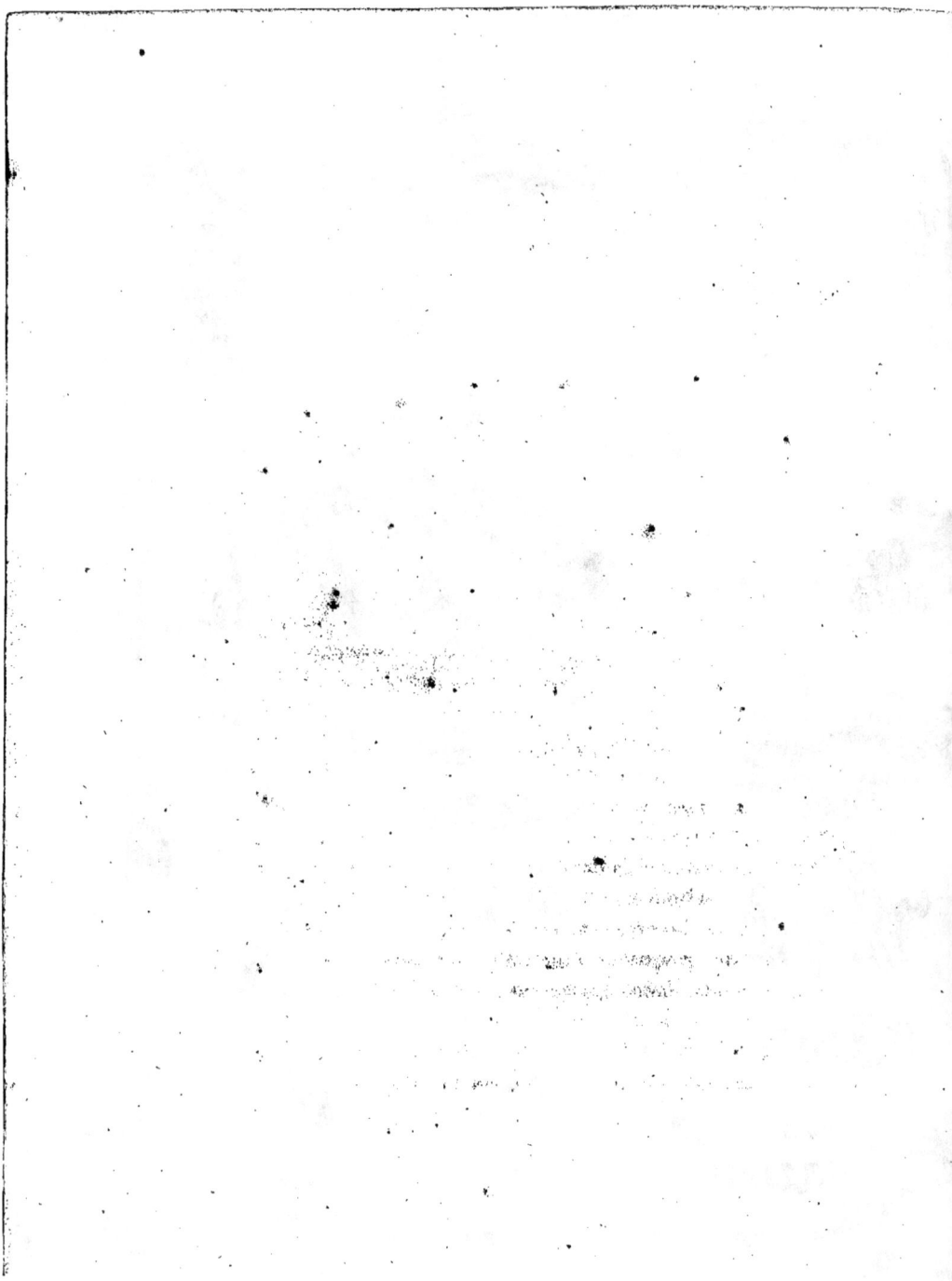

DES OS FOSSILES

DE CHEVAUX ET DE SANGLIERS.

Il ne nous reste plus à parler que de ces deux genres, pour avoir terminé l'histoire des quadrupèdes à sabots qui se sont trouvés à l'état fossile, et notre tâche, à leur égard, sera d'autant plus aisée, que l'on n'en a déterré que dans des sols meubles, la plupart récens, et que celles de leurs dépouilles que l'on a recueillies ne peuvent les faire distinguer des espèces vivantes de nos jours.

ARTICLE PREMIER.

Des os fossiles de CHEVAUX.

Ils sont aussi communs dans les couches meubles que ceux d'aucune autre grande espèce, et cependant l'on en a peu fait mention dans les ouvrages sur les fossiles, soit parce que l'on considéroit leur présence comme un phénomène fort simple, et qui ne méritoit point d'attention, soit parce qu'on ne les reconnoissoit point pour ce qu'ils étoient.

Il y a des preuves nombreuses de ce dernier motif, qui paroîtroit bien extraordinaire, si l'on ne savoit quelle légèreté

I

a toujours été mise dans les déterminations des fossiles et des pétrifications.

Ainsi l'on trouve dans le Traité *des monstres d'Aldrovande,* publié par *Bernia,* p. 37, deux dents de cheval, données pour des dents de géans, tandis que dans le *Museum metallicum* de cet auteur, publié par *Ambrosinus,* pag. 830, des dents du même animal sont données pour ce qu'elles sont véritablement.

Nous avons déjà dit ailleurs que *Lang,* dans son *Historia lapidum figuratorum Helvetiæ,* tab. XI, f. 1, 2, avoit pris une dent de cheval pour une dent d'*hippopotame.*

Nous pouvons ajouter que *Kundmann* en a fait graver d'autres, sans savoir à quoi les rapporter (*Rar nat. et art.* tab. II, f. 4 et 5), et que *Walch,* qui en avoit reçu de Quedlimbourg, se borne à remarquer leur ressemblance avec celles de *Lang* et de *Kundmann,* sans vouloir non plus les déterminer (Monumens de Knorr. II, sect. II, pag. 152).

Il n'y a qu'un petit nombre d'auteurs qui aient été plus hardis, tels que *Bourguet,* qui cite une seule dent mâchelière de cheval trouvée à soixante pieds de profondeur, en creusant un puits près de Modène (*Traité des pétrifications*), et *Romé-de-Lille,* qui compte au nombre des objets du cabinet de *Davila,* une dent de cheval fossile dans son alvéole d'auprès de *Canstadt.* (*Cat. de Davila,* III, pag. 230).

C'est sans doute à ce silence de la plupart des naturalistes, sur les os fossiles de cheval, qu'est dû celui que garde M. *Faujas* sur le même objet dans sa *Géologie,* quoiqu'il eût pu en tirer grand parti, pour soutenir son opinion favorite de l'identité des animaux fossiles avec ceux de nos jours.

En effet, les os fossiles de chevaux ne peuvent se discerner

des os de chevaux vivans, et cependant on les trouve certainement dans les mêmes couches qui recèlent des animaux
inconnus.

Nous avons déjà dit qu'il y avoit des milliers de dents
de cheval dans ce célèbre dépôt d'ossemens d'*éléphans*, de
rhinocéros, de *tigres* et d'*hyènes*, découvert en 1700, près de
Canstadt en *Wirtemberg* : leur association avec les éléphans
paroît générale.

Nous avons vu retirer, de nos propres yeux, des centaines
d'os et de dents de cheval du canal de l'Ourcq, dans le lieu
même d'où l'on retiroit en même temps des os d'éléphans, et
parmi ceux de cheval il y en avoit quelques-uns de véritablement pétrifiés.

Dans le dépôt de *Fouvent le Prieuré*, département de la
Haute-Saone, d'où l'on a extrait des os d'*éléphant* et des os
d'*hyène*, on a trouvé en même temps plusieurs os et dents
de cheval, qui ont aussi été envoyés à notre Muséum.

M. *de Drée* possède une portion de mâchoire et divers
autres os de cheval trouvés à *Argenteuil*, à peu près au
même endroit qu'une mâchelière d'éléphant.

M. *Fabbroni* m'a envoyé des dessins de plusieurs portions
semblables, déterrées dans le *Val d'Arno* supérieur, avec
des os d'*éléphans*, de *rhinocéros* et de *mastodontes* à dents
étroites.

Enfin M. *Fischer* m'a procuré des dessins de dents de cheval,
apportées de la *Bergstrasse* au cabinet de *Darmstadt*.

Je suis persuadé, d'après ces observations, que, si l'on n'a
pas fait plus souvent mention de ces os de chevaux déterrés
avec ceux d'éléphans, c'est qu'on jugeoit les premiers trop
peu intéressans en comparaison de ceux-ci.

Nous ne répéterons pas ce que nous avons dit de ceux que l'on rencontre quelquefois dans les brèches osseuses; mais c'est dans les alluvions récentes qu'on en trouve le plus, comme l'on devoit s'y attendre.

Il n'est presque point de vallée où l'on puisse creuser dans quelque étendue sans en rencontrer dans les dépôts des rivières; la vallée de la Seine, celle de la Somme, et bien d'autres sans doute, en fourmillent.

M. Traullé m'en a envoyé beaucoup des bords de la Somme, et j'en ai vu retirer moi-même des fondations du pont que l'on construit en ce moment vis-à-vis l'Ecole militaire.

Ceux-là nous intéressent peu, puisqu'ils ont été déposés depuis que nos continens ont pris leur forme actuelle; mais les premiers, ceux qui accompagnent les éléphans et les tigres, sont d'un ordre de choses antérieur. Les chevaux qui les ont fournis ressembloient-ils en tout à nos chevaux d'aujourd'hui?

J'avoue que l'Anatomie comparée est hors d'état de répondre à cette question.

J'ai comparé avec soin les squelettes de plusieurs variétés de *chevaux*, ceux de *mulet*, d'*âne*, de *zèbre* et de *couagga*, sans pouvoir leur trouver de caractère assez fixe pour que j'osasse hasarder de prononcer sur aucune de ces espèces, d'après un os isolé; et quoique je n'aie pu encore me procurer le squelette de l'*hémione* ou *dgigguetai*, je ne doute point qu'il ne ressemble autant à toutes ses espèces qu'elles se ressemblent entre elles. Si l'on avoit une tête fossile entière, on pourroit peut-être établir quelque comparaison; mais avec les autres os, encore la plupart mutilés, l'on n'obtiendroit aucun résultat.

On peut donc assurer qu'une espèce du genre du cheval

servoit de compagnon fidèle aux *éléphans* ou *mammouths*,
et aux autres animaux de la même époque, dont les débris
remplissent nos grandes couches meubles; mais il est impossible de dire jusqu'à quel point elle ressembloit à l'une ou à
l'autre des espèces aujourd'hui vivantes.

Il ne me reste autre chose à faire que d'indiquer les caractères auxquels on peut distinguer les débris de chevaux. Comme
c'est surtout avec ceux de bœuf ou de buffle que l'on pourroit
les confondre, c'est avec eux qu'il faut les comparer.

Les dents mâchelières supérieures de chevaux sont prismatiques comme celles de bœuf et de buffle, et marquées de
même de quatre croissans; mais elles en ont de plus un cinquième au milieu du bord interne.

Les inférieures sont plus comprimées, et ont quatre croissans dans le cheval comme dans le bœuf; mais au lieu d'être
parallèles deux à deux, ils sont alternatifs, le premier du
bord interne correspondant à l'intervalle des deux du bord
externe.

L'omoplate du cheval a son épine plus élevée au tiers supérieur, et s'abaissant de là jusqu'à l'endroit de l'acromion.
Dans les ruminans, il y a bien aussi une élévation au tiers
supérieur; mais c'est à l'extrémité inférieure à l'endroit de
l'acromion que l'épine est le plus saillante.

Dans l'humérus du bœuf, la grande tubérosité s'élève beaucoup au-dessus du reste de la tête supérieure, et il n'y a
qu'une rainure pour le biceps; dans le cheval, cette tubérosité
ne s'élève pas plus que les autres, et il y a deux rainures différentes en avant.

Le chameau et d'autres ruminans ressemblent plus au cheval qu'au bœuf à cet égard.

Le cubitus du bœuf, quoique soudé au radius, s'en laisse distinguer sur toute sa longueur ; celui du cheval s'y confond entièrement dès son tiers supérieur, n'y restant marqué que par une espèce de filet.

La tête inférieure du radius du cheval est divisée en deux facettes, par une arête presque perpendiculaire ; celle du bœuf est divisée en trois, par deux arêtes fort obliques.

Le bœuf a un os de moins au carpe que le cheval, parce que son trapézoïde est confondu avec son grand os.

Chacun sait aussi la différence de leur métacarpe et de leurs doigts.

L'ischion de bœuf relève sa tubérosité beaucoup plus que celui du cheval, et l'os des îles de celui-ci relève, au contraire, beaucoup plus son angle supérieur ; ce qui fait la différence si sensible de la croupe de ces deux animaux.

Le fémur du cheval a trois trochanters ; celui du bœuf n'en a que deux, et le grand s'y élève moins.

La tête inférieure du tibia du bœuf est rectangulaire, et porte à son bord interne une facette pour l'articulation de l'osselet péronien ; celle du cheval est très-oblique, et presque triangulaire.

Il en résulte la même différence d'obliquité pour les astragales ; celui du cheval n'a d'ailleurs qu'une très-petite facette pour le cuboïde ; celui du bœuf appuie sur cet os près de moitié de sa tête inférieure.

Le scaphoïde du cheval est beaucoup plus large que son cuboïde, et en reste toujours distinct ; dans le bœuf, ces deux os sont également larges et toujours confondus.

Le cheval n'a qu'un seul cunéiforme, et le bœuf en a deux.

Les différences du métatarse et des doigts, qui ont occasioné celles du tarse, sont connues de tous les naturalistes.

Au moyen de ces caractères simples et courts, on pourra distinguer aisément les os d'extrémités des deux espèces.

Chacune des vertèbres, prise à part, donneroit aussi des caractères; mais le détail en seroit infini, et il est bien rare que l'on trouve des vertèbres isolées sans aucun autre os; je crois donc avoir fourni aux géologistes tout ce qui leur est nécessaire.

ARTICLE II.

Des os fossiles de SANGLIERS.

Je ne trouve pas non plus beaucoup d'indications de ces os dans les auteurs; tous ceux que que j'ai vus venoient de tourbières ou d'autres terrains récens, et je ne sache pas qu'ils aient jamais accompagné les éléphans.

Walch ne cite que la vertèbre de cochon pétrifiée mentionnée par *Luid*, et d'après lui par d'*Argenville;* mais on ne peut se fier ni à de pareils auteurs, ni à de pareilles indications. *Gmelin, Wallerius*, et d'autres que j'ai consultés, ne parlent point du tout de cette sorte de fossile.

Il y a cependant déjà dans le *Muséum Beslerianum*, pl. XXXI, un germe fossile de mâchelière de *cochon*, sous le nom bisarre de *pseudo-corona-anguina*, et *Grew* dit que le cabinet de la Société royale en possède de semblables (Mus. soc. reg. p. 256); mais ni l'un ni l'autre n'en assigne l'origine plus que l'espèce.

M. *Delaunay*, dans son Mémoire *sur l'origine des fossiles accidentels des provinces belgiques*, pag. 36, rapporte que, dans les environs d'*Alost*, en creusant une tourbière, « l'on

» trouva la partie osseuse de la tête d'un sanglier inconnu en
» Europe, vu la taille extraordinaire que devoit avoir l'ani-
» mal vivant », et ajoute que ce qui avoit fait reconnoître
l'animal, « c'étoient les défenses d'une longueur tout-à-fait
» remarquable ». Il auroit été bien simple d'ajouter la longueur
de ces défenses, et quelque figure ou description de cette
tête; mais les géologistes ont rarement pris des soins qu'ils
jugeoient trop minutieux, et aimoient mieux réserver leur
temps pour des systèmes que de l'employer à des recherches
précises; aussi ce renseignement, qui pouvoit être intéressant, nous est-il aujourd'hui parfaitement inutile.

J'ai pour ma part quelques mâchelières de sangliers qui paroissent avoir séjourné dans la terre; j'en ai même de teintes en
noir par la tourbe, où elles étoient sans doute enfoncées; enfin,
j'en ai vu deux ou trois qui paroissoient pétrifiée, mais je ne
connois d'origine certaine qu'à une défense trouvée en creusant
les fondations de la culée du pont d'Iéna, du côté de l'Ecole militaire, avec plusieurs ossemens de chevaux, et des débris de ba-
teaux et d'autres objets artificiels, et à une portion de mâchoire
retirée des tourbières du département de l'Oise, déposée au
cabinet de l'Ecole des mines; toutes les deux sont donc de
terrains très-récens : aussi toutes deux ne diffèrent-elles en
rien de leur analogue vivant.

M. *Adrien Camper* m'a envoyé le dessin d'une moitié inférieure d'humérus de cochon ou de sanglier, qui lui a été
adressé du Hartz, mais sur le gisement duquel il n'a point
de notion certaine.

La tête du cochon se distingue assez aisément de toutes les
autres pour que nous n'ayons pas besoin d'en donner les
caractères.

Ses mâchelières représentent en petit celles du mastodonte à dents étroites, ayant de même des tubercules mousses garnis sur leurs côtés de tubercules plus petits.

Dans les sangliers, cochons domestiques, cochons de Siam, sangliers de Madagascar, le nombre naturel et complet des mâchelières est de sept partout.

La postérieure d'en-bas a cinq groupes de tubercules; celle d'en-haut en a six. Les huit qui les précèdent en ont chacune quatre groupes, rangés par paires. La quatrième de chaque côté en a trois groupes rangés en triangle, et les trois antérieures ayant leurs tubercules sur une seule ligne, sont presque tranchantes.

La dent antérieure tombe de bonne heure dans nos cochons, et je ne l'ai jamais trouvée dans le babiroussa, dont le nombre seroit de six, et où il est souvent de cinq par la chute de la dent antérieure. Je n'en trouve également que six à deux pécaris.

Le sanglier d'Ethiopie n'a que trois dents, toutes composées de cylindres soudés ensemble, comme les lames de l'éléphant, et présentant des cercles à leur surface quand elle est triturée. Elles sont fort inégales; car la dernière a jusqu'à vingt-trois cercles rangés sur trois lignes.

Chaque espèce a ses formes particulières de défenses; mais toutes les défenses et toutes les molaires que j'ai observées étoient semblables à celles du sanglier commun.

Les extrémités des cochons ont beaucoup de rapport avec celles des ruminans; comme c'est avec les os du mouton et du cerf qu'on pourroit confondre les siens, c'est avec eux qu'il faut les comparer.

Son omoplate a, comme celle du cheval, son épine abaissée

2

en avant, et plus saillante au tiers supérieur, où elle forme un crochet reployé en arrière.

La grande tubérosité de son humérus est très-haute, comme dans le mouton; mais elle s'élargit en arrière, et s'échancre par un large arc rentrant.

Le cubitus est très-large et distinct sur toute sa longueur; la plus grande partie en est soudée dans le mouton. Dans le cerf, il est au moins beaucoup plus grêle.

Le carpe ressemble beaucoup, avec cette différence que le trapézoïde y est distinct, tandis qu'il est soudé dans les ruminans, et que l'unciforme y est moins large, tandis que le scaphoïde l'est beaucoup plus.

Les différences des fémurs seroient très-difficiles à exprimer en paroles; mais le tibia se reconnoît parce qu'il est plus court, que sa tête inférieure est carrée, et non rétrécie d'arrière en avant, et qu'elle n'a point d'articulation pour l'osselet péronien.

La principale différence du tarse tient au petit cunéiforme, au vestige du cinquième doigt, et à ce que le scaphoïde reste distinct du cuboïde. Quant aux métacarpes, aux métatarses et aux doigts, on ne peut les confondre.

IV.ᵉ PARTIE.

OSSEMENS

DE CARNASSIERS
ET D'AUTRES ONGUICULÉS.

SUR LES OSSEMENS

DU GENRE DE L'OURS,

Qui se trouvent en grande quantité dans certaines
cavernes d'Allemagne et de Hongrie.

Notice des principales cavernes où se trouvent ces ossemens
et de l'état dans lequel ils y sont.

DES grottes nombreuses, brillamment décorées en stalactites de toutes les formes, se succédant l'une à l'autre jusqu'à
une grande profondeur dans l'intérieur des montagnes, com-
muniquant ensemble par des ouvertures si étroites que
l'homme peut à peine y pénétrer en rampant, et que l'on
trouve cependant jonchées d'une énorme quantité d'ossemens
d'animaux grands et petits, sont sans contredit l'un des phénomènes les plus remarquables que l'histoire des fossiles puisse
offrir aux méditations du géologiste, surtout lorsque l'on songe
que ce phénomène se répète en un grand nombre de lieux et
dans un espace de pays très-étendu. Aussi ont-elles été l'objet
des recherches de plusieurs naturalistes, dont quelques-uns

I

ont très-bien décrit et représenté les os qu'elles recèlent; et avant même que les naturalistes s'en occupassent, elles étoient célèbres parmi le peuple, qui, suivant sa coutume, ajoutoit bien des prodiges imaginaires aux merveilles naturelles qui s'y observent en réalité. Les os qu'elles renferment étoient depuis long-temps, sous le nom de *licorne fossile*, un article important de commerce et de matière médicale, à cause des vertus puissantes qu'on lui attribuoit : et il est probable que le désir de trouver de ces os a beaucoup contribué à faire connoître plus exactement ces cavernes, et même à en faire découvrir plusieurs.

La plus anciennement célèbre est celle de *Bauman*, située dans le pays de *Blankenbourg* qui appartient au duc de Brunswick, au sud de la ville de ce nom, à l'est d'*Elbingerode* et au nord du village de *Rubeland*, l'endroit habité le plus voisin, dans une colline qui fait l'une des dernières pentes du *Hartz* vers l'orient. Elle a été décrite par beaucoup d'auteurs, parmi lesquels nous citerons surtout le grand *Leibnitz* dans sa *Protogæa*, pl. I, p. 97, où il en donne une carte empruntée des *Acta erud.*, 1702, p. 305.

L'entrée regarde le nord, mais la direction totale est d'orient en occident. Elle est fort étroite, quoique percée sous une voûte naturelle assez ample. On n'y pénètre qu'en rampant. La première grotte est la plus grande. De là dans la seconde il faut descendre dans un nouveau couloir, d'abord en rampant, et ensuite avec une échelle. La différence de niveau est de 30 pieds. La seconde grotte est la plus riche en stalactites de toutes les formes. Le passage à la troisième grotte est d'abord le plus pénible de tous; il faut y grimper avec les pieds et les mains; mais il s'élargit ensuite, et les stalactites de ses parois sont celles où l'imagination des curieux a prétendu voir les figures les plus caractérisées. Il a deux dilatations latérales dont la carte des *Acta erud.* fait la troisième et la quatrième grotte. A son extrémité, on trouve encore à remonter pour arriver à l'entrée de la troisième grotte qui forme une espèce de portail. Behrens dit dans son *Hercynia curiosa* qu'on n'y pénètre point, parce qu'il faudroit descendre plus de 60 pieds; mais la carte ci-dessus, et la description de *vander Hardt*, qui l'accompagne, décrivent cette troisième grotte sous le nom de cinquième, et placent encore au-delà un couloir terminé par deux petits antres. Enfin *Silberschlag*, dans sa *Géogénie*, ajoute que l'un d'eux conduit dans un dernier couloir qui, descendant beaucoup, mène sous les autres grottes, et se termine par un endroit rempli d'eau. Il y a encore beaucoup d'ossemens dans cette partie reculée et peu visitée.

Une seconde caverne à peu près aussi célèbre que la première et fort voisine, est celle dite de la *licorne* (*einhornshœhle*), au pied du château de *Scharzfels*, dans la partie de l'électorat d'Hanovre, qui se nomme le duché de *Grubenhagen*, et à peu près sur la dernière pente méridionale du *Hartz*. Elle a aussi été décrite par *Leibnitz*, ainsi que par M. *Deluc* dans ses Lettres à la reine d'Angleterre. L'entrée a dix pieds de haut, sept de large : on descend verticalement de quinze dans une espèce de vestibule dont le plafond s'abaisse au point qu'au bout de soixante pas, il faut se mettre à ramper. Après un long passage, viennent encore deux grottes selon Leibnitz; mais Behrens en ajoute trois ou quatre, et dit que, selon les gens du pays, on pourroit pénétrer à près de deux lieues.

Bruckmann, qui donne une carte de cette caverne (*Epistol.
itin.* 34), n'y représente que cinq grottes, disposées à peu près
en ligne droite, jointes par des couloirs extrêmement étroits;
la seconde est la plus riche en ossemens; la troisième, la plus
irrégulière, a deux petites grottes latérales; la cinquième est
la plus petite et contient une fontaine.

La chaîne du *Hartz* offre encore quelques cavernes moins
célèbres, quoique de même nature, indiquées par Behrens dans
son *Hercynia curiosa*, savoir :

Celle de *Hartzbourg* sous le château de ce nom, au-dessus
de *Goslar* au sud. Je ne sais pourquoi *Büsching* conteste son
existence. Il est vrai que *Behrens* cite à tort *J. D. Horstius* pour
en avoir vu tirer des os de divers animaux : car *Horstius* ne
parle (*Obs. anat. dec. p.* 10) que de la caverne de *Scharzfelz.*

Celle d'*Ufftrungen*, dans le comté de *Stollberg*, au sud du
château de ce nom; on la nomme dans le pays *Heim-kœhle*
ou *Cachette. Behrens* pense qu'on pourroit y trouver des os
fossiles.

Une autre du même voisinage, nommée *Trou-de-voleur,
Diebes-loch.* On y a trouvé des crânes qu'on a cru humains.

Je ne parle point ici de celles des cavernes du *Hartz* où l'on
n'a point découvert d'ossemens.

Au reste celles mêmes où l'on en a trouvé en sont à peu
près épuisées aujourd'hui, et ce n'est presque plus qu'en brisant
la stalactite qu'on peut en obtenir : tant on en a enlevé pour
les vendre dans les pharmacies.

Les cavernes de Hongrie viennent après celles du *Hartz*,
pour l'ancienneté de la connoissance qu'on en a. La première
notice en est due à *Paterson-Hayn.* (*Ephem. nat. cur.* 1672,
obs. CXXXIX et CXCIV.)

Brukmann, médecin de *Wolfenbüttel*, les a aussi décrites plus au long (*Epistola itineraria* 77, *et Breslauer Samlung*, 1725, 1.er trim., p. 628). Elles sont situées dans le comté de *Liptov*, sur les pentes méridionales des *monts Crapacks*. On les connoît dans le pays sous le nom de *Grottes-des-Dragons*, parce que le peuple des environs attribue à ces animaux les ossemens qu'on y trouve, et qu'il connoît de temps immémorial.

Les cavernes les plus riches de toutes en ossemens sont celles de *Franconie* dont *J. F. Esper*, ecclésiastique du pays de *Bayreuth*, a donné une description fort détaillée dans un ouvrage *ex professo*, imprimé en français et en allemand (*Description des Zoolithes nouvellement découvertes*, etc., *Nuremberg. knorr.* 1774, *in-fol. avec* 14 *pl. enlum.*), et dans un Mémoire inséré parmi ceux de la *Société des naturalistes de Berlin*, tome IX, pour 1784, p. 56.

Une grande partie d'entre elles est située dans un petit baillage nommé *Streitberg*, dépendant du pays de *Bayreuth*, mais enclavé dans celui de *Bamberg*, et est creusée dans des collines entourées de trois côtés par les ruisseaux d'*Aufsess* et de *Visent*.

Cependant la principale de toutes, l'étonnante caverne de *Gaylenreuth*, est en dehors de cette espèce de presqu'île, sur la rive gauche de la Visent, au nord-ouest du village dont elle tire son nom. Son entrée est percée dans un rocher vertical; elle est haute de 7 pieds et demi et regarde l'orient. La première grotte tourne à droite et a plus de 80 pieds de long. Les inégales hauteurs de la voûte la divisent en quatre parties: les premières ont 15 à 20 pieds de haut; la quatrième n'en a que 4 ou 5. Au fond de celle-ci, à fleur de terre, est un trou de 2 pieds de haut par où l'on va dans la seconde grotte. Elle est d'abord dirigée au sud dans une longueur de 60 pieds sur 40 de large et 18 de haut : puis elle tourne à l'ouest pendant 70 pieds, devenant de plus en plus basse jusqu'à n'avoir que 5' de haut. Le passage qui conduit à la troisième grotte est fort incommode. On tourne par divers corridors. Elle a 30' de diamètre sur 5 à 6 de hauteur. Le sol en est pétri de dents et de mâchoires. Près de l'entrée, est un gouffre de 15 à 20 pieds, où l'on descend avec une échelle. Après y être descendu, l'on arrive à une voûte de 15 pieds de diamètre sur 30' de haut; et vers le côté où l'on est descendu, à une grotte toute jonchée d'ossemens. En descendant encore un peu, on rencontre une nouvelle arcade qui conduit à une grotte de 40 pieds de long, et un nouveau gouffre de 18 à 20 pieds de profondeur. Quand on y est descendu, on arrive encore à une caverne d'environ 40 pieds de haut, toute jonchée d'ossemens.

Un passage de 5 pieds sur 7 mène dans une grotte de 25 pieds de long sur 12 de large : des canaux de 20 pieds de long mènent dans une autre de 20 pieds de haut; il y en a enfin une de 83 pieds de largeur sur 24 de hauteur, et l'on ne trouve nulle part tant d'ossemens.

La sixième grotte, qui est la dernière, se dirige vers le nord, de manière que toute la série des grottes et des couloirs décrit à peu près un demi-cercle.

Une fente de la troisième grotte en a fait découvrir, en 1784, une nouvelle de 15 pieds de long sur 4 de large, où se sont trouvés le plus d'ossemens d'hyènes ou de lions. L'ouverture en étoit beaucoup trop petite pour que ces animaux y aient pu passer. Un canal particulier qui aboutissoit dans cette petite grotte a offert une quantité incroyable d'os et de grandes têtes entières.

La petite presqu'île, placée à l'opposite de cette caverne, en offre plusieurs autres, comme le *Schœne-Stein* ou *Belle-roche* qui contient sept grottes contiguës; le *Bronnenstein* ou *Roche-de-la-fontaine*, où l'on ne trouve que des os modernes, mais où ils sont quelquefois encroûtés de stalactite; le *Holeberg* ou *Montagne creuse*, où huit ou dix grottes forment une enfilade de 200 pieds, a deux issues. Des ossemens de même espèce qu'à *Gaylenreuth* s'y trouvent dans divers enfoncemens latéraux. Le *Wizer-loch*, ainsi nommé d'un ancien dieu slavon qu'on y adoroit autrefois, l'antre le plus lugubre de toute la contrée, situé dans sa partie la plus élevée, et où l'on a trouvé quelques vertèbres. Il a plus de 200 pieds de longueur. La *Wunder-hœhle* qui tire son nom de son inventeur; elle n'est connue que depuis 1773 : son circuit est de 160 pieds. Enfin, la caverne de *Klaustein*, composée de quatre grottes, et profonde de plus de 200 pieds. On y a trouvé des ossemens dans la troisième grotte, et encore davantage dans le fond. Le nom de *Klaustein* signifie *Roche-aux-ongles* ou *aux-griffes*. Il convient encore très-bien à un lieu où l'on trouve sans doute comme à *Gaylenreuth* une infinité de phalanges onguéales d'ours, et d'animaux du genre des tigres.

La contrée qui entoure cette petite presqu'île a elle-même plusieurs cavernes, indépendamment de celle de *Gaylenreuth*, comme celles de *Mokas*, de *Rabenstein* et de *Kirch-ahorn*, trois villages du pays de *Bamberg*, le premier au sud, les deux autres au nord-est de *Gaylenreuth* : la dernière porte dans le pays le nom expressif de *Zahn-loch*, ou *Grotte aux dents* : il y en a deux autres dans le territoire du même village. Celle de *Zewig*, tout près de *Waschenfeld*, au bord même de la *Visent*, encore dans le pays de *Bamberg*, qui a près de 80 pas. de profondeur, et où l'on dit avoir trouvé des squelettes d'hommes et de loups. Enfin celle de *Hohen-mir-schfeld*, dans le même pays, où les paysans ont long-temps cherché de ces fossiles qu'ils croyoient médicinaux. (*Schrœter*, Journ. de Lithol. et Conch., 1.ᶜʳ vol., IV.ᵉ cah., p. 299.)

Toutes ces collines, creusées de cavernes et si voisines les unes des autres, semblent former une petite chaîne interrompue seulement par des ruisseaux, et qui va se joindre à la chaîne plus élevée du *Fichtelberg* où sont les plus hautes montagues de la *Franconie*, et d'où découlent le *Mein*, la *Sale*, l'*Eger*, la *Naab* et beaucoup de petites rivières.

On vient encore de découvrir en 1799 une caverne remarquable par sa situation, qui lie en quelque sorte celles du *Hartz* à celles de *Franconie*. C'est celle de *Glücksbrun*, au bailliage d'*Altenstein*, dans le territoire de *Meinungen*, dans la pente sud-ouest de la chaîne du *Thüringer-wald* (*Blumenb. archœol. telluris*, p. 15. *Zach. monatl. corresp.* 1800, *janvier*, p. 30). C'est la même que M. *Rosenmüller* nomme *Liebenstein*, parce qu'elle est sur le chemin d'*Altenstein* à ce dernier endroit, qui est un lieu de bains.

Il y en a une description par M. *Kocher*, dans le *Magasin de Minéralogie* par M. *C. E. A. de Hof.*, 1.ᶜʳ vol. IV.ᵉ cah., p. 427.

Le calcaire dans lequel elle est creusée repose sur du schiste bitumineux, et, s'élevant beaucoup au-dessus, appuie sa partie supérieure sur des roches primitives. Ce calcaire varie pour la dureté et la cassure, et contient des pétrifications marines, comme pectinites, échinites, etc.

On découvrit, en faisant un chemin, une ouverture d'où sortoit un air très-froid qui détermina le duc de Saxe-Meinungen à faire creuser plus avant. Un couloir de 20 pieds de long conduisit dans une grotte de 35, large de 3 à 12, haute depuis 6 jusqu'à 12, suivant les endroits, et terminée par un gros morceau de roche que l'on enleva. Un travail de deux ans découvrit et nettoya une série de grottes liées ensemble, et dont le sol s'élève et s'abaisse alternativement ; elles se terminent dans un endroit où coule de l'eau ; mais diverses fentes latérales font présumer qu'il y a encore plusieurs grottes qui n'ont pas été ouvertes, et qu'elles forment peut-être une sorte de labyrinthe.

Le sol et les parois de cette caverne sont garnis du même limon que dans les autres. Les os y étoient assez nombreux, mais on n'a pu en retirer que deux crânes un peu entiers. Celui dont M. *Kocher* donne la figure, est de notre première espèce d'ours.

Enfin il y aussi de ces cavernes en *Westphalie*.

J. Es. Silberschlag décrit, dans les Mém. des naturalistes de Berlin (*Schriften*, tome VI, p. 132), celle dite *Kluter-hœhle*, près du village d'*Oldenforde*, dans le comté de *la Marck*, au bord de la *Milspe* et de l'*Enpe*, deux ruisseaux qui se jettent dans la *Ruhr*, et avec elle dans le Rhin.

Son entrée est à peu près à moitié de la hauteur d'une colline dite *Kluterberg*, n'a que 3 pieds 3 pouces de haut, et regarde le midi. La grotte elle-même forme un véritable labyrinthe dans l'intérieur de la montagne.

Non loin de là, dans le même comté, à *Sundwich*, à deux lieues d'*Iserlohn*, est encore une grotte qui a fourni, depuis environ vingt-cinq ans, une très-grande quantité d'ossemens, dont une partie a été envoyée à *Berlin* : une autre est restée dans le pays entre les mains de divers particuliers. On n'en a point, que je sache, de description particulière.

2

Si l'on jette un coup-d'œil sur une carte générale, il n'est pas difficile d'apercevoir une certaine continuité dans les montagnes où se trouvent ces singulières cavernes.

Les monts *Crapacks* se lient avec les montagnes de *Moravie* et celles de *Bohême* dites *Bœhmerwald*, pour séparer le bassin du *Danube*, de ceux de la *Vistule*, de l'*Oder* et de l'*Elbe*. Le *Fichtelberg* sépare le bassin de l'*Elbe* de celui du Rhin; le *Thuringer-wald* et le *Harz* continuent à limiter le bassin de l'*Elbe* en le séparant de celui du *Weser*.

Ces diverses chaînes n'ont entre elles que de légers intervalles. Les cavernes de *Westphalie* sont les seules qui ne tiennent pas aux autres d'une manière aussi évidente.

Il y a sans doute des cavernes dans beaucoup d'autres chaînes; on en connoît une infinité en France, en Angleterre. J'en ai vu moi-même en Souabe, mais je n'y ai point trouvé d'ossemens: et en général je n'ai point entendu dire que d'autres en aient trouvé, si ce n'est dans celles que j'ai indiquées ci-dessus.

La seule que l'on puisse croire en contenir, est celle d'auprès de *Palerme*, décrite par Kircher. (*Mund. subter.* lib. VIII, sec. II, c. IV, pag. 62.) Il en représente une dent, qui ressemble beaucoup à une mâchelière d'ours.

Les collines où ces cavernes sont creusées se ressemblent par leur composition; elles sont toutes calcaires, et produisent toutes d'abondantes stalactites : celles-ci y enduisent les parois, y rétrécissent les passages, y prennent mille formes variées. Les os sont à peu près dans le même état dans toutes ces cavernes: détachés, épars, en partie brisés, mais jamais roulés, et par conséquent non amenés de loin par les eaux; un peu plus légers et moins solides que des os récens : cependant encore

dans leur vraie nature animale, fort peu décomposée, contenant beaucoup de gélatine, et nullement pétrifiés ; une terre
durcie, mais encore facile à briser ou à pulvériser, contenant
aussi des parties animales, quelquefois noirâtre, y forme leur
enveloppe naturelle. Elle est souvent imprégnée et recouverte
d'une croûte stalactitique d'un bel albâtre ; un enduit de même
nature revêt les os en divers endroits, pénètre leurs cavités naturelles, les attache quelquefois aux parois de la caverne. Cette stalactite est souvent colorée en rougeâtre par la terre animale qui
s'y mélange. D'autrefois sa surface est teinte de noir ; mais il
est aisé de voir que ce sont-là autant d'accidens modernes et
indépendans de la cause qui a amené les ossemens dans ces
cavités. On voit même journellement la stalactite faire des
progrès et embrasser ci et là des groupes d'ossemens qu'elle
avoit respectés auparavant.

Cette masse de terre, pénétrée de parties animales, enveloppe indistinctement les os de toutes les espèces ; et si l'on en
excepte quelques-uns trouvés à la surface du sol, et qui y auront été transportés à des époques bien postérieures, que l'on
peut distinguer aussi à leur bien moindre décomposition, ils
doivent avoir été tous enterrés de la même manière et par les
mêmes causes. Dans cette masse de terre, pêle-mêle parmi les
os, sont (du moins dans la grotte de *Gaylenreuth*) des morceaux d'un marbre bleuâtre dont tous les angles sont arrondis
et émoussés, et qui paroissent avoir été roulés. Ils ressemblent
singulièrement à ceux qui font partie des brèches osseuses de
Gibraltar et de *Dalmatie*.

Enfin ce qui achève de rendre le phénomène bien frappant,
ces os sont les mêmes dans toutes ces cavernes, sur une étendue
de plus de deux cents lieues. Les trois quarts et davantage

appartiennent à des ours que l'on ne trouve plus vivans. La moitié ou les deux tiers du quart restant vient d'une espèce d'*hyène* qui se retrouve encore fossile ailleurs, et que nous décrivons. Un plus petit nombre appartient à une espèce du genre du *tigre* ou du *lion*, et à une autre du genre du *loup* ou du *chien;* enfin, les plus menus viennent de divers petits carnassiers comme le *renard*, le *putois*, ou du moins d'espèces très-voisines de ces deux-là, etc.

Les espèces si communes dans les terrains d'alluvion, les *éléphans*, les *rhinocéros*, les *chevaux*, les *bufles*, les *tapirs* ne s'y trouvent jamais. On n'y voit pas non plus ces *palæotheriums* des couches pierreuses, ni ces *ruminans*, ces *rongeurs* des fentes de rochers de *Gibraltar*, de *Dalmatie* et de *Cette*: réciproquement aussi les *ours* et les *tigres* de ces cavernes ne se retrouvent ni dans les terrains d'alluvion, ni dans les fentes des rochers. Il n'y a, parmi les os des cavernes, que ceux de l'*hyène* qu'on ait reconnus jusqu'à présent dans la première de ces deux sortes de gisement.

On ne peut guère imaginer que trois causes générales qui pourroient avoir placé ces os en telle quantité dans ces vastes souterrains : ou ils sont les débris d'animaux qui habitoient ces demeures et qui y mouroient paisiblement; ou des inondations et d'autres causes violentes les y ont entraînés; ou bien enfin ils étoient enveloppés dans des couches pierreuses dont la dissolution a produit ces cavernes, et ils n'ont point été dissous par l'agent qui enlevoit la matière des couches.

Cette dernière cause se réfute, parce que les couches dans lesquelles les cavernes sont creusées ne contiennent point d'os; la seconde, par l'intégrité des moindres éminences des os, qui ne permet pas de croire qu'ils aient été roulés : on est donc obligé d'en revenir à la première, quelques difficultés qu'elle présente de son côté.

Il faut dire aussi que cette cause est confirmée par la nature animale du terreau dans lequel ces os sont ensevelis, nature déjà reconnue par plusieurs naturalistes, mais qui vient d'être déterminée encore plus rigoureusement, à ma demande, par le très-habile chimiste M. *Laugier*, aide-chimiste pour les analyses dans notre Muséum, qui a bien voulu me permettre d'insérer son travail dans mon Mémoire, dont il va faire l'un des plus beaux ornemens.

Il résulte de là que l'établissement de ces animaux dans ces cavernes est bien postérieur à l'époque où ont été formées les couches pierreuses étendues, et peut-être même à celle de la formation des terrains d'alluvion; ce dernier point dépendra de la comparaison des niveaux. Ce qui est certain, c'est que l'intérieur n'en a point été inondé, ni rempli de dépôts quelconques, depuis que les animaux qui les composent y ont péri.

Il n'y auroit donc rien d'étonnant, quand les os qu'on y trouve ressembleroient entièrement à ceux des animaux du pays. Ce qui l'est davantage, c'est qu'il y en ait, comme on le verra plus bas, de pays si éloignés, et que les plus nombreux viennent d'espèces inconnues, et qui ont probablement disparu comme celles des couches pierreuses.

Au reste, il est essentiel de remarquer que l'on n'y trouve aucun débris d'animaux marins. Ceux qui ont prétendu y voir des os de *phoques*, de *morses*, ou d'autres espèces semblables, ont été induits en erreur par les hypothèses qu'ils avoient adoptées d'avance.

*EXAMEN et ANALYSE de la terre servant d'enveloppe
aux os de la caverne de Gaylenreuth, par* M. LAUGIER.

Cette terre qui sert d'enveloppe aux os fossiles en a reçu
l'empreinte et la forme. Elle a contracté avec eux une adhé-
rence telle qu'il est assez difficile de l'en séparer exactement.
Elle a une couleur jaunâtre semblable à celle des os qui ont été
long-temps enfouis. Elle noircit par le contact de la chaleur
dans les vaisseaux fermés; mais cette couleur noire disparoît
promptement lorsqu'on la chauffe avec le contact de l'air. Elle
fait une vive effervescence par les acides.

On a séparé le plus exactement qu'il a été possible cinq
grammes de cette terre; on a fait choix des parties les plus
compactes, et on a rejeté celles dans lesquelles on aperce-
voit le tissu osseux. On a réduit ces cinq grammes en poudre,
et on les a chauffés fortement dans une cornue revêtue à l'extérieur d'une couche de terre à four, jusqu'à ce que le fond
du vaisseau fût rouge. En délutant l'appareil qu'on avoit laissé
refroidir, on a été frappé de l'odeur qu'exhaloient les matières
animales; le récipient contenoit quelques gouttes d'eau qui tenoient une substance alcaline en dissolution, car une seule
goutte suffisoit pour verdir fortement le syrop de violettes.
Au bout de quelques jours, celui-ci a repris sa couleur bleue,
vraisemblablement à mesure que cet alcali, qui étoit de l'ammoniaque, s'est dégagé. La poudre restée dans la cornue étoit
noircie par le charbon de la matière animale décomposée. Dans
cet état, elle ne pesoit plus que quatre grammes et demi : elle
avoit donc perdu un demi-gramme ou 10 pour 100. Calcinés
de nouveau et fortement dans un creuset de platine, les 4

grammes et demi ont été réduits à 3 grammes 30 centigrammes;
ainsi la dissolution et la calcination ont fait perdre à la poudre
soumise à ces expériences 1 gramme 70 centigrammes ou 34
pour 100. Cette seconde perte de 24 pour 100 doit être attribuée au dégagement de l'acide carbonique combiné à la
chaux, et à une petite quantité d'eau qui avoit échappé à la
distillation. Le résidu de la calcination avoit la saveur âcre,
alcaline de la chaux; il s'échauffoit fortement avec l'eau et se
dissolvoit dans les acides sans effervescence; il avoit repris sa
couleur jaunâtre.

Les 3 grammes 30 centigrammes restant se sont dissous à
l'aide d'une douce chaleur dans l'acide nitrique; il n'est resté
qu'une petite quantité d'une matière rougeâtre qui pesoit 2
décigrammes ou 4 pour 100, et que l'on a reconnue pour de
la silice colorée par du fer.

La dissolution, qui contenoit un assez grand excès d'acide, a
été mêlée à de l'ammoniaque qui y a formé un précipité
blanc, gélatineux, que l'on a recueilli sur un filtre et lavé avec
soin. On l'a fait bouillir encore humide avec une dissolution
de potasse caustique; au premier contact de la chaleur, le
mélange a pris une couleur rougeâtre due au fer, qui s'est
séparé vraisemblablement de l'acide phosphorique auquel il
étoit combiné. Le mélange, étendu d'eau et filtré, a laissé une
matière d'un jaune rougeâtre qui, traitée de nouveau avec la
potasse caustique lavée et calcinée, pesoit 0,82 centigrammes
ou 26 et demi pour 100.

Ces 0,82 centigrammes ayant été dissous dans l'acide nitrique,
l'ammoniaque versé dans cette dissolution y a formé un précipité gélatineux qui avoit tous les caractères de phosphate
de chaux. C'étoit la portion de ce sel qui n'avoit point été

décomposée par la potasse; ce précipité étoit légèrement rougeâtre : son poids étoit de 45 centigrammes; on en a séparé
par l'acide nitrique très-affoibli 5 centigrammes d'oxide de
fer : ainsi la quantité du phosphate de chaux non décomposée équivaloit à 8 pour 100, et l'oxide de fer qui le colo-
roit à 1 pour 100.

On a versé dans la dissolution d'où le phosphate de chaux
avoit été séparé par l'ammoniaque, une solution de carbonate
de potasse et quelques gouttes de solution de potasse caustique; il s'y est formé un précipité floconneux et lourd assez
abondant, et après avoir fait bouillir le mélange pour faciliter la précipitation en dégageant l'acide carbonique, on a
recueilli sur le filtre une matière d'un blanc grisâtre qui, après
une forte calcination, pesoit 37 centigrammes et demi ou 7
et demi pour 100 : c'étoit de la chaux mêlée à une petite quantité de magnésie.

La solution alcaline devoit contenir, outre l'acide phosphorique enlevé à la chaux, toute l'alumine que la terre pouvoit
recéler. Pour séparer celle-ci, on a versé dans la dissolution
du muriate d'ammoniaque liquide : on a en effet obtenu un précipité léger, floconneux, auquel on a reconnu les caractères
de l'alumine, mais elle est devenue noire par la calcination.
Ce phénomène doit être attribué à la présence d'une très-petite quantité de manganèse qui avoit donné à la potasse une
couleur verte, que l'addition de quelque gouttes d'acide avoit
fait passer au rose.

L'eau de chaux a formé dans la dissolution alcaline un précipité floconneux, abondant, léger qui, lavé, séché, redis-
sous dans l'acide nitrique et précipité par l'ammoniaque, pesoit après la calcination 0,67 c. et demi; ce qui fait pour lors

13 parties et demie, lesquelles ajoutées aux 8 parties de phosphate de chaux non décomposé, en portent la somme à 0,21 parties et demie pour cent de la terre soumise à l'analyse.

On a séparé de ce phosphate artificiel, à l'aide de l'acide nitrique très-étendu d'eau, 0,12 c. et demi d'oxide de fer qui vraisemblablement étoient restés combinés avec l'acide phosphorique, et qui, ajoutés aux 0,05 centigrammes enlevés par le même moyen au phosphate de chaux naturel, forment un total de 3 parties et demie pour 100.

Il restoit à faire l'examen de la dissolution nitrique d'où l'ammoniaque avoit précipité le phosphate de chaux, le fer et l'alumine : le carbonate de potasse y a formé un précipité blanc, abondant, dont l'ébullition a fourni par l'acide sulfurique 4 grammes de sulfate de chaux qui représentent 1,60 de chaux ou 32 pour 100 de cette substance alcalino-terreuse. Le lavage du sulfate de chaux a fourni par l'évaporation une petite quantité de sulfate de magnésie. Il paroît que cette terre s'y trouve à peu près dans les proportions où les os la contiennent.

Les nouvelles découvertes sur la présence de l'acide fluorique dans les substances fossiles pouvoient faire présumer que la terre qui sert d'enveloppe aux os fossiles n'en étoit pas entièrement exempte; mais un mélange de cette terre et de 4 parties d'acide sulfurique concentré, soumis à la distillation, n'en a pas indiqué la moindre trace.

Il résulte du travail dont on vient de rendre compte que 100 parties de la terre qui sert d'enveloppe aux os fossiles de la caverne de *Gaylenreuth* sont formées des principes ci-après indiqués et dans les proportions suivantes :

ARTICLE II.

Exposé des travaux ostéologiques faits jusqu'à présent sur les animaux de ces cavernes.

Nous ne rapporterons point ce qu'en ont dit d'une manière vague ceux qui les ont compris en général avec les autres os fossiles, sous le nom long-temps célèbre en matière médicale, de *licorne fossile*, *unicornu fossile*; mais nous nous bornerons à ceux qui en ont parlé avec quelque précision.

La première notice certaine que l'on en trouve est celle de *J. Paterson Hayn*, dans les *Ephémérides des curieux de la nature*, déc. I, an III, 1672, Obs. CXXXIX, p. 220. Il en décrit et en représente passablement plusieurs os, sous le titre bizarre d'ossemens de *dragons*. On reconnoît dans ses figures des humérus de deux espèces, une moitié de bassin, une portion de crâne, une moitié de mâchoire inférieure, un axis, deux autres vertèbres et quelques os du métacarpe : ces os avoient été trouvés dans la première caverne des *monts Crapacks*, non loin d'un couvent de Chartreux, près de la rivière de *Dunajek*.

Le même auteur parle encore, Obs. CXCIV, d'un *sacrum* trouvé en cet endroit, ainsi que d'un fémur et de dents trouvées

dans la caverne du comté de *Liptov*, près de *Sentniclos*, sur
la rivière de *Rag*.

Le même recueil, déc. I, an IV, 1673, Obs. CLXX, page
226, contient une autre notice de ces os par *Henri Vollgnad*,
qui les appelle toujours des os de *dragons*, et qui va jusqu'à
prétendre qu'on trouve encore de vrais *dragons* vivans et vo-
lans en *Transylvanie;* mais ce qui vaut mieux que cette assertion, c'est une très-bonne figure de la tête entière de la
grande espèce de nos ours, gravée d'après un dessin envoyé
par *Paterson Hayn*, lequel étoit mort dans l'intervalle.

Vollgnad y joint deux figures de phalanges onguéales,
mais elles ne sont pas d'ours et appartiennent au genre des
tigres.

On ne trouve ensuite pendant près d'un siècle rien de précis
ni de vraiment ostéologique sur ces animaux : seulement les
minéralogistes et ceux qui décrivent les diverses cavernes en
parlent ou en représentent quelque morceau par occasion.

Ainsi *Mylius* (*Memorabilia saxoniæ subterraneæ*, p. II,
p. 79) en représente divers morceaux, comme mâchelières,
canines, os du métacarpe, fragmens de mâchoires, avec assez
d'exactitude. Ils sont tirés de la caverne de *Schartzfels*.

Leibnitz, dans sa *Protogæa*, en donne, pl. XI, trois morceaux tirés de la même caverne : un de la mâchoire supérieure avec les incisives; un de l'inférieure avec une canine,
et une canine isolée. On avoit cru long-temps que le premier
morceau de cette planche, qui est un crâne, venoit de la même
espèce, mais M. *Sœmmerring* qui l'a examiné depuis, a trouvé
qu'il appartient au genre du *lion*.

Brückmann, dans sa description des cavernes de *Hongrie*,
insérée dans la collection de *Breslau*, 1.ᵉʳ trimestre de 1732,

p. 628, et citée plus haut, annonça que leurs os ne différoient point de ceux des cavernes du *Hartz*. C'est aussi lui qui paroît les avoir comparés le premier à ceux des ours. Dans son *Epistola itineraria* 32, qui n'est qu'une traduction de l'article ci-dessus, il donne des figures de deux phalanges, de quelques dents, d'une vertèbre et d'une portion de mâchoire.

J. Christ. Kundmann (*Rariora naturæ et artis*, etc. tab. II, fig. 1) représente une grande molaire retirée par lui-même de la caverne de *Baumann*. Il croit à la vérité que c'est une dent de *cheval*; mais cette erreur ne doit point étonner en lui, car il prend une autre dent du même lieu (*ib.* fig. II) pour une dent de *veau*, tandis que c'en est une d'*hyène*. Les fig. 6, 7, 8 de la même planche paroissent encore être de nos ours.

Walch, dans les *Monumens de Knorr*, part. II, sect. II, pl. H, 1, fig. 1, 2, 3, donne une demi-mâchoire inférieure et deux dents canines isolées. « *Il leur trouve*, dit-il plaisamment, » p. 207, *une certaine ressemblance avec celles de l'hippo-* » *potame.* » Il en ignoroit l'origine; mais comme elles avoient appartenu à *Knorr* qui résidoit à *Nuremberg*, il est probable qu'elles venoient des cavernes de *Franconie*.

La description de ces dernières cavernes par *Esper* contient un grand nombre de figures exactes de portions de la tête; et quoiqu'il n'y eût aucune tête complète, on y auroit trouvé déjà de quoi distinguer suffisamment les espèces dont ces fragmens proviennent, et qui dans la réalité se réduisent à trois ou tout au plus à quatre : mais l'auteur, faute de connoissances d'anatomie comparée, multiplie beaucoup trop les êtres, et compte jusqu'à neuf espèces, comme ayant fourni ces débris.

Il ne rapporte au genre de *l'ours* que les fragmens de ses figures 1, pl. VI; 1, 2, 3, pl. VII, et 1, pl. IX; tandis que toutes celles des huit premières planches, et la fig. 2, pl. XI, dont il fait tantôt des os *d'hyènes*, tantôt des os de *phoques*, doivent y être rapportées également.

Il n'y a en effet de morceaux appartenant à des genres différens de celui de *l'ours* que la fig. 2, pl. XII, qui est une portion de mâchoire supérieure du genre du *tigre* ou du *lion;* les fig. 2 et 4, pl. IX, qui en sont des *onguéaux;* la fig. *a*, pl. X, qui vient d'un *loup*, et le reste de cette planche qui vient d'une *hyène*. (*Écrits de la Société des naturalistes de Berlin*, tome V, le IX.ᵉ de la collection pour 1784, page 56.)

M. *Esper* qui s'étoit borné dans son grand ouvrage à reconnoître une certaine affinité entre les premiers des ossemens ci-dessus nommés et le genre de *l'ours*, dit dans un autre, publié dix ans après, que s'étant procuré une tête d'ours polaire, il en a reconnu l'identité avec celles de ces cavernes; ou que s'il y a des différences, elles ne sont pas plus grandes que celles qu'offrent la figure d'ours blanc donnée par Buffon, suppl. III, pl. XXXIV, et celle de *Schreber*, pl. CXLI.

M. *Fuchs*, gouverneur des pages du roi de Prusse, ajoute dans le même recueil, tome VI, qu'ayant eu occasion de voir ensemble un crâne *d'ours fossile* et un *d'ours polaire*, il a trouvé entre eux la plus grande ressemblance.

Cependant le célèbre anatomiste *Camper* ne tarda point à s'exprimer négativement sur cette opinion ; il en donna pour raison principale le défaut de la petite dent que les *ours* ordinaires ont toujours derrière la canine. Il est cité là-dessus par *Merck*, dans sa troisième lettre géologique, imprimée en 1786, p. 24.

Mais comme il y avoit beaucoup d'autres raisons négatives, et même plus certaines à ajouter à celle-là, il étoit intéressant que quelqu'un s'occupât de les rassembler. C'est ce qu'a fait M. *Rosenmüller*, anatomiste de *Leipzick*, d'abord dans une description latine, imprimée en 1794, ensuite dans un petit écrit allemand intitulé : *Matériaux pour l'histoire et la connoissance des os fossiles*, 1.er cahier, Leipzick, 1795. Il y donne une bonne figure de la tête complète d'un *ours fossile* de la grande espèce, dont la mâchoire inférieure appartient seulement à un individu un peu plus grand. Ce crâne vient de *Gaylenreuth*, et se trouve à *Erlang*. M. *Rosenmüller* le compare soigneusement avec celui d'un *ours brun* que lui avoit prêté M. *Ludwig*, et avec la description donnée par M. *Pallas* du crâne de l'*ours blanc* ou *polaire* : et il résulte de sa comparaison que ces trois animaux sont fort différens ; mais l'auteur ne parloit point alors des autres os de cet ours, ni de la seconde espèce d'*ours* dont on trouve les os pêle-mêle avec ceux de la première.

Le célèbre chirurgien anglais, *J. Hunter*, dans un Mémoire sur les os fossiles qui n'a que leur analyse chimique pour objet, et qui est inséré dans les Transactions philosophiques pour 1794, p. 407, donne, pl. XIX, deux belles figures des crânes des ours fossiles, les meilleures qui aient paru jusque-là, mais sans description détaillée, et en disant pour toute comparaison que les différentes têtes d'*ours des cavernes* diffèrent autant entre elles qu'elles diffèrent de l'*ours polaire*, et que toutes ces différences ne surpassent point celles que l'âge peut produire dans les animaux carnassiers ; assertion vague et même erronée.

Il y joint, pl. XX, les figures des deux sortes d'humérus

que nous décrirons plus bas ; mais il se borne à en indiquer les différences d'une manière générale.

Enfin, M. *Rosenmüller*, revenant une troisième fois sur cet objet favori de ses études, a publié, l'année dernière 1804, une dissertation en français et en allemand où il décrit et représente parfaitement bien et de grandeur naturelle le même crâne qu'il avoit déjà donné en 1795, et un autre moins complet ; un bassin entier, un atlas, un axis, une vertèbre lombaire, un tibia, un cubitus, un radius, un humérus, un fémur, un calcanéum, un astragale, quelques os du carpe, du métacarpe et quelques phalanges : de manière que mon Mémoire actuel seroit presque superflu sans les comparaisons plus détaillées que je suis à même de faire des deux *ours fossiles* entre eux, et de l'un et de l'autre avec les *ours vivans;* car M. *Rosenmüller* ne paroît pas avoir suffisamment distingué les deux espèces fossiles, et il attribue au sexe les différences qu'il paroît n'avoir entrevues qu'entre leurs crânes seulement, si même les deux crânes qu'il a examinés étoient réellement des deux espèces que j'ai à décrire.

La première trace apparente que je trouve d'une distinction établie entre ces deux espèces appartient à *Pierre Camper.* C'est ce que dit d'après lui *Merck*, troisième lettre, p. 24 : « Outre ces os (de l'*ours inconnu*), on trouve des restes » de lion ou de tigre, de *vrais ours* et des animaux de l'es» pèce du chien. » Par *vrais ours*, MM. *Camper* et *Merck* vouloient peut-être distinguer la deuxième espèce.

Le fils de cet homme célèbre qui marche dignement sur ses traces, M. *Adrien Camper*, a suivi cette distinction dans les dessins des fossiles de son cabinet qu'il a bien voulu m'adresser; il me fait remarquer les grandes différences qui se trouvent entre deux sortes d'humérus de ces cavernes, différences sur lesquelles je reviendrai.

Je vois aussi par les lettres de M. *Blumenbach*, qu'il a distingué deux espèces : il nomme la première, la plus anciennement connue, *ursus spelœus*, et la seconde, *ursus arctoideus*, sans doute parce qu'il la trouve avec raison beaucoup plus semblable à l'*ours brun* (*ursus arctos*) que ne l'est la première.

Ce sont probablement les différences de ces deux espèces qui ont fait dire à *J. Hunter* que les crânes des cavernes ne ressemblent pas moins au crâne de l'ours polaire, qu'ils ne se ressemblent entre eux ; idée qui l'aura empêché d'examiner de plus près les caractères spécifiques des uns et des autres.

Article III.

Exposé des moyens que j'ai eus à ma disposition.

Tel est l'état de la science à l'égard de ces ours fossiles au moment où je publie cette dissertation. Quoique je sois éloigné des lieux où se trouvent les os de ces animaux, j'ai été assez heureux, par ma position près des riches collections de ce Muséum et par les soins de mes amis, pour me voir en état d'en traiter d'une manière plus complète encore que tous ceux qui m'ont précédé, et même que ceux qui habitent le plus près des grottes où les os se trouvent.

Je me crois obligé de témoigner ici ma vive reconnoissance aux savans qui ont bien voulu me seconder.

M. de *Jussieu* m'a fait connoître plusieurs morceaux de *scharzfels* qu'il a dans son cabinet ; M. *Autenrieth* m'a fourni la notice la plus complète de tout ce qui a été fait sur ce sujet ; M. *Camper* m'a adressé des dessins faits par lui-même et de

main de maître, des morceaux de *Gaylenreuth* qu'offre sa
collection ; M. *Karsten* a eu la bonté de me faire faire par
M. '*Wachsmann*, artiste du plus grand talent, de superbes
figures coloriées, des morceaux de *Sundwich* qui sont dans le
cabinet de la Société des naturalistes de Berlin ; M. *Benzenberg*
m'a adressé des morceaux considérables et un dessin de crâne entier de cette même grotte de *Sundwich; M. Fischer* m'en a procuré de tous les ossemens de *Gaylenreuth* et d'autres endroits,
qui sont déposés dans le cabinet du landgrave de *Hesse-Darm-
stad :* la permission que lui en ont accordée MM. *Schleyer-
macher*, secrétaire intime de ce prince, et *Borkhausen*, conseiller de la chambre, directeurs de ce cabinet, est aussi pour
moi le sujet d'une gratitude que je m'empresse d'exprimer.
Ces messieurs ont dignement rempli les nobles intentions de
leur souverain. Le célèbre M. *Blumenbach* a bien voulu m'envoyer le dessin d'un jeune crâne et de sa mâchoire inférieure
de la grotte d'*Altenstein ;* enfin, M. de *Roïssy* m'a procuré
tout récemment une tête et divers morceaux du tuf de *Gaylenreuth*, dont j'ai tiré beaucoup de petits os. Mais le secours
le plus riche dont j'aie joui, c'est la collection très-considérable et très-bien conservée d'ossemens de *Gaylenreuth*, donnée, il y a plusieurs années, à *Buffon*, pour notre Muséum,
par le dernier margrave d'*Anspach*. Ce prince, souverain du
pays où la plupart de ces grottes sont situées, excité sans doute
par la dédicace qu'*Esper* lui fit de son premier ouvrage, eut
tous les moyens de faire faire des fouilles très-productives,
dont une partie est sans doute déposée à Erlang, et dont
l'autre tuf envoyée à Paris où, comme on sait, il se plaisoit
à résider. *Buffon* en dit un mot dans son Supplément à la
Théorie de la terre, Hist. nat. in-12, tome XIII, p. 205.

4

Les crânes décrits par *Hunter* avoient été également offerts à la Société royale par ce prince, lorsqu'il se fixa à Londres, après avoir épousé lady *Crawen*.

Cette collection étoit restée depuis près de trente ans dans notre Muséum, et sa description va faire un des plus importans matériaux de mon travail.

Article IV.

Sur les espèces vivantes d'ours, et sur leurs caractères.

Cependant les os fossiles eux-mêmes n'auroient pu être suffisamment débrouillés sans un autre secours non moins indispensable, et que j'ai eu beaucoup plus de peine à obtenir : je veux parler des squelettes des divers ours vivans.

On n'avoit ici que celui d'un ours noir d'une variété indéterminée, et cependant j'apercevois par les seules descriptions extérieures des naturalistes, que les autres ours pouvoient avoir des caractères ostéologiques remarquables : aussi j'ai employé plusieurs années à examiner tous les ours que j'ai pu me procurer, et à en faire fabriquer les squelettes. La ménagerie de ce Muséum m'a été à cet égard de la plus grande utilité, et l'on a vu dans cette occasion l'importance scientifique d'un pareil établissement, lorsqu'il est dirigé par un naturaliste tel que mon savant collègue *Geoffroy*. On est parvenu à y réunir jusqu'à cinq espèces ou races d'ours, et à les comparer ensemble vivantes et en squelettes.

Il ne falloit rien moins que de tels moyens pour éclaircir un peu l'obscurité répandue par les naturalistes sur l'histoire de ce genre, et dont on peut prendre une idée dans le résumé que je vais faire de leurs opinions.

Quoique les anciens aient bien connu les ours et qu'ils en aient vu souvent ; quoiqu'ils aient expressément distingué l'ours blanc ; que *Ptolomée Philadelphe* en ait montré un à l'Égypte (Athen. lib. V, p. 201, edit. 1597) ; qu'*Aristote* dise qu'il y en avoit en *Mysie* (De mirab. auscult. sub fin.), et *Pausanias* en *Thrace* (Arcad. p. 483, edit. Hanau 1513), ils n'ont rien dit sur les différences des ours bruns et noirs.

Le fameux évêque de Ratisbonne, *Albert-le-Grand*, paroît être le premier qui ait aperçu ces différences, et qui ait regardé les ours noirs et bruns comme deux races particulières. « *Sunt autem apud nos nigri, fusci et albi.* Alb.»

George Agricola semble avoir regardé les couleurs comme accidentelles, et ne distinguer deux races que par la taille.

Gessner l'a suivi (*Quadr.* p. 941), et dit qu'on appelle en allemand la petite race *Stein-bœr* (ours de roche), et la grande *Haupt-bœr* (ours capital).

Selon eux, les petits ours grimpent plus facilement aux arbres.

Les Allemands et les Russes distinguent depuis long-temps, selon *Pallas*, de grands ours noirs plus cruels, et d'autres plus petits, d'un gris brun et d'un naturel plus doux. (*Spicil. zool. fascic. XIV*, p. 4.). Il paroît que c'est la même distinction que fait *Pontoppidan* en *ours-cheval* (*hestebiorn*) et en *petit ours des fourmis*.

D'autres naturalistes ont distingué trois races ; mais chacun d'eux semble l'avoir fait à sa manière.

Gadd établit un grand *ours noir* plus rare ; un *ours à collier*, brunâtre, à collier blanc, et un *ours des fourmis* brun, et le plus petit de tous.

Wormius, dit que, selon les Norwégiens, c'est l'*ours brun*, qu'il nomme *Græssdjur* (*ours d'herbe*) qui est le plus grand et le moins dangereux, ne vivant que de végétaux ; l'*ours noir* (*Ild-giersdjur*) est plus petit et carnassier, attaquant les chevaux ; enfin l'*ours des fourmis* (*Myrebiorn*) est le plus petit de tous, et cependant encore assez dangereux. Ces trois races se mêlent et produisent des individus de couleurs et de grandeurs intermédiaires. (*Worm. mus.* 318.)

Rzaczinski et *Klein*, d'après lui, nomment *ours des fourmis* la grande variété noirâtre dont ils distinguent une variété fauve plus petite, et une autre argentée ou à poils blanchâtres. C'est aussi la distinction adoptée par M. *Blumenbach* qui du reste paroît attribuer à l'âge les différences d'appétit ; Trad. fr. tom. 1, p. 115.

Buffon, Hist. nat. in-4.°, VIII, réduit tous les ours à une espèce brune et une espèce noire ; mais comme *Duprats* et *Lahontan* établissoient une distinction semblable entre les *ours d'Amérique*, Buffon suppose qu'ils sont les mêmes que ceux d'*Europe*, et attribue à la *race noire* de ces derniers tout ce que les voyageurs ont observé sur celle d'Amérique, et particulièrement sa douceur et son naturel frugivore. Du reste, il ne leur donne d'autre caractère que la couleur du poil. Daubenton y ajoute conjecturalement le nombre des dents, parce que le squelette de celui qu'il avoit disséqué, qui étoit de la race brune, en avoit quatre de moins que celui de Perrault qu'il supposoit de la race noire ; mais ce n'est qu'une différence d'âge. Buffon regarde aussi l'*ours blanc maritime* comme spécifiquement différent des deux autres, quoiqu'il n'ait pas eu d'occasion de l'examiner par lui-même.

Linnæus confondit tous les ours, même le *blanc maritime*, en une seule espèce. Ce ne fut qu'à sa dixième édition qu'il commença à soupçonner que celui-ci pourroit bien être distinct.

Pallas fut le premier qui constata les caractères distinctifs de l'*ours blanc maritime* (Spic. zool. fasc. XIV), et qui indiqua ceux de l'*ours noir d'Amérique* (ib. p. 5), caractères que j'ai confirmés depuis dans la Description de la *ménagerie du Muséum;* mais, à l'égard des ours ordinaires d'Europe, il paroît disposé à attribuer leurs différences à l'âge, conformément au sentiment de *Riedinger* (L. c. p. 4 et 5).

Gmelin ne fait de l'*ours noir* et de l'*ours brun* que deux variétés dont la seconde seroit à la fois la plus grande et la plus carnassière; il distingue, comme *Pallas*, spécifiquement l'*ours blanc maritime* et l'*ours noir d'Amérique*.

Il y a donc parmi les modernes presque autant d'opinions qu'il y a d'auteurs, et il est remarquable qu'aucun de ceux-ci ne donne les raisons sur lesquelles il fonde la sienne.

Sans en vouloir proposer une nouvelle, je dirai que tous les ours terrestres d'Europe que j'ai pu observer, me paroissent pouvoir se réduire à deux espèces différentes par les formes et surtout par le squelette de la tête, et que l'une d'elles au moins se divise en plusieurs variétés, par rapport à la nature et aux teintes du poil.

Dans l'une de ces espèces, le dessus du crâne est bombé de toute part. Le front fait partie de la même courbe qui règne depuis le museau jusqu'à l'occiput. Il est bombé de droite à gauche comme dans sa longueur, et il n'y a point de distinction bien nette entre le front, la partie moyenne des pariétaux et les fosses temporales. La crête sagittale ne commence à se marquer que fort près de l'occipitale.

Dans l'autre espèce, la partie frontale est aplatie et même

concave , surtout en travers ; les deux arêtes qui la séparent
des fosses temporales sont bien marquées , et forment en arrière un angle aigu qui se prolonge en une crête sagittale très-
élevée, laquelle ne finit qu'à sa rencontre avec la crête occipitale.

On peut se faire une idée de cette différence très-sensible ,
en comparant pour les courbures du profil les fig. 1 , 3 et 4 ,
pl. IV, qui sont de la première espèce, avec les fig. 1 et 2 de
la pl. II, qui sont de la seconde , et pour la face supérieure,
la fig. 2 , pl. IV, avec les fig. 2 et 3 , pl. I.

A la première espèce appartient l'ours brun ordinaire des
Alpes , de Suisse et de Savoie, celui qu'on élevoit dans les
fossés de la ville de Berne. Plusieurs des individus qu'on y
prit en l'an VI, ayant été amenés à Paris, ont été examinés
par nous avec soin, vivans et morts. Leur poil etoit brunâtre
et un peu laineux. Les pointes en tiroient sur le fauve ou le
jaunâtre, surtout à la partie antérieure du corps et à la tête.
On voit une excellente figure de l'un d'eux, faite sur le vivant,
par Maréchal, dans la Description de notre ménagerie.

De la même espèce étoit encore un ours brun des Pyrénées,
qui avoit beaucoup plus de fauve et de jaunâtre dans le pelage, et dont toute la tête notamment étoit d'un fauve doré
et les oreilles blanchâtres. J'imagine que c'est à cette variété
qu'appartiennent les *ours dorés* dont parlent quelques naturalistes.

Je rapporte encore à cette espèce une race qui s'écarte déjà
un peu plus des deux précédentes. J'en ai vu deux individus
amenés de Pologne, et j'en ai disséqué un des deux : l'autre est
encore vivant à la ménagerie. Le premier se rapprocheroit
encore assez des ours des Alpes ; mais l'autre a son poil plus
égal , plus serré, beaucoup moins laineux, et plutôt soyeux ou

velouté. Sa couleur est brune, sans mélange de jaune ; la tête est d'un gris brun cendré, avec une teinte de roux entre les oreilles. Lorsqu'on le regarde d'un certain côté, il paroît plutôt avoir un reflet blanchâtre.

Il est probable que c'est à cette race particulière qu'appartiennent les *ours argentés* des naturalistes polonais. Peut-être aussi que la variété entièrement blanche de l'*ours terrestre* dont parle *Pallas*, comme d'un animal très-différent de l'*ours maritime* (Spicil. XIV, p. 7), et que *Buffon* paroît avoir représentée, tome VIII, pl. 32, n'est que le dernier point d'albinisme auquel cette race peut atteindre. Elle paroît arriver à une plus grande taille ; son crâne est plus bombé dans la région frontale que celui des autres individus que je rapporte à la même espèce : ce qui, joint au lisse et au soyeux de son poil, donne un autre aspect à sa tête.

Je me suis assuré que les *ours à collier* ne sont que des *ours* de cette première espèce dans leur jeune âge. Le petit ours qui vient de naître est très-bien formé et fort éloigné de ressembler à une masse grossière, comme l'ont cru les anciens. Son poil est lisse et d'un gris brun cendré avec un beau collier blanc. Il conserve des traces de ce collier, qui jaunit cependant par degrés jusqu'à deux ou trois ans, et quelquefois plus tard.

J'ai eu à disséquer un troisième ours de Pologne, le plus grand des ours que j'aie vus jusqu'ici. Il étoit plus élancé, plus élevé sur jambes que les autres, et son squelette montre encore ces proportions particulières ; son crâne proprement dit a les mêmes caractères que ceux des ours bruns, mais il est plus allongé dans l'espace qui s'étend depuis l'occiput jusqu'au front. Le devant du front est plus plat et la racine du nez plus enfoncée, plus concave.

Son poil est brun foncé, avec de très-légers reflets de fauve à la tête et aux oreilles, et du noirâtre aux jambes.

Il faudroit avoir vu plusieurs individus pour savoir si ces différences constituent une race séparée; mais je suis sûr du moins qu'elles ne viennent pas du sexe : car cet individu étoit mâle, et j'ai eu des mâles de toutes les autres races.

Je n'ai vu de la deuxième espèce d'*ours d'Europe* qu'un seul individu vivant, que j'ai disséqué ensuite. Il étoit d'assez grande taille et d'un poil brun-noirâtre, assez grossier, demi-laineux et long, surtout au ventre et aux cuisses. Le dessus du nez est fauve-clair, et le reste du tour du museau d'un fauve-brun-roux. Je crois que c'est cet ours que les naturalistes ont désigné sous le nom d'*ours noir d'Europe*, et qu'il faut bien se garder de confondre avec l'*ours noir d'Amérique*, à poil noir, lisse et luisant. La forme particulière et aplatie de son crâne se fait assez remarquer au travers du poil qui le garnit, pour frapper par sa différence de célui de l'*ours brun ordinaire*.

Le squelette d'ours trouvé par Daubenton au cabinet et qu'on y conserve encore, étoit de cette espèce : il paroît qu'il venoit des anciens travaux anatomiques de l'académie des sciences. (Voyez son crâne, pl. I, fig. 2, et pl. II, fig. 1.) Un crâne séparé que j'ai aussi trouvé dans ce Muséum, sans indication de son origine, paroît en être également, quoiqu'il offre quelques différences dans les proportions, dont les principales tiennent à moins de hauteur verticale, à plus d'allongement, eu égard à la largeur, et à plus de minceur du museau. Je crois cependant qu'il doit être dans l'espèce de l'ours noir d'Europe une race particulière, à peu près comme le quatrième ours de Pologne dont j'ai parlé ci-dessus en est une dans l'espèce de l'ours brun.

Je ne peux dire d'où étoit l'individu que j'ai vu vivant : ainsi je ne puis indiquer si cette espèce habite de préférence dans certains pays, ou si on la trouve pêle-mêle dans les mêmes lieux que l'autre.

Je ne puis dire non plus, par conséquent, si elle varie pour la couleur et les autres accidens du pélage.

Mais je puis assurer que les différences qu'elle offre ne viennent ni de l'âge ni du sexe; car j'ai, dans la première espèce, des crânes de sexe différent et tout aussi adultes que ceux de la seconde.

A en juger par la forme du crâne, par la grandeur des fosses temporales et par les attaches que les crêtes doivent fournir aux muscles crotaphites, on ne peut guère douter que ce ne soit l'*espèce noire* qui semble mieux organisée pour être carnassière, et je suis presque persuadé que si le contraire passe aujourd'hui pour véritable, c'est parce qu'on a confondu cet *ours noir d'Europe* avec celui d'*Amérique*, qui paroît en effet constamment *frugivore* ou *piscivore* dans son pays natal; mais dans le fait tous les *ours* sont *omnivores*, et dans les ménageries on les nourrit tous, même le *blanc maritime* que l'on a dit si cruel, avec du pain seulement, sans qu'ils en pâtissent le moins du monde. Nous en avons tous les jours la preuve sous les yeux dans cette ménagerie, où l'on ne fait point suivre d'autre régime à ces animaux depuis plus de dix ans.

Les dents mâchelières des ours, plates et tuberculeuses comme celles de l'homme et des singes, et jamais tranchantes comme celles des lions et des loups, montrent d'avance qu'ils sont destinés à prendre toutes les sortes d'alimens.

L'*ours noir d'Amérique* forme, selon moi, une troisième espèce plus voisine de l'*ours noir d'Europe* que de l'*ours*

brun ; on peut cependant aussi le distinguer du premier par
des caractères assez sûrs.

Sa tête osseuse est plus courte à proportion de sa grosseur ;
et ses arcades zigomatiques moins convexes, moins écartées
du crâne, laissent par conséquent moins de volume au muscle
crotaphite ; ce qui explique jusqu'à un certain point le naturel
plus doux de cette espèce, attesté par tous les voyageurs.
Voyez pl. IV, fig. 6.

D'un autre côté, son front est bombé comme dans l'*ours
brun*, et non *plat* ou *concave* comme dans le *noir* ; et cependant
ses crêtes temporales sont bien marquées, et se rapprochent
de bonne heure pour former une crête sagittale qui occupe
sur le crâne autant d'espace que dans les *ours noirs d'Europe*.

Il faut remarquer ici que dans les uns et les autres, ainsi
que dans tous les carnassiers, la crête sagittale augmente de
longueur avec l'âge, parce que les crotaphites grossissent et
produisent des impressions plus marquées ; mais cette observation n'altère en rien la justesse de la distinction que nous
établissons entre l'ours brun et l'ours noir, parce que le premier n'a de longue crête sagittale à aucun âge.

Un dernier caractère de l'*ours noir d'Amérique* est d'avoir
plus de petites molaires que les autres. Je reviendrai sur ce
point dans l'article suivant.

Le poil de cet ours est généralement d'un beau noir, bien
lisse, bien luisant. Dans sa première jeunesse, il est plus brun,
couleur de chocolat ; et à un certain âge il se couvre d'un
duvet gris, avant de prendre son beau noir.

Sur quatre individus adultes que j'ai observés, deux, qui
étoient mâle et femelle, de même âge, se ressembloient entièrement : leur museau étoit brun foncé dessus, et gris-fauve

aux côtés; une petite tache fauve marquoit le devant de l'œil.
Tout le reste étoit d'un beau noir luisant. Un troisième, mort
de maladie, avoit le poil un peu plus brun et moins lisse, et
la tache de l'œil moins marquée. Un quatrième, qui vit encore est du plus beau noir, sans tache à l'œil; son museau est
brun en dessus, et les bords de ses deux lèvres sont blanchâtres;
deux lignes blanchâtres occupent la région du sternum entre
les jambes de devant, et représentent une H. Je le regarde
comme une variété individuelle.

Un cinquième, qui forme une variété encore plus marquée,
a vécu à *Chantilly*. Son noir est fort beau : tout le tour de son
museau est fauve-clair; une tache blanche occupe le sommet de
la tête; une ligne blanche, commençant sur la racine du nez,
va de chaque côté à l'angle de la bouche, et se continue sur la
joue jusqu'à un grand espace blanc mêlé d'un peu de fauve,
qui occupe toute la gorge, et dont une ligne étroite descend
sur la poitrine. C'est l'*ours gulaire* de M. *Geoffroy*. (*Catal. des
Quadr. du Mus. d'hist. naturelle.*)

Je regarde encore comme une variété individuelle de cette
espèce, l'*ours jaune de Caroline*, qui étoit à la ménagerie
de la tour de Londres en 1788, et dont on voit la figure
dans l'ouvrage intitulé *Animals drawn from nature, by Charles
Catton*. Le fauve du museau et de la gorge des précédens se
sera étendu sur tout le corps.

Il paroît cependant que l'Amérique produit aussi des ours
différens de son ours noir ordinaire. *Hearne* compte, outre
l'ours *polaire* ou *blanc maritime*, et l'*ours noir ordinaire*,
un *ours gris* dont il n'a vu que la peau, mais qui devoit
être énorme. (Voyage de *Hearne*, trad. fr. in-8.°, II, p. 196.)

Le savant naturaliste M. *Bosc* m'assure qu'il y en a au

moins de trois espèces dans les États-Unis, dont un plus grand que le noir ordinaire; il n'a cependant vu par lui-même que celui-ci.

Je pense bien aussi qu'il doit y avoir dans l'ancien continent des ours bruns ou noirs que les naturalistes ne connoissent pas encore assez. M. *Péron* m'a remis une note de M. *Chapotin*, médecin du capitaine général de l'Ile-de-France, et zélé naturaliste, portant qu'il y a dans les *montagnes des Gates*, dans l'*Indostan*, des ours qui se distinguent par une tache en forme d'œil, placée au milieu de la poitrine.

L'*ours blanc polaire* ou *maritime* (*U. maritimus*) diffère plus de tous les autres, que ceux-ci ne diffèrent entre eux. Sa tête osseuse, pl. I et II, fig. 4, est, pour ainsi dire, tout d'une venue. Le crâne, bien loin de s'élever au-dessus de la face, semble au contraire s'abaisser. L'intervalle des orbites ne se distingue point de la ligne générale du dessus du crâne. Les apophyses post-orbitaires du frontal sont courtes et obtuses; les crêtes temporales sont presque nulles, et l'on voit cependant que les muscles crotaphites se rapprochoient plus en avant que dans tous les autres; mais ils n'ont point laissé d'impressions profondes. Les arcades zygomatiques sont moins écartées en dehors que dans tous les autres, même que dans l'*ours d'Amérique;* elles sont aussi plus étroites : le bord inférieur de la mâchoire est plus rectiligne. En un mot, cette tête est plus cylindrique, plus approchante de la forme de celle de la marte ou du putois, que de celle des ours ordinaires.

La tête représentée par *Pallas*, *Spicil. zool.*, *XIV*, *p. I*, quoique assez médiocrement dessinée, porte, comme celle de notre Muséum, tous les caractères que je viens d'indiquer.

Les os longs de l'*ours polaire* se distinguent aussi de ceux des espèces précédentes par plus de largeur et d'aplatissement dans leurs parties inférieures et articulaires.

ARTICLE V.

Description des dents des ours en général, et détermination du genre des animaux les plus nombreux dans les cavernes.

Les ours, si différens par les formes générales de leurs crânes, ont cependant tous des dents pareilles pour la forme et pour le nombre; mais comme ils sont sujets à les user plus ou moins et même à en perdre quelques-unes avec l'âge, ainsi que tous les animaux qui vivent en tout ou en partie de matières végétales, c'est sur les jeunes sujets qu'il faut les examiner pour en prendre une idée juste.

Il y a six incisives à chaque mâchoire; les deux externes d'en haut fortes, pointues, un peu obliques, la pointe dirigée en dehors, avec un bourrelet en arrière, descendant obliquement en avant, de dehors en dedans, et se terminant de manière à laisser une légère échancrure à leur base interne. Les quatre intermédiaires sont un peu pointues par leur tranchant antérieur, et ont en arrière un talon échancré en deux lobes.

Les *deux externes d'en bas* sont larges, assez pointues, avec un lobe latéral profondément séparé à leur base externe. Les *deux suivantes* ont leur base portée plus en arrière, plus vers le dedans de la bouche que toutes les autres; elles sont en coins et marquées sur leur pente postérieure de deux sillons qui se terminent par deux petites échancrures dont l'externe est plus profonde. Le bord externe est aussi plus reculé. L'échancrure interne manque quelquefois entièrement. Les *mitoyennes* sont les plus petites et n'ont qu'une seule échancrure un peu plus en dehors que le milieu.

Il y a en haut trois grosses molaires, et en bas quatre, en

avant desquelles il y en a dans l'une et l'autre mâchoire un
nombre variable de petites.

En haut, c'est celle de derrière qui est la plus grande; elle est
oblongue, un peu plus étroite en arrière : sa couronne est ridée
irrégulièrement. Elle porte en avant, au bord externe, deux
fortes éminences et une médiocre; et à l'interne trois ou quatre
médiocres, quelquefois réduites à de simples crénelures. L'extrémité postérieure n'est que crénelée. Il y a quatre racines :
une en avant, conique, une de chaque côté un peu comprimée,
et une en arrière très-comprimée, s'avançant jusqu'entre les
deux précédentes.

La *pénultième* est rectangulaire et a deux grosses éminences
coniques en dehors, et trois moins marquées en dedans, avec
une petite au côté externe en arrière; et trois racines, deux externes et une interne plus forte.

L'*antérieure* ou *antépénultième* est triangulaire, a trois éminences coniques, deux externes et une interne, un peu en arrière; deux racines, une antérieure et une postérieure.

En avant de celle-là est une petite dent simple, et après un
certain intervalle, et presque sous la base de la canine une autre
encore plus petite.

En bas, ce n'est que la *pénultième* qui est la plus grande;
elle est rectangulaire et irrégulièrement bosselée; on y compte
quatre ou cinq éminences vers le bord interne et quatre à
l'externe, dont deux plus marquées. Il y a une élévation transversale de la plus grande éminence externe à l'interne, vers le
quart antérieur; deux racines, une en avant, conique, une en
arrière, plus forte, un peu comprimée.

La *dernière* molaire est en ovale arrondi : sa couronne est
irrégulièrement ridée, sans tubercules qu'on puisse compter.
Elle n'a qu'une seule racine qui semble se continuer avec la

couronne, plus comprimée toutefois, et où un ou deux sillons établissent un commencement de division.

L'*antépénultième* est plus étroite que la pénultième, et a des éminences plus marquées : une en avant, puis une externe répondant à deux internes, puis trois en arrière formant triangle, et quelquefois quatre. Elle n'a que deux racines, une en avant et une en arrière.

L'*antérieure* est courte, un peu comprimée, et présente une forte éminence conique au milieu, une basse en avant, et deux petites au côté interne en arrière; elle n'a aussi que deux racines. Une très-petite dent et quelquefois deux se trouvent comme en haut sur la base de la canine.

Les petites dents antérieures aux grosses sont sujettes à tomber dans les très-vieux ours, de manière qu'ils n'ont que trois molaires en haut et quatre en bas de chaque côté, tandis que les jeunes en ont cinq partout et quelquefois six. J'ai même observé dans le cabinet un individu déjà grand de l'ours noir d'Amérique, qui avoit trois de ces petites dents à chaque mâchoire; il avoit donc six molaires de chaque côté en haut et sept en bas, vingt-six en tout; tandis que les vieux ours n'en ont en tout que quatorze. L'espèce de l'*ours d'Amérique* doit être sujette à conserver ainsi plus de ces petites dents; car j'en trouve aussi trois de chaque côté à notre squelette, mais à la mâchoire supérieure seulement.

Les descriptions que je viens de donner de chaque dent en particulier s'appliquent à tous les ours, dont les différences individuelles se réduisent à plus ou moins de détrition. Elles s'appliquent également aux crânes et aux fragmens de crânes fossiles, et à cette quantité innombrable de dents détachées qui se trouvent dans ces cavernes.

Il n'en est aucune dont on ne puisse maintenant déterminer

la place, comme si on l'avoit vue attachée au crâne. Pour faciliter cette opération, j'ai fait représenter séparément toutes
ces dents, pl. VII, à moitié grandeur : l'incisive supérieure,
fig. 24 ; l'inférieure externe, fig. 27 ; la deuxième inférieure, fig.
25 ; une des supérieures intermédiaires, fig. 26 ; la première
grande molaire supérieure ou antépénultième, fig. 32 ; la seconde ou pénultième, fig 33 ; la dernière, fig. 34 ; la première
grande molaire inférieure, fig. 29 ; la seconde ou antépénultième, fig. 31 ; la troisième ou pénultième, fig. 30 ; et la dernière,
fig. 28. Il faut remarquer seulement que les dents des cavernes sont considérablement plus grandes, et en général moins
usées, et qu'elles ont mieux conservé leur émail et toutes leurs
éminences que celles des ours vivans : ce qui prouve que les espèces dont elles viennent étoient plus exclusivement carnassières.

Il n'y a parmi les crânes fossiles que les plus grands et les
plus vieux qui aient aussi leurs mâchelières usées.

Une différence plus marquée des crânes fossiles et de ceux
des ours vivans est relative à la petite molaire placée immédiatement derrière la canine, tant en haut qu'en bas.

Elle ne manque presque jamais aux derniers, quel que soit
leur âge; et jusqu'à présent on ne l'a presque jamais trouvée
aux premiers, ni jeunes ni vieux.

J'ai examiné quatre crânes de la première espèce fossile,
dont deux assez jeunes et un de la deuxième, et des portions
de dix mâchoires inférieures, sans l'y trouver.

Les crânes publiés par *Hayn*, *Hunter*; les morceaux représentés par *Esper*; ceux dont MM. *Fischer* et *Benzenberg*
m'ont envoyé des dessins, étoient dans le même cas, et il paroît
par la remarque de *P. Camper*, citée plus haut par *Merck*,
que ce grand anatomiste n'y avoit point trouvé non plus cette
petite dent.

Cependant elle ne manque pas toujours, et on en voit manifestement, encore la racine sur une demi-mâchoire inférieure de notre collection. Une autre demi-mâchoire en montre aussi clairement l'alvéole.

Je n'en ai jamais trouvé à la supérieure ; mais M. *Rosenmüller* me met à cet égard dans quelque embarras : il en décrit une à la mâchoire supérieure, dans sa première dissertation allemande, p. 48, quoiqu'il n'en attribue point à l'inférieure; et il n'en fait plus aucune mention dans son grand ouvrage in-fol., p. 9, où il parle cependant du même crâne : car la figure est absolument la même. Peut-être est-ce cette petite dent qui avoit fait dire à *P. Camper* qu'il y a dans ces cavernes de *véritables ours*.

Une autre différence est relative à la deuxième petite molaire supérieure, immédiatement placée en avant de l'antépénultième.

Je ne l'ai jamais trouvée, non plus que son alvéole, dans aucun des crânes et des fragmens de crânes que j'ai examinés, et je ne vois pas qu'aucun auteur l'y ait trouvée non plus. Son absence formeroit donc pour les ours fossiles un caractère encore plus constant que celle de la petite dent placée derrière la canine, puisqu'on trouve quelquefois celle-ci, au moins à la mâchoire inférieure, et jamais l'autre.

ARTICLE VI.

Comparaison des ossemens d'ours fossiles avec ceux des ours vivans.

A. *Comparaison des têtes et détermination des espèces fossiles.*

Le genre des crânes les plus communs dans ces cavernes étant bien déterminé par leurs dents pour être celui de l'*ours*,

6

je n'ai pour ainsi dire pas besoin d'ajouter qu'ils portent aussi
les caractères de ce genre dans toute leur conformation, et
qu'à plus forte raison ils ont tous ceux de la grande famille
des animaux carnassiers, comme un condyle transversal et en
portion de cylindre, une apophyse coronoïde large et élevée,
une arcade zygomatique très-convexe en dehors et remontant
en haut, un orbite incomplet en arrière et s'y confondant
avec la fosse temporale, etc. Tous ces points sont toujours en
liaison nécessaire avec la structure des dents.

Il ne s'agit donc plus que de savoir si ces crânes appartiennent
à l'une ou à l'autre des espèces d'ours connus, ou bien s'ils
diffèrent de toutes, comme les différences des petites molaires
antérieures semblent l'indiquer d'avance.

J'ai déjà dit qu'ils sont eux-mêmes au moins de deux espèces : commençons par les plus nombreux, qui sont en même
temps les mieux caractérisés.

1.° *Crânes à front bombé.*

La figure de *Paterson-Hayn*, celles de *Hunter* et de *Rosenmüller* représentent trois têtes à peu près entières de cette espèce. J'en donne une quatrième bien adulte, pl. I, fig. 1, et pl.
II, fig. 3 ; et une cinquième un peu plus jeune, pl. III, fig. 1
et 2. Nous en possédons encore une sixième et une septième
un peu moins complètes. J'ai de plus dans mes porte-feuilles
le dessin d'une huitième, du cabinet de *Darmstadt* par M. *Fischer ;* et celui d'une neuvième d'*Iserlohn*, par M. *Benzenberg ;*
enfin, M. *Karsten* m'en a envoyé un de crâne.

Ces neuf ou dix morceaux portent tous les mêmes caractères, et l'on peut sans crainte établir les formes d'un animal sur des documens aussi nombreux.

Or, quiconque comparera l'une de ces neuf têtes avec toutes celles de nos ours connus dont j'ai donné les dessins, reconnoîtra sans peine qu'elles diffèrent plus de toutes ces dernières que celles-ci ne diffèrent entre elles, et en particulier que l'ours polaire, dont quelques personnes ont prétendu qu'elles étoient l'analogue, est précisément l'espèce dont elles s'éloignent le plus.

En effet ces têtes fossiles ont pour principal caractère la forte élévation du front au-dessus de la racine du nez, et les deux bosses convexes de ce même front, tandis que l'ours polaire est justement celui où le front est le plus plat.

Elles ont encore pour caractère la grande saillie et le prompt rapprochement des crêtes temporales, ainsi que la grande longueur de l'arête sagittale, preuves d'une grande force dans les crotaphites; et l'ours polaire est encore celui où ces parties sont le moins prononcées. Les *ours noirs d'Europe* et *d'Amérique* approchent davantage du fossile à cet égard que les autres, mais ils s'en éloignent aussi plus que les autres par leur front aplati.

La table comparative que j'ajoute ici des principales dimensions tant des têtes fossiles que des ours vivans, jointe aux figures, fera connoître d'un coup-d'œil les différences de grandeur et de proportion de toutes ces espèces.

On y verra que ce premier ours fossile, à front bombé, surpasse de près d'un cinquième en grandeur les plus grands ours vivans connus; et comme l'ours polaire n'est pas à beaucoup près le plus grand de ceux-ci, Camper avoit déjà remarqué que l'ours fossile le surpassoit d'un tiers. (Voyez *Rosenm. Diss. allem.* p. 59.)

	OURS des cavernes adulte	Troisième OURS des cavernes nouveau	OURS des cavernes jeune	Deuxième OURS des cavernes jeune	OURS adulte		OURS noir point de Pologne	OURS noir des Alpes	OURS noir des Pyrénées à état jeune	Premier Ours noir d'Europe	OURS noir d'Europe	OURS noir d'Evèque de Dudleston	OURS noir d'Amérique	Très-jeune ... et Amérique	OURS polaire
Longueur du crâne depuis la crête occipitale jusqu'aux incisives	0,457	0,44	0,39	0,41		0,4?5	0,337	0,3	0,298	0,365	0,348	0,338	0,3	0,189	0,331
Largeur du crâne entre les apophyses post-orbitaires du frontal	0,121	0,119	0,103		0,125	0,118	0,1	0,091	0,085	0,123	0,118	0,11	0,121	0,051	0,093
Distance depuis la crête occipitale jusqu'à la ligne qui va d'une de ces apophyses à l'autre	0,258	0,24	0,218	0,221		0,218	0,193	0,166	0,161	0,197	0,188	0,203	0,18	0,113	0,187
Distance de cette ligne aux incisives . . .	0,243	0,218	0,207	0,202	0,253	0,2?3	0,19	0,135	0,156	0,188	0,176	0,17	0,146	0,106	0,159
Distance de cette ligne à la réunion des crêtes temporales	0,09	0,1	0,147	0,106	0,113	0,13	0,15	0,128	0,089	0,098	0,12	0,095	0,1	0,075	0,075
Plus grande largeur des arcades zygomatiques	0,275		0,221			0,293	0,197	0,184	0,162	0,221	0,202	0,216	0,16	0,112	0,169
Distance des deux apophyses postorbitaires de l'os de la pommette . . .	0,175		0,144			0,14	0,126	0,128	0,111	0,148	0,137	0,141	0,12	0,081	0,123
Hauteur verticale de l'épine occipitale . .	0,11		0,085	0,1		0,07	0,065	0,07	0,05	0,09	0,08	0,08	0,07	0,05	0,09
——— du point de réunion des crêtes temporales	0,165		0,12	0,147		0,11	0,105	0,081	0,096	0,104	0,109	0,13	0,099	0,078	0,106
——— de l'endroit le plus bombé du crâne .	0,165		0,156	0,152		0,125	0,139	0,102	0,102	0,106	0,119	0,123	0,101	0,084	0,106
——— du milieu de la ligne qui va d'une apophyse postorbitaire du frontal à l'autre	0,15		0,126	0,125		0,103	0,119	0,09	0,091	0,09	0,105	0,1	0,089	0,071	0,098
——— De l'endroit le plus enfoncé à la racine du nez	0,12		0,112	0,112		0,087						0,083	0,079	0,06	0,08
——— du bord supérieur des narines . . .	0,084		0,067			0,064	0,068	0,059	0,053	0,065	0,07	0,06	0,065	0,061	0,077

2.° *Crânes à front plat.*

Les crânes dont je viens de faire la comparaison sont les seuls qui aient été jusqu'ici représentés et décrits d'une manière claire; les autres n'ont été indiqués que très-incomplétement. Camper les appelle de *vrais ours*, sans dire de quelle espèce. *Esper* est plus précis à certains égards : il y a, selon lui, des *têtes de deux pieds de long et d'autres d'un pied seulement; celles-ci sont plus arrondies, ressemblent davantage à des têtes de doguin, et leurs dents, quoique de même forme, sont plus grosses que celles des grosses têtes. Il ajoute la conjecture que ces petites têtes pourroient venir des femelles.* (Soc. des Natur. de Berl. IX, *p.* 188.)

Cette différence de grandeur est fort exagérée, et ne se rapporte à rien de ce que j'ai vu en nature ou en dessin. Les plus grands crânes ont 16 pouces et quelques lignes; il y en a tout au plus de 18 pouces, et les plus petits, à front bombé, en ont 14.

M. *Rosenmüller* adopte une conjecture semblable, mais sans admettre la même différence de grandeur. « Comme quel-» ques-uns de ces crânes, dit-il, sont plus petits et plus arrondis, » et que d'autres au contraire sont plus allongés et d'un plus » grand volume, je suis porté à croire que ceux-là sont des » crânes de femelles et ceux-ci de mâles. Si cette conjecture est » fondée en raison, la première de nos planches représente le » crâne d'une femelle, tandis que la vignette, ainsi que la se-» conde et la troisième planche nous offrent celle d'un mâle. » Or ces deux crânes ne diffèrent que d'un pouce pour la longueur.

Il ne resteroit donc d'important que le plus ou le moins de

convexité du front; je n'oserois même dire si dans les échantillons de M. Rosenmüller cette différence est assez forte pour mériter attention.

Mais j'ai une portion considérable de crâne qui bien certainement ne peut être confondue avec ceux qu'on trouve le plus communément. Je l'ai fait dessiner, pl. III, fig. 3 , de profil, et fig. 4, en dessus; en comparant ces dessins avec les fig. 3, pl. II, et fig. 1, pl. I, qui représentent le plus grand de mes crânes à front bombé, on pourra prendre une idée de leur différence.

L'espèce de crânes la plus commune, celle qui a les deux fortes bosses frontales, a aussi les crêtes temporales plus promptement rapprochées, par conséquent l'angle qu'elles font en arrière plus obtus; et cette différence qui, dans les individus d'une même espèce, est un effet de l'âge, ne lui est point due ici : car les jeunes crânes à front bombé que j'ai, entr'autres, celui des fig. 1 et 2 de la pl. III, sont plus petits et ont les sutures beaucoup plus marquées que ce crâne à front plat des fig. 3 et 1. Ce dernier est même plus vieux, et s'il eût été entier, il auroit été plus grand que le plus grand de mes crânes à front bombé. Or on sait que les sinus frontaux deviennent plus convexes avec l'âge, bien loin de s'aplatir.

Le crâne à front plat a aussi l'intervalle entre la première molaire et la canine plus long à proportion, et cette dernière dent sensiblement plus petite; ce qui explique une partie du passage d'*Esper* cité plus haut. Ce sont les crânes à front plat qu'il aura décrits comme plus grands, plus allongés, et ceux à front bombé qu'il aura comparés à des *têtes de doguin*.

Il est malheureux que l'on n'ait point assez recueilli de ces crânes à front plat, et qu'on n'en ait représenté encore

aucun d'entier. La comparaison d'un grand nombre de morceaux pourroit seule nous faire connoître les limites de leurs
variations, et nous apprendre s'ils se rapprochent quelquefois
des crânes à front bombé, ou s'ils en restent écartés par des
différences constantes.

En attendant, je ne vois pas que rien nous autorise à croire
que ces différences viennent du sexe; je n'ai du moins rien vu
de semblable pour les espèces d'ours vivans. Les crânes des
femelles n'ont ni les dents plus grosses, ni le front plus bombé
que ceux des mâles, et réciproquement. Ce qui m'encourage
encore à faire deux espèces, c'est que l'on trouve aussi deux
sortes d'*humérus*, de *fémurs*, etc., comme on le verra dans les
paragraphes suivans.

Le crâne fossile à front plat, comparé à ceux des ours vivans, ne peut pas être rapporté à l'un d'eux, plus que le crâne
à front bombé. Il les surpasse aussi tous en grandeur; il manque
de la petite dent qu'ils ont tous derrière la canine aux deux
mâchoires, et de celle qui est en avant de l'antépénultième molaire supérieure. C'est de l'*ours noir d'Amérique* qu'il se rapproche le plus par la forme de son front; mais outre qu'il est
d'un tiers plus grand, et qu'il n'a aucune des trois petites dents
que cet ours conserve souvent, le crâne fossile a le museau plus
allongé à proportion, et moins d'élévation verticale.

3.° *Mâchoires inférieures.*

Les crânes des cavernes ne se trouvent pas réunis à leurs
mâchoires inférieures, et c'est toujours un peu au hasard qu'on
les rapproche : ainsi celle de M. *Rosenmüller*, pl. I, est un
peu trop grande; la nôtre, pl. II, fig. 3, ne s'arrange pas non
plus parfaitement. Il faut donc les examiner à part.

Comme il y a des crânes d'ours de deux sortes, on devoit s'attendre qu'il en seroit de même pour les mâchoires : et c'est ce qui est arrivé.

Les plus communes diffèrent des autres par une beaucoup plus grande largeur de l'apophyse coronoïde. On en voit une première sorte, pl. III, fig. 8, et un fragment de la seconde, pl. VII, fig. 35.

La largeur est à la hauteur, dans la première, comme 0,10 à 0,075 ; dans la deuxième, comme 0,08 à 0,072. La largeur de la première est à celle de la deuxième comme 10 à 8, quoique les dents soient un peu plus grosses dans celle-ci.

Cette deuxième espèce a sa partie horizontale plus mince et un peu moins haute. Comme je n'en ai pas eu d'entière, je ne puis déterminer la proportion totale.

La demi-mâchoire, représentée pl. III, fig. 8, a de longueur d'*a* en *b* 0,32 ; et celle qu'on a placée sous le crâne, pl. II, fig. 3, n'a que 0,30. La première suppose donc un crâne de 0,487 ou de 18 pouces.

Le fragment, pl. VII, fig. 35, quoique venant d'une mâchoire évidemment plus petite que les deux précédentes, a les dents plus grosses. Une mâchoire très-jeune, qui me paroît aussi de cette deuxième espèce, pl. VII, fig. 36, a aussi une canine plus grosse à proportion. D'après ces deux circonstances, je serois tenté de rapporter cette deuxième sorte de mâchoires aux crânes à front bombé ; mais, d'un autre côté, comme elle s'est trouvée la plus rare, puisque je n'en ai vu que trois portions sur au moins douze que notre Muséum possède ; et que les dessins envoyés par M. *Karsten* ne représentent aussi que la première sorte, tandis qu'au contraire les crânes à front bombé paroissent les plus communs, je ne sais à quoi m'arrêter.

. La petite dent derrière la canine ne peut donner de secours
dans cette incertitude ; car c'est dans une mâchoire de la première sorte que j'en ai vu la racine, et dans une de la seconde
que j'en ai observé l'alvéole. Tous les autres échantillons de
l'une et de l'autre, même le très-jeune, pl. VII, fig. 36, n'avoient
aucune trace de cette dent.

4.° Têtes et mâchoires de jeunes individus.

Il y a dans ces cavernes des ossemens de jeunes animaux
comme de vieux. Cela se voit non-seulement par une infinité
d'os épiphysés qui s'y rencontrent ; mais encore par de petits
crânes qui n'ont pas toutes leurs dents.

M. *Blumenbach* m'en a envoyé le dessin d'un, bien entier,
de la caverne d'*Altenstein*, pl. III, fig. 5 et 6, avec une mâchoire inférieure qui paroît de même âge ou à peu près, pl. III,
fig. 7.

Celle-ci n'a encore que trois mâchelières de sorties : les sinus frontaux du crâne n'étant point encore développés à
cause de sa jeunesse, son profil ressemble à celui d'un *ours
brun adulte;* mais il n'est pas pour cela de cette espèce, car un
crâne d'ours brun du même âge seroit beaucoup plus petit et
beaucoup plus plat.

Je m'en suis assuré en le comparant, ainsi que sa mâchoire,
avec deux jeunes têtes d'*ours brun* et d'*ours noir d'Amérique*,
qui sont encore plus petites, quoique déjà un peu plus âgées, à
en juger par l'état de leurs dents.

Le dessin donne à ce jeune crâne d'Altenstein 0,27 de longueur. Mon jeune crâne brun qui a toutes ses dents bien formées, n'en a que 0,26, et le noir qui les a aussi toutes, mais

dont les sutures sont mieux marquées, les os plus minces et le front plus plat qu'à ce brun, n'en a que 0,20.

Il est encore à remarquer que ce crâne d'Altenstein, malgré sa jeunesse, n'a point la petite dent placée derrière la canine, qu'on voit toujours aux ours vivans et surtout aux jeunes.

Je n'oserois décider à laquelle des deux espèces fossiles ce jeune crâne appartient : ce ne sera qu'en recueillant plusieurs échantillons que l'on y parviendra.

M. *Fischer* m'a envoyé le dessin d'un fragment plus jeune encore du cabinet de Darmstadt, pl. VII, fig. 37. La canine n'est pas encore sortie de son alvéole. La partie postérieure est trop mutilée pour qu'il soit possible de tenter une comparaison avec les deux sortes de mâchoires adultes.

M. *Rosenmüller* représente aussi un fragment de très-jeune mâchoire, pl. V, fig. 3 et 4.

B. *Les grands os des extrémités.*

a. *L'omoplate.*

Nous n'avons point d'*omoplates* dans notre collection, et il me paroît qu'il n'y en a ni dans celle de M. *Rosenmüller*, ni dans celle dont M. *Karsten* m'a envoyé les dessins ; absence due sans doute à la minceur de cet os, et à la fragilité qui en est le résultat. *Esper* paroît en avoir eu des fragmens, mais sa description sans figure est trop vague pour que nous puissions en faire usage.

b. L'humérus.

On trouve deux sortes d'*humérus* tous deux appartenans à des ours, et cependant fort différens l'un de l'autre. *John Hunter* les a déjà représentés (*Trans. phil.* 1794, pl. XX); mais personne depuis n'a insisté sur leur différence. La première sorte, pl. V, fig. 1, 2, 3, est entièrement semblable aux humérus des ours communs tant blancs que bruns et noirs.

Les caractères qui s'en rapprochent sont :

1.º La longueur de la crête externe ou *deltoïdiene*, qui ne vient se réunir à la crête antérieure qu'à près des deux tiers de la longueur de l'os.

Dans le *lion*, le *loup*, etc., elle s'y réunit plus haut que le milieu. Elle y est aussi bien moins saillante.

2.º La saillie convexe et marquée de la crête qui remonte du condyle externe.

Dans les *lions*, les *loups*, elle va en ligne droite se confondre au reste de l'os.

3.º La lame saillante que le condyle externe envoie obliquement en arrière, et qui recouvre un peu la fosse postérieure.

Le *loup* n'en a point; le *lion* l'a bien un peu, mais beaucoup moindre. La fosse elle-même y est moins profonde.

4.º La forme de la poulie articulaire, qui représente une portion de cylindre très-peu concave vers le bord interne, sans presque de rainure marquée.

Dans le *lion*, la concavité cubitale est profonde et presque au milieu de la poulie.

Dans le *loup*, il y a de plus un grand trou percé de part en part au-dessus de la poulie, d'une face de l'os à l'autre.

5.° Par l'absence d'un trou percé au condyle interne.

Je n'ai pas eu la tête supérieure en assez bon état pour en faire la comparaison.

C'est cette première sorte d'humérus que M. *Rosenmüller* a représentée, pl. VII, fig. 1. MM. *Karsten* et *Camper* m'en ont aussi envoyé des figures. Il y en a de grandeurs assez différentes.

Celui de M. *Rosenmüller* a 0,45 de longueur.

Celui de M. *Karsten*, 0,43.

Celui de M. *Camper*, 0,37.

Le tout mesuré sur leurs figures.

J'en ai deux portions considérables, qui, si elles étoient entières, auroient eu environ 0,35, à en juger par la proportion de leur partie inférieure avec celles des morceaux ci-dessus.

Le plus grand de nos squelettes d'ours connus a cet os long de 0,36.

La deuxième sorte d'humérus de ces cavernes, pl. V, fig. 4, 5, 6 et 7, m'est connue par un échantillon bien entier que notre Muséum possède, par la gravure d'*Hunter*, et par le dessin que je dois à M. *Camper* d'une portion qui en comprend les trois quarts inférieurs.

Il diffère éminemment du précédent par un trou percé au-dessus du condyle interne, et qui sert au passage d'une artère. Voyez *a*, fig. 4 et 5. Tous les autres détails de sa forme en font cependant un humérus *d'ours*; et quoique ce trou existe aussi dans les humérus des divers *félis*, il ne suffit point pour leur faire attribuer celui-ci, qui diffère des leurs dans tout le reste.

On observe ce même trou dans quelques-unes des petites
espèces rangées autrefois par *Linnœus* dans son genre *ursus*,
comme le *glouton* (*U. gulo*), le *blaireau*, (*U. meles*) et le
raton (*U. lotor*). On le trouve encore dans le *coati, viverra
nasua*, qui est aussi voisin des ours que la dernière espèce et
beaucoup plus que les deux autres, et en général dans toutes
les *martes*, *loutres* et *civettes*, ainsi que dans les *didelphes* et
tous les *animaux à bourse;* mais il manque aux *chiens* et aux
hyènes. Les singes du nouveau continent l'ont, et non pas ceux
de l'ancien. Il peut par conséquent servir à distinguer des sous-
genres, et je suis persuadé que l'animal auquel cet humérus a
appartenu faisoit effectivement une subdivision dans le genre
des *ours*, Sa grandeur est considérable. Le nôtre a 0,46; celui
de M. *Camper* est un peu plus petit.

c. Le radius.

Cet os est important, parce qu'il détermine en grande partie
l'adresse des animaux, sa tête supérieure indiquant à quel degré la main peut tourner, et les impressions de sa tête inférieure marquant quelle direction et quelle force ont les tendons des muscles des doigts.

J'ai des cavernes de *Franconie* un radius évidemment du
genre de l'ours, pl. VI, fig. 1, 2, 3, 4.

La forme ovale de la tête, sa face carpienne propre à recevoir un os seulement lui sont communs avec tous les carnassiers ; mais ce qui le distingue des autres carnassiers de cette
grandeur, c'est 1.° le petit crochet *a*, plus considérable que
dans les *tigres* et les *lions*.

2.° La configuration plus étroite et moins approchante de

la circulaire, deux circonstances qui gênent beaucoup la rotation dans les ours.

3.° La fossette du tendon de l'extenseur commun des doigts *b*, peu profonde et placée plus en avant, tandis que dans les *lions* et les *tigres* elle occupe le milieu de cette partie de l'os. Ici au contraire le milieu est bombé.

4.° Le bord antérieur de l'os beaucoup plus mousse et plus rectiligne, etc.

Tous ces caractères deviendront plus frappans par la comparaison qu'on en peut faire avec un radius du genre des *tigres* qui est des mêmes cavernes, et que j'ai fait dessiner à côté, pl. VI, fig. 5, 6, 7, 8. J'y reviendrai dans la suite.

Notre humérus d'ours fossile a de longueur 0,34; de largeur en bas, 0,08; en haut, 0,055. Notre plus grand ours vivant a 0,32, sur 0,055 en bas.

Il est donc presque aussi long et moins gros à proportion; mais la partie inférieure s'élargit avec l'âge, et les individus les plus vieux ressemblent davantage en ce point à l'ours fossile.

M. *Rosenmüller* représente un *radius* plus court et presque aussi large que le nôtre; il a 0,31 sur 0,075. Sa tête inférieure paroît également présenter quelques légères différences dans les impressions. Il y auroit donc aussi dans ces cavernes des *radius d'ours* de deux sortes.

Il est bon de remarquer que le radius du *blaireau* ressemble à celui de *l'ours* par les caractères que j'ai indiqués.

Il seroit donc très-possible que l'un de ces deux *radius* eût appartenu au deuxième des *humérus* décrits dans le paragraphe précédent; mais il est difficile de savoir précisément lequel. A tout hasard, je crois qu'on peut lui attribuer le plus grand des deux.

d. Le cubitus.

J'en ai eu deux fois les deux tiers supérieurs, pl. **VII**, fig. 1 et
2, et 3 et 4, tellement semblables à la même portion dans les
ours communs, qu'on ne peut y voir de différence sensible. Il
est aisé à distinguer de celui des *lions* et des *tigres*, parce que
ceux-ci ont l'olécrâne plus long, tandis que dans l'ours il est
coupé presque immédiatement derrière l'articulation ; ce qui
lui laisse moins de force pour appuyer sa pate en courant ou
en saisissant sa proie.

M. *Rosenmüller* donne dans sa pl. **VII**, fig. 3, un cubitus
entier un peu plus court que ne seroit le mien. Il a 0,35 de
longueur, et 0,07 pour la hauteur de l'olécrâne. Le mien a
0,08 à l'olécrâne, et sa longueur auroit été sans doute proportionnelle, c'est-à-dire, 0,4. Notre plus grand ours brun n'a que
0,38.

e. Le bassin.

Nous en avons un, un peu mutilé, pl. **V**, fig. 8 et 9. **M.** *Ro-*
senmüller en représente un plus complet de trois côtés dans
ses pl. **IV**, fig. 1, pl. **V**, fig. 1 et pl. **VI**, fig. 4. Ils sont l'un et
l'autre de même grandeur, et présentent tous les caractères du
bassin de l'ours, surtout dans la largeur et l'évasement des os
des îles, disposition qui contribue puissamment à donner à ces
animaux la faculté qu'on leur connoît de se tenir debout.

Les dimensions absolues de ces deux bassins ne diffèrent
pas beaucoup de celles des *ours* vivans.

Voici celles que donne **M.** *Rosenmüller*, comparées à celles

que j'ai pu prendre dans le nôtre et à celles de nos squelettes
d'ours vivans. En comparant celles-ci entr'elles et avec celles
des têtes des mêmes individus, on s'apercevra que les ours diffèrent beaucoup entr'eux par les proportions de leurs bassins.

C'est ce qui m'a engagé à donner la table suivante, qui peut
encore aider à caractériser leurs espèces.

8

	Ours d'après M. Rosenmüller	Ours des cavernes d'après leurs squelettes	Trigonal Ours brun de Pologne	Ours brun de l'Oural	Ours brun des Alpes	Ours brun des Pyrénées à tête jeune	Jeune Ours brun	Ours noir d'Europe	Ours noir d'Europe de Daubenton	Ours noir d'Amérique	Troisième ours noir d'Amérique	Ours polaire
Distance de l'épine antérieure d'un os des îles à celle de l'autre	0,272		0,3	0,21	0,25	0,24	0,205	0,29	0,27	0,2	0,122	0,205
Distance de l'épine antérieure d'un os des îles à sous épine postérieure	0,145		0,124	0,125	0,096	0,09	0,085	0,15	0,125	0,09	0,034	0,098
Distance du bord antérieur de l'un des îles au postérieur de l'os ischion	0,36	0,36	0,52	0,51	0,236	0,255	0,215	0,28	0,28	0,224	0,153	0,29
Longueur de la symphyse	0,148		0,112	0,13	0,09	0,086	0,07	0,15	0,1	0,08	0,05	0,096
Distance de l'extrémité inférieure de la symphyse à l'extrémité postérieure de la tubérosité de l'ischion	0,12		0,14	0,145	0,125	0,114	0,105	0,136	0,13	0,106	0,06	0,12
Diamètre antéro-postérieur du bassin	0,189	0,17	0,11	0,115	0,1	0,091	0,095	0,097		0,102	0,06	0,117
Diamètre transverse	0,133	0,11	0,1	0,115	0,096	0,092	0,08	0,095	0,95	0,006	0,045	0,09
Plus grande largeur du sacrum	0,155	0,125	0,1	0,12	0,1	0,084	0,085	0,1	0,11	0,084	0,051	0,09
Diamètre de la cavité cotyloïde	0,067	0,07	0,051	0,054	0,47	0,04	0,04	0,44	0,51	0,044	0,054	0,055

N. B. Une partie des mesures de la première colonne est traduite du discours, l'autre est mesurée sur les figures de M. Rosenmüller. Cette dernière partie est peut-être inexacte.

f. Le fémur.

J'en ai eu aussi de deux formes et grandeurs; mais tous deux évidemment du genre des ours.

Le premier, plus grand et plus svelte, pl. VI, fig. 9, 10, 11, a 0,46 de plus grande longueur, sur 0,105 de largeur dans le bas, et 0,045 dans le milieu.

Sa tête supérieure manque. M. *Rosenmüller* en représente un entier et encore un peu plus grand, pl. VII, fig. 2. Il a 0,5 sur 0,12.

Mon second *fémur*, pl. VI, fig. 12, 13, 14 et 15, est plus court et plus gros. Sa longueur est de 0,4; sa largeur en bas, de 0,095; en haut, de 0,11; au milieu, de 0,04. M. *Fischer* m'a envoyé le dessin d'un fémur à peu près semblable du cabinet de *Darmstadt*, qui paroît avoir les mêmes dimensions. M. *Karsten* m'en a envoyé un autre plus robuste dans ses proportions, ayant 0,425 de long sur 0,11 en bas; 0,13 en haut, et 0,05 dans le milieu.

Ces deux sortes de *fémurs* portent également les caractères de leur genre, savoir : un cou un peu plus allongé et plus oblique qu'aux autres carnassiers, et une tête inférieure plus courte d'avant en arrière, à proportion de sa largeur transverse, et permettant mieux en conséquence à la rotule de remonter sur le devant de la cuisse : deux circonstances qui rapprochent l'*ours* de l'*homme*, et qui lui facilitent beaucoup la station sur les pieds de derrière.

Les dimensions du fémur de notre plus grand squelette d'*ours* vivant sont : longueur, 0,43; largeur en bas, 0,08; en haut, 0,10; au milieu, 0,035 : ainsi ses proportions sont plus grêles.

Le *lion*, le *tigre* ont le cou bien plus court, presque nul, et nullement oblique. La tête est moins haute que le grand trochanter. La tête inférieure est plus longue d'avant en arrière que large. On ne peut donc confondre leurs fémurs avec ceux-ci.

g. Le tibia.

Je n'en ai qu'un, mais bien complet, pl. VI, fig. 16, 17, 18, 19. M. *Rosenmüller* en représente un autre absolument pareil, pl. V, fig. 2. Il ne diffère en rien de celui de l'*ours* commun, si ce n'est qu'il est un peu plus gros à proportion. Voici ses dimensions :

Longueur, 0,26; largeur de la tête supérieure, 0,085; de l'inférieure, 0,07; largeur à l'endroit le plus mince, 0,03.

Un tibia d'ours noir d'Europe de même longueur n'a que 0,076 en haut; 0,055 en bas; mais un autre un peu plus âgé a quelques millimètres de plus en largeur.

Notre plus grand squelette d'*ours brun de Pologne* a son tibia long de 0,33; large de 0,072 en haut, et de 0,06 en bas. Il est donc non-seulement bien plus long, mais aussi absolument plus mince.

D'après les dimensions de ce tibia fossile, je le juge appartenant au fémur de la seconde sorte. Celui de la première nous manqueroit donc encore.

h. Le péroné.

Cet os qui a manqué à M. *Rosenmüller* s'est trouvé une fois dans notre collection, pl. VII, fig. 23. Sa tête supérieure est rompue; mais l'inférieure est bien entière, et correspond pour la forme à celui de l'ours noir d'Europe. Ses dimensions sont peu différentes. Je juge donc encore qu'il appartient à la même espèce que le *tibia* de l'article précédent, ou au deuxième *fémur*.

J'ai eu de plus deux épiphyses qui me paroissent venir de la tête inférieure d'une autre espèce de *péroné*.

C. Les petits os des quatre pieds.

a. Les os du carpe.

L'*ours* en a sept, comme la plupart des carnassiers; les *ours des cavernes* les avoient également. Ils ont été trouvés dans leurs débris, et nous les possédons presque tous. M. *Rosenmüller* en a aussi représenté la plus grande partie; mais apparemment faute d'occasion de les comparer avec ceux de l'*ours vivant*, il s'est trompé sur quelques-unes des places qu'il leur assigne dans le carpe.

α. L'*os qui tient lieu du scaphoïde et du semilunaire*, pl. VI, fig. 20 en dessous, et 21 en dessus. Il a tous les caractères de l'ours. Celui du lion auroit la tubérosité *a* plus courte, autrement contournée, et portant en dehors une facette pour un petit os surnuméraire.

Comparé à celui de notre plus grand ours brun, cet os s'est trouvé avoir le même diamètre antéro-postérieur, mais ses autres dimensions plus fortes d'un cinquième; mais un ours noir les avoit toutes dans la même proportion entr'elles et d'un quart moindres.

M. *Rosenmüller* le donne, pl. VIII, fig. 9; mais il le prend pour l'*unciforme*. Celui qu'il regarde comme *scaphoïdo-*

semilunaire, ib. fig. 4, en est bien un, mais du genre du lion, et non de celui de l'ours.

Le véritable, celui de sa fig. 6, étant un peu plus petit que le nôtre, il se pourroit qu'il vînt de la deuxième espèce d'ours.

Dimensions du nôtre : largeur transversale, 0,052 ; diamètre antéro-postérieur au milieu, 0,031 ; longueur de la tubérosité, 0,025.

β. Le *cunéiforme* m'a manqué ; mais M. *Rosenmüller* le représente bien et sous son vrai nom, pl. VIII, fig. 12, par sa face inférieure. Il paroît ressembler à celui de l'*ours*, à la grandeur près. Celui du *lion* est si différent, qu'on ne peut les confondre.

γ. Le *pisiforme,* qui a manqué à M. *Rosenmüller,* s'est trouvé trois fois dans notre collection, pl. VI, fig. 22 et 23.

Il ne diffère de celui de l'ours que parce qu'il est un peu plus grand.

δ. Je n'ai pas eu le *trapèze,* ni M. *Rosenmüller* non plus; mais il paroît avoir donné ce nom à l'*unciforme.*

ι. J'ai eu deux *trapézoïdes,* pl. VI, fig 24 et 25. M. *Rosenmüller* ne l'a point, mais il donne ce nom au *grand os,* pl. VIII, fig. 8. Le vrai *trapézoïde* fossile ne diffère de celui de l'ours noir commun, que parce qu'il est un peu plus large à proportion de sa longueur.

ζ. Le *grand os* que M. *Rosenmüller,* comme nous venons de le dire, a pris pour le *trapézoïde,* est représenté, pl. VI, fig. 26 et 27. Outre sa grandeur qui est d'un tiers plus forte, il se distingue encore de celui de l'ours par un enfoncement très-marqué vers *a,* par la tubérosité de la tête du métacarpien de l'index. Le *lion* ayant quelque chose d'approchant, quoique bien moins fort, je pourrois bien n'avoir eu ici que le grand os de ce genre dont on a vu que les débris se trouvent aussi, quoiqu'en petit nombre, dans ces cavernes.

Le dessin de M. *Rosenmüller* n'ayant point cet enfoncement, il se pourroit que ce fût lui qui eût trouvé le véritable *grand os de l'ours*.

n. Pour l'*unciforme*, je l'ai eu bien certainement d'ours, et seulement d'un cinquième plus grand. C'est lui que M. *Rosenmüller* paroît avoir nommé *trapèze*. Voyez pl. III, fig. 9, par-devant; fig. 10, par la face externe; fig. 11, en dessous.

b. Les os du métacarpe.

M. *Rosenmüller* n'en représente qu'un, pl. VIII, fig. 13, qu'il donne pour celui de l'*index*, mais qui est bien certainement celui du petit doigt du côté droit.

J'en ai réuni quatre du côté gauche, qui se conviennent assez pour être considérés comme venus du même individu. Voyez pl. VII, fig. 5. Ils ont tous les mêmes conformations que dans les ours communs; celui du petit doigt est aussi le plus gros. Celui du pouce me manque, mais M. *Rosenmüller* dit qu'il est presque aussi grand que les autres, nouveau rapport avec les ours. Une différence très-sensible cependant, c'est que ces métacarpiens fossiles sont tous plus gros de près d'un quart, et en même temps plus courts d'un sixième que dans notre grand ours brun; ce qui devoit donner à la main une forme plus large et plus courte.

c. Les os du tarse.

L'ours en a sept comme l'homme. J'en ai trouvé six parmi ceux de ces cavernes.

α. *Le calcaneum.*

Nous en avons deux : un grand, pareil à celui que M. *Ro-senmüller* représente en dessous dans sa pl. VIII, fig. 1, long de 0,105, large en bas, à l'apophyse latérale, de 0,066. (*Esper* en a un plus grand encore, pl. XIV, fig. 1) et un un peu plus petit de 0,087 sur 0,056. Celui-ci ne diffère pas sensiblement, même pour la taille, de celui de notre grand *ours brun*. Le premier est plus grêle à proportion, et son apophyse latérale est un peu plus pointue. On le voit dans notre pl. V, fig. 10. Il est cependant aussi d'*ours*. Le *lion* l'auroit plus long, plus comprimé, et l'apophyse y seroit beaucoup plus courte. Ce sont donc les calcanéums de nos deux *ours*.

β. *L'astragale.*

J'en ai un bien entier, pl. V, fig. 11 et 12, et un autre un peu plus grand très-semblables tous deux à celui de l'ours.

La plus grande largeur du premier est de 0,058; sa plus grande hauteur de 0,053; le second a 0,065 de large, mais sa hauteur n'est pas complète. Notre plus grand *ours* n'a que 0,048 sur 0,045. L'astragale fossile de M. *Rosenmüller* est à peu près comme mon premier.

Il n'est pas possible de confondre cet astragale avec celui du genre du *lion*, qui est plus long que large.

γ *Le scaphoïde.*

On le voit, pl. V, fig. 13, en dessus; 14, en dessous. Il est, comme celui de l'*ours*, triangulaire, plus large que long, très-

9

concave en desssus, sans se relever beaucoup en arrière, tous
caractères qui le distinguent très-bien de celui du *lion*. Sa largeur est de 0,04 ; sa longueur, de 0,035 : dimensions qui ne sont
pas supérieures à celles de notre plus grand *ours vivant*.

M. *Rosenmüller* en représente un dans sa pl. VIII, fig. 10,
un peu plus grand que le mien, et dont le bord externe se
relève et s'étend davantage : ce sera celui de la grande espèce.

δ. *Le cuboïde.*

Pl. V, fig. 15, en devant ; fig. 16, en dessous ; fig. 17, à sa
face interne : ressemble encore à celui de l'*ours*, excepté qu'il
est un peu plus écrasé à proportion de sa largeur.

M. *Rosenmüller* en représente un fort différent, pl. VIII,
fig. 5, vu par derrière ; mais c'est celui d'un *lion* ou *tigre*, et
non pas d'un ours. On le distingue sur-le-champ de ce dernier
en ce qu'il est plus long que large. En général, tous les os du
pied de derrière du *lion* sont faits pour élancer son corps avec
force ; ceux de l'ours pour marcher posément.

ι. *Le premier cunéiforme.*

M. *Rosenmüller* met encore ici, pl. VIII, fig. 6, un os de
lion ou de *tigre* pour un os d'*ours*. Ce dernier genre n'a point
en arrière de cet os une longue apophyse terminée par une
tubérosité ; il y est simplement triangulaire, comme on le voit,
pl. V, fig. 18, par ses faces supérieure et externe ou cuboïde,
et 19, par les inférieure et interne. Le fossile diffère du vivant
parce qu'il est un peu plus écrasé.

ζ. *Le troisième cunéiforme* que M. *Rosenmüller* n'a pas eu,
se voit, pl. V, fig. 20, par sa face supérieure et tarsienne, et

fig. 21, par l'inférieure et par celle qui fait le bord interne du pied.

Je n'ai pu y observer de différence avec ceux de nos ours communs, pas même celle de la grandeur.

„. Le *deuxième cunéiforme*, celui qui porte le quatrième doigt, m'a manqué, et à M. *Rosenmüller* aussi.

d. Les os du métatarse.

J'en ai réuni quatre os, dont deux mutilés; je les représente dans leur ordre naturel, pl. VII, fig. 8. Ce sont ceux du côté gauche, et l'on voit que c'est celui du deuxième doigt qui me manque. Ils sont, comme ceux du métacarpe, plus courts d'un cinquième, à grandeur égale, que leurs analogues dans les ours vivans. Mais du reste leurs formes et leurs proportions respectives sont les mêmes: celui du pouce est le plus petit des cinq.

e. Les phalanges.

On en trouve en quantité, des trois rangées, dans ces cavernes. J'en ai fait dessiner trois de la première rangée, pl. VIII, fig. 9, 10 et 11; deux de la seconde, fig. 12 et 13; et trois onguéales ou de la troisième, fig. 14, 15 et 16, en les choisissant dans les différentes grandeurs.

Les *onguéales* sont faciles à rapporter à leur genre. Le bord supérieur de leur face articulaire un peu plus court, montre qu'elles peuvent se redresser à demi; mais le peu de saillie du bord inférieur en arrière montre aussi qu'elles ne sont point entièrement rétractiles, et ne viennent point d'un *lion*.

Les *phalanges de la seconde rangée* ne peuvent non plus venir d'un *lion*, parce quelles sont symétriques et ne laissent par conséquent point de places entre elles pour y loger les onguéales, si elles se redressoient entièrement.

Pour celles de la *première rangée*, elles ne se distinguent point suffisamment dans les deux genres, et on est exposé à les confondre.

Il n'est pas aisé non plus de rapporter chaque phalange à son doigt propre, parce qu'elles se ressemblent trop entr'elles; seulement les onguéales les plus allongées sont celles de devant.

f. Les os sésamoïdes,

Sont en quantité dans ces cavernes. J'en ai plus de trente, et je ne conçois pas comment ils ont échappé à M. *Rosenmüller* qui dit n'en avoir jamais trouvé. Ils n'ont au reste rien de particulier.

D. *Les os du tronc.*

Lorsqu'on trouve des os détachés et épars comme ceux des cavernes, il est impossible d'avoir rien de certain sur le nombre des vertèbres et des côtes; mais comme toutes les espèces d'ours vivans les ont en même nombre, il est probable que ce nombre se trouvoit aussi dans les *ours des cavernes*.

Les vertèbres y sont fort abondantes.

a. L'atlas.

On y voit des atlas de plusieurs sortes; j'en ai représenté un d'*hyène* à l'article qui concerne ce genre. Ceux d'*ours* sont beaucoup plus communs.

Les atlas des *ours vivans* diffèrent entr'eux pour la circonscription générale, au point que l'on ne peut y prendre de caractère même spécifique; mais ils se ressemblent tous par la disposition des trous et des échancrures.

1.º L'échancrure en avant de chaque apophyse ou aile latérale est presque nulle. Elle est très-profonde dans les *lions*, les *hyènes* et les *chiens*.

2.º On voit à la face supérieure en avant, deux trous réunis par un canal ouvert. L'interne vient du grand canal médullaire; l'externe se rend très-obliquement à la face inférieure de l'aile latérale.

Ces deux trous sont aussi dans l'*hyène*; mais l'externe y perce plus directement: dans les *chiens*, *lions*, *tigres*, etc., il n'y en a qu'un.

3.º A la face inférieure, ce trou externe se continue en arrière par un canal ouvert, et va percer la base de l'aile directement en arrière: dans l'*hyène*, ce percement a lieu un peu plus en dessus: dans le *lion* et le *chien* encore plus, et en outre le petit canal de la face inférieure ne communique point en dessus, mais pénètre transversalement par un trou dans le canal médullaire.

Ces trois caractères sont réunis dans les *atlas* les plus communs dans les cavernes. Je n'en ai pas eu d'assez entiers ni d'assez différens entr'eux pour oser les répartir selon les deux espèces. Ceux qu'ont fait graver *Esper*, pl. III, fig. 1, et *Rosenmüller*, pl. IV, fig. 2, et ceux dont MM. *Karsten* et *Camper* m'ont envoyé les dessins, ne sont pas plus entiers. J'ai représenté les deux des miens qui diffèrent le plus entr'eux, pl. VII, fig. 6 et 7, et fig. 17 et 18.

b. L'axis.

Cette deuxième vertèbre n'est guère moins abondante que la première.

L'axis de l'ours se distingue de ceux des autres grands carnassiers,

1.º Parce que son apophyse épineuse est plus haute en arrière qu'en avant;

2.º Parce que les parties latérales de son canal médullaire sont moins longues d'avant en arrière ;

3.º Parce que le trou latéral antérieur est moins bas que dans le *lion*, et le postérieur plus en arrière que dans le chien.

Ces trois caractères sont très-marqués dans les *axis* des cavernes.

Le premier et le deuxième y sont même plus sensibles que dans aucun ours vivant. Voyez ma pl. VII, fig. 19, *Esper*, pl. XIII, fig. 2, et *Rosenmüller*, pl. IV, fig. 3 et 4. Je n'ai pas non plus de moyen de répartir les *axis* que j'ai en nature ou en dessin entre les deux espèces.

On pourroit caractériser de même toutes les autres vertèbres, mais l'exposition de leurs différences seroit longue et difficile à entendre : il faudroit trop de figures pour la rendre sensible. Il suffit de dire qu'il n'est pas une des vertèbres des quatre grands genres de carnassiers, dont on ne puisse trouver le genre et la place dans le squelette, au moyen de caractères propres à être aperçus, et que le plus grand nombre des vertèbres des cavernes, examiné ainsi, s'est trouvé ressembler, à peu de chose près, à leurs analogues dans les ours vivans.

J'en donne des exemples, pl. VII, fig. 21 et 22, qui sont deux vertèbres dorsales, et fig. 20, qui en est une lombaire.

Je n'ai trouvé sous deux formes que la dernière dorsale. Dans un échantillon, elle ressembloit davantage à celle de l'*ours brun;* et dans l'autre elle se rapprochoit de l'*ours polaire,* surtout parce que les apophyses surnuméraires postérieures y étoient moins longues que les apophyses articulaires.

Je me crois bien autorisé à y voir des vertèbres de nos deux espèces d'*ours.*

E. *Résumé général.*

Ainsi en dernière analyse les résultats de cet examen ostéologique sont que:

1.º Les os les plus communs dans les cavernes, examinés chacun séparément, appartiennent au genre de l'*ours.*

2.º Les crânes et quelques-uns des grands os présentent des différences telles, qu'on doit les regarder comme venant d'espèces d'*ours* différentes de celles que les naturalistes ont déjà décrites jusqu'ici.

3.º Ces *crânes* et quelques-uns de ces grands os, les *humérus* et les *fémurs,* par exemple, diffèrent assez entr'eux pour que l'on doive croire que les os de deux espèces différentes d'*ours* ont été ensevelis pêle-mêle.

4.º Quelques-uns des os de l'une des deux étoient plus semblables à ceux des *ours* d'aujourd'hui que ceux de l'autre. Il y en a même parmi ceux de l'une, comme l'*humérus,* etc., qu'on ne distingueroit point, si on les voyoit seuls, de ceux des *ours vivans* les plus communs. Il y en a d'autres qui paroissent être dans ce cas-là dans les deux espèces; comme ceux du carpe, etc.

5.º Mais les crânes suffisent pour fournir des caractères qui ne laissent point de doute raisonnable, et comme ceux de ces crânes fossiles qui ont le front bombé paroissent s'écarter des

ceux de nos *ours communs* plus que les crânes fossiles à front plat, il est naturel de rapporter aux premiers ceux des os des membres qui s'écartent dans le même degré de leurs analogues dans nos *ours communs*. Les os du corps ou des membres qui ressembleront davantage à ceux-ci seront alors donnés aux crânes à front plat, dans la répartition que l'on en fera.

Mais pour compléter le squelette des deux espèces, il faudroit avoir tous les os de chacune, et c'est ce qui nous manque encore, puisque nous n'avons bien clairement sous deux formes que

Le *crâne ;*

La *mâchoire inférieure* (en partie);

L'*humérus ;*

Le *fémur ;*

La *dernière vertèbre dorsale ;*

Le *calcanéum* ;

Et que les autres os n'ont encore été trouvés que d'une seule forme, de manière qu'on est même indécis à laquelle des deux espèces ceux des os que l'on a doivent être rapportés.

Le temps et des recherches assidues compléteront ces lacunes, mais le résultat général n'en est pas moins constant, en ce qui concerne l'existence dans les cavernes des os de *deux espèces jusqu'ici inconnues parmi les ours vivans.*

Nous laisserons à la première, celle à front bombé, le nom d'*ursus spelæus* que lui ont donné MM. *Blumenbach* et *Rosenmüller*, et à la seconde, celui d'*ursus actoideus* que M. *Blumenbach* avoit employé pour la jeune tête indéterminée que j'ai décrite ci-dessus, mais qui peut très-bien s'appliquer à l'espèce à front plat.

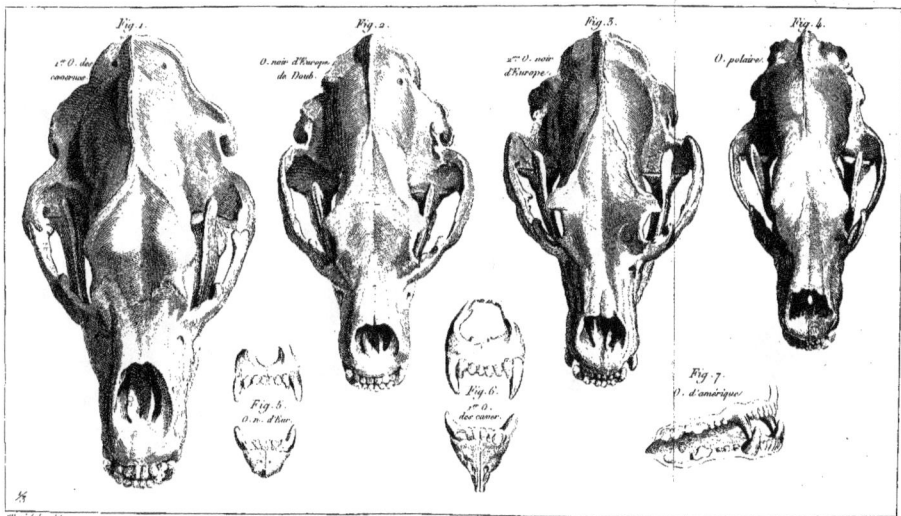

Fig. 1.
1.er O. des
cavernes.

Fig. 2.
O. noir d'Europe.
de Daub.

Fig. 3.
2.me O. noir
d'Europe.

Fig. 4.
O. polaire.

Fig. 5.
O. n. d'Eur.

Fig. 6.
1.er O.
des cavan.

Fig. 7.
O. d'amérique.

Marechal del.

TÊTES D'OURS. PL. 1.

Miger dc.

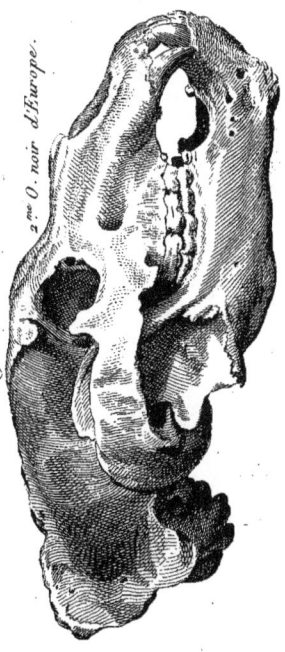

Fig. 2. 2me O. noir d'Europe.

Fig. 5. 1er O. des cavernes.

Fig. 6. O. noir d'Europe.

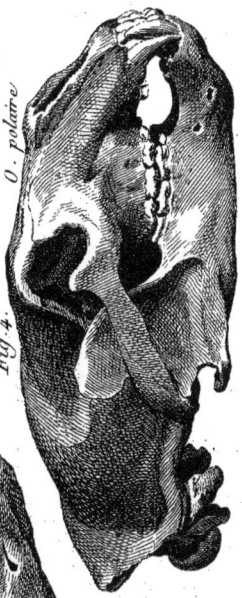

Fig. 4. O. polaire.

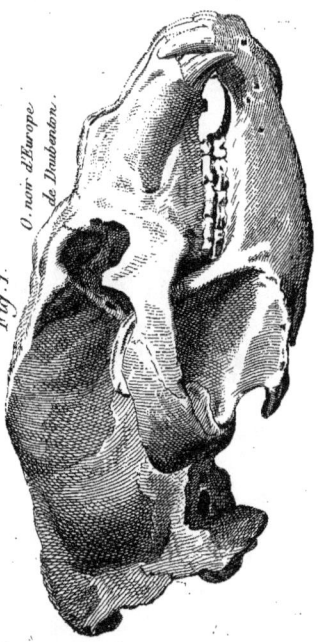

Fig. 1. O. noir d'Europe de Daubenton.

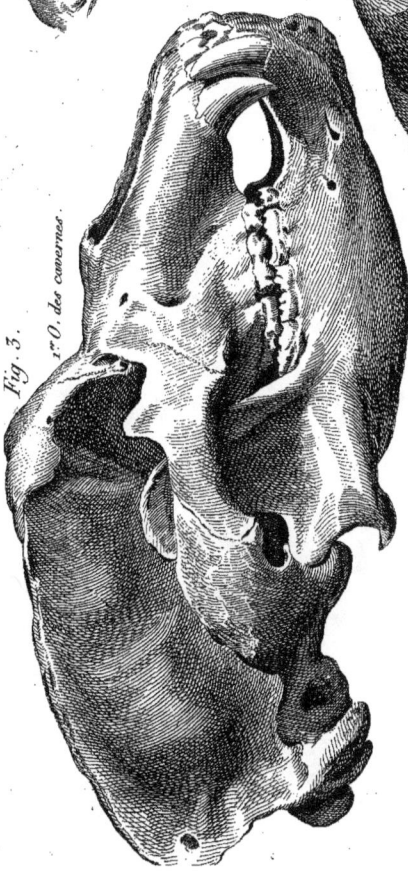

Fig. 3. 1er O. des cavernes.

Fig. 8. O. n. d'Europe.

Fig. 7. 1er O. des cavernes.

TÊTES D'OURS. PL. II.

Huet del.   Niquet Sc.

Fig. 1.

2.me O. des
Cavernes

Jeune O. foss.

Fig. 2.

Fig. 9.

Fig. 7. jeune O. foss.

Fig. 10.

Fig. 8.

3. adulte

2.me O. des cavernes

Fig. 6.

jeune
O.
foss.

4.

3. del.

Canet sculp.

TÊTES D'OURS. Pl. III.

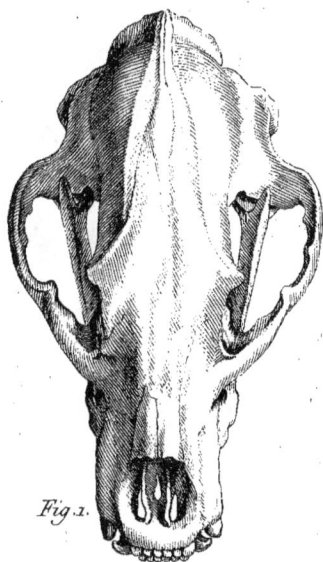

Fig. 1.

O. brun des Alpes.

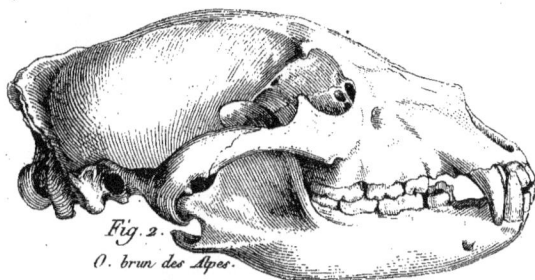

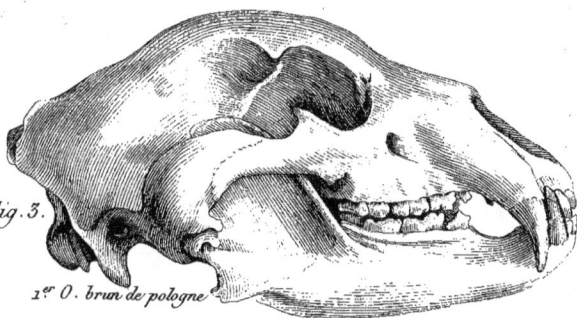

Fig. 2.

O. brun des Alpes.

Fig. 3.

1.er O. brun de pologne.

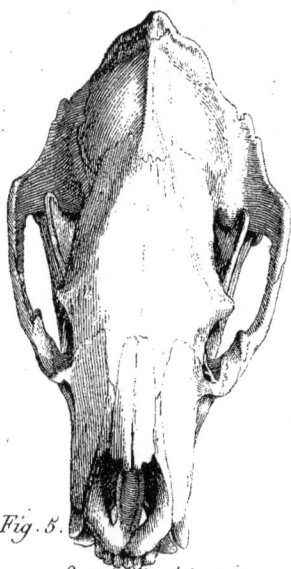

Fig. 4.

2.me O. brun de pologne.

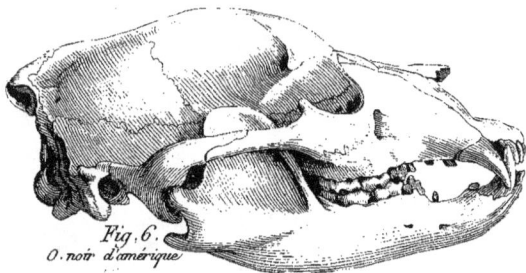

Fig. 5.

O. noir d'amérique.

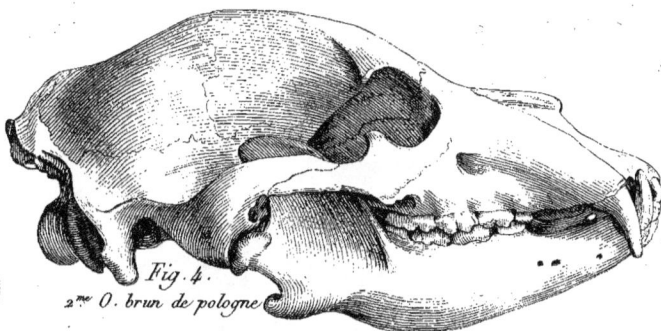

Fig. 6.

O. noir d'amérique.

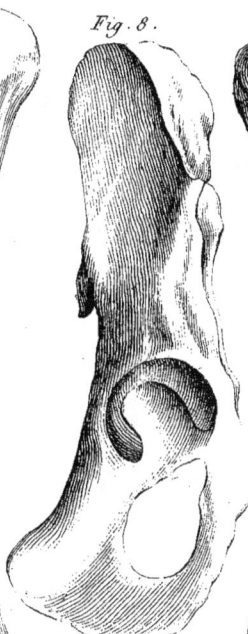

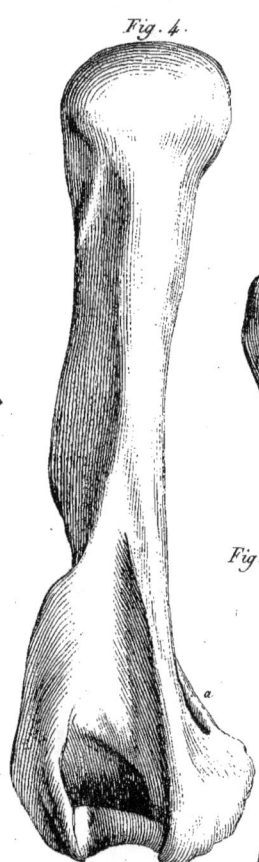

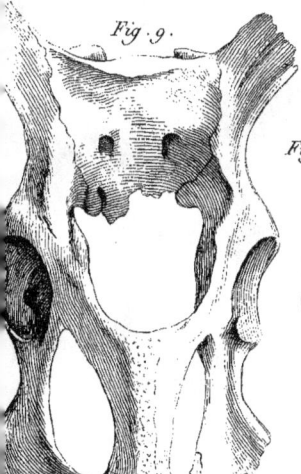

Fig. 1. *Fig. 8.* *Fig. 2.* *Fig. 4.* *Fig. 6.* *Fig. 5.*

Fig. 9. *Fig. 10.* *Fig. 7.*

Fig. 12. *Fig. 11.* *Fig. 15.* *Fig. 14.* *Fig. 13.*

Fig. 21. *Fig. 20.* *Fig. 17.* *Fig. 16.*

Fig. 3. *Fig. 19.* *Fig. 18.*

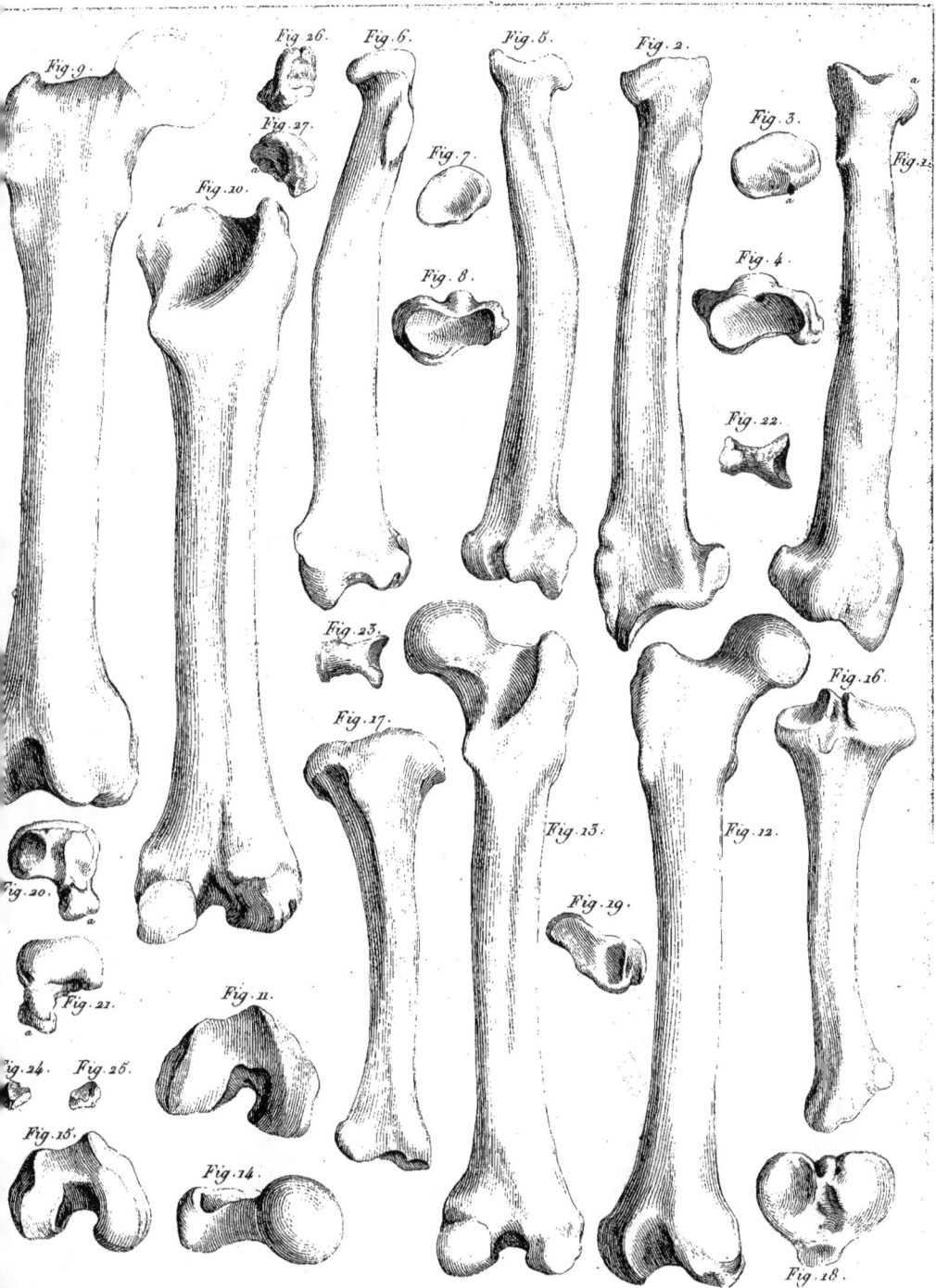

Fig. 9.   Fig. 26.   Fig. 6.   Fig. 5.   Fig. 2.   Fig. 3.   Fig. 1.
Fig. 27.   Fig. 7.   Fig. 10.   Fig. 8.   Fig. 4.   Fig. 22.
Fig. 23.   Fig. 17.   Fig. 16.   Fig. 13.   Fig. 12.   Fig. 20.   Fig. 19.   Fig. 21.   Fig. 11.   Fig. 24.   Fig. 25.   Fig. 15.   Fig. 14.   Fig. 18.

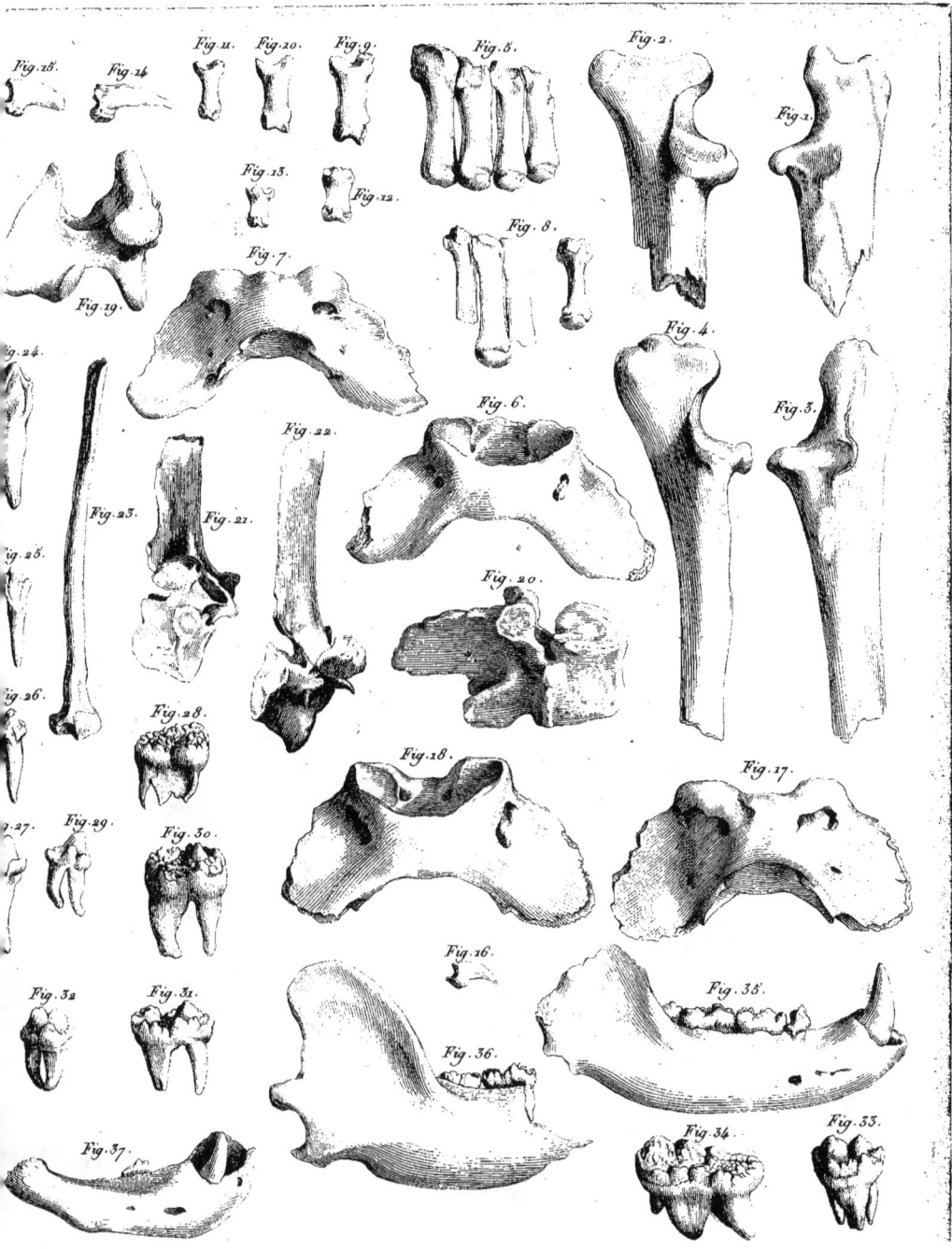

Fig. 15.   Fig. 14.   Fig. 11.   Fig. 10.   Fig. 9.   Fig. 8.   Fig. 2.
Fig. 1.
Fig. 13.   Fig. 12.
Fig. 8.
Fig. 19.
Fig. 7.
Fig. 24.
Fig. 4.
Fig. 6.   Fig. 5.
Fig. 22.
Fig. 23.   Fig. 21.
Fig. 20.
Fig. 25.
Fig. 26.   Fig. 28.
Fig. 18.   Fig. 17.
Fig. 27.   Fig. 29.   Fig. 30.
Fig. 16.   Fig. 35.
Fig. 32.   Fig. 31.
Fig. 36.
Fig. 37.   Fig. 34.   Fig. 33.

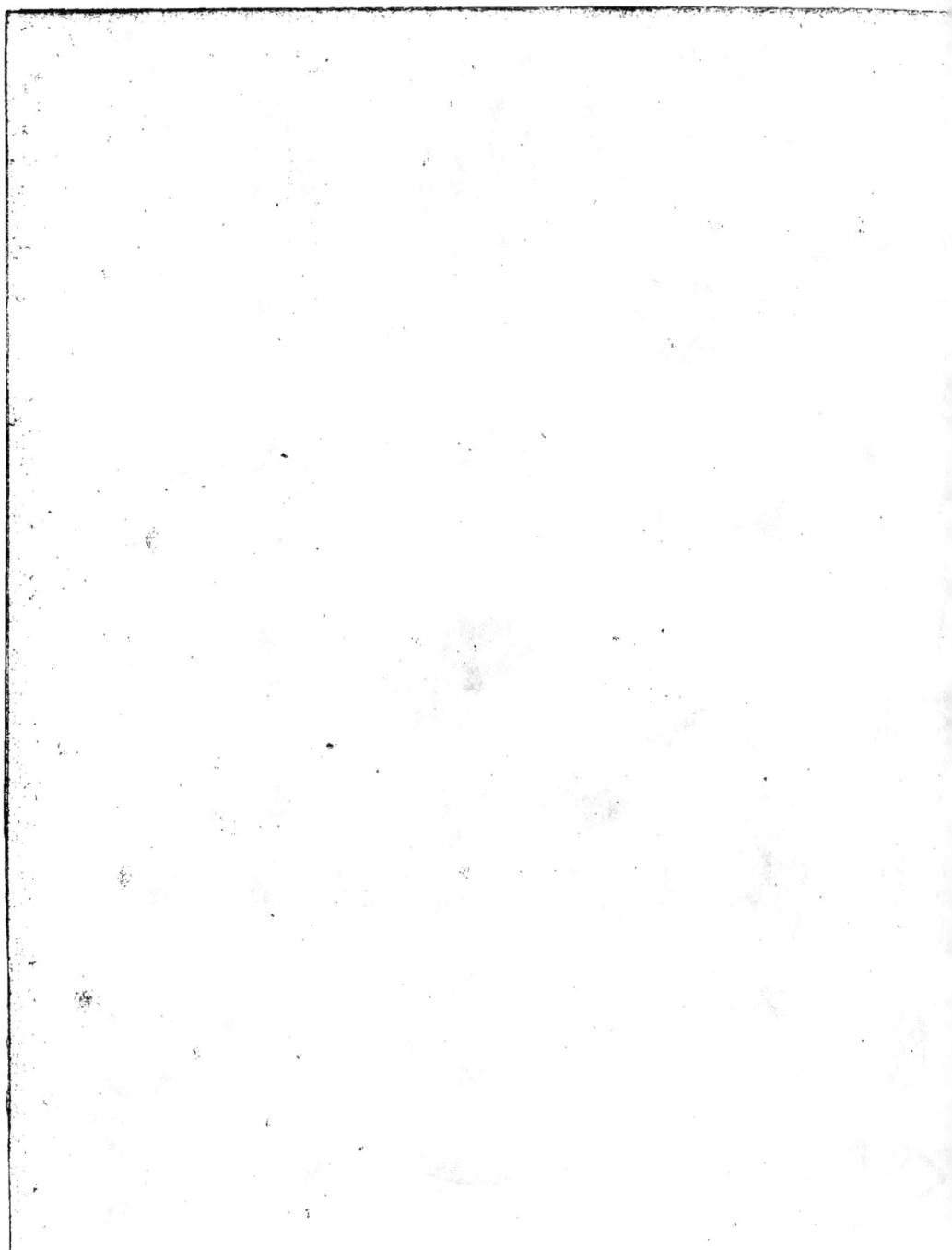

SUR LES OSSEMENS FOSSILES

D'HYÈNE.

Il paroît qu'on trouve des ossemens d'hyène, non-seulement dans les mêmes carrières qui renferment tant d'ossemens d'ours, mais encore dans les terrains d'alluvion où sont enfouis des ossemens d'éléphans; on en reconnoît dans les figures d'os fossiles données par différens auteurs, quoique aucun d'eux n'en fasse une mention expresse.

Esper, il est vrai, suppose l'existence de l'hyène dans la caverne de Gaylenreuth, mais c'est d'après la considération d'une vertèbre atlas qu'il forme sa conjecture, et cet atlas (Esper, zool. pl. III , fig. 1.) est sûrement d'un ours. En revanche, les fig. *c*, *d* de sa pl. X, qu'il croit venir d'un lion, sont à coup sûr de notre hyène. La fig. *c*, est l'antépénultième molaire supérieure gauche; et *d*, un fragment de la mâchoire supérieure gauche contenant la pénultième et l'antépénultième molaires. Les fig. *i* et *k* me paroissent encore la pénultième molaire d'en haut et la dernière d'en bas; mais comme elles sont mal dessinées, il seroit possible qu'elles vinssent d'un tigre.

Collini a décrit au long et représenté fort exactement, dans les mémoires de l'académie de Manheim, tome , pl. V II, une tête et une moitié de mâchoire inférieure, trouvées au mi-

1

lieu du sable , vers la surface d'une des montagnes qui bordent la vallée où est située la ville d'*Eichstædt* , et à trois lieues de cette ville, entre les villages de *Haldorf* et de *Reiterbuch*.

Après beaucoup de raisonnemens , il finit par conclure que c'est peut-être celle d'un *phoque* ou d'un *épaulard* inconnu ; mais le fait est que le premier coup d'œil comparatif jeté sur ses figures, y fait reconnoître incontestablement une tête d'*hyène*. Le nombre et la figure de toutes les dents, la forme générale , et surtout l'élévation extraordinaire de la crète *sagitto-occipitale*, frappent sur-le-champ de manière à ne laisser aucun doute.

Kundman (*Rar. nat. et art.*) , pl. II , fig. 2 donne la figure d'une dent tenant à la mâchoire et arrachée par lui-même au roc dans la caverne de *Bauman*. Il la prend ridiculement pour une dent de veau, mais elle est d'*hyène*; c'est la dernière molaire d'en bas du côté droit.

On trouve donc déjà dans les ouvrages imprimés , des preuves suffisantes de l'ancienne existence d'une espèce quelconque d'*hyène*, en trois endroits différens d'Allemagne. J'ai des preuves particulières à en donner par rapport aux grottes de *Gaylenreuth* et de *Muggendorf* : elles se fondent en partie sur mes propres observations faites sur des os , donnés , avec ceux d'ours, à ce Muséum, par S. A. S. le margrave d'*Anspach*; et en partie sur les dessins que m'a envoyés M. *Adrien Camper*, des morceaux de son cabinet.

J'ai encore des preuves de cette existence par rapport à un quatrième endroit d'Allemagne , la vallée du *Necker* près de *Canstadt*, déjà si célèbre en géologie par cet amas d'os d'*éléphans* découvert au commencement du dernier siècle.

Je dois les derniers renseignemens à mes amis du Wirtemberg, MM. *Kielmeyer* et *Autenrieth*, professeurs à Tubingen, et M. *Jœger*, directeur du cabinet électoral de *Stuttgard*, qui m'ont envoyé des dessins et des notices de tous les os fossiles dont ce cabinet abonde. J'y ai reconnu ceux d'un crâne et de plusieurs dents d'*hyène*.

Enfin, j'ai à décrire des os d'hyène trouvés en France, à *Fouvent*, près Gray, département du Doubs; et, ce qui est bien remarquable, comme à *Canstadt*, pêle-mêle avec des os d'éléphans et de chevaux. Je les dois à M. *Lefebvre de Morey*; amateur éclairé, qui eut l'attention de les recueillir, lorsqu'ils furent trouvés en applanissant un jardin.

Mais avant de décrire, toutes ces richesses, je vais indiquer en peu de mots les caractères ostéologiques de la tête de l'hyène.

Le premier est pris de la dentition.

Les *hyènes* ont 5 molaires en haut et 4 en bas, tandis que les *tigres*, *lions* et *chats* n'en ont que 4 en haut et 3 en bas;

Les *chiens*, *loups* et *renards*, 6 en haut et 7 en bas;

Les *gloutons*, *fouines*, *martes*, 4 en haut et 6 en bas;

Les *civettes*, *genettes* et *mangoustes*, 6 en haut et 6 en bas.

On n'a pas besoin de voir toutes les dents pour établir ce nombre : mais voici la règle à observer.

Il y a à chaque mâchoire une grosse dent qu'on doit regarder comme la principale, et qui se retrouve dans tous, quoique plus ou moins modifiée.

En bas, c'est la dernière dans les *chats* et les *hyènes*;

La pénultième dans les *martes* et *gloutons* et dans les *mangoustes* et *civettes*;

L'antépénultième dans les *chiens*, etc.

Elle a dans les *chats* un tranchant simple, divisé en deux angles saillans.

Dans les *martes*, elle a de plus une petite pointe en arrière;

Dans les *chiens* et l'*hyène commune*, un petit talon et un tubercule en dedans de l'angle postérieur;

Dans les *civettes* et *mangoustes*, un fort talon et deux tubercules pointus en dedans: elle y devient presque une dent à tubercules et lie fort ces animaux aux ours.

La dent ou les dents placées derrière sont toujours petites, à couronne plate et tuberculée. Ce sont elles qui rendent les animaux qui les ont, plus ou moins omnivores. Il n'y en a donc aucune dans les *chats*, ni dans les *hyènes*; il y en a une dans les *martes*, les *civettes* et les *mangoustes*, et deux dans les *chiens*.

Les dents d'en bas, placées en avant de la principale, sont toujours divisées en trois pointes, dont celle du milieu surpasse les autres; elles vont en diminuant d'arrière en avant, et les pointes latérales diminuent aussi dans ce sens, plus que celle du milieu.

Il y en a 2 dans les *chats*; 3 dans l'*hyène commune* et les *martes*, 4 dans le *glouton*, les *chiens*, les *civettes* et *mangoustes*.

Elles sont plus comprimées et plus tranchantes dans les *chats*, ensuite dans les *chiens* et les *civettes*; dans les *martes* et *gloutons*, elles sont anguleuses ou pyramidales; dans les *hyènes*, grosses et coniques.

En haut, la dent principale a son bord externe très-tranchant et divisé en trois lobes, dont l'antérieur et le moyen sont pointus, le postérieur arrondi ou même échancré; à l'angle antérieur interne, est une pointe conique qui rentre en dedans du palais.

Les *chiens* n'ont point de lobe antérieur.

Les *martes*, *civettes* et *ichneumon* l'ont fort petit.

Les *chats* et les *hyènes* l'ont très-prononcé.

La pointe antérieure interne est plus petite et plus effacée dans les *chats* et les *chiens*; plus marquée et plus saillante, dans les *hyènes*; détachée et pointue, mais courte, dans les *martes* et *gloutons*; large et aplatie, dans les *loutres*, etc.

Ce sont les dents situées derrière celle-là qui rendent l'animal omnivore, à proportion de leur étendue.

Les *chats* et les *hyènes* n'en ont qu'une, fort petite, transverse, rentrant un peu en dedans.

Les *martes* et le *glouton* l'ont un peu plus grande et tuberculeuse. Les *loutres* l'ont encore plus grande, à 4 tubercules. Dans les *chiens*, les *civettes* et *mangoustes*, il y en a 2 : une grande à 3 tubercules, et une plus petite.

Les dents en avant de la principale sont, comme leurs analogues d'en bas, tranchantes, à 3 pointes, diminuant d'arrière en avant, et devenant de plus en plus en simple cône. Les *chats* en ont 2, dont la postérieure a son dernier lobe échancré. Les *chiens* en ont 3 tranchantes; les *civettes*, *loutres* et *gloutons*, 3 un peu en pyramide; l'*hyène*, 3 dont 2 surtout en gros cônes arrondis.

La première de toutes est très-petite, surtout dans les *chats* et les *hyènes*.

Ces premières petites dents sont sujettes à tomber dans tous ces genres.

Le second caractère de l'*hyène* est pris de la forme du crâne.

Sa crête sagitto-occipitale est plus saillante, et l'épine occipitale plus haute, que dans aucun animal. De là la ligne du profil descend, presque en une courbe uniformément et légèrement convexe, jusqu'aux incisives.

Dans les *chats*, cette courbe est sensiblement plus convexe au-dessus des yeux. La crête sagittale a ensuite l'air de se fléchir vers le bas. Dans les chiens, la crête est presque droite ; puis vient une inflexion sensible au-dessus des yeux pour former le museau, etc. Mais les *chiens* approchent de l'*hyène* par l'élévation de l'épine occipitale.

Le troisième caractère de l'*hyène* vient de la position des orbites ; elle les a plus en avant que les *chats* et surtout que les *chiens* et les *civettes*. Le *glouton* les a à peu près autant en avant qu'elle. Les *martes*, et surtout les *loutres*, les ont plus en avant.

Un quatrième caractère peut se prendre de la configuration de l'occiput. Aucun animal ne l'a en triangle aussi pointu par en haut, que l'*hyène*, ni surtout s'y aiguisant autant ; ce qui dépend de sa crête.

Le *glouton*, qui en approche à ce dernier égard, est bien plus large à proportion ; les *chiens* ont beaucoup moins de crête ; les *chats* ont cet angle obtus ; les *martes* l'ont arrondi, etc.

Un cinquième caractère se prend du bord inférieur de la mandibule. Dans les *chats*, il est rectiligne ou même un peu concave ; dans les autres, il se relève et fait une convexité vis-à-vis la dernière dent : l'*hyène* a cette convexité plus forte que tous les autres.

On pourroit trouver encore beaucoup d'autres caractères, mais ceux-là nous suffiront : le lecteur peut les appliquer surtout à la tête d'*hyène* décrite par *Collini*, et il reconnoîtra bientôt l'espèce de celle-ci. Je suis même très-étonné que *Collini* ne l'ait pas reconnue à la seule inspection de la figure du squelette de l'*hyène* donnée par Daubenton, Hist. nat. IX, pl. XXX ; la ressemblance est frappante.

Cette tête fossile n'avoit qu'un dixième de plus qu'une grande tête d'*hyène* adulte , rapportée nouvellement de Perse par M. Olivier.

La mâchoire inférieure , décrite en même temps , et que *Collini* soupçonne, avec raison, de la même espèce, a en effet les mêmes rapports avec celle de l'*hyène*; il n'y a qu'une légère différence dans la dernière molaire qui distingue l'*hyène fossile* de la *vulgaire*, et sur laquelle nous reviendrons.

Tous les caractères des *hyènes* en général sont également reconnoissables dans plusieurs des morceaux trouvés à *Canstadt*; le principal est un crâne dépourvu de sa face , de ses dents , et dout les apophyses et les crêtes sont en partie tronquées. M. *Kielmeyer* a bien voulu m'envoyer des dessins de ce crâne, vu de quatre côtés. Comme la pointe de l'occiput est cassée, on n'en reconnoît pas d'abord le profil ; mais le dessin de la face occipitale est tellement caractéristique, qu'il ne laisse aucun doute : j'en donne , fig. 3, une copie réduite au tiers.

M. *Jæger*, qui m'en a aussi envoyé de son côté un profil, que je donne, fig. 4, avoit parfaitement reconnu l'analogie de ce crâne mutilé, avec celui que décrit *Collini*, et même avec le squelette d'*hyène* représenté dans Buffon. Je suis bien heureux de pouvoir confirmer, par la comparaison avec l'objet même, la conjecture de cet habile naturaliste : seulement , ajoute-t-il , l'animal de *Canstadt* devoit être considérablement plus grand que l'*hyène ordinaire* ; le crâne en question surpásse même celui de *Collini*. Et en effet , en comparant les dessins que ces messieurs m'ont envoyés , et qui sont de grandeur naturelle, avec la plus grande des têtes d'*hyènes* qui sont sous mes yeux , je trouve aux premiers un cinquième de plus sur toutes leurs dimensions ; j'y vois aussi des courbures et des linéamens qui indiquent quelque différence d'espèce : mais comme elles seroient difficiles à exprimer, et que j'en trouve de plus claires dans d'autres morceaux, je ne m'y arrêterai pas ici ; le lecteur les saisira, s'il veut comparer l'occiput fossile avec celui de l'*hyène vulgaire*, dessiné à côté, fig. 2. On verra que ces différences tiennent surtout à plus de largeur proportionnelle dans le premier.

Ce crâne est du nombre immense d'os fossiles trouvés, en 1700, près de *Canstadt*, dans des fouilles faites par ordre du duc de Wirtemberg alors régnant, *Éberhardt-Louis*, et dont *Spleiss* a publié, en 1701, à *Schaffhouse*, une relation surchargée, à la manière de ce temps-là, de beaucoup de détails étrangers à son sujet, et où il ne donne pas même une description des os dont il parle : elle est intitulée *ŒEdipus osteolithologicus*. Heureusement ces os sont presque tous conservés dans le cabinet de *Stuttgard* ; et M. *Autenrieth* a bien voulu examiner le terrain où ils ont été trouvés, et m'en donner des notions plus exactes que celles de *Spleiss*.

Le lieu est éloigné d'un mille de la petite ville de *Canstadt*, sur le bord oriental et escarpé du *Necker* ; les os se sont trouvés en désordre, en partie brisés, dans une masse d'argile jaunâtre, mêlée de petits grains de quartz ronds, de pierres calcaires roulées, et de quantité de petites coquilles d'eau douce blanches et calcinées.

Cette masse paroît occuper le fond de la vallée du Necker, entre des couches calcaires, et va se joindre au pied de collines de marne rougeâtre qui entourent des montagnes de grès. Ces collines marneuses semblent plus anciennes que le calcaire, et celui-ci plus que l'argile. La marne contient des plantes de la famille des roseaux, et le sommet de ses col-

lines est couvert de pétrifications marines , comme ammonites
et bélemnites : il n'y en a point dans les couches calcaires.

M. Autenrieth a découvert dans le voisinage une forêt entière de palmiers couchés, de deux pieds de diamètre.

Cette argile jaune se retrouve en beaucoup d'autres branches
de cette vallée, et l'on y rencontre presque partout des fossiles.

Les os d'éléphans étoient plus voisins de la surface : les autres
étoient situés plus profondément. On conserve dans le cabinet
des os d'au-moins cinq individus d'éléphans ; il y avoit des
charretées entières de dents de chevaux, et pas d'os de ces animaux pour la dixième partie de ces dents. Il s'y en trouvoit
quelques-unes de rhinocéros, et certaines épiphyses de corps
de vertèbres si grandes, qu'elles ne pouvoient provenir que
de cétacés.

Mais pour revenir à l'objet particulier de notre article ,
outre ce crâne d'*hyène*, on trouva dans le même endroit la
moitié gauche d'un autre, et l'os temporal d'un troisième de
la même espèce ; onze molaires, quatre canines, et une douzaine d'os de doigts.

M. *Jæger* m'a envoyé quelques dessins de ces dents, que je
donne ici. Celle de la fig. 12, qu'il a quatre fois, est la dernière
molaire inférieure gauche ; elle est tout-à-fait semblable à celle
de l'*hyène* des environs de *Gray*, que je vais décrire, et diffère, comme elle et comme celle de *Collini*, de sa correspondante dans l'*hyène vulgaire du Levant*, par l'absence d'un
petit tubercule pointu que celle-ci porte à sa face interne, vers
a. Je l'ai observé sur quatre têtes d'*hyènes du Levant*, dont
une avoit ses dents très-usées, et conservoit cependant encore
ce petit tubercule fort marqué ; en effet, il ne peut guère s'user,
parce qu'il ne répond à rien dans la mâchoire supérieure.

2

Nos *hyènes fossiles* se rapprochent en ce point du genre des *lions* et des *tigres*, dont elles diffèrent d'ailleurs par le petit talon *b*, que les *tigres* n'ont pas.

La fig. 11, qu'on a deux fois à Stuttgard, est la pénultième molaire supérieure gauche, vue à sa face interne ; mais si nous l'avions eue seule, nous aurions eu bien de la peine à l'attribuer à l'*hyène* plutôt qu'au *tigre* ou au *lion*, tant ces deux genres se ressemblent à cet égard. Cependant, en y regardant de très-près, on trouve que les *tigres* auroient la pointe postérieure *a* plus saillante, et le tubercule interne *b* moins fort.

On conserve aussi dans ce cabinet des canines du même animal, mais qui n'ont rien de caractéristique.

Enfin j'ai reconnu dans les dessins de M. *Jæger*, une antépénultième inférieure de loup ; je n'en fais la remarque ici, que parce que nous verrons qu'à Gaylenreuth on trouve aussi des os de loup pêle-mêle avec ceux d'*hyène*.

Je viens maintenant à nos hyènes fossiles de France. Leur découverte, si importante pour la géologie, date de l'an VIII. M. Tourtelle, propriétaire à *Fouvent-le-Prieuré*, petit village près de *Gray*, département de la Haute-Saône, faisoit faire une excavation dans un rocher de pierre calcaire, pour agrandir son jardin : dans une fissure de ce rocher se trouvèrent une multitude d'ossemens de diverses grandeurs et de formes qui parurent remarquables.

M. *Febvre de Morey*, amateur éclairé de l'histoire naturelle, recueillit une partie de ces débris, et les ayant présentés au général *Vergne*, préfet du département, on fit de nouvelles fouilles qui produisirent encore des os de ces mêmes animaux.

Ces divers ossemens m'ont été adressés, et je les ai déposés avec beaucoup d'autres dans le cabinet d'anatomie de ce Muséum.

Ils se trouvèrent surtout consister en mâchelières d'éléphans et de chevaux ; mais j'en reconnus trois dans le nombre qui ne peuvent avoir appartenu qu'à l'*hyène fossile*.

Le premier, fig. 14, est un fragment de mâchoire inférieure du côté gauche, contenant les quatre molaires. Ce nombre même de quatre indique déjà l'*hyène*, et l'on voit par l'intégrité du bord alvéolaire, en avant de la première de ces dents et en arrière de la dernière, qu'il n'y en avoit pas davantage. On aperçoit de plus en avant une portion de l'alvéole de la canine.

Les formes de ces dents indiquent le même genre : les 3 premières, grosses, coniques et droites ; la dernière tranchante et bilobée, usée à sa face externe, ayant en arrière un petit talon. Voilà ce qu'on ne trouve que dans l'*hyène* parmi les animaux vivans. Cependant, avec cette ressemblance générique, on trouve des différences spécifiques. Comme je l'ai déjà remarqué pour l'*hyène de Canstadt*, la dernière molaire n'a point ce tubercule de sa face interne qu'on voit dans l'*hyène du Levant*.

Les trois molaires antérieures ont aussi moins d'étendue d'avant en arrière, à proportion de leur largeur et de leur hauteur, et les pointes latérales y sont moins développées, surtout l'antérieure, qui se trouve même tout-à-fait manquer dans la seconde de ces dents, tandis qu'elle est fort sensible dans l'*hyène du Levant*.

La dernière au contraire est plus longue à proportion dans le fossile que dans le vivant.

Voici une table comparative qui fera mieux sentir ces différences.

DENTS.	HYÈNE fossile.	HYÈNE vivante.
Longueur de la dernière molaire	0,035	0,022
de la pénultième	0,026	0,022
de l'antépénultième	0,022	0,020
de la première	0,017	0,015

Comme elles sont posées un peu obliquement, la longueur totale de l'espace qu'elles occupent, est moindre que la somme de leurs longueurs particulières.

Elle est, pour l'*hyène fossile*, de 0,094 ; pour la vivante, de 0,072.

Ainsi, à en juger par cette partie seulement, l'*hyène fossile de France* surpasseroit d'un peu plus d'un cinquième l'*hyène* ordinaire *du Levant*. C'est le même rapport que pour celle de *Canstadt*, et je ne doute point qu'elle ne soit de même espèce.

Le second morceau étoit une canine assez mutilée : elle n'avoit rien de particulier.

Le troisième étoit une portion inférieure d'humérus, bien conservée. Je la représente par ses faces antérieure et postérieure, fig. 8 et 9, au tiers de sa grandeur, et je mets à côté, fig. 7, un humérus entier des cavernes de Gaylenreuth, vu par sa face latérale externe, dont le dessin m'a été envoyé par M. Camper, et auquel mon fragment est parfaitement semblable.

La forme de sa poulie articulaire inférieure , permettant la rotation du radius , montre qu'il vient au moins d'un carnassier ; le grand trou percé au-dessus, et répondant à l'olécrâne dans l'extension, exclut les genres des chats, des martes et des ours, qui n'ont point ce trou. Les deux premiers sont exclus encore parce qu'ils ont le condyle interne percé d'un petit trou oblique, qui manque ici. Il ne reste que le genre des chiens et celui de l'hyène : un peu moins de longueur proportionnelle dans la partie radiale de la poulie, exclut les chiens. La grosseur proportionnelle de près d'un tiers plus forte que dans le loup, tandis que la longueur est la même, se réunit à tous ces motifs pour me faire regarder ces humérus comme appartenant au même animal que les dents, et par conséquent à l'*hyène*.

Mon humérus de Fouvent a de largeur d'*a* en *b*, fig. 8 et 9, 0,061 : un grand loup n'a que 0,047.

L'humérus de Gaylenreuth , du cabinet de M. Camper, qui a par en bas la même largeur que le mien, n'a de longueur totale, de *c* en *d*, fig. 7, que 0,225 : l'humérus de loup a précisément la même longueur.

M. *Camper* avoit joint à ce dessin celui d'une vertèbre atlas, prise du même lieu, et que je crois encore appartenir à la même espèce. On en voit des copies réduites au tiers, fig. 5 et 6. Cet atlas a cependant peut-être plus de rapport avec ceux des tigres et des chiens, qu'avec celui de l'hyène, par la circonscription générale; mais c'est à l'hyène qu'il ressemble le plus par la direction du trou *a a*.

J'ai trouvé moi-même parmi les os de Gaylenreuth , que nous possédons, deux morceaux qui appartiennent incontestablement à cette *hyène fossile*.

Le premier, fig. 10, est un fragment de mâchoire inférieure

contenant la dernière molaire du côté droit. Il confirme ce
que les morceaux d'*Aichstedt*, de *Canstadt* et de *Fouvent*
nous avoient déjà appris, que cette molaire manque, comme
dans les *chats*, du petit tubercule de la face interne, et qu'elle
a, comme dans l'*hyène vulgaire*, le talon ou petit lobule postérieur.

Ce fragment, conservant son bord inférieur et une partie
des apophyses coronoïde et condyloïde, prouve encore par là
qu'il appartient à ce genre. La courbure convexe de son bord
inférieur l'éloigne surtout du genre des tigres, dont sa dent
pourroit le rapprocher pour des yeux peu attentifs.

Mon second morceau de *Gaylenreuth*, fig. 13, est non moins
certainement un fragment de l'os maxillaire gauche d'une
hyène, contenant la troisième molaire supérieure : on y voit
le trou sous-orbitaire et le bord antérieur de l'orbite. Quant
à la dent, sa forme conique et grosse la caractérise; mais la
différence qu'elle montre de l'*hyène commune* est tout à fait
analogue à celle des dents d'en bas: elle est plus courte d'avant
en arrière, à proportion de sa longueur et de son diamètre
transverse; son tubercule antérieur manque entièrement, et le
postérieur est presque insensible.

Tous ces caractères doivent faire croire que l'*hyène fossile*
avoit le museau encore plus court à proportion que l'*hyène
du Levant*: elle devoit donc mordre encore mieux; ce qui
étoit difficile, car on sait que l'hyène ne lâche jamais prise,
et qu'elle a fait proverbe chez les Arabes : on dit d'un opiniâtre
que c'est une tête d'hyène.

Au reste, ce morceau est dans un rapport encore bien plus
grand avec mes crânes d'hyène vivante, que ne l'étoient les
précédens.

DIMENSIONS.	HYÈNE fossile.	HYÈNE du Levant.
Hauteur de la molaire, de sa pointe à son collet . . .	0,025	0,016
Largeur d'avant en arrière	0,026	0,021
Distance du collet au bord inférieur du trou	0,032	0,021
Plus courte distance entre le bord postérieur du trou sous-orbitaire et l'antérieur de l'orbite	0,018	0,012

On voit que cet individu-ci auroit eu un tiers de plus que *l'hyène commune.*

J'ai pris toutes ces comparaisons de mesures sur la tête d'hyène parfaitement adulte, rapportée du Levant par M. Olivier ; c'est la plus grande que nous ayons : elle a 9 pouces ou 0,243, de l'occiput aux incisives. Trois autres que j'ai observées varient jusqu'à n'avoir que 8 pouces ou 0,217.

Comme *l'hyène* de Daubenton, dont le crâne avoit 8 pouces, étoit longue de 3', 2", 9'", ou 1,048, du museau à l'anus, celle de M. Olivier devoit avoir 1,179 ; *l'hyène fossile de Collini*, 1,210 ; les *hyènes fossiles de Canstadt* et de *Fouvent*, environ 1,413 ; et le plus grand individu, celui dont provient le deuxième morceau de *Gaylenreuth*, près de 1,572 ou 4' 10" : ce qui excède un peu, à ce qu'il me semble, la taille à laquelle l'hyène du Levant peut parvenir, quoique je sache bien que certains voyageurs nous disent en avoir vu de plus de 5 pieds (1) ; mais

_____

(1) *Bruce* en cite une de 5 pieds 9 pouces.

je les soupçonne d'exagération. Je n'ai vu aucune hyène, ni
vivante, ni empaillée, de plus de 3 pieds et demi.

Les morceaux représentés dans l'ouvrage d'Esper ne sont
pas plus grands que celui-là.

Mon dernier morceau de Gaylenreuth est l'astragale, représenté, fig. 15 : il est d'hyène, sans aucun doute et sans différence sensible. Tous ceux des autres carnassiers seroient plus
courts à proportion de leur largeur. Il ne vient pas d'individus aussi grands que ceux qui ont fourni les dents; car il
n'est qu'égal en dimensions à celui de l'hyène de Daubenton,
la plus petite de celles que j'ai observées.

Voilà à quel résultat m'avoit déjà conduit la comparaison rigoureuse de ces ossemens fossiles d'*hyènes*, avec les têtes et le
squelette d'*hyène du Levant*, dont je pouvois disposer; mais je
n'ignorois pas qu'il existe d'autres espèces d'hyène, et même
qu'il en existe au moins deux, quoique l'on n'en compte qu'une
dans les ouvrages systématiques, le *canis crocuta*.

Ces deux espèces sont tachetées l'une et l'autre; ce qui les a
fait confondre. Mais l'une est grise, tachetée de brun, et a
les oreilles courtes; c'est la plus connue, l'*hyène du Cap*,
celle qu'ont représentée Pennant et Allamand. L'autre est rousse,
tachetée de noirâtre, et porte des oreilles cendrées aussi grandes
que celles de l'*hyène du Levant*. Elle n'est point figurée dans
les ouvrages; mais je l'ai vue autrefois vivante.

Je ne pouvois être content, si je ne cherchois aussi à comparer mes os fossiles à ceux de ces espèces d'hyènes : je n'en
ai pas eu complétement les moyens; mais cependant je suis déjà
arrivé à une demi-comparaison, dont le résultat est bien
piquant.

Nous avons l'*hyène du Cap*, vivante à la ménagerie, et le

cabinet en présente une peau, empaillée la gueule ouverte, et où l'on a laissé toutes les dents. Quelle fut ma surprise, en me promenant par hasard dans le cabinet et en jetant un coup d'œil sur cette peau, de reconnoître précisément les formes de mes molaires fossiles !

La dernière d'en-bas manque du tubercule intérieur ; les trois précédentes sont grosses, coniques, et n'ont pas ces lobes latéraux qui les alongent dans l'*hyène vulgaire* ; les supérieures sont dans le même cas : en un mot, c'est la même chose. Par conséquent, si l'*hyène fossile* a son type dans notre monde actuel, c'est dans l'*hyène du Cap* qu'il faut le chercher. Je n'ai pas besoin de dire que la ressemblance des dents ne prouve pas encore identité parfaite d'espèce ; qu'il peut y avoir des différences dans le squelette et même dans les tégumens. Mais en admettant même cette identité, dans quel nouveau dédale ne retombent pas les géologistes ?

Ils disoient jusqu'à nous que l'éléphant fossile est de l'espèce asiatique ; et le voilà associé deux fois avec un animal du sud de l'Afrique. Ce dernier animal s'associe lui-même avec des ours, qu'on n'a cherchés jusqu'ici que dans le Nord. Quel étoit donc ce temps où des *éléphans* et des *hyénes du Cap* de la taille de nos ours, vivoient ensemble dans notre climat, et étoient ombragés de forêts de palmiers, ou se réfugioient dans des grottes avec des ours grands comme nos chevaux ?

Quoi qu'il en soit, il faut se hâter d'obtenir un squelette d'*hyène du Cap*, pour achever l'histoire comparative de l'hyène fossile.

J'ai déjà tiré parti de mes moyens incomplets, pour établir quelques rapports de grandeur. Les quatre dents inférieures de la peau d'*hyène du Cap*, mentionnée ci-dessus, occupent une

3

longueur totale de 0,075, différence à peine sensible avec
l'*hyène commune* : mais leurs longueurs particulières ont
d'autres rapports; en voici la table, qu'on peut comparer à celle
de la page 138.

Dernière molaire 0,025

3.e . . . .

2.e 0,020

1.re 0,016

On peut juger par là que la dernière est plus longue à proportion, comme dans l'hyène fossile. Cette peau a 1,14, du museau à l'anus; en prenant la longueur totale des molaires pour
terme de comparaison, l'hyène fossile de *Fouvent* auroit eu
1,426, et la grande de *Gaylenreuth*, 1,580, ou 4′, 10″, 4‴.
C'est presque la taille d'un petit ours brun.

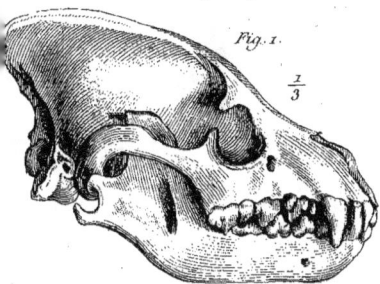

Fig. 1. $\frac{1}{3}$

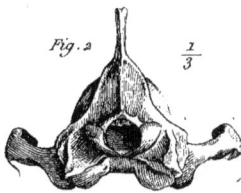

Fig. 2. $\frac{1}{3}$

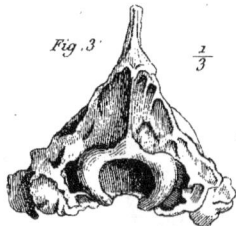

Fig. 3. $\frac{1}{3}$

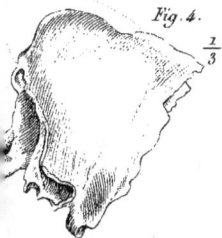

Fig. 4. $\frac{1}{3}$

Fig. 5. $\frac{1}{3}$

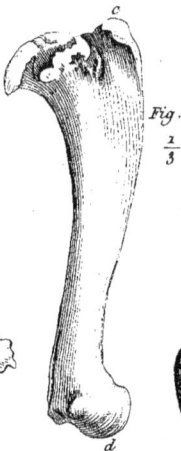

Fig. 7. $\frac{1}{3}$

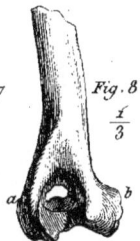

Fig. 8. $\frac{1}{3}$

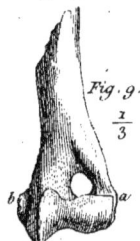

Fig. 9. $\frac{1}{3}$

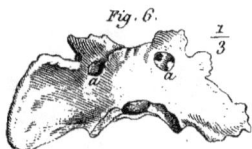

Fig. 6. $\frac{1}{3}$

Fig. 15.

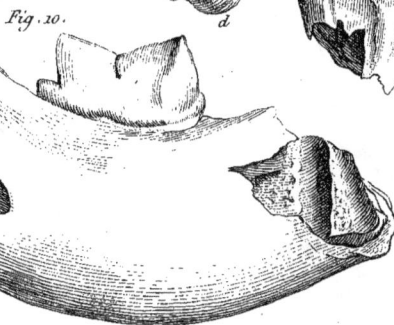

Fig. 10.

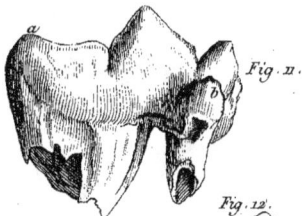

Fig. 11.

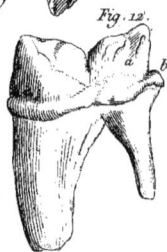

Fig. 12.

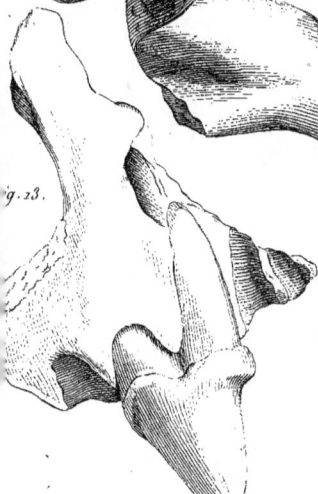

Fig. 13.

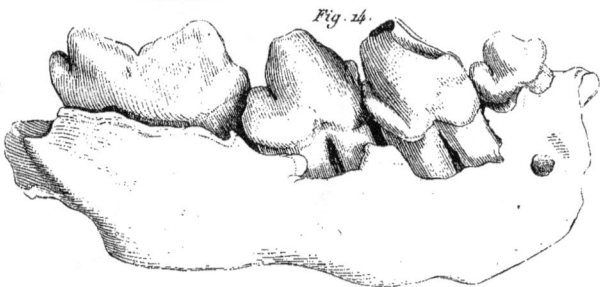

Fig. 14.

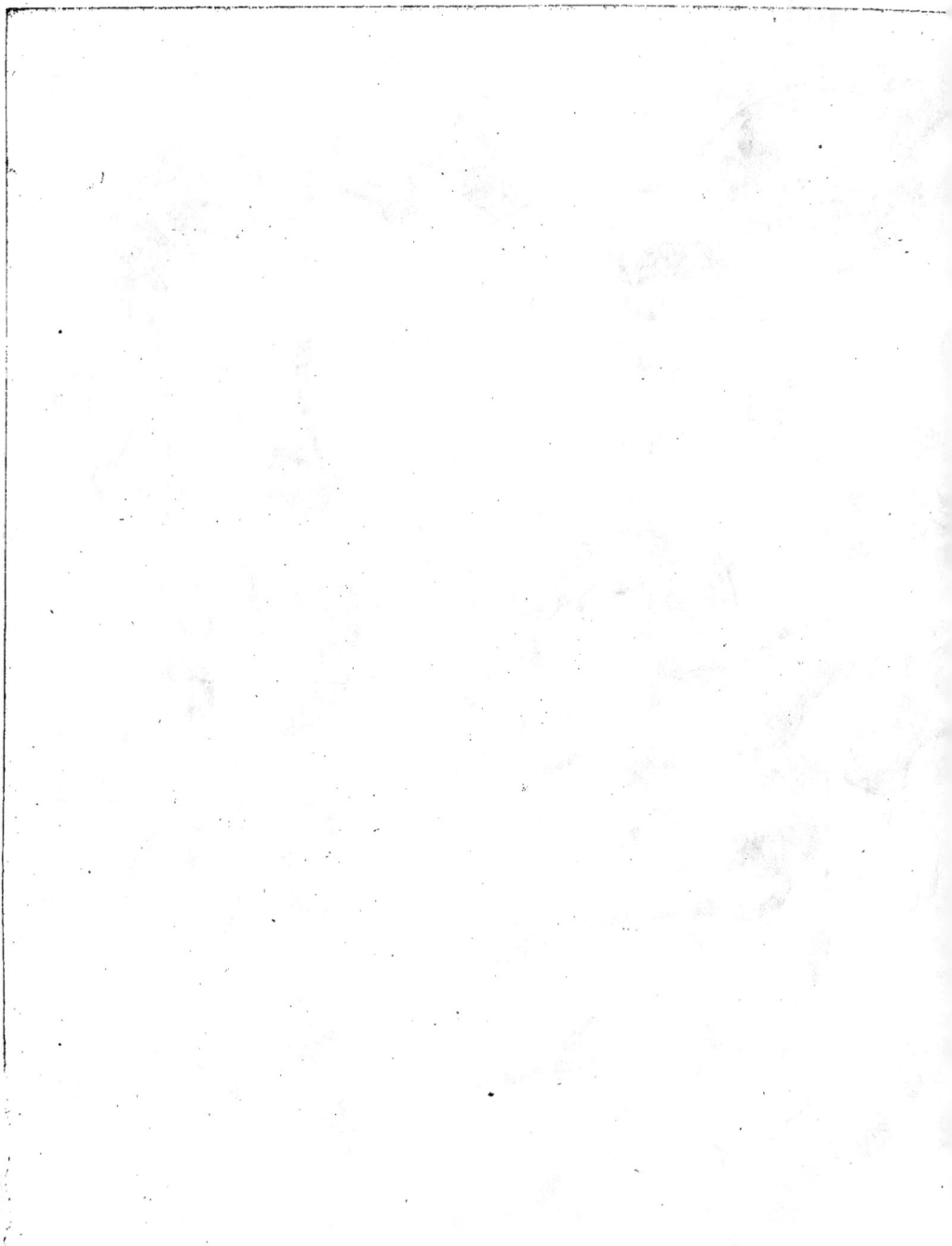

SUR LES ESPÈCES

DES

ANIMAUX CARNASSIERS

Dont on trouve les ossemens mêlés à ceux d'ours,
dans les cavernes d'Allemagne et de Hongrie.

1.° *D'un animal du genre de l'*HYÈNE.

J'AI déjà fait connoître dans mon article précédent sur l'*hyène fossile*, qu'on en a trouvé les os dans la caverne de *Baumann* et dans celle de *Gaylenreuth*. J'en ai à présent de nouvelles preuves à donner pour ce dernier endroit. Planche I, figure 1, est un côté de mâchoire plus complet que ceux que j'ai représentés ci-devant, mais offrant absolument les mêmes caractères. Je l'ai retiré moi-même d'un groupe de *Gaylenreuth*, qui m'avoit été donné par l'habile naturaliste M. *de Roissy*, et qui contenoit une multitude d'autres os, surtout d'os d'ours. On y voit les quatre mâchelières un peu cassées, le condyle articulaire, et tout le bord inférieur bien entiers. Il n'y a de mutilé que l'extrémité antérieure et l'apophyse coronoïde.

Les quatre mâchelières occupent une longueur de 0,092, à peu près la même que dans le morceau de *Fouvent*.

La figure 2 est un fragment venu du même lieu et remarquable par la grandeur de l'individu auquel il a appartenu. En prenant la largeur de l'os mandibulaire d'*a* en *b* pour terme de comparaison, on voit qu'il a dû être à notre plus grande hyène du levant, comme trois à deux.

Aussi étoit-il fort âgé : sa dernière molaire inférieure est usée à sa face externe, par le frottement contre la supérieure.

La figure 5 est une quatrième ou principale molaire supérieure, encore du même lieu, dont M. *Blumenbach* a bien voulu m'envoyer le dessin.

2.º *D'un animal du genre du* TIGRE *ou du* LION.

Un très-grand animal du genre des *felis* a également laissé de nombreuses dépouilles dans ces cavernes. On en trouve des preuves pour celles de Hongrie, dès le Mémoire de *Vollgnad* (Ephém. nat. *Cur.* an. IV, dec. I. Obs. CLXX, p. 227). La figure *B* de la planche jointe à ce mémoire représente à coup sûr une phalange onguéale de ce genre, aisée à reconnoître par sa grande hauteur verticale, son peu de longueur, la grande gaîne de sa base et la grande saillie de la partie inférieure de son articulation.

Pour la caverne de *Schartzfels*, on a la portion de crâne représentée par *Leibnitz* dans sa *Protogæa*, pl. XI, fig. 1. Ce morceau, qui se trouve encore au cabinet de l'Université de *Gœttingen*, a été soumis à un nouvel examen par le célèbre anatomiste M. *Sœmmerring*, qui l'a fait dessiner plus exactement et qui l'a comparé avec un crâne de l'*ours des cavernes* et avec celui d'un *lion ordinaire*. Son Mémoire à ce sujet, imprimé dans le *Magasin pour l'histoire naturelle de l'homme*, de M. C. *Grosse*, tome III, cah. I, n.º 3, p. 60, est un chef-d'œuvre de précision. Il y assure que ce crâne s'est trouvé ressembler entièrement à celui d'un lion de moyenne taille, et différer de celui de l'ours des cavernes par trente-six points différens, qu'il expose séparément ; mais la plupart de ces points appartiennent en commun à tout le genre *felis* autant qu'à l'espèce du *lion* en particulier.

Pour la caverne de *Gaylenreuth*, on voit déjà dans *Esper* plusieurs dents qui ressembleroient bien à celles d'un *felis*, si l'on étoit sûr qu'elles eussent été bien dessinées ; mais les différences de quelques-unes de ces dents et de celles de l'hyène tiennent à des nuances si délicates, qu'elles ont pu échapper à un peintre ordinaire.

M. *Rosenmüller* nous annonce aussi, p. 11, qu'il fera bientôt paroître un *ouvrage qui contiendra la description des os d'un animal inconnu de la famille du lion* ; et , p. 19, il ajoute que *ces os ne sont pas exactement semblables à ceux du lion actuel*.

En attendant, il donne déjà, sans s'en apercevoir, trois os de ce genre, qu'il a laissé glisser, comme nous l'avons dit ci-dessus, parmi ceux de l'*ours* , savoir , le *scaphoïdo-semilunaire* , le *cuboïde* du pied de derrière, et le *premier cunéiforme* ; mais si ses figures sont de grandeur naturelle, l'individu doit avoir été d'une taille prodigieuse ; et c'est ce que les autres ossemens que j'ai pu examiner ne confirment point.

En effet, j'ai moi-même à produire quelques morceaux nouveaux tant de *Gaylenreuth* que d'autres endroits.

Les deux premiers sont des dents isolées.

Figure 3, planche I, est la seconde molaire d'en haut
d'un *felis* ; figure 4 est la troisième ou principale d'en haut :
l'une et l'autre de *Gaylenreuth.*

La figure 6 est la même dent, vue du côté interne, mais
de la caverne d'*Altenstein.* J'en dois le dessin à la complaisance du célèbre M. *Blumenbach.*

En comparant ces deux figures avec la cinquième, qui représente la dent analogue de l'hyène, on saisira bien leur caractère distinctif. Le bord du lobe postérieur *a*, qui est le plus
large, forme une pointe proéminente dans les *felis* : il est tronqué obliquement dans l'*hyène.*

Mon troisième morceau, qui est le plus considérable, est
encore de *Gaylenreuth ;* c'est une demi-mâchoire inférieure
du cabinet de M. *Adrien Camper*, dont je donne le dessin tel
qu'il a bien voulu me l'envoyer, fait par lui-même avec la
scrupuleuse exactitude qui caractérise les ouvrages de ce
savant anatomiste, comme ceux de feu son illustre père
(planche I, figure 7). Il ne manque à ce morceau qu'une
dent et le condyle.

C'est bien la demi-mâchoire d'un *felis.* La dent postérieure
bilobée et sans talon, le vide en avant de l'alvéole de l'antépénultième, la direction du bord inférieur, la position des
trous mentonniers, ne laissent aucun lieu d'en douter. Sa comparaison avec la figure 1 de la même planche, donne occasion de bien apprendre à distinguer cet os dans les *felis* et dans
les *hyènes.* Les quatre mâchelières de celles-ci, le talon de la

dernière, la convexité du bord inférieur ne les laisseront
jamais confondre.

Mais lorsqu'il s'agit de déterminer de quelle espèce de *felis*
cette demi-mâchoire de la figure 7 se rapproche le plus, la
chose n'est pas si aisée : j'ose dire qu'elle seroit impossible sans
les moyens nombreux de comparaison que j'ai eu le bonheur
de réunir.

Or ces moyens m'ont démontré et démontreront de même
à quiconque voudra les employer, que ce morceau ne vient
ni du *lion*, ni de la *lionne*, ni du *tigre*, encore moins du
léopard et de la *petite panthère* des montreurs d'animaux ;
mais que si l'on vouloit le rapporter à une espèce vivante, ce
seroit au seul JAGUAR, ou *grande panthère œillée de l'Amérique Méridionale*, qu'il ressembleroit le plus, surtout par
la courbure de son bord inférieur.

Les idées peu exactes que l'on a jusqu'ici sur les diverses
espèces de *grands felis*, feront peut-être douter de ce résultat ;
mais les caractères de ces animaux et leur ostéologie feront
l'objet d'une dissertation séparée qui lèvera toutes les difficultés.
Elle seroit un peu trop étendue pour entrer ici sous forme
de digression.

3.º *D'un animal du genre du* LOUP *ou du* CHIEN.

Voici la première fois que je trouve parmi des fossiles des
ossemens qui ne se distinguent en rien de ceux d'animaux encore aujourd'hui habitant à la surface du même pays ; mais
c'est dans un genre où la distinction des espèces par les seuls
os isolés est presque impossible.

Daubenton a déjà dit combien le squelette d'un loup est

difficile à distinguer de celui d'un mâtin ou d'un chien de berger de même taille. Plus intéressé que lui à en trouver les caractères, j'y ai travaillé long-temps, en comparant avec soin les têtes de plusieurs individus de ces races de chiens avec celles de plusieurs loups.

Tout ce que j'ai pu remarquer, c'est que les loups ont la partie triangulaire du front en arrière des orbites, un peu plus étroite et plus plate, la crète sagitto-occipitale plus longue et plus relevée, et les dents, surtout les canines, plus grosses à proportion; mais ce sont des nuances si légères, qu'il y en a souvent de beaucoup plus fortes d'individu à individu dans une même espèce, et que l'on a de la peine à s'empêcher de penser, comme l'a fait Daubenton, que le chien et le loup sont de la même espèce.

L'existence des os de loup dans les cavernes de Gaylen-reuth a été annoncée par Esper, dès son premier ouvrage; il en donne une portion de mâchoire supérieure, planche X, figure a, et trois canines, planche V, figure 3 et 4, et planche XII, figure 1. Il ajoute dans son second Mémoire, qu'on y a trouvé des crânes de grandeur ordinaire, presque autant que de ceux d'ours, mêlés avec des crânes de chien de même grandeur et avec d'autres plus petits; mais je doute bien fort qu'Esper ait eu assez de connoissances en anatomie comparée pour discerner les crânes de loups de ceux des chiens.

M. *Rosenmüller* reconnoît aussi que les os de la famille du loup se trouvent à Gaylenreuth dans le même état que ceux d'ours, et qu'ils y ont été déposés à la même époque.

M. *Fischer* m'a envoyé le dessin d'une de ces têtes de loup, prise de Gaylenreuth et conservée au cabinet de Darmstadt. La figure 1 de la planche II en est une copie diminuée d'un tiers.

C'est plutôt la tête d'un loup que celle d'un chien par l'élévation de la crête sagitto-occipitale; mais si l'on peut s'en rapporter au dessin, la face seroit plus longue à proportion du
crâne que dans le loup commun. Le museau seroit aussi plus
mince, absolument parlant.

J'engage donc les personnes qui auront à leur disposition de
ces crânes de *loups fossiles*, d'en faire une comparaison soignée,
avec des mesures exactes, elles pourront peut-être y trouver
quelque caractère spécifique constant.

Je n'ai eu sous les yeux que des mâchoires inférieures. Notre
Muséum en possède quatre dont je donne les trois plus entières, planche II, figure 2, 3 et 4. Elles viennent toutes de
Gaylenreuth. J'en ajoute (fig. 5) une du même lieu du cabinet
de M. Camper.

Tous ces morceaux ressemblent tellement à leurs analogues
dans les loups et les grands chiens, que l'œil a peine à y trouver
des différences, même individuelles. La branche montante,
fig. 2, ressemble cependant plus au chien qu'au loup, parce
qu'elle est plus petite à proportion, et que le condyle articulaire y est plus gros. La fosse pour l'insertion du muscle mas-
seter est aussi plus étroite et plus profonde : mais, je le répète,
ces caractères sont si foibles qu'on n'oseroit les proposer
comme distinctifs, si l'analogie des autres animaux fossiles ne
nous autorisoit à croire qu'il y avoit aussi pour celui-ci des
différences spécifiques.

Au reste, si ces différences ne sont pas suffisamment prouvées,
l'identité d'espèce ne l'est pas non plus par cette ressemblance
de quelques parties.

Les différentes espèces du genre du chien, les divers renards, etc., se ressemblent tellement par la taille et la figure,

qu'il seroit fort possible que quelques-uns de leurs os fussent indiscernables.

Il est bon de remarquer ici que ces os, quels qu'ils soient, sont dans le même état que ceux d'ours, de félis et d'hyène; même couleur, même consistance, même enveloppe : tout annonce qu'ils datent de la même époque, et qu'ils ont été ensevelis ensemble.

J'ai retiré moi-même d'un bloc de tuf pétri d'ossemens la dent, fig. 6, pl. II, et l'os du métacarpe du pouce, fig. 9 et 10. Celui-ci ressemble aussi en tout à son analogue dans un loup ou dans un grand chien.

Cette espèce de *loup* s'est trouvée, comme celle de l'hyène, avec des ossemens d'éléphans. M. *Jæger* m'a envoyé le dessin de sa principale molaire inférieure trouvée à Cantstadt, pl. II, fig. 7, et M. *Camper*, celui d'une dent de même sorte trouvée à *Romagnano* dans le lieu où se sont trouvés les os d'éléphans décrits par *Fortis*.

M. *Esper* dit aussi qu'il y avoit de ces têtes de loup à *Kahldorf*, dans le pays d'*Aichstœdt*, dans la fouille où fut prise la tête d'*hyène* décrite par *Collini*, et dont j'ai parlé ailleurs.

4.º *D'un animal fort voisin du* RENARD, *si ce n'est le* RENARD *lui-même*.

M. *Rosenmüller* pense que les ossemens de renard de Gaylenreuth sont, ainsi que ceux d'homme, de mouton et de blaireau, beaucoup plus modernes que ceux d'ours, parce qu'ils sont mieux conservés.

Il est possible qu'il y en ait en effet aussi de tels; mais ceux dont je vais parler ne sont point dans ce cas. Ils étoient pétris dans le même tuf que ceux d'ours et d'hyène; je les en ai retirés moi-même : et ils ne sont pas moins altérés que ceux-là dans leur composition. S'ils sont plus blancs, c'est peut-être même parce qu'étant plus petits, les causes qui pouvoient les priver de leur matière animale ont agi sur eux avec plus de force.

Il faut qu'ils y soient communs; car j'ai tiré tous ceux dont je vais parler, d'un bloc de quelques pouces de diamètre, composé en grande partie d'os d'ours et d'hyène : mais ceux qui ont fait des fouilles dans ces cavernes n'ont été frappés que des grands os et ont négligé les petits, qui ne sont cependant ni moins curieux, ni moins importans pour la solution du grand problème des os fossiles en général.

Mes os de renard se réduisent donc aux suivans :

1.º Une incisive inférieure externe, pl. I, fig. 8.

2.º Une canine inférieure, fig. 9.

3.º Une phalange onguéale, fig. 10.

4.º Une phalange intermédiaire, fig. 11.

5.º Une première phalange, fig. 18.

6.º Une phalange du vestige de pouce des pieds de derrière, fig. 12.

7.º Un premier os du métatarse, fig. 15 et 16.

8.º Un os cunéiforme du carpe, fig. 13, *a* et *b*.

9.º Un premier cunéiforme du tarse, fig. 19 et 20.

10.º Un deuxième cunéiforme du tarse, fig. 21 et 22.

11.º Une vertèbre du milieu de la queue, fig. 17.

12.º Plusieurs os sésamoïdes.

Je rapporte encore à cette espèce la canine représentée dans Esper, tab. X, fig. *e*.

Tous ces os comparés à leurs analogues dans un squelette

de renard adulte, se sont trouvés un peu plus grands; celui du métacarpe étoit surtout un peu plus long sans être plus gros : mais ces différences ne sont pas assez fortes pour établir une différence d'espèce. D'un autre côté, les différens renards, comme le *corsac*, l'*isatis*, le *renard du Cap* (*C. mesomelas*), les deux d'Amérique (*C. virginianus* et *cinereo-argenteus*), se ressemblent trop par le port pour que l'on puisse croire que ces parties du squelette, qui en général ne sont point très-caractéristiques, offrent des différences plus grandes que celles que j'ai observées dans ces os de renard fossile.

Il reste donc à exhorter les personnes placées près des cavernes, à se procurer quelques autres os de cette espèce, et surtout des crânes, pour qu'on puisse en reprendre la comparaison.

D'après ce que je puis juger, sur un squelette incomplet de *chacal* que j'ai à ma disposition, je ne serois nullement étonné que ces os ressemblassent plus à cet animal qu'à notre renard commun.

5.° *D'un animal du genre de la* MARTE *et ressemblant au* PUTOIS D'EUROPE, *ainsi qu'au* ZORILLE *ou* PUTOIS DU CAP.

Le même bloc qui m'a donné les os du genre du renard que je viens de décrire, m'en a fourni d'un carnassier beaucoup plus petit : ils consistent en,

1.° Une portion de bassin comprenant l'*ischion* et le *pubis*, pl. II, fig. 11.

2.° Les deux os les plus extérieurs du métatarse, fig. 13 et 14.

3.° Une phalange de la seconde rangée, fig. 15.

4.° L'avant-dernière vertèbre dorsale, fig. 12.

5.° Deux vertèbres de la queue, fig. 16 et 17.

Ce sont bien certainement des os de *marte*, et parmi les martes dont j'ai le squelette à ma disposition, il n'y a que le *putois d'Europe* et le *zorille* ou *putois du Cap de Bonne-Espérance* auxquels on puisse les rapporter.

La *marte*, la *fouine*, ont surtout les os du métatarse incomparablement plus longs.

Ils sont dans le *zorille* et dans le *putois* entièrement semblables aux échantillons fossiles.

La vertèbre dorsale est moins longue et plus grosse que dans le *Putois;* elle ressemble à celle du *zorille*, et ce rapprochement me frappa d'abord singulièrement, vu que les os d'hyène de ces cavernes ressemblent aussi beaucoup à ceux de l'hyène tachetée, qui vient du Cap comme le *zorille*.

Mais le fragment de bassin me ramena au *putois d'Europe*, auquel il ressemble plus qu'au *zorille*.

Ainsi je n'osai pas établir une proposition qui m'avoit séduit d'abord, que c'est vers le Cap qu'il faut chercher les animaux les plus semblables à ceux de nos cavernes.

Il est encore bien intéressant qu'on recueille davantage de ces petits os, et qu'on les compare aussi à ceux du *putois de Pologne* ou *pérouasca* (*must. sarmatica*), et à ceux de la *zibelline* et de la *marte jaune de Sibérie* (*M. sibirica*). Je n'ai pas eu jusqu'à présent les squelettes de ces trois espèces.

Au reste, comme ceux qui ne connoissent le *zorille* que d'après *Buffon* et *Gmelin*, pourroient être étonnés de m'entendre dire que c'est une *marte*, et une *marte africaine*, il est nécessaire que j'entre à cet égard dans quelques éclaircissemens.

6.° *Digression sur les mouffettes et sur le zorille.*

On trouve en Amérique plusieurs petits carnassiers qui
répandent une odeur forte et désagréable comme nos fouines,
nos martes, nos belettes et nos putois ; mais les voyageurs,
suivant leur usage, en ont tellement exagéré l'histoire, qu'on
a cru voir dans leur odeur des raisons de les considérer comme
une famille toute particulière.

Buffon, réunissant diverses notices vagues prises de différens
auteurs, et quelques peaux empaillées qu'il avoit observées,
mais qui manquoient toutes d'une partie de leurs dents, établit
quatre espèces, qu'il intitula *coase*, *conepate*, *chinche* et *zo-*
rille, et auxquelles il donna le nom commun de *mouffettes*,
mais sur cette seule propriété de répandre une forte odeur et
sans leur attribuer de caractère commun d'organisation ; il
distribua sur chacune des quatre, mais entièrement au hasard,
les noms et les descriptions des différens auteurs, et il y ajouta,
dans son Supplément posthume, tom. VII, une cinquième
espèce, la *mouffette du Chili.*

Le *Coase* étant d'un brun uniforme ne prête à aucune équivoque : nous y reviendrons bientôt ; mais, en attendant, c'est
uniquement sur les quatre autres, sur celles qui sont rayées
de blanc et de noir, que vont d'abord porter nos remarques.

Gmelin en adopte trois, qu'il range dans le genre des *ci-*
vettes ou *viverra*, sous les noms de *putorius*, de *mephitis* et
de *zorilla*. Il a ignoré la quatrième, n'ayant pu consulter le
Supplément posthume, qui n'a paru qu'après son ouvrage. Il
adopte aussi presque toute la synonymie de Buffon, et y ajoute
deux espèces tirées, l'une de Hernandès (*conepatl*), et l'autre

de Mutis (*mapurito*); en même temps il reporte le *chinche*
de Feuillée, que Buffon avoit confondu avec le sien, sous le
grison du même Buffon, qu'il nomme *viverra vittata*.

Comme une nomenclature, pour être solide, ne peut être
fondée que sur l'inspection même des objets ou sur des descriptions faites par des auteurs qui les ont vus par eux-mêmes,
remontons à ces deux sources, sans nous arrêter à toutes ces
combinaisons contradictoires.

Nous y apprendrons bientôt,

1.º Que le nom espagnol de *zorille*, qui signifie petit *renard*,
est appliqué à un animal puant rayé de noir et de blanc, à
queue touffue, commun dans toute l'Amérique;

2.º Qu'il a été étendu ensuite à quelques autres animaux
puans, qui se trouvent par cette raison indiqués en latin sous
le nom de *vulpecula*;

3.º Que le *zorille* proprement dit varie si fort par les raies
dont son poil est marqué, ou que ceux qui l'ont vu l'ont observé avec si peu d'attention, qu'il n'y a pas deux auteurs qui
le décrivent de la même manière; mais en même temps, que
les différentes variétés qu'on en indique rentrent tellement par
nuances les unes dans les autres, qu'on est presque tenté, ou
de n'en admettre qu'une seule espèce, ou d'en admettre quinze.

En effet, voici quinze indications que j'ai recueillies d'autant d'auteurs différens.

1.º Le deuxième *isquiépatl de Hernandès*, marqué de plusieurs raies blanches.

2.º Le *polecat* ou *putois de Catesby*, marqué de neuf raies
blanches, et digitigrade, à en juger par la figure.

3.º Le *conepate de Buffon* qui est dessiné plantigrade et
porte six raies blanches. Je crois sa figure composée d'après

celle de Catesby; car s'il en eût existé une peau au cabinet, Daubenton n'auroit pas manqué de la décrire, ce qu'il n'a pas fait.

4.° Le *conepatl de Hernandès* qui n'a que deux raies blanches régnant sur la queue.

5.° Le *mapurito de Mutis*, qui n'a qu'une raie et le bout de la queue blanc.

6.° La *mouffette du Chili de Buffon*, qui a deux raies et la queue toute entière blanche. Cette variété existe au Muséum, mais la peau de la tête a été trop bourrée, ce qui gâte la figure gravée dans les Supplémens. La peau de cette variété est abondante dans le commerce de fourrures.

7.° Le *chinche* du même, dont le dos a deux raies blanches excessivement larges et la queue toute entière de la même couleur.

Cette variété est la plus commune dans les cabinets : j'en ai vu trois individus, dont un vivant. La figure de Buffon a la tête beaucoup trop petite, parce qu'on avoit enlevé la tête osseuse et laissé dessécher la peau sans la bourrer assez : ce qui fait qu'au premier coup-d'œil jeté sur les figures, cet animal et le précédent paroissent très-différens, tandis que ce sont à peine des variétés individuelles.

8.° Le *chinche de Feuillée*, marqué de deux raies blanches qui s'écartent et finissent sur les côtés.

9.° Le *yagouare de d'Azzara*, marqué de deux raies blanches qui vont jusqu'à la queue.

10.° Le *polecat* ou *putois* de *Kalm*, qui a trois raies blanches.

11.° Le *zorille de Gemelli Carreri*, indiqué seulement comme blanc et noir.

12.° Le *mapurito de Gumilla*, tout tacheté de blanc et de noir avec une belle queue.

13.° Le *puant de Lepage Duprats*, dont le mâle est noir et la femelle bordée de blanc.

14.° L'*ortohula de Fernandès*, noir et blanc, avec du fauve sur quelques parties.

15.° Enfin le *tamaxtla* du même, sans fauve, avec quelques anneaux noirs et blancs à la queue.

Je le demande, quel seroit aujourd'hui le naturaliste assez hardi pour faire un choix dans ces quinze indications, pour déterminer celles qui doivent rentrer les unes dans les autres, pour décider enfin combien d'espèces véritables ont servi de fondement réel à des descriptions si variées?

Si l'on réfléchit à ce que nous venons de dire de la presque identité du *chinche* et de la *mouffette* du *Chili* et aux témoignages de *Catesby*, de *Lawson* et de *d'Azzara*, ne sera-t-on pas même porté à croire que tous ces animaux ne sont que des variétés d'une seule et même espèce?

« Tous ceux que j'ai vus, dit *Catesby*, II, 62, étoient noirs » et blancs, quoiqu'ils ne fussent pas marqués de la même » manière. »

« Le *putois d'Amérique* (*polecat* ou *skunsk*) dit *Lawson* » *Carol.*, 119), est plus épais que celui d'Europe et de plu- » sieurs couleurs, sans qu'un individu ressemble à l'autre. »

« Dans la multitude de peaux que nous vendent les Indiens, » dit *d'Azzara*, I, 216, on remarque qu'avec le temps » elles perdent leur couleur noire qui se change en châtain: » quelques-unes deviennent brunes et même blanchâtres dans » la partie de l'épine; quelques autres manquent absolument

» de raies blanches. Il y en a qui les ont à peine indiquées ou
» peu sensibles sur les côtés; et dans d'autres elles s'étendent
» plus ou moins ou point du tout sur les côtés de la queue.
» Quelques personnes m'ont assuré avoir vu des individus en-
» tièrement blancs.»

Ainsi l'on auroit pu multiplier encore beaucoup les descriptions de mouffettes, si l'on avoit eu les diverses peaux que
mentionne ici M. *d'Azzara*.

Je ne dois pas cacher cependant que les trois individus que
j'ai vus du *chinche* se ressembloient presque parfaitement pour
les couleurs.

Je puis assurer aussi que l'odeur du *chinche* n'est pas à
beaucoup près si terrible qu'on nous la représente. J'en ai vu
un vivant; je l'ai fait menacer par un chien: sa colère se bor-
noit à relever sa queue en l'étalant comme un panache; mais
l'odeur qu'il répandoit n'égaloit pas celle de notre putois.

Je puis assurer également que ni le *chinche* ni la *mouffette
du Chili* n'ont la poche pleine de matière puante qu'on leur
attribue, et je suis persuadé que leur odeur fétide, ainsi que
celle de tous les *zorilles* ou *mouffettes*, est due, comme celle
des *martes* et *putois*, aux deux petites glandes qui aboutissent
dans son rectum, et qui sont plus ou moins prononcées dans
beaucoup de carnassiers.

Cette bourse prétendue ne justifie donc point leur réunion
au genre des *viverra*. Les tégumens de la langue ne la justifient pas davantage, car elle est douce dans le *chinche* comme
dans les *martes*, et non âpre comme dans les *viverra*, soit
civettes, soit *ichneumons*.

Enfin, les dents justifient cette réunion moins encore que
tout le reste.

Les *civettes* et les *mangoustes* ont comme les *chiens* deux molaires tuberculeuses derrière la principale tranchante d'en haut.

Le *chinche* et la *mouffette du Chili* n'en ont qu'une comme les *martes*, et je suis trop habitué à reconnoître la constance de ce caractère pour douter qu'il ne se retrouve dans toutes les vraies *mouffettes*, s'il y en a plusieurs espèces.

Cependant le *chinche* et la *mouffette du Chili* ne ressemblent pas en tout aux autres martes par les dents.

Leur molaire postérieure tuberculeuse est beaucoup plus grande que la principale tranchante et aussi longue que large : la principale tranchante a un talon interne considérable, et ils n'ont en tout que quatre molaires de chaque côté en haut, dont l'antérieure est très-petite et tombe de bonne heure : alors ils n'en ont que trois.

Dans les *martes* proprement dites et les *fouines*, cette dernière molaire tuberculeuse est plus large que longue, et n'offre guère plus de superficie que la principale tranchante : le talon interne de celle-ci est fort petit. Il y en a de plus cinq en tout, et quatre quand la première est tombée.

Les *putois, furets, hermines* et *belettes*, qui diffèrent sensiblement des *martes* et des *mouffettes* par la forme de la tête, en diffèrent aussi un peu par les dents.

La dernière tuberculeuse est plus large que longue, comme aux *martes*, mais plus petite encore en superficie ; et il n'y en a que trois en avant, comme aux *mouffettes*. Ces deux caractères réunis en font la famille la plus carnassière du genre.

Les *loutres* ont les dents comme les *martes*, excepté que le talon interne de la principale mâchelière est large comme aux *mouffettes*, et que leur dernière tuberculeuse est aussi

3

plus large à proportion ; deux points qui les aident dans leur
régime piscivore. Enfin, les *blaireaux* ont cette dernière tuberculeuse encore plus grande, et servent de nuance entre
cette série des *putois, martes, mouffettes, loutres* et le genre
des *ours.*

Le *glouton du nord* (*ursus gulo*), et ceux d'Amérique,
c'est-à-dire le *grison* ou la *grande fouine de la Guyane* de
Buffon, petit furet de *d'Azzara* (*viverra vittata* de *Gmel.*),
et le *tayra* ou *grande marte de la Guyane* de *Buffon; grand
furet* de *d'Azzara* (*mustela barbara* de *Gmel.*), sont des
martes par les dents ; mais ils ont les uns et les autres les
pieds plantigrades. Le premier n'a que cela de commun avec
les *ours.*

Ces caractères de détail, pris de la forme des dents, sont
d'autant plus utiles pour subdiviser le genre des martes, qu'ils
sont d'accord avec les nuances de leur forme, comme avec
celles de leur naturel.

Comparez à ce que je viens d'en dire mon article sur les
os fossiles d'hyène.

Aux caractères pris des dents, on peut ajouter pour les
mouffettes celui que fournissent les ongles longs et forts (*un-
gues fossorii*) des pieds de devant, comme on a déjà employé
depuis long-temps pour les *loutres* celui que donnent leurs
pieds palmés.

Si, après toutes ces déterminations et rectifications, nous
venons à examiner en lui-même l'animal auquel Buffon a appliqué le nom de *zorille*, et qu'il a représenté Hist. nat. in-4.°,
tome XIII, pl. 42, nous trouvons qu'il ressemble par les dents,
par les ongles et par la forme, comme par la grandeur,
à notre *putois d'Europe.*

C'est déjà un point de fait qui montre qu'il ne doit point être mis, comme Gmelin l'a fait, avec les *viverra* ; et même que, dans le genre des martes, on ne peut le placer que dans la subdivision des *putois*.

Un autre point de fait, c'est que cet animal n'est point d'Amérique, et que par conséquent c'est moins à lui qu'à tout autre que l'on devoit appliquer le nom espagnol *zorillo.*

Buffon étoit pardonnable : trouvant une peau noire et blanche sans étiquette ni indication de pays, n'ayant d'ailleurs point eu occasion de déterminer les caractères des vraies mouffettes, il étoit pardonnable, dis-je, de prendre cette peau pour un de ces animaux, aussi noirs et blancs, décrits si vaguement et de tant de manières par les voyageurs en Amérique.

Il l'auroit été encore davantage, s'il eût vu l'animal vivant car c'est le plus puant de tous les putois, et il surpasse beaucoup le *chinche* à cet égard. Un individu que j'ai vu dans l'esprit-de-vin répandoit encore une infection insupportable.

Mais il est hors de doute aujourd'hui que cet animal est du Cap. *Sparrmann* l'y a observé ; le cabinet du Stadhouder l'avoit tiré de là, et M. *Péron* l'en a rapporté en peau et en squelette.

Sparrmann, le regardant comme une vraie mouffette, en avoit même voulu tirer une exception à la règle des climats établie par Buffon ; mais la distinction que nous venons de développer, rétablit cette règle dans son intégrité.

Pour terminer ici tout ce qui concerne les animaux rangés mal à propos parmi les mouffettes, nous ferons remarquer,

1.º Qu'il suffit de jeter un coup d'œil sur la figure de l'*isquié-patl* de *Hernandès*, p. 332, dont *Linnæus* et *Gmelin* ont fait

leur *viverra vulpecula*, pour voir qu'il est du genre des gloutons d'Amérique; d'*Azzara* le croit même synonyme de son
grand furet (*mustela barbara*), et la chose est très-vraisem-
blable;

2.º Que le *coase* de *Buffon* est presque impossible à reconnoître, à moins que ce ne soit une peau de *coati* défigurée,
comme le pense aussi d'*Azzara*;

3.º Que l'animal que *Séba*, I, tab. 42, fig. 1, a considéré
comme l'*isquiépatl* de *Hernandès*, et dont *Gmelin* a fait son
viverra Quasje, est certainement un jeune *coati brun*;

4.º Que la figure 2, tab. 40 de *Séba*, dont *Gmelin* a fait,
mais avec doute, un synonyme du précédent, est un *jeune
glouton d'Amérique*, soit le *grison*, soit le *taira*, mais sans
qu'on puisse déterminer lequel des deux.

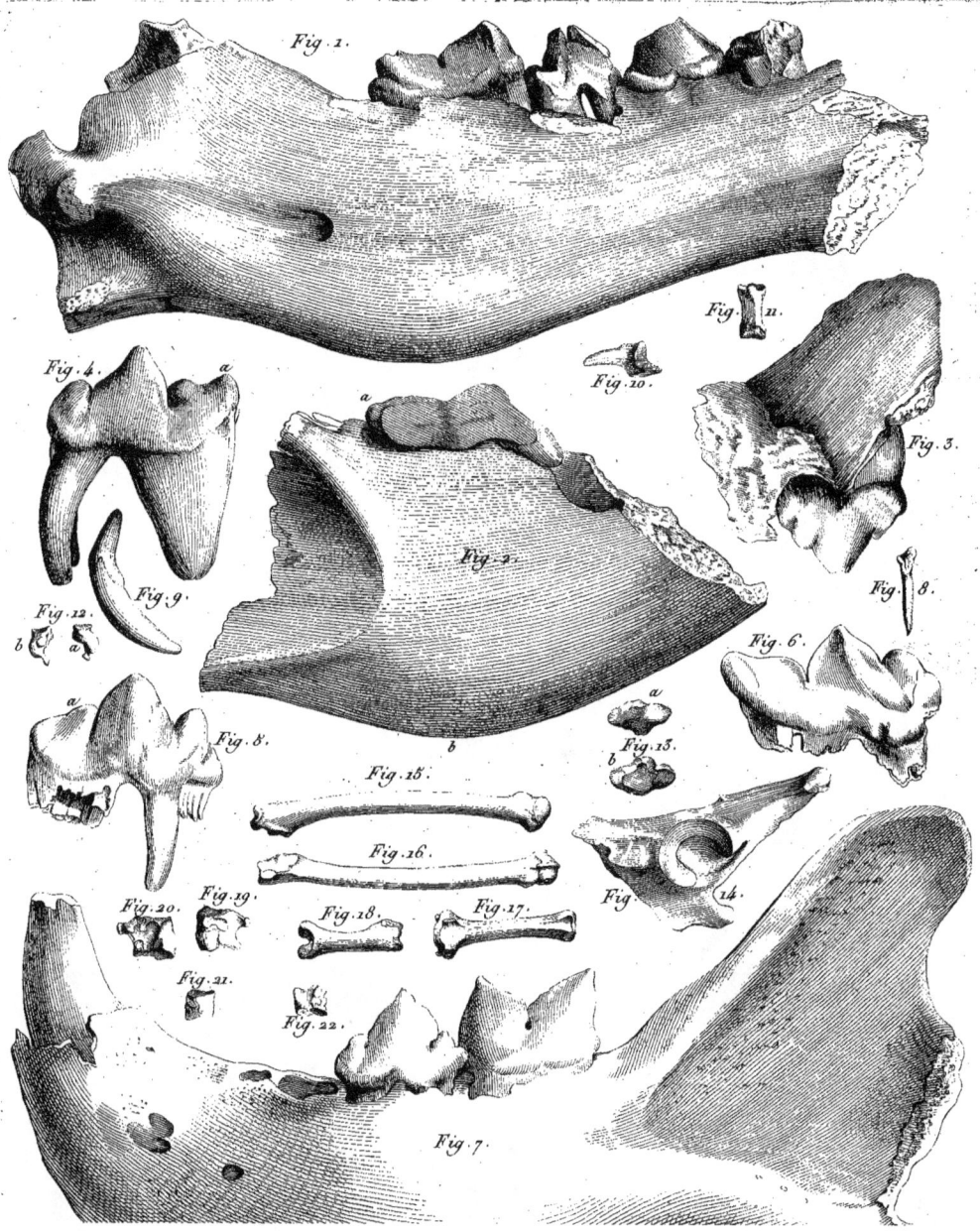

Fig. 1.

Fig. 4. a

Fig. 10.

Fig. 11.

Fig. 3.

Fig. 2.

a b

Fig. 9.

Fig. 12.
b a

Fig. 8.

Fig. 8.
a

Fig. 6.

b

a

Fig. 13.
b

Fig. 15.

Fig. 16.

Fig. 14.

Fig. 20. Fig. 19.

Fig. 18. Fig. 17.

Fig. 21.

Fig. 22.

Fig. 7.

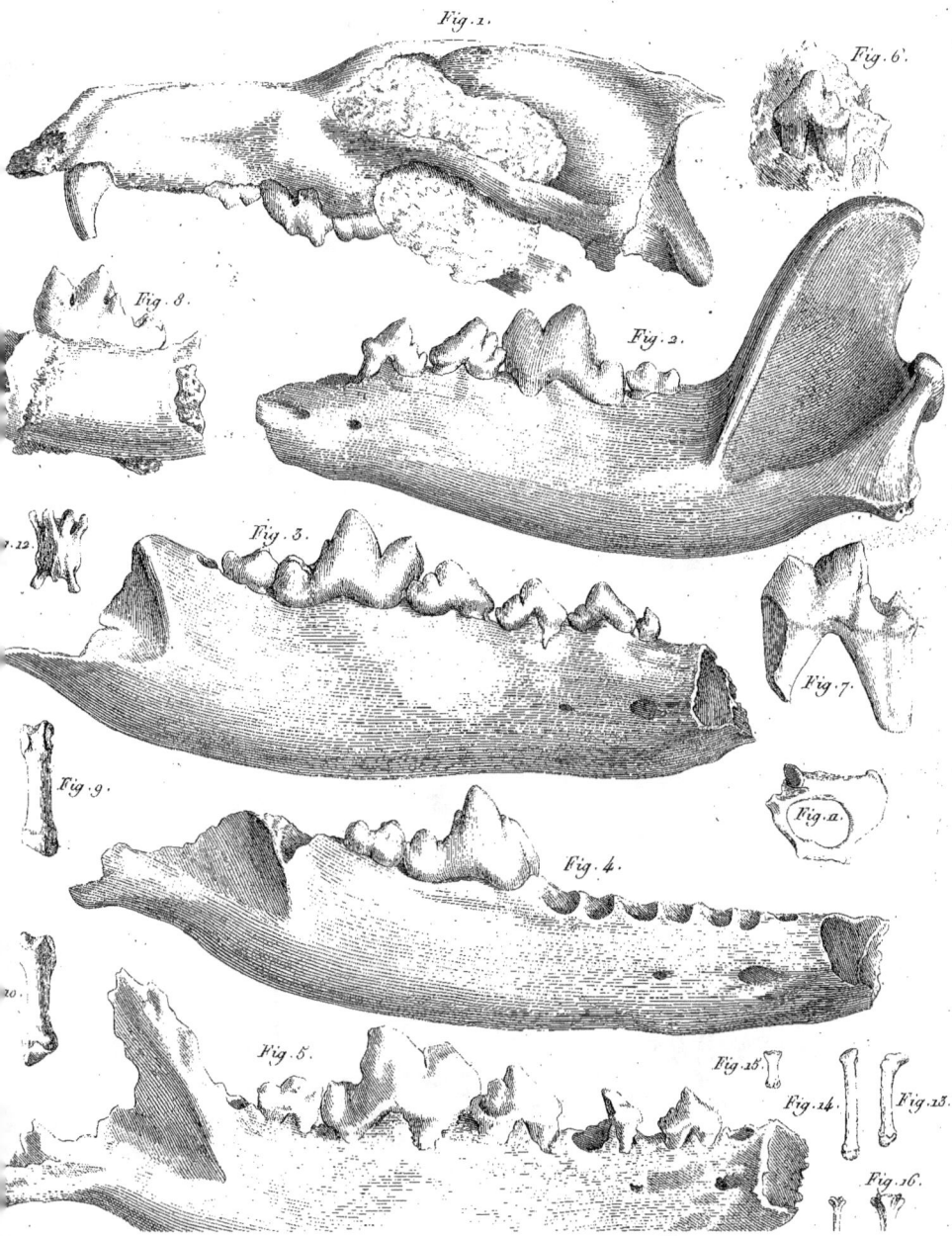

Fig. 1.

Fig. 6.

Fig. 8.

Fig. 2.

Fig. 12.

Fig. 3.

Fig. 7.

Fig. 9.

Fig. a.

Fig. 4.

20.

Fig. 5.

Fig. 15.

Fig. 14.

Fig. 13.

Fig. 16.

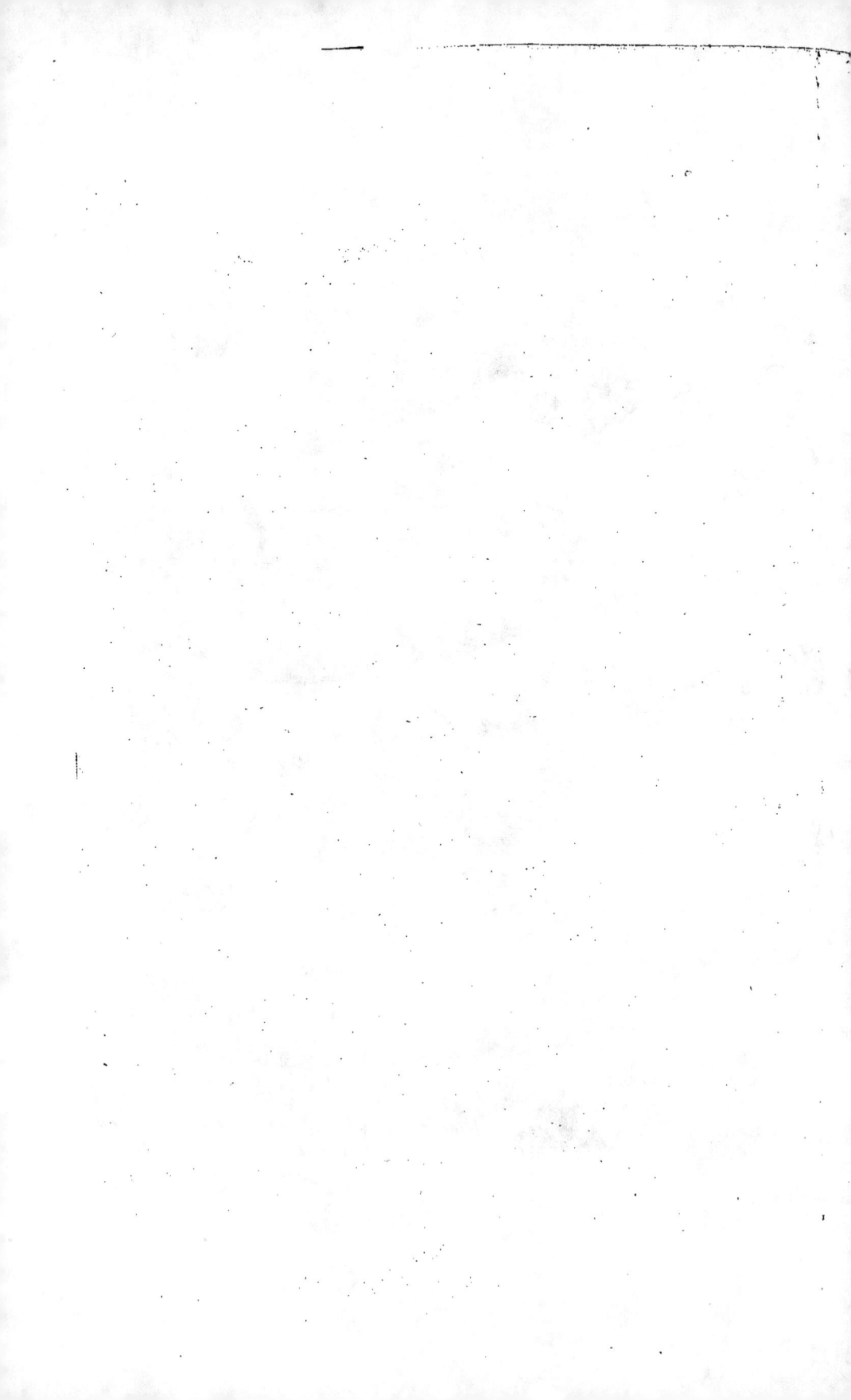

RECHERCHES

Sur les espèces vivantes de grands CHATS, *pour servir de preuves et d'éclaircissemens au chapitre sur les Carnassiers fossiles.*

Les grands carnassiers à griffes rétractiles et à pelage tacheté font, depuis long-temps, le tourment des naturalistes, par la difficulté d'en distinguer les espèces avec précision. Cette matière semble avoir été obscurcie à l'envi par les voyageurs, par les fourreurs, par les montreurs d'animaux, et par les possesseurs et descripteurs de cabinets. Buffon lui-même qui l'a traitée avec cette netteté de vues et cette abondance de moyens qui caractérisent son histoire des animaux quadrupèdes, s'est laissé entraîner en de graves erreurs par le préjugé qu'il avoit sur la petitesse des espèces propres à l'Amérique, et a surtout refusé de reconnoître le vrai *jaguar*, qui est le plus grand de tous les chats à taches rondes. Enfin, pour notre objet, il y a encore dans cette matière une difficulté de plus, en ce que les caractères pris des couleurs ne nous suffisent point, et que, si nous n'en trouvions de correspondans qui portassent sur les formes des os, nous ne serions pas plus avancés dans notre détermination des animaux fossiles. Ainsi, après que j'aurai exposé toutes mes observations sur l'extérieur des grands chats pour en déterminer les espèces, je serai obligé d'y faire succéder encore une comparaison ostéologique de leurs os, et surtout de leurs têtes.

J'espère que ce travail sera aussi agréable aux zoologistes qu'aux personnes qui n'étudient que les fossiles; mais je dois déclarer qu'il m'est en grande partie commun avec mon ami M. *Geoffroy*, sans l'assistance duquel il m'auroit été impossible de le terminer.

Le genre des chats est l'un des plus rigoureusement déterminés du règne animal.

Les proportions et les mœurs de toutes les espèces sont les mêmes, autant que leur grandeur le permet, et toutes les parties caractéristiques sont semblables à l'intérieur comme à l'extérieur.

Leur langue et leur verge âpres, leurs ongles crochus, tranchans, et qu'un mécanisme particulier rend naturellement relevés vers le ciel quand l'animal ne veut pas s'en servir; le nombre de leurs doigts, de cinq devant et de quatre derrière, leur naturel féroce, leur appétit pour une proie vivante sont des caractères constans et bien connus, et l'on a aussi de bons détails sur les proportions générales de leurs viscères; nous n'avons donc à ajouter ici que quelques caractères ostéologiques qui peuvent aider à distinguer leurs os de ceux des genres voisins de carnassiers.

Le premier sera pris de leurs mâchelières, dont le nombre est de quatre en haut et de trois en bas, toutes fort tranchantes, beaucoup plus, par exemple, que celles de l'hyène, avec lesquelles d'ailleurs elles ne sont pas sans rapport.

La première d'en-haut est fort petite, à une seule pointe ou lobe.

La seconde a trois lobes; l'antérieur court et arrondi, le moyen le plus grand et assez pointu, le postérieur court et un peu arrondi; derrière lui est encore un petit feston.

La troisième, qui est la plus grande, a trois lobes aussi, dont le moyen est le plus long et pointu; le postérieur le plus large et comme tronqué; l'antérieur arrondi. En dehors et en avant de sa base est un petit tubercule, et à la face interne de la dent, vis-à-vis l'intervalle d'entre le lobe antérieur et le moyen, est un autre tubercule ou talon beaucoup plus grand. Une troisième racine part de cette partie.

La quatrième dent est très-petite, et placée transversalement en dedans de l'extrémité postérieure de la précédente. Sa couronne est plate.

Les deux premières molaires d'en-bas ont trois lobes, dont le milieu est le plus grand. La troisième n'en a que deux fort grands, sans tubercules, ni en arrière ni à sa face interne : telles sont les mâchelières de tous les chats, et telles ne sont celles d'aucun autre genre.

Autant il est aisé de les distinguer par-là, autant il le seroit peu de le faire par les incisives ou par les canines, qui ressemblent trop à celles des chiens, des ours, des hyènes, et même des petits carnassiers.

Les chats ayant moins de molaires qu'aucun autre carnassier, ont aussi les mâchoires plus courtes, et plus fortes par la même raison.

Ils se distinguent encore par la grandeur de leur apophyse

coronoïde et l'écartement de leur arcade zygomatique, indices
de la force de leur crotaphite; mais ce qui caractérise plus
particulièrement leur physionomie dans leur tête osseuse,
c'est l'abaissement de la partie postérieure du crâne, et l'élévation bombée de la région interoculaire, qui, jointe à la brièveté de leur museau, donnent à leur tête cette forme arrondie
si frappante; le lion seul s'écarte un peu des autres espèces à
cet égard, parce qu'il a l'intervalle interorbitaire plus déprimé; ce qui rend son chamfrein un peu plus rectiligne.

Comme ce sont généralement des os de grandes espèces de
ce genre que l'on a trouvés parmi les fossiles, nous devons
de préférence en donner les caractères comparativement à
ceux des genres du chien et de l'ours. S'il s'agissoit de petites
espèces, il faudroit les comparer aux civettes et aux martes.

L'*omoplate* des chats est plus large que celle des chiens,
plus arrondie au bord intérieur que celle des ours; son acromion est échancré vers le bas, en avant, par un grand arc
de cercle; son tubercule coracoïde est plus saillant en dedans
que dans les deux autres genres, et le bord externe de sa tête
a une échancrure qui leur manque.

L'*humérus* des chats se distingue de celui des *ours*, parce
que sa crête deltoïdale n'occupe que le tiers supérieur; de
celui des *chiens*, parce qu'il n'a point de trou à la partie inférieure répondant à l'olécrâne; et de tous deux, parce qu'il
a un petit trou au-dessus du condyle interne.

Le *cubitus* des chats diffère de celui des *ours*, en ce qu'il
a l'olécrâne plus long, moins élevé et moins irrégulier au bout,
la facette sygmoïde moins oblique; de celui des chiens, par
une forte échancrure qu'il a à sa tête inférieure, entre sa facette radiale et sa facette carpienne.

Le *radius* des chats se distingue de celui des ours, parce que son bord, vis-à-vis du cubitus, est large et concave, tandis que les ours l'ont comprimé et tranchant, par une saillie au-dessus de sa tête inférieure du côté du pouce, par plus d'uni-formité dans la courbure de sa tête supérieure. Celui des chiens n'a pas non plus de canal à son bord cubital; il est moins arqué, moins rétréci dans le haut; la saillie de sa tête inférieure est moindre.

Les plus grandes différences du carpe des chats et de celui des ours tiennent à ce que le trapézoïde est plus large, et le pisiforme plus gros à sa base et moins à son extrémité. Cha-que osselet a cependant son caractère particulier; mais nous ne finirions pas si nous voulions entrer dans ces détails.

Les chiens ont le cunéiforme plus grand, le grand os plus petit, surtout plus bas, et d'une autre figure.

La brièveté du métacarpien du pouce est le principal ca-ractère du métacarpe des chats, comparé à celui des ours.

Les chiens l'ont presque aussi court, mais en même temps bien plus grêle.

Les dernières phalanges plus hautes que longues, et les avant-derrières non symétriques pour permettre la rétrac-tion des dernières, distinguent les chats de tous les animaux.

Le bassin des ours ne peut être confondu avec celui d'aucun autre carnassier, à cause de sa brièveté proportionnelle de la largeur et de l'écartement des os des isles. Celui des chats est à l'autre extrême; il est plus allongé, et a ses os des isles plus étroits même que celui des chiens.

Les chats ont le grand trochanter plus élevé que la tête du fémur; les ours l'ont plus bas; la tête inférieure, dans ces derniers, est plus large à proportion, et son diamètre antéro-postérieur est moindre, surtout pour la partie qui répond à la rotule. Les chiens ont la rainure rotulienne encore plus longue et plus étroite que les chats.

Le *tibia* de l'ours est plus droit et transversalement plus large dans toutes ses parties que ceux des chats et des chiens.

La même brièveté et la même largeur proportionnelle se font aussi remarquer dans toutes les parties du tarse de l'ours, comparées à celles des chats. Ceux-ci n'ayant d'ailleurs qu'un vestige de pouce, leur premier cunéiforme est mince et allongé.

Les chiens ont toutes les parties du pied encore plus étroites que les chats.

Au moyen de ces caractères et d'un peu d'exercice, et en se rappelant les caractères généraux des carnassiers, il ne sera pas très-difficile de distinguer, dans tous les cas, les os des trois genres que nous venons de comparer.

Il s'agit maintenant de déterminer les caractères des nombreuses espèces qui composent le genre des chats.

Pour mettre quelque ordre dans cette recherche, nous commencerons par séparer les espèces qui sont tellement connues et faciles à distinguer, qu'elles n'ont jamais embarrassé personne.

On peut d'abord ranger dans ce nombre les grandes espèces sans taches noires, savoir;

1.º *Le* LION (felis leo) *ou grand chat fauve à queue floconneuse au bout, à cou du mâle adulte garni d'une épaisse crinière.*

Il varie pour la taille et pour les nuances; on en a cité quel-

quefois des races plus ou moins différentes entre elles; mais,
malgré tout ce que l'on en a dit, il n'y a encore aucune preuve
constante d'une multiplicité d'espèces.

2.° *Le* couguar (felis concolor) *ou grand chat fauve, sans
criniere ni flocon au bout de la queue.*

C'est le *puma* ou prétendu *lion du Pérou*, le *cuguaçua-
rana* du Brésil, selon Margrave, le *gouazouara* du Para-
guai, selon d'Azzara (*couguar* est une contraction de ces
noms faite par Buffon), beaucoup plus grêle de corps et
de membres que le lion, à tête ronde comme dans les chats
ordinaires, et non carrée comme dans le lion, sans crinière
ni flocons. Quand on le regarde obliquement, on voit quelques
taches d'un roux plus foncé se marquer sur le pelage par le
jeu de la lumière; sa longueur passe quelquefois quatre pieds,
sans la queue, qui est de vingt-six pouces; mais beaucoup d'individus n'atteignent pas ces dimensions.

Comme cet animal paroît se trouver depuis les Patagons
jusqu'en Californie, j'ai fait beaucoup de recherches pour
savoir s'il n'y en auroit pas plusieurs espèces dans cette immense étendue de pays; mais je n'en ai pu trouver aucune
preuve. Le *couguar de Pensylvanie* (Buff. suppl. III, pl. 41),
est évidemment le même que celui du Pérou. *Laborde* parle
bien (*ib.* pag. 224) d'un *tigre noir*, à l'indication duquel Buffon
ajoute : *c'est celui que nous avons fait représenter* pl. 42,
sous le nom de couguar noir; mais *Laborde* ne paroît entendre que le *jaguar noir* dont nous parlerons ailleurs, et
qui est noir partout, et *Buffon* donne une figure noirâtre
dessus, blanche dessous, qui ne lui avoit pas été envoyée par

Laborde, et qu'il ne rapportoit au *tigre noir* de celui-ci que par une conjecture vague.

Comme le *couguar* est tantôt plus ou moins gris, tantôt plus ou moins brun, je suis persuadé que ce dessin n'est qu'un *couguar* ordinaire à teinte un peu plus brune.

· *Shaw* l'a copié sous le nom de *black-tiger*. (Gener. zool. I. 2.ᵉ part. pl. 89).

J'en dis absolument autant du *black-tiger* de Pennant, pag. 264, dont *Schreber* a fait son *felis discolor*, pl. CIV, B, tout en l'enluminant d'un fauve plus vif encore que le vrai couguar (*felis concolor*).

On peut encore mettre dans les espèces non douteuses celle dont les taches sont transverses.

3.° *Le* TIGRE, *le* TIGRE ROYAL (felis tigris) *ou grand chat fauve rayé en travers de bandes irrégulières noires.*

C'est l'animal dont on a transporté dans l'usage vulgaire le nom aux espèces à taches rondes, mais qui forme une espèce très-distincte, aussi grande que le lion, mais plus grêle et à tête ronde. Elle ne se trouve qu'au-delà de l'Indus, et se porte jusqu'au nord de la Chine. Egal au lion pour la longueur, le tigre est plus grêle et plus svelte. Il passe communément pour le plus cruel des animaux, et beaucoup de naturalistes le disent indomptable; mais nous en avons vu successivement trois, aussi doux, aussi apprivoisés qu'aucune autre espèce de ce genre puisse le devenir. Ses bandes varient pour le nombre et la largeur.

C'est après ces trois exclusions qu'il faut en venir à ces espèces fauves à taches rondes, qui font proprement la difficulté de tout ce sujet; nous commençons par distinguer la plus remarquable de toutes sur laquelle on avoit toujours eu des idées plus ou moins confuses.

4.° *Le* JAGUAR (1) *(* felis onça*) ou grand chat fauve, à taches en forme d'œil, rangées sur quatre lignes de chaque côté.*

On ne sait par quelle fatalité les naturalistes européens semblent s'être accordés à méconnoître le *jaguar*, à ce qu'il paroît uniquement pour soutenir l'idée bizarre que, dans les mêmes genres, les espèces américaines devoient être plus petites que leurs analogues de l'ancien continent.

Enfin, après avoir fait les recherches les plus longues, après avoir hésité plusieurs années entre les assertions contradictoires et vagues des auteurs, j'ai été convaincu par les témoignages de MM. d'*Azzara* et *Humboldt*, qui, ayant vu cent fois le jaguar d'Amérique, l'ont affirmativement reconnu ici, ainsi que par la comparaison scrupuleuse des individus observés vivans, et envoyés d'Amérique à notre ménagerie, de ceux que l'on a reçus empaillés du même pays pour le cabinet, et d'une

(1) Je me borne aux synonymes suivans, tirés des auteurs originaux : ceux des nomenclateurs et des compilateurs sont tellement embrouillés, qu'il est inutile de s'y arrêter.

1.° *Jaguara* Brasil. *onza nostratibus*, Margr. Bras. pag. 235, mauvaise fig. descr. médiocre. Il le fait trop petit en ne lui donnant que la taille du loup.

2.° *Tlatlauqui-ocelotl.* Hernandez, pag. 498, bonne fig. *tigris americana*, Bolivar, apud *Hernand. Mexic.* 506, descript. assez bonne.

3.° Le *tigre de Cayenne de Desmarchais*, III, 293. Ce qu'il en dit est en partie tiré de Margrave.

4.° Le *Jagaruété* d'Azzara, quadr. du Parag. I. 114, Voyage, I. 258.

énorme quantité de peaux vues chez les fourreurs; j'ai été
convaincu, dis-je, que le *jaguar* est le plus grand des chats
après le tigre, et le plus beau de tous sans comparaison; que
c'est précisément l'espèce à taches en forme d'œil que Buffon
a appelée *panthère;* que ce n'est point cependant le *pardus*
des anciens ni la *panthère* des voyageurs modernes en Afrique, et qu'en général il n'y a point en Afrique de chat à taches
œillées, ni même aucun chat qui approche de la grandeur et
de la beauté du *jaguar.*

Pennant remarque déjà qu'il a vu chez les fourreurs de
Londres des peaux venues des établissemens Espagnols en
Amérique, et toutes semblables à la panthère de Buffon; c'est
qu'elles étoient effectivement de l'animal que Buffon a nommé
panthère; mais que cette panthère de *Buffon* n'est point la
vraie panthère.

Pennant remarque encore que les descriptions de *Faber,*
de *La Condamine* et d'*Ulloa,* ne conviennent qu'à cette panthère, et cela est très-vrai.

Il ajoute que l'opinion générale des commerçans anglois est
que ces sortes de peaux viennent d'Amérique, et c'est une
confirmation de ce que nous avons reconnu.

Mais il en conclut que l'espèce est commune aux deux continens, et en ce point il se trompe; il n'y a point de panthère
œillée dans l'ancien continent, quoique Buffon l'ait cru et l'ait
dit, et que Pennant, Schreber, et tous les autres, aient suivi
Buffon en cela.

Nous-mêmes, à l'arrivée du *jaguar* aujourd'hui vivant à la
ménagerie, toujours trompés par l'autorité de Buffon et des
autres grands naturalistes, avions cru que c'étoit un animal
d'Afrique, amené par un bâtiment qui avoit touché aux An-

tilles, ou bien une variété de la panthère ordinaire; mais cette dernière conjecture ne tarda point à être réfutée, et la première le fut également à l'arrivée de M. d'Azzara.

On observa en effet dès les premiers jours dans la ménagerie, que la voix de ces deux animaux différoit essentiellement, celle de la panthère ressemblant au bruit d'une scie, et celle du jaguar à un aboiement un peu aigu.

Bientôt après M. *Geoffroy* reconnut et détermina pour les deux espèces des caractères distinctifs susceptibles d'une expression précise, et les publia dans le bulletin des sciences de pluviose an 12, et dans les Annales du Muséum, tom. IV, pag. 94.

Il est juste de faire sentir par cet exemple à quel point les ménageries où l'on peut ainsi rapprocher et comparer des animaux d'une origine bien déterminée, peuvent être utiles à la science de la nature.

Le caractère le plus essentiel du *jaguar* est de n'avoir que quatre, ou tout au plus et rarement cinq taches par ligne transversale de chaque flanc : du reste, ces taches, le plus souvent œillées, c'est-à-dire en anneau presque continu, avec un point noir au milieu, sont aussi quelquefois en simple rose sur certaines parties du corps; elles n'ont presque jamais une régularité parfaite, et varient pour la largeur et la teinte plus ou moins foncée du noir, comme le fond pour l'éclat de sa couleur fauve; celles qui règnent le long de l'épine sont généralement pleines et allongées; la tête, les côtés, les cuisses et les jambes les ont pleines, rondes et petites.

Le dessous du corps est d'un beau blanc, à grandes taches noires pleines, irrégulières; le dessous du cou a des bandes transversales noires de différentes largeurs.

La queue descend jusqu'à terre, mais n'y traîne point comme celles des espèces suivantes. Les taches de l'épine s'y continuent, et forment vers le bout quelques apparences d'anneaux sur les côtés et en dessous. Le bout est tout noir.

La taille de nôtre jaguar est de près de quatre pieds sans la queue, et sa hauteur au garot de deux pieds et demi; mais il y en a de bien plus considérables.

Il s'agit maintenant de savoir s'il n'y a qu'une espèce de jaguar en Amérique, ou s'il y en a plusieurs.

Margrave semble déjà avoir eu cette dernière idée; car il dit que son *onça* ou *jaguara* est grand comme un loup, mais qu'il y en a de plus grands; et parlant ensuite de son *jaguarété* ou *jaguar noir,* il le fait grand comme un veau d'un an (1).

Les chasseurs du Paraguay supposent qu'outre le *jaguar* ordinaire ou *jaguarété* (2), il y en a un plus grand, à pieds plus courts et plus gros, qu'ils nomment *jaguarété-popé* (3), et un plus petit qu'ils appellent *onza* (4); mais ces idées peuvent être en partie empruntées de *Margrave;* et M. d'*Azzara,* qui les rapporte, cherche à les réfuter (5), et pense que les différences innombrables que l'on observe dans les peaux, tiennent à l'âge, au sexe, et à des circonstances individuelles.

J'ai cru long-temps aussi qu'il n'y avoit dans l'ancien con-

---

(1) Margr. Brasil. 235.

(2) Ce mot signifie *jagua proprement dit.* Autrefois on n'appeloit l'animal que *jagua;* mais ce nom ayant été aussi donné au chien, quand les Espagnols l'amenèrent d'Europe, il fallut désigner l'ancien *jagua* par une épithète.

(3) *Jagua* à larges mains.

(4) Nom espagnol venu du terme de basse latinité *uncia.*

(5) Voyage, tom. I, pag. 231 et 262.

tinent qu'une espèce à taches en roses régulières, qui seroit
le *pardalis* des anciens Grecs, le *panthera* (1) et le *pardus*
des Latins du siècle d'Auguste, le *leopardus* des Latins postérieurs; mais la comparaison des peaux, et celle des nombreux
individus qui vivent ou qui ont vécu à la ménagerie, m'ont
convaincu nouvellement qu'il y en a au moins deux.

Le plus commun est nécessairement,

5.° *Le* PARDALIS *ou la* VRAIE PANTHÈRE (felis pardus, Lin.).

Son caractère est d'avoir six ou sept taches en rose par ligne
transversale; la queue est d'ailleurs beaucoup plus longue, et sa
tête moins large que celle du jaguar, et le fond de son pelage
plus pâle.

6.° *L'autre, que nous appellerons le* LÉOPARD (felis leopardus),

Est un peu plus petit que le précédent, mais ses proportions
sont les mêmes; il a des taches en rose beaucoup plus nombreuses, et on en compte au moins dix par ligne tranversale.
Nous nous sommes assurés que ce n'est point une différence
de sexe, et qu'il n'y a point de variété intermédiaire.

Comme *Buffon* ne reconnoissoit pas le *jaguar*, et qu'il a
mal caractérisé son léopard, il est difficile de *donner* sa synonymie d'une manière certaine; mais après une comparaison
exacte de ses figures et des descriptions de Daubenton, je pense
que sa *panthère mâle* (Hist. des quadr. in-4.°, IX, pl. XI) est
notre *panthère;* que sa *panthère femelle* (*ibid.* pl. XII) est

_____

(1) Il ne faut pas oublier que le *panther* des Grecs est un animal tout différent du
panthera des Latins, et vraisemblablement l'*hyène tachetée.*

un *jaguar;* et que son *léopard* (*ib.* pl. XIV) est notre *léopard;*
en sorte que je m'éloigne peu de sa nomenclature, et que je
la corrige en un point seulement.

Mais *Buffon* décrit et représente encore un animal plus
pâle, à taches plus irrégulières, auquel il applique la dénomination d'*once*, en lui rapportant tout ce qu'on a dit des
diverses espèces de chats que l'on emploie pour la chasse, depuis *Maroc* jusqu'en *Chine.*

Il y a d'abord à se demander ce que c'est que cet individu
décrit par Buffon.

Il faut faire abstraction de ce qu'il dit de la plus grande
longueur de sa queue et de l'infériorité de sa taille, comparées
à celles de la *panthère,* parce que c'étoit en effet avec le *jaguar*
qu'il comparoît son *once,* et que le *jaguar* a réellement la
queue bien plus courte, et est bien plus grand que notre vraie
panthère.

Il ne restera donc de différence que dans la teinte du poil
et l'irrégularité des taches.

Or, j'ai cherché en vain depuis dix ans à voir une peau qui
ressemblât parfaitement à celle que Buffon représente sous
ce nom d'*once.* Toutes les fois que j'ai demandé chez les fourreurs leur *tigre d'Afrique,* que Buffon dit être son *once,* ils
ne m'ont présenté que notre *panthère* ou notre *léopard,* et ils
m'ont assuré ne pas connoître d'autre *tigre d'Afrique.* Enfin,
comme parmi les peaux des panthères j'en ai trouvé quelques-
unes qui approchoient de l'*once* de Buffon par la pâleur du
fauve et par l'irrégularité des taches, je ne doute presque plus
que l'individu, représenté pl. X de l'Histoire naturelle, t. IX,
ne soit une simple variété de l'espèce que je nomme *panthère.*

Les figures des autres naturalistes, comme *Schreber*, *Shaw*, etc. sont toutes copiées de Buffon.

Quant à l'histoire de l'*once*, telle que Buffon l'a composée, ce n'est autre chose qu'une compilation des passages des voyageurs sur les espèces de chats que l'on emploie à la chasse, et que ce grand naturaliste a toutes regardées comme identiques, quoiqu'elles diffèrent par la taille non moins que par les couleurs; car on emploie en Syrie et en Egypte la *panthère* ordinaire; en Perse, le *caracal*; cependant, autant que nous en pouvons juger sur des témoignages peu circonstanciés, on dresse pour cet usage, aux Indes, une espèce particulière qui doit être placée ici, immédiatement après celles à taches en roses.

C'est, 7.° le *guepard* ou *léopard à crinière*, ou *tigre chasseur* (felis jubata).

Il se distingue par ses taches petites, rondes, également semées, et non réunies en roses; par ses jambes hautes, et par le léger commencement de crinière qu'il porte sur la nuque. Les figures qu'en ont données *Buffon*, suppl. III, pl. XXXVIII, copié dans *Shaw*, I, part. II, pl. 86; *Schreber*, pl. CV, et *Pennant*, pl. XXX, fig. 1, sont au plus médiocres, et il n'en existe point de bonne. Celle de *Pennant* est encore la moins défectueuse; c'est à tort que *Gmelin*, d'après la conjecture de *Buffon*, rapporte ici le *loup tigré* de Kolbe, qui n'est que l'*hyène tachetée* (canis crocuta).

Les animaux américains, si beaux par leurs grandes taches fauves bordées de noir, auxquels Buffon a appliqué le nom d'*ocelot*, et que *Linnæus* designe sous celui de *felis pardalis*, sont si différens de tous les précédens par leurs couleurs et leur taille, qu'ils ne peuvent être confondus avec eux; mais je crois qu'il y en a deux sortes que l'on a confondues entre elles, et qui me paroissent spécifiquement différentes.

La plus commune des deux, au moins dans les cabinets, est, 8.° celle de l'Amérique méridionale ou le *chibigouazou* du Paraguay, grisâtre, à taches larges, réunies en bandes longitudinales, fauves, bordées de noir, très-bien représentée dans Buffon, XIII, pl. 35 et 36. Quelques Espagnols lui ont appliqué le nom d'*onça;* sa longueur est de trente-quatre pouces, sans la queue, qui en a treize (1).

9.° L'autre est le véritable *tlatco-ocelotl* de Hernandez ou *chat tigré du Mexique*, représenté par Buffon sous le nom mal appliqué de *jaguar*, IX, pl. 18, et suppl. III, pl. 39. C'est aussi sous ce nom que *Schreber* en donne une troisième figure, pl. CII, et *Pennant* une quatrième, pl. XXXI, fig. 1. *Shaw* s'est borné à copier Buffon. Cet animal a, comme le premier, des taches fauves bordées de noir ou de brun, sur un fond grisâtre; mais elles sont plus petites et plus nombreuses, et ne renferment point, comme dans le *chibigouazou*, de grandes bandes longitudinales; ce qui fait que je serois fort disposé à le regarder comme une espèce particulière, malgré l'avis contraire de M. d'Azzara.

Outre tous ces animaux, il y en auroit encore, à en croire Schreber, trois autres espèces plus ou moins voisines, savoir; le *felis varia*, le *felis chalybeata*, et le *felis guttata;* mais le *felis varia* n'est que notre léopard, et les deux autres, tirés du cabinet d'Hermann, y ayant été nouvellement examinées par mon frère, se sont trouvées, l'un un *serval*, l'autre une

(1) D'Azzara, anim. du Paraguay, I, 158.

jeune *panthère*, mais tellement défigurés par le dessinateur, qu'on ne les reconnoîtroit jamais à leurs images.

Viennent maintenant les animaux de ce genre, et de grande taille, à pelage noir, marqué de taches plus noires encore, qui ont été remarqués en différens pays ; ils paroissent être assez rares partout, et quelques-uns d'entre eux ressémblent tellement aux espèces de même grandeur à pelage fauve, qu'ils en ont été souvent regardés comme de simples variétés.

C'est ainsi qu'il y a dans l'Amérique méridionale un *jaguar noir*, tout semblable à l'autre, à la couleur près. M. d'Azzara dit qu'il y est si rare, que l'on n'en a pris que deux en quarante ans (1). C'est à cette variété que Margrave donne particulièrement le nom de *jaguarété* (2).

M. *Geoffroy* vient de rapporter de Portugal un de ces *jaguars noirs ;* ses taches ne se voient que sous une certaine obliquité ; mais elles ressemblent, en forme, en grandeur et en nombre, à celles des jaguars ordinaires ; et quoique sa tête osseuse diffère un peu, comme c'étoit un jeune individu, nous ne pouvons en conclure une différence d'espèce.

10.° Nous avons eu à la ménagerie un autre animal noir, tacheté de noir plus foncé, dont les yeux étoient d'un gris d'argent presque blanc. M. Péron lui a donné le nom de *felis melas ;* il avoit été apporté de Java à l'Ile-de-France, et envoyé de là par le général de Caen à l'impératrice, qui l'a donné au Muséum. Ses jambes étoient plus basses que dans la pan-

---

(1) Anim du Parag. I, 116.

(2) Brasil. 235.

thère et dans le léopard, mais sa taille étoit à peu près la même; comme ses taches étoient de plus rondes et simples, au lieu d'être en rose ou en œil, on ne pourroit rapporter cet animal à aucune des espèces à fond fauve, et il est difficile de ne pas le considérer comme une espèce particulière : cependant sa tête osseuse ressemble beaucoup à celle de la panthère commune.

M. de Lamétherie décrit, mais fort en abrégé (Journ. de phys. XXXIII, pag. 45), une panthère noire, envoyée du Bengale à la tour de Londres, et en donne, pl. II, une figure qui n'est qu'une copie noircie de la panthère de Buffon. Il est fort probable que c'étoit aussi notre *mélas*.

Quoique les espèces de la taille du lynx et au-dessous ne nous intéressent pas pour notre objet, puisque nous n'en trouvons point d'aussi petites parmi les fossiles, étant une fois entré dans cette matière, et ces espèces étant toutes assez mal caractérisées dans les zoologistes, nous croyons à propos de les décrire aussi en abrégé.

Nous les diviserons en deux petits groupes; les *lynx* qui ont des pinceaux de poil aux oreilles, et les chats proprement dits qui manquent de cet ornement.

11.° Le *caracal* ou *lynx de Barbarie* et *du Levant*, se distingue d'abord par sa couleur uniforme d'un roux vineux; par ses oreilles, noires en dehors, blanches en dedans, et par sa queue qui atteint les talons. Le *caracal à longue queue* du Bengale n'étant connu que par un dessin d'Edwards, publié par Buffon, supplément III, pl. XLV, il est difficile de prononcer s'il forme une espèce distincte.

12.° Le *lynx* ordinaire ou *loup cervier* des fourreurs (*felis lynx*), quoique d'Europe, est fort mal représenté dans Schreber pour les couleurs. Il est presque double du chat sauvage, a le dos et les membres roux clair, avec des mouchetures brun-noirâtres, la gorge et tout le dessous blanchâtres; une ligne étroite noirâtre part du coin de l'œil, et descend jusqu'au milieu du cou, où elle s'élargit; le tour de l'œil est blanchâtre; la queue va jusqu'au jarret, et a sa moitié extérieure noire.

Il y en a des individus dont les taches sont seulement un peu plus rousses que le fond. C'est un d'eux que *Pennant*, pl. XXXII, copié par *Schreber*, pl. CIX, B, nomme *felis rufa*, et qu'il confond mal à propos avec le *chat cervier* des Etats-Unis, qui est généralement plus petit.

13.° Le *lynx du Canada* est de même grandeur, et a des taches semblables, mais brunes sur un fond gris-blanc.

Il y en a des individus qui n'ont point de taches du tout, et qui sont en entier d'un gris mêlé de blanc. Leur pelage est si touffu, qu'ils ont un aspect tout différent du lynx d'Europe, et qu'il est difficile de les croire de la même espèce.

14.° Le *chat cervier* des fourreurs est un peu moindre que le lynx; sa tête et son dos sont roux foncé, avec de petites mouchetures d'un brun-noirâtre; sa gorge blanchâtre; sa poitrine et son ventre blanc-roussâtre clair; ses membres du même roux que le dos, avec des ondes brunâtres légères; sa lèvre supérieure a quelques lignes noirâtres sur un fond blanc roussâtre; le nez en tout roussâtre, et il y a un peu de blanchâtre autour de l'œil.

La peau de cet animal arrive en assez grand nombre des Etats-Unis dans le commerce. Buffon, qui croyoit toujours que la même espèce étoit plus petite en Amérique, l'a regardée comme une variété du *lynx*, mais c'est bien une espèce. On peut lui appliquer le nom de *felis rufa*.

15.° Le *chaus* ou *lynx des marais* (felis chaus), est intermédiaire pour la taille entre le lynx et le chat sauvage; son poil est brun-jaunâtre en dessus, avec quelques nuances plus foncées, plus clair à la poitrine et au ventre, blanchâtre à la gorge; deux bandes noirâtres marquent le dedans des bras et des cuisses. Sa queue va jusqu'au calcanéum, est blanchâtre vers sa pointe avec trois anneaux noirs. Le derrière des mains et des pieds est noirâtre, comme le bout des oreilles.

Cet animal, découvert par *Güldenstædt*, dans les vallées du Caucase, où il fréquente les endroits inondés et couverts de roseaux, poursuivant les poissons, les grenouilles et les oiseaux aquatiques, a été retrouvé par M. *Geoffroy* dans une île du Nil.

*C'est le même que le *lynx botté* de *Bruce*, qui se trouve dans les vallées basses d'Abyssinie, où il guette les pintades au moment où elles viennent boire. *Bruce*, à la vérité, fait son animal un peu plus petit, et lui donne la queue un peu plus longue à proportion; mais on est accoutumé avec lui à ces inexactitudes. Il paroît aussi qu'il avoit mêlé dans les renseignemens qu'il avoit communiqués à Buffon, les caractères de cette espèce de chat avec ceux du *caracal*, et que de là sont résultées les notices des caracals de Barbarie et de Lybie, données par Buffon, suppl. III, 232, et adoptées par Pennant, Hist. I, 284.

Les chats proprement dits, outre notre *chat sauvage*, seront les *servals*, le *manul*, le *margay*, le *jaguarondi*, le

nègre, l'*eira*, le *pajero* ou *pampas*, le *guigna*, le *colo-colo*
et le *chat des Indes*.

Si le *jaguar* m'a long-temps et beaucoup embarrassé, je
puis dire que le *serval* m'embarrasse encore presque autant,
et que je ne puis m'en rendre l'histoire intelligible qu'en admettant qu'il y en a deux et peut-être trois espèces.

Nous avons vu au Muséum deux servals, l'un de vingt-quatre
pouces, sans la queue, qui est de neuf, l'autre de vingt-six.

16.° Le premier qui a vécu à la ménagerie a été décrit par
moi, dans l'histoire de cet établissement, et représenté par
Maréchal. Il ressemble assez au *serval* de Buffon (XIII, pl.
35 (1)) et au *chat-pard* des académiciens de Paris, pl. XIII,
si ce n'est qu'il a les taches moins régulièrement rondes que
le premier, et plus nombreuses que l'autre. M. d'*Azzara*,
qui l'a vu, m'a assuré que c'est un animal de l'Amérique,
celui-là même qu'il a décrit depuis dans son voyage sous le
nom de *mbaracaya* (2).

Le *chat de montagne* de Pennant est aussi très-ressemblant
avec notre serval; il le dit d'Amérique, et lui rapporte le chat
de la Caroline, de Collinson (Buffon, suppl. III, 227), aussi
bien que le *chat-pard* des académiciens; mais le *chat de la
Caroline* n'a que dix-neuf pouces, et le *chat de montagne*
en a trente, comme le chat-pard.

17.° L'autre individu du cabinet, celui de vingt-six pouces,
a des taches plus grandes, moins nombreuses, formant des
bandes très-marquées aux épaules et au jambes de devant.

---

(1) Copié par Schreber, pl. CVIII, et *Shaw*, I, 2.° part. pl. 90.

(2) Nom dont Buffon a tiré celui de *margay*.

Il est extrêmement semblable à celui que les académiciens de Paris, tom. III, pl. III, ont nommé *panthère*, et qu'ils disent avoir été apporté d'Afrique. Ils lui donnent, ainsi qu'à leur chat-pard, trente pouces sans la queue.

Buffon croyoit son *serval* de l'ancien continent; il lui rapportoit le *chat-tigre du Bengale* de l'*Huilier*, celui *du Cap* de *Kolbe*, et le *maraputé ou serval du Malabar* de *Vincent Marie*.

La figure de Kolbe représente plutôt l'hyène tachetée, et sa description est insignifiante. La taille d'un mouton, donnée à l'animal de l'Huilier, est bien forte; et celle moindre que la civette, attribuée à celui de Vincent Marie, est bien foible pour le serval.

Cependant le *chat du Cap* de *Forster* (Transact. philos. LXXI, pl. I), copié par *Shaw* (Gen. zool. t. I, part. 2, pl. 88), ressemble extrêmement à notre deuxième individu. D'après sa petitesse, j'ai long-temps supposé que ce n'étoit que la genette du Cap, qui a presque même distribution de couleur; mais si la peau, de près de trois pieds, décrite par Pennant, est de la même espèce, ma conjecture ne peut être vraie.

La description du *chat du Cap* de Miller, dans ses *Cimelia physica*, pl. 39, paroît aussi se rapporter entièrement à notre deuxième individu.

Y auroit-il dans ces tailles inférieures des animaux dans les deux continens aussi semblables l'un à l'autre que le *jaguar* l'est à la *panthère?* auroit-on commis à leur égard le même genre d'erreur? C'est ce que je laisse à examiner aux voyageurs qui se seront munis, avant leur départ d'Europe, des connoissances nécessaires pour donner à l'Histoire naturelle les lumières dont elle a encore besoin sur tant de questions embrouillées, et surtout à ceux qui, ne se contentant pas de descriptions vagues faites à la hâte ou de mémoire, auront soin de rapporter les objets de leurs découvertes pour en faire la comparaison avec ceux que l'on a recueillis avant eux.

18.° Buffon rapporte encore au *serval* son *chat sauvage de la Nouvelle-Espagne* (suppl. III, pl. 43) qui doit avoir trois pieds de haut, quatre de long, le pelage d'un cendré bleuâtre, tacheté de noir par pinceaux. Si cette notice, qui lui avoit été adressée d'Espagne sans nom d'auteur, a quelque chose de réel pour objet, c'est une grande espèce très-différente de toutes celles que nous connoissons.

Pennant en a fait son *chat de la Nouvelle-Espagne.*

19.° Le *manul* de la Mongolie (*felis manul*, Pall.) n'est connu que par une description abrégée de Pallas. Il doit singulièrement ressembler à un lynx de la variété rousse, non tacheté; seulement sa queue est aussi longue à proportion que dans le chat, et marquée de six anneaux noirs. On ne dit point qu'il ait de pinceaux aux oreilles; c'est pourquoi on peut le laisser ici. Il n'en existe point de figure, et nous ne l'avons pas vu.

20.° Le *jaguarondi* du Paraguay (*felis jaguarondi*, Lacép.) que M. d'Azzara nous a fait connoître le premier, représente en petit le *couguar* par sa forme allongée; mais sa couleur est d'un brun-noirâtre, uniforme, piqueté partout de très-petits points plus pâles, formés par des bandes sur chaque poil. Il y en a une bonne figure dans l'Atlas du voyage de d'Azzara, faite par M. Huet, d'après les deux individus conservés au Muséum.

21.° Le *margay* (*felis tigrina*, Lin. Buff. XIII, pl. 37),
a de la ressemblance avec l'*ocelot* pour la direction des taches;
mais elles sont d'un brun-noir uniforme, et non pas d'un
fauve bordé de noir. Le fond de son pelage est blanchâtre,
et sa taille ne surpasse pas beaucoup celle du chat.

M. d'Azzara seul a vu le *nègre*, l'eira et le pajeros. Selon
lui, le *nègre* seroit un peu plus grand que notre chat sauvage (1), et tout noir.

22.° L'*eira* un peu moindre (2) et tout rouge, excepté la
mâchoire inférieure et une petite tache de chaque côté du nez,
qui sont blanches.

23.° Le *pajeros* auroit presque la taille du nègre (3) et le
poil long, doux, gris-brun clair en dessus, avec des bandes
transverses roussâtres sous la gorge et le ventre, et des anneaux
obscurs sur les pates.

Il y auroit encore, selon *Molina*, deux autres espèces de
chats sauvages au Brésil, toutes deux de la grandeur du nôtre.

24.° Le *guigna*, fauve, tout couvert de petites taches rondes noires, et 25.° le *colo-colo*, blanchâtre, avec des taches
irrégulières noires et fauves; mais on sait que *Molina*, qui a
écrit de mémoire en Italie son Histoire naturelle du Chili, est
un auteur peu fidèle, et je le soupçonne d'avoir voulu parler
ici du *margay* et de l'*ocelot*.

26.° M. *Leschenault* a rapporté de Java un chat moindre
que le nôtre (4), mais de même forme. Sa couleur est gris-

---

(1) Vingt-trois pouces, et la queue de treize.
(2) Vingt pouces, et la queue onze.
(3) Vingt-deux pouces et demi, la queue dix et demi.
(4) Long de seize à dix-sept pouces, queue de huit pouces et demi.

brun clair dessus et blanchâtre dessous, avec des taches
brunes, peu marquées et rondes, éparses sur tout le corps;
celles du dos sont allongées, et forment quatre lignes plus
brunes. Une ligne partant de l'œil, et allant en arrière, se recourbe pour faire une bande transverse sous la gorge que suivent deux ou trois autres bandes sous le cou. Ce dessin de la
gorge se remarque également dans les ocelots et les margays.

Cet animal me paroît singulièrement ressembler au *chat
du Bengale* de *Pennant* et de *Shaw*.

27.º Un individu plus petit a des ondes plutôt que des taches; il pourroit être comparé au *chat sauvage Indien* de
Vosmaër (Monogr. tab. XIII), si celui-ci n'étoit enluminé
d'une teinte trop bleue. Quant au *chat-bisaam* de *Vosmaër*,
copié dans le suppl. de Buff. VII, pl. 55, ce n'est qu'une
genette, comme *Vosmaër* lui-même en est convenu; aussi
Gmelin l'a-t-il placé dans les *viverra*; mais il n'auroit peut-
être pas dû le distinguer de son *viverra malaccensis*, qui est
évidemment le même que la *genette du Cap* de Buffon.

Après cette énumération critique des espèces bien connues
de chats, qui pourra être de quelque utilité aux futurs rédacteurs d'un *Systema naturæ*, j'en viens à la recherche des caractères ostéologiques des principales. C'est surtout dans les
têtes qu'on peut en trouver; mais, excepté ceux que fournit
la grandeur, ils sont si peu sensibles, que l'on auroit beaucoup
de peine à les exprimer par les paroles.

C'est pourquoi j'ai fait graver ces têtes sur la même échelle,
vues en dessus et de profil; et comme il y a quelques variétés
entre elles, j'en ai donné des deux sexes dans les espèces du
tigre et du lion.

On peut remarquer que le caractère dominant de la tête

4

du lion consiste en ce que la ligne de la face ab, et celle du crâne bc, sont presque droites l'une et l'autre.

Un second caractère, qui tient au premier, est l'aplatissement et même la concavité de la partie du frontal située entre les apophyses postorbitaires bb. La lionne a la partie du crâne plus courte à proportion de celle de la face, et toutes les deux plus courtes à proportion de leur largeur, et il paroît que c'est là un attribut général des femelles

Le tigre, presque aussi grand que le lion, a la ligne de la face et du crâne plus serpentante, et l'intervalle orbitaire bombé dans les deux sens. Il y a d'ailleurs des différences, même entre les mâles, pour la longueur proportionnelle de la partie du crâne; elles tiennent surtout au plus ou moins de développement de la crête occipitale. Les femelles ont aussi toutes les parties plus courtes.

Le jaguar a la tête plus courte à proportion que le tigre; l'intervalle des yeux est plus élevé, plus bombé; les apophyses postorbitaires bb sont plus saillantes, et le crâne a derrière elles, de chaque côté, une légère convexité ee.

Notre plus grande tête de jaguar a le dessous de sa mâchoire inférieure en ligne serpentante très-marquée; mais deux autres têtes, qui sont moins grandes, quoique adultes, l'ont presque rectiligne comme le tigre.

La tête de jeune jaguar noir, rapportée avec la peau du Brésil, a tous les caractères des jaguars jaunes adultes, autant qu'un individu jeune peut les avoir, excepté la convexité derrière les apophyses postorbitaires.

La panthère a toute la ligne du dessus de la tête d'une convexité uniforme et modérée; mais l'intervalle des yeux est aplati transversalement. Cette forme, bien caractérisée, se retrouve dans le léopard, le couguar et le mélas, au point qu'il me paroît très-difficile d'assigner des caractères constans pour distinguer ces espèces; je trouve seulement à mes couguars la face un peu plus courte à proportion.

Pour donner plus de précision à ces différences, j'ai cru devoir rédiger la table suivante des principales mesures des têtes des grandes espèces prises sur plusieurs individus de chacune. Je dois dire qu'il n'y a point d'incertitude sur l'espèce de chaque tête, parce que j'ai toujours pris pour type celle d'un individu que j'avois vu vivant, et que j'ai disséqué.

NOMS des ESPÈCES	LONGUEUR depuis le bord alvéolaire jusqu'aux condyles de l'occiput	LONGUEUR depuis le bord alvéolaire jusqu'à la crête occipitale	LONGUEUR depuis le bord alvéolaire jusqu'au milieu de l'intervalle des apophyses postorbitaires	LONGUEUR depuis ce point jusqu'à la crête occipitale	DISTANCE entre les points de leur intervalle des apophyses postorbitaires	HAUTEUR VERTICALE du milieu de leur intervalle, la tête étant posée sur sa mâchoire inférieure	ÉCARTEMENT des arcades zygomatiques
Lion	0,335	0,370	0,209	0,178	0,121	0,143	0,272
Autre lion plus petit	0,315	0,340	0,189	0,168	0,112	0,140	0,229
Lionne	0,267	0,302	0,177	0,143	0,110	0,131	0,225
Lionne plus petite	0,247	0,278	0,160	0,136	0,091	0,120	0,194
Tigre mâle	0,302	0,342	0,175	0,184	0,102	0,152	0,250
Autre tigre mâle	0,286	0,316	0,175	0,171	0,102	0,138	0,239
Tigresse	0,262	0,291	0,162	0,146	0,101	0,123	0,203
Grand jaguar	. . . .	. . . .	0,148	. . . .	0,091	0,132	0,194
Jaguar plus petit	0,223	0,280	0,154	0,140	0,074	0,111	0,172
Autre jaguar plus petit	0,238	0,266	0,138	0,156	0,078	0,122	0,176
Jeune jaguar noir	0,182	0,206	0,111	0,114	0,065	0,098	0,141
Panthère	0,185	0,205	0,116	0,106	0,064	0,099	0,141
Mélas	0,170	0,184	0,098	0,104	0,062	0,088	0,131
Couguar	0,160	0,182	0,100	0,104	0,067	0,086	0,120
Ocelot	0,150	0,140	0,071	0,086	0,053	0,068	0,097

Je n'ai pas cru devoir m'occuper des têtes des espèces inférieures, qui ressemblent d'ailleurs infiniment à celle du chat par leur rondeur; le seul ocelot excepté, qui a la sienne plus oblongue que toutes les autres.

C'est d'après le travail dont je viens de rendre compte que j'ai comparé la mâchoire fossile, de mon chapitre sur les carnassiers, avec celles de toutes les grandes espèces, et j'ai trouvé, comme tout le monde pourra s'en convaincre, identité presque parfaite entre elle et celle du grand jaguar pour la grandeur, et surtout pour la courbure de sa ligne inférieure. Il est clair cependant que l'on ne peut pas en conclure identité d'espèce; que l'on ne peut pas même, d'après une circonstance si peu importante, donner l'exclusion aux autres espèces; car il se pourroit, à la rigueur, que des tigres ou des lions eussent quelquefois une courbure plus ou moins approchante, surtout puisque nous avons vu que quelques jaguars ne l'ont pas.

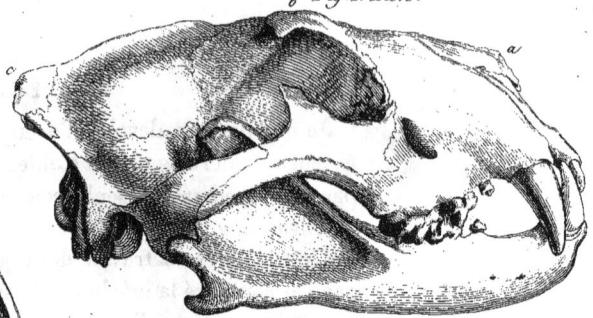

Fig. 1. Lion.

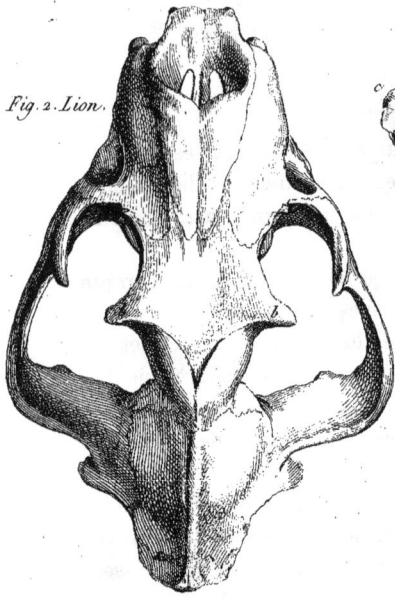

Fig. 2. Lion.

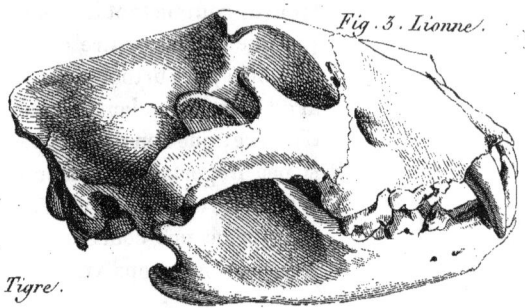

Fig. 3. Lionne.

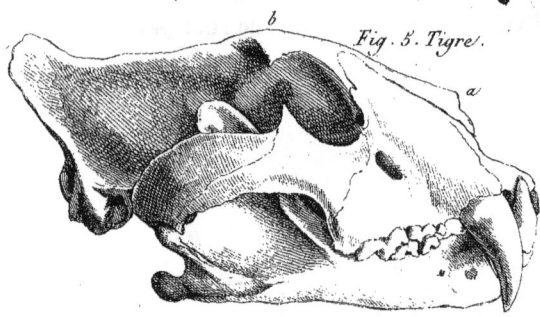

Fig. 5. Tigre.

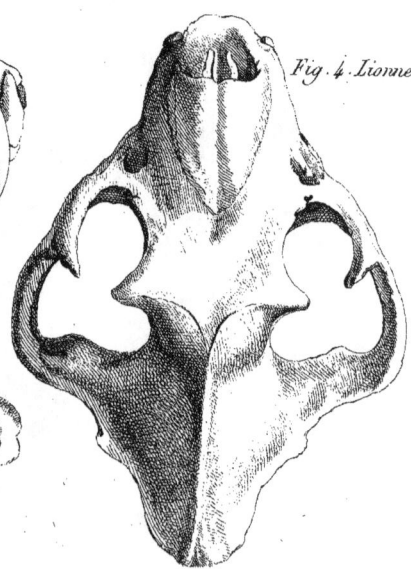

Fig. 4. Lionne.

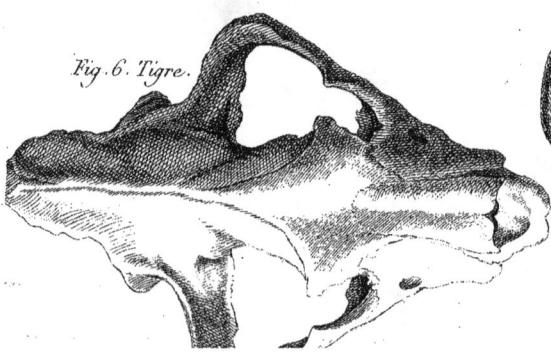

Fig. 6. Tigre.

Fig.1. Tigre femelle.

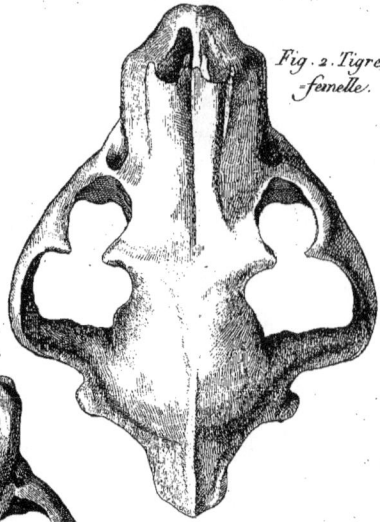

Fig.2. Tigre femelle.

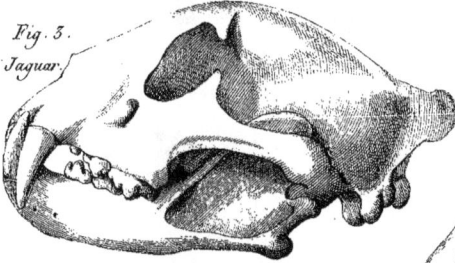

Fig.3. Jaguar.

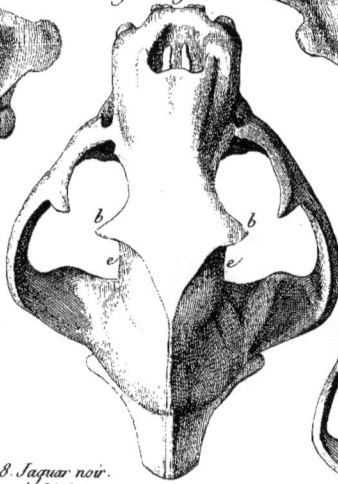

Fig.4. Jaguar.

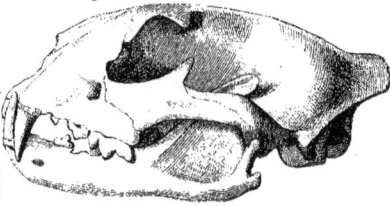

Fig.5. Panthère.

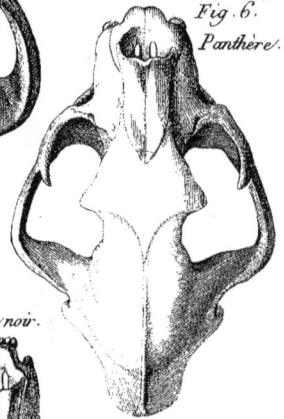

Fig.6. Panthère.

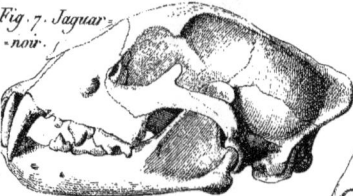

Fig.7. Jaguar noir.

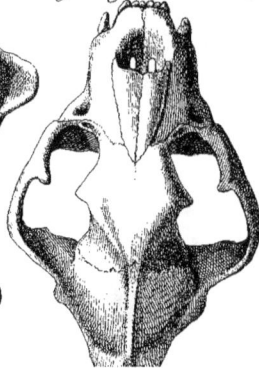

Fig.8. Jaguar noir.

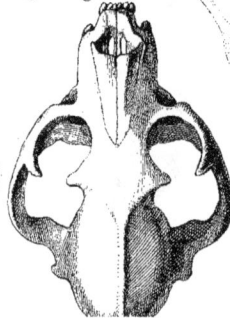

Fig.10. Tigre noir.

Fig.9. Tigre noir.

DE QUELQUES RONGEURS FOSSILES,

Principalement du genre des CASTORS *qui se sont trouvés dans des tourbes ou dans des alluvions, et de quelques autres rongeurs enfermés dans des* SCHISTES,

Nous parlons, au chapitre des brèches osseuses, de plusieurs rongeurs, dont les os se sont trouvés mêlés dans ces brèches à des os de ruminans : ici nous n'avons à traiter que des rongeurs des terrains meubles ou des couches fissiles.

ARTICLE PREMIER.

Rongeurs des terrains meubles.

Nous parlerons d'abord d'une tête et d'une dent incisive de *castor* retirées des tourbes de la vallée de la Somme, par M. *Traullé*, à qui nous devons tant d'autres fossiles de ce canton-là. Trouvées dans un terrain tout récent, avec des bois de cerfs, des têtes de bœufs et autres ossemens d'animaux connus, et dans un pays où il y a eu autrefois beaucoup de castors, et où il en reste encore quelques-uns, on devoit bien s'attendre qu'elles ressembleroient au *castor* ou *bièvre* ordinaire; et c'est en effet ce que l'examen a confirmé.

Le caractère générique des molaires de castor est d'avoir l'émail de leur couronne replié de manière à former trois lignes rentrantes du bord externe, et une seule de l'interne à la mâchoire supérieure, et précisément l'inverse à l'inférieure. Leur nombre est partout de quatre, dont la première seule est susceptible de changer. On peut prendre une idée de ces dents, fig. 16 et 17, où les supérieures et les inférieures du même côté sont dessinées de grandeur naturelle.

Notre tête fossile, fig. 1, 2 et 4, et sa mâchoire inférieure, fig. 5, présentent exactement ces caractères; et comme la dent de devant y est beaucoup moins usée que les autres, on voit qu'elle venoit de remplacer la dent de lait.

Un heureux hasard a voulu que j'eusse deux têtes de castor ordinaire à peu près du même âge; car l'une a sa dent antérieure encore parfaitement entière, et l'autre est au moment de perdre sa dent de lait.

J'ai représenté celle-ci à côté de la tête fossile, fig. 3, 6 et 7, et le premier coup-d'œil montre qu'elle vient de la même espèce d'animal.

Je représente, fig. 8, 9 et 10, la tête d'un castor adulte du Canada; elle diffère de ces jeunes têtes, en ce que les crêtes temporales, au lieu d'être presque effacées et écartées l'une de l'autre, sont rapprochées sur la ligne médiane en une seule crête saillante; en ce que la crête occipitale se porte plus en arrière; enfin en ce que la longueur est plus grande à proportion de la largeur, indépendamment de ce qu'elle surpasse absolument d'un cinquième celle des jeunes têtes.

Une autre tête du même pays et du même âge présente les mêmes caractères; mais on voit aisément qu'ils ne tiennent qu'à l'état adulte. Le rapprochement des crêtes occipitales se fait de même avec l'âge, dans presque tous les animaux.

J'aurois bien voulu savoir s'il y a quelque différence entre la tête osseuse du castor d'Europe adulte et celle du castor de Canada; mais je n'ai pu encore me procurer la première. C'est le seul moyen de décider si notre castor diffère par l'espèce de celui d'Amérique; car, malgré que le poil des individus de France que nous possédons au cabinet, soit d'un gris jaunâtre, et que les castors ordinaires de Canada soient d'un fauve roussâtre, comme il y en a aussi dans ce pays-là, de roux, de dorés, de blancs et de tout-à-fait noirs, la couleur ne peut donner de caractère certain.

Dimensions comparatives des trois têtes.

	Tête fossile.	Tête de jeune castor.	Tête de castor adulte
Longueur de la tête depuis la crête occipitale jusqu'à l'extrémité des os du nez	0,105	0,105	0,135
Largeur du crâne entre les fosses temporales.	0,043	0,043	0,041
Plus grande largeur des arcades zygomatiques	0,078	0,076	0,086
Largeur entre les deux orbites	0,025	0,023	0,020

M. *Fischer*, conseiller aulique de l'empereur de Russie, professeur et directeur du cabinet de l'Université de Moscou, l'un des naturalistes auxquels mon ouvrage sur les fossiles doit le plus de bons matériaux, a eu la complaisance de m'envoyer la gravure d'une tête fossile des environs d'Azof, qu'il a décrite dans le deuxième volume des Mémoires de la Société des naturalistes de Moscou, et qu'il nomme *trogontherium*, c'est-à-dire *animal rongeur*. J'en donne la copie à demi grandeur comme toutes les précédentes, fig. 11 et 12.

Les dents et toutes les formes de cette tête portent les caractères d'un castor; on ne pourroit même la différencier de la tête du castor adulte du Canada, si la fossile n'étoit d'un quart plus grande. Cependant, comme il n'est pas certain que nous possédions les plus grandes têtes de castor vivant qu'il y ait; comme d'ailleurs le castor habitoit autrefois et habite peut-être encore les côtes du Pont-Euxin; comme enfin presque tous les bords de la mer d'Azof ne sont que de vastes alluvions, je crois que l'on auroit besoin de bien connoître le gisement de cette tête avant de décider si elle appartient à un animal perdu. Dans tous les cas, comme son genre n'est susceptible d'aucun doute, on pourra l'appeler *castor trogontherium*.

Voilà tous les os de rongeurs des terrains meubles dont j'aie une connoissance exacte; non sans doute qu'il n'y en ait eu beaucoup d'autres de déterrés, mais parce que leur petitesse et leur ressemblance apparente avec les espèces connues les aura fait négliger.

ARTICLE II.

Sur les rongeurs des couches fissiles.

Parmi ces innombrables poissons qui remplissent en divers endroits les lames des schistes calcaires et marneux, il s'est trouvé, quoique très-rarement, des quadrupèdes vivipares qui appartiennent tous à l'ordre des rongeurs.

Les plus nombreux et les plus considérables ont été tirés

des célèbres carrières d'*OEningen*, que je décris au chapitre des *Reptiles trouvés dans les schistes*, et qui passent généralement pour n'offrir que des restes d'animaux du pays, quoiqu'il s'en faille beaucoup que cette assertion soit exacte.

M. *Karg*, qui a décrit nouvellement ces carrières et toutes leurs productions (1), parle de trois espèces de rongeurs qui en auroient été extraites. L'une d'elles est, selon lui, la *souris domestique*, dont on lui a assuré qu'on avoit trouvé plusieurs individus; mais il reconnoît que l'échantillon qui lui fut montré pour tel dans le cabinet de M. *Lavater*, n'étoit peut-être qu'une racine de cypérus (2).

Une autre est le *muscardin*, dont il doit y avoir un individu au cabinet de *Mersbourg*; il a cinq pouces de long, est tout courbé et comprimé, et ne conserve presque rien de ses membres; je voudrois donc qu'on eût dit comment on a pu reconnoître que c'étoit justement un *muscardin*.

Enfin la troisième et la plus grande, déposée dans le cabinet de M. *Ziegler* à *Winterthur*, la seule qui ait été gravée, et sur laquelle nous puissions par conséquent donner nos propres conjectures, a été regardée par M. *Jean Gesner* comme un *cochon d'inde*, et rapportée aux rongeurs, seulement d'une manière générale par M. *Blumenbach*; mais M. *Karg* soupçonne que ce pourroit bien n'être qu'un *putois*.

---

(1) Mém. de la Soc. des nat. de Souabe, tom. I, pag. 24 et 25.

(2) M. *Brard*, jeune minéralogiste attaché au Muséum d'histoire naturelle, qui a fait un voyage en Suisse depuis peu, nous a fait voir le dessin d'un fossile du cabinet de M. *Lavater*, qui nous paroît représenter un rongeur, de la grandeur du cochon d'inde, et par conséquent de la même espèce que celui de M. *Ziegler*; mais nous n'y avons trouvé que les dents d'un peu reconnoissable; c'est pourquoi nous ne l'avons pas fait copier.

Il seroit singulier que l'on eût pu regarder comme animal du pays le *cochon d'inde* qui vient d'Amérique, et qui n'en avoit sûrement pas été encore apporté en Souabe, quand les schistes d'*OEningen* se sont déposés; d'un autre côté, il est assez difficile qu'on puisse soutenir qu'un animal soit d'un pays quelconque, quand on n'est pas encore sûr s'il est de l'ordre des rongeurs ou de celui des carnassiers.

Cherchons donc à voir par nous-mêmes ce que nous pourrons y reconnoître.

Nous avons deux bonnes figures de ce fossile; la première, dans les *Mémoires de l'Académie de Lausanne*, tom. III, pag. 51, où elle avoit été envoyée par M. *Wild*; la seconde, qui représente la contre épreuve, dans ceux de la *Société des naturalistes de Souabe*, où elle accompagne le Mémoire de M. *Karg*. Nous avons fait copier celle-ci à moitié grandeur, fig. 15.

On ne voit de traces de dents que dans la première de ces figures; mais ces traces marquent, à ce qu'il me semble, un rongeur, sans aucune équivoque. Les grandes incisives arquées de la mâchoire inférieure, les molaires composées de lames à la supérieure m'y paroissent bien exprimées.

Si c'étoit un *putois* ou tout autre carnassier, il seroit bien extraordinaire que ses fortes canines et ses molaires tranchantes n'eussent point laissé de vestiges.

Pour que le lecteur en puisse juger, nous donnons, fig. 14, une copie de grandeur naturelle de cette tête, d'après la figure de *Wild*.

J'adopte donc l'avis exprimé par M. *Blumenbach*, dans son *Archæologia telluris*, que c'est ici un rongeur (*scalpris dentalum*).

Mais lorsqu'il dit ailleurs que c'est *une espèce détermi-nable*, tout en ajoutant que c'est un *rat d'eau ou quelque animal semblable*, je pense que ce savant professeur va un peu trop loin.

Ce n'est d'abord point le *rat d'eau;* car la grandeur du squelette fossile est de près d'un quart supérieure à celle de nos plus forts rats d'eau, et surpasse aussi plus ou moins celle du *rat commun* et du *surmulot.* Je ne trouve dans le genre des rats proprement dits, à dents molaires simplement échan-crées par les bords, que le *rat de Java*, appelé *perchal* par Buffon, que l'on puisse comparer à celui-ci pour la grandeur; mais le fossile montre véritablement plusieurs caractères qui se trouvent dans le sous-genre auquel appartient le *rat d'eau*, et non pas dans celui où se rangent le *surmulot*, le *rat commun* et le *perchal.* D'abord il a, comme le *rat d'eau*, des molaires composées de lames parallèles; ensuite la forme de son fémur, et surtout la position très-basse de son troisième trochanter, confirment ce que les restes de ses molaires annoncent; car tout le sous-genre des *campagnols*, parmi lesquels se place le *rat d'eau*, a le trochanter plus bas que les autres rats; mais aucun des *campagnols* que nous connoissons n'est plus grand que le *rat d'eau.* Le *piloris* des Antilles le surpasseroit seul s'il étoit du même genre; mais comme aucun naturaliste proprement dit ne l'a encore vu, l'on ne peut rien affirmer de positif sur sa classification.

Si nous passons maintenant aux autres rongeurs, nous ne trouverons que les *cabiais* et les *ondatras*, auxquels les deux caractères que nous avons déterminés dans le squelette fossile puissent convenir; mais l'*ondatra* ou *rat musqué* est trop grand; et parmi les *cabiais*, le *cochon d'inde* seul est de la taille nécessaire.

Ce résultat montre que la détermination faite par M. *Jean Gesner* étoit encore la plus juste de toutes; mais, si elle étoit vraie, elle prouveroit déjà combien l'on se trompe en faisant venir du canton environnant tous les animaux enfouis à *Œningen*.

Cependant il y a encore un caractère distinctif et spécifique fort marqué dans la position et la grandeur de ce troisième trochanter.

Quoique le *cochon d'inde* l'ait, et l'ait à la même place, il l'a incomparablement plus petit que ne le marque sur l'un des deux fémurs la figure de *Wild*, qui paroît bien terminée à cet endroit. Celle de M. *Karg* le marque à l'autre beaucoup plus foible et plus semblable à celui du *cochon d'inde ;* mais elle le place au côté opposé de l'os, ce qui laisse quelque doute. Nous faisons représenter à part, de grandeur naturelle, fig. 15, cette portion de fémur tirée de la figure de *Wild*, afin que nos lecteurs puissent en faire la comparaison.

Ainsi, de deux choses l'une; ou cet animal fossile est un *cochon d'inde*, et alors il seroit d'Amérique, et non des environs du lac de Constance; ou, ce qui est beaucoup plus vraisemblable et plus conforme à tout le reste de l'histoire des quadrupèdes fossiles des couches régulières, c'est une espèce inconnue de *campagnol* ou de *cabiai*.

L'autre rongeur des couches fissiles, dont j'ai à parler, vient de *Walsch* en Bohême, dans le cercle de *Saats*, au revers des montagnes de l'*Erzgebirg*, lieu dont les carrières ne me sont pas connues en détail. Il a été représenté par *Mylius* dans ses *Memorabilia saxonicæ subterraneæ*, et par *Hebenstreit*, dans son *Museum richterianum*. Nous en donnons une copie à moitié grandeur, fig. 13. *Walch* (*Monum.*

de Knorr. II, pag. 152), le rapporte au *rat d'eau*, et j'ai lieu de croire que c'est de ce morceau que *Gmelin* a voulu parler, quand il dit qu'un squelette de *musaraigne* a été trouvé en Bohême, enfermé dans une ardoise (1).

Comme ce squelette ne montre plus guère de caractères que ses incisives inférieures, que l'on pourroit aussi, à la rigueur, rapporter au genre *sorex*, on n'a que la grandeur pour se décider. Elle est beaucoup trop considérable pour qu'on puisse croire que c'est une *musaraigne* d'Europe, ou une *souris domestique*, ou un *mulot*, ou un *campagnol;* elle ne l'est pas assez pour en faire un rat d'eau. Le *schermauss* (*mus terrestris*), est le seul animal de ce pays-ci auquel on puisse rapporter ce squelette avec quelque vraisemblance : mais combien ne s'en faut-il pas encore qu'il y ait de la certitude dans ce rapprochement?

---

(1) *Syst. nat.* tom. III, pag. 387.

Fig. 4.

Fig. 3.

Fig. 2.

Fig. 1.

Fig. 5.

Fig. 6.

Fig. 9.

Fig. 8.

Fig. 7.

Fig. 10.

Fig. 11.

Fig. 15.

Fig. 13.

Fig. 17.

Fig. 14.

Fig. 16.

Fig. 12.

Fig. 18.

OBSERVATIONS

Sur l'Ostéologie des Paresseux.

L'Ostéologie des paresseux n'est pas entièrement inconnue: Daubenton s'en est occupé dans le tome XIII de l'Hisoire naturelle in-4.° ; mais les squelettes qu'il a décrits venoient d'individus si jeunes, que presqu'aucun os n'avoit conservé ses formes en se desséchant, et que l'existence même de quelques-uns étoit contestée, ou restoit problématique, ainsi que nous le verrons plus bas; il a même négligé d'observer un point qui eût été fort curieux pour lui, et qui le frappa beaucoup lorsque je le lui fis voir il y a quèlques années : je veux parler du nombre de 9 vertèbres cervicales dans l'*aï*.

Depuis Daubenton, M. Wiedeman, professeur d'anatomie à Brunswick, a travaillé sur le même sujet ; il a donné une description détaillée du crâne de l'*aï*, Archives zool. et zoot. t. I, cah. I, p. 46, avec fig., pl. I et II ; une autre plus abrégée du squelette, *ib.* p. 132, sans figures, faite d'après un jeune individu ; et quelques remarques additionnelles, faites dans notre Muséum, tant sur le squelette de l'*aï* adulte, que sur le crâne de l'*unau*, *ib.* tome III, cah. I, p. 57. Cependant comme il reste encore plusieurs points intéressans qu'il n'a point exposés, et que cette ostéologie est d'ailleurs fort importante,

1

non seulement pour l'explication des phénomènes singuliers
que l'économie de ces animaux nous présente, mais encore
pour éclaircir ce qui concerne le grand squelette fossile trouvé
au Paraguay, et placé au cabinet du roi d'Espagne à Madrid,
ainsi que certains ossemens découverts en Virginie et
décrits par M. Jefferson, j'ai cru devoir y donner de nouveau
toute mon attention.

Outre les deux jeunes squelettes décrits par Daubenton,
j'en ai eu à ma disposition deux autres à peu près du même
âge que j'ai observés frais, avant que leurs cartilages fussent
desséchés; mais j'ai sur-tout été aidé d'un squelette d'*aï* parfaitement adulte, rapporté de Cayenne par M. *Richard*, mon
confrère à l'Institut, et professeur d'histoire naturelle médicale
à l'Ecole de médecine. J'y ai joint la tête et les pieds que j'ai
fait extraire de la peau empaillée d'un *unau*, aussi parfaitement adulte, donné du cabinet de zoologie de ce Muséum à
celui d'anatomie comparée par mon ami et collègue M. Geoffroy.

J'aurois bien voulu pouvoir décrire également l'ostéologie du
grand *paresseux pentadactyle* (*bradipus ursinus* Shaw.), si
toutefois c'est un vrai paresseux, ce dont j'ai quelque lieu de
douter. Cette espèce, ayant un nombre de doigts différent des
deux autres, n'auroit pas manqué d'offrir aussi quelque singularité dans les os de ses extrémités; mais cet animal rare n'a
été vu qu'en Angleterre, et une fois seulement: nous n'en
possédons ici aucune partie.

Buffon, après avoir peint avec éloquence et peut-être avec
un peu d'exagération l'état misérable où les paresseux sont
retenus par leur organisation même, dit que « tout en eux
» nous rappelle ces monstres par défaut, ces ébauches impar-
» faites mille fois projetées, exécutées par la nature, qui, ayant

» à peine la faculté d'exister, n'ont dû subsister qu'un temps,
» et ont été depuis effacées de la liste des êtres. »

En les considérant sous un autre point de vue, on leur
trouve si peu de rapports avec les animaux ordinaires; les
lois générales des organisations aujourd'hui existantes s'appliquent si peu à la leur; les différentes parties de leur corps
semblent tellement en contradiction avec les règles de coexistence que nous trouvons établies dans tout le règne animal,
que l'on pourroit réellement croire qu'ils sont les restes d'un
autre ordre de choses, les débris vivans de cette nature précédente dont nous sommes obligés de chercher les autres
ruines dans l'intérieur de la terre, et qu'ils ont échappé par
quelque miracle aux catastrophes qui détruisirent les espèces
leurs contemporaines.

Il n'y a peut-être parmi tous les quadrupèdes que le seul éléphant qui s'écarte autant que les paresseux du plan général de
la nature dans la formation de cette classe : encore les écarts
que l'on y remarque correspondent-ils l'un à l'autre de manière à corriger réciproquement leurs mauvais effets, et à
produire un ensemble concordant; mais dans les paresseux
chaque singularité d'organisation semble n'avoir pour résultat
que la foiblesse et l'imperfection, et les incommodités qu'elle
apporte à l'animal ne sont compensées par aucun avantage.

Comme l'ordre dans lequel nous décrivons chaque ostéologie n'est pas très-important dans le plan général de notre
travail, nous allons considérer celle des paresseux par rapport
à ses singularités et sur-tout par rapport à ses effets, dans les
mouvemens de ces animaux et dans toute leur économie. Ce
sera peut-être un moyen de diminuer la sécheresse des détails
dans lesquels notre sujet nous force de traîner le lecteur.

I. *Particularités dans l'organisation du squelette qui causent la lenteur et la foiblesse des paresseux.*

1.° *Des proportions générales.*

Le seul aspect du squelette de l'*aï* (pl. I.) indique des proportions en quelque sorte manquées. Le bras et l'avant-bras pris ensemble sont presque deux fois aussi longs que la cuisse et la jambe, de manière que quand l'animal veut marcher à quatre, il est obligé de se traîner sur les coudes, et quand il est debout sur les talons, sa main toute entière peut encore appuyer sur la terre. Il n'y a que quelques singes qui approchent de cette disproportion ; mais ils se tiennent souvent debout, ou marchent à l'aide d'un bâton : c'est ce que l'aï ne peut pas faire, parce que ses pieds de derrière sont si mal articulés qu'ils ne peuvent le soutenir, comme nous le verrons. Son bassin est de plus si large, et ses cavités cotyloïdes si tournées en arrière, qu'il ne peut rapprocher les genoux, et qu'il est forcé de tenir ses cuisses écartées.

L'*unau* a des proportions un peu plus favorables. Ses bras et ses avant-bras pris ensemble ne sont à ses cuisses et à ses jambes que comme six à cinq.

Les animaux, lorsqu'ils courent, reçoivent leur principale impulsion des pieds de derrière : aussi les bons coureurs ont-ils les pieds de derrière plus longs ; le lièvre, la gerboise, etc. La longueur des pieds de devant ne sert qu'à embarrasser : c'est elle qui fait marcher les crabes à reculons. Les paresseux ne peuvent presque les employer que pour se cramponner et traîner ensuite l'arrière de leur corps.

2.° *Forme du bassin*; *union extraordinaire de ses parties.*

Outre cette largeur extrême du bassin et cette direction des cavités cotyloïdes vers le haut, que nous venons d'indiquer et dont aucun autre animal n'offre d'exemple, le bassin des paresseux a quelque chose de particulier et de fort incommode pour la marche.

Dans les autres quadrupèdes, l'os sacrum ne tient aux os innominés que par une petite portion de ses côtés en avant; tout le reste est libre, et l'intervalle entre la partie postérieure du sacrum et l'os innominé se trouve vide pour loger des muscles et autres parties molles, et porte le nom de *grande échancrure ischiatique.*

Dans les paresseux, il y a une seconde union en arrière, entre le sacrum et la tubérosité de l'ischion, et au lieu d'échancrure ischiatique il n'y a qu'un trou, comme un deuxième trou obturateur. (Voyez pl. IV, fig. I, *a.*)

Le *phascolome (didelphis ursina* de *Shaw)* est le seul quadrupède qui présente cette structure, et il suffit de l'avoir vu marcher, ou plutôt ramper, pour juger qu'il n'est guère plus agile que nos paresseux.

Les détroits du bassin sont énormes à proportion.

3.° *Articulation du pied de derrière.*

C'est peut-être ce qu'il y a de plus extraordinaire dans l'*aï* ; elle semble arrangée exprès pour ôter à l'animal l'usage de son pied.

Par-tout la principale articulation de l'astragale se fait avec le tibia par un gynglyme plus ou moins lâche, qui permet au pied de se ployer sur la jambe.

Ici la facette principale et supérieure de l'astragale est une fossette conique dans laquelle pénètre comme un pivot l'extrémité du péroné, faite en pointe. (Voyez pl. IV, fig. 2, *a*.)

Le rebord de cette fossette du côté interne tourne contre une très-petite facette qui n'occupe pas le tiers de la tête inférieure du tibia.

Il résulte de cette disposition que le pied tourne sur la jambe comme une girouette sur son pieu, mais qu'il ne peut pas s'y ployer.

Il en résulte encore que le plan, le corps du pied, est presque vertical quand la jambe l'est, et que l'animal ne pourroit poser la plante de son pied à terre qu'en écartant la jambe au point de la rendre presque horizontale.

De ces deux particularités dérivent une foiblesse absolue du pied, et l'impossibilité complète de fournir au corps un point d'appui solide.

L'astragale, pl. II, fig. 6, A, s'articule avec le calcanéum par une petite facette ronde et concave, *b*, opposée à celle, *a*, qui répond au péroné : après quoi vient un cou un peu rétréci, *c*, et en avant une facette scaphoïdienne un peu gynglymoïde, *d*, au bord interne de laquelle en est une petite *e* pour le bord antérieur du calcanéum.

Le calcanéum, *ib.* B, est très-comprimé en arrière, *f*, mais dans un plan presque horizontal quand la jambe est verticale. Il devient ensuite prismatique, porte en dessus le tubercule, *g*, pour sa première articulation avec l'astragale, et au bout une petite facette, *h*, pour la seconde. L'extrémité est terminée par deux facettes qui font un angle, l'interne *i* pour le scaphoïde D, l'externe *k* pour le cuboïde E.

L'*unau* a le pied beaucoup mieux articulé : son astragale

porte, il est vrai, une facette creuse pour le pivot du péroné, mais ce pivot fait un angle avec le reste de l'os, ou un crochet dirigé en dedans ; de manière que l'astragale, tout en tournant sur lui, ne s'en meut pas moins dans un plan vertical, et que le pied peut poser à terre beaucoup plus facilement que dans l'aï. (Voyez pl. IV, fig. 3 où T est le tibia; P le péroné, A la partie supérieure de l'astragale, a' sa partie inférieure ; C le calcanéum, c' sa tubérosité postérieure.

4.° Roideur de toutes les parties des doigts.

On sait qu'à l'extérieur, dans les paresseux, la peau enveloppe toutes les parties des mains et des pieds jusqu'aux ongles, qui sont séparés, et que tout le reste des doigts est réuni et sans intervalle ni mobilité entre eux; ils ne peuvent que se fléchir ou se redresser tous ensemble.

Aussi toutes les articulations des phalanges sont des gynglymes serrés; les parties creuses représentent des gorges profondes de poulies, et ce qui prouve combien les mouvemens y sont gênés, c'est que dans l'aï plusieurs pièces qui restent toujours distinctes dans les autres animaux se soudent avec l'âge.

Telles sont d'abord les premières phalanges des doigts à tous les pieds, qui se soudent avec les os du métatarse et du métacarpe.

Daubenton ne trouvant que trois os à chaque doigt, a été d'abord indécis sur celui qui manquoit; il a pensé à la fin que c'étoit la première phalange.

Le fait est qu'elle ne manque pas, mais qu'elle se soude à l'os qui la précède; on pourroit le juger à la forme de l'articulation : dans les animaux, en général, c'est l'os du métacarpe ou du métatarse qui présente une partie saillante à la première phalange, et celle-ci en présente une creuse à la seconde. Dans l'aï, le prétendu os du métatarse en présente au contraire une creuse.

La chose est décidée d'ailleurs par l'*unau*, qui, en sa qualité d'animal beaucoup plus favorisé et plus agile, a ses premières phalanges encore distinctes à un âge où elles sont déja soudées depuis long-temps dans l'*aï*. (Voyez pl. III, fig. 4 et 5, H et I.)

On peut remarquer qu'elles y sont d'une briéveté singulière, quatre fois plus courtes que les secondes : elles doivent avoir par conséquent un mouvement très-peu marqué, et c'est sans doute ce qui leur permet de se souder. Qu'elles le soient ou non, l'effet est peu différent : mais, même dans l'unau, les os sésa-moïdes se soudent à la partie inférieure de la première phalange et la prolongent en arrière.

Dans l'*aï*, la soudure des parties va beaucoup plus loin : aux pieds de devant les trois os du métacarpe, et les vestiges des métacarpiens du pouce et du petit doigt se soudent par leurs bases, et ne font qu'une seule pièce : de sorte qu'en comptant les premières phalanges, il y a huit os réduits à un seul, et quatorze en tenant compte des os sésamoïdes. (Voy. pl. II, fig. 5, M.) On peut juger si les mouvemens doivent en être entravés.

La soudure du métacarpien de l'index avec celui du médius se fait un peu plus tard que les autres.

Aux pieds de derrière, non seulement les huit os correspon-dans à ceux des pieds de devant sont aussi soudés, mais il s'y joint de plus les trois os cunéiformes; par conséquent, un seul os y remplace onze, et, en tenant compte des os sésa-moïdes, dix-sept. (Voyez pl. II, fig. 6, N.)

Dans l'*unau*, toutes ces parties sont distinctes, les sésa-

moïdes exceptés. Les trois métatarsiens sont plus longs à proportion de tout le pied, et les vestiges de ceux du pouce et du
petit doigt diffèrent moins des autres. (Voy. pl. III, fig. 4, H, *h*.)

Le carpe de l'*unau* est composé de sept os, et celui de l'*aï*,
quoiqu'il ait un doigt de plus, n'en contient que six; c'est
que dans l'*unau* le *scaphoïde* se soude avec l'os de dessous ou
le *trapèze* : c'est une chose qui lui est toute particulière; car,
dans les carnassiers où il n'y a aussi que sept os, c'est au *semi-
lunaire* ou à l'os d'à côté que le *scaphoïde* se soude.

Le vestige de doigt du côté interne, H, tient à cet os *sca-
phoïdo-trapèze* : on doit croire par conséquent qu'il représente
le pouce. Le *trapézoïde* D, qui est fort petit, porte le premier
doigt parfait H' qui est l'index. Le second *h* tient à la fois au
grand os E et à l'*unciforme* F : et ce dernier porte le vestige
de doigt du côté externe *h'*, lequel, quoique plus petit que
celui du côté interne, représente cependant nécessairement à
la fois le doigt annulaire et l'auriculaire.

L'os *semi-lunaire* B est fort grand, ce qui rend l'analogue
du *grand os* E fort petit. Il forme avec le *scaphoïde* une surface convexe, uniforme, oblongue qui répond à une facette
semblable, mais concave, du radius. (Voyez pl. IV, fig. 5.) Le
cubitus ne s'articule presque que par un point au *cunéiforme*
C; le *pisiforme* G est arrondi et médiocre.

Dans l'*aï*, la soudure du *scaphoïde* au *trapèze* a toujours
lieu (voyez A, fig. 5, pl. II.), et il y en a de plus une
entre le *trapézoïde* et le *grand os*, E, *ib*. C'est ce qui réduit
ses os de carpe à six.

Le troisième doigt parfait tient tout entier à l'*unciforme* C;
mais le médius y tient aussi toujours un peu.

5.° *Manière dont les ongles sont pliés dans l'état de repos,
et caractère des dernières phalanges.*

Les ongles des paresseux sont d'une longueur monstrueuse;
et l'arme redoutable qu'ils fournissent est sans doute le moyen
par lequel ces animaux se défendent avec assez de succès pour
compenser tout le désavantage du reste de leur organisation. Ceux
de l'*aï* sur-tout surpassent tout le reste de sa main en longueur.
Ils sont de moitié plus courts à proportion dans l'*unau*. Presque
aussi aigus que ceux des chats, ils avoient besoin, pour se
conserver, d'être mis à l'abri du frottement contre le sol : c'est
en les redressant entre leurs doigts, et la pointe contre le
ciel, que les chats conservent les leurs ; les paresseux ne pouvoient en faire autant, puisque leurs doigts réunis par la peau
ne laissent point d'intervalle; d'ailleurs ces longues pointes
redressées eussent été fort incommodes , et eussent pu blesser
leur gorge et leur ventre.

Ils les tiennent donc recourbées en dessous lorsqu'ils ne
s'en servent pas, et en posent la convexité sur la terre ; et
comme dans les chats c'est sans peine pour leurs muscles et
par la simple action élastique des ligamens que cette flexion
se maintient , les muscles n'ont à agir que pour redresser.

De cette différence dans la direction en résulte une dans
la forme de l'articulation. Les dernières phalanges des chats,
comme celles des paresseux, sont creusées en arc de cercle
par derrière, puisqu'elles doivent se mouvoir en poulie sur
les avant-dernières ; mais dans celles des chats la partie plus
saillante de l'arc sera en dessous: dans les paresseux elle sera
en dessus, toujours du côté vers lequel l'ongle ne se porte pas.

Par cette règle, on distingue au premier coup d'œil une phalange même isolée, de l'un ou de l'autre de ces genres.

On les distingue encore par la gaîne osseuse qui doit retenir et enchâsser la base de l'ongle. Les deux genres l'ont également, parce qu'ils ont besoin l'un et l'autre de solidité dans une arme si longue; mais, dans les paresseux, c'est la partie inférieure de la gaîne qui est plus avancée : dans les chats, c'est plutôt la supérieure. On peut reconnoître ces deux caractères dans les pl. II, fig. 6, et III, fig. 4, en M" M", où l'on a représenté ces phalanges de profil; l'ongle à part, pl. II, fig. 7.

Les chats, redressant leurs dernières phalanges non pas sur, mais à côté et entre les avant-dernières, ne peuvent avoir celles-ci droites et symétriques; elles sont un peu creusées d'un côté, et par conséquent comme tordues pour loger les dernières. Dans les paresseux, où l'ongle se replie simplement dessous et non entre les avant-dernières phalanges, ce défaut de symétrie n'étoit pas nécessaire et n'existe pas non plus.

6.° *Omoplates et clavicule ; leur soudure dans l'aï.*

L'*aï*, si maltraité par rapport à la locomotion, auroit dû pouvoir se dédommager par une préhension facile et forte; mais il est tout aussi malheureux à cet égard que pour le reste.

L'*unau* a de grandes clavicules grêles qui vont, comme dans l'homme et les singes, du sternum à l'acromion, et prêtent un point d'appui au bras et à ses muscles lorsqu'il s'agit d'embrasser quelque chose.

L'*aï* n'en a point : un rudiment cartilagineux qu'on lui trouve dans sa première jeunesse, se soude bientôt à l'acromion, et ne sert qu'à prolonger un peu cette apophyse, mais est bien éloigné de se porter jusqu'au sternum.

Les paresseux sont bien, je crois, le seul genre qui comprenne des espèces claviculées et d'autres qui ne le sont pas.

L'omoplate est d'ailleurs remarquable. Son bord spinal est long et se rapproche en avant par une pointe, d'une autre pointe que l'apophyse coracoïde envoie en arrière; entre ces deux pointes est une grande échancrure arrondie, dont l'entrée est plus étroite que le milieu : l'apophyse coracoïde se trouve avoir par-là la forme d'un marteau. La facette glénoïde est oblongue et légèrement concave.

II. *Autres particularités qui distinguent le squelette des paresseux.*

1.° *Composition du tronc.*

Les animaux de même genre ont ordinairement des nombres de côtes et de vertèbres à peu près semblables; ici, dans un même genre, différence complète.

Il y a seize côtes, dont sept fausses, dans l'*aï* de M. Richard. Il n'y en a que cinq fausses, quatorze en tout, dans mon jeune squelette et dans celui de Daubenton, qui a indiqué ce nombre; mais il y a une vertèbre lombaire de plus : probablement il y avoit là une côte restée encore cartilagineuse. Il y a vingt-trois côtes, dont onze fausses, dans l'*unau.*

Il faut remarquer que ce nombre de vingt-trois est le plus considérable qu'il y ait parmi les quadrupèdes.

Trois vertèbres lombaires dans l'*aï*; quatre dans l'*unau.*

Une queue de onze vertèbres dans l'*aï*; un petit tubercule de trois dans l'*unau.*

L'*aï* a six fausses vertèbres sacrées. M. Daubenton n'en a compté que quatre, parce que son squelette n'étoit pas assez ossifié. Je crois que l'*unau* en a sept; mais comme mon squelette est jeune, je ne suis pas bien sûr de ces trois derniers nombres dans cette espèce.

L'*unau*, comme tous les quadrupèdes, n'a que sept vertèbres cervicales. L'*aï* en a neuf, et c'est la singularité la plus frappante que cet animal nous offre.

La règle des sept vertèbres cervicales établie par Daubenton est si générale, que les cétacés même, qui n'ont presque pas de cou, y ont néanmoins ce nombre de sept vertèbres, quoiqu'elles y soient en partie d'une minceur extrême; et le chameau et la girafe n'en ont pas davantage dans leur cou, d'une longueur presque monstrueuse.

On doutoit si peu de cette généralité, que Daubenton, qui avoit un squelette d'aï, négligea d'en compter les vertèbres du cou. M. Rousseau, mon aide, fut le premier qui s'aperçut de cette exception en montant le squelette de l'*aï* rapporté par M. Richard; mais comme celui-ci nous avoit donné les os séparés, il pouvoit s'y être glissé deux vertèbres de trop. Pour ne rien laisser de douteux à cet égard, je fis disséquer sous mes yeux un jeune *aï* conservé dans l'esprit de vin, dont on fit le squelette naturel avec toutes ses vertèbres unies par leurs ligamens. Je m'empressai de consigner ce fait nouveau dans le Bulletin des sciences. Il se trouva ensuite que M. Wiedemann avoit fait de son côté la même observation avant de connoître la nôtre; et feu Herrman, professeur à Strasbourg, m'écrivit qu'il avoit aussi remarqué depuis plusieurs années, et démontré dans ses cours, ce nombre sur un individu d'*aï* de son cabinet. Enfin, le petit squelette fait par Daubenton, et que l'on n'avoit plus au cabinet d'anatomie, s'étant retrouvé dans un des magasins, on y vit neuf vertèbres au cou, comme dans les deux que nous avions préparées.

La chose a donc été vue sur cinq individus différens, et il ne reste aucun doute que ce ne soit un caractère propre à toute l'espèce, et non pas une circonstance accidentelle ou monstrueuse.

Ces deux vertèbres surnuméraires sont d'autant plus singulières que le cou de l'aï n'est pas très-long, qu'il est même beaucoup moins long qu'il ne faudroit qu'il fût pour la longueur de ses pieds de devant, si l'animal devoit paître à terre; mais il porte tout à sa bouche avec la main, ou bien il dévore les feuilles des branches, auxquelles il se cramponne.

Le corps de chaque vertèbre cervicale a en dessous et en arrière une pointe qui se porte sous le corps de la vertèbre suivante, de manière que l'animal ne peut point fléchir son cou vers le bas. Cela l'aide à soutenir sa tête, qui doit l'être foiblement par les muscles de l'épine, et par le ligament cervical; car toutes les apophyses épineuses sont fort courtes.

L'atlas n'a qu'un tubercule mousse, l'axis une apophyse carrée inclinée en avant; les quatre cervicales suivantes des apophyses pointues : toutes les autres en ont de carrées ; inclinées en arrière, qui s'effacent presque sur les lombes, et disparoissent tout-à-fait sur le sacrum et la queue.

Les apophyses transverses du cou sont courtes, larges au bout, qui est oblique, se baissant un peu en avant et y rentrant un peu en dedans. La huitième a la sienne un peu fourchue. La neuvième l'a prolongée en une petite pointe qui se porte en avant et en dehors. Dans le jeune individu, cette partie n'est pas soudée à la vertèbre : seroit-ce un petit vestige de côte?

Les apophyses transverses du dos sont fort courtes, et leurs facettes pour les tubérosités des côtes regardent presque directement en dehors. Celles des lombes ne sont guère plus longues.

Les facettes des apophyses articulaires du cou sont dans un plan presque vertical, regardant un peu en bas et en arrière. Il se fléchit de plus en plus en arrière dans le dos, et y devient presque horizontal ; puis il se redresse subitement dans les lombes, mais dans un autre sens que dans le cou. Ici c'est la vertèbre antérieure qui place son apophyse articulaire en dedans; dans les lombes, c'est la postérieure.

Les côtes sont larges, plates et fortes; les deux premières sont soudées ensemble, ensuite de quoi on trouve sept osselets sternaux très-distincts.

2.° *Dents.*

On sait que les paresseux n'ont point d'incisives, mais des canines et des molaires seulement aux deux mâchoires, et que par-là ils diffèrent de tous les autres animaux, au point que nous avons cru devoir en faire un ordre à part, celui des *tardigrades*. Ils n'ont qu'une canine de chaque côté, à laquelle même on pourroit contester cette qualité dans l'*aï*; car elle n'y reste pas pointue, mais s'use obliquement, la supérieure en arrière, l'inférieure des deux côtés, parce qu'elle répond, lors de la mastication, entre la canine et la première molaire d'en haut. Sa détrition est plus forte en arrière qu'en avant. La supérieure est comprimée par les côtés ; l'inférieure l'est d'avant en arrière et fortement.

Dans les jeunes *aïs*, la canine supérieure est encore très-petite et tout-à-fait pointue, que l'inférieure est déja grande, mousse, et comprimée comme je viens de le dire.

Dans l'*unau*, ces dents sont incontestablement des canines. Dès la jeunesse, elles sont plus grandes que les autres, et leurs alvéoles forment une grande protubérance aux deux mâchoires. (Voyez pl. III, fig. 2 et 3, *a, b.*) L'une et l'autre y sont en pyramide triangulaire.

Il y a dans les deux espèces quatre molaires en haut et trois en bas de chaque côté. Toutes sont coniques dans la jeunesse, mais deviennent cylindriques quand le sommet en est émoussé, parce qu'il est seul aiguisé en pointe dans le germe.

La troncature du sommet produit un creux dans la substance osseuse; les bords, qui sont d'émail restent saillans mais inégalement, tantôt plus d'un côté ou de l'autre, tantôt également en avant et en arrière et en laissant deux pointes latérales. Le tout dépend de la manière dont les dents se sont rencontrées et frottées les unes contre les autres.

Les dents des paresseux sont les plus simples qu'il y ait au monde: un cylindre d'os enveloppé d'émail et creux aux deux bouts, à l'externe par la détrition, à l'interne faute d'ossification et pour loger le reste de la pulpe gélatineuse qui leur a servi de noyau. Voilà toute leur description.

Ces animaux n'ont point, comme les autres herbivores, ces lames d'émail rentrant dans le corps de la dent, et qui en rendent la couronne plus propre à moudre les alimens végétaux; aussi la mastication doit-elle être extrêmement imparfaite.

Il faut encore remarquer que les lames qui composent leur substance osseuse sont mal unies ensemble. En sciant une dent longitudinalement, on les voit toutes distinctes, les unes sur les autres comme des pièces de monnoie ou des dames à jouer qu'on auroit empilées dans un étui tubuleux: c'est l'émail qui fait l'étui.

3.º *Mâchoire; son articulation et les attaches des muscles qui la meuvent.*

La mâchoire inférieure de l'*aï* s'arrondit tout de suite en avant des canines, pl. II, fig. 3, *a*. Celle de l'*unau* y forme au contraire une pointe qui rappelle un peu celle de l'éléphant, pl. III, fig. 2, C.

Toutes les parties de celle de l'*aï*, et sur-tout sa branche montante, sont plus hautes à proportion que celles de l'*unau*. (Comparez les fig. 1 des pl. II et III.)

L'angle postérieur se porte fortement en arrière dans toutes deux, mais encore beaucoup plus dans l'*aï*. (Pl. II, fig. I, I, *f*, I, *a*, et fig. 3, *cc*.)

Le condyle de l'*unau* est transverse, peu convexe (pl. III, fig. 2 *d*, *d*.) et appuie sur une facette aussi transverse, et peu concave du temporal. Celui de l'*aï* est plutôt un peu longitudinal; il est aussi plus convexe (pl. II, fig. 3, *d*, *d*.); et le mouvement latéral de sa mâchoire doit être beaucoup plus gêné.

Mais ce qui est plus particulier à ces animaux, et ce qui seul les distingueroit de tous les autres, c'est leur arcade zygomatique.

L'apophyse zygomatique du temporal ne se joint point à celle du jugal; il reste entre deux un grand intervalle vide: cette dernière, après avoir donné une petite pointe en arrière de l'orbite, monte obliquement, de manière à ne pouvoir rencontrer celle du temporal, qui au contraire descend un peu. M. Daubenton, qui avoit observé cette conformation dans de très-jeunes sujets, soupçonnoit que la réunion pourroit se faire

3

avec l'âge, mais elle n'a pas lieu non plus dans mon *aï* et mon *unau* adultes; et ce qui est plus extraordinaire que tout cela, le bord inférieur de l'apophyse zygomatique du jugal donne une longue apophyse obliquement descendante jusques près du bord inférieur de la mâchoire. On ne trouve quelque chose d'approchant que dans le *kanguroo*. (Voyez la fig. 1 de la pl. II et de la pl. III.)

Il n'y a point d'apophyse mastoïde. La caisse du tympan, qui est assez bombée en dehors, porte un petit creux où s'articule l'os styloïde.

4.° *Forme et composition de la tête.*

La face des paresseux est très-courte à proportion du crâne, mais ce n'est qu'une apparence fondée sur la position très-avancée de l'œil, et sur l'étendue des sinus frontaux. Quand on la scie, on voit que le nez se prolonge plus en arrière que l'orbite. Les fosses temporales sont assez larges, mais peu profondes, et ne se rapprochent point sur le vertex, où il n'y a par conséquent point de crête sagittale. Dans l'*unau*, l'apophyse postorbitaire du frontal est courte et bien éloignée de rejoindre celle du jugal, qui est encore plus courte. Dans l'*aï*, celle du frontal est presque entièrement effacée. L'occiput est petit, coupé en demi-cercle, un peu surbaissé.

Ce qui donne à l'*aï* un caractère particulier de physionomie, c'est que la partie du crâne située au-dessus des yeux est plus élevée que celle qui est en arrière : c'est le contraire dans l'*unau*.

Les apophyses ptérygoïdes ne font dans l'*unau* que deux crêtes rectilignes qui vont rejoindre les rochers. Dans l'*aï*, elles forment une grande saillie arrondie. Elles sont simples dans tous deux.

Il y a deux frontaux et deux pariétaux. La suture lambdoïde fait un angle aigu en avant. La partie du frontal qui descend dans l'orbite est très-large ; elle y touche le sphénoïde par un bord assez grand. L'os lacrymal est triangulaire et avance un peu plus sur la joue que dans l'orbite. Les naseaux et la partie des maxillaires située en avant des jugaux sont très-courts. Les incisifs sont extrêmement petits et transverses. C'est à la forme de ces trois os qu'est dû le raccourcissement extrême de la face. Les trous incisifs sont dans l'*unau* au nombre de deux, placés entre les canines. Dans l'*aï*, les os incisifs disparoissent tout à fait, et il n'y a point de trou incisif. Cette circonstance est extrêmement remarquable ; je ne l'ai retrouvée dans aucun quadrupède.

Le trou occipital est bien dans l'axe longitudinal de la tête ; ce qui doit rendre la position verticale de l'épine, la seule dans laquelle ces animaux puissent être un peu stables, assez pénible pour eux, puisque leur bouche doit alors être tournée très en haut.

5.° *Os des bras et des jambes.*

La tête de l'humérus est presque en demi-sphère. Les tubérosités en sont peu marquées ; la ligne âpre est fort courte. Le quart inférieur de l'os est singulièrement aplati et mince d'avant en arrière, assez élargi et tranchant à ses bords ; le condyle interne est saillant et assez gros. L'externe est peu marqué ; l'articulation est en portion de poulie pour le cubitus, et en portion de sphère pour le radius. Celui-ci par conséquent exécute très-bien la rotation et la supination. Son tubercule est bien marqué ; il s'élargit fort en bas pour le carpe. L'olécrâne est très-court. Le cubitus arrondi s'arque en sens contraire du radius , de manière à laisser un intervalle assez large.

Le fémur est large et plat d'avant en arrière dans toute sa longueur. Le col en est très-court. Le grand trochanter est plus bas que la tête; le petit tout-à-fait au bord interne de l'os; la tête inférieure a beaucoup plus de dimension de droite à gauche que d'avant en arrière.

C'est la même chose pour le tibia, qui est fort arqué en dedans vers son tiers supérieur ; vers le quart supérieur il y a une tubérosité à sa face interne. Sa partie inférieure est très-aplatie d'avant en arrière, et montre postérieurement un grand et profond canal, et un autre plus petit au côté interne de celui-là ; tous deux servent à des tendons. Le péroné est fort arqué en dehors ; sa tête supérieure s'articule par une facette oblongue, contre le côté externe de celle du tibia; l'inférieure est un peu en massue avant de s'aiguiser en pointe pour s'articuler avec l'astragale.

Dimensions du squelette de l'aï.

Longueur du corps depuis le nez jusqu'à l'extrémité de la queue . . .	0,649
Longueur de la tête, prise du nez à l'occipital	0,088
Largeur de la tête, prise entre les deux yeux	0,052
Id. . . . . prise d'un conduit auditif à l'autre	0,04
Hauteur du crâne	0,031
Distance d'une crête temporale à l'autre	0,02
Distance de la crête occipitale au trou du même nom	0,016
Diamètre longitudinal du trou occipital	0,011
Diamètre transversal du trou occipital	0,009
Diamètre du trou auditif externe	0,007
Hauteur de la fosse temporale	0,02
Largeur id	0,034

Hauteur des orbites 0,02

Largeur, *id* 0,013

Hauteur de l'apophyse zygomatique temporale 0,009

Hauteur de l'os jugal, prise de l'extrémité de son apophyse inférieure
à celle de son apophyse zygomatique 0,036

Id. . . . . prise de l'extrémité de son apophyse inférieure à
celle de son apophyse malaire 0,031

Hauteur du corps de l'os jugal 0,011

Longueur de l'apophyse zygomatique de l'os jugal 0,013

Hauteur . . . . *id* 0,006

Longueur de l'apophyse inférieure de l'os jugal 0,02

Distance d'un angle orbitaire interne à l'autre 0,027

Distance des orbites aux fosses nasales 0,018

Hauteur de l'ouverture des fosses nasales 0,015

Largeur . . . . *id* 0,011

Espace entre les deux premières molaires de la mâchoire supérieure . 0,011

Id. entre les deux molaires postérieures de la mâchoire supérieure . 0,004

Longueur du palais 0,027

Distance d'une apophyse ptérygoïde à l'autre 0,018

Espace compris entre les deux molaires antérieures de la mâchoire
inférieure 0,009

Id. entre les deux dernières molaires de la mâchoire inférieure . . 0,006

Distance d'un condyle de la mâchoire inférieure à l'autre 0,038

Distance d'une apophyse descendante de la mâchoire inférieure à l'autre 0,034

Longueur de la mâchoire inférieure depuis la symphyse jusqu'aux apophyses inférieures 0,058

Hauteur de la mâchoire inférieure, prise de la base de l'extrémité de
l'apophyse coronoïde 0,04

Distance de l'extrémité de l'apophyse coronoïde à celle du condyle . 0,018

Distance du condyle à l'extrémité de l'apophyse inférieure 0,025

Largeur de la mâchoire inférieure, prise au-dessous des dernières molaires 0,018

Hauteur de la symphyse du menton 0,018

Longueur de l'os styloïde 0,027

Longueur de l'os hyoïde 0,013

Hauteur . . . . *id* 0,006

Largeur . . . . *id* . . . . . . prise d'une branche à l'autre 0,013

Épaisseur de l'os hyoïde 0,004

Distance de la première vertèbre cervicale à la première vertèbre
dorsale 0,097

Distance de la première vertèbre dorsale à la première vertèbre lombaire 0,219
Distance de la première vertèbre lombaire à l'os sacrum 0,034
Longueur du sacrum 0,085
Longueur du coccyx 0,092
Largeur de l'atlas 0,034
Largeur de l'axis 0,018
Largeur de la dernière vertèbre cervicale 0,029
Largeur des vertèbres dorsales 0,027
Largeur de la première vertèbre lombaire 0,031
Largeur de la dernière vertèbre lombaire 0,036
Largeur de la première vertèbre caudale 0,04
Id. . . . . de la dernière vertèbre caudale 0,004
N. B.: Ces dimensions des vertèbres en largeur sont prises de l'extrémité de chaque apophyse transverse.
Diamètre antéro-postérieur des vertèbres cervicales 0,022
Id . . . . vertèbres dorsales 0,022
Id . . . . vertèbres lombaires 0,022
Id . . . . vertèbres coccygiennes 0,011
Largeur du bassin d'un angle externe de l'os des îles à l'autre . . . 0,095
Longueur . . . . id . . . . depuis la partie supérieure de la crête de l'os des îles, jusqu'au milieu de la cavité cotyloïde 0,063
Id . . . . depuis le centre de la cavité cotyloïde jusqu'à la partie inférieure de l'ischion 0,034
Diamètre du bassin, pris du pubis au sacrum 0,092
Diamètre transversal du bassin 0,061
Largeur du sacrum à sa partie supérieure 0,056
Largeur du sacrum à sa partie inférieure 0,034
Grand diamètre du trou ovale 0,029
Petit diamètre . . . . id 0,022
Largeur de l'échancrure ischiatique 0,018
Longueur . . . . id 0,020
Symphyse du pubis 0,007
Longueur de la première côte 0,045
Id . . . . de la 2.ᵉ 0,061
Id . . . . de la 3.ᵉ 0,081
Id . . . . de la 4.ᵉ 0,085
Id . . . . de la 5.ᵉ 0,081
Id . . . . de la 6.ᵉ 0,094

Id . . . . de la 7.ᵉ 0,101
Id . . . . de la 8.ᵉ 0,110
Id . . . . de la 9.ᵉ 0,117
Id . . . . de la 10.ᵉ 0,117
Id . . . . de la 11.ᵉ 0,117
Id . . . . de la 12.ᵉ 0,121
Id . . . . de la 13.ᵉ 0,108
Id . . . . de la 14.ᵉ 0,101
Id . . . . de la 15.ᵉ 0,094
Id . . . . de la 16.ᵉ 0,052
Largeur de la première côte sternale 0,006
Largeur des côtes suivantes en général 0,011
Largeur de la dernière côte vertébrale 0,006
Longueur du sternum 0,076

N. B. Les cartilages des quatre premières côtes étoient ossifiés et non distincts.

Longueur du cartilage de la 5.ᵉ côte 0,016
Id . . . . , de la 6.ᵉ 0,020
Id . . . . , de la 7.ᵉ 0,036
Id . . . . , de la 8.ᵉ 0,04
Id . . . . , de la 9.ᵉ 0,052
Id . . . . , de la 10.ᵉ 0,050
Id . . . . , de la 11.ᵉ 0,051
Id . . . . , de la 12.ᵉ 0,016

N. B. A peine trouvoit-on quelque rudiment de cartilage aux côtes suivantes.

Longueur des membres antérieurs, depuis le bord supérieur de l'omoplate jusqu'à l'extrémité des ongles 0,345
Longueur de l'omoplate depuis l'angle postérieur jusqu'à l'apophyse acromion 0,083
Id . . . . depuis son bord postérieur jusqu'à la cavité glénoïde . . . 0,043
Longueur de la crête de l'omoplate, prise depuis sa naissance jusqu'à l'extrémité du bec coracoïde 0,056
Longueur de la cavité glénoïde 0,02
Largeur . . . . id 0,011
Longueur de l'humérus 0,176
Largeur de l'humérus à sa partie supérieure 0,022
Id . . . . à sa partie moyenne 0,013
Id . . . . à sa partie inférieure 0,027

Longueur du tarse. 0,006
Largeur. . . . . *id.* 0.02
Longueur du métatarse 0,022
Largeur. . . . . *id.* 0,031
Longueur des premières phalanges 0,029
Longueur des dernières phalanges 0,065
Longueur de l'ongle interne 0,063
Longueur de l'intermédiaire 0,061
Longueur de l'ongle externe 058

Dimensions de quelques parties du squelette de l'unau.

Longueur de la tête, prise du nez à l'occiput 0,092
Largeur de la tête, prise entre les deux yeux 0,065
Hauteur du crâne. 0,06
Distance d'une crête temporale à l'autre 0,043
Hauteur de la fosse temporale 0,036
Largeur, *id* 0,038
Hauteur des orbites 0,020
Largeur, *id.* 0,016
Hauteur de l'apophyse zygomatique temporale 0,007
Hauteur de l'os jugal, prise de l'extrémité de son apophyse inférieure à
celle de son apophyse zygomatique 0,030
Id . . . . . . prise de l'extrémité de son apophyse inférieure à celle
de son apophyse malaire 0,042
Hauteur du corps de l'os jugal 0,011
Longueur de l'apophyse zygomatique de l'os jugal 0,015
Hauteur, *id* 0,004
Longueur de l'apophyse inférieure de l'os jugal 0,011
Distance d'un angle orbitaire interne à l'autre 0,033
Distance des orbites aux fosses nasales 0,025
Hauteur des fosses nasales 0,016
Largeur. 0,022
Espace entre les deux premières molaires de la mâchoire inférieure . . 0,018
Id . . . . . Entre les deux molaires postérieures de la mâchoire su-
périeure 0,009
Longueur du palais 0,050
Distance d'une apophyse ptérygoïde à l'autre 0,015

Espace compris entre les deux molaires antérieures de la mâchoire
inférieure 0,015
Id . . . . . entre les deux dernières molaires de la mâchoire inférieure   0,015
Distance d'un condyle de la mâchoire inférieure à l'autre   0,040
Distance d'une apophyse descendante de la mâchoire inférieure à
l'autre. 0,045
Longueur de la mâchoire inférieure depuis la symphyse jusqu'aux apo-
physes inférieures 0,082
Hauteur de la mâchoire inférieure, prise de la base à l'extrémité coronoïde   0,032
Distance de l'extrémité de l'apophyse coronoïde à celle du condyle . .   0,019
Distance du condyle à l'extrémité de l'apophyse inférieure   0,015
Largeur de la mâchoire inférieure, prise en dessous des dernières mo-
laires. 0,03
Hauteur de la symphyse du menton 0,026
Longueur du cubitus 0,193
Largeur du cubitus à l'olécrâne 0,012
Id . . . . . à sa partie moyenne 0,007
Id . . . . inférieure 0,06
Longueur du radius 0,188
Largeur du radius à sa partie supérieure 0,012
Id . . . . moyenne 0,01
Id . . . . inférieure 0,02
Longueur du carpe 0,011
Largeur, id 0,016
Longueur du métacarpe 0,036
Largeur, id 0,019
Longueur des premières phalanges 0,007
Longueur de la dernière phalange interne 0,043
Id . . . . externe 0,047
Longueur de l'ongle interne 0,044
Id . . . . externe 0,05
Longueur du fémur 0,155
Largeur du fémur du grand au petit trochanter 0,028
Largeur à sa partie moyenne 0,014
Largeur d'un condyle à l'autre 0,029
Longueur du tibia 0,148
Largeur, id . . . . . . à sa partie supérieure 0,023
Id . . . . moyenne 0,009

Id . . . . inférieure 0,018
Longueur du péroné 0,143
Largeur à sa partie supérieure 0,009
Id . . . . moyenne 0,005
Id . . . . inférieure 0,008
Longueur de la rotule 0,015
Largeur, id 0,011
Longueur du calcanéum 0,023
Id . . . . . . de l'astragale 0,018
Longueur du tarse 0,008
Largeur, id 0,016
Longueur du métatarse 0,036
Largeur, id 0,025
Longueur des premières phalanges 0,007
Longueur de la dernière phalange interne 0,038
Id . . . . intermédiaire 0,038
Id . . . . externe 0,034
Longueur de l'ongle interne 0,04
Id . . . . intermédiaire 0,044
Id . . . . externe 0,038

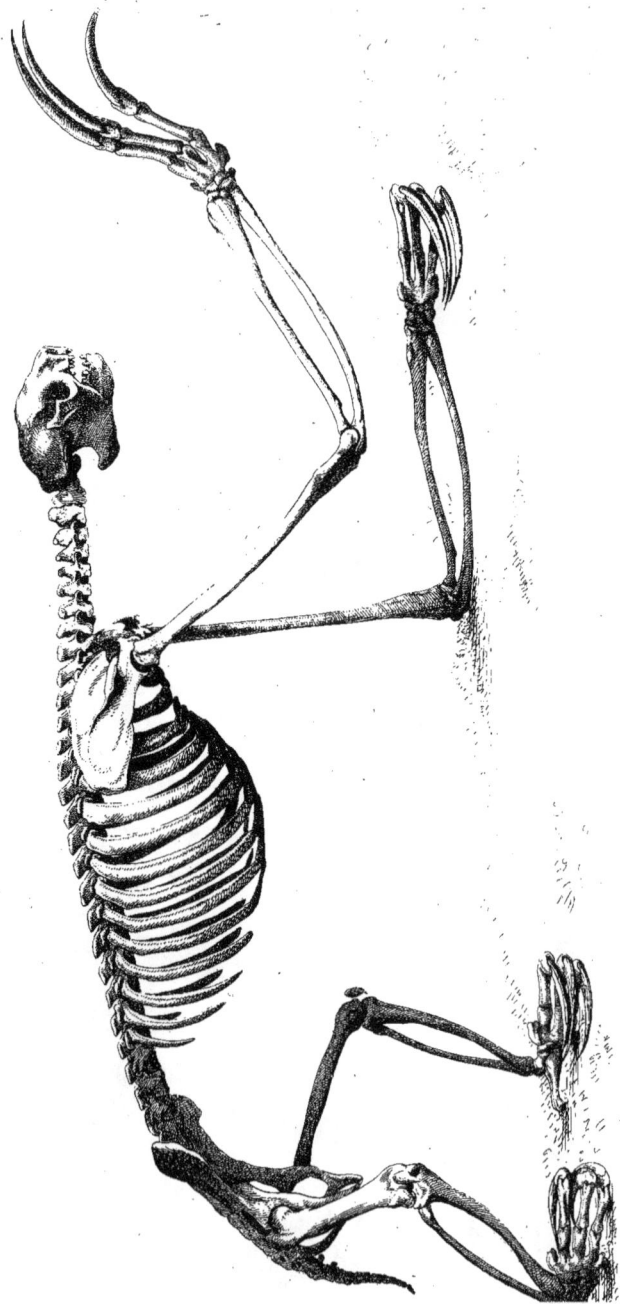

Cuvier. Sculp.

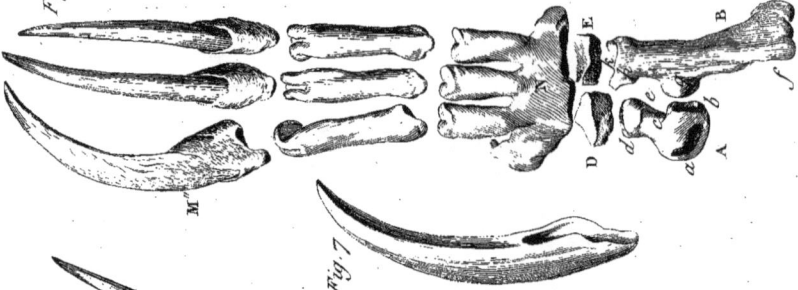

Fig.6.

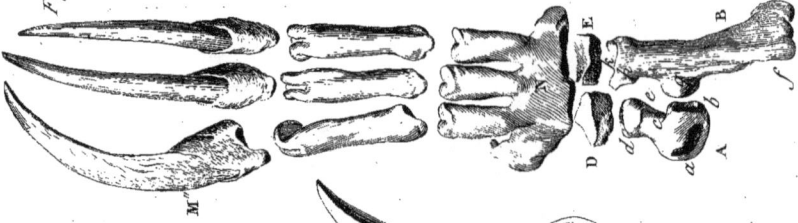

Fig.7.

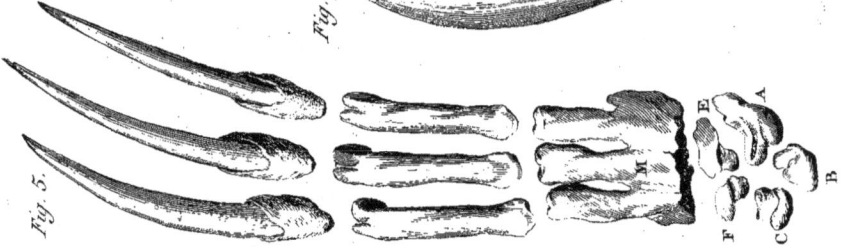

Fig.5.

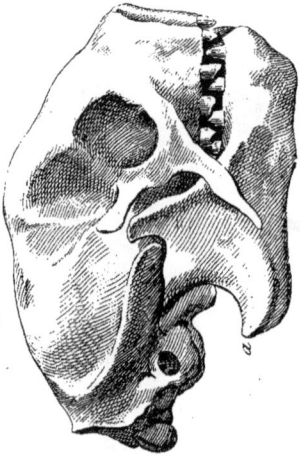

Fig.1.

Fig.2.

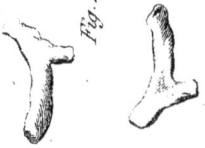

Fig.4.

Fig.3.

Paresseux . Pl. II . Tête et Pieds de l'Aï.

Miger Sculp.

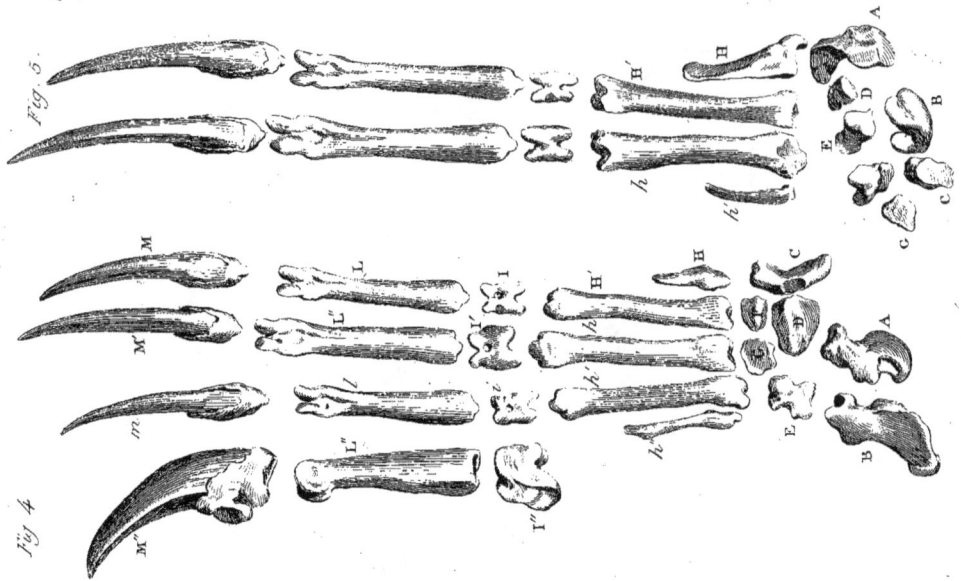

Fig. 1.

Fig. 3.

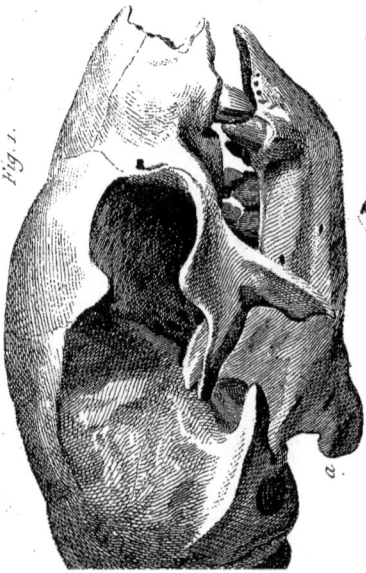

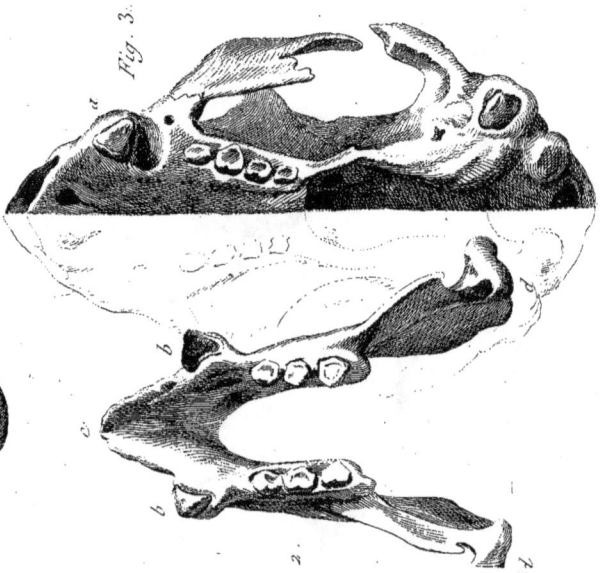

Fig. 5.

Fig. 4.

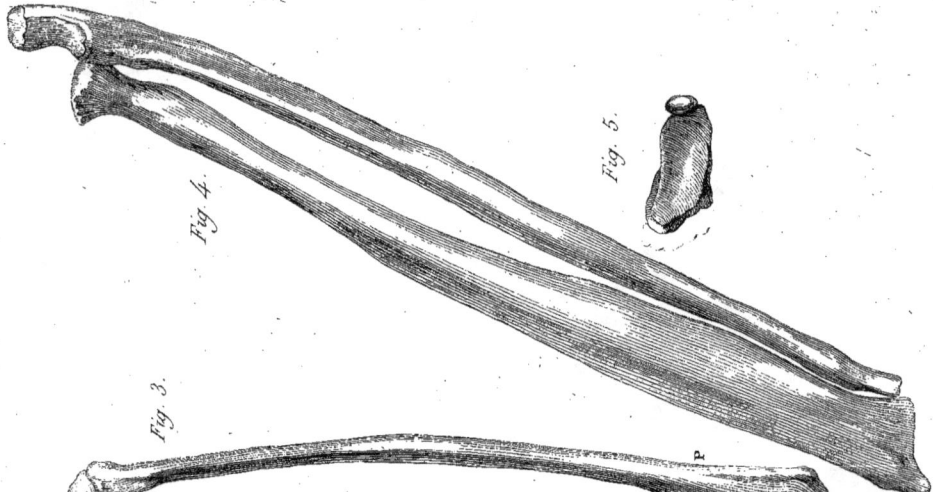

Fig. 5.

Fig. 4.

Fig. 3.

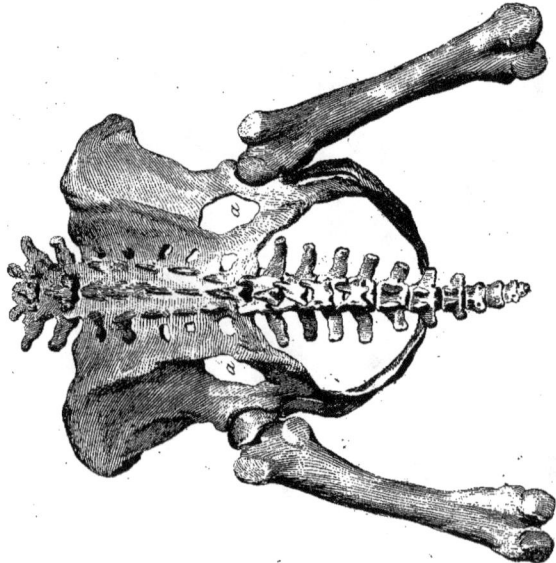

Fig. 1.

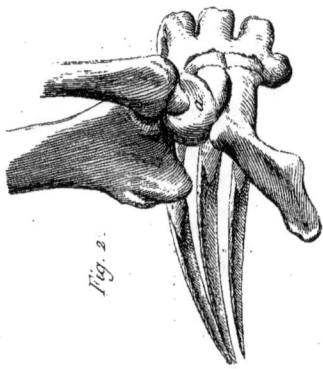

Fig. 2.

DAUBENTON. Pl. IV. Bassin et Pied d'Âne, Avant-bras Jambe et Pied d'Unau.

SUR LE MEGALONIX,

Animal de la famille des PARESSEUX *, mais de la taille du* BOEUF *, dont les ossemens ont été découverts en Virginie, en* 1796.

––––––––

M. *Jefferson*, président des Etats-Unis, dont les vertus et les talens font le bonheur du peuple qu'il gouverne et l'admiration de tous les amis de l'humanité, et qui joint à ces qualités supérieures un amour éclairé et une connoissance étendue des sciences auxquelles il a procuré plusieurs notables accroissemens, est le premier qui ait fait connoître cette intéressante espèce d'animal fossile. Il annonce dans un Mémoire lu le 10 mars 1797, à la Société Philosophique de Philadelphie, et imprimé dans le n.º XXX de ses Transactions, p. 246, qu'on en découvrit les ossemens à une profondeur de 2 ou 3 pieds, dans une caverne du comté de Green-Briar, dans l'ouest de la Virginie. Il y a beaucoup de ces cavernes dans cette contrée dont le sol, depuis les montagnes bleues, est généralement de pierre calcaire, et qui ressemble par conséquent beaucoup aux cantons d'Allemagne et de Hongrie, où l'on trouve ces fameux ossemens fossiles qui appartiennent à une espèce d'ours dont nous traiterons ailleurs.

Feu Washington avertit M. Jefferson de cette découverte le 7 juillet 1796, et le colonel John Steward lui envoya peu

1.

de temps après une partie des os que l'on avoit trouvés. Il en reçut encore quelques-uns de M. Hopkins de New-Yorck qui avoit aussi visité ces cavernes, mais le plus grand nombre fut enlevé et dispersé par différentes personnes.

Les os remis à M. Jefferson furent, dit-il, un petit fragment de fémur ou d'humérus, un radius complet, un cubitus complet cassé en deux ; trois ongles et une demi-douzaine d'autres os du pied ou de la main. Il donne de tous ces os des figures fort exactes, mais point de description détaillée.

Les comparant ensuite à leurs analogues dans le lion, il trouve que le *megalonix* (c'est ainsi qu'il nomme cet animal, et nous adopterons sa dénomination), il trouve, dis-je, qu'il devoit avoir 5 pieds et quelque chose de haut, et peser environ 893 livres. Il en conclut que c'étoit le plus grand des onguiculés, et qu'il étoit peut-être l'ennemi du mammouth (l'animal fossile de l'Ohio), comme le lion l'est de l'éléphant.

Il ajoute que les plus anciens historiens des colonies anglo-américaines font mention d'animaux semblables au lion, et que l'on voit sur un rocher, à l'embouchure du Kanhawa dans l'Ohio, des figures d'animaux qui doivent avoir été tracées de la main des sauvages, tant elles sont grossières, et parmi lesquelles il y en a une qui représente le lion. Elle n'a pu être prise du *puma* ou prétendu *lion d'Amérique* (*felis discolor*) puisqu'il n'a pas de crinière. Enfin des voyageurs, parmi lesquels il y en a encore de vivans, ont entendu pendant la nuit des rugissemens terribles qui effrayoient les chiens et les chevaux. Ces récits et ces images ne prouvent-ils pas, ajoute M. Jefferson, l'existence de quelque grande espèce inconnue de carnassier, dans l'intérieur de l'Amérique, et cet animal terrible ne seroit-il pas précisément le *megalonix*?

M. Faujas, mon savant collègue au Muséum d'histoire naturelle, a transporté le nom de *megalonix* à un animal fossile d'une autre espèce, quoique de la même famille, découvert
au Paraguay, qu'il n'a point distingué de celui de Virginie,
quoiqu'il en soit assez différent, comme nous le verrons.
Mais quand même les deux animaux ne feroient qu'une espèce,
comme j'avois imposé à celui du Paraguay le nom de *megatherium*, avant même que M. Jefferson eût parlé de son *megalonix*, et que le premier de ces noms est adopté par ceux
qui ont parlé de l'animal depuis moi, cette interversion de
nomenclature ne peut pas être admise.

J'avois prouvé, à la même époque, que le *megatherium*
appartient à la famille des paresseux, et je vais le prouver de
même aujourd'hui pour le *megalonix*. M. Faujas a contesté la
justesse de ce rapprochement par rapport à l'un et à l'autre;
il a semblé n'y voir que l'*abus d'une méthode artificielle pour
contraindre pour ainsi dire la nature à se plier à des classi-
fications factices qu'elle ne connut jamais, etc.* (1) Il a supposé que cet animal fossile *n'ayant pu exister qu'en détruisant
beaucoup, a dû avoir nécessairement de grands moyens
d'attaque et de défense contre d'autres animaux, etc.*, et
qu'*on ne peut le mettre sur la même ligne que les paresseux,
ces êtres malheureux, foibles, indolens, etc.* (2).

L'autorité de ce célèbre géologiste étoit trop imposante
pour que je ne m'empressasse pas de répandre sur cette matière tout le jour dont elle est susceptible; c'est ce qui m'a
déterminé à donner la description étendue de l'ostéologie des

---

(1) Faujas, Essais de géologie, I, p. 319.
(2) *Id.*, *ib.*

paresseux, qui a fait le sujet de mon article précédent. La comparaison que je vais faire aujourd'hui de cette ostéologie avec les os fossiles de Virginie et avec ceux du Paraguay, convaincront, j'espère, tous les naturalistes,

1.° Que les animaux dont proviennent ces os fossiles n'étoient point carnassiers, mais vivoient de végétaux ;

2.° Qu'ils avoient en grand toutes les formes, tous les détails d'organisation que les *paresseux* offrent en petit, et que les effets de ces organisations devoient être semblables ;

3.° Que s'ils s'en écartent en quelques points peu importans, ce n'est que pour se rapprocher du genre d'ailleurs le plus voisin, celui des *fourmiliers* ;

4.° Que le rapprochement de ces animaux fossiles et des paresseux, et leur classification dans la famille des *édentés* en général, ne sont pas arbitraires, ni fondés sur des caractères artificiels, mais qu'ils sont le résultat nécessaire de l'identité intime de nature des uns et des autres.

Il est de mon devoir de témoigner ici ma reconnoissance de deux puissans secours qui m'ont mis à même de faire cet examen approfondi des os du *megalonix*.

Je dois le premier à M. *Peale*, si célèbre par le beau muséum qu'il a formé à Philadelphie. Il a bien voulu m'adresser des plâtres moulés avec le plus grand soin sur les os indiqués par M. Jefferson, et m'a donné par-là la faculté de les décrire tous de nouveau, et d'en donner des figures faites sous des points de vue un peu différens de celles de M. Jefferson.

L'autre m'a été fourni par M. *Palisot de Beauvois*, correspondant de l'Institut national, savant botaniste et voyageur courageux, qui a bravé les climats les plus terribles, pour

augmenter nos connoissances dans les deux règnes organisés.
Il s'étoit procuré, pendant le séjour qu'il fit à Philadelphie, à
la suite des premières révolutions de Saint-Domingue, deux
morceaux trouvés dans la même caverne que ceux de M.
Jefferson; l'un des deux, qui est une dent, étoit sur-tout important, parce qu'il achevoit de faire connoître la nature de
l'animal, déja si bien annoncée par ses pieds. M. de Beauvois
a bien voulu me permettre de dessiner ces deux pièces, et de
les employer à compléter mon travail, autant qu'il peut l'être.

Entrons maintenant en matière ; et, pour cet effet, examinons d'abord les quatre os représentés de suite, figure
1, 2, 3, 4. Ils s'articulent bien l'un avec l'autre, et forment
les quatre parties d'un doigt; M. Jefferson les a rapprochés
comme nous.

I. Si nous prenons la dernière phalange, ou l'os onguéal,
fig. 1., nous ne pourrons méconnoître ses ressemblances avec
l'os analogue d'un paresseux ou d'un fourmilier, et ses différences de celui d'un lion.

1°. La face articulaire a dans son milieu une arrête bien
marquée, qui en resserre fortement le gynglyme, avec la
phalange moyenne. Cela est ainsi dans les *paresseux* et dans
les *fourmiliers*, dont les doigts sont toujours plus ou moins
gênés. Dans les chats qui ont toutes les articulations de leurs
doigts plus libres, cette arrête est presque effacée.

2°. La partie supérieure de cette facette se prolonge plus
en arrière que l'inférieure ; d'où il résulte que cette dernière
phalange ne peut s'étendre sur l'avant-dernière au-delà de la
ligne droite, ni par conséquent se redresser et porter sa pointe
vers le ciel ; mais qu'elle peut se fléchir tout à fait en dessous.

C'est là un caractère particulier aux *paresseux* et aux

fourmiliers , qui tiennent leurs ongles dans ce dernier état, et en posent la convexité à terre en marchant, lorsqu'ils ne s'en servent pas. C'est tout le contraire dans les chats, ils redressent leurs ongles ; aussi la facette de leur dernière phalange se prolonge-t-elle en arrière à sa partie inférieure seulement, ce qui fait qu'elle peut se redresser, mais non pas se fléchir ;

3°. La plaque osseuse inférieure, percée de deux trous pour les vaisseaux sanguins qui vont nourrir le périoste sous l'ongle, est parallèle au tranchant de la phalange, et fait un angle droit avec le bas de sa facette articulaire.

Cela est encore ainsi dans les *paresseux* et dans les *fourmiliers* ; mais dans les chats cette plaque est presque perpendiculaire au tranchant, et parallèle à la partie inférieure de la facette ;

4°. La hauteur de la phalange, mesurée en arrière, ne fait guère que le quart de sa longueur, comme dans les *paresseux* et dans les *fourmiliers* ; dans les chats ces deux dimensions sont presque égales, ou même c'est la première qui est la plus grande.

Je conclus de ces comparaisons que c'est ici un os onguéal de *paresseux*.

Je peux en conclure autant et par les mêmes raisons, pour les deux autres onguéaux, trouvés au même endroit, et appartenant probablement au même pied, représentés fig. 5 et 9.

Ces trois phalanges onguéales sont fort inégales ; la plus grande à 0,18 de long, sur 0,07 de hauteur ;

La moyenne 0,15, sur 0,05.

La plus petite 0,09, sur 0,035.

A cet égard, l'animal fossile diffère également des paresseux et des chats, qui ont les uns et les autres tous leurs ongles
à peu près égaux.

Mais il se rapproche plus particulièrement des *fourmiliers*
qui les ont comme lui très-inégaux.

La première de ces phalanges n'a point de gaîne osseuse à
sa base.

La seconde en a un vestige d'un côté, qui part de la plaque
inférieure, et s'élève parallèlement au corps de l'os, jusqu'au
tiers de sa hauteur.

La troisième en a une, aussi d'un côté seulement, mais
qui s'élève au-dessus du dos de l'os.

Les *paresseux* ont aussi de ces gaînes qui partent des côtés
de la plaque inférieure, et qui se rétrécissent vers le dos de
l'os; mais ils en ont des deux côtés et à tous les doigts.

Dans les *chats*, au contraire, ces gaînes s'élargissent vers
le haut de l'os, et l'embrassent en s'unissant ensemble.

Nouvelle preuve que c'est ici un *paresseux*, ou tout au
plus un *fourmilier*, et non un chat.

II. La seconde phalange, fig. 2, nous donne les mêmes
indications.

1°. Son articulation antérieure est en poulie, dont le milieu
est un canal très-profond, pour recevoir l'arête correspondante de l'onguéal. Dans le lion et dans tous les chats, cette articulation est en simple portion de cylindre, sans aucun canal.

2°. L'os est à peu de chose près symétrique, et ses deux
côtés à peu près égaux. Cela est ainsi dans les *paresseux*,
dans les *fourmiliers*, et dans tous les animaux qui ne redressent pas l'ongle vers le ciel; mais les *lions* et tous les *chats*
ont à cet égard un catracère tout particulier. Comme il faut

que leur dernière phalange, quand elle se redresse, trouve
une place entre les avant-dernières, celles-ci ne sont jamais
symétriques ; elles ont un côté concave, et l'autre un peu
convexe : on diroit que ce sont des os malades et déformés.
On voit que ce caractère manque à nos os fossiles.

3.° L'articulation inférieure fait une saillie arrondie en
dessous, et cela étoit nécessaire, pour que l'onguéal, quand
il se fléchit, pût tourner dessus comme sur une poulie ; la
même raison produit le même effet dans les *paresseux* et
dans les *fourmiliers* ; mais cela n'étoit pas nécessaire dans
les *chats*, où l'onguéal ne peut se fléchir. Aussi le dessous
de cette articulation est-il de niveau avec le reste du dessous
de l'os.

4.° En arrière de cette poulie, sous l'os, est un creux qui
reçoit, lors de la flexion, l'extrémité inférieure de l'articulation de l'onguéal ; il n'y en a point dans le lion ; mais celui-
ci a un tel creux en arrière, pour un ligament ou pour un
tendon ; creux dont notre os fossile manque à son tour. Le
paresseux ressemble encore au fossile par ces deux points.

Je conclus donc que cette seconde phalange est une seconde phalange de paresseux.

La même conclusion s'applique à la seconde phalange de
la fig. 10, qui paroît avoir porté l'onguéal de la fig. 5.

La deuxième phalange de la fig. 2 a 2,075 de longueur.

C'est moins de moitié de la longueur de l'onguéal. Dans
l'*unau* ces deux os sont égaux ; dans l'*aï*, le premier n'est
que le tiers de l'autre. Ainsi, notre fossile se rapproche plus
sous ce rapport du *paresseux tridactyle* que du *didactyle*.

III. La première phalange, fig. 3, est encore plus caractéristique que les deux autres ; elle sépare notre fossile de tous

les animaux connus, pour le rapprocher uniquement des paresseux. Elle l'éloigne sur-tout beaucoup des *chats*.

En effet, dans le lion, comme dans tous les animaux, la première phalange est la plus longue ; dans notre fossile , comme dans les *paresseux*, c'est la plus courte des trois ; sa longueur est la plus petite de ses trois dimensions. Elle ressemble à une plaque concave des deux côtés, et si l'on n'en voyoit pas de pareilles dans les *paresseux*, on auroit bien de la peine à la reconnoître pour une phalange.

Il faut remarquer encore le canal profond de l'articulation postérieure de cette phalange, qui en fait un gynglyme serré sur l'os du métacarpe.

Le lion a cette concavité peu profonde et arrondie en tout sens, ce qui fait de son articulation une arthrodie, et lui donne beaucoup plus de liberté.

Les paresseux sont encore plus mal partagés à cet égard que notre animal fossile ; les os sésamoïdes s'y soudent à la partie inférieure, et y prolongent la facette articulaire , au point de presque anéantir le mouvement de la première phalange sur le métacarpe. C'est ce qui fait que les deux os se confondent dans l'aï, et que les doigts ne gardent que deux articles de mobiles.

Les *fourmiliers* ont aussi cette phalange extrêmement courte dans une partie de leurs doigts, et elle s'y soude aussi avec l'âge ; mais ce n'est pas avec l'os du métacarpe, c'est avec la deuxième phalange que se fait cette union ; caractère distinctif très-essentiel ; un autre qui ne l'est pas moins, c'est que cette circonstance n'a pas lieu dans tous les doigts ; l'annulaire , par exemple , a sa première phalange de forme ordinaire , et elle reste toujours distincte.

Ainsi, les trois phalanges de ce doigt sont des phalanges de *paresseux*, ou tout au plus de *fourmiliers* ; les mouvemens qu'elles peuvent exécuter l'une sur l'autre sont aussi gênés, aussi peu libres que ceux des *paresseux* ou des *fourmiliers*, ils se font dans la même direction ; tout le monde en conclura sans doute avec moi, que *ce doigt est un doigt de paresseux*, ou tout au plus de *fourmilier*.

IV. L'os du métacarpe, fig. 4, est singulièrement gros et court. On juge par sa tête supérieure que c'est le *medius du côté gauche* ; on y voit deux facettes carpiennes, dont l'externe est plus étroite, et finit plutôt en arrière ; l'autre descend en avant, et y est fort concave. La moitié antérieure de son bord interne est contiguë à une facette arrondie, qui descend sur le côté de l'os, pour l'articulation avec le métacarpien de l'index.

Celui-ci est représenté fig. 8; c'est à lui qu'ont probablement appartenu la deuxième phalange de la fig. 10, et la troisième de la fig. 5; mais on n'a pu les y lier faute d'avoir la première phalange qui leur servoit de moyen d'union. Sa tête supérieure est triangulaire, son bord interne est le plus grand ; l'antérieur est échancré. Il y a au côté interne de l'os une facette qui répond bien à celle du métacarpien du médius, et il est aisé de voir que ces deux os étoient placés à côté l'un de l'autre ; ils s'écartoient un peu par le bas. Celui de l'index est sensiblement plus mince, et un peu plus court que celui du médius. Tous deux se caractérisent bien pour métacarpiens de *paresseux* ou de *fourmiliers*, par l'arrète mince et saillante de leur tête inférieure, arrète dont la ligne antérieure est de plus presque droite, et permet par conséquent très-peu de mouvement. Dans le *lion* cette partie est ronde et large en avant, etc.

La totalité de ces deux doigts est beaucoup plus courte, à proportion de sa grosseur, que dans les *paresseux ordinaires*; mais c'est une règle générale pour tous les animaux, qu'à mesure qu'ils grandissent, leurs membres s'épaississent dans une raison bien plus forte qu'ils ne s'allongent. D'ailleurs elle s'éloigne moins de la proportion qu'on observe dans les *four-miliers*, lesquels ont les doigts beaucoup plus courts que les *parresseux*.

Voilà deux doigts bien restitués dans leur totalité; reste à savoir de combien d'autres ils étoient accompagnés : j'ai pour le découvrir, 1.° les facettes que les os du métacarpe montrent aux côtés par lesquels ils ne se touchent pas; 2.° les os que l'on a trouvés avec ceux dont nous venons de parler; 3°. l'ana-logie du *megatherium* et des autres *paresseux* et *fourmiliers*.

Pour les facettes, il y en a à chaque os. Celle de l'index qui portoit le pouce ou son vestige, est médiocre; mais elle indique toujours l'existence au moins d'un tel vestige : celle du médius est bien plus grande : *il y avoit donc un métacar-pien d'annulaire plus ou moins considérable.*

V. Pour les os, il y a d'abord ce troisième onguéal de la fig. 9, qui prouve qu'il y avoit au moins encore un doigt complet, différent des deux que nous avons décrits.

Ce qui cependant m'embarrassoit prodigieusement, c'étoit un troisième os du métacarpe que je ne pouvois rattacher à ceux que j'avois. Il est dessiné fig. 11. A force de le retourner, je remarquai qu'il appartenoit au pied droit, et qu'en le pre-nant en sens contraire la plus grandes de ses facettes laté-

rales, correspondroit parfaitement à l'annulairienne du métacarpien du médius.

Mais un métacarpien de l'annulaire, de moitié plus long
que celui du médius! où trouver de quoi justifier une telle
singularité ?

Les *paressseux*, hétéroclites à tant d'autres égards, ne
m'offroient rien de semblable. Un coup-d'œil jeté sur les gravures du squelette du *megatherium* du cabinet de Madrid
me montra cependant la même singularité ; il faut donc, me
disois-je, que ceux qui ont monté ce squelette aient été conduits
à cet égard, à la même conclusion pour cet animal, que moi
pour le mien. Ce n'est donc point une combinaison fantas-
tique, et la nature nous en montrera peut-être encore quelque
exemple dans les animaux vivans.

Je le trouvai en effet bientôt, et ce fut dans la famille des
fourmiliers : le *tamanoir* (*myrmecophaga jubata*) a son
métatarsien du médius plus gros et plus court que tous les
autres ; celui de l'index est un peu plus long et plus grêle, et
celui de l'annulaire et du petit doigt le sont beaucoup plus.

Au squelette de Madrid on a attaché en dehors de ce
métacarpien de l'annulaire celui du petit doigt, qui ne s'est
point trouvé parmi les os de *megalonix* dont on m'a envoyé
des plâtres ; mais dont l'existence est bien indiquée par une
facette que porte la face externe de celui de l'annulaire. Il
est aussi plus long que celui du *medius*, et tout annonce qu'il
en étoit de même dans notre *megalonix*.

VI. Il n'est fait mention d'aucun vestige de pouce dans la description du squelette du Paraguay, quoique son existence soit
indiquée dans notre *megalonix* par la facette externe du mé-

tacarpien de l'index : j'ai tout lieu de croire que c'est au pouce
qu'appartenoit l'os qui m'a été communiqué par M. de Beauvois, et que je représente, à moitié grandeur, fig. 14. On lui
voit une facette en *c*, qui correspond assez à celle de l'index
qui devoit porter le métacarpien du pouce ; une autre en *d*,
pour le carpe. En *a*, une empreinte d'insertion musculaire ; et
sa terminaison inférieure *b* ressemble assez à celle des autres
os du métacarpe ; l'articulation qu'on y voit indique qu'elle
devoit porter au moins une phalange.

Le pied de devant du *megalonix* auroit donc eu,

D'abord *deux doigts bien complets*, l'index et le médius ;
Ensuite *au moins les vestiges* des trois autres ;

Mais l'un de ces trois au moins étoit plus qu'en vestige,
puisque l'on a trouvé un onguéal différent de ceux du médius
et de l'index, celui de la fig. 9. Auquel de ces trois doigts
appartenoit-il ? Ceux qui ont monté le squelette de *megatherium* ayant aussi trouvé un troisième ongle, l'ont attaché au
doigt annulaire, et il y a sans doute de fortes raisons pour
justifier le parti qu'ils ont pris. Dans les animaux à pied défectueux, c'est-à-dire, à moins de cinq doigts complets, c'est
le pouce qui disparoît d'abord ; ensuite le petit doigt ; puis
l'annulaire : ainsi quand il n'y en a que deux, ce sont l'index
et le médius ; et quand il s'y en ajoute un troisième, c'est
plutôt l'*annulaire* que tout autre.

Quoi qu'il en soit, il est clair que cet animal avoit le pied
de devant plus complet que nos deux paresseux actuels, puisque, même dans l'*aï*, le pouce et le petit doigt sont sans phalanges.

Les os de l'avant-bras ne peuvent pas nous fournir des caractères aussi frappans que ceux des doigts, parce que les mouvemens de flexion et d'extension, de pronation et de supination que ces os déterminent, sont à peu près aussi parfaits dans la famille des paresseux que dans celle des carnassiers; cependant ils sont encore assez faciles à reconnoître pour ce qu'ils sont.

VII. *Le radius du megalonix* dessiné au tiers de sa grandeur, de deux côtés, fig. 6, comparé à ceux des *paresseux* et des *chats*, se trouve sensiblement plus voisin des premiers.

Je n'ai pu le comparer, non plus que le cubitus, aux mêmes os dans les fourmiliers, parce que je n'ai pas eu ces parties dans ce dernier genre, du moins dans une grande espèce.

1.° Le contour de sa tête supérieure est circulaire comme dans les *paresseux*. Dans les *chats*, ainsi que dans les autres carnassiers, il est irrégulièrement elliptique;

2.° Sa partie moyenne et inférieure est fortement aplatie et presque tranchante par ses deux bords, encore comme dans les *paresseux*. Il s'en faut bien qu'elle le soit autant dans les *chats*;

3.° Dans les *chats*, il y a vers le bas au bord interne, une apophyse en crochet qui est presque effacée ici comme dans les *paresseux*. Cette différence tient à la mobilité du pouce dans les uns, et à son peu de mobilité ou à sa disparition dans les autres. C'est que c'est sur cette apophyse que passe le tendon de l'abducteur long du pouce;

4.° L'apophyse interne de la tête inférieure, est moins saillante que dans les chats, etc.

Ce radius du *megalonix* a de longueur totale, 0,45; largeur de la tête supérieure, 0,06; vers le milieu 0,08; de la tête inférieure, 0,105; petit diamètre de la tête inférieure, 0,075, etc.

Il est à celui de l'unau comme 5 à 2, et triple de celui de l'aï; mais il ne fait que les trois cinquièmes de celui du *megatherium* qui a 0,76.

VIII. Le cubitus représenté aussi au tiers de ses dimensions, fig. 7, donne un résultat semblable dans sa comparaison.

1°. La facette articulaire humérale regarde le côté interne, comme dans les *paresseux*. Dans le *lion*, elle est plutôt dirigée vers l'externe;

2.° La facette articulaire radiale supérieure est un simple disque rond, légèrement concave, regardant la face interne de l'os : encore comme dans les *paresseux*. Dans le *lion*, c'est une portion concave d'anneau.

3°. La tête inférieure n'est point partagée en deux apophyses par une échancrure profonde comme dans le *lion*; elle est simplement tronquée par une facette carpienne unique, etc. : toujours comme dans les *paresseux*.

L'olécrâne est plus considérable, et dirigé plus en dehors que dans les *paresseux*. Toute la forme de l'os ressemble à celle de son analogue dans le *megatherium* : mais il est beaucoup moins grand.

Il a de long 0,50 ; de hauteur verticale au devant de l'articulation, avec l'humerus, 0,13, la longueur de l'olécrâne est de 0,08 ; la largeur de la partie inférieure 0,075 ; le cubitus de l'*unau* n'est que de 0,19 ; mais celui du *megatherium* à 0,76, c'est-à-dire un tiers de plus.

Ainsi le *radius* et le *cubitus*, considérés séparément, étant un *radius* et un *cubitus* de *paresseux*, plutôt que de tout autre animal, je peux conclure à bon droit que *l'avant-bras*, ainsi que le *pied de devant* forment *une jambe de devant de pa-resseux*, ou tout au plus de *fourmilier*.

J'ose croire maintenant qu'aucun naturaliste n'aura plus besoin de voir le reste du corps de cet animal fossile pour être cer-tain que toutes les parties ont dû y observer le même accord, avec celles des êtres singuliers auxquels je l'associe; mais comme dans ces matières l'évidence est toujours préférable au simple raisonnement, sur-tout quand il n'est fondé que sur l'induc-tion, quelque concluante qu'elle puisse d'ailleurs paroître, j'ai dû faire tous mes efforts pour me procurer d'autres os de mégalonix; ils n'ont abouti jusqu'à ce jour qu'à me faire connoître une seule dent isolée, celle que m'a prêtée M. de Beauvois; mais c'étoit de tous les morceaux celui que je désirois le plus, puisque les dents sont avec les doigts les parties qui fournissent les caractères les plus décidés, préci-sément parce que ce sont celles qui ont l'influence la plus directe et la plus aisée à calculer sur l'économie générale des animaux auxquels elles appartiennent.

Elle m'étoit d'ailleurs particulièrement nécessaire dans le cas présent, puisqu'elle seule pouvoit mettre un terme aux doutes qui restoient encore, et décider entre les deux genres des *paresseux* ou des *fourmiliers*. On sait que ces derniers n'ont point de dents du tout.

Or, cette dent, représentée de grandeur naturelle, fig. 14, est précisément et rigoureusement une dent de *paresseux*; on sait que les dents de ce genre, uniques dans leur structure, sont un simple cylindre de substance osseuse, enveloppé dans un étui de substance émailleuse; la couronne de la dent s'use, et offre un creux dans son milieu, avec des rebords saillans, parce que l'os plus tendre que l'émail s'entame plus profondément ; et on sait de reste qu'aucun carnivore n'use ainsi ses dents.

Ce qui est tout aussi sûr, quoique moins généralement connu, c'est qu'aucun herbivore n'a de dents aussi simples que celles-ci ; mais que chez eux la substance émailleuse pénètre toujours en dedans pour s'y entre-mêler à la substance osseuse, et former des lignes saillantes à la couronne ; on peut même déterminer assez bien la place de cette dent dans la mâchoire ; car elle ressemble à la canine inférieure de l'aï plus particulièrement qu'à toutes ses autres dents, attendu qu'elle est aplatie d'avant en arrière, c'est-à-dire que son cylindre est à base elliptique, comme dans cette canine ; tandis que ceux des molaires sont à base circulaire.

Le longueur de ce qui reste de cette dent, $d'a$ en b', est de 0,057.

Sa largeur transverse en haut de c' en c' de 0,036, et au milieu du fust de d' en d', de 0,04.

Son diamètre antéro-postérieur de b' en b' de 0,018.

Elle est, ainsi que l'autre ossement que j'ai eû en nature, d'un jaune d'ocre : sa substance est peu décomposée ; le milieu du creux de la couronne est d'un brun foncé.

Ainsi, non seulement notre animal étoit un herbivore en général ; mais il étoit herbivore à la manière particulière des paresseux, puisqu'il avoit les dents faites comme eux ; aucun des hommes habitués aux lois de l'anatomie comparée, ne doutera que ces deux genres n'aient dû avoir la même ressemblance dans leurs organes de la digestion, estomacs, intestins, etc., et par conséquent dans tout ce qui dérive de cette fonction-là ; la ressemblance de leur pied prouve suffisamment qu'ils avoient la même démarche, les mêmes

3

mouvemens, aux différences près que devoit entraîner celle
du volume, qui est si considérable : ainsi, le *megalonix* aura
grimpé rarement sur les arbres, parce qu'il en aura trouvé
rarement d'assez gros pour le porter ; mais qui ne sait que
le tigre et le lion n'y grimpent guère, tandis que le chat sauvage y est toujours ; et qui voudroit soutenir pour cela qu'il
y a dans la structure de ces animaux des différences essentielles, puisque l'un est en petit ce que les autres sont en grand ;
et puisque le moindre écolier de logique sait que le petit et
le grand ne sont que des caractères relatifs, qui ne sont essentiels dans aucune branche des connoissances humaines ?

Le rapprochement du *megalonix* et des *paresseux*, n'a
donc rien d'artificiel ; il ne fait aucune violence à la nature,
mais il est au contraire invinciblement indiqué par elle, dans
tout ce que nous avons retrouvé jusqu'ici de ce singulier quadrupède.

Je vais en prouver autant, pour le *megatherium*, et je vais le
faire avec plus de force encore s'il est possible, parce que
nous en avons le squelette presque complet, et que toutes les
parties y justifieront la première indication des doigts et des
dents.

Je n'ai pas besoin de dire que le *mégalonix* n'a jamais été
vu vivant. Cela est suffisamment prouvé pour quiconque a une
légère teinture d'histoire naturelle ; cependant son volume
auroit dû le faire remarquer, s'il existoit. Son avant-bras est
d'environ un sixième plus long que celui d'un bœuf ordinaire ;
il est probable que les autres parties avoient au moins la même
proportion, et que l'animal entier égaloit les plus grands
bœufs de Suisse ou de Hongrie.

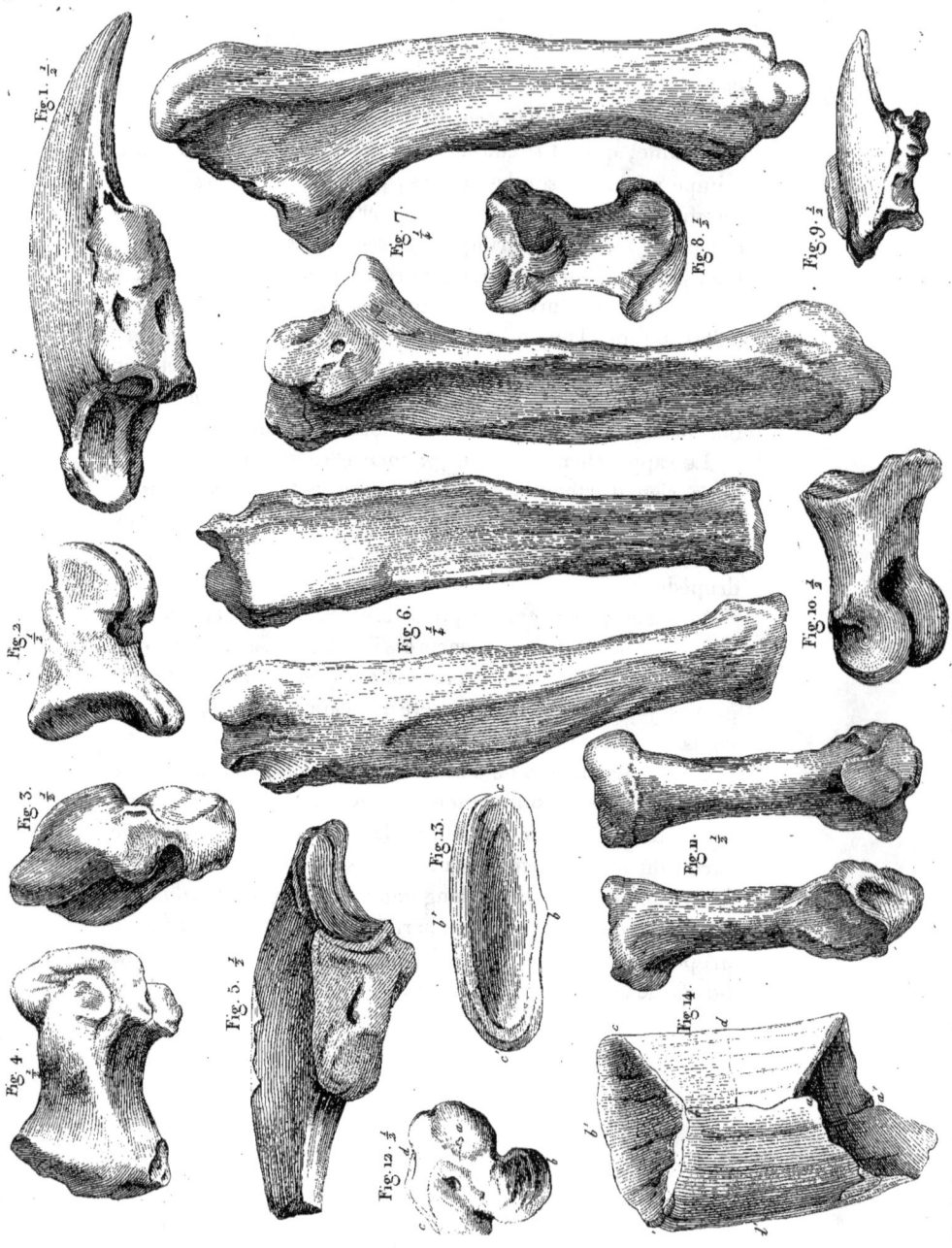

Fig. 1. ½

Fig. 2. ½

Fig. 3. ⅓

Fig. 4. ⅓

Fig. 5. ⅔

Fig. 6. ¼

Fig. 7. ¼

Fig. 8. ⅔

Fig. 9. ½

Fig. 10. ½

Fig. 11. ½

Fig. 12. ⅔

Fig. 13.

Fig. 14.

SUR LE MEGATHERIUM

Autre animal de la famille des PARESSEUX *, mais de la taille du* RHINOCÉROS, *dont un squelette fosssile presque complet est conservé au cabinet royal d'histoire naturelle à Madrid.*

C'EST de tous les animaux fossiles de grande taille le plus nouvellement découvert et jusqu'à présent le plus rare ; et cependant c'est celui de tous qui est le mieux et le plus complétement connu, parce qu'on a eu le bonheur d'en trouver presque tous les os réunis, et que l'on a mis le plus grand soin à les monter en squelette.

D'après l'ouvrage de *don Joseph Garriga*, que je citerai plus bas, il paroît que l'on en possède en Espagne au moins des parties considérables de trois squelettes différens. Le premier et le plus complet est celui que l'on conserve au cabinet royal de Madrid. Il y fut envoyé dans le courant de septembre 1789 par le marquis de *Loretto*, vice-roi de *Buenos-Ayres*, avec une notice qui apprit qu'on l'avoit trouvé dans des excavations faites sur les bords de la rivière de *Luxan*, à une lieue sud-est de la ville du même nom, laquelle est à trois lieues ouest sud-ouest de *Buenos-Ayres*. Le terrain dans lequel il a été trouvé n'étoit élevé que de dix mètres au-dessus du niveau de l'eau.

Un second, arrivé en 1795 au même cabinet, y avoit été envoyé de *Lima*; et un troisième, que possède le père *Fernando-Scio*, des Ecoles Pies, lui a été donné en présent par une dame, et a été trouvé au Paraguay. Ainsi les dépouilles de cette espèce sont répandues dans les points les plus éloignés de l'Amérique méridionale.

Don *Jean-Baptiste Bru*, prosecteur du cabinet royal de Madrid, monta avec soin le premier de ces squelettes, en dessina l'ensemble et les différentes parties sur cinq planches qu'il fit graver, et en composa une description très-détaillée.

M. *Roume*, correspondant de l'Institut national, et alors représentant du Gouvernement à Saint-Domingue, passant par Madrid en l'an 4, eut occasion de s'y procurer des épreuves de ces planches, et les envoya à l'Institut sans description et seulement avec une courte notice de sa façon. Ce fut sur ces pièces que je fis par ordre de la classe des sciences un rapport détaillé dont on imprima un court extrait dans le Magasin encyclopédique, avec une mauvaise copie de la figure du squelette entier.

Je développai dès-lors l'affinité de cet animal avec les *paresseux* et les autres *édentés*, affinité sur laquelle je m'expliquai d'une manière plus précise encore dans mon Tableau élémentaire de l'histoire des animaux, en plaçant le *megatherium* à la suite des *paresseux* et dans la même famille. C'est ce morceau qui a servi de base à ce qu'ont écrit sur ce squelette tant les naturalistes qui ont adopté mon opinion, comme *Shaw*, que ceux qui l'ont contredite comme MM. *Lichtenstein* et *Faujas*, et c'est aussi lui qui a donné occasion de publier la description plus étendue et plus ancienne de *don Jean-Baptiste Bru*.

En effet, *don Joseph Garriga*, capitaine des ingénieurs cosmographes du roi d'Espagne, s'étant occupé de traduire cet extrait de mon rapport en espagnol, apprit l'existence de cette description, et en ayant obtenu la permission de l'auteur, il la fit imprimer avec sa traduction, pensant avec raison qu'elle donneroit de ce squelette des idées plus complètes qu'une notice qui n'avoit point été faite sur l'objet même. Cet ouvrage, accompagné des cinq planches dont j'ai déja fait mention, a paru à Madrid en 1796. C'est lui qui a fourni les principaux matériaux du présent article.

Dans la même année 1796, feu M. *Abildgaard*, professeur à Copenhague, donna de son côté en danois, une notice de ce squelette, sans avoir connu la mienne et d'après ce qu'il avoit vu lui-même à Madrid, en décembre 1793. Il l'accompagna d'une figure de la tête et d'une autre de l'extrémité postérieure, dessinées toutes deux de mémoire et n'ayant qu'une ressemblance grossière avec les objets originaux.

C'est aussi avec la famille des *édentés* ou des *bruta* de *Linnæus*, que M. *Abildgaard* cherche à comparer cet animal; et il est en effet impossible à un naturaliste de lui trouver des rapports avec d'autres. Les détails dans lesquels nous allons entrer, vont montrer que l'on pourroit à la rigueur l'appeler le *paresseux géant*, tant il ressemble aux animaux de ce genre par les formes et les proportions de toutes ses parties, et que lorsqu'il s'écarte en quelques points des formes propres aux paresseux, ce n'est que pour se rapprocher des genres les plus voisins, tels que les *fourmiliers* et les *tatous*. Ainsi tout ce qu'on a pu dire contre ce rapprochement, se trouve réfuté par le fait.

J'ai déja rapporté dans mon article sur le *megalonix* les argumens de M. Faujas. Un anonyme espagnol, dans une critique sanglante de l'ouvrage de M. Garriga, insérée dans le Journal de Madrid, donne comme une forte objection contre la place que j'assigne à cette espèce, *« que tous les autres édentés » pourroient danser dans sa carcasse. »*

M. *Lichtenstein*, professeur à Helmstaedt, dans un morceau d'ailleurs fort obligeant pour moi, inséré dans l'écrit de M. *Schmeisser* sur l'état des sciences en France, tome II, page 95, suppose que ce squelette pourroit avoir été composé avec des ossemens appartenans à des individus de grandeur différente, que par conséquent tous mes raisonnemens sont incertains; que les véritables proportions de l'animal ont pu être beaucoup plus semblables à celles de l'éléphant, qu'elles ne le paroissent dans ce squelette. Il en conclut que l'on doit plutôt regarder cet animal comme une cinquième espèce d'éléphant propre à l'Amérique méridionale. Mais comme chaque os, considéré à part et indépendamment de ses proportions avec les autres, porte des caractères qui le rapprochent de l'os analogue des paresseux ou des édentés, et qui l'éloignent de ceux de l'éléphant, cette objection tombe d'elle-même.

C'est ce que nous allons développer dans les réflexions suivantes, auxquelles nous joindrons la traduction abrégée de la description faite par *D. J. B. Bru*, comme le moyen le plus sûr de compléter la connoissance de cet important squelette.

J'y ai fait ajouter des copies réduites des figures de D. Bru; le squelette, la tête et les pieds, vus pardevant, sont pris d'autres dessins faits à Madrid, par *D. Joseph Ximeno*, et et qui m'ont été communiqués par mon collègue *Faujas*.

Le premier coup - d'œil jeté sur la tête du *megatherium* , fait saisir les rapports les plus marqués avec celles des *paresseux* , et particulièrement avec celle de l'*aï*. Le trait le plus frappant de ressemblance est la longue apophyse descendante, placée à la base antérieure de l'arcade zygomatique. Elle est aussi longue à proportion dans l'*aï* que dans le *megatherium* ; mais celui-ci a son arcade entière, tandis qu'elle est interrompue dans les deux espèces de *paresseux* , même adultes.

La branche montante de la mâchoire inférieure ressemble assez à celle des *paresseux*, mais sa partie inférieure forme une convexité dont on ne trouve même dans l'éléphant qu'une légère ressemblance.

Le museau osseux est plus saillant dans le *megatherium* que dans l'*aï*; cela provient d'une avance de la symphyse de la mâchoire inférieure , qui se retrouve aussi dans le *paresseux à deux doigts* ou l'*unau* , et d'une avance correspondante des intermaxillaires.

Les os du nez sont fort courts; ce qui, d'après l'exemple de l'éléphant et du tapir, pourroit faire soupçonner que cet animal avoit une trompe.

On pourroit le croire encore, d'après la multitude de trous et de petits canaux dont la partie antérieure du museau est criblée ; ils ont dû laisser passer des vaisseaux et des nerfs , propres à nourrir quelque organe considérable. Cependant si cette trompe a existé, elle a dû être très-courte, vu la longueur du cou, longueur qui paroît bien naturelle, et ne point venir de ce qu'en formant ce squelette on aura réuni des vertèbres d'individus plus grands. Car cette tête n'étant point d'une gran-

deur démésurée, et sur-tout ne portant point de défenses ,
un cou long n'étoit pas aussi nuisible que dans l'*éléphant.*

Les dents molaires sont au nombre de quatre de chaque
côté, tant en haut qu'en bas, comme dans l'*aï*, et elles ont
comme les siennes une forme prismatique , et une couronne
traversée par un sillon. Seulement elles sont plus rapprochées,
et n'ont point en avant, de canine pointue, comme l'*aï* en a une
au moins à la mâchoire supérieure , et l'*unau* à toutes les
deux. Cependant je crois à peine que cela suffise pour distinguer un genre, car dans l'*unau* même les canines diffèrent
peu des molaires , qui sont aussi pointues dans cette espèce.

Si le nombre de sept vertèbres que l'on voit au cou de ce
squelette est véritable, comme l'analogie avec les autres quadrupèdes le fait volontiers croire , le *megatherium* différera
beaucoup en ce point du *paresseux aï*, qui lui-même s'é-
loigne par là de tous les quadrupèdes connus.

Il y a dans le *megatherium* seize vertèbres dorsales, et par
conséquent seize côtes de chaque côté , et trois vertèbres
lombaires ; ce sont exactement les mêmes nombres que dans
l'*aï.*

Sa proportion relative des extrémités n'est pas la même
que dans les *paresseux*, où celles de devant ont presque le
double de la longueur des postérieures ; ici, cette inégalité est
beaucoup moindre ; en revanche, la grosseur démesurée des
os de la cuisse et de la jambe, dont on voit déja des indices
dans les *paresseux*, *les tatous*, et sur-tout les *pangolins*,
est postée ici à un point excessif, le fémur n'ayant en hauteur
que le double de sa plus grande épaisseur, ce qui le rend plus

gros que celui d'aucun animal connu , même de celui de l'ohio.

Cette disposition générale des extrémités doit faire juger que cet animal avoit une démarche lente et égale , et qu'il n'alloit ni en courant ou en sautant, comme les animaux qui ont les extrémités antérieures plus courtes, ni en rampant, comme ceux qui les ont plus longues, et nommément les *paresseux*, auxquels il ressemble tant d'ailleurs.

L'omoplate a en grand les mêmes proportions que celle des *paresseux*. Il existe une clavicule, comme dans l'un d'eux, (l'*unau*) ; ce qui, joint à la longueur des phalanges qui portoient les ongles, prouve que cet animal se servoit aussi de ses pieds de devant pour saisir et peut-être même pour grimper.

Cette présence des clavicules éloigne considérablement notre *megatherium* de tous ceux qu'on auroit pu confondre avec lui, à cause de leur taille, comme l'*éléphant* , les *rhinocéros*, et tous les grands ruminans, dont aucun ne possède ces os.

L'humérus du *megatherium* est très-remarquable par la largeur de sa partie inférieure, qui est due à la grande surface des crêtes placées au-dessus de ses condyles. On voit par-là que les muscles qui y prennent leurs attaches, et qui servent, comme on sait, à mouvoir la main et les doigts, devoient être très-considérables ; ce qui est une nouvelle preuve du grand usage que notre animal faisoit de ses extrémités antérieures. Aussi cette grande largeur du bas de l'humérus se retrouve-t-elle sur-tout dans le *fourmilier*, qui emploie, comme on sait ses énormes ongles pour se suspendre aux arbres ou pour déchirer les nids solides des thermès. Elle y est même des trois cinquièmes de la longueur , tandis qu'elle n'est que de

4

moitié dans notre animal : ce qui est aussi la proportion du
fourmilier écailleux à longue queue, ou *phatagin*. Dans le *rhinocéros* cette largeur n'est que du tiers, et dans *l'éléphant* du
quart de la longueur. Les ruminans, qui ne font presque
aucun usage des doigts, ont ces crètes presque nulles.

La longueur de l'olécrâne a dû donner aux extenseurs de
l'avant-bras un avantage qui leur manque dans les *paresseux*,
dont l'olécrâne est extrêmement court, ce qui ne contribue
pas peu à l'imperfection de leurs mouvemens.

Le radius tournoit librement sur le cubitus, comme dans
les *paresseux ;* mais je dois remarquer ici qu'on l'a monté à
contre-sens dans le squelette : sa tête humérale est en bas, et
la carpienne en haut ; les figures le représentent aussi de cette
manière fautive.

La main appuyoit entièrement à terre lors de la marche,
ce qui se voit par la brièveté du métacarpe. Les doigts
visibles et armés d'ongles n'étoient qu'au nombre de trois,
et les deux autres étoient cachés sous la peau, comme il y
en a deux dans l'aï et trois dans l'unau, et le fourmilier
didactyle.

Les dernières phalanges étoient composées d'un axe qui
portoit l'ongle, et d'une gaîne qui en affermissoit la base absolument comme dans les autres animaux à grands ongles,
dont je poursuis le parallèle avec notre animal.

Mais les os du métacarpe n'étoient pas soudés ensemble
comme ils le sont dans l'*aï.*

La proportion de ces os, ainsi que de ceux du *megalonix*,

est aussi très - différente de celle des *paresseux*. Elle est, comme je l'ai dit dans l'article précédent, la même que dans les *fourmiliers*.

Les os du bassin sont ce que notre animal offre de plus différent avec les espèces voisines. Ceux des îles, les seuls qui soient conservés dans le squelette de Madrid, forment un demi-bassin, large et évasé, dont le plan moyen est perpendiculaire à l'épine, et qui ressemble assez à celui de l'éléphant, et sur-tout du rhinocéros. La partie large de ces os a sur-tout une analogie frappante avec celle de ce dernier quadrupède par la proportion de ses trois lignes; mais leur partie étroite et voisine de la cavité cotyloïde est beaucoup plus courte.

Cette forme de bassin nous indique que le *megatherium* avoit le ventre gros, et s'accorde avec la forme de ses molaires, pour nous faire voir qu'il vivoit de substances végétales.

Le pubis et l'ischion manquent au squelette de Madrid, mais je pense qu'ils ont été perdus lors de la fouille. Cependant si ce défaut avoit été naturel à l'espèce, c'est encore dans un édenté, je veux dire dans le *fourmilier didactyle*, que nous en trouverions le premier indice, quoique très-léger. Ses os pubis ne se réunissent point pardevant, et demeurent toujours écartés, comme l'observe Daubenton, et comme je l'ai vérifié sur un individu autre que le sien.

J'ai déja parlé de la grosseur énorme de l'os de la cuisse; on ne peut le comparer à celui d'aucun autre animal; ceux qui s'en rapprochent par la largeur, comme les *rhinocéros*, en diffèrent par l'existence d'une apophyse particulière servant de point d'insertion au grand fessier, et qui manque ici.

Le tibia et le péroné sont soudés ensemble par leurs deux extrémités, chose absolument propre à cet animal; ils présentent aussi par leur réunion une surface d'une largeur démesurée. A cet égard, la jambe du *megatherium* ressemble assez à celle de l'*aï* qui est très-large, parce que ses deux os forment une convexité chacun de leur côté, et s'écartent ainsi l'un de l'autre.

Les figures font penser que l'articulation du pied avec la jambe n'est pas aussi singulière que dans l'*aï*, et qu'elle est beaucoup plus solide.

Le *megatherium* ayant un large astragale, articulé avec un tibia également large, et assuré encore par la position latérale du péroné, avoit beaucoup plus d'à-plomb que les *paresseux*, et devoit ressembler en ce point à la plupart des quadrupèdes.

On ne voit dans le squelette de Madrid qu'un seul doigt aux pieds de derrière qui ait été armé d'ongles; mais je pense qu'il y a à cet égard un peu moins de certitude que pour les pieds de devant, d'autant que les figures ne nous montrent avec ce doigt-là que deux autres qui n'aient point d'ongle, et que mes recherches m'ont fait établir comme une règle dont je n'ai point encore trouvé d'exception, que tous les animaux onguiculés ont cinq doigts, soit visibles au-dehors, soit cachés sous la peau, soit réduits à de simples rudimens osseux.

La queue manque au squelette de Madrid, et la petitesse de la face postérieure du corps de l'os sacrum doit faire penser qu'elle étoit fort courte dans l'animal.

L'inspection d'un squelette aussi complet et aussi heureusement conservé nous permet de former des conjectures assez plausibles sur la nature de l'animal auquel il a appartenu.

Ses dents prouvent qu'il vivoit de végétaux, et ses pieds de devant, robustes et armés d'ongles tranchans, nous font croire que c'étoit principalement leurs racines qu'il attaquoit.

Sa grandeur et ses griffes devoient lui fournir assez de moyens de défense. Il n'étoit pas prompt à la course, mais cela ne lui étoit pas nécessaire, n'ayant besoin ni de poursuivre ni de fuir.

Il seroit donc bien difficile de trouver dans son organisation même les causes de sa destruction ; cependant, s'il existoit encore, où seroit-il ? où auroit-il pu échapper à toutes les recherches des chasseurs et des naturalistes ?

Je ne m'arrêterai point à la comparaison du *megatherium* avec le genre des chats. J'ai fait cette comparaison pour le *megalonix*, parce que comme on n'a trouvé que des portions de son bras et de sa main, les personnes peu au fait de l'anatomie comparée ont pu avoir des doutes qu'il étoit juste de dissiper ; mais j'ose dire qu'aucun naturaliste raisonnable n'en peut conserver par rapport au *megatherium* dont on a tout le squelette, et dont la tête seule est faite pour porter la conviction dans tous les esprits.

Quant à la comparaison entre le *megatherium* et le *megalonix*, elle donne pour résultat une identité presque absolue de formes, du moins dans les parties que nous connoissons de ce dernier ; mais la grandeur est différente : les os du *megatherium* sont d'un tiers plus grands que ceux du *megalonix ;* et comme ces derniers portent d'ailleurs tous les caractères de l'état adulte, on ne peut guère attribuer cette différence de grandeur qu'à une différence d'espèce : on peut ajouter que les ongles ont des étuis plus complets et plus longs dans les dernières phalanges du *megatherium*, que dans celles du *megalonix*. Ces deux animaux auront donc formé deux espèces d'un même genre, appartenant à la famille des édentés, et servant d'intermédiaire aux *paresseux* et aux *fourmiliers*, plus voisin cependant des premiers que des seconds.

Il est remarquable qu'on n'en ait encore trouvé les dépouilles qu'en Amérique, seul pays où l'on ait aussi observé jusqu'à présent les deux genres vivans dont celui-là se rapproche ; car le *bradypus ursinus* ou *paresseux pentadactyle*, qu'on nous donne comme africain, est encore trop peu connu pour qu'on puisse le regarder comme une exception suffisamment établie à cette règle du climat.

DESCRIPTION DES OS DU MEGATHERIUM,

Faite en montant le squelette, par D. Jean-Baptiste BRU, traduite par M. Bonpland, et abrégée (1).

Dans le crâne on remarque huit os. L'os coronal (tab. II, fig. 1 A) est d'une figure rare. La partie supérieure présente un triangle, dont l'angle supérieur et intermédiaire est très-aigu, et s'avance au-delà de la moitié des pariétaux : il

---

(1) Les figures sont réduites au tiers sur celles de D. *Bru*, qui sont elles-mêmes réduites au quart de la grandeur naturelle. Ainsi les miennes sont au douzième. Comme je les ai toutes fait entrer dans deux planches, pour rétablir une concordance avec les cinq siennes, j'ai désigné chaque figure par deux chiffres ; le romain indique le n.° de la planche de D. Bru où se trouve l'original ; et l'arabe , le n.° de la figure. On pourra donc lire la description et citer les figures de D. *Bru*, comme si on les avoit sous les yeux. Les figures *x*, *y* et *z* de ma pl. II ne sont pas de D. Bru mais de D. *Ximeno*.

montre dans la partie antérieure quelques sillons peu sensibles. Après l'occipital l'os frontal est de tous les os de la tête celui qui a le plus de grosseur et le plus de dureté. Dans le bord orbitaire on voit, comme chez l'homme, un petit trou pour le passage du nerf ophthalmique. Dans la face interne on voit deux cavités qui reçoivent les lobes antérieurs du cerveau.

L'os occipital (G) examiné dans sa partie supérieure, montre l'extrémité de deux lignes circulaires dont on voit la continuation sur les pariétaux. Ces lignes semblables à celles que nous voyons dans l'homme, ont aussi sans doute le même usage, celui de servir d'attache au muscle temporal. La face externe de l'os est assez inégale. La face interne est concave et présente à son extérieur deux protubérances dont chacune offre une cavité à son sommet. L'occipital s'unit avec les pariétaux, les temporaux et le sphénoïde. Au-dessus du trou occipital se remarquent les mêmes inégalités que dans l'homme. On y voit les apophyses transverses divisées en deux demi-arcs par la ligne qui descend droit au trou occipital. Au-dessus sont quatre fossettes inégales qui sans doute servent de point d'attache aux muscles droits grands et petits. Les deux inférieures sont plus grandes et plus inégales. Intérieurement il y a deux fossettes pour loger le cervelet.

Le pariétal (B) présente une figure assez irrégulière se rapprochant de celle d'un quadrilatère inégal dans tous ses côtés: le postérieur plus petit est celui qui offre les demi-cercles dont nous avons parlé plus haut, et que nous avons dit servir à l'insertion des muscles temporaux.

L'os temporal (C) n'a qu'une très-petite portion de partie écailleuse. La partie pierreuse est encore moins considérable. Celle-ci ne présente rien de particulier, si ce n'est l'apophyse zigomatique (E) qui naît au-dessus du trou auditif: elle est large à son origine. On y observe encore la cavité glénoïde qui sert à l'articulation de la mâchoire inférieure. Dans la partie pierreuse on remarque, 1°. une inégalité très-considérable en arrière un peu au-dessus du trou auditif, laquelle, par sa situation, correspond à l'apophyse mastoïde dans l'homme. 2°. Au-dessus du trou auditif on trouve les vestiges d'une apophyse; c'est sans doute l'apophyse styloïde. 5°. En dessous et un peu en arrière de l'apophyse mastoïde, beaucoup d'inégalités. 4°. Le trou auditif à l'entrée duquel se trouvent une multitude de petites déchirures qui le rendent très-inégal. 5°. On voit en outre d'autres petits trous, desquels les uns sont propres et d'autres sont communs à lui et à l'occipital. Enfin on voit au-dessous du trou auditif une petite facette dont la superficie annonce avoir été couverte par un cartilage, et qui peut-être servoit pour faciliter le jeu de quelque tendon.

Le sphénoïde est d'une grosseur prodigieuse: il touche à tous les os de la tête. A l'intérieur on observe quatre apophyses clinoïdes et à l'extérieur deux éminences d'une figure très-semblable aux mamelons d'une vache, quoique cependant elles soient plus grosses et plus larges, et unies dans leur superficie. Comme ces apophyses sont très-différentes de celles appelées ptérygoïdes dans l'homme, je ne crois pas qu'on doive leur donner le même nom, et leur attribuer le même usage : elles occupent à peu près le même lieu, G.

L'os ethmoïde ou os criblé est d'un volume proportionné aux autres os; il se trouve placé entre le coronal et le sphénoïde. Dans sa partie supérieure, il offre une porosité admirable, et dans sa partie inférieure, au moyen d'une lame (X) que j'appellerai perpendiculaire, il divise le nez en deux trous dont la circonférence est assez grande.

L'os de la pomette présente quelques particularités dignes d'être remarquées. Sa surface extérieure est lisse et prolongée inférieurement en manière de langue (F), dont la pointe se retourne en arrière, formant dans cet endroit un bord semi-circulaire un peu gros antérieurement, et un autre semi-circulaire plus mince dans sa partie opposée. Du bord supérieur de l'apophyse zygomatique et très-près de la suture correspondante du temporal, on voit un prolongement (S, K), lequel se dirige d'avant en arrière, et qui se tourne jusque vers le crâne comme pour aller joindre les pariétaux, desquels il s'approche. Ce prolongement forme un angle très-aigu avec le reste du zigoma. Je ne puis soupçonner l'usage de ces deux prolongemens, s'ils en ont d'autre que de servir d'attache aux muscles de la mâchoire. On observe encore dans ces os le bord orbitaire, les deux prolonge-mens orbitaires des anguleux, un autre interne avec lequel s'unit le coronal, et enfin le bord semi-lunaire opposé à l'orbitaire, et diverses échancrures communes à lui et à l'os maxillaire supérieur. La lettre T démontre la portion de ce même os appelé orbitaire qui, avec celles du même nom, formées par le coronal et l'os maxillaire supérieur, composent tout l'orbite.

On ne trouve pas les os carrés du nez; ils sont remplacés par un *seul os de forme demi-circulaire* (M), qui présente à son extrémité trois prolongemens inégaux dans leur superficie. Il est uni au coronal par la suture transversale, et intérieurement avec la lame perpendiculaire (X). J'observe ici que de chaque côté de cette lame on en trouve une en forme de cornet. Sans doute qu'elles ont les mêmes fonctions que les cornets dans l'homme : la porosité de cet os est très-grande.

Les deux os maxillaires (L, D) ne ressemblent en rien à ceux des autres quadrupèdes connus. La portion L est très-forte et très-dure; elle offre dans son bord de grandes aspérités, du milieu desquelles s'élève une lame garnie de chaque côté de découpures imitant assez bien les dents d'une scie. Dans la partie supérieure on voit une grande quantité de petits canaux et de petits sillons qui se portent de la pointe de la mâchoire au palais : ils s'élargissent à mesure qu'ils se rapprochent du palais; ils sont criblés d'une multitude de petits trous destinés sans doute pour le passage des vaisseaux qui portent la nourriture à l'os. La lame perpendiculaire (X) se dirige vers le milieu de ces sillons, et repose sur cet os et s'unit avec lui; elle se retourne ensuite sur le coronal, avec lequel elle s'unit.

Dans la partie inférieure on trouve deux bords gros, lesquels servent comme d'appui à une voûte qui se prolonge jusqu'au palais : on y observe aussi une multitude d'éminences et de sillons disposés en manière d'escalier, lesquels se croisent transversalement, et offrent une multitude de trous d'inégale grandeur. Une partie (D) va en s'élargissant en dehors du côté de l'orbite, et en bas du côté du palais, duquel l'os maxillaire forme une portion. Dans cette partie qui est le bord alvéolaire sont placées quatre dents, qui, avec les quatre de l'autre côté, font huit dents. A la partie supérieure se trouve placé le trou orbitaire externe (Z).

La mâchoire inférieure est d'une figure assez régulière, si on en excepte le prolongement de sa partie antérieure. A l'extrémité antérieure se remarque une petite échancrure qui annonce probablement la désunion de ces os dans les jeunes sujets. A l'origine de ce prolongement (R) on trouve une protubérance assez élevée qui, augmentant de volume jusqu'en bas, forme avec la voisine deux grosses éminences entre lesquelles il y a un canal qui correspond à ce que les anatomistes appellent symphyse dans l'homme. Elle va successivement en augmentant de volume jusqu'en (S), où commence le bord inférieur, appelé base, qui a bien un pied de long. On y observe également l'angle de la mâchoire (P) ainsi que les deux apophyses connues, la première sous le nom de coronoïde (V), et la seconde sous celui de condyle. Cette dernière s'articule avec le temporal.

Le bord supérieur de cette mâchoire est très-gros au-devant de l'apophyse coronoïde, où sont enchâssées quatre dents dans autant d'alvéoles particulières qui s'inclinent légèrement en arrière. Depuis la première molaire jusqu'à la pointe (P) ce bord va en diminuant de grosseur, et avec celui du côté opposé il représente un canal très-propre à loger la langue, dont deux extérieures (Q et R). La troisième étant placée à la partie interne, n'a pu être représentée dans la figure. Ce troisième trou se trouve placé à l'opposé de (P) dans l'angle H de la mâchoire et correspondant avec celui de la lettre (Q). Les deux trous extérieurs correspondent à ceux que dans l'homme on appelle trou barbu et déchiré.

Les dents, au nombre de seize (huit dans la mâchoire supérieure et huit dans l'inférieure), surpassent tous les autres os par leur dureté. Les douze postérieures sont plus grandes que les autres. Chacune d'elles a à peu près deux pouces en carré; elles présentent des angles arrondis, et entre chacun de ces angles on voit un petit canal. Chaque dent a quatre angles, deux intérieurs et deux extérieurs. La partie inférieure, celle qui est enchâssée dans les alvéoles, va sensiblement en diminuant, et n'a que deux pouces de large: sa forme est carrée, et on voit dessous une cavité séparée par quatre pointes (tab. IV, fig. V, F). La forme de cette cavité est pyramidale; elle s'enfonce assez avant dans la dent. Les quatre premières dents, pesées avec exactitude, présentent un poids de 20 onces; les autres en donnent jusqu'à 26.

Les vertèbres du cou sont au nombre de sept. On peut les voir dans la planche I.ere qui représente le squelette. L'atlas, pl. V, f. 3, manque d'apophyse épineuse. Son ouverture principale (A) est plus grande que celle des autres. Ses apophyses(BB) transverses sont plus considérables et plus droites que dans les autres vertèbres cervicales, où elles sont légèrement inclinées en arrière. Aux lettres (C C) on aperçoit deux trous; ils sont communs à toutes les autres vertèbres.

Les cinq dernières vertèbres du cou sont semblables entre elles, si ce n'est qu'elles vont en augmentant de volume. Toutes ont un corps par lequel elles s'articulent, un trou pour donner passage à la moelle de l'épine; sept apophyses, dont quatre obliques, deux transverses sur les côtés, et une dernière enfin couchée en arrière: c'est l'apophyse épineuse; elle est la plus grande de toutes. Toutes sont pourvues de quatre grandes échancrures, deux de chaque côté, une supérieure et une autre inférieure pour donner passage aux nerfs cervicaux. (*Vid.* pl. I.)

Les vertèbres du dos sont au nombre de seize comme dans le cheval; elles sont plus grosses que celles du cou, mais plus petites que celles des lombes. Les apophyses épineuses sur-tout sont remarquables par leur grosseur et leur grandeur; mais celle qu'on a représentée, pl. II, fig. 2 et 3, est la plus grande de toutes. Les apophyses transverses sortent sensiblement et sont grosses à proportion. La première de ces vertèbres mérite à juste titre celui d'éminente, pour être plus élevée que toutes les autres.

Je n'ai pu voir que trois vertèbres lombaires, et peut-être ce quadrupède n'en avoit-il pas davantage. L'éléphant n'a que quatre vertèbres lombaires. le cheval en a six. Ces trois vertèbres sont d'un volume plus considérable que celles du dos, et la première est plus grande que la seconde, et celle-ci plus grande que la troisième.

Les os des îles forment un seul os avec le sacrum; ils sont intimement unis: ainsi je les considère comme ne faisant qu'un. Son poids est de 5yo livres: sa grandeur est énorme, et, par sa figure, il ressemble à celui de l'homme, c'est-à-dire à l'iléon et au sacrum réunis.

Os sacrum. La description de cet os se verra assez bien si on jette les yeux sur les figures qui sont à la pl. III. Les lettres B B des figures 1 et 2 démontrent un bord semi-circulaire ou segment de cercle, lequel commençant dans les parties latérales de ce qui, avant l'ossification, formoit l'os sacrum, s'étend jusqu'aux extrémités C C des fig. 1 et 2 de la III.ᵉ pl. Depuis les extrémités jusqu'aux lettres Y Y de la fig. 3, on aperçoit une échancrure, et dans les extrémités signalées par lesdites lettres Y Y on voit le commencement ou l'entrée d'une cavité grande et arrondie (fig. 2 , Y), dans laquelle entre la tête de l'os fémur. Les lettres A A de la fig. 1 représentent sa face interne, et la superficie qui se voit dans la seconde découvre sa face externe, qui servoient sans doute dans l'animal vivant pour attacher les masses de chair qui formoientles fesses. Les lieux signalés par les n.ᵒˢ 1, 2, 3, 4, 5 de la fig. 2 montrent les cinq apophyses épineuses qui correspondent au nombre égal des vertèbres qui constituent le sacrum de ce quadrupède.

La lettre E de la fig. 1 représente la première pièce de l'os sacrum. On y voit le lieu de son articulation avec la dernière vertèbre lombaire. La dernière pièce de cet os, qui s'articule avec la première vertèbre de la queue, n'est pas visible dans la figure. La lettre Z de la fig. II indique la terminaison du canal médullaire.

Ce seroit ici le lieu de parler des os pubis et ischion; mais je n'ai rien vu qui leur ressemble. Je ne puis non plus parler de la queue, quoique cet animal en eût bien certainement, mais nous n'en avons pas un seul os.

La cavité vitale (le thorax) est formée par les vertèbres, les clavicules, les côtes et le sternum. Nous avons déjà parlé des vertèbres; nous allons passer aux autres os.

Sternum. Je n'ai vu que la première pièce de cet os, qui est d'une figure très-irrégulière; cependant on peut la comparer à un triangle dont les angles sont tronqués. Sa face extérieure est convexe, et comme séparée de haut en bas en deux parties par une espèce de crête. Cette crête semble se prolonger sur les autres pièces de cet os; il est plus étroit dans sa partie supérieure, qui s'incline légèrement en dehors. C'est à son extrémité qu'on trouve une petite facette articulaire : j'ignore absolument quel os peut venir s'y articuler.

Les clavicules sont d'un volume proportionné à tous les autres os : l'extrémité sternale s'articule avec l'extrémité de la première des vraies côtes et la première pièce du sternum : l'autre s'articule avec l'omoplate, ainsi qu'on peut le voir dans la pl. I.

La figure de ces os est en tout semblable à ceux de l'homme, seulement leur volume est beaucoup plus considérable. Les extrémités sont spongieuses et très-grosses, sur-tout l'extrémité humérale. (*Vid.* pl. IV, fig. A , l'extrémité A qui s'articule avec l'omoplate, et l'autre B qui s'articule avec le sternum.) La même figure représente en C son bord antérieur et le bord postérieur en D.

Le nombre des côtes se monte à 32, seize de chaque côté. Les onze premières

paroissent entrer dans la formation du thorax, et doivent être regardées comme
les vraies côtes: les cinq suivantes seront les fausses. J'observe que les vraies sont
plus lisses, plus unies que les fausses, et que leur articulation avec la colonne
épinière se fait par deux endroits: l'un correspond au corps de la vertèbre, l'autre
à l'apophyse transverse. Les fausses côtes, plus inégales, s'articulent seulement
avec le corps des vertèbres.

L'extrémité des fausses côtes est plus aplatie, et on observe à son extrémité libre
une petite facette articulaire pour son articulation avec le cartilage.

L'omoplate est assez semblable à celui de l'homme (*Vid.* pl. V, fig. 1 et 2),
excepté qu'il est en tout plus gros. Sa forme est celle d'un triangle représentant
aussi trois bords. Des angles, deux sont vertébraux, l'un antérieur et l'autre
postérieur. Le troisième est l'angle huméral. L'angle vertébral antérieur est
mince et tronqué, fig. 1 B. L'angle vertébral postérieur A est plus gros et un peu
arrondi. L'angle huméral représenté dans la fig. 2 de la même planche en E, est
plus gros que les deux précédens, et présente dans son extrémité la cavité
glénoïde qui reçoit la tête de l'humérus. Des trois bords, nous regarderons comme
servant de base celui compris entre A et B de la fig. 1, et comme côtés ceux
compris entre B et C, et entre A et E; observant que ce dernier, fig. 1 et fig. 2,
D, s'est trouvé en dehors : d'où il résulte qu'il est plus gros que l'autre. Le
côté B C, fig. 1, 2, n'a rien de remarquable, si ce n'est qu'il va en grossissant
à mesure qu'il s'avance vers la cavité glénoïde. Là il forme une saillie qui correspond à l'apophyse coracoïde dans l'homme. On doit aussi remarquer
dans cet os deux faces, l'une interne et l'autre externe. L'interne en A, fig. 2,
est un peu concave (*Vid.* fig. 1, K, Y G) avec quelques inégalités qui s'observent
depuis le point B jusqu'au point A. La face externe, un peu convexe, est divisée
en deux par une crète peu élevée vers l'angle A. Son volume va ensuite en
augmentant jusqu'en F, où elle est trois fois plus grosse qu'à son origine. Elle
forme ensuite l'apophyse acromion, qui s'unit avec l'apophyse coracoïde. De l'élévation de la crête résultent deux cavités, une supérieure en K, et l'autre inférieure
en G. Ce sont ces fosses qui, dans l'homme, sont connues sous les noms de fosses
sus-épineuses et sous-épineuses. Enfin on remarque près de la cavité glénoïde de
cet os, Y, fig. 1 et 2, un trou dont on ignore l'usage.

Du BRAS. *L'humerus* (pl. IV, fig. 1 et 2) est fort dans toute son étendue :
sa grosseur est sensiblement augmentée par les éminences et les inégalités
qu'on y observe ; il a à peu près un pied et demi de long. On le divise en
corps ou partie moyenne et en extrémités. La partie moyenne est d'une figure
très-irrégulière, étant arrondie immédiatement en dessus de son extrémité supérieure, aplatie par son autre extrémité et triangulaire au-dessous du point B.

On observe une grande éminence, fig. 2, G, de chaque côté de la tête, ou de l'extrémité supérieure , dont l'externe est plus élevée que l'interne. L'une et l'autre sont remarquables par les impressions musculaires qu'elles présentent. Depuis le point B, fig. 1 , il se manifeste une éminence en forme de crête , qui augmente successivement son volume jusqu'au point G. Cette crête , donne à l'os une figure triangulaire, et présente par conséquent trois bords, un postérieur, un interne, et l'autre externe; plus trois faces, une postérieure, légèrement convexe et inégale, et deux antérieures, l'une interne et l'autre externe, lesquelles sont plus petites que la postérieure. Les faces antérieures sont aussi un peu inégales.

L'extrémité supérieure de l'humérus est terminée par une éminence sphérique (pl. IV , fig. 1 et 2 , A) : c'est là ce que les anatomistes appellent tête , qui est reçue dans la cavité de l'omoplate. Cette tête est plus spongieuse que le reste de l'os. On remarque au dessous une dépression qui , quoiqu'elle ne l'entoure pas entièrement, peut être comparée au col de l'humérus chez l'homme.

L'extrémité inférieure est aplatie depuis le point G où nous avons dit que se terminoit la crête antérieure. Les deux superficies supérieures et postérieures sont convexes, à l'exception d'un petit enfoncement qui s'observe en devant de K de la figure 1, et un autre en arrière plus grand et de forme arrondie, fig. 2, L. L'antérieure reçoit une éminence de l'os radius; la postérieure reçoit une autre éminence de l'os cubitus. Toute cette extrémité décrit un demi-cercle qui s'étend depuis les points F F jusqu'aux points E E. Mais on doit observer dans sa circonférence, 1.º que le bord E représenté dans l'une et l'autre figure est inégal , raboteux; 2.º que le bord E s'use plus que le bord F; 3.º que ce bord se confond peu à peu avec l'interne , au lieu que le bord E se termine subitement par une rainure lisse à sa superficie; 4.º que depuis le point F jusqu'au point D de l'une et de l'autre figure, il est lisse comme une petite cavité articulaire. La même chose arrive depuis le point D jusqu'au point C des deux autres, ou se prolonge de la même manière jusqu'au point E; 5.º que la petite facette articulaire comprise entre D et C se trouve séparée des autres par une petite crête légèrement saillante ; 6.º que dans cette petite facette se voit une rainure , laquelle reçoit une éminence du cubitus : elle fait l'office d'une poulie. L'inspection des planches montrera à l'observateur une multitude d'autres choses qu'il eût été ennuyeux d'énumérer ici.

Le radius est un peu plus grand que l'humérus. Comme celui-ci, il se divise en corps et en extrémités. Le corps est aplati dans presque toute son étendue : par conséquent il a deux faces et deux bords. De ces bords l'un est interne et l'autre externe; des faces l'une est antérieure et l'autre postérieure. La face antérieure est convexe dans toute son étendue. L'interne est aussi convexe, mais elle se trouve divisée en deux par une ligne légèrement saillante. Ainsi cet os semble s'élever de l'un et l'autre côté pour avoir une forme arrondie : le bord externe est plus élevé et plus aigu que l'interne. Dans sa partie moyenne, il présente une éminence anguleuse très-inégale. (*Vid.* E , fig. 4 , pl. II). De chaque côté de cette éminence, on voit un petit canal. Le bord interne n'a rien de remarquable, si ce n'est qu'il est plus lisse que l'externe, et qu'il commence en haut par deux lignes saillantes qui correspondent aux deux éminences qui s'observent à l'extrémité supérieure de cet os, lesquelles s'unissent avant son tiers supérieur, et forment par leur réunion un Y grec.

(1) L'extrémité supérieure D est très-grosse ; on y observe cinq éminences qui l'entourent : entre ces éminences on voit une dépression qui représente assez bien une sinuosité. De ces éminences, l'une sert à l'articulation avec l'humérus ; les autres se voient en dehors. Parmi celles-ci l'externe, qui se voit en D, est plus large et plus élevée. Deux internes, qui ne se voient pas dans la figure, donnent naissance à deux lignes légèrement élevées qui se rapprochant l'une de l'autre, se réunissent dans le tiers supérieur de cet os, et forment, par cette réunion, le bord interne du radius, ainsi que nous l'avons dit plus haut. Toutes ces éminences sont rangées autour d'une petite facette articulaire située entre les let. D et C de la fig. 4 dans la même pl. II. Cette petite facette articulaire est divisée en deux par l'éminence D, et continue jusqu'à la partie opposée. La pointe de cette éminence entre dans la cavité observée à l'extrémité inférieure de l'humérus en K de la fig. 1, pl. IV. Outre ces éminences il y en a encore deux autres assez écartées, l'une en forme de crochet qui se voit en D: l'autre, plus inférieure et plus en arrière, ne se peut pas voir dans la figure.

L'extrémité inférieure est terminée par une facette large articulaire qui correspond aux os de la main, et sur le côté latéral on en voit aussi une qui sert à l'articulation du cubitus.

Le cubitus est presque de la même longueur que le radius : sa forme peut être comparée à celle d'un triangle, selon sa longueur. Les angles qui le divisent à sa partie supérieure diminuent insensiblement jusqu'au milieu de l'os : là ils se confondent avec le corps de l'os qui devient rond. Le contraire arrive dans son extrémité inférieure, dans laquelle les trois bords de la face triangulaire vont également en diminuant jusqu'à son milieu, se confondant avec les trois faces de la partie supérieure et triangulaire : d'où il résulte que ce qui est bord à la partie supérieure devient face à la partie inférieure, *et vice versá*.

L'extrémité supérieure A est assez grosse : on y compte quatre éminences : trois sont autour de la cavité articulaire, et donnent origine aux trois bords que nous avons remarqués dans cet os. La plus grande de toutes est en arrière, ainsi qu'elle

---

(1) Le lecteur ne doit pas oublier que D. Bru prend ici l'extrémité inférieure pour la supérieure.

est représentée en A : elle est terminée par un rebord assez gros : des deux autres l'une est externe et un peu aplatie en C ; l'autre interne est plus grosse, plus inégale, et comme divisée en deux par un canal qui sans doute étoit destiné à conserver les vaisseaux de cette extrémité. Cette dernière ne s'aperçoit pas dans la figure. Au devant de l'éminence postérieure A se voit la quatrième dont il a été parlé plus haut. Celle-ci s'élève comme de la substance de l'os, laissant une rainure entre les deux, et au-devant de cette quatrième éminence il se trouve une cavité articulaire C, dont l'enfoncement s'augmente pour recevoir l'os radius. Entre l'éminence externe et la postérieure il y a un enfoncement considérable et un autre encore plus grand au-devant de l'os entre les éminences externes et internes.

L'extrémité inférieure B est grosse et inégale ; elle affecte une forme triangulaire, et se termine par une facette articulaire convexe qui s'articule avec le carpe. Sur son côté interne elle en a d'autres qui servent à son articulation avec le radius.

Le carpe est composé de sept os. Tous présentent une figure irrégulière qui de nulle manière ne peut être comparée avec celle des os du carpe de l'homme. Ils sont, comme dans l'homme, disposés sur deux rangées : la première en contient trois (A A A, fig. 5, pl. II). La seconde en offre quatre. Les trois premiers présentent à leur partie postérieure une facette articulaire convexe qui sert à l'articulation du radius et du cubitus. Chacun de ces os en particulier offre des facettes articulaires sur les côtés pour servir à leur articulation entre eux, et d'autres en devant, par lesquelles ils s'articulent avec les os de la seconde rangée. Dans ceux de la seconde rangée on observe les mêmes facettes, c'est-à-dire, postérieures, qui s'articulent avec les antérieures de la première rangée ; les latérales servent à l'articulation de ces os entre eux, et les antérieures s'articulent avec les os du métacarpe. Parmi ces sept os il en est encore quelques-uns qui offrent quelques facettes articulaires, dont l'usage semble être de faciliter le jeu de quelques tendons.

Le métacarpe est composé de quatre os, dont deux extérieurs plus grands ont une figure à peu près triangulaire : leur face externe, selon toute leur longueur, représente un canal. Le plus extérieur de ces os Y ne s'unit pas avec le carpe, si ce n'est par la partie externe de l'os suivant C, et très-proche de l'union de celui-ci avec les deux de la seconde rangée du carpe. Par son extrémité antérieure il s'unit avec l'une des phalanges J du doigt extérieur. Le second os du métacarpe C est plus long, et s'unit par son extrémité postérieure avec l'os B du carpe, et par ses parties latérales avec le précédent Y, et le troisième D, et par son extrémité antérieure ou digitale avec la première phalange M. Le troisième os du métacarpe D est le plus gros de tous. Il représente un carré long ; il a donc quatre faces, une supérieure, une inférieure, une interne et l'autre externe, et deux extrémités articulaires qui s'unissent avec le second C et le quatrième G. Dans son extrémité postérieure il s'articule avec les os du carpe B, E, F ; par l'antérieure avec la première phalange Q, au moyen de deux facettes articulaires divisées par une crête saillante. Le dernier de ces os ou l'externe G est le plus court de tous, et en même tems le plus irrégulier dans la figure. Il s'unit en arrière avec un petit os du carpe F, et avec le précédent par sa partie latérale et externe. Par son extrémité extérieure il s'articule avec un petit os S contigu à l'os T.

Quoique les os qui terminent l'extrémité inférieure ne ressemblent en rien aux phalanges, je leur donnerai cependant ce nom. Leur forme est arrondie; ils varient par le nombre dans les doigts : c'est ainsi que dans le second et quatrième doigt il y a deux phalanges, tandis que dans le premier et le troisième on en trouve trois. Les deux du quatrième se voient en J et L. Les trois du troisième varient beaucoup dans leur grandeur et dans leur figure. Les deux premiers M N sont petits et irréguliers. Le troisième O est très-gros, très-large et a une forme ovale avec beaucoup d'aspérités au centre. De celui-ci on voit sortir comme d'une gaîne une languette osseuse P assez dure et aussi de substance osseuse. (1)

Je ne décris pas le premier os V et le second R, parce qu'ils n'ont rien de remarquable, que ne représente la figure.

EXTRÉMITÉ POSTÉRIEURE.. Le *fémur* présente la forme d'un quarré allongé légèrement aplati ; il offre par conséquent deux faces, l'une antérieure convexe et l'autre postérieure concave. La convexité de la première de ses faces présente une petite élévation diagonale qui, depuis l'angle supérieur interne, se dirige vers l'angle inférieur externe où elle se termine. La concavité de la face postérieure présente une égale direction. Il présente aussi deux bords, l'un interne et l'autre externe. Celui-ci est rond et forme une concavité, si on examine les points A et O de la fig. 3 et 4 de la pl. IV. L'externe est plus aigu et présente aussi une concavité, comme il est facile de le voir dans la figure. Les quatre angles qui constituent le quarré long se divisent en deux supérieurs et deux inférieurs. De ceux-ci l'un est interne et l'autre externe. Le premier se trouve surmonté d'une éminence parfaitement sphérique et d'une superficie très-lisse : c'est la tête du fémur signalée par les deux .let. A A. Au-dessous se trouve le col. L'angle externe, fig. 3 et 4, let. F et E est le grand trochanter ou du moins une apophyse qui y correspond. Ici on n'observe qu'un trochanter ; dans l'homme il y en a deux. Celui dont nous parlons est très-gros, très-inégal, fig. 4, let. G, et à sa partie antérieure on voit en F, fig. 3, un trou qui commence par un canal,

(1) L'auteur de cette description compare cette apophyse aux griffes d'un tigre et d'un lion, et prétend qu'elle étoit mobile et qu'elle ne s'est soudée que depuis la mort de l'animal.

lequel donne passage aux vaisseaux qui portoient à l'os une partie de sa substance. A sa partie postérieure on voit un enfoncement assez sensible. Entre les deux apophyses qui constituent les angles supérieurs on voit une concavité D, fig. 3 et 4 ; elle peut être considérée comme le bord supérieur qui tient le milieu entre la tête et le trochanter.

Les deux angles inférieurs signalés par les let. O et K des fig. 3 et 4 se divisent en internes et en externes. Le premier est plus incliné en devant que le second : il y a donc une correspondance entre ces angles et les supérieurs, quoique ceux-ci soient inclinés dans un sens contraire. Les angles inférieurs sont aussi très-gros et très-inégaux : on peut les appeler condyles ; au-dessous, se voient deux éminences lisses B et C, fig. 3 et 4, qui entrent dans deux cavités de la jambe. Entre ces éminences il y a une petite concavité qui peut être considérée comme le bord inférieur de la figure quadrolongue qu'offre cet os.

La jambe paroît être formée d'un seul os divisé en deux dans sa partie inférieure ; mais comme nous ne connoissons aucun animal qui ait la jambe formée d'un seul os, nous devons être portés à croire que ce que nous voyons sont aussi deux os soudés d'une manière intime et accidentelle par leur extrémité supérieure. Admettant donc deux os dans la jambe de ce quadrupède, je leur conserverai le nom de tibia et de péroné. Le tibia, situé à la partie inférieure, se trouve un peu plus en avant que le péroné ; il est aussi d'un volume plus considérable et présente deux faces, l'une intérieure et comme inclinée à sa partie externe, laquelle est encore près de ses extrémités et un peu convexe vers le milieu ; l'autre postérieure un peu tournée en dedans très-convexe dans toute son étendue, et montre plusieurs inégalités et sur-tout une en forme d'épine qui se prolonge diagonalement et comme un zig-zag depuis son extrémité supérieure externe jusqu'à son extrémité inférieure et interne. On y observe également deux bords, l'un interne et un peu antérieur, A D, pl. V, fig. 4, lequel présente une concavité et est assez gros ; un autre externe et un peu postérieur E C : celui-ci a aussi une forme arquée ; mais il est très-aigu.

Son extrémité supérieure est plus grosse que l'inférieure ; elle se termine par une facette articulaire assez concave, et affecte une forme ronde A pour s'articuler avec l'éminence B du fémur. Autour d'elle on voit de légères inégalités. L'extrémité inférieure n'est pas aussi grosse que la supérieure. A sa partie interne est une éminence assez considérable qui fait fonction de malléole. Au-devant on voit une sinuosité qui, sans doute, facilite le mouvement de quelque tendon. Dans cette extrémité les deux faces s'éloignent l'une de l'autre, et forment deux prolongemens par en bas : c'est entre ces prolongemens qu'est reçue la tête de l'astragale.

6

Le péroné est long et mince, excepté cependant à ses extrémités où il est d'un volume plus considérable : c'est sur-tout son extrémité supérieure qui est la plus grosse (*Vid.* let. G, et F), et qui est terminée par une facette articulaire très-étendue, sur laquelle repose l'éminence du fémur. L'extrémité inférieure est presque triangulaire, ayant à sa partie externe un bord tranchant qui peut être considéré comme faisant fonction de malléole; elle est terminée par une petite facette articulaire un peu concave où est reçue la partie externe de l'astragale, et par son côté interne elle s'unit avec le côté externe du tibia. Ces deux os ainsi unis laissent entre eux un espace ovale qui, comme dans l'homme, étoit probablement rempli par une membrane ou ligament inter-osseux.

Le tarse se compose de sept os : leur disposition est la même que dans l'homme; ainsi je leur donnerai les mêmes noms. Le premier de tous, celui qui forme le talon, est l'astragale; sa figure est assez irrégulière; il est arrondi dans presque toute sa partie supérieure A pour s'articuler avec le tibia L, et par sa partie externe avec l'inférieure du péroné M, et en arrière avec le calcaneum B, quoique le lieu de cette dernière articulation soit plus aplati que rond. Du côté interne de l'astragale on voit une apophyse assez élevée qui, étant très-près de celle que nous avons appelée malléole du tibia, augmente considérablement sa longueur. A sa partie antérieure il présente une éminence terminée par une légère concavité qui reçoit une facette articulaire un peu convexe de l'os naviculaire. Il y a encore dans cet os quelques enfoncemens et quelques cavités que je ne décris pas.

Le second os du tarse ou le calcanéum B est le plus grand de tous : sa figure est à-peu-près celle d'un soulier qu'on verroit par le talon. Il est très-inégal dans toute sa superficie, et principalement dans la partie supérieure; on y observe plusieurs éminences et plusieurs cavités. Cette partie est convexe, tandis que l'inférieure est plane : toutes deux sont terminées en arrière par une pointe un peu élevée. Il est comme divisé à sa partie antérieure, et représente une espèce de fourche dont la branche interne s'avance beaucoup plus que l'autre. Au dessous de cette espèce de fourche on voit une facette articulaire qui sert à son articulation avec l'os cuboïde D.

Le troisième est l'os naviculaire C; il est oblong, mais prolongé dans sa partie inférieure; il est situé au devant de l'astragale derrière les deux os cunéiformes et au côté interne de l'os cuboïde. Il s'articule avec le premier au moyen d'une petite facette articulaire assez étendue et un peu convexe qui, par derrière, en représente une autre grande, laquelle est divisée en deux par une ligne saillante. Elle sert pour s'articuler avec les deux os cunéiformes déja cités, et par sa partie latérale externe on lui voit une autre petite facette pour s'unir avec le cuboïde.

Le quatrième est improprement appelé cuboïde. Il est aplati par sa partie supérieure et inégal à l'inférieure. Situé au devant de la partie latérale externe, et un peu inférieure du calcanéum au côté externe en dessus de l'astragale, du naviculaire, et derrière le second os du métatarse, il s'unit avec tous ces os par autant de facettes articulaires.

Les trois autres os appelés cunéiformes, parce qu'ils font l'office de coins, ne sont pas situés dans le même ordre que dans l'homme. La figure en présente deux qui sont signalés par les let. E G. Le premier E est ovale et a quatre facettes pour s'articuler en arrière avec l'os naviculaire, en avant avec le second G, par sa partie latérale externe avec le cuboïde et le second os du métatarse, et par l'interne avec l'autre os cunéiforme qui ne se voit pas dans la figure. Le second os cunéiforme G est triangulaire du côté de la face supérieure, et il s'unit avec l'antérieure du premier os cunéiforme E avec la partie interne du second os du métatarse déja cité, et avec la postérieure d'un autre petit os qui se trouve situé derrière le premier. Le troisième os cunéiforme est situé à la face interne du pied ; il s'articule avec l'os naviculaire et avec les deux autres du même nom; il est inégal dans sa face externe, et uni dans sa superficie intérieure.

Les os du métatarse et les phalanges sont en tout semblables à ceux des extrémités antérieures. Seulement que dans la main nous avons compté quatre os dans le métacarpe et autant de doigts. Le pied n'en présente que trois. Dans le pied on trouve seulement un doigt avec un ongle; dans la main il y en a trois. Dans le reste tout est semblable. Ces quatre os peuvent se voir dans la figure: le premier en K, le second en Y, le troisième en J, et le quatrième, qui est une petite phalange, se voit en N.

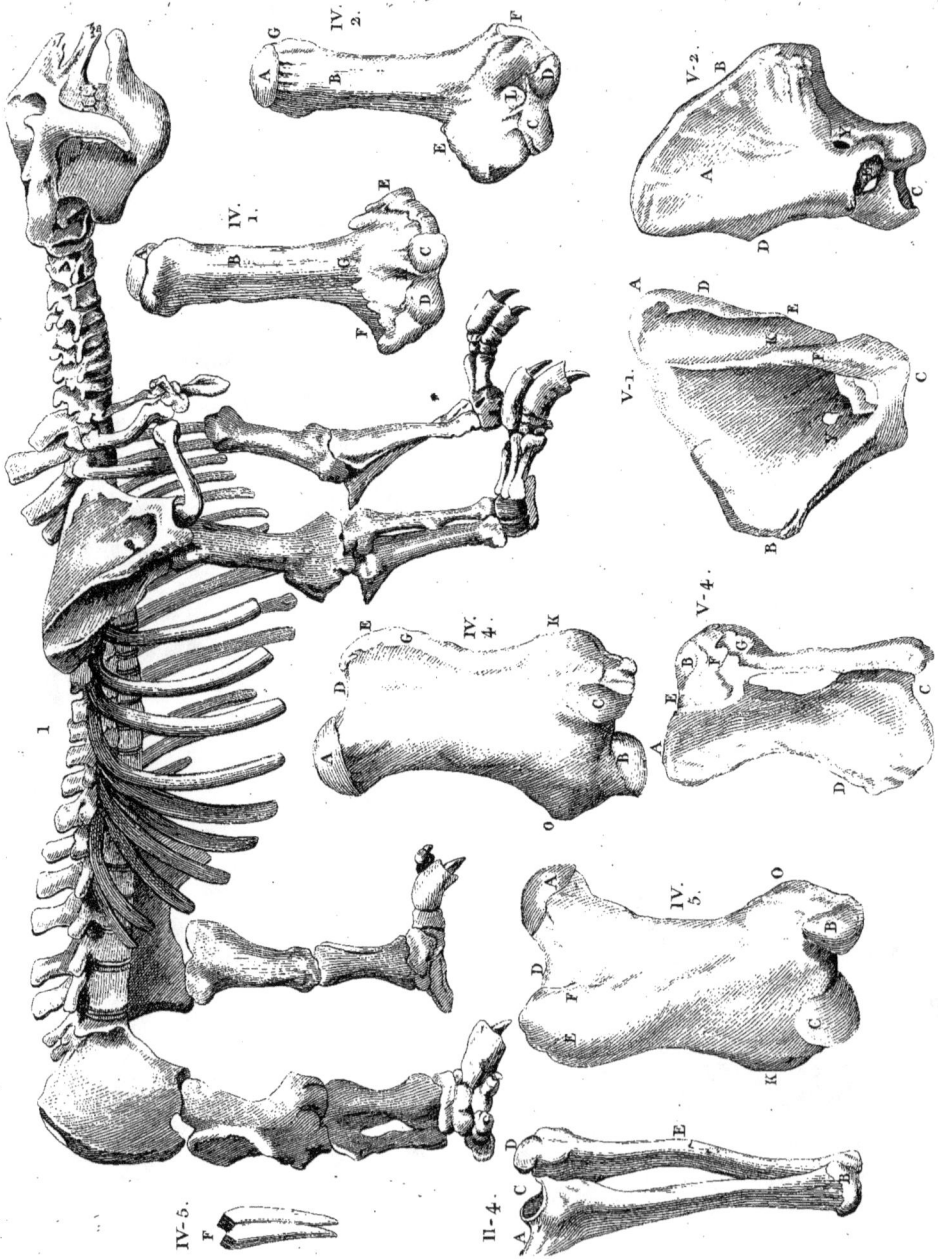

MEGATHERIUM. Pl. 1.

Cuvier Sculp.

44.

MEGATHERIUM. *Pl. II.*

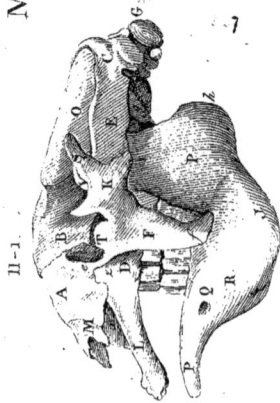

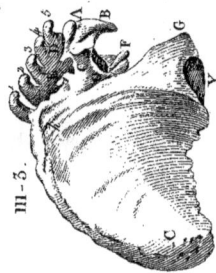

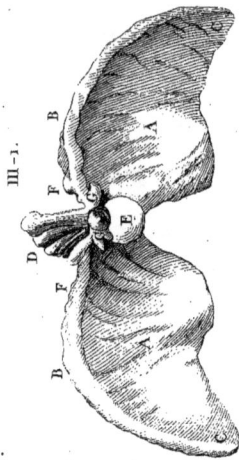

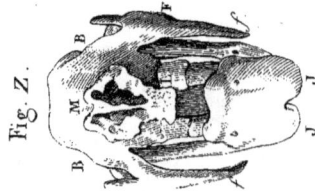

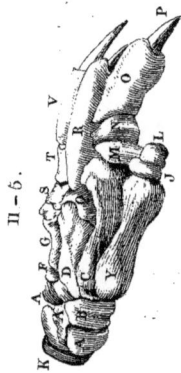

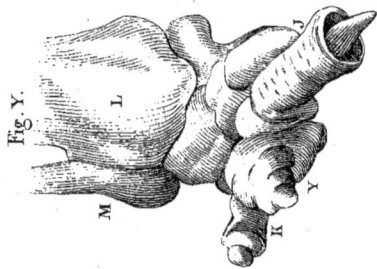

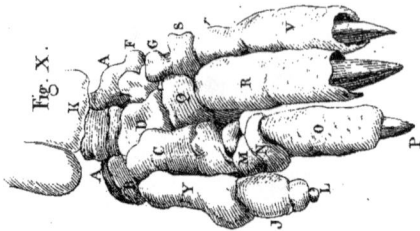

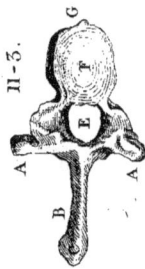

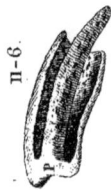

Fig. X.

Fig. Y.

Fig. Z.

SUR L'OSTÉOLOGIE

DU LAMANTIN,

Sur la place que le Lamantin *et le* Dugong
doivent occuper dans la méthode naturelle,
et sur les os fossiles de Lamantins *et de*
Phoques.

Tout le monde sait aujourd'hui, que les *cétacés* ressemblent
aux quadrupèdes vivipares dans tous les détails de leur structure interne et de leur économie, quoiqu'ils n'aient que les deux
pieds de devant, que leur corps ressemble à celui d'un poisson
par sa configuration générale, et que leur peau soit entièrement dénuée de poils. Cependant ils ont aussi dans cette structure interne, des formes et des combinaisons d'organes si
particulières, qu'il seroit presque impossible de les rapprocher d'une famille de quadrupèdes, plutôt que d'une autre.
Leurs dents toutes uniformes, leurs estomacs multipliés, l'absence du cœcum, des gros intestins, celle du nerf olfactif et

I

des organes ordinaires de l'odorat; l'appareil singulier qui
leur permet de lancer des jets d'eau d'une grande hauteur, et
qui leur a valu le nom de *souffleurs*, sont autant de caractères qui ont obligé ceux mêmes des naturalistes qui ont mis
les cétacés dans la classe des quadrupèdes vivipares ou mammifères, à les laisser dans un ordre à part, à la fin de cette
classe.

Le *lamantin* et le *dugong* avoient des titres presque aussi
marqués à une pareille distinction, puisqu'ils partagent presque
toutes les singularités d'organisation des cétacés, et notamment
l'absence totale de pieds de derrière, et la multiplicité des
estomacs. Cependant les naturalistes ne les ont pas si bien
traités; ils les ont toujours rapprochés du *morse*, lequel est
tout aussi quadrupède que les *phoques*, et les ont fait courir
avec lui de famille en famille, le plus souvent sans même les
séparer de genre.

Clusius paroît les avoir induit le premier à ce rapprochement,
en rapportant le *lamantin* au genre des phoques (1), et comme
après les notices abrégées et sans figures d'*Oviedo* (2), de *Go-
mara* (3) et de *Rondelet* (4), *Clusius* eut l'avantage de donner
le premier, d'après nature, une figure et une description de
cet animal; son opinion étoit faite pour obtenir du crédit.

Gesner (5) n'avoit fait, comme à son ordinaire, que copier

---

(1) *Exotic.* lib. VI, cap. XVIII, pag. 132.

(2) *Hist. gen. et nat. Ind.* lib. XIII, cap. X.

(3) *Hist. gen.* cap. XXXI.

(4) *De Piscib.* lib. XVI, cap. XVIII, pag. 490.
Voyez aussi Thevet, Singul. de la Fr. antarc. feuill. 138.

(5) *De Aquatil.* pag. 213.

Rondelet; Aldrovande (1) et *Jonston* (2) copièrent *Gesner*
et *Clusius*; il en fut de même de *Laet* (3), de *Dutertre* (4),
de *Rochefort* (5); et même de *Labat* (6), au moins pour
la figure; et l'ouvrage d'*Hernandes* (7) que l'on publia dans
l'intervalle, n'ajouta rien à ce que l'on pouvoit trouver dans les
auteurs imprimés avant lui.

Par un hasard singulier, quoique le *lamantin* soit assez
commun dans les Indes occidentales; que sa chair soit un mets
agréable; que ses mœurs singulières l'aient rendu intéressant;
que les os de ses oreilles aient même été pendant long-temps
un article renommé de pharmacie, les naturalistes de profes-
sion n'eurent point d'occasion d'observer l'animal entier et
adulte, et employèrent chacun, suivant ses systèmes, les faits
qu'ils empruntoient des premiers descripteurs.

Ainsi *Rai* (8) le laisse avec les *phoques* et le *morse*, à la
fin du genre des chiens; *Klein* (9) est tellement entraîné par
l'analogie, qu'il va jusqu'à dire qu'on doit s'être trompé en lui
refusant les pieds de derrière.

Linnæus, qui l'avoit laissé d'abord dans sa quatrième et sa
sixième édition, à l'exemple d'*Artedi* (10), avec les cétacés,

---

(1) *De Piscib. et cetis*, pag. 278.
(2) *De Piscib*. lib. V, art. VII.
(3) Hist. des Indes occid. pag. 6.
(4) Hist. nat. des Antilles franç. tom. II, pag. 199.
(5) Hist. nat. des Antilles, chap. 17, art. V.
(6) Voyage aux îles de l'Amérique, tom. II, pag. 200.
(7) *Mexic.* pag. 323.
(8) *Syn. anim. quadr.* pag. 193.
(9) *Quadr. disposit.* p. 94.
(10) *Gener. pisc.* pag. 79.

dans la classe des *poissons*, pendant qu'il mettoit le *morse* avec les *phoques*, le transporta ensuite seul dans l'ordre des *bruta* (dixième édition), et y remit enfin le *morse* avec lui (douzième édition), en avertissant toutefois de l'affinité du *lamantin* avec les cétacés.

C'étoit *Brisson* qui lui avoit indiqué ce double trans-port (1) et qui avoit été lui-même persuadé par *Klein*, au point d'adopter aussi son doute sur l'absence des pieds de derrière.

Enfin *Daubenton* ayant disséqué un fétus de *lamantin* (2), confirma ce défaut des extrémités postérieures, et d'après lui *Pennant* (3) remit cet animal immédiatement avant les *cétacés*, mais immmédiatement après les *phoques*, plaçant le *morse* avant ceux-ci.

Cependant comme *Daubenton* n'avoit connu que la tête du *dugong*, sans remarquer ses rapports avec celle du *lamantin*, *Pennant* laissa encore le *dugong* avec le *morse* (4).

Il y avoit néanmoins un perfectionnement dans cette dis-position; mais *Erxleben* (5), *Schreber* (6), *Gmelin* (7) et *Shaw* (8) ne l'adoptèrent point; ils mirent toujours les trois animaux dans un même genre, quoique le dernier auteur surtout

---

(1) Règne animal, pag. 48 et 49.

(2) Hist. nat. XIII, in-4.°, pag. 425 et suiv.

(3) History of quadr. pag. 536,

(4) *Ibid.* 517.

(5) *Mammal.* pag. 593 et suiv.

(6) Sæuge-Thiere, part. II, pag. 262 et suiv.

(7) *Syst. nat.* Lin. I, pag. 59 et 60.

(8) Génér. zool. vol. I, part. I, pag. 239 et suiv.

n'eût, pour ainsi dire, plus d'excuse, depuis que *Camper* (1) avoit fait connoître le *dugong* entier, qu'il avoit donné les moyens de le trouver dans les écrivains plus anciens qui l'avoient décrit ou figuré sans qu'on y eût fait attention, et qu'il avoit montré son extrême ressemblance avec le *lamantin*.

M. de Lacépède est, je crois, le seul naturaliste qui ait fait trois genres différens du *morse*, du *dugong* et du *lamantin*. On verra que le résultat de mes recherches tend à adopter ces trois genres, à y en ajouter un quatrième, l'animal de *Steller*, à rapprocher le *morse* des *phoques*, et les trois autres des *cétacés*.

Le *dugong* et le *lamantin* ont tant de rapports entre eux, qu'ils ont été désignés par le même nom de *vache* ou de *bœuf marin*, et que plusieurs navigateurs, observant le *dugong* dans la mer des Indes, l'ont confondu avec le *lamantin des Antilles* (2), en quoi ils ont été suivis par un aussi savant naturaliste qu'*Artedi* (3).

Steller (4), qui a décrit un troisième genre distinct du *dugong* et du *lamantin*, l'a encore tellement confondu avec celui-ci, que *Gmelin* s'est cru autorisé à regarder cet animal,

---

(1) Opuscules, édit. allem. tom. III, pag. 20; édit. franç. tom. II, pag. 479.

(2) *Dampier*, Voyage autour du monde, tom. I, trad. fr. pag. 46. *Gumilla*, Hist. de l'Orénoque, trad. fr. tom. I, pag. 49, pl. de la pag. 304. *La Condamine*, Voyage à la riv. des Amaz. pag. 154, décrivent le vrai *lamantin*.

Mais *Leguat*, tom. I, pag. 93, décrit et représente manifestement le *dugong* sous le nom de *lamantin*; et c'est sans doute aussi le *dugong* qui a fait dire à *Dampier* (*loc. cit.*) qu'il y a des *lamantins* à *Mindanao* et à la *Nouvelle-Hollande*.

(3) *Gener. pisc.* pag. 80.

(4) *Novi comment. Petropol.* tom. II, pag. 294.

de *Steller*, comme une simple variété du *lamantin*, quoique
Schreber eut déjà averti du contraire (1).

Il n'y a cependant nulle apparence que la même espèce
puisse vivre aux Antilles et au Kamschatka; il n'y en a même
aucune que dans ce genre, une même espèce puisse avoir
traversé de grands espaces de mer, et se trouve à la fois sur
les côtes de l'ancien et du nouveau monde.

En effet, les noms de *bœuf*, de *vache* et de *veau marin*,
ont été donnés aux *dugongs* et aux *lamantins*, principalement parce qu'ils paissent l'herbe comme les ruminans. Leur
estomac multiplié aura peut-être aussi contribué à ces déno-
minations; mais la figure de leur tête, que quelques voyageurs allèguent, doit y être pour fort peu de chose; car sa
ressemblance avec celle d'un bœuf, est au moins équivoque.

La forme de leurs dents n'est réellement appropriée qu'au
régime végétal, et les mâchelières du *lamantin* ressemblent
même, à s'y méprendre, à celle du *tapir*.

Or il résulte de là, que ces animaux ne peuvent guère s'é-
loigner des rivages, et l'on rapporte aussi que le *lamantin* ne
va point à la haute mer, qu'il remonte plutôt les fleuves, et
qu'il peut très-bien vivre dans des lacs d'eau douce.

Le nom de *lamantin*, que quelques-uns on voulu dériver
des cris que cet animal faisoit entendre, n'est qu'une corruption de celui de *manati* ou de *manate;* les nègres, et d'après
eux les colons, on dit long-temps *la manate*, *la manati*, d'où
ils en sont aisément venus à dire *lamantin* et le *lamantin*.

Quant au nom de *manati* lui-même, on n'est pas d'accord
sur son origine. *Hernandes* le tire de la langue de *Haïty;*

_____

(1) Sæuge-Thiere, tom. II, pag. 277.

La Condamine, de celle des *Galibis* et des *Caraïbes* (1) ; tandis que la plupart des auteurs assurent qu'il a été imaginé par les Espagnols, pour exprimer que les pieds de devant de cet animal, ressemblent à des mains, ou plutôt qu'il n'a que des pieds de devant seulement, attendu que le mot de *mano*, en espagnol, signifie également la main, et l'extrémité antérieure toute entière.

On peut adopter cette étymologie dans le premier sens, comme dans le second; car le *lamantin* et le *dugong* se servent, avec beaucoup d'adresse et de force, de leurs pieds pour s'accrocher à la terre et pour porter leurs petits; et l'on y distingue aisément, au travers des membranes, cinq doigts, dont quatre sont terminés comme les nôtres par des ongles plats et arrondis, ce qui a pu faire donner à juste titre, à ces membres, le nom de *mains*, par comparaison avec les nageoires des poissons ordinaires.

Comme ces animaux ont leurs mammelles sur la poitrine, et qu'ils élèvent souvent la partie antérieure de leur corps au-dessus de l'eau; comme le nom de main, donné à leurs nageoires, a fait exagérer l'idée de la ressemblance de ces membres avec les nôtres; comme enfin leur mufle est entouré de poils ( ), qui de loin peuvent faire l'effet d'une sorte de chevelure, on leur a donné des noms plus singuliers, qui ont conduit ensuite à des récits extrêmes et entièrement fabuleux. Les Portugais et les Espagnols ont appelé le *lamantin*, *pesce*

---

(1) *Apud.* Buff. Hist. nat. XIII, pag. 378.

(2) Ce sont ces poils qui lui ont valu le nom de *trichecus*, de θρὶξ et ιχθὺς, parce que, tant qu'on le rangeoit parmi les poissons, il étoit le seul de sa classe qui eût du poil (Artedi, philos. ichtyol. pag. 74); mais ce nom, transporté au *morse*, qui est un quadrupède, devient ridicule.

muler, *pesce donna*, (*poisson femme*); les Hollandois ont
nommé le *dugong*, *baart mannetje* (*homme barbu*). De ces
noms à l'idée d'un être demi - homme et demi-poisson, il n'y
a pas loin; il suffit d'un voyageur peu scrupuleux, ou de peu
de mémoire, pour compléter la métamorphose.

Chacun peut s'assurer, en lisant les descriptions données
par les modernes, de prétendus *tritons* ou *sirènes*, qu'elles
doivent leur origine à nos animaux; les unes faites raisonnablement et d'après nature, comme celles que rapportent
Dapper (1) et *Merolla*, en présentent clairement tous les caractères; les autres, écrites sur des ouï-dires, ou d'après le
souvenir confus d'un objet vu de loin, comme celles de *Chré-
tien* (2), de *Debes* (3), de *Kircher* (4), sont aisés à ramener à
leur véritable type. Pour peu que l'on ait d'habitude du petit
art de la caricature, on sait combien il est facile de changer,
au moyen des altérations les plus légères, la figure d'un être
dans celle d'un autre; et il est certainement tout aussi aisé de
faire d'un *dugong* tel qu'il est rendu dans l'ouvrage de *Renard* (5), ou d'un *lamantin*, comme l'a figuré *Gumilla* (6),
une *sirène* comme celle que représente *Kircher*, que de changer une *raie* en un *basilic*, tel que celui qu'ont gravé *Aldrovande*, *Jonston*, etc. et que l'on voit tous les jours dans les
cabinets des curieux ou dans les boutiques des charlatans.

(1) Afrique de Dapper, pag. 366.

(2) Journ. des Sav. II, avril 1671, suppl.

(3) *Acta medica*, Hafniens, 1671 et 1672, pag. 101.

(4) *Ars magnet.* pag. 675, et apud Ruisch, *Theat. anim. de piscib.* pl. XL, p. 146.

(5) Poissons des Moluques, pl. 34, fig. 180.

(6) Orénoque, trad. fr. in-12, tom. I, pl. de la pag. 304.

Voilà pourtant à quoi se réduisent ces récits d'*hommes* et de *femmes de mer*, accumulés par *Maillet*(1), par *Lachesnaye-des-Bois* (2), par *Sachs* (3) et par d'autres auteurs plus érudits que judicieux.

Je sais que *Valentyn* prétend distinguer les *hommes marins* des *dugongs* (4); mais il ne dit point avoir vu des premiers, il ne donne que la figure ridicule déjà publiée par *Renard*, à qui elle étoit suspecte; et quand il décrit le *dugong* (5), il lui attribue tant de caractères humains, qu'il se réfute en quelque sorte lui-même.

Cet abus manifeste d'observations imparfaites ou altérées, joint à toutes les singularités déjà remarquées dans ces animaux, étoient des motifs plus que suffisans pour chercher à éclaircir leur histoire, en y ajoutant quelques faits nouveaux : j'y ai été tout à fait déterminé, quand j'ai aperçu des vestiges de ces animaux parmi les ossemens fossiles.

Je n'aurois pu cependant rien dire de bien important, qui ne fût déjà dans quelque auteur précédent, sans l'attention qu'a eue mon savant confrère, M. *Geoffroy*, de rapporter de *Lisbonne* un beau squelette de *lamantin du Brésil*, très-bien préparé, qui m'a mis à même d'en étudier et d'en décrire toute l'ostéologie. Il est juste que je témoigne encore ici ma reconnoissance à un ami à qui j'ai dû tant d'autres services.

Après avoir décrit ce squelette et rappelé quelques autres

(1) Telliamed, tom. II, in-12, pag. 181.

(2) Dictionnaire des animaux, articles *Homme marin* et *Sirène*.

(3) Ephémér. nat. curios. ann. dec. I, obs. 23.

(4) Oud en Niewoostindie, tom. III, pag. 330.

(5) *Ibid.* pag. 341.

circonstances de l'anatomie du lamantin d'Amérique, je les comparerai avec ce que l'on possède de celui du Sénégal et du Congo, pour montrer qu'il y a entre eux des différences spécifiques.

Rassemblant ensuite tout ce que l'on sait sur le *dugong*, je montrerai que ce n'est point un *morse*, mais un genre aussi voisin du *lamantin* qu'un genre peut l'être d'un autre.

Je ferai voir alors que l'animal décrit par *Steller*, forme un troisième genre distinct du *dugong* et du *lamantin*.

Je terminerai par cette conclusion, que ces trois genres doivent constituer une famille séparée, très-différente des *phoques*, et qui est à peu près aux *cétacés*, ce que les *pachydermes* sont aux *carnassiers*.

Enfin je réduirai en passant, à deux, les quatre espèces nominales de *lamantin*, établies par *Buffon*.

Article premier.

Du lamantin d'Amérique.

Il paroît vivre également dans la rivière des *Amazones*, dans l'*Orénoque*, à *Surinam*, à *Caïenne* et aux *Antilles;* mais il est devenu rare dans les endroits fréquentés. Je n'oserois affirmer que celui que quelques auteurs placent sur les côtes du Pérou, soit le même. *Hernandès* a l'air de le supposer (*educat uterque Oceanus*). *Molina* n'en parle point pour le *Chili.*

Sa taille va quelquefois à plus de vingt pieds, et son poids à huit milliers.

La description que nous en allons donner, a été faite d'après un individu de 1,9 de longueur, envoyé de Caïenne au Muséum d'histoire naturelle.

Il a été assez justement comparé à une outre ; car il représente un ellipsoïde allongé, dont la tête forme la pointe antérieure et dont l'extrémité postérieure, après un léger étranglement, s'aplatit et s'élargit pour former la queue, dont la forme est oblongue, et le bout large, mince et comme tronqué.

La queue forme à peu près le quart de la longueur totale.

Il y a un peu moins du quart entre l'insertion des nageoires et le museau.

Aucun rétrécissement ne fait remarquer la place du col.

La tête paroît un simple cône tronqué. Le museau est gros et charnu. Son extrémité présente un demi-cercle, dans le haut duquel sont percées deux petites narines semi-lunaires dirigées en avant. Le bas, qui forme la lèvre supérieure, est renflé, échancré dans son milieu, et garni de poils gros et roides.

La lèvre inférieure est plus courte et plus étroite que la supérieure.

La bouche est peu fendue ; l'œil est petit, placé vers le haut de la tête, à la même distance du museau que l'angle des lèvres.

L'oreille n'est qu'un trou presque imperceptible : elle est autant distante de l'œil, que l'œil du bout du museau.

La nageoire est portée sur un avant-bras plus dégagé que celle du *dauphin;* on sent mieux les doigts au travers de la peau, et l'on conçoit qu'elle doit avoir plus de force et de mouvement.

Son bord est garni de quatre ongles plats et arrondis, qui n'en dépassent point la membrane. C'est le pouce qui n'en a point; celui de l'index est au bord radial, et celui du médius, à l'extrémité de la nageoire. Le quatrième, qui répond au petit doigt, est fort petit : il est possible qu'il manque quelque fois.

Un individu plus jeune ne montre même des traces que de deux ongles; et l'on n'en voit dans un fétus que trois d'un côté, et de l'autre seulement un quatrième fort petit.

En dessous, avant la naissance de la queue, l'on aperçoit deux trous, dont l'un est celui de l'anus, et l'autre celui de la génération; soit vulve, soit fourreau. Je ne sais, en effet, si l'individu que j'ai observé, étoit une femelle; car je n'ai pu y trouver le moindre vestige de mammelles : au reste, la vulve du *lamantin* est placée comme dans les autres animaux, et je ne sais ce que *Buffon* a voulu dire en annonçant qu'elle est au-dessus de l'anus (1).

Toute la peau est grise, légèrement chagrinée, portant ci et là, quelques poils isolés. Ils sont un peu plus nombreux vers la commissure des lèvres et à la face palmaire des nageoires.

Le fétus en a un plus grand nombre sur tout le corps, que les grands individus.

Tableau des dimensions du grand individu.

Longueur totale.	1,9
Largeur du museau	0,12
Distance du museau à la commissure des lèvres.	0,084
Distance du museau à l'œil.	0,114
Distance de l'œil à la commissure des lèvres.	0,074
Distance du museau à la racine inférieure de la nageoire.	0,21
Longueur de la nageoire	0,245
Plus grande largeur de la main	0,082

(1) Supplém. in-4.°, tom. VI, pag. 183.

Longueur de la queue à compter de l'étranglement 0,46
Plus grande largeur 0,37
Contour de la tête à l'endroit des yeux 0,53
— du corps aux aiselles 1,01
— à l'endroit le plus gros 1,23
— à l'étranglement de la queue. 0,62
Distance du bord postérieur de la queue à l'anus. 0,66
De l'anus à la vulve ou à l'orifice du fourreau. 0,1

La tête osseuse du *lamantin*, fig. 2 et 3, se distingue aisément de celle des autres animaux, par sa forme générale.

Ses principaux caractères distinctifs sont les suivans ;

1.° Elle n'a que de très-petits os propres du nez, ce qui rend
l'ouverture de ses narines osseuses très-grande. Néanmoins,
le reste des os du nez est remplacé par des cartilages, et dans
le vivant, l'ouverture des narines est comme à l'ordinaire au
bout du museau ;

2.° Les os intermaxillaires *a*, *a*, ne portent point de dents,
et cependant ils sont très-étendus en longueur ; ils remontent
le long du bord des narines, jusqu'au dessus de la région de
l'œil ;

3.° Les orbites sont très-avancés et très-saillans ;

4.° Le trou sous-orbitaire *b*, *b* se trouve percé dans l'angle
rentrant que fait le cadre saillant de l'orbite avec la partie antérieure de l'os maxillaire *c*, de manière qu'on ne l'aperçoit
point quand on regarde la tête de profil ;

4.° Cette saillie de l'orbite fait encore que la distance entre
le bord inférieur externe de la partie zygomatique de l'os
maxillaire et les dents, est plus grande que la largeur du
palais ;

5.° Les os frontaux *d*, *d*, qui écartent beaucoup leurs branches
antérieures *d'd'*, pour embrasser l'ouverture des narines, et

former les plafonds des orbites, donnent chacun une apophyse postorbitaire obtuse d';

6.° L'os de la pommette e s'étend en e' dans toute la moitié inférieure de l'orbite, sur l'apophyse orbitaire du maxillaire;

7.° L'apophyse zygomatique du temporal f, est plus épaisse que dans aucun autre animal;

8.° Les deux crêtes qui limitent dans le haut la fosse temporale, marchent presque parallèlement, et ne se réunissent point en une seule ligne, comme dans la plupart des carnassiers;

9.° Il n'y a qu'un seul pariétal impair g;

10.° Le plan de l'occipital est incliné d'avant en arrière et de haut en bas, et la crête occipitale fait un angle obtus;

11.° L'articulation de la mâchoire inférieure se fait par des surfaces presque planes, comme dans tous les herbivores;

12.° La branche montante est très-large, et l'angle postérieur arrondi;

13.° L'apophyse coronoïde est dirigée en avant et tronquée presque en fer de hache;

14.° La région de la symphyse est épaisse et allongée en avant;

15.° Toute la partie qui portoit la gencive, est criblée de petits trous;

16.° Les trous pour l'issue du maxillaire inférieur h, sont très-gros;

17.° Les parties latérales et dentaires de la mâchoire inférieure sont très-grosses et arrondies;

18.° A ces divers caractères, je crois devoir joindre une description particulière de l'os du rocher, qui est fort remarquable,

C'est véritablement lui que l'on a long-temps vanté contre les maladies des voies urinaires, et contre les hémorrhagies, et dont *Clusius* représente une partie (*ap. monardem simpl. medic. cap.* XXXII); mais il paroît que l'on a donné depuis, sous le nom d'*os manati*, celui de la caisse de la baleine (1). Au reste, l'un doit valoir l'autre pour les vertus.

Cet os est distinct du crâne comme celui des *cétacés*; mais il y est enchâssé dans une cavité de l'os temporal, et non pas simplement suspendu. Je le représente fig. 8, par dehors; fig. 9, du côté de l'intérieur du crâne; fig. 10, par dessous.

Sa masse, qui est irrégulièrement globuleuse, peut se diviser en trois parties. Le dôme de la caisse, A; le cadre du tympan, B; le labyrinthe ou rocher, proprement dit, C.

Le dôme de la caisse est un segment de sphère très-épais arrondi de toute part, excepté du côté inférieur où le marteau et l'enclume sont placés sous sa concavité.

Le cadre du tympan est un demi-cercle irrégulier; sa partie antérieure *b*, est beaucoup plus large et plus épaisse que la postérieure *d*. La première se joint au dôme en *f*, par un petit isthme, qui laisse un sillon profond par où passe le premier muscle du marteau.

La partie postérieure *d*, se joint au rocher en *g*, par un isthme moins étranglé, sous lequel est en avant une petite apophyse pour l'autre muscle du marteau, et en arrière une fossette.

L'une et l'autre sont exprimées dans la figure 10, mais trop petites pour qu'on ait pu y placer des lettres.

---

(1) Voyez *Blumenbach*. Manuel d'hist. nat. art. *Trichechus*,

Le dôme s'attache par son bord interne, à tout le bord supérieur du rocher, et y clot la caisse en dessus; mais en dessous, il reste un grand intervalle entre les bords inférieurs du rocher et du cadre, et toute cette partie doit n'être fermée, dans le vivant, que par les membranes. C'est par ce vaste intervalle que la figure 10 nous montre l'intérieur de la caisse, et ses trois osselets m, n, o. L'os en forme de coquille, qui rend l'oreille des *cétacés* si remarquable, sert précisément à fermer cette ouverture inférieure; il n'a donc point d'analogue dans le *lamantin*.

La partie postérieure du rocher h, est très-épaisse et solide; c'est dans sa partie antérieure k, qui est plus comprimée, que sont creusées les cavités du labyrinthe.

La figure 9 nous montre sa face interne, et les deux trous p et q, qui servent de passage aux nerfs.

A sa face inférieure, figure 10, se voit la fenêtre ronde s, qui est fort grande, et au travers de laquelle s'aperçoit une partie de la rampe externe et de la cloison osseuse du limaçon.

Le limaçon est lui-même très-considérable, par le grand diamètre de ses rampes, quoique le nombre de ses tours ne soit que d'un et demi.

En t, est le promontoire qui sépare la fenêtre ronde de l'ovale.

Celle-ci ne peut s'apercevoir dans notre figure 10, mais on peut se la représenter d'après la position de l'étrier o, qui la ferme avec sa platine. On la voit d'ailleurs en fig. 8, où nous n'avons laissé que le marteau en place.

L'étrier du *lamantin* ne mérite presque pas ce nom, car ce n'est qu'un cylindre irrégulier percé d'un très-petit trou; le marteau est très-gros et très-épais, mais ne s'attache à la membrane du tympan que par un manche fort court et comprimé;

il s'articule avec le bord du cadre du tympan, près du petit sillon creusé sur l'isthme qui joint ce cadre au dôme. L'enclume s'articule sous le dôme même ; de sorte que la réunion des deux os tourne sur ces deux points comme sur deux pivots, et l'étrier ayant une direction presque perpendiculaire à un plan qui passeroit par cette ligne fixe, frappe à chaque mouvement sur la fenêtre ovale d'une manière très-sensible.

Camper avoit nié l'existence des canaux semi - circulaires dans le *lamantin* comme dans les *cétacés*, mais avec aussi peu de fondement : seulement ils y sont aussi, excessivement minces.

On n'est pas d'accord sur le nombre des dents du *lamantin* ; le véritable est de trente-six, neuf de chaque côté ; les supérieures carrées, les inférieures plus longues que larges, surtout en arrière, toutes présentant deux collines transversales et un talon qui devient plus considérable dans les postérieures d'en-bas.

Ces deux collines, avant d'être entamées, offrent chacune deux ou trois petites pointes mousses ; ensuite, à mesure qu'elles s'usent par la mastication, elles montrent deux lignes bordées d'émail, qui s'élargissent jusqu'à ce qu'elles se confondent en une surface aussi étendue que la dent, qui est alors entièrement usée.

J'ai lieu de croire qu'indépendamment des dents de lait, une ou deux des molaires antérieures tombent comme dans beaucoup d'autres herbivores à mesure que les postérieures se développent.

Nous représentons une de ces dents fig. 11 : elle est tirée de la mâchoire supérieure.

L'omoplate est presque demi-elliptique ; sa ligne inférieure

3

étant presque droite et répondant au grand axe de l'ellipse,
l'épine n'occupe que la moitié antérieure de l'os. Sa plus
grande saillie est près de sa racine : elle se prolonge en avant
en un acromion pointu qui monte un peu obliquement, et
qui a l'air de se terminer par une facette articulaire. Cependant
le squelette que j'ai sous les yeux ne présente point de clavicules. Un fort tubercule mousse tient la place du bec coracoïde. La face humérale est un peu plus haute que large et
fort concave.

La tête supérieure de l'humérus est aussi fort convexe : sa
tubérosité extérieure est très-saillante. La rainure bicipitale est
peu profonde, mais il reste un canal profond entre la tubérosité interne et la tête articulaire ; la crête deltoïdienne est
peu marquée. La tête inférieure est en simple poulie un
peu oblique, montant davantage au bord interne. Sa largeur
ne surpasse point son diamètre antéro-postérieur. Le condyle
interne saille beaucoup plus que l'autre en arrière.

Le cubitus et le radius assez courts pour leur grosseur, et
encore plus pour la taille de l'animal, sont soudés ensemble
par leurs deux extrémités. Leur articulation supérieure correspond à la poulie de l'humérus ; la tête du radius y est plus
large que haute, et même quand elle ne seroit pas soudée,
cet os ne pourroit exécuter sa rotation ; en quoi le *lamantin*
diffère encore beaucoup des *phoques* pour se rapprocher des
herbivores. Le radius a vers le bas, à sa face externe, deux
crêtes aiguës.

Nous avons représenté l'avant-bras par trois faces, fig. 14,
15 et 16.

Le carpe n'a que six os, parce que le pisiforme manque,
et que le trapèze et le trapézoïde sont réunis en un seul, qui

s'articule à la fois avec le métacarpien du pouce et de l'index. L'analogue du grand os répond à ceux de l'index et du médius. L'unciforme répond à la fois au médius, à l'annulaire et au petit doigt; celui-ci s'articule en même temps avec le cunéiforme de la première rangée. Chacun de ces os a aussi dans le *lamantin*, son caractère particulier, qu'il seroit beaucoup trop long d'exposer; il suffit de rappeler ici que le *pisiforme* manque également aux *dauphins*, aux *phoques* et aux *paresseux*, tandis qu'il est très-long dans les animaux qui se servent beaucoup de leurs pieds de devant pour saisir ou pour marcher.

Les os du métacarpe sont plats en dessus, en carène en dessous; celui du pouce, qui n'a point de phalanges à porter, se termine en pointe : les autres s'élargissent à leur extrémité inférieure. Celui du petit doigt est le plus long et le plus élargi de tous. Le doigt annulaire est au contraire celui qui a les plus longues phalanges, mais celles du petit doigt sont plus plates et plus larges.

Toutes les faces articulaires des phalanges sont assez pleines, et ces os doivent jouir de peu de mobilité.

Le cou n'a que six vertèbres, comme *Daubenton* l'avoit déjà observé, toutes très-courtes.

La partie annulaire de la troisième, de la quatrième et de la cinquième, n'est pas complète. Les apophyses transverses de la quatrième, de la cinquième et de la sixième, sont percées d'un trou : elles sont toutes simples.

Il y a seize côtes et seize vertèbres dorsales : les apophyses épineuses de celles-ci sont médiocrement élevées et inclinées en arrière. A compter de la sixième dorsale, il y a à la face ventrale de leur corps, une petite crête aiguë.

Les deux vertèbres suivantes peuvent porter le nom de lombaires, et il y en auroit alors vingt-deux pour la queue : il y a donc en tout quarante-six vertèbres.

Sous les jointures des onze premières vertèbres caudales, sont articulés de petits os en chevron, comme il y en a dans la plupart des quadrupèdes à forte queue.

Les apophyses transverses des vertèbres de la queue, sont fort grandes, surtout dans les premières, mais les épineuses sont peu considérables, ce qui s'accorde avec la forme déprimée de la nageoire, pour prouver que le *lamantin* nage par un mouvement de sa queue dans le sens vertical.

Les côtes sont singulièrement grosses et épaisses; leurs deux bords sont arrondis, et elles sont aussi convexes en dedans qu'au dehors. Je ne connois aucun autre animal qui ait des côtes de cette forme.

Les deux premières paires de ces côtes seulement, s'unissent au sternum par des cartilages : les quatorze autres sont de fausses côtes. La dernière paire est fort petite.

Le squelette que j'ai sous les yeux n'offre aucun vestige de bassin, et M. *Daubenton* n'en a point trouvé non plus dans le fétus qu'il a disséqué.

Dimensions du squelette de lamantin qui a servi de sujet pour cette description.

Longueur totale depuis le bout du museau jusqu'à l'extrémité de la queue. 2,3

Longueur de la tête 0,35

Sa plus grande largeur. 0,195

Longueur du cou 0,13

—— du dos. 0,87

—— des lombes 0,181

—— de la queue. 0,76

Longueur de l'omoplate 0,25
Sa plus grande largeur. 0,148
Longueur de l'humérus 0,178
——— du cubitus. 0,143
——— du radius. 0,124
——— de la main 0,25
——— du carpe. 0,035
Longueur du plus grand os du métacarpe, qui est celui qui porte le
    petit doigt. 0,107
Diamètre du corps entre les septièmes côtes. 0,55
Longueur de la plus grande côte, qui est la neuvième, en suivant
    sa courbure 0,47
Largeur de la onzième, qui est la plus large. 0,043
Longueur des plus longues vertèbres dorsales 0,06
——— des vertèbres lombaires. 0,06
——— des plus longues vertèbres de la queue. 0,055
——— des apophyses épineuses des vertèbres du dos 0,036
——— des apophyses transverses des vertèbres lombaires 0,105

ARTICLE II.

Des espèces nominales du petit lamantin *des Antilles et du* lamantin *des Grandes-Indes.*

C'est *Buffon* qui a établi ces deux espèces dans ses supplémens (éd. *in*-4.° tome VI, pag. 383 et suiv..).

Il ne donne point d'autres motifs pour distinguer le *lamantin des Grandes-Indes*, sinon que les *lamantins* ne pouvant traverser la haute mer, il faut bien que l'espèce des Indes soit différente de celle d'Amérique; mais la vérité est, comme nous l'avons dit, qu'il n'y a dans les Indes de *lamantin* d'aucune sorte, et que les voyageurs qui en placent dans les mers Orientales, ne paroissent y avoir vu que le *dugong ;* tel est surtout et évidemment *Leguat.*

Quant au petit *lamantin des Antilles*, on ne peut concevoir par quel arrangement singulier d'idées, *Buffon* s'est composé cette espèce imaginaire. Il lui donne pour caractère de
manquer tout à fait de dents (1); mais lui-même n'avoit point
vu de *lamantin* sans dents, et les voyageurs qui refusent des
dents aux *lamantins*, les leur refusent en général, parce
qu'ils n'ont examiné que la partie antérieure des mâchoires,
mais aucun d'eux n'a prétendu faire de ce défaut de dents, un
caractère spécifique.

ARTICLE III.

Du lamantin *du Sénégal.*

Les voyageurs ont observé des *lamantins* dans presque
toutes les rivières de la côte occidentale de l'Afrique, et les
ont décrits tantôt sous ce nom-là, tantôt sous celui de *vache
marine*, de *sirène*, de *poisson-femme*, etc. mais ils ne nous
ont donné aucun moyen de les distinguer de ceux d'Amérique.

C'est fort gratuitement que *Buffon* les différencie (2), en
ce qu'ils ont des dents molaires et quelques poils sur le corps,
tandis que les prétendus *petits lamantins des Antilles* n'auroient ni les uns ni les autres; nous venons de voir qu'il
n'existe point aux Antilles de *lamantin* dépourvu de ces deux
caractères.

M. *Shaw* a fort exagéré la première de ces différences (3),
en appelant le lamantin du Sénégal, *trichecus pilosus*, et

(1) Buff. *ib.* pag. 403.
(2) Suppl. VI, pag. 405.
(3) Génér. zool. I, part. I, pag. 244 et 245.

celui de la Guyane, *trichecus sub pilosus. Adanson* dit au contraire, expressément de celui du Sénégal, « *les poils sont* » *très-rares sur tout le corps* (1) ». Le reste de la description de M. *Shaw* étant emprunté de celle de *Pennant*, qui avoit été donnée pour les deux *lamantins* à la fois, ne prouve rien non plus.

Je ne vois donc de différence sensible entre le *lamantin* de l'Amérique et celui de l'Afrique, que dans la forme de la tête; et comme *Daubenton* n'avoit eu qu'une tête du Sénégal, il n'avoit pu la comparer à l'autre.

Nous la dessinons de deux côtés, fig. 2 et 3, et nous plaçons auprès celle des Antilles, fig. 4 et 5. Il est aisé de voir que ces deux têtes diffèrent par les points suivans :

1.° La tête d'Amérique est plus allongée à proportion de sa largeur;

2.° Cet allongement appartient principalement au museau et aux narines;

3.° La fosse nazale est trois fois plus longue que large dans le *lamantin d'Amérique*. Sa largeur fait les trois-quarts de sa longueur dans celui du Sénégal;

4.° Les orbites de ce dernier sont plus écartés;

5.° Les fosses temporales sont plus larges et plus courtes;

6.° Les apophyses zygomatiques du temporal sont beaucoup plus renflées;

7.° En revanche, elles ont moins de hauteur;

8.° La partie antérieure de la mâchoire inférieure est courbée; dans l'espèce d'Amérique, elle est droite.

(1) Apud Buffon, XIII, in-4.°, pag. 390.

Table comparative des dimensions de ces deux têtes.

	Tête d'Amérique.	Tête du Sénégal.
Longueur totale.	0,370	0,320
Longueur depuis la crête occipitale jusqu'au bord supérieur des narines.	0,137	0,137
Longueur de l'ouverture des narines	0,164	0,106
Largeur	0,050	0,062
Long. du bord infér. des narines jusqu'au bout du museau .	0,057	0,050
Largeur de l'occiput	0.170	0,182
Moindre distances des crêtes temporales	0,033	0,033
Plus grand écartement des arcades zygomatiques	0,196	0,208
Plus grand écartement des orbites à leur bord inférieur . .	0,148	0,162
Distance des apophyses postorbitaires du frontal.	0,129	0,129

ARTICLE IV.

Du prétendu lamantin du Nord, de STELLER (1).

Il suffisoit de la plus légère attention pour juger que l'animal décrit par *Steller* est d'un autre genre que le *lamantin d'Amérique.*

1.º Au lieu d'épiderme, il porte une espèce d'écorce ou de croûte, épaisse d'un pouce, composée de fibres ou de tubes serrés, perpendiculaires sur la peau. Cette écorce singulière est si dure, que l'acier peut à peine l'entamer; et quand on est parvenu à la couper, elle ressemble à l'ébène par son tissu com-

---

(1) *Acad. Petrop. novi commentarii*, tom. II.

pact, aussi bien que par sa couleur. Ces fibres s'implantent dans la véritable peau par autant de petits bulbes; en sorte que lorsqu'on arrache l'écorce, la surface qui tenoit à la peau est toute chagrinée, et celle de la peau elle-même est reticulée par autant de fossettes que l'écorce offre des tubercules. La surface extérieure de l'écorce est inégale, raboteuse, fendillée, et ne porte aucuns poils, comme il étoit aisé de s'y attendre; car on conçoit que les fibres qui la composent, ne sont que des poils soudés ensemble pour former cette espèce de cuirasse. On peut dire en un mot que cet animal est complétement armé d'une substance semblable à celle des sabots du cheval ou du bœuf, ou de la semelle de l'éléphant et du chameau; armure qu'on voit aussi dans la grande baleine, mais qui n'a jamais existé dans le *lamantin* véritable;

2.° La lèvre supérieure est double aussi bien que l'inférieure, et se divise en externe et en interne;

3.° Les mâchoires n'ont pas des dents simples, nombreuses, pourvues de racines, comme dans le vrai *lamantin;* mais elles portent chacune, de chaque côté, une plaque ou dent composée, que l'on peut comparer au palais de la *raie-aigle,* qui ne s'enfonce point par des racines, mais s'applique et s'unit par une infinité de vaisseaux et de nerfs, lesquels pénètrent de la mâchoire dans cette plaque dentaire, par une quantité de petits trous, qui en font paroître la surface contiguë à l'os maxillaire toute poreuse ou spongieuse, précisément comme je l'ai observé dans les dents de l'*ornithorinque*, et dans celles de l'*oryctérope*. Leur face triturante est inégale et creusée de canaux tortueux, destinés à faciliter la mastication, et comparables aux rubans qu'on voit sur les molaires des éléphans,

4

mais qui représentent principalement des espèces de chevrons;

4.° La queue, va en diminuant depuis l'anus jusqu'à la nageoire qui la termine, et les apophyses de ses vertèbres la rendent presque quadrangulaire;

5.° La nageoire est large de soixante-dix-huit pouces, et longue seulement de sept, ce qui est tout le contraire de celle du vrai *lamantin*: aussi, dans l'animal de *Steller*, représente-t-elle un croissant, et se termine-t-elle de chaque côté par une longue corne;

6.° Les nageoires ont bien leur omoplate, leur humérus, leurs os de l'avant-bras, du carpe et du métacarpe; mais il n'y a point de vestiges d'ongles ni de phalanges;

7.° L'estomac est simple, l'œsophage s'insère dans son milieu, et une grosse glande placée près de cette insertion, y verse des sucs par des pores nombreux et assez larges;

8.° Les intestins ressemblent beaucoup à ceux des chevaux; le cœcum est énorme, et aussi bien que le colon divisé en grandes boursouflures par ses ligamens;

9.° Il y a des os du nez;

10.° Le bassin se compose de deux os innominés, semblables, à quelques égards, au cubitus de l'homme, attachés d'une part, au moyen de forts ligamens à la vingt-cinquième vertèbre (1), de l'autre à l'os pubis. Le vrai *lamantin* n'a point de vestige de bassin;

11.° Il y a six vertèbres au cou, dix-neuf au dos et trente-cinq à la queue, soixante en tout, nombres très-différens de

---

(1) Steller dit la trente-cinquième; mais il est aisé de voir que c'est une faute d'impression.

ceux du vrai *lamantin*. Cependant *Steller* ajoute qu'il n'y a que dix-sept paires de côtes, dont cinq vraies et douze fausses ; c'est qu'il fait entrer deux vertèbres lombaires dans le compte de celles du dos;

12.° Cet animal ne mange point d'herbes terrestres, comme le vrai *lamantin*, mais seulement des fucus.

On voit par cet extrait de la description de *Steller*, qu'il n'est guère possible que deux animaux d'une même famille, se distinguent par un plus grand nombre de caractères que le *lamantin des Antilles*, et ce prétendu *lamantin de l'île Beering*.

Il est douteux que l'on ait vu l'animal de *Steller* ailleurs que dans le nord de la mer Pacifique.

Pennant, et d'après lui *Shaw*, y rapportent les *lamantins* vus par *Dampier* à la *Nouvelle-Hollande*, et à *Mindanao*, ainsi qu'un dessin fait à *Diego - Raiz*, et conservé chez M. *Banks*, mais cette assertion est plus que gratuite, et il est probable qu'il ne s'agit dans tout cela que du *Dugong*. Cependant *Fabricius* (1) assure avoir trouvé au *Groënland*, un crâne avec des os dentaires semblables à ceux qu'a décrits *Steller*. L'espèce passeroit-elle dans la mer Glaciale, au nord du continent de l'Amérique, et pourquoi alors ne l'auroit-on jamais vue en Islande ni en Norwége?

(1) Faun. groënl. pag. 6.

Du dugong.

Les naturalistes n'ont eu long-temps, touchant le *dugong*, que quelques indications légères ou fautives des voyageurs, et une figure de sa tête donnée par *Daubenton*.

Quoique ses défenses fussent implantées, comme celles de l'éléphant dans les os intermaxillaires, le peu d'attention que l'on donnoit alors aux caractères anatomiques ne permit pas de douter que le *dugong* ne dut avoir de grands rapports avec le *morse*, et c'est encore sous le genre de ce dernier, qu'on le range dans les ouvrages systématiques (1).

Camper, ayant insisté sur cette différence de position des défenses, et donné une bonne figure du *dugong*, ayant aussi rappelé celle qui avoit paru depuis long-temps dans l'ouvrage publié par *Renard*, on put voir enfin que le *dugong* est bipède comme le *lamantin*; qu'il a de même les pieds de devant presque en forme de nageoires, et les mammelles sous la poitrine; que la forme de son corps est celle d'un poisson; qu'il se termine par une nageoire horizontale, et en forme de croissant, dans laquelle il n'y a point de charpente osseuse; et l'on put se rappeler qu'il vient de même paître l'herbe au rivage, et qu'il a reçu dans la mer des Indes, les mêmes noms comparatifs qui ont été donnés au *lamantin* dans la mer Atlantique.

Si l'on eut été un peu plus hardi, l'on auroit pu présumer

---

(1) *Gmelin* et *Shaw*, *ubi supra,*

tout cela d'après la forme de sa tête, qui est aussi différente de celle du *morse* qu'elle ressemble à celle du *lamantin*.

Le lecteur peut s'en convaincre en comparant les deux nouvelles figures que nous donnons de cette tête, pl. Ire fig. 6 et 7, avec celles des têtes de *lamantin*. Les connexions des os, leur coupe générale, etc. sont à peu près les mêmes, et l'on voit que pour changer une tête de *lamantin* en une tête de *dugong*, il suffiroit de renfler et d'allonger ses os intermaxillaires pour y placer les défenses, et de courber vers le bas la symphyse de la mâchoire inférieure, pour la conformer à l'inflexion de la supérieure. Le museau alors prendroit la forme qu'il a dans le *dugong*, et les narines se relèveroient comme elles le sont dans cet animal.

En un mot on diroit que le *lamantin* n'est qu'un *dugong* dont les défenses ne sont pas développées.

Il pourroit sembler que *Linnæus* a eu quelque soupçon de cette analogie, quand il a nommé le *lamantin* (*trichecus dentibus laniariis tectis*); mais il est plus probable que cette phrase tenoit à l'idée que lui avoit laissée la figure du *dugong* de *Leguat*, qu'il confondoit avec celles du *lamantin*.

Au reste, la phrase de *Gmelin*, pour le *dugong* (*dentibus laniariis exsertis*), n'est pas exacte non plus; ce ne sont pas des canines, mais des incisives, et l'on voit par les figures de *Camper* et de *Renard* que dans l'animal vivant, elles ne sortent pas de la bouche.

Les dents mâchelières du *dugong* diffèrent assez de celles du *lamantin;* mais ce sont toujours des dents d'herbivores : elles représentent chacune deux cônes adossés l'un à l'autre par un de leurs côtés, et quand elles s'usent, leur couronne

offre deux cercles contigus et même confondus par une partie
de leur circonférence.

Il y a douze de ces dents en tout, dont les quatre postérieures
sont les plus grandes.

Le reste de l'anatomie du *dugong* est inconnu, mais il y a
grande apparence qu'elle ressemble aussi beaucoup à celle du
lamantin.

Quant à l'extérieur il est presque le même, excepté que le
muffle est plus gros à cause des défenses qu'il renferme, que
la queue est plus longue, et qu'elle se termine par une nageoire
d'une toute autre figure. Il paroît aussi que le trou de l'oreille
est plus gros, et que tout l'animal est bleu sur le dos et blanchâtre sous le ventre.

Le nom de *vache marine* ayant été donné par les Hollandois et par quelques autres peuples, à l'*hippopotame*, aussi
bien qu'au *dugong*, certains voyageurs, trompés par cette
homonymie, ont placé des *hippopotames* dans quelques pays
où ils avoient entendu dire qu'il y avoit des *vaches marines*,
tandis qu'on ne vouloit leur parler que de *dugongs*.

J'ai une preuve récente de ce genre de méprise. Un voyageur très-instruit me soutenoit avoir apporté des dents d'*hippopotames* des Molluques; quand il me les montra, je vis
que c'étoient des dents de *dugong*; et je suis maintenant fort
porté à croire que c'est de cette manière que *Marsden* aura
cru pouvoir donner des *hippopotames* à l'île de *Sumatra* (1).

_____

(1) Voyez son *Histoire de Sumatra*, trad. franç. tom. I, pag. 180.

ARTICLE VI.

Ossemens fossiles de lamantins.

Les animaux marins n'entrent point dans le plan de mon ouvrage, où je ne prétends étudier et décrire que les os fossiles des animaux terrestres ou d'eau douce, attendu qu'ils sont les seuls qu'une inondation marine ait pu détruire en couvrant tous les pays qu'ils habitoient, et que d'ailleurs leurs espèces aujourd'hui vivantes sont en assez petit nombre, et assez connues sous le rapport de leur ostéologie pour qu'on puisse espérer d'arriver à leur détermination précise par le seul examen de leurs os.

Cependant le *lamantin* se rapprochant à quelques égards des animaux d'eau douce, puisqu'il ne fréquente que les côtes et les rivières, son ostéologie ayant été jusqu'ici peu connue, et donnant lieu à des considérations intéressantes, et l'existence de ses ossemens parmi les fossiles de notre pays étant un fait à peu près nouveau pour les naturalistes (1), je n'ai pas cru m'écarter trop de mon plan en embrassant encore ce genre, et en lui consacrant ce chapitre.

Je dois la connoissance des os fossiles de *lamantin* à M. *Renou*, savant professeur d'histoire naturelle à *Angers*, qui m'a communiqué en même temps un fragment d'une carte miné-

---

(1) M. *Jean Meyer*, médecin de *Prague*, dit bien (Mémoires d'une société privée de Bohême, tom. 6, pag. 262), que l'on a trouvé à *Leutmeritz* et à *Theresienstadt* des os et des dents de *Manatus*; mais il n'en donne point de figure, et n'explique point de quelle manière on est parvenu à les reconnoître pour tels.

ralogique qu'il a dessinée du département de Maine-et-Loire, où il représente les lieux qui lui ont offert ces ossemens.

Il paroît, d'après cette carte, que la partie de ce département située au sud de la Loire et aux deux côtés de la petite rivière du *Layon*, présente plusieurs plateaux d'un calcaire coquiller grossier, assez semblable à celui des environs de Paris, et tantôt assez compact pour former de belles pierres de taille, tantôt composé de petits fragmens de toute sorte de corps marins assez durs, quoique grossièrement agglutinés.

On distingue dans ces pierres des débris de peignes, de cardiums, des retepores, des millepores, des grains de quartz roulés, mais rien d'absolument entier; en un mot, ils ont tout l'air d'un dépôt formé par les courans, ou par le flux dans quelque anse moins agitée que le reste de cette partie de la mer, mais non par la précipitation tranquille d'une mer où les animaux que cette précipitation auroit enveloppés auroient vécu et seroient morts paisiblement.

C'est en cela que les échantillons que j'ai vus de ces carrières m'ont paru différer le plus de nos pierres des environs de Paris. Quant aux espèces des coquilles, je n'en ai point vu d'assez entières pour en hasarder la détermination.

Des veines de charbon de terre se dirigent sous ce sol calcaire du sud-est au nord-ouest, avec une inclinaison de 75 degrés à l'horizon, et dans une profondeur connue de six cents pieds au moins.

Les intervalles des plateaux calcaires sont remplis d'une terre argileuse, dont on fait des briques et des tuiles.

C'est dans les couches de calcaire coquillier des deux côtés

du Layon, et surtout près de Doué, de Chavagne, de Fave-
raye, d'Aubigné et de Gonor, que se sont rencontrés des os,
mais toujours isolés, et en petit nombre.

M. *Renou* ayant eu la complaisance d'envoyer à notre Muséum plusieurs de ces os encore en partie incrustés dans leur
gangue, j'ai reconnu qu'ils appartenoient tous à des animaux
marins, savoir, à des *phoques*, à des *lamantins* et à des *cétacés*. La plupart étoient mutilés, quelques-uns même un peu
roulés; ils paroissent donc avoir appartenu à la même mer
que les coquilles dont l'amas les enveloppe, et avoir subi la
même action qu'elles.

Les os longs, toujours plus ou moins fistuleux dans les quadrupèdes ordinaires, sont ici pleins et solides comme dans
tous les mammifères et reptiles aquatiques.

On y voit seulement quelques pores qui attestent que ce
sont de vraies pétrifications, et non pas des moules remplis
après coup de matière pierreuse.

Leur substance est changée toute entière en un calcaire ferrugineux assez dur, d'un brun roussâtre. Leur surface seule
est du même blanc jaunâtre que la gangue qui les enveloppe.

La partie supérieure de crâne, fig. 22 et 23, ne peut
avoir son type que dans la famille des *lamantins*. Les
deux longues lignes qui limitent les fosses temporales en dessus;
l'écartement des branches antérieures des frontaux pour laisser
l'intervalle nécessaire à la grande ouverture des narines, la
petitesse des os du nez placés dans l'angle rentrant de ces
branches, la forme de l'arcade occipitale et des proéminences
situées derrière, le prouvent suffisamment; il suffira d'ailleurs
au lecteur, pour s'en convaincre, de comparer cette portion

5

de tête avec les parties correspondantes des têtes de *laman-*
tin, fig. 3 et 5.

Cependant cette tête ne vient pas des deux *lamantins* dont
nous connoissons l'ostéologie, et encore moins du *dugong*.

La proportion de la longueur à la largeur est plus grande
même que dans le *lamantin* du Brésil ; la partie frontale est
plus bombée; la partie pariétale, au contraire, est plus concave; les os du nez sont plus considérables ; l'occiput est plus
inégal, etc. Ces différences de proportion peuvent se juger en
comparant la table suivante avec celle que nous avons donnée ci-dessus pour les *lamantins* vivans, art. III.

Longueur depuis le bord inférieur des narines jusqu'à l'occiput. . 0,22
Largeur de l'occiput. 0,095
Distance des deux crêtes temporales 0,026
Distance des apophyses postorbitaires du frontal. 0,145

Il faudroit savoir maintenant si l'animal de *Steller*, ou quelqu'une des espèces de *lamantins* qui peuvent encore exister
dans les mers sans avoir été distinguées par les naturalistes,
n'auroient point fourni cette tête. Le temps nous l'apprendra.
Tout ce que nous pouvons dire aujourd'hui, c'est qu'elle vient
d'un *lamantin*, et d'un *lamantin* différent de ceux que nous
connoissons.

Nous pouvons en dire autant de l'avant-bras représenté
fig. 19, 20 et 21. Qu'on le compare avec celui du *lamantin*
du Brésil, dessiné fig. 14, 15 et 16, et l'on dira aussitôt qu'il
est du même genre, mais d'une autre espèce.

La grande brièveté à proportion de la grosseur, la forme
transversale de la tête du radius, la soudure des deux os à
des points semblables, sont des caractères communs; mais la

grosseur supérieure du cubitus, le plus grand aplatissement du radius, surtout à sa partie inférieure, une proéminence du cubitus vers son articulation supérieure, sont des caractères distinctifs de l'avant-bras fossile.

Dimensions de cet avant-bras.

Longueur du radius.	0,152
Largeur de sa tête supérieure.	0,054
Sa plus grande épaisseur	0,027
La largeur du radius à l'endroit le plus étroit.	0,035
Longueur du cubitus.	0,183
Longueur de l'olécrane	0,047
Longueur de la facette sygmoïde	0,036
Largeur de l'articulation radiale	0,058
Largeur de la tête inférieure	0,039

Il y a aussi parmi les os envoyés par M. *Renou*, trois côtes faciles à reconnoître pour des côtes de *lamantin*, attendu qu'elles sont arrondies de toute part, et non aplaties sur leur longueur, comme celles de tous les autres animaux connus.

Si l'on a souvent trouvé au *lamantin femelle*, des rapports extérieurs avec la femme, la vertèbre fossile que nous représentons fig. 12 A et fig. 12 B, auroit bien pu être prise pour un atlas humain, surtout dans les temps où l'on prétendoit toujours que les os fossiles venoient de géants. Elle ne différeroit presque de notre atlas, que par la grandeur, si ses apophyses transverses étoient percées; mais ce premier caractère une fois aperçu, on en découvre bientôt quelques autres; et notamment, que l'ouverture est plus étroite dans le haut, tandis que dans l'homme elle y est plus large, et que les facettes qui répondent aux condyles occipitaux, remontent un peu plus que dans l'homme.

Je n'ai pu d'abord m'assurer que c'étoit une vertèbre de *lamantin*, parce qu'un malheureux hasard a voulu que cet os se perdît dans le transport de notre squelette; mais ayant fait enlever les vertèbres du col d'un fétus, j'ai trouvé son atlas aussi semblable au fossile qu'il étoit possible de l'espérer dans une telle différence d'âge et de grandeur.

Je ne doute donc pas que ce ne soit ici un os de la même espèce d'animal qui a fourni la tête, l'avant-bras et les côtes décrites ci-dessus.

Dimensions de cette vertèbre.

Distance entre les apophyses transverses.	0,128
Distance des facettes articulaires antérieures	0,105
Distance des facettes articulaires postérieures	0,082
Hauteur verticale du tronc	0,064
Largeur en haut	0,043
Largeur au milieu.	0,039
Largeur en bas.	0,048

Voilà, parmi les os du département de Maine-et-Loire, que j'ai pu déchiffrer, tous ceux que j'ai reconnus pour être de *lamantins;* mais j'en ai aussi reçu de quelques autres cantons, qui portent des marques tout aussi certaines que les précédens de la même origine.

M. *Dargelas*, naturaliste fort instruit de Bordeaux, m'a envoyé entre autres os pétrifiés, trois de ces côtes presque cylindriques, pareilles à celles des environs d'Angers.

Elles ont été trouvées dans la commune de *Capians*, à dix

lieues de Bordeaux; quelques restes de gangue qui y sont
encore attachées, montrent qu'elles étoient comme auprès
d'Angers, dans un calcaire marin grossier, et leur propre
substance est aussi changée en un calcaire compact rougeâtre.

ARTICLE VII.

De quelques os de phoques *trouvés avec ceux de* lamantins, *dans le département de Maine - et - Loire, et des
prétendus os - de* morse *annoncés par quelques naturalistes.*

Les os de *phoques* doivent être rares parmi les fossiles, car
j'en ai peu vu dans les nombreux échantillons d'ossemens qui
m'ont passé sous les yeux; je n'en ai point trouvé dans les
gravures publiées sans détermination par certains naturalistes,
et la plupart de ceux qui sont donnés pour tels par d'autres,
n'en sont pas véritablement.

C'est ce que l'on peut affirmer particulièrement de ceux
que *Esper* croyoit avoir retirés des cavernes de Franconie;
j'ai déjà dit, dans mon chapitre sur les os de ces cavernes,
qu'ils appartiennent tous à des carnassiers terrestres.

Il étoit naturel de croire que si l'on vouloit découvrir de
ces os, ce n'étoit pas dans les couches qui en contiennent
d'animaux terrestres, mais bien dans des couches simplement
marines et coquillières qu'il falloit les chercher; et en effet
c'est là qu'il s'en est trouvé avec des os de *lamantins* et de
dauphins.

J'en ai spécialement des environs d'Angers, et c'est encore

à M. *Renou* que je les dois. Ils consistent dans la partie supé-rieure d'un humerus, et dans la partie inférieure d'un autre plus petit.

Je représente le premier morceau fig. 24, 25 et 26. La tête articulaire est cassée, mais les deux tubérosités et la crète deltoïdale y sont entières, et y montrent cette saillie extraor-dinaire qui fait un des caractères distinctifs de l'humérus du *phoque*.

Le second morceau est gravé fig. 28 et 29. La forme de la poulie, son obliquité, le trou du condyle externe, sont les mêmes que dans le *phoque*.

On peut voir aisément que ces deux portions d'os ne vien-nent pas du *lamantin*, en les comparant avec l'humérus de celui-ci, que nous donnons par devant, fig. 17, et par derrière, fig. 18.

La première vient d'un *phoque* à peu près deux fois et demie aussi grand que notre *phoque* commun des côtes de France (*phoca vitulina*, L.); la seconde est d'un *phoque* un peu plus petit que le premier.

L'ostéologie des espèces de *phoques*, et ces espèces elles-mêmes, sont cependant encore beaucoup trop peu connues, pour que l'on puisse même établir quelques conjectures plau-sibles, sur celles dont ces os fossiles se rapprocheroient le plus. On peut dire que l'histoire de ce genre est à peine ébau-chée par les naturalistes, et par conséquent elle est bien éloi-gnée de pouvoir fournir à nos recherches une base suffisante.

C'est ce qui me fait passer aujourd'hui si rapidement sur ce sujet; mais je ne désespère pas d'y revenir quand j'aurai recueilli des matériaux suffisans.

Dimensions de la partie supérieure d'humérus.

Hauteur de la crête deltoïdienne. 0,100
Sa plus grande largeur. 0,080
Saillie de la petite tubérosité 0,040
Distance entre les deux tubérosités. 0,040

Dimension de la tête inférieure.

Largeur transverse 0,085

Il y a encore bien moins d'os de *morses* que d'os de *phoques* parmi les fossiles, et je ne crois même pas qu'on y en ai jamais vu, quoique plusieurs auteurs en aient annoncés.

C'étoit sans doute pour le temps une conjecture assez ingénieuse de *Leibnitz*, d'attribuer au *morse* (1), la plupart des os et des dents de mammouth de Sibérie; on s'évitoit ainsi la peine de les faire arriver des Indes; mais cette conjecture ne supporte pas le moindre examen, et le premier coup-d'œil montre, comme nous l'avons dit, que ce sont des os d'éléphant. *Linnœus* n'auroit donc pas dû adopter cette idée, et *Gmelin* auroit encore moins dû la répéter (2), à une époque où la chose étoit depuis long-temps éclaircie.

L'ivoire du *morse* est grenu, et sa tranche ne présente que de petites taches serrées et rondes : ceux de l'éléphant, du mammouth et du mastodonte, sont reticulés en lozange; avec ce seul caractère, on ne sera jamais exposé à les confondre.

---

(1) *Protogœa*, §§. XXXIII et XXXIV.

(2) Syst. nat. art. *Trichecus rosmarus*.

Quant à la prétendue tête de *morse* des environs de Bo-
logne, décrite par *Monti* (1), j'ai montré que ce n'est autre
chose qu'une mâchoire inférieure de petit *mastodonte* (2);
elle a cependant été citée comme *morse fossile* par tous les
auteurs de minéralogie et de géologie du dix-huitième siècle (3).

Cependant s'il y a de vrais *morses* parmi les fossiles, il
est probable qu'il faudra les chercher comme les *lamantins*
et les *phoques* dans des couches essentiellement marines, et
que ce ne sera ni avec les éléphans, ni avec les palæotheriums,
ni même avec les ruminans des couches meubles, que l'on
peut espérer de les trouver.

---

(1) *De monumento diluviano, nuper in agro bononiensi detecto.* Bol. 1719, in-4.°.

(2) Dans mon chapitre sur les *divers mastodontes*.

(3) *Wallerius, Linnæus, Gmelin, Walch,* etc. etc.

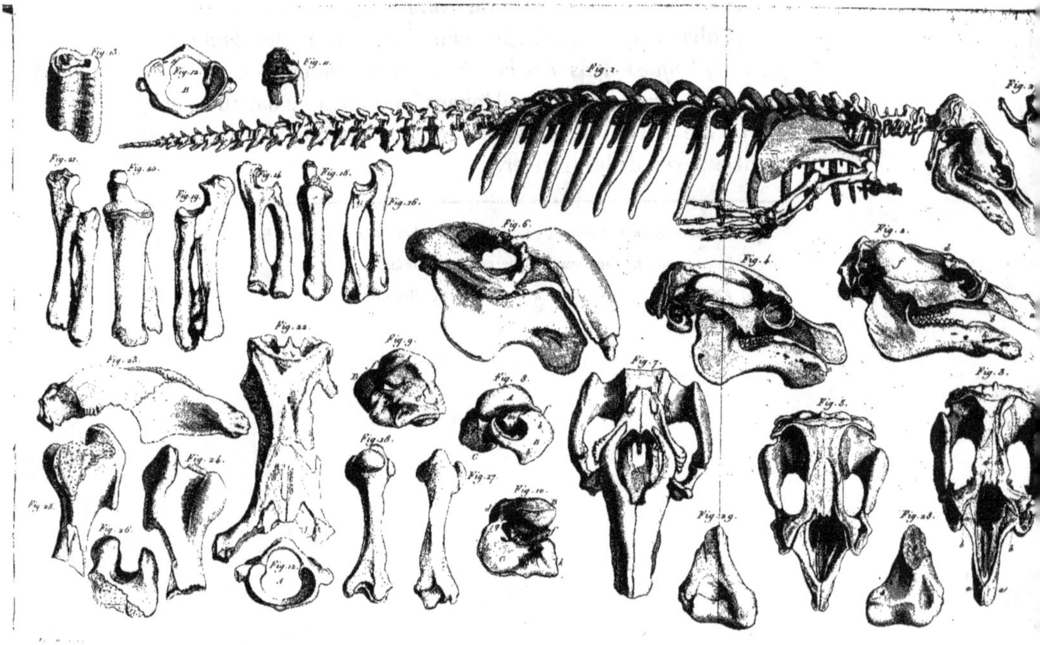

Vᵉ. PARTIE.

OSSEMENS

DE

QUADRUPÈDES OVIPARES.

SUR LES DIFFÉRENTES ESPÈCES

DE

CROCODILES VIVANS

ET SUR LEURS CARACTÈRES DISTINCTIFS.

ARTICLE PREMIER.

Remarques préliminaires.

La détermination précise des espèces et de leurs caractères distinctifs fait la première base sur laquelle toutes les recherches de l'histoire naturelle doivent être fondées. Les observations les plus curieuses, les vues les plus nouvelles, perdent presque tout leur mérite quand elles sont dépourvues de cet appui; et malgré l'aridité de ce genre de travail, c'est par là que doivent commencer tous ceux qui se proposent d'arriver à des résultats solides.

Mais depuis long-temps les naturalistes ont pu s'apercevoir que les grands animaux sont précisément ceux sur les espèces desquels on a le moins de notions exactes, faute de pouvoir réunir et comparer immédiatement plusieurs individus, soit à cause de leur grandeur et de la difficulté de les tuer, de les transporter et de les conserver, soit à cause de l'éloignement des climats qui les produisent.

Ce n'est, par exemple, que dans ces derniers temps qu'on a appris qu'il existe plusieurs espèces d'*éléphans* et de *rhinocéros*, et quoiqu'on ait eu plus anciennement des soupçons sur la multiplicité de celles des *crocodiles*, on peut dire que les caractères qu'on leur assignoit étoient si variables et quelquefois si peu conformes à la vérité, que ceux qui nioient cette multiplicité d'espèces ne pouvoient être blâmés.

Avant d'entrer dans la discussion de ces différens caractères assignés aux espèces par nos prédécesseurs, établissons en peu de mots ceux qui circonscrivent le genre.

J'appelle *crocodiles*, avec *Gmelin* et M. *Brongniart*, tous les *lézards* ou *reptiles sauriens* qui ont,

1.º *La queue aplatie par les côtés;*

2.º *Les pieds de derrière palmés ou demi-palmés;*

3.º *La langue charnue attachée au plancher de la bouche jusques très-près de ses bords, et nullement extensible;*

4.º *Des dents aiguës simples, sur une seule rangée;*

5.º *Une seule verge dans le mâle.*

La réunion des trois premiers caractères détermine le naturel aquatique de ces animaux, et le quatrième en fait des carnassiers voraces.

Tous les animaux connus jusqu'à présent dans ce genre réunissent encore les caractères suivans, mais qui pourroient se trouver un jour moins généraux et moins essentiels.

1.º *Cinq doigts devant; quatre derrière.*

2.º *Trois doigts seulement armés d'ongles à chaque pied: ainsi deux devant et un derrière sans ongle.*

3.° *Toute la queue et le dessus et le dessous du corps revêtus d'écailles carrées.*

4.° *La plus grande partie de celles du dos relevées d'arêtes longitudinales plus ou moins saillantes.*

5.° *Les flancs garnis seulement de petites écailles rondes.*

6.° *Des arêtes semblables formant sur la base de la queue deux crêtes dentées en scie, lesquelles se réunissent en une seule sur le reste de sa longueur.*

7.° *Les oreilles fermées extérieurement par deux lèvres charnues.*

8.° *Les narines formant un long canal étroit qui ne s'ouvre intérieurement que dans le gozier.*

9.° *Les yeux munis de trois paupières.*

10.° *Deux petites poches qui s'ouvrent sous la gorge et contiennent une substance musquée.*

Leur anatomie présente aussi des caractères communs à toutes les espèces et qui distinguent très-bien leur squelette de celui des autres *sauriens.*

1.° *Leurs vertèbres du cou portent des espèces de fausses côtes qui, se touchant par leurs extrémités, empéchent l'animal de tourner entièrement la tête de côté.*

2.° *Leur sternum se prolonge au-delà des côtes et porte des fausses côtes d'une espèce toute particulière qui ne s'articulent point avec les vertèbres, mais ne servent qu'à garantir le bas-ventre, etc.*

D'après tous ces caractères, les *crocodiles* forment un genre très-naturel, auquel différens auteurs systématiques ont eu tort de joindre des espèces qui avoient bien le caractère assigné par leur système, mais qui s'éloignoient du genre pour tout le reste.

En parcourant les auteurs méthodiques qui avoient écrit sur ce sujet avant que je m'en fusse occupé, on trouvoit,

1.º Que *Linnæus*, dans les éditions données de son vivant, n'admettoit qu'un seul *crocodile*, sans même en vouloir distinguer *l'espèce à bec allongé du Gange ;*

2.º Que cependant son contemporain *Gronovius* distingua du *crocodile* proprement dit le *caïman* ou *crocodile d'Amérique*, le *crocodile du Gange*, auquel il réunit le *crocodile noir* d'Adanson, et une quatrième espèce qu'il nomma *crocodile de Ceylan*, et qu'il distingua par ce caractère accidentel d'avoir seulement les deux doigts extérieurs entièrement palmés ;

3.º Que *Laurenti* établit, outre le *crocodile* et le *caïman*, deux espèces particulières fondées seulement sur de mauvaises figures de *Séba* (*crocodilus africanus* et *C. terrestris*), mais qu'il oublia entièrement le *gavial* et le *crocodile noir ;*

4.º Que M. *de Lacépède*, admettant quatre espèces, comme les deux précédens, les combinoit encore autrement ; savoir : le *crocodile*, sous lequel il rangeoit, à l'exemple de *Linnæus*, les crocodiles ordinaires de l'ancien et du nouveau continent, comme une seule et même espèce ; le *crocodile noir*, qu'il ne faisoit qu'indiquer d'après *Adanson ;* le *gavial* ou *crocodile à long bec du Gange*, dont il donna le premier une bonne description ; enfin un animal qu'il nommoit *fouette-queue*, parce qu'il le jugeoit le même que le *lacerta caudiverbera* de *Linnæus*. Sa description étoit prise seulement d'une figure altérée de *Séba*, pl. 106, tom. I.

5.º *Gmelin* les réduisoit toutes à trois : 1.º en réunissant le *crocodile* ordinaire et le *crocodilus africanus* de Laurenti sous son *lacerta crocodilus ;* 2.º en réunissant également le *gavial*, le *crocodilus terrestris* de Laurenti et le *crocodile noir*, sous son *lacerta gangetica*; 3.° en séparant le *caïman* sous le nom de *lacerta alligator*.

Enfin, 6.° Bonnaterre revenoit au nombre quartenaire en ajoutant le *fouette-queue* de M. *de Lacépède* aux trois espèces de *Gmelin*, et en négligeant le *crocodile noir*.

Cependant ces différences dans l'établissement des espèces n'étoient rien en comparaison de celles qui existoient dans leurs caractères et surtout dans leur synonymie.

Ceux qui, comme *Linnæus* et M. *de Lacépède*, réunissoient en une seule espèce tous les *crocodiles à museau court*, y étoient d'autant plus autorisés, que ceux qui vouloient les distinguer, n'en saisissoient point les véritables caractères.

Par exemple, M. *Blumenbach*, dans ses anciennes éditions, et *Gmelin*, d'après lui, disoient du *crocodile : Capite cataphracto, nucha carinata;* et du *caïman* (*lac. alligator*) : *Capite imbricato plano, nucha nuda.*

Or la tête est *cuirassée* (*cataphractum*) dans toutes les espèces ; aucune ne l'a *tuilée* (*imbricatum*), il n'y en a pas même l'apparence. Pour *plane*, elle l'est dans toutes ; toutes ont la nuque garnie d'un bouclier écailleux, et non *nue*. Enfin, l'on ne comprend pas comment cette nuque pourroit être *carenée ;* car ce mot ne peut signifier que *formée de deux plans qui font un angle ensemble :* or c'est ce dont aucun *crocodile* ne présente même l'apparence.

Quant à l'autre caractère qu'ils assignoient : *Cauda cristis lateralibus horrida et lineis lateralibus aspera*, ce sont des différences du plus au moins qui varient dans les mêmes espèces, et qui par conséquent ne les distinguent point les unes des autres.

M. *Bonnaterre* donnoit à son *crocodile* pour caractère, d'être : *Pedibus posterioribus tetradactylis palmatis triunguiculatis, rostro subconico elongato ;* caractère vrai, mais qui ne distingue rien.

Celui qu'il donnoit à son *caïman : Pedibus posterioribus tetradactylis fissis unguiculatis,* étoit faux ; et la suite, *rostro depresso sursum reflexo,* ne l'étoit guères moins.

Laurenti donnoit à son *caïman* ou *crocodile d'Amérique* cinq doigts à tous les pieds, parce qu'il se fondoit sur cette même figure fautive de *Séba,* tab. 106.

Gronovius étoit le seul qui eût connu une partie des caractères réels, *plantis palmatis, et plantis vix semi palmatis ;* mais il n'avoit point fait mention de ceux qui se tirent des dents et de plusieurs autres encore : d'ailleurs tout ce qu'il avoit dit avoit été négligé par ses successeurs.

Et si l'on vouloit suppléer à ces caractères imparfaits, en consultant les figures indiquées par chaque auteur, comme représentant les espèces qu'il établissoit, on tomboit dans de nouveaux embarras.

Gmelin citoit, sous *L. crocodilus,* la figure 3, planche 105, de *Séba,* qui est un *caïman* (celui que nous appelerons *à paupières osseuses*) ; et mettoit, sous *L. gangetica* ou le *gavial,* toutes celles de la planche 104, qui sont en partie des *caïmans,* en partie des *crocodiles.* Il citoit sous ce même *gangetica* la figure 1, planche 103, qui est un *crocodile,* et sous *crocodilus,* les figures 2 et 4, qui sont à peine caractérisées. La figure 2 revenoit une seconde fois sous le *fouette-queue.* Sous *L. alligator, Gmelin* cite, d'après *Laurenti,* la planche 106, qui, comme nous l'avons dit, n'est qu'une figure altérée du *crocodile.*

C'est cette même figure dont MM. de *Lacépede* et *Bonna-terre* font leur *fouette-queue*, et qu'ils associent à celle de la planche 319 du premier volume de *Feuillée*, qui est un *gecko*.

Gmelin de son côté associoit à ce *gecko* la figure 2, planche 103, qui paroît un vrai *crocodile*.

Gronovius donnoit comme une excellente figure de *cro-codile* la douzième de la planche 104, assez bonne à la vé-rité, mais qui a un doigt de trop.

Il étoit donc impossible de rien imaginer de plus embrouillé.

Ayant besoin pour mes recherches sur les crocodiles fos-siles de me faire des idées justes sur les *crocodiles vivans*, j'essayai, il y a six ou sept ans, d'éclaircir ce sujet.

Je commençai par mettre de côté les *crocodiles à long bec*, vulgairement nommés *crocodiles du Gange* ou *gavials*, et qui formoient, de l'aveu de tout le monde, au moins une espèce bien distincte.

Alors il me resta tout ce que l'on connoissoit sous les noms vulgaires et souvent pris l'un pour l'autre, de *crocodile*, et de *caïman* ou d'*alligator*.

Ces animaux sont extrêmement multipliés dans les cabinets de France, à cause de nos relations avec l'*Egypte*, le *Sénégal* et la *Guyane*, qui sont avec les *Indes orientales* les climats où on trouve le plus de crocodiles.

J'en examinai à cette époque près de soixante individus des deux sexes, depuis douze à quinze pieds de longueur jus-qu'à ceux qui sortent de l'œuf, et je crus voir qu'ils se rédui-soient tous à deux espèces, que je définis ainsi :

1 o CROCODILE : *à museau oblong, dont la mâchoire supé-rieure est échancrée de chaque côté pour laisser passer*

la quatrième dent d'en-bas, à pieds de derrière entièrement palmés.

2.° CAÏMAN : *à museau obtus, dont la mâchoire supérieure reçoit la quatrième d'en-bas dans un creux particulier qui la cache ; à pieds de derrière demi-palmés.*

Tous les individus de la première forme dont je pus alors apprendre l'origine avec certitude, venoient du *Nil*, du *Sénégal*, du *Cap* ou des *Indes orientales*.

Tous ceux de la seconde dont je pus apprendre l'origine avec certitude, venoient d'*Amérique*, soit de *Cayenne* ou d'ailleurs.

J'établis donc à cette époque deux espèces bien distinctes de *crocodiles*, sans compter ceux à long museau, et je crus pouvoir assigner pour patrie, à l'une, l'ancien, à l'autre, le nouveau continent.

J'en indiquai une troisième, celle de l'Amérique-Septentrionale, dont je n'avois alors qu'un seul individu et dont la distinction s'est confirmée depuis.

Je cherchai enfin à rapporter à chaque espèce les différentes figures éparses dans les auteurs.

Tels furent l'objet et les résultats de mon travail, que je consignai en 1801 dans les *Archives zootomiques et zoologiques* de feu *Wiedeman*, professeur à *Brunswick*, tome II, cahier II, p. 161 et suiv.

Mais pendant les six années qui se sont écoulées depuis l'impression de mon mémoire, il s'est fait sur les *crocodiles* des recherches importantes, soit par divers naturalistes françois ou étrangers, soit par moi-même ; et ces recherches ont modifié en deux sens différens les résultats que j'avois obtenus.

Elles ont montré, 1.° que ce que je regardois seulement

comme *deux espèces*, formoit réellement *deux subdivisions du genre*, susceptibles de se partager elles-mêmes, au moyen de caractères secondaires, en *plusieurs espèces différentes ;*

2.º Que ces deux subdivisions ne sont pas entièrement propres aux deux continens auxquels je les attribuois respectivement, mais que le *crocodile de Saint-Domingue*, par exemple, quoique formant bien une espèce à part, ressemble néanmoins beaucoup plus aux *crocodiles proprement dits*, ou de l'ancien continent, qu'à ceux qui se trouvent le plus communément dans le nouveau, et auxquels j'ai restreint le nom de *caïmans*.

3.º Il seroit donc possible que l'on découvrît réciproquement par la suite dans l'ancien continent quelque espèce appartenante à la subdivision des *caïmans*.

Il est juste que je rapporte ici les noms de ceux à qui nous devons les augmentations de nos connoissances sur ce genre important.

Je ne peux pas ranger dans le nombre ceux qui ont travaillé aux nouvelles éditions de *Buffon* et au *Dictionnaire d'histoire naturelle* de *Déterville ;* ils n'ont rien donné d'original : leurs figures même sont copiées d'après d'autres figures, et mal choisies. Le seul *Daudin* a indiqué, sous le nom de *crocodile à large museau*, une espèce nouvelle qui paroît être la même que mon *caïman à paupières osseuses*.

M. *Shaw* n'y appartient pas non plus. Dans son *Histoire des reptiles*, imprimée en 1802 (1), il n'admet que deux espèces à museau court, le *crocodile commun* et l'*alligator :*

---

(1) Gener. Zoolog. *vol.* III, *part.* I. *Amphibia.*

2

mais pour représenter l'*alligator*, il prend, d'après *Gmelin* et *Laurenti*, cette figure altérée de *Séba* dont d'autres avoient fait le *fouette-queue* ; et ses deux figures de *crocodiles*, pl. 55 et 58, sont des *caïmans*. Ses caractères sont les anciens de M. *Blumenbach* et de *Gmelin*.

J'ai le regret de n'y pouvoir ranger davantage mon savant collègue M. *Faujas de Saint-Fond*, quoiqu'il ait écrit deux fois *ex professo* sur le genre des *crocodiles*.

Au lieu de vérifier, sur les individus nombreux qu'il avoit à sa disposition, les caractères que j'avois assignés aux *crocodiles* et aux *caïmans*, ce célèbre géologiste a mieux aimé prononcer sans examen, que « *Le caïman est si rapproché de* » *l'espèce d'Afrique, que quelques naturalistes, et je suis* » *du nombre* (ajoute-t-il), *ne le regardent que comme une* » *simple variété qui tient au climat* (1).

La preuve que, comme je l'avance, il n'avoit point examiné la question, c'est qu'il avoit donné quelque temps auparavant une figure d'un *crocodile*, qu'il croyoit faite « *d'après un in-* » *dividu d'Afrique de douze pieds de long, conservé au Mu-* » *séum d'histoire naturelle* (2) ; mais qu'il s'étoit laissé tromper par son dessinateur, qui avoit trouvé plus commode de copier la planche 64 des *Mémoires pour servir à l'histoire des animaux*, en y changeant seulement le paysage. Je suis d'autant plus obligé de relever cette erreur singulière d'un ouvrage qui jouit d'une réputation justement méritée, que cette figure appartient, non pas au *crocodile d'Afrique*, mais à celui de

(1) Essais de géologie, I, 149.
(2) Hist. nat. de la montagne de Saint-Pierre, *p.* 231.

Siam; espèce très-différente, comme on le verra bientôt, et que nous ne possédons malheureusement point dans les collections de Paris. Cependant c'est cette même figure qu'on a fait copier encore dans le *Buffon* de *Déterville*, pour représenter le *crocodile du Nil.*

Une seconde preuve que M. *Faujas* n'avoit pas suffisamment examiné la question, c'est ce qu'il ajoute (*Essais. de Géol.* I, p. 152), qu'en « *supposant même qu'il existât des caïmans* » *dans l'état fossile, la demi-palmure de leur pied de der-* » *rière disparoîtroit, et que leur second caractère ne seroit* » *guère plus stable.* » Comme ce second caractère consiste dans la forme des têtes osseuses, il est évident qu'il seroit aussi *stable* qu'aucun de ceux que l'on peut reconnoître dans les fossiles.

C'est donc M. *Schneider*, M. *Blumenbach* et mon savant confrère M. *Geoffroy-Saint-Hilaire*, qu'il faut considérer comme ayant le plus enrichi dans ces derniers temps l'histoire des *crocodiles.*

Le premier écrivoit à peu près en même temps que moi, et nous ne connoissions point réciproquement notre travail.

Après avoir recueilli avec soin les passages des anciens sur le *crocodile*, il cherche à se faire une idée nette du vrai *crocodile du Nil.*

Pour cet effet, il rassemble ce que divers auteurs modernes ont dit de l'extérieur et de l'intérieur du *crocodile* en général, et compare cette description ainsi recomposée avec celle du *crocodile de Siam*, faite par les missionnaires, et celle d'un *crocodile d'Amériqne* faite par *Plumier*, dont le manuscrit se conserve à Berlin.

Mais comme les différences qu'il déduit de cette comparaison résultent seulement des termes ou de la manière de voir des auteurs, et qu'aucun d'eux n'a eu l'intention de donner des caractères distinctifs; comme d'ailleurs le hasard a voulu que *Plumier* ait disséqué précisément l'espèce américaine qui rentre dans la forme des *crocodiles* proprement dits, je veux dire celle de *Saint-Domingue*, ainsi qu'on peut s'en convaincre par ses dessins originaux encore aujourd'hui déposés à la Bibliothèque impériale (1) : ce travail de M. *Schneider* n'a mené à rien qui ait éclairci les espèces, si ce n'est celle de *Siam*, dont les particularités se font bien remarquer dans cette comparaison.

L'espèce du *Nil* y est même si peu constatée que la plupart des caractères qui paroissent lui revenir dans ce résumé sont réellement ceux du *caïman*. Le crâne dont M. *Schneider* donne la figure n'est pas non plus d'un *crocodile*, mais bien de l'espèce de *caïman* que j'appelle *à paupières osseuses*.

Il se trouve néanmoins dans les passages allégués plusieurs indications vraies et utiles sur la multiplicité des espèces en Amérique.

Laissant donc le *crocodile du Nil* pour ce qu'il pourra être, M. *Schneider* passe à la description des espèces qu'il en croit différentes, et parmi lesquelles il y en a plusieurs que nous

---

(1) Il paroît, d'après les publications partielles de MM. *Bloch* et *Schneider*, que l'on possède à Berlin des manuscrits de *Plumier*, copiés par lui-même ou par un autre, et plus ou moins semblables à ceux de Paris. Ceux-ci offrent des dessins au simple trait, mais d'une pureté admirable, non-seulement du *crocodile de Saint-Domingue*, mais encore de l'*iguane cornu*, de la grande *tortue de mer* et d'une multitude de reptiles, de poissons, etc. avec beaucoup de détails anatomiques. Il est fort à regretter qu'aucun savant françois n'ait encore songé à publier complètement ce riche trésor.

avons reconnues dans les nôtres. En voici l'énumération :

1.º Le *crocodile de Siam* des missionnaires. Celui-là paroît réellement distinct, et M. *Schneider* a le mérite d'avoir le premier reconnu ce fait dans l'ouvrage où il étoit jusque-là resté comme enfoui.

2.º Celui qu'il nomme *porosus* et qu'il décrit d'après des individus des cabinets de *Bloch* et de *Gœttingen*. Ce n'est probablement pas autre chose que notre *crocodile à deux arètes*. Les *pores* à chaque écaille, dont M. *Schneider* a cru devoir faire un caractère spécifique, se retrouvent plus ou moins dans tous les *crocodiles proprement dits*, dont son *C. porosus* a d'ailleurs toutes les autres marques génériques.

3.º Le *longirostris* ou *gavial*, reconnu de tout le monde.

4.º Celui qu'il nomme *sclerops* et qui est précisément le *caïman* le plus ordinaire à la *Guyane* (celui que nous nommerons *caïman à lunettes*), facile à reconnoître à l'aréte transversale qu'il a devant les orbites. M. *Schneider* le donne un peu en hésitant pour le *crocodile du Nil*, mais tout-à-fait à tort.

Telles sont les espèces bien reconnoissables pour moi dans les descriptions de M. *Schneider.*

5.º Son *crocodilus trigonatus* paroît, surtout par la citation qu'il fait de la figure 3, planche 105 de *Séba*, entièrement le même que notre *caïman à paupières osseuses*; mais sa description ne s'y accorde pas bien.

6.º Son *crocodilus carinatus*, l'*oopholis* et le *palmatus*, appartiennent tous les trois à ma division des crocodiles; mais je ne puis voir dans les courtes indications qu'il en donne aucun caractère suffisant pour les rapporter à une espèce plutôt qu'à une autre.

7.º Enfin, son *crocodilus pentonix* est un être imaginaire.

Il dit que c'est le crocodilus terrestris de *Laurenti;* mais ni *Laurenti* ni M. *Schneider* ne l'ont vu, et tous les deux s'appuient sur les figures de la planche 104 de *Séba,* et sur la figure 1 de la planche 103.

Or toutes ces figures sont faites sans aucun soin : les unes, d'après de jeunes *caïmans* sortant de l'œuf; les autres, comme la 12.ᵉ, planche 104, d'après de jeunes *crocodiles.* L'ouverture des oreilles dans la figure 1, planche 103, est un effet du dessèchement; les cinq ongles en sont un de l'incurie de l'artiste. Si l'on songe qu'il y a des ongles de trop dans les figures de crocodiles les plus modernes, tandis que le texte qui les accompagne dit formellement le contraire, comment établira-t-on une espèce sur de simples figures, où le texte ne dit rien?

Dans l'état actuel des observations effectives, je ne puis croire à un *crocodile à cinq doigts et à cinq ongles à tous les pieds,* que quand on me le montrera.

Telle est l'analyse des espèces de crocodiles proposées par M. *Schneider* dans le deuxième cahier de son *Histoire des amphibies.*

Il faut que ce savant professeur ait eu autrefois des idées bien différentes de celles-là; car M. *Blumenbach* dit avoir réformé d'après lui, dans sa sixième édition imprimée en 1799, les caractères du CROCODILE et du CAÏMAN qu'il répète encore en 1808 (dans sa VIII.ᵉ édition). Or il y attribue au CROCODILE d'être pourvu *scuto supra-orbitali osseo, testa calvariæ integra* (ce qui désigne notre espèce de *caïman à paupières osseuses*), et au CAÏMAN, *tegmine supra-orbitali coriaceo, testa calvariæ bifenestrata* (ce qui désigne l'une quelconque des espèces de la forme du vrai *crocodile*).

Ces caractères n'avoient donc pas une application juste,

mais ils étoient fondés sur des observations réelles, et l'indication des paupières osseuses étoit surtout un fait important
qui pouvoit diriger l'attention vers une espèce méconnue
jusque-là.

M. *Geoffroy* nous a rendu le service éminent d'apporter
enfin de la *Thébaïde* un *crocodile du Nil* authentiquement
constaté. Il nous a appris que les pécheurs de ce pays-là pré-
tendent en connoître deux autres espèces. Il a rapporté un
crâne momifié, tiré des catacombes, qui l'a mis sur la voie
pour retrouver des individus analogues dans nos collections
de Paris; et comme ce crâne et ces individus diffèrent en
quelques points du crocodile ordinaire, il les a jugés de l'une
de ces espèces annoncées par les pécheurs. Il a pensé que
c'étoit dans cette espèce que l'on prenoit les crocodiles
plus particulièrement révérés des Égyptiens, et que c'étoit
à elle qu'appartenoit le nom de *suchus*, rapporté par *Strabon* et *Photius*. Ses nombreuses observations sur les habitudes du *crocodile* expliquent parfaitement ce que les anciens
en avoient dit d'obscur ou de douteux, et ajoutent beaucoup
à son histoire naturelle. Il a donné enfin une description comparée des os qui composent la tête de cet animal, laquelle
enrichit de vues nouvelles et intéressantes l'ostéologie des
reptiles.

Mais ce que M. *Geoffroy* a fait de plus important pour
l'objet actuel de nos recherches, c'est de constater la ressemblance étonnante du *crocodile de Saint-Domingue* avec celui
du *Nil*, et par conséquent les grandes différences qui distinguent le premier du *caïman le plus commun à Cayenne*.

En effet, le général *Leclerc* avoit envoyé à notre Muséum
un *crocodile de Saint-Domingue*, préparé, et un autre plus

petit, vivant, qui mourut au *Havre*, mais qui arriva à Paris assez frais pour que je le disséquasse.

La description de cette espèce par M. *Geoffroy* est insérée dans les *Annales du Muséum d'histoire naturelle*, tome II, page 53.

Enfin, au moment où j'écris, M. *Descourtils*, qui a résidé long-temps à *Saint-Domingue*, présente à l'Institut une anatomie complète du *crocodile* de ce pays-là, faite sur plus de quarante individus qu'il a disséqués, et accompagnée d'une foule de grands dessins : il en confirme parfaitement les caractères.

C'est avec tous ces matériaux que je reprends mon travail : j'y joins une quantité d'échantillons que j'ai encore recueillis dans divers cabinets, ou qui ont été envoyés au Muséum par ses correspondans. J'examine de nouveau tout ce que j'avois déjà vu ; je parcours encore une fois tous les auteurs plus anciens, et si je n'obtiens pas la vérité toute entière, il est impossible que je ne fasse encore de grands pas vers elle.

Je vais exposer méthodiquement mes résultats actuels : ils formeront une sorte de monographie du genre des *crocodiles*.

ARTICLE II.

Remarques sur les caractères communs au genre des CROCODILES, *et sur ses limites.*

Nous avons présenté, au commencement de ce Mémoire, les caractères communs à tous les *crocodiles*.

Ce genre, ainsi déterminé, ne peut être confondu avec aucun autre genre de reptiles.

La DRAGONE, ce saurien remarquable que M. *de Lacépède* a fait connoître le premier avec exactitude, mais qui paroît plutôt le *lacerta bicarinata* de *Linnæus* que son *lacerta dracæna*, qui n'est qu'un *sauvegarde* (1); la DRAGONE, dis-je, se distingue suffisamment des *crocodiles*, par ses pieds de derrière à cinq doigts libres, inégaux et onguiculés, par sa langue extensible et fourchue, par ses dents postérieures arrondies, quoiqu'elle s'en rapproche un peu par la forme de ses écailles et par sa queue fortement comprimée.

Ces caractères ne souffrent point d'exceptions en dedans du genre. Tous les *crocodiles* à cinq doigts derrière, à doigts de derrière libres et à doigts tous onguiculés, indiqués par quelques auteurs, sont uniquement fondés sur des figures de *Séba*, faites sans aucun soin d'après des individus qui n'avoient aucun de ces caractères hétéroclites que le peintre leur attribuoit par étourderie.

---

(1) *Linnæus* avoit compris sous son *Lacerta monitor* une multitude de *sauriens* qui doivent former deux genres différens. Les uns, à tête imbriquée, appartiennent à l'ancien continent et sont fort nombreux. On compte parmi eux les *ouaran* de terre et d'eau d'Égypte. Les autres, à tête couverte de plaques, viennent d'Amérique. Je n'en vois qu'une espèce bien distincte : le *sauvegarde* de mademoiselle *Mérian*, ainsi nommé, de l'aveu de cet auteur, sans qu'on sache pourquoi, mais dont le nom a fait ensuite imaginer des fables sur ses habitudes. C'est par une erreur plaisante qu'il a été nommé *tupinambis*. *Margrave*, le premier qui en ait parlé, avoit dit qu'il se nommoit *teyu-guazu*, et chez les Topinambous *temapara* (temapara *tupinambis*). Les naturalistes ont pris un nom de peuple pour un nom d'animal.

ARTICLE III.

Division du genre CROCODILE *en trois sous-genres ; caractères de ces sous-genres.*

Notre ancienne division se trouve parfaitement combinée par nos observations nouvelles. La forme générale que nous venons de déterminer se modifie dans ses détails en trois formes particulières, auxquelles il convient de donner des noms.

Nous commencerons par ceux dont le museau est plus court, et nous terminerons par ceux qui l'ont plus allongé : de cette manière, les *crocodiles* proprement dits, ceux qui portent ce nom de toute antiquité, formeront le scus-genre intermédiaire.

PREMIER SOUS-GENRE.

LES CAÏMANS (1) (ALLIGATOR) (2) ont la tête moins oblongue

---

(1) Le nom de *caïman* est presque généralement employé par les colons *hollandoi , françois , espagnols , portugais ,* pour désigner les crocodiles les plus communs autour de leurs établissemens : ainsi le *caïman de Saint-Domingue* appartient au sous-genre qui va suivre; le *caïman de Cayenne* à celui-ci. Les auteurs ne s'accordent pas sur la source de ce nom. Selon *Bontius,* il seroit originaire des Indes orientales (*per totam Indiam* CAYMAN *audit* *.) *Schouten* est du même avis **. *Margrave* le fait venir du *Congo* (JACARE *Brasiliensibus,* CAYMAN *Æthiopibus in Congo* ***. *Rochefort* dit qu'il est employé par les insulaires des Antilles ****. Un colon de *Saint-Domingue ,* très-éclairé , M. de *Tussac,* m'apprend que c'est l'assertion de *Margrave* qui est la vraie. Les esclaves , en arrivant d'Afrique et en voyant un crocodile, lui donnent sur-le-champ le nom de *caïman.* C'est donc par les nègres qu'il se sera ainsi répandu; on l'emploie même au Mexique *****.

(2) Les colons et voyageurs anglois emploient le mot *alligator* dans les mêmes

* De Med. Ind. 55.
** *Voy.* Trad. fr n. 11, 478.
*** Hist. n. bras. 242.
**** Antill. 226.
***** Hernand. 315.

que les *crocodiles* ; sa longueur est à sa largeur, prise à l'articulation des mâchoires, le plus souvent comme 3 à 2. Elle n'est jamais plus du double. La longueur du crâne fait plus du quart de la longueur totale de la tête. Leurs dents sont inégales : ils en ont au moins dix-neuf, et quelquefois jusqu'à vingt-deux de chaque côté en bas; au moins dix-neuf, et souvent vingt en haut.

Les premières de la mâchoire inférieure percent, à un certain âge, la supérieure. Les quatrièmes, qui sont les plus longues, entrent dans des creux de la mâchoire supérieure, où elles sont cachées quand la bouche est fermée. Elles ne passent point dans des échancrures.

Les jambes et les pieds de derrière sont arrondis et n'ont ni crêtes, ni dentelures à leurs bords ; les intervalles de leurs doigts ne sont remplis au plus qu'à moitié par une membrane courte. Les trous du crâne, dans les espèces qui les ont, sont fort petits : l'une d'elles en manque entièrement.

---

circonstances où ceux des autres nations font usage de celui de *caïman*, comme pour désigner un crocodile plus commun ou plus petit, etc., sans aucun caractère fixe. Quoiqu'il ait une tournure latine, il n'a point de rapport avec son étimologie apparente. Si l'on en croyoit quelques-uns de leurs auteurs, il viendroit de *légateer* ou *allegater*, qui seroit le nom du crocodile dans quelques endroits de l'Inde; mais je n'en trouve nulle indication authentique : je pense bien plutôt que c'est une corruption du portugais *lagarto* , qui vient lui-même de *lacerta*; car *Hawkins* écrivoit *alagartos* , et Sloane, *allagator* *. Dans la prononciation angloise, il n'y a presque pas de différence entre *allagator* et *alligator*, ou même *allegater*.

(*) Nat. hist. of Jamaic. II. 332.

DEUXIÈME SOUS-GENRE.

Les crocodiles *proprement dits*(1)ont la tête oblongue, dont la longueur est double de sa largeur, et quelquefois encore plus considérable. La longueur du crâne fait moins du quart de la longueur totale de la tête. Leurs dents sont inégales : ils en ont quinze de chaque côté en bas, dix-neuf en haut.

Les premières de la mâchoire inférieure percent à un certain âge la supérieure ; les quatrièmes, qui sont les plus longues de toutes, passent dans des échancrures, et ne sont point logées dans des creux de la mâchoire supérieure.

Les pieds de derrière ont à leur bord externe une crête dentelée : les intervalles de leurs doigts, au moins des externes, sont entièrement palmés. Leur crâne a derrière les yeux deux larges trous ovales, que l'on sent au travers de la peau, même dans les individus desséchés.

TROISIÈME SOUS-GENRE.

Les gavials ont le museau rétréci, cylindrique, extrêmement allongé, un peu renflé au bout ; la longueur du crâne fait

---

(1) Tout le monde sait que le nom de *crocodile* appartient originairement à l'espèce du Nil. *Hérodote* dit qu'elle le reçut des Joniens, parce qu'ils la trouvèrent *semblable aux crocodiles qui naissent chez eux dans les haies.* Ceux-ci étoient probablement le lézard, nommé si mal-à-propos *stellion* par *Linnæus*, et qui s'appelle encore en grec moderne du nom peu altéré de *kostordylos.* Dans cette acception primitive, Κροκοδι᷈λος signifioit *qui craint le rivage.* Le vrai crocodile du Nil se nommoit autrefois en Égypte *chamsés* selon *Hérodote*, et aujourd'hui *temsach* selon tous les voyageurs. Le vrai *stellion* des latins, *calotes* des Grecs, est un *gecko.* Tous ces noms ont été détournés par les modernes et surtout par *Linnæus.*

à peine le cinquième de la longueur totale de la tête. Les dents sont presque égales : vingt-cinq à vingt-sept de chaque côté en bas; vingt-sept à vingt-huit en haut. Les deux premières et les deux quatrièmes de la mâchoire inférieure passent dans des échancrures de la supérieure, et non pas dans des trous. Le crâne a de grands trous derrière les yeux, et les pieds de derrière sont dentelés et palmés comme ceux des crocodiles proprement dits. La forme grêle de leur museau les rend, à taille égale, beaucoup moins redoutables que les deux autres sous-genres. Ils se contentent ordinairement de poissons.

ARTICLE IV.

Détermination des espèces propres à chacun des trois sous-genres. — Indication de ce qu'il y a de certain dans leur synonymie.

Obligé d'établir pour ces espèces une nomenclature nouvelle, j'éviterai de la prendre dans les noms de pays, parce qu'il n'en est aucune qui soit absolument propre à un pays déterminé, et qu'il n'y a guère de pays qui n'en possède au moins deux espèces.

I.° *Espèces de CAIMANS.*

1.° *Le caïman à museau de brochet* (crocodilus lucius. Nob.)

Il a été rapporté, pour la première fois, du Mississipi par feu *Michaux*, et indiqué par moi dans mon premier Mémoire sur les crocodiles.

Depuis, M. *Peale* en a envoyé un individu plus considérable et très-bien conservé au Muséum d'histoire naturelle.

La figure de *Catesby* (1), quoique médiocrement bonne et mal caractérisée, paroît représenter cette espèce plutôt que toute autre.

Je n'oserois affirmer cependant que ce soit la seule de l'Amérique septentrionale; la figure d'*Hernandès* (2) sembleroit, par son museau pointu, indiquer plutôt un vrai crocodile.

Quoi qu'il en soit, cette espèce est certainement bien distincte de toutes les autres.

Elle a tous les caractères communs aux *caïmans*.

Son museau est très-aplati; ses côtés sont presque parallèles: ils se réunissent en avant par une courbe parabolique.

De ces trois circonstances, résulte une ressemblance frappante avec le museau d'un *brochet*.

Les bords internes des orbites sont très-relevés; mais il n'y a point, comme dans l'espèce suivante, une crête transversale qui les unisse. Les ouvertures extérieures des narines sont, dès les premiers âges, séparées l'une de l'autre par une branche osseuse: ce qui n'a lieu à aucun âge dans les autres espèces.

Le crâne a deux fosses ovales, obliques, peu profondes, dans le fond desquelles sont de petits trous.

La nuque est armée, au milieu, de quatre plaques principales, relevées chacune d'une arête. Il y en a de plus deux petites en avant et deux en arrière.

Il y a sur le dos dix-huit rangées transversales de plaques, relevées chacune d'une arête; le nombre des arêtes ou des plaques de chaque rangée est ainsi qu'il suit.

_____

(1) Carol. *pl.* 63.
(2) Hist. nat. Mex. 315.

Une rangée à deux arêtes : deux à quatre, trois à six, six à huit, deux à six, et le reste à quatre. Je ne compte pas les arêtes impaires qui se trouvent quelquefois sur les côtés.

Ces arêtes sont assez élevées et à peu près égales ; mais sur la queue les arêtes latérales dominent, comme dans tous les crocodiles, jusqu'à ce qu'elles se réunissent. Il y en a dix-neuf rangées transversales jusqu'à la réunion des deux crêtes, et autant après. Mais je dois observer ici que ces deux nombres sont plus sujets à varier que ceux des rangées du dos.

La couleur paroît avoir été, dessus brun-verdâtre très-foncé ; dessous, blanc-verdâtre ; les flancs, rayés en travers, assez régulièrement, de ces deux couleurs.

L'individu de M. *Peale* n'a que cinq pieds de long ; mais l'espèce devient aussi grande qu'aucune autre, si l'on s'en rapporte aux voyageurs. *Catesby* en particulier dit qu'il en observa de quatorze pieds.

La longueur totale comprend sept longueurs de tête et demie. La largeur du crâne, à l'articulation des mâchoires, fait moitié de sa longueur ; par conséquent, en même temps qu'il a le museau plus élargi que les suivans, il l'a aussi plus allongé.

Cette espèce va assez loin au nord ; elle remonte le Mississipi jusqu'à la Rivière Rouge. M. *Dunbar* et le docteur *Hunter* en ont rencontré un individu par les 32° et demi de latitude nord, quoiqu'on fût au mois de décembre et que la saison fût assez rigoureuse (1).

---

(1) Message du président des États-Unis, concernant certaines découvertes faites en explorant le *Missouri*, la *Rivière Rouge* et le *Washita*, impr. à New-Yorck en 1806, *p.* 97.

M. *de Lacoudreniere* rapporte que ceux de la Louisiane se jettent dans la boue des marais quand le froid vient, et y tombent dans un sommeil léthargique, sans être gelés ; quand il fait très-froid, on peut les couper par morceaux sans les réveiller : mais les jours chauds de l'hiver les raniment (1). *Catesby* en dit à peu près autant de ceux de la Caroline. On sait qu'Hérodote dit aussi du *crocodile du Nil* qu'il se cache pendant quatre mois d'hiver et les passe sans manger.

Selon M. *de Lacoudreniere*, il ne mange jamais dans l'eau ; mais, après avoir noyé sa proie, il la retire pour la dévorer. Il préfère la chair de nègre à celle de blanc. Sa voix ressemble à celle d'un taureau ; il craint le requin et la grande tortue, et évite l'eau saumâtre à cause d'eux. Sa gueule reste toujours fermée quand il dort.

Il paroît que c'est de cette espèce qu'a parlé *Bartram ;* elle se réunit en grandes troupes dans les endroits abondans en poissons. Ce voyageur en a trouvé dans un ruisseau d'eau chaude et vitriolique. La femelle dépose ses œufs par couches alternativement avec des couches de terre gâchée, et en forme de petits tertres hauts de trois à quatre pieds. Elle ne les abandonne point, et garde aussi ses petits avec elle plusieurs mois après leur naissance.

2.º *Le caïman à lunettes* (crocodilus sclerops, Schneider).

Il est fort bien représenté, ainsi que M. *Schneider* le remarque, dans la figure 10, pl. CIV de *Séba*, tome I, quoi-

---

(1) Journ. de Phys. 1782, *tom. XX, p.* 333.

que cette figure soit faite d'après un très-jeune individu. C'est
à cette espèce qu'appartenoit l'individu décrit par *Linnæus*
(*Amænit. Acad. I*, p. 151). M. *Schneider* l'a très-bien décrite aussi. C'est elle que je prenois autrefois pour le *caïman
femelle* en général, et dont j'ai fait graver la tête (*Arch.
zool.* II , cah. II , pl. II , fig. 3).

Mais *Séba* pourroit induire en erreur , parce qu'il dit que
son individu venoit de *Ceylan.* C'est au contraire ici l'espèce
la plus commune à *Cayenne ,* celle qu'on envoie le plus fré-
quemment de la *Guyane* , et dont nous avons le plus d'individus dont la patrie soit bien constatée.

C'est bien aussi elle , mais dans son premier âge , que représente la mauvaise figure de mademoiselle *Mérian (Surin.*
pl. LXIX) , copiée par *Bonnaterre (Encycl. méth.* , planches
d'Erpétol. pl. II , fig. 1). Il est donc probable que c'est le
Jacare de *Margrave* et de *d'Azzara ;* ce dernier l'indique
même assez positivement par la description qu'il donne des
dents. Quant au premier , il n'y a guère de distinctif dans ce
qu'il en dit que ces mots : *os subrotundum , seu ovalis figuræ.*

Je n'oserois cependant affirmer qu'il n'y en ait point d'autre
dans l'Amérique méridionale. *Fermin* annonce qu'on en distingue deux à *Surinam ;* mais ce qu'il en dit est vague. *D'Azzara*
rapporte aussi qu'on lui a assuré qu'il y en a une espèce rousse,
plus grande et plus cruelle que la commune.

Le museau de cette espèce-ci , quoique large , n'a point ses
bords parallèles ; ils vont se rapprochant sur toute leur longueur
et formant une figure un peu plus triangulaire que dans l'espèce
précédente. La surface des os de la tête est très-inégale , et
partout comme cariée ou rongée par petits trous.

Les bords intérieurs des orbites sont très-relevés ; il naît

4

de leur angle antérieur une côte saillante qui se rend en avant et un peu en dehors, en se ramifiant vers les dents, dans les individus âgés, et plutôt dans les mâles. Une autre saillie très-marquée va transversalement de l'angle antérieur d'un orbite à celui de l'autre : c'est le caractère le plus frappant de cette espèce, et celui dont j'ai tiré sa dénomination. Le crâne n'est percé derrière les yeux que de deux trous assez petits.

Outre quelques écailles répandues derrière l'occiput, la nuque est armée de quatre bandes transversales très-robustes, qui se touchent et vont se joindre à la série des bandes du dos. Les deux premières sont chacune de quatre écailles, et par conséquent relevées de quatre arêtes, dont les mitoyennes sont quelquefois très-effacées. Les deux autres n'en ont le plus souvent que deux.

Voici le nombre des arêtes dans chacune des rangées transversales du dos, comme je l'ai observé dans quelques individus : deux rangées à deux arêtes, quatre à six, cinq à huit, deux à six, quatre à quatre.

Mais, avec l'âge, des écailles latérales, peu marquées d'abord, prennent la forme des autres, et il faut ajouter deux au nombre des arêtes de chaque rangée; en général, il est rare de trouver deux individus parfaitement semblables à cet égard.

Toutes ces arêtes sont peu élevées, à peu près égales entre elles ; les latérales de la base de la queue elles-mêmes dominent peu sur les autres : ce n'est qu'à leur réunion qu'elles deviennent très-saillantes.

Il y a onze, douze ou treize rangées avant cette réunion, et vingt-une après; mais ces nombres varient. Je les trouve dans quelques individus, de dix-neuf et vingt-un, ou de dix-neuf et dix-neuf, ou de dix-sept et dix-neuf, ou de seize et vingt-un.

La couleur paroît avoir été vert-brun en dessus, avec des mar-
brures irrégulières verdâtres; jaune-verdâtre pâle, en dessous.

Cette espèce devient grande; nous en avons un individu de
3,56, ou de plus de onze pieds, et nous en connoissons de
quatorze.

La longueur totale est de huit têtes et demie ou à peu près.

Selon M. *d'Azzara* (1), le *yacaré* ne va point au sud au-
delà du 32° degré. C'est précisément la même limite que pour
l'espèce précédente au nord.

Il n'a pas moitié de la vitesse de l'homme, et l'attaque rarement, à moins qu'on n'approche de ses œufs, qu'il défend
avec courage.

Il en pond soixante dans le sable, les recouvre de paille
et les laisse féconder par le soleil. *Laborde* confirme ce fait,
si différent de ce qu'on attribue à l'espèce précédente. C'est
avec des feuilles que le *caïman* de la Guyane entoure et recouvre ses œufs.

Le *jacare*, continue M. *d'Azzara*, passe toujours la nuit
dans l'eau (comme *Hérodote* le dit pour le crocodile du *Nil*),
et le jour au soleil, dormant sur le sable; mais il retourne à l'eau
s'il voit un homme ou un chien.

Des voyageurs portugais dont M. *Correa de Serra* m'a
transmis le récit, pensent que les *jacares* de la partie méridionale et tempérée du Brésil, ne sont pas tout-à-fait les mêmes
que ceux du nord. Les uns et les autres mettent leurs œufs
dans le sable, pêle-mêle et non par couches. On reconnoît
aisément l'endroit, et on cherche à percer ces œufs d'une

(1) Quadr. du Parag. *tome II*, p. 380.

pointe de fer. Dans l'île plate de Marajo ou Johannes, à l'embouchure de l'Amazone, les *jacares* se tiennent en été dans
les marais; et quand ceux-ci se dessèchent, ce qui reste d'eau
dans le fond est si rempli de ces animaux, qu'on ne voit plus
le liquide. Alors les grands se nourrissent probablement des
petits. Ils ne peuvent remonter le fleuve, parce que l'île est
entourée d'eau salée. *Laborde* dit aussi que ceux de la Guyane
restent quelquefois presque à sec dans les marais, et que c'est
alors qu'ils sont le plus dangereux.

3.° *Le caïman à paupières osseuses* (crocodilus palpe-
brosus, Nob.).

Un individu, la première variété que j'établis dans cette
espèce, nous avoit été donné, comme le mâle de l'espèce précédente, par un préparateur d'histoire naturelle, nommé
Gautier, qui avoit formé un beau cabinet à *Cayenne*, et
nous l'indiquâmes ainsi dans notre premier Mémoire (*Arch.
zool.* p. 168); mais nous avons trouvé depuis le mâle et la
femelle dans les deux espèces.

C'est bien sûrement celle-ci qu'avoit sous les yeux M. *Blumenbach*, lorsqu'il écrivoit ces mots : LACERTA CROCODILUS,
scuto supra orbitali osseo, testa calvariæ integra.

C'est son crâne que M. *Schneider* a fait dessiner (*Hist.
amphib.* II, pl. I et II); mais sans le rapporter précisément
à aucune des siennes : les paupières osseuses en étoient tombées
apparemment par une macération trop forte.

Ma seconde variété est parfaitement représentée par *Séba*,
tome I, pl. CV, fig. 3, où il en fait encore un animal de *Ceylan*.
Je pense même que nous avons du cabinet du *Stathouder*

l'original de cette figure. M. *Shaw* la copie, pour rendre ce qu'il appelle la *variété de Ceylan du crocodile ordinaire.*

M. *Schneider* la cite sous son *crocodilus trigonatus*; mais ce qu'il ajoute, « *Foveam cranii ellipticam utrinque carne* » *musculari repletam reperi* (1) , » ne s'y rapporte point.

Il croit que c'est le *crocodile d'Amérique de Gronovius* (2), et cela se peut; mais la description de celui-ci n'a de caractéristique que les crêtes triangulaires des écailles, et une faute d'impression fait qu'on ne peut deviner quelle figure de *Séba* il a voulu citer en écrivant planche 107, figure 4 : mais la planche 104, figure 10, qu'il cite en même temps, est bien sûrement l'espèce précédente.

Laurenti fait de préférence de cette figure 3, planche 105, l'image de son *crocodile du Nil*, et assurément sans qu'on puisse savoir pourquoi (3).

J'ai aussi quelque lieu de penser que c'est cette espèce que *Daudin* a indiquée sous le nom de *crocodile à large museau* (4).

Je conserve moi-même quelques doutes, et sur la véritable patrie de cette espèce, et sur la question si elle doit ou non en former deux. Ce n'est donc qu'en attendant des renseignemens plus certains, que je laisse ensemble les deux variétés que j'y aperçois.

Les voyageurs pourront donner un jour la solution de ces doutes.

Je décrirai d'abord les individus semblables à celui que M. *Gautier* m'avoit donné, et dont je fais ma *première variété.*

---

(1) Hist. emph. II. 162.
(2) Zoophyl. *n.*° 38, *p.* 10.
(3) Spec. med. *p.* 53.
(4) Hist. des rept. II. 417.

Leur museau est de très-peu plus allongé que celui de l'espèce précédente : il est moins déprimé ; la surface des os est
cependant presque autant vermiculée. Les rebords des orbites
ne sont point saillans, et n'envoient point d'arête saillante
sur le museau. L'épaisseur de la paupière supérieure est entièrement remplie d'une lame osseuse divisée en trois pièces
par des sutures ; dans tous les autres *caïmans* et *crocodiles*,
il n'y a qu'un petit grain osseux vers l'angle antérieur.

Le crâne n'est point percé ; on n'y voit de trou à aucun âge.

Les dents inférieures sont un peu plus nombreuses qu'aux
autres *caïmans* et *crocodiles*. On en compte vingt-une de
chaque côté et 19 en haut.

L'intervalle entre les deux doigts externes de derrière est sensiblement moins palmé que dans l'espèce précédente ; ce qui
doit rendre celle-ci plus terrestre. Ceux qui n'auroient que des
individus desséchés pourroient même croire que les doigts y
sont tout-à-fait libres.

La nuque est armée, comme dans l'espèce précédente,
d'abord d'une rangée de quatre petites écailles ; ensuite de
quatre bandes transversales, munies de deux arêtes saillantes
chacune, et qui se joignent à celles du dos.

Celles-ci sont disposées comme il suit : une à deux arêtes,
une à quatre, cinq à six, trois à huit, deux à six, sept à
quatre. Toutes ces arêtes sont à peu près égales et peu élevées.
Les latérales de la base de la queue sont aussi peu élevées ;
mais les intermédiaires ne l'étant pas du tout, cette partie
est plate. Il n'y a que dix rangées avant la réunion des
deux arêtes, et quatorze après ; mais un autre individu en a
dix-neuf.

Je n'ai aucune raison pour douter que les individus conformés ainsi ne soient de *Cayenne*.

Mais j'en ai quatre autres qui en diffèrent un peu, et dont je fais ma *seconde variété*. Deux sont dans l'esprit-de-vin : ce sont eux qui ressemblent plus particulièrement à la figure de *Séba*, et que je crois lui avoir servi de modèle.

Ils ont, 1.º une arête partant de l'angle antérieur de l'orbite, en avant un peu plus marquée ;

2.º Une petite échancrure au bord postérieur du crâne, qui manque aux autres.

3.º La deuxième bande de la nuque est plus large que les autres, et vers son milieu sont deux ou trois petites écailles à crêtes irrégulièrement disposées ; les grandes arêtes sont taillées en triangles scalènes très-élevés, ce qui rend la nuque plus hérissée que dans aucune autre espèce.

4.º Les arêtes du dos, excepté les deux lignes les plus rapprochées de l'épine, sont aussi très-saillantes et taillées en triangles scalènes. Il y a sur le dos dix-huit bandes transversales : le nombre de leurs arêtes varie, mais en général il est de deux et quatre au commencement, de six et huit vers le milieu ; puis il revient à quatre et à deux à la fin, pour reprendre quatre entre les cuisses. Cette disposition donne au plastron général, que les écailles forment sur le dos, une figure plus elliptique que dans les autres espèces. Les crêtes de la queue sont aussi fort saillantes. Les doubles ont de neuf à onze rangées : les simples, de dix à dix-sept.

Le *crocodile de Saint-Domingue* ne diffère certainement guère plus de celui du *Nil*, que ces deux variétés ne diffèrent l'une de l'autre. S'il s'ajoutoit donc à ces caractères une différence de continent, tout le monde seroit persuadé qu'il y a là deux espèces.

Ce que dit *Séba* que ses échantillons venoient de *Ceylan*, n'a rien de plus certain que tant d'autres erreurs qu'il a débitées sur l'origine des objets de son cabinet.

Mais un de mes individus qui étoit depuis long-temps au *Muséum*, porte ces mots à demi-effacés : *krokodile noir du Niger*; c'est l'orthographe et la main d'*Adanson*.

Ce naturaliste nous dit dans son *Voyage* qu'il y a deux *crocodiles* dans le *Sénégal*. M. *de Beauvois* ajoute qu'on voit en *Guinée* un *crocodile* et un *caïman*.

Tout paroît donc bien clair. Voilà une espèce de la forme des *caïmans* qui habite en Afrique.

Oui ! mais il reste encore un embarras. *Adanson* dit que son *crocodile noir* a le museau plus allongé que le *vert*. Or celui-ci est certainement le même que le *crocodile du Nil*; nous l'avons aussi, étiqueté de sa main : et l'espèce dont nous parlons a le museau beaucoup plus court que celle du *Nil*.

Adanson s'est-il trompé en écrivant sa phrase ? ou a-t-il mal étiqueté son individu ? Qui débrouillera tant d'erreurs ? et les voyageurs cesseront-ils un jour de tourmenter les naturalistes par leurs demi-descriptions, par leurs mélanges continuels d'observations et d'emprunts ?

Je n'ose donc pas encore établir ici deux espèces; mais je soupçonne fort qu'elles sont distinctes.

Dans le cas où cette conjecture se vérifieroit, on pourroit rendre à la seconde le nom de *trigonatus* que M. *Schneider* paroît lui avoir donné. On diroit en françois, *caïman hérissé*.

Il est impossible de rien donner de particulier sur les mœurs de cette espèce qui n'a point encore été distinguée, et dont la patrie même n'est pas encore certaine. Bornons-nous à la recommander à l'attention des voyageurs.

II.ᵉ espèces de CROCODILES.

La difficulté est toute autre pour ce sous-genre-ci que
pour le précédent : les espèces les plus faciles à constater
s'y ressemblent beaucoup plus ; et l'on trouve dans les nombreuses variétés d'âge et de sexe qui sont arrivées au Muséum
des diverses côtes de l'Afrique et de l'Inde, tant de nuances
différentes, et rentrant cependant par degrés les unes dans les
autres, qu'il est presque impossible de savoir où s'arrêter.

Je commencerai par bien déterminer le *crocodile vulgaire* (1) *d'Égypte* (*crocodilus vulgaris*, Nob.), afin d'en faire
mon point de départ. Cet animal, si célèbre dans toute l'antiquité, semble toujours avoir été méconnu par ceux des naturalistes modernes qui ont voulu distinguer les espèces de ce
genre, excepté par *Gronovius*. *Laurenti* et *Blumenbach*
prennent pour lui le *caïman à paupières osseuses ; Schneider*, le *caïman à lunettes*, etc.

Il est vrai que les figures données par les voyageurs qui ont
été en Égypte sont trop mauvaises, et que les crocodiles
répandus dans les cabinets sont la plupart d'une origine trop
peu authentique, pour qu'on ait pu s'en aider.

M. *Geoffroy* nous a enfin mis à même d'en prendre des
idées précises.

En comparant l'individu qu'il a rapporté des environs de
l'ancienne *Thèbes*, avec les figures de *Bélon* et de *Prosper*

---

(1) Je suis ici l'exemple des botanistes, qui laissent ordinairement le nom
trivial de *vulgaire* aux espèces qui portoient autrefois en propre un *nom* devenu
générique. D'ailleurs ce *crocodile* est aussi celui qui paroît le plus répandu.

Alpin, on voit qu'elles sont détestables ; et en parcourant les *muséographes*, on ne trouve que celle de *Besler* (1) et la douzième de la planche 104 de *Séba*, qui soient un peu supportables ; encore ont-elles des fautes essentielles.

Ce vrai *crocodile du Nil*, observé conjointement avec plusieurs autres qui étoient depuis long-temps au Muséum sans qu'on en sût bien l'origine, et qui se sont trouvés lui ressembler entièrement, a offert les caractères suivans, outre ceux qu'il a en commun avec tout le sous-genre CROCODILE.

La longueur de sa tête est double de sa largeur. Ses côtés sont dans une direction générale à peu près rectiligne, et lui font représenter un triangle isocèle allongé. Les fosses dont le crâne est percé sont grandes et plus larges que longues. Le museau est raboteux et inégal, surtout dans les vieux, mais n'a point d'arête particulière saillante. Immédiatement derrière le crâne, sur une ligne transverse, sont quatre petites écailles à arêtes, isolées.

Puis vient la grande plaque de la nuque, formée de six écailles à arêtes.

Puis deux écailles écartées.

Ensuite viennent les bandes transversales du dos, presque toujours au nombre de quinze ou de seize. Les douze premières ont chacune six écailles et six arêtes : les trois bandes d'entre les cuisses n'en n'ont que quatre chacune.

Toutes ces arêtes sont à peu près égales et médiocrement saillantes. Il y a de plus de chaque côté une rangée longitudinale de sept ou huit écailles à arêtes, moins réunies à l'ensemble des autres.

_____

(1) Mus. Besler. t. XIII, f. 2.

Les arêtes latérales de la queue ne commencent que sur la sixième bande à devenir dominantes et à former deux crètes; celles-ci se réunissent sur la dix-septième ou dix-huitième bande, et il y en a encore dix-huit jusqu'au bout de la queue.

L'égalité des écailles, des arêtes et de leur nombre dans chaque bande, et leur position sur six lignes longitudinales, fait que cette espèce a l'air d'avoir le dos régulièrement pavé de carreaux à quatre angles.

Les écailles du dos et de la nuque, surtout celles des deux lignes longitudinales du milieu, sont plus larges que longues; celles du ventre ont un pore plus ou moins marqué vers leur bord postérieur. La couleur du dessus est un vert de bronze plus ou moins clair, piqueté et marbré de brun; celle du dessous, un vert jaunâtre.

Nous avons au Muséum des individus depuis un et deux pieds jusqu'à douze de longueur, qui ne diffèrent pas sensiblement de l'individu rapporté par M. *Geoffroy*.

Nous retrouvons aussi tous ces caractères dans un individu très-petit, à peine sortant de l'œuf, rapporté du *Sénégal* par le docteur *Roussillon*.

Ainsi l'espèce du Nil se trouve aussi au *Sénégal*. Il est probable qu'elle se trouvera également dans le *Zaïre*, dans le *Jooliba* et dans les autres fleuves de l'Afrique; ce qui n'empêcheroit pas qu'elle ne pût en avoir d'autres à ses côtés, même dans le Nil.

Il y en a au moins une variété, dont M. *Geoffroy* a trouvé la tête embaumée dans les grottes de *Thèbes*.

Elle est un peu plus plate et plus allongée que celle du *crocodile vulgaire*. Nous avons au Muséum deux individus entiers et deux têtes de même forme. L'un des deux premiers a été donné par *Adanson* et étiqueté de sa main *crocodile vert du Niger*. Outré les différences dans la forme de la tête, ces individus en offroient quelques-unes dans les nuances de leurs couleurs.

Ces différences, jointes au témoignage des pêcheurs de la *Thébaïde*, autorisent la distinction admise par M. *Geoffroy*, sinon d'une espèce, au moins d'une race particulière de *crocodile* vivant en *Égypte* avec l'autre: Si nous ne l'inscrivons pas ici à son rang, sous le nom de *suchus* que lui a donné M. *Geoffroy*, c'est qu'il nous reste encore le désir de la suivre dans ses divers âges, et quelques légers doutes sur l'ancien emploi de ce nom.

En effet, c'est ici le lieu de discuter brièvement l'opinion de *Jablonsky* (1) et de M. *Larcher* (2), que le *suchus* ou *souchis* étoit une espèce particulière de *crocodile*, et celle que l'on élevoit de préférence dans les temples.

Il paroît d'abord certain que ni *Hérodote*, ni *Aristote*, ni *Diodore*, ni *Pline*, ni *Ælien*, n'ont eu l'idée de deux espèces de *crocodiles* en Égypte.

Lorsque Hérodote, après avoir dit que les habitans d'Éléphantine mangent les crocodiles, annonce qu'on les nomme *champses*, il le dit d'une manière générale, qui ne s'applique ni à ce canton ni à une espèce particulière : καλέονται δὲ ε κροκόδιλοι ἀλλὰ χάμψαι; par ces mots, *ils ne sont pas nommés* crocodiles, *mais* champsès, il ne veut pas dire qu'on les nomme *crocodiles* dans le reste de l'Égypte, et *champsès* seulement à Éléphantine, puisqu'il assure ensuite que *crocodile* est *ionien*.

---

(1) Panth. æg. III, 70.
(2) Herod. 2.ᵉ ed. II. 514. *Note* 255.

Lorsque *Strabon* emploie le nom de *suchus* ou *souchis*, il me paroît ne l'appliquer qu'à l'individu consacré en particulier. Ces mots (1), καὶ ἔςιν ἱερὸς (κροκοδ'ἑιλος) παρ ἀυ]οῖς ἐν λίμνῃ καὦ αὐτὸν τρεφόμενος, χειρόηθης τοῖς ἱερεῦσι, καλεῖται δὲ Σᾶχος (ou plutôt Σᾶχις, selon la correction faite par *Spanheim* d'après les manuscrits de *Photius*), ne doivent pas se traduire en termes généraux : *Le crocodile est sacré chez eux (les Arsinoïtes), et nourri séparément dans un lac, et doux pour les prêtres, et nommé* suchis;

mais bien en termes particuliers : *Ils ont un crocodile sacré qu'ils nourrissent séparément dans un lac, qui est doux pour les prêtres et qu'ils nomment* suchis.

C'est ainsi que le bœuf sacré de *Memphis* s'appeloit apis, et celui d'*Héliopolis* mnevis. *Mnevis* et *apis* n'étoient pas des races particulières de bœufs, mais bien des bœufs individuels consacrés.

Strabon, dans le récit qu'il fait du *crocodile* à qui il donna à manger, ne parle que d'un individu. *Hérodote* n'attribue aussi qu'à un seul individu les *ornemens* et les *honneurs* qu'il détaille. *On en choisit* un, dit-il.

Diodore parle du *crocodile du lac Mœris*, du *bouc de Mendès*, dans la même phrase que d'*apis* et de *mnevis* : il n'entend donc aussi que des individus.

Plutarque est plus exprès qu'aucun autre. Quoique *quelques Egyptiens*, dit-il, révèrent *toute l'espece des chiens*, *d'autres celle des loups, et d'autres celle des* crocodiles, *ils n'en nourrissent pourtant qu'un respectivement : les uns*

---

(1) Strab. *liv.* XVII, *ed. de Woltey, Amsterd.* 1707. II. 1165. D.

un chien, les autres un loup, et les autres un CROCODILE ; *parce qu'il ne seroit pas possible de les nourrir tous.*

Je sais qu'*Ælien* a l'air d'en supposer plusieurs dans l'histoire qu'il rapporte d'un *Ptolomée* qui les consultoit comme des oracles : *Quum ex crocodilis, antiquissimum et præstantissimum appellaret* (1). Mais *Plutarque*, rapportant la même histoire, n'en met qu'un seul : *le sacré crocodile* (2).

Il est vrai que toute l'espèce étoit épargnée dans les lieux où l'on en élevoit un individu. Il est vrai encore que ces individus consacrés, nourris et bien traités par les prêtres, finissoient par s'apprivoiser ; mais loin que ce fût un caractère particulier de leur espèce, les anciens rapportent unanimement ce fait comme une preuve qu'il n'est point d'animal si cruel qui ne puisse s'adoucir par les soins de l'homme, et surtout par l'abondance de la nourriture. *Aristote* conclut expressément de cette familiarité des prêtres et des crocodiles, que les animaux les plus féroces habiteroient paisiblement ensemble si les vivres ne leur manquoient pas (3).

On a d'ailleurs la preuve que les crocodiles les plus communs dans les cantons où leur culte étoit établi, n'étoient pas plus doux que ceux du reste de l'Égypte ; au contraire, ils étoient plus cruels, parce qu'ils étoient moins timides. *Ælien* rapporte que chez les *Tyntyrites*, qui les détruisoient tant qu'ils pouvoient, on se baignoit et nageoit en sûreté dans le fleuve ; tandis qu'à *Ombos*, à *Coptos* et à *Arsinoë*, où on les révéroit, il n'étoit pas même sûr de se promener sur le rivage, à plus

---

(1) Anim. VIII. 4.
(2) Quels anim. sont plus avis. OEuvres Mor. 517. F.
(3) Hist. an. IX. c. 1.

forte raison de s'y laver les pieds ou d'y puiser de l'eau (1).
Il ajoute dans un autre endroit, que les habitans tenoient à
honneur et se réjouissoient quand ces animaux dévoroient leurs
enfans (2).

Enfin, quelle que fût la raison primitive d'un culte aussi
stupide que celui du *crocodile*, on a la preuve que les Égyptiens ne l'attribuoient pas à la douceur d'une espèce qui en
auroit été honorée particulièrement. Au contraire, plusieurs
pensoient que c'étoit leur férocité même qui les faisoit adorer,
parce qu'elle les rendoit utiles au pays, en arrêtant les courses
des voleurs arabes et lybiens, qui, sans les *crocodiles*, auroient
passé et repassé sans cesse le fleuve et ses canaux. *Diodore*
cite en détail cette raison parmi plusieurs autres. *Cicéron*
l'avoit déjà citée avant lui : *Ægyptii nullam belluam nisi ob
aliquam utilitatem consecraverunt; crocodilum, quòd terrore
arceat latrones.*

Il reste donc à expliquer le passage bizarre de *Damascius*,
rapporté par *Photius*, qui a occasioné la supposition de *Ja-
blonski* et de M. *Larcher*.

Ὁ ἱπποπόταμος ἄδικον ζῶον — ὁ Σᾶχος (ou plutôt Σᾶχις,
comme le portent les manuscrits) δίκαιος. Ὄνομα δὲ κροκοδείλᾳ
ᾗ εἶδος ὁ Σᾶχος; ᾧ γὰρ ἀδικεῖ ζῶον.

L'hippopotame est injuste ; le suchis *est juste. C'est un nom
et une espèce de crocodile (ou bien, il a le nom et la figure
du crocodile). Il ne nuit à aucun animal.*

L'explication est simple. *Damascius* vivoit sous *Justinien*,
au sixième siècle ; son maître *Isidore*, dont il écrit la vie,

---

(1) Æl. anim. X, 24.
(2). *Id.* 21.

n'étoit guère plus ancien. De leur temps, les payens étoient persécutés. On ne nourrissoit plus d'animaux sacrés en Égypte; il ne restoit de l'ancien culte que des traditions ou ce que les livres en rapportoient. *Damascius* étoit ignorant et crédule, comme les seuls titres de ses ouvrages en font foi. Il aura lu ou entendu dire que le SOUCHIS OU CROCODILE SACRÉ D'ARSINOE *ne faisoit point de mal*, et il en aura fait aussitôt une espèce particulière et innocente, si toutefois le mot ἴδος est pris ici pour notre mot *espece*; car on sait que sa signification est ambiguë, et la manière obscure dont il est placé par *Damascius* n'est pas propre à en fixer le sens.

Il est évident d'ailleurs que le souchis, fût-il un *crocodile* moins fort que les autres, seroit toujours carnassier, et qu'on ne pourroit dire raisonnablement *qu'il ne nuit à aucun animal*. Une semblable erreur est faite pour ôter tout crédit à ce passage.

De Paw semble croire que les *Arsinoïtes* nommoient leur crocodile *suchu*, voulant dire *le juste* (1). C'est qu'il avoit mêlé dans sa mémoire, comme il lui arrive souvent, le passage de *Strabon* et celui de *Photius*.

Bochart dérive *suchus* de l'hébreu, et dit qu'il signifie *nageur*, nom convenable, ajoute-t-il, pour le *crocodile d'Arsinoë*, dont le culte, selon quelques-uns, ainsi que le rapporte *Diodore*, avoit été établi par le roi *Ménas*, parce qu'un crocodile l'avoit sauvé en le portant sur son dos à la nage, un jour qu'il étoit tombé dans l'eau.

Je prévois cependant encore une objection. Comment, va-t-on me demander, ce nom de *suchis* est-il devenu appellatif,

_____

(1) Rech. phil. sur les Egyp. et les Chinois. II. 123.

puisque *pi suchi* en copte signifie un crocodile en général, aussi bien que *pi amsah ?*

Je réponds que *Kircher* seul me paroît avoir introduit ce mot dans la langue *copte*, et je crois qu'il l'a forgé d'après le passage de *Strabon.* Le savant M. *de Sacy* s'est assuré qu'on ne le trouve point dans le vocabulaire manuscrit rapporté à Rome par *Pietro della Valle*, et déposé aujourd'hui à la bibliothèque impériale, vocabulaire qui a servi de base à la *Scala* de *Kircher.* Il n'est pas davantage dans un autre vocabulaire apporté récemment d'Égypte par M. *Marcel. Kircher* lui-même a varié dans l'orthographe de ce mot; et dans le supplément de son *Prodromus*, pag. 587, il l'écrit *pi songi*, apparemment parce qu'il suivoit alors les exemplaires de *Strabon* où l'on trouve *sonchis.*

2.º LE CROCODILE A DEUX ARÊTES. *Crocodilus biporcatus*, Nob. *Crocodilus porosus*, Schneider.

Le hasard a voulu que nous possédassions cette espèce dans tous ses âges, depuis la sortie de l'œuf jusqu'à la taille de douze pieds; ce qui non-seulement nous a fourni ses caractères avec beaucoup de certitude, mais nous a encore donné les renseignemens les plus utiles sur les variations de forme que l'âge fait subir aux crocodiles en général.

Sa tête, prise dans l'âge adulte, ne diffère de celle du *crocodile vulgaire* que par deux arêtes saillantes qui partent de l'angle antérieur de l'orbite, et descendent presque parallèlement le long du museau, en disparoissant par degrés.

Les écailles du dos, qui ressemblent à celles de l'espèce *vulgaire* par l'égalité et le peu d'élévation de leurs crètes, en diffèrent,

1.º Parce qu'elles sont plus nombreuses : la première rangée

6

en a quatre ; les deux suivantes, six ; puis en viennent huit , de huit chacune ; puis trois à six, et trois à quatre ; dix-sept rangées en tout, sauf les petites variétés individuelles ;

2.° Parce qu'au lieu d'être carrées et plus larges que longues, elles sont ovales et plus longues que larges.

La nuque est à peu près comme dans le *vulgaire.*

Outre les pores ventraux très-sensibles dans cette espèce, elle en a dans sa jeunesse à toutes ses écailles du dos et aux intervalles triangulaires qu'elles laissent entre elles.

Ce caractère des pores dorsaux ne se retrouve un peu que dans les très-jeunes individus de l'espèce ordinaire du Nil.

On ne peut douter que ce ne soit ici le *crocodilus porosus* de M. *Schneider*. La description qu'il en donne est parfaitement exacte.

C'est aussi l'espèce dont j'ai représenté la tête dans les *Archives zoologiques*, tome II, cah. II, pl. II, fig. 1 ; mais c'étoit la tête d'un individu qui n'avoit qu'un pied de long.

A cet âge, la tête présente des différences que l'on peut saisir en comparant la figure 19 de notre planche I, où cette tête est un peu rapetissée, à la figure 4, qui représente l'adulte, très-rapetissé.

Dans celle de l'individu d'un pied de long, les côtés, au lieu de continuer leur direction rectiligne, se courbent un peu vis-à-vis des yeux, où ils renflent très-légèrement la joue, pour devenir presque parallèles jusqu'à l'articulation des mâchoires. Les fosses du crâne sont plus longues que larges, et les orbites beaucoup plus grands que dans l'adulte.

La tête d'un individu sorti de l'œuf depuis peu de temps fait voir encore d'autres différences. Nous la représentons de grandeur naturelle, pl. I, fig. 18. Son caractère le plus distinctif tient au peu de développement proportionnel du museau.

La comparaison que j'ai faite des jeunes individus de l'espèce vulgaire et de l'espèce de Saint-Domingue à leurs adultes, m'a offert des différences tout-à-fait analogues, et il est probable qu'il y en a de pareilles dans toutes les espèces. Cette observation préservera les naturalistes d'en établir sur ces caractères d'âges.

Nous avons dans l'esprit-de-vin trois individus entiers de cette espèce, depuis six jusqu'à dix-huit pouces de long; un en squelette, long d'un pied et demi; un autre empaillé, d'une taille double; la tête d'un qui avoit cinq pieds; un squelette de dix, et un de douze. Ce plus grand squelette a été apporté de *Java* au stadhouder; celui de dix pieds vient de *Timor*, où il a été fait par M. *Péron*. Le même savant voyageur a rapporté des Iles *Séchelles* plusieurs jeunes individus de cette espèce. Il est donc très-probable que c'est ici le crocodile le plus commun dans toutes les rivières qui aboutissent à la mer des Indes.

C'est bien cette espèce que représente la figure 1, planche CIII de *Séba*, tome I. Nous possédons l'individu de *Séba* au Muséum : il venoit de Ceilan, selon cet auteur.

C'est aussi à cette espèce que se rapporte la figure 12, planche CIV.

Le brun est distribué dans les jeunes individus par grandes taches rondes, isolées sur les flancs, rapprochées en bandes sur le dos. J'ignore si les couleurs changent avec l'âge.

M. Delabillardière m'apprend que c'est une opinion générale à Java, que cet animal ne dévore jamais sa proie sur-le-champ, mais qu'il l'enfouit dans la vase, où elle reste trois ou quatre jours sans qu'il y touche. Nous verrons bientôt que la même habitude est attribuée à d'autres espèces.

3.° LE CROCODILE A LOSANGE. *Crocodilus rhombifer.*

J'ignore sa patrie. Je n'en ai vu que deux individus : un entier, du cabinet de l'Académie des sciences, et un autre de ce
Muséum, qui étant fort mutilé, m'a donné occasion d'en tirer
le squelette de sa tête.

Les caractères de cette espèce sont très-frappans.

1.° Son chanfrein est plus bombé que dans toutes les autres ;
sa coupe transversale représente un demi-cercle au moins : dans
le crocodile vulgaire, c'est une courbe extrêmement surbaissée.

2.° De l'angle antérieur de chaque orbite part une arête
mousse, rectiligne, qui se rapproche promptement de sa
correspondante, et forme, avec elle et les bords internes des
deux orbites, un losange incomplet à son angle postérieur.
Ces deux arêtes se distinguent aisément de celles de l'espèce
précédente, en ce qu'elles ne sont point parallèles.

3.° Les quatre membres sont revêtus d'écailles plus fortes
que dans les autres espèces, relevées chacune dans son milieu
d'une grosse arête saillante : ce qui leur donne l'air d'être
armés plus vigoureusement.

Ses écailles sont à peu près les mêmes que dans le crocodile
vulgaire. Sa couleur est un fond verdâtre tout piqueté en
dessus de petites taches brunes très-marquées.

4.° LE CROCODILE A CASQUE. *Crocodilus galeatus,* Nob.

Il doit aussi être placé à cet endroit. Son admission dans le
catalogue des reptiles ne repose encore que sur la description
qu'en ont faite à *Siam* les missionnaires français (1). Le seul
caractère qu'on en puisse déduire consiste dans deux crêtes

(1) Mém. de l'Acad. des Sc. avant 1699, *tom.* III, *part.* II, *p,* 255, *pl.* 64.

triangulaires osseuses, implantées l'une derrière l'autre sur la ligne moyenne du crâne. Il est également bien exprimé dans la figure et dans la description. Rien n'autorise à le regarder comme la marque de l'âge ou du sexe. L'individu décrit n'avoit que dix pieds, et nous en avons d'aussi grands des deux sexes de l'espèce *vulgaire*, qui n'ont point de crête.

La figure donneroit bien encore trois autres caractères; car elle ôte aux pieds de derrière leurs dentelures, leurs palmures, et elle fait régner les deux crêtes dentelées jusque sur le bout de la queue : mais ce sont autant de fautes du dessinateur. Les deux dernières de ces fautes sont expressément contredites par la description, et la première par une seconde figure du même animal, vu sur le dos, où la dentelure est bien rendue.

Néanmoins ces trois fautes ont passé dans la copie insérée dans l'histoire de la montagne de Saint-Pierre, et dans le Buffon de Déterville; on y en a même ajouté une quatrième, en donnant un ongle de trop à tous les pieds.

Du reste ce crocodile ressemble presque en tout à l'espèce commune du *Nil*. Il devient grand; les missionnaires en ont disséqué un de dix pieds et plus.

Leur description ne s'exprime pas clairement sur le nombre des bandes transversales du dos, ni sur celui des arêtes dans chaque bande.

Je n'appelle point cette espèce *siamensis*, comme l'a fait M. *Schneider*, parce qu'il y en a encore une autre à *Siam*. Le troisième individu décrit par les missionnaires n'avoit point de crête sur le casque, et ses yeux étoient plus grands. Il étoit probablement de la même espèce que nos squelettes de *Java* et de *Timor*, c'est-à-dire de l'*espèce à deux arêtes*.

Cette réunion de deux espèces dans les mêmes contrées paroît avoir lieu dans presque toutes les parties de l'Inde (1).

N'ayant nous-mêmes aucun échantillon de ce crocodile sous les yeux, nous copions (pl. I, fig. 9), la figure de la tête, revêtue de sa peau, telle que l'ont donnée les missionnaires.

On peut y prendre une idée de sa forme générale, de sa ressemblance avec celle de l'espèce vulgaire, et de la position des crêtes qui l'en distinguent.

5.° LE CROCODILE A DEUX PLAQUES. (*Crocodilus biscutatus*, NOB.)

Adanson annonçoit, dans son *Voyage au Sénégal*, que ce fleuve possède une seconde espèce de *crocodile*, plus noire, plus cruelle et à museau plus allongé que la *verte*, qui est la *vulgaire*.

Aucun naturaliste ne s'est pu faire d'idée nette de ce *crocodile noir*. Les uns se sont bornés à citer ces deux ou trois lignes d'*Adanson* et à laisser le *crocodile noir* comme une espèce encore obscure : c'étoit le parti le plus sage, celui qu'a pris M. *de Lacépède.*

D'autres, comme *Gronovius* et *Gmelin*, l'ont cru le même que le *gavial*, qui n'a certainement rien de noir; d'autres enfin l'ont entièrement négligé.

M. *Adanson* lui-même sembloit l'avoir oublié; car, ainsi que nous l'avons rapporté ci-dessus, il avoit donné pour tel, il y a long-temps, au cabinet du roi, un *caïman à paupières osseuses*, et dans ses portefeuilles il avoit fait dessiner un *crocodile vulgaire* comme le *crocodile noir*, et un *caïman*

(1) Fouché d'Obsonville, *Essais sur les mœurs des divers animaux étrangers*, p. 29 et 30.

comme le *vert*. J'ai vérifié ce dernier point en parcourant ses papiers.

Cependant c'est à l'aide d'un bocal de son cabinet que je suis revenu sur la trace de cette espèce, et que je crois l'avoir retrouvée.

Ce bocal portoit pour étiquette de la main d'*Adansom*, GAVIAL DU SÉNÉGAL, et ensuite une addition postérieure en ces mots : ET DU GANGE, *à gueule allongée et étroite*. Il y avoit évidemment ici une confusion fondée apparemment sur le trop de confiance qu'avoit eue *Adanson* dans les rapprochemens de *Gronovius*.

L'individu contenu dans le bocal étoit de mon sous-genre *crocodile*, mais d'une espèce particulière. J'en ai trouvé un semblable empaillé et fort mutilé, dans le cabinet de l'Académie des sciences. La couleur de l'un et de l'autre paroît plus foncée que dans les *crocodiles vulgaires*. Je ne doute donc presque pas que ce ne soit ici le vrai *crocodile noir*, vu autrefois par *Adanson* au Sénégal, ensuite oublié et confondu par lui avec d'autres espèces, lorsque ses études générales lui eurent fait perdre de vue les objets particuliers du voyage qui avoit occupé les premières années de sa jeunesse.

Ce *crocodile* a les mâchoires un peu plus allongées que celles de *l'espèce vulgaire*; mais elles le sont moins que dans celle de *Saint-Domingue*. Il ressemble à cette dernière par les écailles du dos, ayant comme elle les deux lignes longitudinales d'arêtes du milieu plus basses que les deux latérales, et celles-ci disposées un peu irrégulièrement. Mais son caractère le plus éminent, celui par lequel il diffère de toutes les espèces du sous-genre, c'est que sa nuque n'est armée que de deux grandes écailles pyramidales sur son milieu, et de deux petites en avant.

Le nombre des rangées transversales jusque derrière les cuisses n'est que de quinze dans l'individu empaillé. Les deux crêtes latérales de la queue règnent jusqu'à la dix-septième rangée, et il y en a ensuite seize à crète simple.

Les écailles des deux lignes longitudinales moyennes sont plus larges que longues. Celles du dessous ont des pores, mais je n'ai pu en voir aux supérieures.

6.° LE CROCODILE A MUSEAU EFFILÉ ou de Saint-Domingue. (*Crocodilus acutus*, Nob.)

Il n'y a point d'équivoque pour cette espèce-ci : elle se distingue nettement de celle du *Nil* par les formes comme par le climat. Le Muséum l'a tirée de la grande île de *Saint-Domingue*; mais il est probable qu'elle existe aussi dans les autres grandes *Antilles*, et il seroit curieux de savoir si on la trouve sur le continent de l'*Amérique*, à côté de l'un ou de l'autre *caïman*.

M. *Geoffroy* est le premier qui l'ait fait connoître. Le père *Plumier* l'avoit cependant décrite, disséquée et parfaitement bien dessinée ; mais ses observations étoient restées manuscrites, excepté ce que M. *Schneider* en a publié, sans savoir à quelle espèce elles se rapportoient. M. *Descourtils* vient d'en rédiger de nouvelles qui sont pleines d'intérêt, et qui acheveront de faire connoître ce dangereux reptile.

Son museau est plus effilé que celui de tous les autres *crocodiles proprement dits*, même du *crocodile noir*.

La largeur de la tête à l'articulation des mâchoires est comprise deux fois et un quart dans sa longueur. La longueur du crâne ne fait qu'un peu plus du cinquième de la longueur totale de la tête.. Les mâles ont cependant toutes ces proportions un peu plus courtes que les femelles, et se rapprochent un peu des femelles du *crocodile vulgaire*, surtout quand ils sont jeunes.

Sur le milieu du chanfrein, un peu en avant des orbites, est une convexité arrondie plus ou moins sensible. La face supérieure du museau n'offre point de lignes saillantes; les bords des mâchoires sont encore plus sensiblement festonnés que dans l'espèce d'Égypte, en prenant des individus du même âge.

Les plaques de sa nuque sont à peu près les mêmes que dans l'espèce d'Égypte; mais celles du dos, et c'est ici son caractère le plus distinctif, ne forment proprement que quatre lignes longitudinales d'arêtes (comme dans le précédent), dont les mitoyennes sont peu élevées, et les externes fort saillantes. Celles-ci sont de plus placées irrégulièrement, et en ont quelques-unes d'éparses le long de leur côté externe. Cette armure du dos n'approche donc point de l'égalité ni du nombre des pièces de celle du *crocodile vulgaire*. Les mitoyennes sont encore plus larges à proportion que dans l'espèce vulgaire. Il n'y a que quinze ou seize rangées transversales jusqu'à l'origine de la queue. Celle-ci a dix-sept ou dix-huit rangées avant la réunion des deux crètes, et dix-sept après. Les arêtes mitoyennes cessent à la huitième ou neuvième rangée.

Ses pieds ne diffèrent point de ceux du vulgaire. Ses écailles inférieures ont chacune leur pore.

La tête est un peu plus de sept fois dans la longueur totale. Le dessus du corps est d'un vert-foncé, tacheté et marbré de noir; le dessous d'un vert plus pâle.

Depuis que nous possédons le grand individu envoyé par

7

le général *Rochambeau*, nous en avons reconnu au Muséum
un autre qui y avoit été envoyé depuis long-temps d'Amérique, et nous en avons trouvé trois de différentes grandeurs,
empaillés, dans des cabinets et chez des marchands.

Je ne doute plus que ce ne soit cette espèce que *Séba* a voulu
offrir dans sa fameuse planche 106, tome I. Le peintre y a mal
rendu les dents et les écailles, surtout celles de la nuque, et
donné un doigt de trop au pied de derrière ; mais il a fait
des fautes plus graves dans vingt autres occasions. Néanmoins
l'habitude totale est celle du crocodile de Saint-Domingue,
et c'est aussi d'Amérique que l'individu venoit. Si l'original de
cette figure existoit comme espèce, et avoit en effet les caractères qu'elle montre, j'ose dire qu'il seroit impossible qu'on
ne l'eût pas revu depuis *Séba*.

Un autre point de synonymie qui me paroît plus sûr encore, c'est que les différens petits crocodiles de Curaçao,
représentés dans *Séba*, pl CIV, fig. 1—9, sont aussi de cette
espèce. On peut le juger surtout par la disposition de leurs
écailles. Nous avons trois de ces individus de *Séba* au Muséum, dans la liqueur, qui ne laissent aucun doute.

M. *Descourtils* nous apprend que les mâles sont beaucoup
moins nombreux que les femelles ; qu'ils se battent entre eux
avec acharnement ; que l'accouplement se fait dans l'eau sur
le côté ; que l'intromission dure à peine vingt-cinq secondes ;
que les mâles sont propres à la génération à dix ans, les femelles à huit ou neuf ; que la fécondité de celles-ci ne dure
guère que quatre ou cinq ans.

Selon lui, la femelle creuse avec les pattes et le museau
un trou circulaire dans le sable sur un tertre un peu élevé,
où elle dépose vingt-huit œufs humectés d'une liqueur vis-

queuse, rangés par couches séparées par un peu de terre, et recouverts de terre battue.

La ponte a lieu en mars, avril et mai, et les petits éclosent au bout d'un mois.

Ils n'ont que neuf ou dix pouces au sortir de l'œuf, mais ils croissent jusqu'à plus de vingt ans, et atteignent seize pieds et plus en longueur.

Lorsqu'ils éclosent, la femelle vient gratter la terre pour les délivrer ; les conduit, les défend et les nourrit en leur dégorgeant la pâture pendant troismois, espace de temps pendant lequel le mâle cherche à les dévorer.

M. *Descourtils* confirme ce qu'on a observé des crocodiles en général, qu'ils ne peuvent manger dans l'eau sans risque d'être étouffés. Celui-ci se creuse des trous sous l'eau, où il entraîne et noie ses victimes, qu'il y laisse pourrir.

Il peut très-bien mordre sa queue: ce qui prouve que ces animaux sont plus flexibles qu'on ne le dit.

Je trouve aussi dans une note d'un pharmacien de Saint-Domingue, qui m'a été remise par le respectable M. *Parmentier*, que le crocodile de Saint-Domingue préfère la chair de nègre ou de chien ; qu'il la laisse pourrir avant de la dévorer; qu'un individu très-jeune, retenu en captivité, ne put être nourri qu'avec des boyaux à demi-putréfiés; que la femelle a l'instinct de venir découvrir les petits quand ils éclosent.

Pour éviter le crocodile, les chiens aboient ; et les chevaux battent l'eau dans un lieu, afin de l'attirer, et se hâtent ensuite d'aller boire plus loin.

Le *crocodile de Saint-Domingue* est généralement nommé *caïman* par les colons et par les nègres de cette île.

III.° espèces de GAVIALS.

Le premier qui ait parlé d'un *crocodile à bec cylindrique* est le peintre anglois *Edwards*. Il en décrivit, en 1756, dans le tome 49 des *Trans. phil.*, pl. 19, un individu sortant de l'œuf, qui avoit encore son sac ombilical pendant hors de l'abdomen, et il fit de ce sac, lequel n'est que le reste du jaune qui n'est pas encore rentré dans l'abdomen comme cela arrive toujours un peu après la naissance, il en fit, dis-je, un des caractères de l'espèce. Il l'annonça comme venant de la côte d'Afrique.

Gronovius en décrivit brièvement un autre de son cabinet, en 1763 (*Zooph.* p. 10), et loua beaucoup la figure d'*Edwards*.

Merck en décrivit un troisième, en 1785 (*Hessische Bey-trage*, *II*, 1, p. 73, et *Troisième lettre sur les os foss.* p. 25), auquel la figure d'*Edwards* ne lui parut au contraire point res-sembler du tout.

On auroit pu dès-lors soupçonner qu'il y en avoit deux espèces.

C'est ce que parut faire *Gmelin* (*System. nat.*, tome I, part. III, p. 1058); mais il indiqua des caractères peu exacts.

Tous ces individus étoient petits et les descriptions courtes.

M. *de Lacépède* donna le premier la description complète, avec les mesures et la figure, d'un individu long de douze pieds, venu de l'Inde au Muséum. C'est ce grand naturaliste qui a donné à l'espèce le nom indien de *gavial*. Son traducteur allemand M. *Bechstein* en a décrit un autre de six pieds.

Mais notre Muséum en possède encore un de deux pieds, que M. *de Lacépède* a déjà indiqué dans son ouvrage , et un squelette de même grandeur que j'ai fait préparer : l'un et l'autre diffèrent très-sensiblement du grand individu.

M. *Faujas* a fait graver de belles figures tant de notre grand que de notre petit *gavial* (*Hist. de la Montagne de Saint-Pierre*, pl. 46 et 48), ainsi qu'une excellente de la tête osseuse du grand (pl. 47) ; et je dois dire que c'est lui qui m'a rendu attentif à leurs différences, quoiqu'il n'ait pas jugé à propos d'en faire usage pour établir deux espèces. Je les ai exposées, en 1802, dans mon premier Mémoire sur les crocodiles. Depuis lors j'ai ajouté à mes matériaux le squelette d'une tête du grand gavial, et cette tête m'a offert encore des différences nouvelles.

Je me crois donc maintenant suffisamment autorisé à croire qu'il existe deux gavials différens.

1.° GRAND GAVIAL. (*Crocodilus longirostris*, Schn. *Lacerta gangetica*, Gmel.)

Le nom de *crocodile du Gange* a l'inconvénient de faire croire qu'il n'y en a point d'autre dans ce fleuve. Or des *crocodiles* semblables au *vulgaire* s'y trouvent aussi en quantité: les anciens ne l'ignoroient pas. « *Le gange* (dit *Elien* (1) » *nourrit deux sortes de crocodiles : les uns innocens, les* » *autres cruels.* » En effet, le *gavial* ne se nourrit que de poissons ; et quoiqu'il arrive aussi à une taille gigantesque, il n'est pas dangereux pour les hommes. M. *de Fichtel*, habile naturaliste, attaché au cabinet de l'Empereur d'Autriche,

_____

(1) Lib. XII, cap. 41.

qui a vu lui-même les deux crocodiles sur les bords du *Gange*, m'a garanti ce fait.

Il est probable d'ailleurs qu'on retrouve le *gavial* dans les fleuves voisins du *Gange*, comme le *Buram-Pouter*, etc.

Cette espèce n'est encore bien représentée que par M. *Faujas* (*Hist. de la Mont. de Saint-Pierre*, pl. 46).

Son museau est presque cylindrique : il se renfle un peu au bout et s'évase à sa racine. La tête s'élargit singulièrement, surtout en arrière : sa dimension transverse est comprise deux fois et deux tiers de fois dans sa longueur totale ; mais la longueur du crâne, à prendre jusqu'entre les bords antérieurs des orbites, est comprise quatre fois et un tiers dans la longueur totale. La table supérieure du crâne, derrière les orbites, forme un rectangle plus large que long d'un tiers. Les orbites sont plus larges que longs ; l'espace qui les sépare est plus large qu'eux-mêmes. Les trous du crâne sont plus grands que dans aucune autre espèce, plus grands même que les orbites, et, comme eux, plus larges que longs. Ils ne se rétrécissent presque pas vers leur fond.

Je compte vingt-cinq dents de chaque côté en bas, et vingt-huit en haut dans les deux échantillons, en tout cent six dents.

La longueur du bec est à celle du corps, comme 1 à 7 ¼. Il n'y a derrière le crâne que deux petits écussons : puis viennent quatre rangées transversales, qui se continuent avec celles du dos. Toutes ces rangées sont comme dans l'espèce suivante.

2.° LE PETIT GAVIAL. (*Crocodilus tenuirostris*, Nob.)

M. *Faujas* en a aussi donné une figure (*Hist. de la mont. de Saint-Pierre*, pl. 48). Son crâne est plus long et moins large, à proportion de son museau, que dans le *grand gavial*.

La longueur du crâne, à prendre jusques entre les bords antérieurs des orbites, est comprise trois fois et un tiers seulement dans la longueur totale. La table supérieure du crâne, derrière les orbites, forme un carré aussi long que large. Les orbites sont plus longs que larges, plus grands à proportion de la tête, séparés par un espace moitié plus étroit que chacun d'eux. Les trous du crâne sont plus longs que larges et bien rétrécis dans leur fond. Il ne faudroit pas cependant se hâter de conclure, s'il n'y avoit que ces différences : elles me paroissent fort analogues à celles que l'âge produit dans le *crocodile à deux arêtes.* Je compte une paire de plus ou de moins de dents de chaque côté, soit en bas, soit en haut, dans mes différens exemplaires. Le vrai nombre paroît le même que dans le précédent.

La longueur du bec est à celle du corps comme 1 à 7. Il est donc un peu plus long que dans le grand. Or cette différence est contraire à celle que l'âge produit dans les autres *crocodiles* et dans tous les animaux. Leur museau allonge toujours par le développement des dents.

La nuque est armée derrière le crâne de deux paires d'écussons ovales, ensuite de quatre rangées transversales : la première, de deux grandes écailles ; les deux suivantes, de deux grandes et de deux petites ; la quatrième de deux grandes, et les bandes du dos sont la continuation de celles-là : elles ont toutes quatre grandes écailles carrées et deux fort étroites sur le côté. Toutes ces écailles ont des arêtes égales et peu élevées. Le nombre des bandes dorsales est de dix-huit. Les crêtes de la queue sont doubles jusqu'à la dix-neuvième bande.

Si la distinction de cette espèce se confirme, comme je le pense, il faudra que les voyageurs nous apprennent dans quels

pays elle habite principalement et à quelle taille elle peut parvenir. Nous n'avons encore sur ces deux points aucun renseignement authentique.

ARTICLE V.

Résumé et tableau méthodique du genre et de ses espèces.

Nous voilà loin de l'époque où les plus grands naturalistes n'admettoient qu'une seule espèce de crocodile ; il faudra en inscrire maintenant douze et peut-être quinze dans le catalogue des reptiles. Préparons d'avance cette partie du travail des futurs rédacteurs du *Systema naturæ*, en résumant ici les caractères génériques et spécifiques établis dans ce Mémoire.

Je me bornerai à citer pour tous synonymes les bonnes figures originales : cette réserve vaux mieux que d'entasser une foule de citations douteuses qui ne servent qu'à tout embrouiller.

CLASSIS. AMPHIBIA.

ORDO. SAURI.

GENUS. CROCODILUS.

Dentes conici, serie simplici. Lingua carnosa, lata, ori affixa.
Cauda compressa, supernè carinata serrata. Plantæ palmatæ aut semi-palmatæ. Squamæ dorsi, ventris, et caudæ, latæ sub-quadratæ.

* ALLIGATORES.

Dente infero utrinque quarto, in fossam maxillæ superioris recipiendo, plantis semi-palmatis.

1. *Crocodilus lucius.*

Rostro depresso parabolico , scutis nuchæ quatuor.
Habitat in Americâ septentrionali.

2. *Crocodilus sclerops.*

Porca transversa inter orbitas , nucha fasciis osseis quatuor
cataphracta.

(*Séb. I* , tab. 104 , f. 10 , fig. mediocr.)

Habitat in Guyanâ et Brasiliâ.

3. *Crocodilus palpebrosus.*

Palpebris osseis , nucha fasciis osseis quatuor cataphracta.
Habitat . . . . . .

4. *Crocodilus trigonatus.*

Palpebris osseis , scutis nuchæ irregularibus carinis elevatis
trigonis.

(*Séb. I,* pl. 105 , f. 3.)

Num variet. præced. ?

Habitat . . . . . .

** CROCODILI.

*Dente infero utrinque quarto , per scissuram maxillæ su-
perioris transeunte , plantis palmatis , rostro oblongo.*

8

5. *Crocodilus vulgaris.*

Rostro æquali, scutis nuchæ 6, squamis dorsi quadratis, sexfariam positis.

(*Ann. mus. Paris. X*, tab. 3).

Habitat in Africâ.

6. *Crocodilus biporcatus.*

Rostro porcis 2 subparallelis, scutis nuchæ 6, squamis dorsi ovalibus, octofariam positis.

Habitat in Insulis Maris Indici.

7. *Crocodilus rhombifer.*

Rostro convexiore, porcis 2 convergentibus, scutis nuchæ 6, squamis dorsi quadratis sexfariam positis; membrosum squamis crassis, carinatis.

Habitat . . . .

8. *Crocodilus galeatus.*

Crista elevata bidentata in vertice, scutis nuchæ 6.

(*Hist. anim. Paris*, t. 64.)

Habitat in Indiâ ultra Gangem. . . . . . .

9. *Crocodilus biscutatus.*

Squamis dorsi intermediis quadratis, exterioribus irregularibus subsparsis, scutis nuchæ 2.

Habitat . . . .

10. *Crocodilus acutus.*

Squamis dorsi intermediis quadratis, exterioribus irregularibus subsparsis, scutis nuchæ 6, rostro productiore, ad
basim convexo.

(*Geoff. An. Mus. Paris. II*, tab. 37.)

Habitat in magnis Antillis.

*** Longirostres.

Rostro cylindrico, elongato, plantis palmatis.

11. *Crocodilus gangeticus.*

Vertice et orbitis transversis, nucha scutulis 2.

(*Faujas, Hist. mont. S. Petri*, tab. 46).

Habitat in Gange fluvio.

12. *Crocodilus tenuirostris.*

Vertice et orbitis angustioribus, nuchæ scutulis 4.

(*Faujas, loc. cit.*, tab. 48.)

Habitat . . . . . .

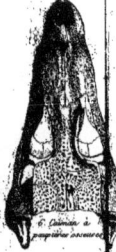

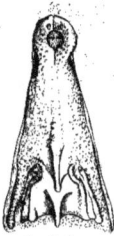

1. Petit Gavial. 2. Grand Gavial. 3. Crocodile à museau noir ou de S.t Domingue. 4. Crocodile à deux arrêtes ou des Indes. 5. Crocodile vulgaire ou d'Afrique. 6. Caiman à paupières osseuses. 7. Caiman à lunettes ou dit du Cayenne.

9. Crocodile à casque ou de Siam. 10. Grand Gavial. 11. Petit Gavial. 12. Crocodile vulgaire. 13. Crocodile à deux arrêtes. 14. Crocodile à museau noir. 15. Caiman à museau de Brochet. 16. Caiman à lunettes. 17. Caiman à paupières osseuses. 18. Très jeune Crocodile à deux arrêtes. 19. Jeune Crocodile à deux arrêtes.

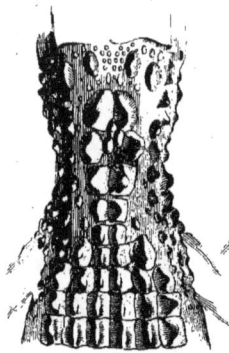

1. Caïman à paupières osseuses. 2.me variété.

2. Caïman à paupières osseuses. 1.re variété.

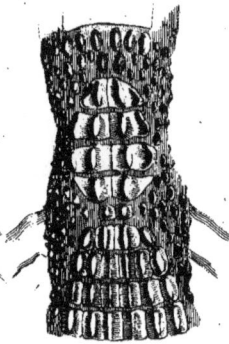

3. Caïman à lunettes.

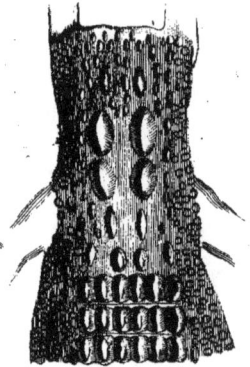

4. Caïman à museau de brochet.

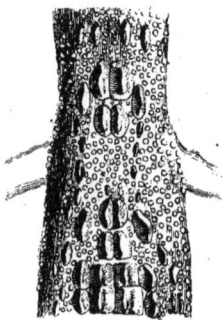

5. Crocodile de S.t Domingue.

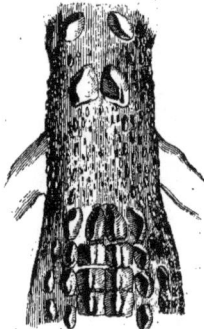

6. Crocodiles à deux plaques.

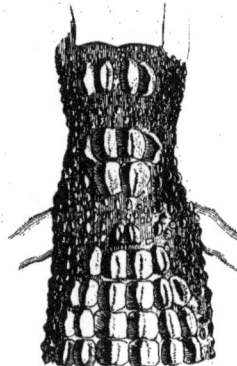

7. Crocodile vulgaire.

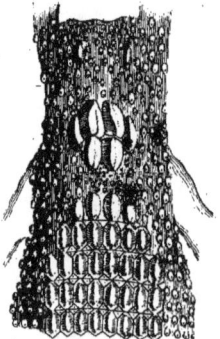

8. Crocodile à 2 arrètes.

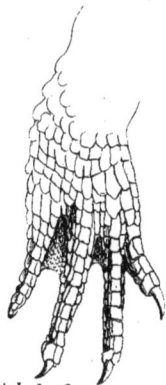

9. Pied de Caïman.

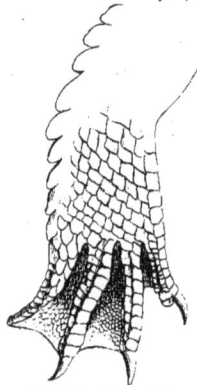

10. Pied de Crocodile.

11. Grand Caïman.

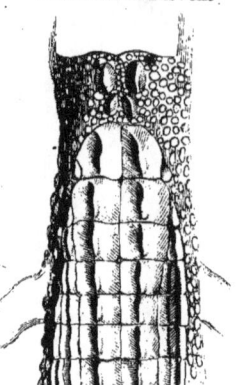

12. Petit Caïman.

II. Nuques et pieds des diverses espèces de Crocodiles.

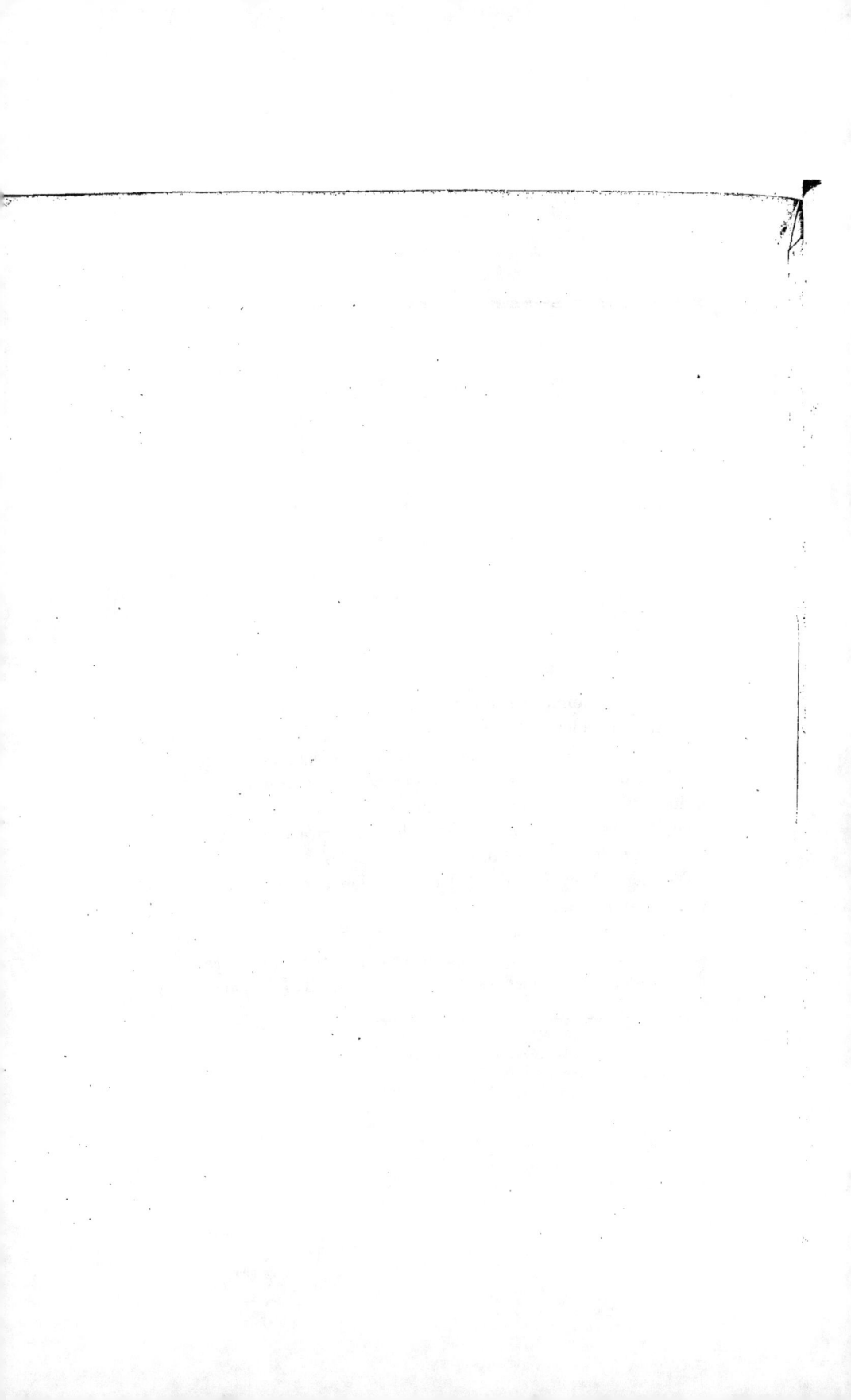

OBSERVATIONS

SUR L'OSTÉOLOGIE

DES CROCODILES VIVANS.

Ce que j'ai donné dans mon chapitre précédent sur les caractères distinctifs des différens crocodiles vivans, ne me met pas encore en état de faire saisir à mes lecteurs tout ce que j'ai à dire sur les os fossiles de crocodiles, tant vrais que prétendus; il faut, avant d'en venir à ces recherches, que je complète les notions imparfaites publiées jusqu'à présent sur l'ostéologie de ce genre important de reptiles.

Vesling (1) et Plumier (2) en ont donné anciennement quelques-unes.

Celles de Duverney et de Perrault, faites assez anciennement aussi, n'ont été imprimées qu'en 1734, dans les Mémoires de l'Académie des Sciences avant 1700, tome 3, III.ᵉ partie.

---

(1) Observ. anat. Hafn. 1664, 8.° p. 43.
(2) Mém. de Trévoux, janv. 1704, p. 165.

Grew est le premier qui ait fait graver un squelette entier ; sa figure, qui parut en 1686 dans le *Museum Societatis regiæ*, est assez bonne, quoique la description qui l'accompagne soit un peu superficielle. Le squelette, long de 12' 4", étoit de l'espèce des Indes orientales (*it was sent from the east-indies* (1)), et l'on ne peut comprendre comment M. *Faujas* a pu dire (2) qu'il venoit d'Amérique ; circonstance qui n'étoit point indifférente, puisque les espèces ne sont pas les mêmes dans les deux continens.

Pierre Camper, cherchant à déterminer les prétendus ossemens de crocodile de Maestricht, se rendit à Londres en 1785, pour y voir ce squelette ; et quoiqu'il l'ait trouvé endommagé, il en dessina quelques vertèbres qu'il fit représenter de grandeur naturelle (*Trans. phil.* pour 1786, p. II). On en peut voir une copie dans l'édition françoise de ses OEuvres, pl. VI, fig. 1 et 2.

Enfin M. *Faujas*, traitant, en 1799, des mêmes ossemens dans son *Histoire de la montagne de Saint-Pierre*, donna, à l'appui de son opinion, pl. XLIV, une figure d'un beau squelette de crocodile des Indes de douze pieds de long, conservé dans les galeries d'anatomie de ce Muséum ; mais comme ce squelette avoit encore ses cartilages et ses ligamens, le peintre n'a pu rendre correctement la forme des articulations ; et M. *Faujas* n'y ayant joint aucune sorte de description, son ouvrage est loin de fournir tous les renseignemens qui auroient été nécessaires pour juger les questions qu'il y traite.

Si l'on ajoute à ces travaux les notions éparses dans mes

---

(1) Grew. loc. cit. p. 42.
(2) Histoire de la montagne de Saint-Pierre, p. 255.

diverses *leçons d'anatomie comparée*, celles qui se trouvent dans la lettre d'*Adr. Camper* sur les fossiles de Maestricht (1), la description et la figure d'une tête de *caïman à paupières osseuses*, par M. *Schneider* (2) , et les ingénieuses recherches de mon savant confrère M. *Geoffroy*, pour comparer les os de la tête du crocodile à ceux des autres animaux, exposées dans le tome X des Annales du Muséum, p. 249, on aura, je crois, tout ce qui a été fait d'essentiel sur l'objet qui nous occupe.

Je vais maintenant reprendre cette matière, et joindre aux observations de mes prédécesseurs ce qui me paroît nécessaire d'y ajouter, pour éclaircir les nombreuses difficultés qui se présenteront dans les chapitres qui suivront celui-ci.

Outre le squelette des Indes, déjà représenté par M. *Faujas*, j'en ai un autre de la même espèce, rapporté de Timor par M. *Péron*, et long de neuf pieds, qui servira de sujet principal à mes descriptions, attendu qu'il est très-beau, et que tous ses os sont dépouillés de leurs cartilages et de leurs ligamens. J'y joins encore celui de trois pieds neuf pouces de l'espèce du Nil, fait autrefois par Duverney; un de deux pieds et demi, rapporté récemment de Java par M. *Leschenaud;* trois petits des espèces des Indes ou à deux arêtes, de Cayenne, ou à lunettes, et du Gange ou gavial, que j'ai fait faire pour servir de pièces de comparaison ; enfin un assez grand nombre de têtes de toutes les espèces et de tous les âges.

Cette grande richesse n'est point superflue dans des travaux comme ceux-ci, où il faut en quelque sorte épuiser

---

(1) Journ. de phys. tome LI, p. 278.
(2) Hist. amphib. fascic. II, pl. I.

toutes les variétés que l'ostéologie d'une espèce peut subir
dans les divers individus, avant d'oser établir une espèce nouvelle sur quelques os isolés. Aussi me suis-je appliqué depuis
long-temps à multiplier, autant que possible, les squelettes
des espèces intéressantes.

La tête.

Nous avons déjà indiqué dans notre chapitre sur les espèces
de crocodiles vivans quelle est la forme générale de tête propre
à chaque espèce, et les figures que nous en avons données
expriment cette forme mieux qu'aucun discours.

On a pu y voir aussi les principales différences concernant
la rugosité des surfaces; différences qui ne sont spécifiques
qu'autant que l'on compare les individus de même âge : car
ces rugosités augmentent en saillie et en grosseur dans chaque
espèce avec l'âge.

Il ne nous reste donc à parler que de la division que les
sutures établissent entre les os dont la tête se compose. Elle
est facile à observer, car ces sutures ne s'effacent point, du
moins n'en a-t-il disparu aucune dans nos plus vieilles têtes;
et nous avons peine à concevoir comment Duverney et Perrault ont pu dire que l'os maxillaire n'est séparé de celui du
front par aucune suture (1) : leur squelette, que nous possédons encore, en a de fort reconnoissables; mais il n'est pas
aussi aisé de rapporter chaque os à son analogue dans l'homme
et dans les autres animaux.

M. *Geoffroy*, qui a porté très-loin ce genre de recherches,

---

(1) Mém. pour servir à l'hist. des anim. in-4.°, tome III, p. 178.

et qui a comparé dans cette vue des têtes de toutes les classes
et de tous les âges, est une autorité trop respectable pour que
je ne le prenne pas pour mon principal guide; si je rappelle,
comparativement avec ses idées, celles que j'avois indiquées
très-sommairement dans mes leçons d'anatomie comparée,
ce n'est que pour offrir quelques données de plus aux méditations des anatomistes.

Les sutures et le nombre des os sont les mêmes dans toutes
les espèces : il n'y a de différence que dans les configurations
de chaque os, lesquelles correspondent à la configuration générale de la tête.

Nous avons choisi, pour les représenter, la tête de notre
crocodile à losange, dont nous n'avons pas donné de figure
dans notre chapitre précédent. *Voyez* pl. I, fig. 1, 2, 3, 4 et 5.

Tout le museau du crocodile étant aplati horizontalement,
ses maxillaires et ses intermaxillaires se ressentent de cette
position, et n'ont de vertical que leurs bords externes. Les
narines se trouvent percées verticalement au milieu des intermaxillaires *a, a*, qui les entourent comme deux croissans. Ils
entourent de même en dessous les trous incisifs.

Les maxillaires *b, b*, s'amincissent en arrière en une longue
apophyse *b'*, qui porte les dernières dents et qui s'insère entre
le *jugal c, c*, et un os particulier *d, d*, dont nous reparlerons.
Ces maxillaires reçoivent entre eux, en arrière et en dessous,
la pointe antérieure des *palatins e, e*.

Ceux-ci sont longs, étroits, et s'élargissent très-peu en arrière, où les *apophyses ptérygoïdes* internes *f, f*, au lieu d'être
simplement des lames verticales qui allongeroient un peu de
chaque côté le canal nazal, se réunissent l'une à l'autre sous
ce canal, qu'elles prolongent par conséquent en dessous, et

s'élargissent sur les côtés en une large surface horizontale et triangulaire, dont la pointe antérieure pénètre entre les palatins *f*, ou est tronquée et se joint simplement à leur bord dans quelques espèces. Vers son bord postérieur seulement sont percées les ouvertures postérieures du canal nasal.

Aux bords latéraux de cette surface s'attache cet os particulier *d*, dont je viens de faire mention, qui va obliquement rejoindre l'apophyse dentaire de l'os maxillaire, de manière à laisser de chaque côté une grande ouverture ovale, interceptée entre le maxillaire, le pariétal, la lame ptérygoïde et cet os particulier *d*.

M. *Geoffroy* compare cet os à la grande aile du sphénoïde. Je pense que, s'il faut lui trouver un analogue, c'est plutôt dans l'apophyse ptérygoïde externe que l'on doit le chercher. La grande aile du sphénoïde est plus haut en *g*, et forme, comme à l'ordinaire, en dessous, les parties latérales et antérieures du crâne. On ne peut en apercevoir dans nos dessins qu'une petite portion.

La partie du canal nasal, qui marche sur les os palatins, est fermée en dessus par une lame qui est en forme de demi-cylindre. M. Geoffroy la compare au cornet inférieur du nez; mais elle tient au sphénoïde sans en être séparée par une suture; et d'ailleurs dans le gavial elle se dilate en un sinus analogue au sphénoïdal. On ne peut la voir dans nos dessins.

Le jugal *c*, prend du bord supérieur de l'apophyse postérieure du maxillaire, marche sous l'orbite, le dépasse, et va se terminer en arrière par une pointe qui forme le bord externe de l'apophyse ou proéminence condyloïde du crâne. Il s'articule en partie par sa face interne à cet os *d*, dont nous venons de parler, et donne de cette même face l'apophyse *c'*, dirigée en dedans, et qui s'articule à l'apophyse postorbitaire du frontal, pour fermer l'orbite en arrière.

L'espace, occupé communément par le frontal ou par les deux frontaux, l'est ici par cinq os distincts.

Un mitoyen *H*, qui règne entre les deux yeux, et va s'articuler en avant avec la racine des nasaux, comme il est ordinaire au frontal. Sa partie moyenne est échancrée de chaque côté par les orbites; et l'antérieure encore plus par les deux os *h*, qui s'en séparent au moyen d'une suture particulière au crocodile. Leur bord orbitaire a une apophyse verticale qu'on ne voit pas dans mes dessins, et qui descend se joindre à l'os palatin, et à celui qui forme sur le palatin la voûte du canal nasal. Elle remplit la fonction de la lame orbitaire de l'ethmoïde; aussi M. *Geoffroy* regarde-t-il ces deux os *h*, *h*, comme des démembremens de l'ethmoïde; il rapporte même à celui-ci l'os mitoyen *H*, qu'il suppose analogue au corps de l'ethmoïde, lequel en se montrant en dehors auroit écarté les deux vraies moitiés du frontal *h'* et *h'*. La nature de celles-ci au moins n'est pas douteuse. Leur apophyse *h''*, *h''*, répond à l'apophyse postorbitaire du frontal, et va compléter avec celle du jugal *c'*, *c'*, le cadre de l'orbite en arrière, absolument comme dans les ruminans.

J'avois autrefois regardé les os *h*, *h*, comme des espèces de lacrymaux intérieurs; les vrais lacrymaux *i*, *i*, par où passe le canal de ce nom, sont en dehors des précédens, entre eux les jugaux *c*, les maxillaires *b*, et les nasaux *k*. Ces derniers n'ont de remarquable que leur figure longue et étroite.

Le milieu du crâne est couvert d'un seul os qui me paroît répondre au pariétal unique des ruminans.

Les angles du crâne en arrière sont formés chacun par

trois os qui me paroissent répondre à autant de parties du *temporal.* La partie écailleuse est représentée, selon moi, par l'os *n*, que M. *Geoffroy* a nommé *pariétal.* Il a une apophyse en avant qui va s'articuler au *frontal latéral h'*, et laissant entre elle et le crâne ce trou ovale qui caractérise par sa grandeur relative les divers crocodiles, et qui communique dans la fosse temporale, elle forme ainsi, comme je l'ai dit ailleurs, une sorte d'arcade zygomatique placée au-dessus de l'ordinaire. Dans le *caïman à paupières osseuses* où ce trou manque entièrement, le pariétal, le frontal et ce temporal contribuent chacun, pour une part égale, à en couvrir la place. L'os *n*, envoie de son angle postérieur en bas une autre apophyse *n'*, qui pose sur le suivant, et forme de ce côté l'arête qui limite la face occipitale du crâne. Elle est l'analogue de l'apophyse mastoïde.

Le deuxième os *o*, s'enfonce obliquement sous le précédent, qui déborde sur lui comme un auvent, et va entourer en dessous et en avant la grande ouverture de l'oreille osseuse, dont le bord postérieur est formé par l'os *n*.

Postérieurement et inférieurement, *o* se termine par le condyle articulaire *o'*, qui est reçu dans la fosse articulaire de la mâchoire inférieure.

Enfin le troisième os *p*, est placé obliquement entre le précédent et l'os jugal *c*. Il contribue à compléter extérieurement le condyle articulaire. M. Geoffroy a réservé exclusivement à cet os *p*, le nom de *temporal.*

Il nous reste à parler des parties postérieures et inférieures de la boîte du crâne. J'ai déjà comparé celle-ci, il y a long-temps, à une pyramide triangulaire renversée. La base est la face supérieure du crâne que nous venons de décrire. La pointe, qui est tronquée, pose sur la partie postérieure de cette lame que forment les apophyses ptérygoïdes internes.

La face postérieure ou occipitale, représentée, figure 4, a dans son milieu le trou du même nom, sous lequel est le tubercule articulaire qui porte sur l'atlas. Du haut du trou part une suture en Y qui intercepte l'occipital supérieur q. Deux autres sutures embrassent et le tubercule et le reste de l'occipital inférieur r, auquel il appartient, et qui se termine au bord postérieur de la lame ptérygoïdienne f, f.

Les deux occipitaux latéraux s, s, occupent chacun l'espace compris, entre les deux précédens, le trou occipital, l'os temporal supérieur n, et la proéminence articulaire de l'inférieur o'.

Les deux faces antérieures de la pyramide renversée du crâne, sont formées par les grandes ailes du *sphénoïde g*, g, fig. 2 et 3, lesquelles font joindre chacune leur bord supérieur à l'os frontal de leur côté, et laissent entre elles deux, en avant, un vide rempli en partie par des membranes, et servant de passage aux nerfs olfactifs et optiques.

Entre leurs bases inférieures naît une petite lame verticale qui avance un peu sur la lame ptérygoïde et entre les deux tuyaux des narines. Elle donne attache en arrière à la membrane qui sépare les deux orbites. On la voit un peu dans notre figure 3 où nous l'avons marquée t.

La grande lame formée par les apophyses ptérygoïdes internes, et les lames qui recouvrent le canal nasal sur les palatins, sont continues à ces parties, et toutes ensemble forment, comme dans l'homme et les quadrupèdes, un seul os *sphénoïde*.

La mâchoire inférieure (pl. I, fig. 3 en dehors, et 4 en dedans.)

Loin de ne former qu'un os de chaque côté, comme celle des quadrupèdes, y en compte au contraire six.

Le *dentaire u*, dans lequel sont creusées les alvéoles de toutes les dents, s'articule seul en avant avec son correspondant, pour former l'angle antérieur ou la symphyse.

L'*operculaire* &, ainsi nommé par M. Adrien Camper, couvre presque toute la face interne, excepté tout en avant, où elle est formée par le *dentaire*. Au reste celui-ci occupe encore une grande partie de l'espace recouvert par l'*operculaire*, qui repose sur lui par une lame mince.

Le *coronoïdien x*, et l'*angulaire v*, placés au-dessus l'un de l'autre, s'étendent ainsi jusqu'à l'extrémité postérieure : ils laissent entre eux en avant un espace occupé dans sa partie antérieure par la fin du dentaire, et ensuite par un grand trou ovale.

L'*angulaire v*, se recourbe en dessous pour occuper un espace à la face interne de la mâchoire. Entre lui et l'*operculaire* est un autre trou ovale plus petit que le précédent, et au-dessus de lui un grand vide, attendu que le *coronoïdien* ne se recourbe pas vers la face interne. La pointe antérieure de ce vide est bordée d'un petit os particulier *en croissant*, marqué z.

Le condyle, toute la face supérieure de l'apophyse postérieure, et toute la face interne de cette partie appartiennent encore à un os spécial *y*, que je nomme l'*articulaire*.

Le *coronoïdien* n'a point dans le *crocodile* d'apophyse coronoïde sensible, quoiqu'il donne attache au crotaphyte; mais c'est dans d'autres reptiles qu'il mérite le nom qu'il porte.

Les dents

Offrent aussi plusieurs remarques intéressantes dans le crocodile.

La première c'est que leur nombre ne change point avec l'âge. Le crocodile qui sort de l'œuf en a autant que celui de vingt pieds de long. Tout au plus les dernières sont-elles encore un peu cachées par la peau des gencives. Je me suis assuré de ce fait sur une série de huit têtes croissant en grandeur, depuis un pouce jusqu'à deux pieds.

La seconde, c'est que leur solidité intérieure ne se remplit jamais, quoiqu'elles se forment, ainsi que toutes les autres dents, par couches superposées.

Ces deux particularités tiennent à la manière dont elles se remplacent.

La bourse dans laquelle se forme la première petite coque de la dent de remplacement n'est pas renfermée, comme dans les quadrupèdes, dans une loge particulière qui se développeroit dans l'épaisseur de l'os maxillaire; mais elle pousse en quelque sorte du fond de l'alvéole de la dent qu'elle doit remplacer.

Cette petite coque ou calotte est d'abord sur la face interne de la racine de la dent en place; elle en arrête la continuation de ce côté, et y occasione une échancrure par laquelle, en augmentant toujours de longueur, elle finit par pénétrer dans le creux de la dent en place; elle achève alors de détruire par sa compression le noyau pulpeux qui remplit ce creux, et qui four-

nissoit par ses exsudations la matière dont la dent en place
s'augmentoit.

Aussi à quelque âge qu'on arrache les dents du crocodile,
on trouve, soit dans leur alvéole, soit dans leur cavité même,
une petite dent, tantôt sous forme de simple calotte encore
très-mince et très-courte, tantôt plus avancée et prête à occuper sa place quand l'ancienne qui l'enveloppe encore sera
tombée.

Il paroît que cette succession se fait très-souvent, et qu'elle
se répète aussi long-temps que l'animal vit. C'est probablement ce qui fait que les dents des crocodiles sont toujours
fraîches et pointues, et que les vieux, qui les ont beaucoup
plus grandes, ne les ont pas beaucoup plus usées que les jeunes.

J'ai observé tous ces faits dans une tête fraîche et dans plusieurs conservées dans l'esprit-de-vin, et j'y ai très-bien distingué des noyaux et des capsules semblables à ces mêmes
parties dans les dents des quadrupèdes.

Cette marche du remplacement des dents avoit été fort bien
saisie par *Perrault* et par *Duverney* (*Mém. pour servir à l'hist.
des anim.* t. III, p. 167).

M. *Faujas* cherche à la contester; mais il n'a pas été heureux en argumens.

« *Cette dent intérieure*, dit-il (*Essais de géol. I, p.* 147),
» *est à peine adhérente à l'alvéole, et s'en détache avec fa-
» cilité.* — *Elle ne forme quelquefois qu'une espèce de ca-
» lotte non-adhérente, etc.* »

Or, tous ceux qui connoissent un peu les lois de la dentition, savent que les germes de dents ne peuvent s'observer
autrement dans le squelette, quand le noyau pulpeux qui les

soutenoit et la capsule membraneuse qui les enveloppoit, ont
été détruits.

« *La position de cette double dent*, ajoute-t-il (*ibid.*), *est*
» *telle, que si elle venoit à être rompue par un coup ou*
» *par un accident, sa compagne éprouveroit nécessairement*
» *le même sort.* »

Cela peut être vrai quelquefois, à cette époque du développement de la dent de remplacement où elle a déjà pénétré fort avant dans le creux de la dent en place; mais cela
ne prouve rien pour le cas où celle-ci tombe naturellement.

Il y a une difficulté plus réelle qui a été saisie par M. *Tenon*,
et que ce savant anatomiste a résolue avec sa sagacité ordinaire.

Les dents du crocodile étant souvent des cônes parfaits
qui vont en s'évasant toujours vers la racine, comment peu-
vent-elles sortir de leurs alvéoles dont l'entrée se trouve plus
étroite que le fond?

C'est que la dent de remplacement, en se développant et
en remplissant le creux de la dent en place, comprime sa
substance contre les parois de l'alvéole; lui fait perdre sa consistance; la fait fendre, et la dispose à se détacher au moindre
choc au niveau de la gencive : les fragmens restés dans l'alvéole en sont ensuite aisément expulsés par les forces de la
nature vivante.

On trouve souvent dans les crocodiles qui changent leurs
dents de ces anneaux formés dans l'alvéole par les restes des
anciennes dents cassées, et au travers desquelles les nouvelles
commencent à poindre.

Nous en verrons aussi de pareils dans les mâchoires fossiles
des vrais crocodiles.

Le plus souvent la base du cône de la dent n'est pas entière, et l'on y voit une échancrure plus ou moins profonde à la face qui regarde le dedans de la mâchoire : c'est que le germe nouveau se forme un peu plus du côté interne de l'alvéole, et que c'est de ce côté qu'il commence à empêcher la continuation de la dent en place, comme nous venons de le dire.

L'échancrure est proportionnée à la grandeur que le germe a acquise : quelquefois il y en a deux, parce qu'un second germe s'est développé avant la chûte de la dent en place ; d'autrefois il y a un trou au lieu d'une échancrure ; enfin, tant que le germe est fort petit, l'échancrure n'existe pas, et le germe lui-même n'en a jamais.

Nous n'avons pas besoin de dire en détail que toutes les dents du crocodile sont aiguës, qu'elles se croisent quand les mâchoires sont fermées, que leur émail est plus ou moins strié sur la longueur, qu'elles ont une arête tranchante en avant, et une autre en arrière, etc.; ce sont des faits généralement connus.

Nous avons déjà vu dans notre Mémoire précédent en quel nombre elles sont dans chaque espèce. Les trois sous-genres ont la première et la quatrième de chaque côté en bas et la troisième en haut plus longues et plus grosses ; ensuite dans les *crocodiles* proprement dits et les *caïmans*, c'est la onzième d'en bas, et les huitième et neuvième d'en haut.

Le *caïman à paupières osseuses* fait une légère exception : c'est la douzième d'en bas et la dixième d'en haut qu'il a les plus longues.

Après la quatrième, elles sont toutes presque égales dans les *gavials* : aussi leurs mâchoires ne sont-elles pas festonnées

comme celles des autres sous-genres. Ce festonnement augmente avec l'âge et avec la grosseur des dents qui en est la suite.

La quatrième dent d'en bas peut porter le nom de canine,
car elle répond à la suture de l'intermaxillaire et du maxillaire de la mâchoire supérieure.

Les cinq ou six dernières dents de chaque côté sont plus
obtuses, plus comprimées que les autres, et leur couronne
se distingue de leur racine par un étranglement notable; mais
cette différence n'a lieu que dans les crocodiles et les caïmans.
On ne l'observe point dans les gavials.

Les vertèbres.

Le crocodile a soixante vertèbres, comme *Ælien* l'avoit
fort bien annoncé d'après les prêtres égyptiens, savoir sept
cervicales, douze dorsales, cinq lombaires, deux sacrées et
trente-quatre caudales. Perrault et Duverney n'en ont trouvé
que cinquante-neuf à leur individu; mais c'est un accident bien
commun que la perte d'une vertèbre, surtout dans les reptiles à longue queue. *Grew* en a compté soixante comme nous.

Toutes ces vertèbres, à compter de l'*axis*, ont la face postérieure de leur corps convexe, et l'antérieure concave, ce
qui est important à remarquer pour la suite. L'une et l'autre
de ces faces est circulaire.

L'atlas (pl. II, fig. I),

Est composé de six pièces qui, à ce qu'il paroît, demeurent,
pendant toute la vie, distinctes et réunies seulement par des
cartilages.

La première *a*, est une lame transverse qui fait le dos de

la partie annulaire. Elle n'a qu'une crête à peine sensible pour toute apophyse épineuse.

Viennent ensuite les deux latérales b, b, qui portent la première comme deux pilastres. Elles ont chacune une facette en avant b', b', pour le condyle occipital, une en arrière pour une facette correspondante de la pièce antérieure de l'axis; et en haut une apophyse b'', qui se porte en arrière où elle a en dessous une facette qui est la vraie facette articulaire.

La quatrième pièce c, représente le corps : elle s'articule en avant avec le condyle occipital, et en arrière avec l'apophyse odontoïde de l'axis. Elle porte sur ses côtés les deux dernières pièces d, d, ou apophyses transverses, qui sont deux longues lames minces et étroites.

L'axis (fig. 2)

N'a que cinq pièces : la supérieure a, ou annulaire, se joint au corps b, par deux sutures dentées. Son apophyse épineuse est une crête plus élevée en arrière.

Ses quatre apophyses articulaires sont presque horizontales.

A la face antérieur du corps, se joint par un cartilage, une pièce convexe à cinq lobes e, qui tient lieu d'apophyse odontoïde par son lobe moyen; dont les lobes latéraux supérieurs s'articulent aux facettes postérieures inférieures de l'atlas, et dont les lobes latéraux inférieurs portent chacun une branche, comme l'atlas en a. Ces branches d, d, paroissent aussi ne s'unir que par des cartilages.

Les trois autres vertèbres cervicales

Sont à-peu-près semblables entre elles, fig. 3.

La partie annulaire a, se joint toujours au corps b; par deux sutures dentées.

Les apophyses articulaires c, c', sont dans une position oblique à l'horizon, mais parallèle à l'axe de l'épine. Les antérieures c, sont toujours les extérieures dans l'articulation.

Les apophyses épineuses d, sont médiocrement hautes, comprimées, plus étroites en haut, et légèrement inclinées en arrière.

Le corps a une apophyse épineuse en dessous, e, courte et un peu fléchie en avant.

Il y a de chaque côté deux apophyses transverses, courtes: la supérieure f, est un peu plus longue, et tient à la partie annulaire; l'inférieure g, tient au corps et est un peu plus près du bord antérieur.

Ces deux proéminences servent à porter ces petites côtes, ou, si l'on veut, ces complémens d'apophyses transverses qui gênent la flexion du cou du crocodile.

Chacun d'eux, h, a deux pédicelles dont le supérieur i, correspond en quelque sorte au tubercule d'une côte, et l'inférieur k à sa tête.

De la réunion de ces deux tubercules naissent deux pointes comprimées qui se portent l'une en avant l, l'autre en arrière m, pour toucher celles des deux vertèbres contiguës.

Les *vertèbres du dos*, fig. 4, ne diffèrent de celles du cou que par les points suivans:

1.° Il n'y a que les cinq ou six premières qui aient des apophyses épineuses inférieures e.

2.° Leurs apophyses articulaires c, c', deviennent de plus en plus horizontales.

3.° Dans les quatre premières, l'apophyse transverse f, n'est que le prolongement du premier tubercule latéral des

3

cervicales, et son extrémité ne s'articule qu'avec le tubercule
de la côte *i*, qui est très-saillant, et semble un deuxième
pédicule. L'autre tubercule latéral *g*, est encore attaché au
corps de la vertèbre, et reçoit la tête de la côte *k*; mais dans
les suivantes, le tubercule latéral de la vertèbre *f*, s'allongeant et se déprimant toujours, devient une apophyse transverse
ordinaire ; en même temps le tubercule *i* de la côte n'est plus
qu'une légère saillie. La tête de la côte elle-même s'articule à
une facette de la face inférieure et du bord antérieur de l'apophyse transverse, qui n'est que la facette *g* déplacée. Cette
tête de la côte se rapproche toujours de son tubercule.

Enfin les deux dernières côtes n'ont plus qu'une seule facette
à leur extrémité, qui s'articule à l'extrémité de l'apophyse
transverse.

Il résulte de-là que les quatre premières dorsales ont seules
à leurs corps une facette costale, et une à leur apophyse transverse; que les six suivantes en ont deux à leur apophyse transverse; que les deux dernières n'y en ont qu'une.

Les *lombaires* ne diffèrent des dorsales que parce qu'elles
n'ont pas du tout de ces facettes.

Les apophyses épineuses, tant aux lombaires qu'aux dorsales,
sont droites, larges et carrées. La première dorsale seule a la
sienne un peu étroite et inclinée comme celles du cou.

Les deux *vertèbres sacrées* ont de fortes apophyses transverses, prismatiques, qui s'élargissent en dehors pour porter
l'os des îles.

On voit, en fig. 8, ces deux apophyses et leur manière
de s'attacher à cet os.

Les *vertèbres de la queue*, fig. 5, 6 et 7, ont les mêmes
parties que celles des lombes. Voici leurs différences.

1.° Leurs corps deviennent de plus en plus minces et comprimés;

2.° Leurs apophyses articulaires deviennent verticales jusqu'à la seizième ou dix-septième;

Ensuite les deux postérieures se réunissent en un plan oblique et seulement échancré au milieu, qui appuie dans une échancrure plus large de la vertèbre suivante;

3.° Leurs apophyses transverses diminuent jusqu'à la quinzième ou seizième, et ensuite manquent tout-à-fait;

4.° Leurs apophyses épineuses se rétrécissent et s'allongent jusqu'à la vingt-deuxième ou vingt-troisième, et ensuite rediminuent et disparoissent vers les dernières;

5.° A compter de la seconde, leur corps a en dessous, à son bord postérieur, deux facettes pour porter un os mobile à deux branches, en forme de chevron, qui représente une sorte d'apophyse épineuse inférieure. Voyez n, n, fig. 6 et 7. J'ai trouvé de ces os jusques aux dernières vertèbres; mais ils vont en se raccourcissant, et leur pointe, en se dilatant, dans le sens de la longueur de l'animal.

Les côtes

Sont au nombre de douze de chaque côté, sans compter les appendices des vertèbres cervicales que l'on pourroit fort bien nommer des fausses côtes. Les deux premières côtes proprement dîtes et la dernière n'ont point de cartilage qui les joigne au sternum; et il y a sous le ventre cinq paires de cartilages sans côtes, qui sont fixées par les aponevroses des muscles, et dont les deux dernières vont se terminer aux côtés du pubis.

L'omoplate, fig. 9, est fort petite pour la taille de l'animal. Sa partie plane a, est un triangle isocèle étroit, sans épine.

Son col *b*, devient cylindrique, se recourbe en dedans, et s'évase ensuite pour présenter une longue face *c*, à la clavicule. Cette face porte en avant, à son bord externe, une apophyse qui contribue avec une apophyse correspondante de la clavicule, à former la fosse qui reçoit la tête de l'humérus.

La tête de la *clavicule*, fig. 10, se trouve donc répondre, pour la forme, à celle de l'omoplate. Son corps n'y répond pas moins. Elle a aussi un col épais et arqué *b*, et une partie plane *a*, qui va, en s'élargissant un peu, s'unir au bord latéral du sternum.

Cette ressemblance est ce qui a fait dire à *Grew* que le crocodile a deux omoplates de chaque côté.

L'*humérus*, fig. 11, A par devant, B par derrière, C en dessus, D en dessous, est courbé en deux sens; sa partie supérieure un peu convexe en avant, l'inférieure concave. Sa tête supérieure est comprimée transversalement. De son bord externe, vers son cinquième supérieur, saille en avant une crète deltoïdale triangulaire *a*. Sa tête inférieure est aussi comprimée et élargie transversalement, et se divise en avant en deux condyles *b*, *b*.

Le *cubitus*, fig. 13 *a*, n'a point d'olécrâne ni de facette sygmoïde; sa tête supérieure s'articule au condyle externe de l'humérus par une facette ovale plus large du côté radial. Son corps est rétréci et comprimé dans le sens transversal. Il se courbe un peu en dehors; sa tête inférieure est plus petite, comprimée transversalement, plus large et descendant un peu plus du côté radial.

Le *radius b*, est plus mince et plus court que le cubitus, presque cylindrique. Sa tête supérieure est ovale : le grand axe antéro-postérieur; l'inférieure oblongue, plus mince vers le cubitus.

Il n'y a que quatre os au *carpe*, un radial *c*, et un cubital *d*, qui sont chacun rétrécis dans le milieu, et élargis à leur deux extrémités, mais dont le premier est du double plus grand que l'autre. Un troisième *e*, qui peut être regardé comme une espèce de pisiforme, s'articulant à l'osselet cubital et au cubitus. Il est arrondi en avant, et porte une sorte de petit crochet en arrière et en dehors. Enfin un quatrième *f*, de forme lenticulaire, entre l'osselet cubital et les métacarpiens de l'index et du médius.

Les métacarpiens ressemblent assez à ceux des quadrupèdes. Il faudroit des discours infinis pour énoncer leurs petites différences. Nous les dirons quand nous en aurons besoin dans nos recherches ultérieures.

Nous avons déjà dit ailleurs que le pouce a deux phalanges; l'index trois; le medius et l'annulaire quatre; le petit doigt trois. Ces deux derniers, n'ayant point d'ongle, leur phalange onguéale est fort petite.

L'*os des îles*, fig. 15 *a*, est placé presque verticalement : concave en dehors, convexe en dedans, où il reçoit les apophyses transverses des vertèbres sacrées.

Son bord supérieur et antérieur répond aux deux tiers d'un demi-cercle. Son angle antérieur est émoussé, et offre une sorte de facette articulaire; le postérieur est aigu : sa facette, qui fait partie de la fosse cotyloïde, est en croissant.

L'*ischion b*, est presque fait comme la clavicule. Il va se joindre à son semblable par une partie plane en triangle isocèle; son col est épais, et sa tête encore plus. Elle offre deux facettes : une rude qui l'unit à l'*os des îles*, et une lisse, qui contribue à former la cavité cotyloïde. Du col part en avant et un peu en dehors une apophyse plane qui supporte le *pubis*.

Celui-ci *c*, est encore un os plane en triangle isocèle, porté par un pédicule cylindrique, lequel s'articule à l'apophyse du col de l'ischion. Les deux pubis ne se touchent pas, mais se portent obliquement en avant et un peu en dedans, soutenus par la même aponévrose qui réunit les fausses côtes abdominales.

Le *fémur*, fig. 12, A en dehors, B en dedans, C en dessus, D en dessous, est un peu plus long que l'humérus et courbé en sens contraire. Sa tête supérieure est comprimée dans un sens presque longitudinal, c'est-à-dire, antéro-postérieur ; de sa face interne vers son quart supérieur, saille une éminence pyramidale mousse *a*, qui est son seul trochanter. Sa tête inférieure est plus large dans le sens transversal, et se divise aussi en arrière en deux condyles écartés *b*, *b*.

Le *tibia a*, fig. 16 et fig. 17, A par derrière, C par dessus, D par dessous, s'éloigne moins que le cubitus des formes ordinaires aux quadrupèdes. Sa tête supérieure est grosse et triangulaire ; l'inférieure est en croissant posé obliquement, et sa surface est convexe.

Le *péroné b*, fig. 16, est grêle, cylindrique. Sa tête supérieure très-comprimée ; l'inférieure un peu triangulaire.

Le *calcanéum*, fig. 18, A en dessus, B en dessous, C en avant, D par le côté interne, ne diffère pas autant que les autres os des extrémités, de ce qu'on voit dans les mammifères. Il a aussi sa tubérosité postérieure, sa facette péronienne et son apophyse interne, qui porte une facette calcanienne ; enfin sa tête cuboïdale : ses proportions sont courtes et larges.

Mais l'*astragale*, comme dans tous les lésards, est d'une figure très-différente de celle qu'il a ordinairement, et fort irrégulière. *Voyez* la fig. 16 *c*, et fig. 19, A par devant, B par derrière,

C en dessus et D en dessous. Le contour de sa face antérieure est déterminé par quatre faces : une supérieure, petite, carrée pour le péroné; une interne, oblique et allongée pour le tibia; une externe, en forme de croissant, dont les parties supérieures et inférieures seulement portent contre le côté interne de la proéminence péronienne du calcanéum.

Toute la partie inférieure de l'astragale est occupée par une surface irrégulière très-bombée, dont la partie postérieure externe appuie sur l'apophyse astragalienne du calcanéum, et dont le reste porte les deux premiers métatarsiens.

Il y a encore trois autres os que l'on peut compter parmi ceux du tarse.

L'analogue du *cuboïde e*, fig. 16, placé entre le calcanéum et les deux derniers métatarsiens; un *cunéiforme f, ib.*, très-petit, qui répond au second et au troisième métatarsien; et un surnuméraire *g, ib.*, aplati, triangulaire, à pointe faisant un peu le crochet, qui s'attache au-dehors du cuboïde. C'est lui qui tient lieu du cinquième doigt.

Les métatarsiens n'ont rien de remarquable; ils sont plus longs et plus égaux que les métacarpiens.

Les nombres des phalanges sont, à compter du pouce, 2, 3, 4, 4. Le dernier doigt n'a point d'ongle.

Principales dimensions d'un squelette de crocodile des Indes de neuf pieds deux pouces de longueur totale, en mètres.

Longueur totale	3,
———— de la tête	0,44
———— du cou	0,27
———— du dos	0,46

Longueur des lombes 0,22

——— du sacrum 0,09

——— de la queue 1,5

Largeur de la tête aux condyles 0,225

———— des condyles 0,05

——— de la plaque supérieure du crâne 0,12

Longueur de l'orbite 0,06

Largeur de l'orbite 0,042

Distance de l'angle antérieur de l'orbite au bout du museau . 0,3

Longueur de l'omoplate 0,125

——— de l'humérus 0,195

Largeur de la tête supérieure de l'humérus 0,05

———de la tête inférieure 0,045

Longueur du cubitus 0,125

Largeur de sa tête supérieure 0,032

——————— inférieure 0,022

Longueur du radius 0,112

Largeur de sa tête supérieure 0,023

——————— inférieure 0,025

Longueur de la main 0,125

Longueur de l'os des îles 0,11

Hauteur de l'os des îles 0,065

Longueur du fémur 0,215

Largeur de sa tête supérieure 0,052

——————— inférieure 0,045

Longueur du tibia 0,15

——— du péroné 0,145

Largeur de sa tête supérieure 0,024

——————— inférieure 0,024

Longueur du pied 0,245

Toute cette description des os, tant du corps que des membres, est prise, ainsi que je l'ai annoncé, de l'espèce des Indes ou à deux arêtes; mais elle convient aussi à toutes les autres.

Le *gavial* lui-même, et c'est une circonstance essentielle à remarquer pour nos recherches ultérieures, a les mêmes formes de vertèbres et d'os des membres; il seroit à-peu-près impossible de distinguer ces pièces, une fois qu'elles seroient détachées du squelette, de leurs analogues dans les autres crocodiles.

Je trouve seulement à mon individu des côtes à quatorze vertèbres au lieu de douze; mais comme il n'y a que trois lombaires au lieu de cinq, le nombre total n'est point changé, et ce pourroit bien être une circonstance purement individuelle.

La tête est donc la seule partie osseuse par où les crocodiles vivans puissent être caractérisés; encore ses différences n'influent-elles point sur le nombre et les connexions des os qui la composent. Le gavial, par exemple, dont la forme est si particulière, a les mêmes os que les autres; mais pour se conformer à l'étrange allongément du museau, ils ont reçu d'autres proportions.

Ainsi la symphyse de la mâchoire inférieure regnant jusqu'auprès de la dernière dent, l'os dit operculaire s'y trouve compris pour près du tiers de la longueur de cette articulation.

Mais l'os condyloïdien, l'articulaire, l'angulaire et l'os en croissant sont comme dans le crocodile. Les deux trous ovales, le grand vide de la face interne, l'articulation et l'apophyse postérieure y sont aussi placés et configurés de même.

C'est aussi l'excessif allongement des maxillaires supérieurs qui caractérise le plus la tête du gavial. Sa plus grande singularité consiste cependant en ce que ses os du nez ne vont point jusqu'aux narines: ils finissent en pointe, à-peu-près au tiers de la longueur du museau, et pendant un autre tiers la suture médiane est faite par la rencontre des maxillaires, jusqu'à une autre pointe formée par les intermaxillaires; mais tous les démembremens du frontal, de l'ethmoïde et du tem-

4

poral sont placés comme au crâne du crocodile, sauf les figures qu'ils prennent pour s'arranger avec celle de la tête.

Les plus curieux sont les lames du sphénoïde, qui font une voûte sur les palatins ; au lieu d'un simple conduit demi-cylindrique, elles se renflent chacune en une vessie grosse comme une œuf de poule, qui ne communique avec le canal nasal que par un trou médiocre. Je ne l'ai point observée dans le petit gavial, et j'ignore si, comme tant d'autres sinus, elle est un produit de l'âge.

Ce qui me le feroit croire, c'est que dans les vieux croco-diles des Indes, cet endroit du canal est beaucoup plus renflé que dans les jeunes ; ce sera donc l'analogue du sinus sphé-noïdal, comme je l'ai annoncé plus haut.

Comme nos crocodiles fossiles ont plus de rapport avec le *gavial* qu'avec les autres espèces, nous donnons, pl. I, fig. 6, une figure de la tête du *gavial*, et une autre de sa mâchoire inférieure plus grandes et plus détaillées que celles qui avoient pu entrer dans notre planche comparative des espèces de crocodiles.

Les lettres y désignent les mêmes os que dans les têtes du *crocodile à losange*, gravées à côté.

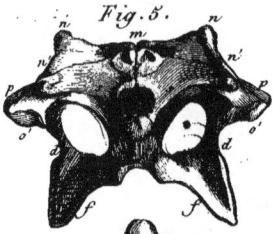

Fig. 5.

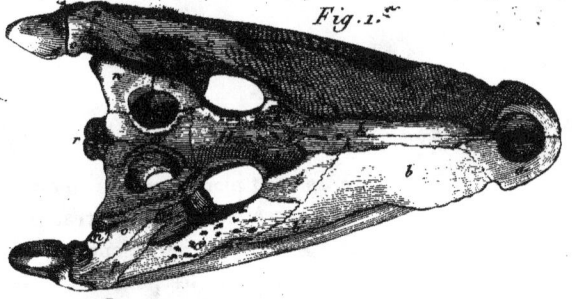

Fig. 1.

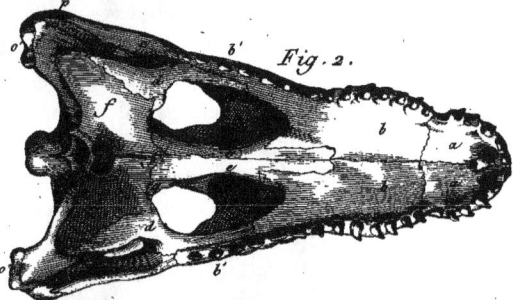

Fig. 2.

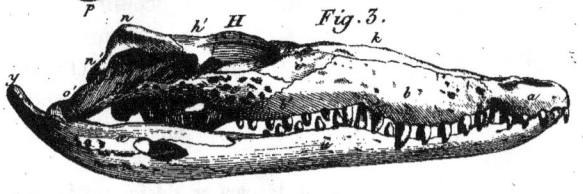

Fig. 3.

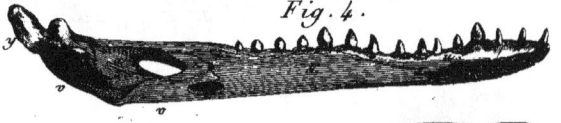

Fig. 4.

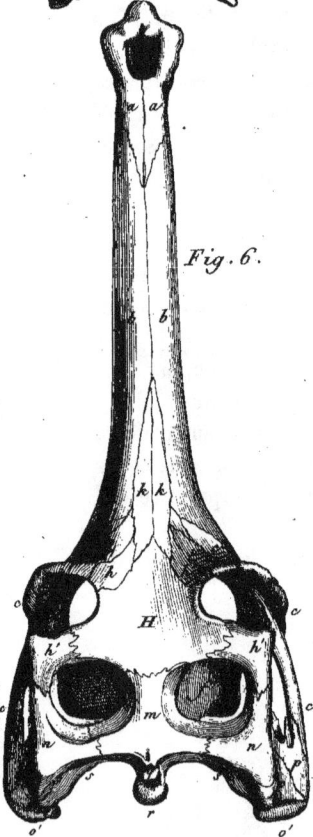

Fig. 6.

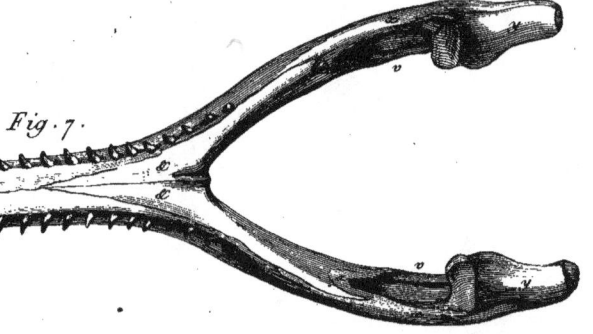

Fig. 7.

Fig. 1.

Fig. 2.

Fig. 18. D

Fig. 4.

Fig. 18. A

Fig. 18. B

Fig. 16. C

Fig. 19. B

Fig. 3.

Fig. 5.

Fig. 6.

Fig. 7.

Fig. 19. A

Fig. 19. D

Fig. 19. C

Fig. 9.

Fig. 8.

Fig. 20. B

Fig. 10.

Fig. 9. B

Fig. 15.

Fig. 8.

Fig. 11. C

Fig. 16.

Fig. 11. C

Fig. 12.

Fig. 13.

Fig. 11.

B

A

D

C

D

B

A

Fig. 17.

A

C

SUR LES OSSEMENS FOSSILES

DE CROCODILES,

Et particulièrement sur ceux des environs du Havre et de Honfleur, avec des remarques sur les squelettes de sauriens de la Thu- ringe.

C'est à regret que je me vois encore contraint de mêler à mes recherches des discussions polémiques, mais mes opinions sur le sujet que je vais traiter ayant été attaquées publiquement par un savant justement célèbre, ce seroit manquer à la considération que je lui dois, que de persister dans ma façon de penser, sans répondre aux argumens qu'il m'oppose.

M. *Faujas de Saint-Fond*, professeur de géologie au Muséum d'histoire naturelle de Paris, qui a consacré une dissertation particulière *aux crocodiles fossiles*, dans son *Histoire de la montagne de Saint-Pierre*, p. 215 et suiv., la commence par ces paroles : « *Il existe des crocodiles fossiles : cette vérité ne*

1

» *sauroit être révoquée en doute.* » Et après avoir raconté combien il lui a fallu de peines, de courses et de dépenses pour en observer et en faire dessiner quelques-uns, il en cite expressément sept dont il en a lui-même examiné quatre, et il les rapporte tous les sept au *gavial* ou *crocodile du Gange*, en répétant cette assertion pour chacun en particulier, page 224, 225, 226, et la réitérant encore aux pages 250 et 252. Je ne sais quel malheureux hasard a fait cependant qu'une partie de ces animaux ne sont pas des *crocodiles*, et qu'aucun n'est le *gavial*; ni quel hasard plus malheureux encore a fait que l'auteur ayant voulu ensuite retirer un de ses animaux du genre des crocodiles, en a choisi précisément un qu'il auroit fallu y laisser.

A la vérité c'est l'autorité du célèbre *Pierre Camper* qui paroît l'y avoir déterminé. Ce grand anatomiste, après avoir regardé comme le squelette d'un *crocodile* celui que *Wooller* et *Chapman* ont décrit dans le 5o.ᵉ volume des *Transactions philosophiques* (1), se rétracta quelques années après, et le déclara une *baleine*.

M. *Faujas*, qui n'avoit point fait d'attention à cette rétractation dans son *Histoire de la montagne de Saint Pierre*, l'adopta en la modifiant dans ses *Essais de géologie*. « Ce ne » sauroit être un crocodile, y dit-il, p. 260, *mais un phy-* » *seter.* » La vérité, ainsi que nous le verrons, est que c'étoit réellement un *crocodile*.

Un autre de ces animaux, déterré près d'*Honfleur* par l'abbé *Bachelet*, et regardé par ce naturaliste comme un *cachalot*, fut reconnu et annoncé pour la première fois

(1) Acta Petrop. 1777, vol. I, pars II, p. 205.

par moi (1), comme un *crocodile*, et je déclarai en même
temps que ce n'étoit point le *gavial*, quoiqu'il eût avec cette
espèce de nombreux rapports de conformation.

Mais M. *Faujas* n'eut pas autant d'égard pour mon assertion que pour celle de *Pierre Camper.* « *Ces os maxillaires*,
» dit-il, (*Montagne de Saint-Pierre*, p. 225), *appartiennent*
» *à un crocodile de l'espèce du gavial.* » Et s'exprimant avec
plus d'étendue dans ses Essais de géologie, I, p. 167, « J'ai
» examiné cette tête, son museau allongé, la forme de ses
» dents, son facies *le* rapprochent si fort du véritable gavial,
» que je ne saurois me déterminer à *le* considérer comme
» une espèce particulière ; l'influence de l'âge ou de la nourri-
» ture, celle du climat peuvent opérer tant de modifications
» passagères sur certains animaux, qu'on auroit peut-être tort
» de considérer alors les variétés comme formant des espèces
» particulières. Le passage à l'état de pétrification peut aussi
» occasioner des déplacemens, des compressions, des gonfle-
» mens dans certaines parties, surtout dans l'état pyriteux,
» qui doivent nous tenir en réserve sur cet objet. »

Ce ne sont pas là, comme on voit, des raisons d'un grand
poids dans une discussion d'ostéologie, et je ne saurois trop
comment m'y prendre pour y répondre ; aussi me bornerai-je
à décrire les os de mon animal, et à les comparer avec ceux
des espèces voisines. Il en résultera une défense suffisante de
l'opinion que j'avois avancée.

Mais je crois devoir faire précéder ce travail de l'examen
des autres fossiles regardés par M. *Faujas* comme des *gavials*,
ainsi que de quelques-uns des mêmes genres, dont ce savant

---

(1) Bulletin des sciences par la Soc. phil. brumaire an IX, p. 159.

géologiste n'a point fait mention, quoiqu'ils fussent indiqués depuis long-temps dans des ouvrages connus.

Je le ferai suivre de la description d'ossemens de crocodiles trouvés en d'autres lieux de France, et je terminerai le tout en restituant au genre des crocodiles l'animal de Wooller et de Chapman que l'on n'auroit pas dû en faire sortir.

Article premier.

Des squelettes de sauriens *dont on trouve des empreintes dans les schistes pyriteux de la* Thuringe, *et qui ont été pris mal-à-propos pour des* crocodiles *ou pour des* singes.

Il y a dans presque toutes les parties de la *Thuringe* et du *Voigtland*, dans les portions limitrophes de la *Hesse*, et jusqu'en *Franconie* et en *Bavière*, une couche de schiste marneux et bitumineux, que M. *Werner* regarde comme la plus basse de ce qu'il nomme *première formation du calcaire secondaire*, et qui se trouvant presque toujours parsemée de grains de pyrite cuivreuse contenant argent, est exploitée en plusieurs endroits pour ces deux métaux, quoiqu'elle en soit assez pauvre; car M. *Karsten* m'écrit qu'elle donne à peine 2 pour cent de cuivre. Elle n'est pas non plus fort puissante; car elle a rarement plus de deux pieds d'épaisseur; souvent elle ne passe point un ou deux pouces, et les ouvriers sont obligés d'y travailler couchés, afin de ne point enlever plus de pierre qu'il n'est nécessaire. Cependant on ne laisse pas que d'en tirer un revenu considérable. Les mines de *Rothenburg*, dans le pays de *Halle*, par exemple, produisent, année commune, 5000 quintaux de cuivre dont on extrait 3 à 4000

marcs d'argent. Celles de Hekstedt, d'Eisleben, de Mansfeld, de Burgorner en Thuringe, de Riegelsdorf en Hesse,
de Munsteroppel dans le pays de Cologne, de Weissbach en
Franconie, etc. fournissent sans doute aussi des quantités
suffisantes de ces deux métaux pour rendre leur exploitation
profitable.

C'est de cette couche schisteuse que l'on retire ces nombreuses empreintes de poissons qui ont rendu les cantons de
Mansfeld, d'*Eisleben*, d'*Ilmenau* et d'autres endroits de la
Thuringe et du *Voigtland* si célèbres parmi les descripteurs
et les collecteurs de pétrifications (1). Elle repose sur un grès
rouge qui contient de la houille en divers endroits, et que les
mineurs ont nommé *das todte liegende*, ou *la couche morte*,
parce qu'elle ne donne point de cuivre.

Au-dessus du schiste cuivreux, sont des couches calcaires
plus ou moins nombreuses qui contiennent les coquilles les
plus anciennes, telles que *bélemnites*, *entroques*, *anomies*
et autres, et qui passent pour être de même nature que celles
des Alpes et de l'Apennin. Le gypse, accompagné de sel-
gemme, surmonte ce calcaire et est surmonté à son tour par
des grès que recouvre une seconde sorte de gypse dépourvu
de sel et recouvert par un autre calcaire coquillier analogue
à celui du Jura, et dans lequel sont creusées ces fameuses
cavernes remplies d'ossemens d'ours, et d'autres carnassiers
dont nous avons parlé ailleurs.

Ainsi cette couche de schiste bitumineux est des plus an-

---

(1) Voyez surtout le Commentaire de Walch sur les monumens de Knorr, et le
Catalogue de Davila par Romé de Lille.

ciennes parmi celles qui contiennent des débris de corps organisés.

Les poissons s'y trouvent comprimés comme dans tous les
schistes qui en recèlent, et ce sont eux surtout qui sont pyri-
tifiés, ce qui sans doute en a déjà fait détruire un grand nombre
de très-curieux.

L'opinion. générale est que ce sont des poissons d'eau
douce, et tout extraordinaire qu'il puisse paroître de voir
des productions d'eau douce recouvertes par des masses immenses des productions marines les plus anciennes, nous avons
tant d'autres preuves, même dans nos environs, que la mer
a plusieurs fois recouvert·les continens, que ce ne seroit pas
une raison de mettre cette opinion en doute.

Pour ma part, je n'ai pas assez examiné ces poissons pour
avoir quelque chose de positif à en dire; mais ce que je vais exposer touchant les empreintes de quadrupèdes ovipares qui
se mêlent quelquefois dans ces schistes avec celles des poissons,
ne peut que confirmer l'origine attribuée à ceux-ci. Ces reptiles, il est vrai, ne sont pas des *crocodiles* comme on l'a
cru; mais ce sont toujours des animaux dont le genre fréquente les marais et les bords des rivières.

Je n'ai vu par moi-même aucune de ces empreintes de reptiles; mais j'en ai trouvées trois gravées dans des livres, et
mes amis de Berlin m'en ont procuré le dessin d'une quatrième. Ces images, sans me mettre en état de porter un jugement aussi complet et aussi sûr, que si j'avois eu les pièces
mêmes à examiner et à disséquer, me fournissent cependant
déjà des données suffisantes pour déterminer le genre, et pour
caractériser, jusqu'à un certain point, l'espèce des animaux
qu'elles présentent.

La première est celle que *Spener*, médecin de *Berlin*, publia, en 1710, comme une empreinte de *crocodile*, dans les *Miscellanea berolinensia* I, fig. 24 et 25, p. 99. Le morceau venoit des mines de *Kupfer-Suhl*, à trois lieues d'*Eisenach*, et une et demie de *Salzungen*. On l'avoit tiré de près de cent pieds de profondeur.

La seconde de ces empreintes, donnée aussi pour celle d'un *crocodile*, fit l'objet d'une lettre de *Henri Link*, pharmacien de *Léipsick*, au célèbre géologiste anglais *Woodwardt*, imprimée en 1718, et dont une partie, ainsi que la planche, fut insérée dans les *Acta eruditorum* de la même année, p. 188, pl. II; elle est du même lieu et sur la même sorte de pierre que la précédente.

La troisième est gravée dans le Traité *de Cupro* du fameux *Emmanuel Swedenborg*, pl. II. L'auteur la regarde comme une espèce de *guenon* ou de *sapajou*, et c'est sous ce titre qu'elle est citée dans la plupart des Traités sur les pétrifications; elle venoit des mines de *Glücksbronn* près d'*Altenstein*, dans le pays de *Meinungen*, où on l'avoit trouvée en 1733.

Enfin la quatrième, dont je donne aujourd'hui une grâvure, a été retirée, en 1793, des mines de *Rothenbourg* près de la *Saale* dans le pays de *Halle*, à 264 pieds sous le sol, et est aujourd'hui dans le cabinet royal de *Berlin*. J'en dois un beau dessin à l'amitié du célèbre minéralogiste M. *Karsten*, et au talent de l'habile artiste M. *Wachsman*.

Ces quatre morceaux, trouvés dans des couches de même nature, présentent certainement aussi des animaux d'une même espèce, comme on peut en juger par la ressemblance de

forme et de grandeur de toutes les parties communes, et spécialement de l'épine, de la queue et d'une partie des membres.

On peut donc les employer toutes pour reconstruire un
individu complet, en rattachant au tronc commun les parties
isolées dans chaque morceau.

Spener nous fournit la tête, le pied de devant et presque
toute la queue. Celle-ci se trouve aussi dans *Link*, avec une
extrémité de derrière, les deux de devant complètes, et une
bonne partie du tronc. *Swedenborg* a les côtes, presque toute
la queue, les deux extrémités de derrière bien complètes, et
plusieurs parties de celles de devant. Enfin ce que le dessin
de M. *Wachsmann* offre de plus important, c'est l'empreinte
d'une portion du bassin.

Ces diverses parties sont plus que suffisantes pour nous
éclairer sur la nature de cet animal.

La forme de sa tête, ses dents toutes aiguës, la grandeur
des vertèbres de sa queue montrent déjà suffisamment que
c'est un quadrupède ovipare, sans avoir besoin de ses membres
postérieurs qui le confirment encore mieux.

La tête n'est pas sans ressemblance avec celle du *crocodile
du Nil*, et *Spener*, qui ne connoissoit que la figure extérieure
du crocodile d'après des gravures, est excusable de l'avoir
pris pour tel. M. *Faujas* lui-même, qui paroît n'avoir connu
ni la figure de *Link*, ni celle de *Swedenborg*, n'auroit peut-
être mérité aucun reproche, s'il s'étoit borné à voir dans le
morceau de *Spener* un *crocodile en général;* mais comment
a-t-il pu affirmer que c'est « un *crocodile à long bec*, un *véritable* GAVIAL? » (*Histoire de la montagne de Saint-Pierre* ,
p. 226), et redire encore la même chose en d'autres termes ,

(*Essais de géologie I*, p. 157). Il est au contraire évident que son museau est très-court, et diffère plus du *gavial* que d'aucun autre *reptile saurien*.

Mais je vais plus loin, et j'affirme que cette tête, gravée par *Spener*, indique déjà à elle seule le genre de l'animal. Si c'étoit un crocodile, elle auroit au moins quinze dents de chaque côté à la mâchoire inférieure, et dix-sept ou dix-huit à la supérieure ; lesquelles régneroient jusque sous le milieu des orbites ; elle n'en a que onze qui s'arrêtent sous l'angle antérieur de l'orbite ; c'est le caractère de l'une de ces nombreuses espèces qui ont été entassées par *Linnæus*, sous le nom de *lacerta monitor*, et distinguées par *Daudin*, mais sous le mauvais nom générique de *tupinambis*.

Ce premier trait une fois saisi, tous les autres le confirment.

Les pieds de derrière, qui sont d'une conservation admirable dans l'empreinte de *Swedenborg*, y montrent cinq doigts très-inégaux, dont le quatrième est le plus long, et qui ont le nombre d'osselets suivans, en commençant par le pouce, et en comptant les os du métacarpe, 3, 4, 5, 6, 4.

On ne peut soupçonner l'auteur d'avoir suppléé à son échantillon d'après ses connoissances d'anatomie, car il regardoit cet animal comme une guenon (*cercopithecus*), et ces nombres réfutoient déjà son idée ; une guenon auroit eu 3, 4, 4, 4, 4, et le troisième doigt auroit été le plus long.

Link donne aussi les mêmes proportions et les mêmes nombres, quoique sa figure ne les exprime pas aussi clairement, parce qu'elle est rapetissée.

Or, ce nombre et cette proportion des doigts, ce nombre des articulations de chaque doigt sont exactement les mêmes que dans les *monitors*, ainsi que dans les *lésards* ordinaires et les *iguanes*, mais ne conviennent nullement aux *crocodiles*, qui n'ont aux pieds de derrière que quatre doigts peu différens en longueur, et dont les nombres sont 3, 4, 5, 4.

Les pieds de devant ne se voient que dans la figure de *Link*, et ils y sont rendus d'une manière peu nette. On y distingue cependant cinq doigts presque égaux. Les *crocodiles* ont bien cinq doigts devant comme les *lésards*, mais leur petit doigt est sensiblement moindre à proportion.

Spener conjecture que la longueur de son animal devoit approcher de trois pieds; ceux de *Swedenborg* et de *Link* ont à-peu-près la même dimension, et c'est à-peu-près aussi celle qu'atteignent les *monitors* des espèces les plus ordinaires, tels que celui de *terre* et celui de *rivière d'Egypte*, celui du *Congo* décrit par *Daudin*, ceux des *Indes orientales*, etc. tous animaux encore très-mal distingués dans les auteurs, mais que j'ai la faculté de voir et de comparer dans ce Muséum, et dont plusieurs y sont aussi en squelette.

La comparaison peut se suivre sur les os des cuisses, des bras, des jambes et des avant-bras; les vertèbres de la queue, telles qu'on les voit dans les quatre figures, sont aussi très-semblables à celles des *monitors*; en un mot, je n'y trouve qu'une ou au plus deux différences spécifiques.

La première sur laquelle toutes les figures s'accordent, c'est que les apophyses épineuses des vertèbres dorsales sont beaucoup plus élevées que dans les *monitors* dont j'ai les squelettes, égalant presque celles de la queue; l'autre que je trouve la jambe un peu plus longue à proportion de la cuisse et du pied.

Mais ces deux différences n'empêchent pas que la détermination du genre ne soit juste et rigoureuse.

On ne comptera donc plus les animaux de *Spener* et de *Linck* parmi les *crocodiles*, ni celui de *Swedenborg* parmi les *guenons* ou les *sapajous*; mais on les rangera tous parmi les *monitors* ou *tupinambis*.

Il y a lieu de croire qu'il faut placer dans le même genre le *squelette pétrifié de crocodile*, de deux pieds dix pouces que l'on annonce exister au cabinet de *Dresde* (1), et avoir été trouvé, selon les uns, à *Wurtzbourg*; selon d'autres, à *Boll* dans le *Wurtemberg*; mais par une négligence dont on ignore la cause, aucun des naturalistes de ce pays-là n'a décrit ni figuré ce morceau, non plus qu'un grand nombre d'autres que ce riche cabinet passe pour contenir.

ARTICLE II.

Des ossemens enfermés dans les marbres coquilliers de la Franconie, *et qui paroissent véritablement appartenir à des* crocodiles.

La petite ville d'*Altorf*, qui étoit autrefois sujette de celle de *Nuremberg*, et qui vient de passer avec elle sous la domination du royaume de *Bavière*, a dans son voisinage des carrières d'une pierre calcaire ou espèce de mauvais marbre de couleur grise, toute pétrie d'ammonites et d'autres coquilles anciennes, et que de savans minéralogistes, comme M. de Humboldt, pensent appartenir au même ordre de couches dans lequel sont creusées les cavernes qui récèlent des os

---

(1) Voyez la notice du cabinet de Dresde, impr. en 1755, partie françoise, pag. 27.

d'ours. On a trouvé à trois ou quatre reprises dans ce calcaire des fragmens et des empreintes de grandes têtes à museau allongé, armé de beaucoup de dents aiguës, et sur l'espèce desquelles les naturalistes ne sont point d'accord.

Merck en avoit une qui est aujourd'hui dans le cabinet de *Darmstadt*, et il la considéroit comme celle d'un *gavial* (1).

Une seconde, qui faisoit partie du cabinet de *Manheim*, a été soigneusement décrite et représentée par *Collini* (2), qui hésite s'il faut la regarder comme celle d'une *scie*, d'un *espadon*, ou de quelque animal marin tout-à-fait inconnu. La partie antérieure d'une troisième, découverte par *Bauder*, bourguemestre d'*Altorf*, est gravée dans le VIIIe tome de l'ouvrage périodique allemand, intitulé le *Naturaliste (naturforscher)* p. 279 : on la donne simplement comme une tête de *crocodile*.

M. *Faujas* a publié de nouvelles figures des deux premières, qu'il a fait dessiner dans un de ses voyages ; mais elles sont peu exactes : celle de la tête de *Manheim* surtout, comparée à la figure et aux mesures précises données par *Collini*, se trouve avoir le museau de plus d'un quart trop court. Elles ne sont d'ailleurs accompagnées ni l'une ni l'autre d'aucune indication propre à nous instruire de ce qu'il seroit le plus nécessaire de savoir pour en déterminer l'espèce. Cependant M. *Faujas* se déclare positivement pour l'opinion de *Merck*, que ce sont des têtes de *gavial*.

Je n'ai vu non plus aucune de ces têtes ; mais les figures et

(1) Troisième lettre sur les fossiles, 1786, p. 25.
(2) Acta Acad. Theodoro-palat. V, pl. III, fig. 1 et 2.

les descriptions existantes me suffisent déjà pour montrer qu'elles ne viennent certainement point du grand gavial.

La seule proportion de la longueur à la largeur le prouveroit.

La plus entière, celle de *Manheim*, a, selon *Collini*, 1 pied 7 pouces de longueur, quoique le bout du museau soit tronqué, et 5 pouces six lignes de largeur; c'est comme 38 à 11, où près de trois fois et demie la largeur (1).

Notre grand *gavial* a la tête longue de 2′ 1″, large de 9″, c'est comme 25 à 9, ou deux fois et un peu plus de deux tiers de fois la largeur.

La figure générale de la tête fossile est d'ailleurs toute différente : elle se rétrécit graduellement en avant pour former le museau.

Sous ces deux rapports, elle appartiendroit à un individu de la forme de notre *petit gavial*, et cependant sa taille la rapproche de notre *grand*.

Elle ressembleroit aussi au *petit* par les yeux dont l'empreinte est ovale et longitudinale, selon la description de *Collini*.

La figure de la tête de *Damstadt*, donnée par M. *Faujas* (*Mont. de Saint-Pierre*, pl. LIV), semble néanmoins annoncer un caractère qui éloigneroit également l'animal fossile de l'un et de l'autre *gavial;* c'est que la symphyse de la mâchoire inférieure ne s'étend pas si fort en arrière, et qu'il reste encore au moins sept ou huit dents dans la partie séparée de chaque branche de la mâchoire, tandis qu'il n'y en a que

---

(1) M. Faujas dit bien (Mont. de Maestricht, p. 250) qu'elle a 2 pieds de long ; mais il s'en tient ensuite à la mesure de Collini (Essais de géologie, p. 161).

deux ou trois dans les *gavials*. Ce caractère se retrouvant dans mon crocodile d'Honfleur, je serois très-disposé à l'adopter ; mais la figure où je le trouve est si mal faite, qu'on ne sait si la partie où je crois le voir est la mâchoire supérieure ou inférieure, et rien, dans la description, ne nous éclaircit à cet égard. Il faut donc attendre des renseignemens ultérieurs, pour savoir si ce *crocodile* est le même que celui d'*Honfleur*, ou s'il en diffère.

Nous savons du moins, à n'en pas douter, que c'est un *crocodile* et non pas un *dauphin*, comme quelques personnes pourroient être tentées de le soupçonner ; car il avoit des narines sur le bout du museau, et un double canal nasal qui s'étendoit jusque sous le crâne.

Le morceau de *Bauder* montre fort nettement les narines au bout du museau ; et celui de *Collini* fait voir des empreintes très-reconnoissables de la partie postérieure des deux canaux du nez.

Un *dauphin* auroit eu les narines percées verticalement à la racine du museau.

M. *Faujas* dit aussi avoir reconnu des germes de dents dans le creux des grandes qui sont cassées aux deux morceaux de *Manheim* et de *Darmstadt*.

Cette pierre grise, les cristallisations spathiques dont les creux des os sont remplis, selon *Collini*, sont autant de circonstances qui font ressembler la gangue de ces animaux à celle de mes ossemens de crocodiles d'*Honfleur*, et il est bien à regretter que quelque minéralogiste moderne ne nous ait point encore décrit ces carrières d'Altorf, ni rapporté exactement la nature des couches placées dessus et dessous celles qui ont fourni ces os de crocodiles.

Article III.

De la tête de crocodile fossile *trouvée dans le* Vicentin.

M. *Faujas* en fait mention (*Mont. de Saint-Pierre*, p. 225, et *Essais de géologie* I, p. 165), d'après un dessin que Fortis lui avoit procuré, mais qu'il n'a point fait graver.

M. le comte de *Sternberg* y a suppléé dans son *Voyage en Tyrol*, etc. publié à *Ratisbonne*, en 1806, où il donne une bonne figure de ce morceau, réduite à demi-grandeur.

On y voit la portion antérieure du museau et les deux moitiés de la mâchoire inférieure détachées l'une de l'autre, mais restées presque dans leur position naturelle. Une bonne partie des dents étoit tombée et avoit été saisie ensuite par la pierre où elles entourent les os maxillaires. On voit d'ailleurs en place leurs alvéoles et même une partie de leurs racines ; mais M. de *Sternberg* assure qu'il n'y a point de petite dent dans la cavité des grandes.

La mâchoire supérieure ne montre que deux de ces alvéoles en avant, et cinq sur l'un de ses côtés : l'autre côté les ayant toutes perdues ; mais on en voit encore seize d'un côté et douze de l'autre à l'inférieure.

Ces ossemens paroissent bien appartenir à un *crocodile* ; mais il est fort aisé de s'apercevoir qu'ils ne viennent pas d'un *gavial*, comme l'assure si positivement M. *Faujas*. La portion postérieure de la mâchoire ne seroit pas presque en ligne droite avec l'antérieure, c'est-à-dire avec celle qui appartient à la symphyse, mais elle feroit avec elle un angle pour s'écarter davantage de sa correspondante de l'autre côté, ainsi qu'on peut le voir en jetant un coup d'œil sur le dessin que nous

avons donné dans notre chapitre précédent de la mâchoire
inférieure du vrai gavial.

Ce caractère suffit pour distinguer cette tête de *crocodile*,
et principalement sa mâchoire inférieure, de celle du *gavial*,
et pour la rapprocher beaucoup de celles d'*Honfleur* et d'*Altorf*. Je n'hésiterois même pas à les regarder toutes les trois
comme appartenant à une seule et même espèce, s'il étoit sûr
de s'en rapporter à de simples dessins, dans des matières aussi
épineuses, et si l'existence de deux espèces à Honfleur dé-
montrée par les vertèbres qu'on y a recueillies, ne devoit me
rendre particulièrement circonspect dans cette occasion-ci.

Ce morceau est aujourd'hui dans le riche cabinet de M.
Jérome Berettoni à *Schio* dans le *Vicentin*; sa gangue est
une pierre calcaire d'un jaune rougeâtre; il fut trouvé dans
une montagne près de *Rozzo*, district des *Sept-Communes*,
sur les confins du *Vicentin* et du *Tyrol*. La mâchoire inférieure est longue de 25 pouces et demi, et large de 8, mesure de Vienne (1).

Article IV.

*Description des ossemens des environs d'*Honfleur *et du*
Havre; *leur comparaison avec ceux du* gavial; *détermination des deux espèces inconnues de* crocodiles *qui les
ont fournis.*

Venons maintenant aux os qui font proprement l'objet de
ce chapitre, et examinons s'ils appartiendroient au *gavial*,
plus que ceux dont nous venons de parler.

_____

(1) Voyez le voyage de M. de Sternberg, p. 86 et 87.

Ici nous pouvons travailler d'après nos propres observations ;
une riche collection de ces os recueillis autrefois près de
Honfleur , par l'abbé *Bachelet*, naturaliste de Rouen, nous
ayant été remise pour le *Muséum d'histoire naturelle* , par
les ordres de M. *Beugnot*, alors préfet de la Seine-Inférieure,
et depuis conseiller d'état. C'est seulement par les étiquettes
attachées à ces os, que j'ai connu le lieu de leur origine, ainsi
que le nom de leur collecteur, et je ne trouve point que
l'abbé *Bachelet* ait rien publié sur leur gisement, ni sur la
manière dont il en fit la découverte ; mais il y a dans le Journal de physique (1) un Mémoire de l'abbé *Dicquemarre* sur
les os des environs du Havre qui étant de la même espèce et
dans le même état que ceux d'*Honfleur*, ainsi que je m'en
suis assuré en confrontant plusieurs échantillons des uns et
des autres, doivent sans doute aussi leur ressembler par la
position.

Il paroît donc qu'ils sont tous dans un banc de marne calcaire endurcie, d'un gris bleuâtre, qui devient presque noirâtre
quand il est humide , et qui règne des deux côtés de l'embouchure de la Seine, le long du rivage du pays de *Caux* et de
celui du pays d'*Auge*, comme au cap de la *Hève*, et entre
Touque et *Dives*, vis-à-vis les *Vaches-noires*.

Il s'élève en quelques endroits au-dessus du niveau des plus
hautes marées, et dans d'autres il est recouvert par les eaux
de la mer. Il récèle partout des huîtres, de petites moules et
de petites tellines discoïdes d'espèces particulières, et les os
eux-mêmes ont des huîtres et des tuyaux de serpules adhérens
à leur surface ; mais il n'est pas aisé de dire si ces coquilles

_____

(1) Journal de phys. tome VII (le premier de 1786), p. 406 et suiv.

3

y tenoient déjà avant qu'ils eussent été enveloppés par la
marne, ou si elles ne s'y sont attachées que depuis que la mer
les a lavés et mis à découvert.

Quant à ce banc de marne, il est certainement plus ancien
que la masse immense de craie qui repose sur lui, et qui s'élevant en falaises de 3 et 400 pieds de hauteur, forme tout le
pays de Caux, une partie du pays d'Auge, et s'étend en Pi-
cardie, en Champagne et jusque en Angleterre.

Ces os de crocodile ainsi que ceux des lézards de la Thuringe appartiennent donc à des couches bien antérieures à
celles qui récèlent les os de quadrupèdes même les plus anciens, comme sont nos gypses des environs de Paris, puisque
ces gypses reposent sur le calcaire coquiller le plus commun,
qui repose lui-même sur la craie.

La substance des os est d'un brun très-foncé, et prend un
beau poli; les acides la dissolvent et en prennent une teinte
rougeâtre qui annonce qu'elle est colorée par le fer. Elle a cependant conservé une partie de sa nature animale.

Les grandes cavités des os, comme la boîte du crâne, le
canal des narines, celui des vertèbres, sont remplis par la même
marne endurcie et grisâtre qui enveloppe leur extérieur; mais
les pores ou les petites cellules de leur diploë sont occupés
par un spath calcaire demi-transparent, et quelquefois teint en
jaunâtre. La pyrite tapisse ordinairement chaque cellule, et
enveloppe le spath d'une couche mince et brillante. L'intérieur
des coquilles en est aussi quelquefois garni, et l'on en trouve
dont la substance a été entièrement remplacée par de la pyrite.

Le morceau le plus considérable de la collection de l'abbé
Bachelet, est une *mâchoire inférieure* presque complète,
que nous représentons par ses faces supérieure et latérale,

pl. II, fig. 1 et 2 ; il ne paroît y manquer que l'extrémité articulaire des branches.

Cette mâchoire porte les caractères incontestables des *crocodiles* ; ses dents sont coniques, striées : la plupart, il est vrai, sont cassées, mais on en voit à côté et dans la même pierre, de bien entières, et où l'on distingue les deux arêtes tranchantes ; plusieurs de celles qui sont en place montrent même dans leur cavité le petit germe qui devoit les remplacer. J'ai un autre morceau cassé précisément selon l'axe de la dent en place, et où l'on voit le germe de remplacement déjà fort avancé, et occupant tout le vide de cette dent.

On y distingue aussi fort bien les sutures qui la divisent en six os de chaque côté, à-peu-près dans les mêmes positions et de même forme que ceux dont se compose celle du *gavial*.

On ne peut donc nullement prendre cette mâchoire pour celle d'un *dauphin* ou d'un *cachalot*, comme l'avoit fait l'abbé *Bachelet*, quoiqu'elle ne soit pas sans rapports avec cette dernière par sa forme générale.

Néanmoins, un examen attentif ne tarde pas à y découvrir des caractères particuliers qui la distinguent tout aussi clairement de celle d'un *gavial*.

1.° Les branches sont beaucoup plus longues à proportion de la partie antérieure ou réunie, qu'elles surpassent de quelques centimètres. Dans le *gavial*, lorsqu'on en a retranché, comme ici, la partie articulaire, elles sont au contraire plus courtes de plus d'un tiers ; et même, en ajoutant cette partie, elles sont encore plus courtes d'un sixième.

2.° Elles ne font pas ensemble un angle si ouvert que dans le *gavial* ; le leur est de 30 et quelques degrés ; celui du *gavial* de près de 60.

3.º Par la même raison, elles s'écartent moins de la ligne extérieure de la partie symphysée, et en paroissent presque des prolongemens. Dans le *gavial*, elles s'en écartent par une inflexion beaucoup plus sensible.

4.º L'échancrure, qui sépare ces branches, pénètre plus avant entre les dents que dans le *gavial*. Il y a sept dents sur chaque branche. Dans le *gavial*, il y n'en a que deux ou trois.

5.º Cependant le nombre total est moindre : on n'en compte que vingt-deux de chaque côté, le *gavial* en a vingt-cinq.

6.º Enfin, il ne paroît point y avoit eu de trou ovale à la face externe de la branche.

Les principales dimensions de ce morceau sont les suivantes :

Plus grande longueur, *a b* 0,75
Longueur de la partie symphysée depuis le bout jusqu'à l'angle de réunion
　　des branches, *a c* 0,37
Longueur de ce qui reste de la plus longue branche, *c b* 0,39
Écartement des branches à l'endroit où elles sont tronquées, *b d* . . 0,185
Largeur de la partie symphysée au milieu, *c f* 0,052
Hauteur, *ib. f g* 0,040

Je n'ai pas eu la mâchoire supérieure en un seul morceau, ni d'un seul individu comme l'autre ; cependant à force de recherches, je suis parvenu à en rassembler toutes les parties.

J'en ai trouvé le bout antérieur avec les narines dans le riche cabinet de curiosités de M. l'abbé *de Tersan* (*Voyez* pl. II, fig. 6 et 7). Toute la partie cylindrique, depuis l'échancrure qui sert de passage à la grande dent d'en bas jusqu'à la base, est dans celui de M. *Bexon*, savant et respectable minéralogiste, (pl. II, fig. 3, 4 et 5). Enfin la partie qui joint le museau au front, se trouve parmi les os rassemblés par l'abbé *Bachelet*, (pl. II, fig. 9); mais ses deux côtés qui contenoient les dents sont emportés, ce qui m'empêche de donner le nombre total de celles-ci.

Il résulte de la comparaison que j'ai faite de ces pièces avec leurs correspondantes dans le *gavial*, qu'elles en ont tous les caractères génériques; mais qu'elles en diffèrent par des caractères spécifiques analogues à ceux de la mâchoire inférieure.

1.° Ce museau est plus court à proportion que dans le gavial, comme la partie symphysée de la mâchoire.

2.° Il est moins déprimé, plus cylindrique, c'est-à-dire que sa coupe transverse est plus semblable à un cercle.

3.° Le bout antérieur finit en pointe et ne s'élargit point en spatule comme dans le *gavial*; et il y a quelque différence dans la suture intermaxillaire.

4.° La base est un peu carénée en dessous, où elle répond à l'échancrure plus avancée de la mâchoire inférieure. Dans le *gavial*, elle est tout-à-fait plate.

5.° La partie frontale surtout montre de grandes différences.

On y voit une portion des nasaux, *a*, la pointe antérieure du frontal, *b*, et ce que je nomme *lacrymaux* internes, *c*. L'aplatissement de ces derniers montre que le bord antérieur de l'orbite ne se redressoit pas comme dans le *gavial*; et l'on voit à leur côté externe une espèce de demi-canal, *d*, qui n'est représenté que par une petite échancrure du bord de l'orbite dans le gavial, et par un canal beaucoup moins marqué dans les crocodiles ordinaires.

6.° Enfin, si l'on place cette partie sur l'endroit de la mâchoire inférieure auquel il répond par sa largeur, on juge, d'après ce qui reste à couvrir en arrière, que le crâne de cette espèce étoit beaucoup plus long à proportion de son museau que dans le *gavial*.

Longueur totale du fragment des figures 3 et 4 , pl. II, *a b* 0,236
Largeur au milieu, *c d* 0,050
Hauteur 0,035

J'ai encore quelques fragmens de la tête ; mais le proprié-taire ayant eu l'idée malheureuse de les faire scier et polir en différens sens, ils ne peuvent plus se rejoindre, et il fau-droit des restaurations trop hypothétiques pour les rattacher aux précédens.

Il y en a cependant un qui est important : c'est un fragment de la base de la partie symphysée de la mâchoire inférieure, qui diffère assez de sa correspondante dans la mâchoire presque complète, décrite ci-dessus, et qui se rapproche un peu plus de celle du *gavial*, surtout par son aplatissement.

Comme il y a des vertèbres de deux espèces, ainsi que nous l'allons voir, il se pourroit très-bien que ce fût ici un fragment de la mâchoire de l'une des deux.

En effet, un examen attentif des *vertèbres* m'a montré qu'elles forment deux systèmes, et m'a indiqué l'existence de deux *crocodiles différens* dans ce banc marneux.

Le premier morceau qui se présente (pl. II, fig. 9 de côté, fig. 10 en dessous, fig. 11 en avant), offre l'*atlas* et l'*axis* soudés ensemble, et personne n'y méconnoîtra les deux premières vertèbres d'un crocodile. L'*atlas* n'a conservé que sa pièce inférieure *a*, et une partie des latérales, *b*, *c*, destinées à embrasser le condyle de l'occiput. Tout ce qui con-tribuoit à former le canal a disparu. L'*axis* est plus complet, n'ayant perdu que la partie postérieure de sa pièce annulaire. Il y a déjà dans ce morceau plusieurs caractères qui annoncent une espèce particulière ; entre autres, le tubercule *d* de l'axis, qui fait penser que la fausse côte de cette vertèbre avoit deux têtes, comme celles des cervicales suivantes. Dans le crocodile, elle n'en a qu'une qui s'attache au tubercule analogue à *e*.

Mais un caractère plus frappant encore, et qui répond à ceux que nous allons remarquer dans les vertèbres suivantes, c'est que la face postérieure du corps de l'axis est concave, tandis qu'elle est convexe dans tous les crocodiles connus.

L'existence d'un double système vertébral dans ces bancs s'est annoncée dès ces premières vertèbres cervicales, car j'ai trouvé aussi un autre morceau contenant l'axis et l'atlas, mais avec des proportions différentes. Comme il étoit fort mutilé à Honfleur, et que je l'ai eu beaucoup plus parfait des environs d'Angers, je remets à le décrire à l'article suivant.

Longueur totale des deux vertèbres, pl. II, fig. 9, *b g* 0,074
Hauteur de l'axis, *h i* 0,065
Sa longueur propre, *e g* 0,052

Un autre grand et beau morceau d'Honfleur, pl. II, fig. 12, offre trois des premières vertèbres dorsales, et suffiroit à lui seul pour démontrer que notre animal a été un *crocodile*, et un *crocodile inconnu*. Le genre résulte d'abord de la suture qui joint le corps à la partie annulaire, et qui ne s'observe que dans les *crocodiles* et les *tortues*; mais l'espèce se distingue aussitôt par beaucoup de caractères.

1.º En les plaçant de manière que la facette articulaire qui regarde en dehors soit la postérieure, la face antérieure du corps se trouve convexe et la supérieure concave : ce seroit le contraire dans toutes les vertèbres des crocodiles connus. Cette convexité se rapporte évidemment à la concavité de la face postérieure de l'axis, et annonce qu'au moins une grande partie de l'épine de notre animal avoit les faces de ses vertèbres disposées d'une manière contraire à celle des crocodiles ordinaires.

2.° L'apophyse transverse naît par quatre côtes saillantes qui lui font une base pyramidale.

3.° Derrière la facette, qui reçoit la tête de la côte, est une fosse profonde. Ces deux sortes d'inégalités manquent aux crocodiles connus.

4.° Au lieu d'une apophyse épineuse inférieure unique, comme elle se voit dans les crocodiles, nous trouvons ici deux arêtes terminées chacune en avant par un tubercule.

Il y a bien parmi les quadrupèdes vivipares des ordres entiers, tels que les ruminans et les solipèdes qui ont le corps de leurs vertèbres cervicales convexe en avant; mais toutes leurs apophyses sont autrement arrangées.

Pour mieux faire saisir les caractères distinctifs de ces vertèbres, j'en ai représenté une séparée et dans une situation horizontale, à demi-grandeur, pl. II, fig. 13.

Longueur du corps, $a\,b$ 0,085
Hauteur totale, $c\,d$ 0,155

Il ne paroît pas au reste que ce crocodile fossile eût, comme ceux d'aujourd'hui, toutes les vertèbres convexes à une face, et concaves à l'autre.

La convexité antérieure diminue déjà sensiblement dans un troisième morceau, pl. I, fig. 10, a, qui est le corps d'une dorsale, analogue à-peu-près à la quatrième de notre *crocodile vivant*. Sa partie annulaire a été enlevée, mais on voit encore en e, les dents de la suture qui l'unissoit au corps. On voit aussi en c, la facette pour la tête de la côte, et derrière

en *d*, la fosse profonde qui est un des caractères des vertèbres de notre espèce; mais il n'y a ni arête, ni tubercules
inférieurs.

Le corps de cette vertèbre, ainsi que des suivantes, est
beaucoup plus rétréci dans son milieu que dans les crocodiles
connus.

Longueur 0,072
Diamètre d'une des faces 0,063
Diamètre du milieu 0,041

Une autre vertèbre semblable à la précédente, mais qui
paroît avoir été placée plus en arrière, attendu que sa facette
costale est un peu plus haut, a déjà les deux faces de son
corps à-peu-près égales et planes.

J'en trouve ensuite plusieurs (par exemple les trois de la
figure 6, pl. I) qui n'ont plus de facettes costales au corps,
et qui appartiennent par conséquent ou aux dernières dorsales ou aux lombaires. Pour décider leur place, il faudroit
savoir s'il y a une telle facette à leur apophyse transverse,
et celle-ci a été cassée. On voit du moins dans deux d'entre
elles, pl. I, fig. 3, qui ont conservé leur partie annulaire, que
l'apophyse transverse naissoit aussi d'une pyramide formé par
des arêtes saillantes *a*, *b*, comme celle des deux premières
dorsales que nous avons décrites. Elles appartiennent donc
bien sûrement à une même colonne épinière. Cette dernière
vient d'un très-grand individu.

Sa longueur est de 0,093
Le diamètre de ses faces de 0,083
Celui de son milieu 0,038

Mais à côté de ce premier système de vertèbres dorsales

4

dans les mêmes couches, et souvent pêle-mêle dans les mêmes morceaux, s'en trouve un autre très-différent, qui a bien appartenu aussi à un *crocodile*, et à un *crocodile inconnu*, mais qui ne peut avoir été à la même espèce que le précédent. Les vertèbres qui le composoient n'ont point le corps rétréci au milieu ; leurs apophyses transverses ne naissent point de la réunion de plusieurs arêtes saillantes ; elles ressemblent donc en général beaucoup davantage à celles de nos *crocodiles vivans* ; mais leur différence principale, et de nos espèces vivantes et de la première espèce fossile, c'est que les faces de leurs corps ne sont convexes ni l'une ni l'autre, mais toutes les deux légèrement concaves. Du reste, elles ont la suture et toutes les dispositions d'apophyses qui peuvent caractériser génériquement des vertèbres de crocodiles.

Celle de la planche I, figure 11, répond à la deuxième du dos des crocodiles vivans, par la position de sa facette costale *a*, *b* ; mais elle en diffère par l'absence de toute apophyse épineuse inférieure.

Celle de la figure 4, qui répond à la quatrième dorsale de nos espèces vivantes, parce que sa facette costale *f*, est plus voisine de l'apophyse transverse, manque aussi de cette apophyse épineuse inférieure qu'elle devroit encore avoir dans nos espèces.

*Celles de la figure 9 répondent à la sixième ou septième dorsale, et lui ressemblent très-bien par la longueur de leur apophyse transverse, et parce qu'elle porte la facette costale sur le milieu de son bord antérieur ; leur seule différence est dans la concavité des deux faces de leur corps.

J'ai encore quelques grosses vertèbres lombaires qui appartiennent au même système, et qui ne diffèrent aussi de leurs analogues dans nos crocodiles, que par l'absence constante de convexité à leur face postérieure.

On va me demander auquel de ces deux systèmes vertébraux appartiennent la mâchoire presque complète et les portions de la tête que j'ai décrites d'abord.

Il n'est pas possible de donner à cette question une réponse entièrement exempte de doute; mais je trouve plus probable qu'elles appartiennent au premier système, attendu que l'autre fragment de mâchoire qui ressemble davantage à celle du gavial doit plutôt appartenir au deuxième. Cependant des vertèbres de la deuxième espèce étoient pétries dans le même morceau que la grande mâchoire inférieure, ce qui pourroit aussi engager à croire qu'elles venoient du même individu.

Il me reste à parler des vertèbres du bassin et de la queue. Toutes celles que je possède me semblent aussi se rapporter au deuxième système par le peu de rétrécissement de leur corps dans son milieu, seul caractère qui reste à employer, puisque les vertèbres du premier système avoient déjà cessé d'être convexes en avant, dès le milieu du dos.

On reconnoît aisément celles de la queue à la compression de leur partie annulaire et aux deux petites facettes de leur bord postérieur inférieur, pour porter l'os en chevron.

Nous en représentons une des antérieures, pl. I, fig. 5, et une des moyennes, fig. 12. L'une et l'autre sont considérablement moins grêles, moins allongées et moins comprimées que leurs correspondantes dans les *crocodiles vivans*, ce qui peut faire présumer que le fossile avoit la queue plus courte à proportion.

On trouve aussi dans les morceaux que j'ai sous les yeux plusieurs de ces osselets en chevron, qui s'articulent en dessous de la queue du crocodile et de plusieurs autres *sauriens*.

Quant aux *vertèbres sacrées*, je crois en posséder deux que je reconnois à la largeur transversale de leur corps, et à la grosseur des restes de leurs apophyses transverses. Elles sont plus courtes, à proportion de leur largeur, que dans les *crocodiles vivans*.

Je n'ai eu que bien peu d'os des extrémités dans un état reconnoissable. Ils se réduisent à un *os des îles* mutilé, une partie supérieure d'*humérus* et un os du *carpe*. Le premier ne diffère, dans son état actuel de son analogue dans le vivant, que parce qu'il est moins courbé. L'*humérus* a perdu presque toute sa crète deltoïdale, par la maladresse de ceux qui l'ont extrait de la pierre; mais il a d'ailleurs tous les caractères du genre : et comme on l'a scié par en bas, on voit très-bien qu'il n'avoit, non plus que dans nos crocodiles vivans, et en général dans tous les animaux aquatiques, aucune grande cavité médullaire.

L'os du carpe est le *radial*. Il n'est remarquable que par sa grandeur qui annonceroit un *crocodile* de près de 30 pieds de longueur.

En général, ces os viennent d'individus de tailles très-différentes.

L'humérus auroit appartenu à un individu de 18 pieds ; plusieurs vertèbres en annoncent au moins de cette taille : mais le plus grand nombre étoit au-dessous.

Maintenant j'espère que ceux qui auront eu la patience de lire cette longue description, ne penseront plus que l'on puisse expliquer les différences extraordinaires qui distinguent ces deux sortes d'os de ceux du *gavial*, *par l'influence de l'âge*, *de la nourriture*, *du climat ou du passage à l'état de pétri-*

fication, ainsi que l'a voulu M. *Faujas* dans le passage cité au commencement de ce chapitre.

Toutes ces causes réunies auroient-elles pu mettre en avant la convexité que les autres crocodiles ont en arrière de leurs vertèbres? auroient-elles pu changer l'origine des apophyses transverses, aplatir les bords des orbites, diminuer le nombre des dents, etc.? Autant vaudroit dire que toutes nos espèces vivantes viennent les unes des autres.

Article V.

Des ossemens de crocodiles des environs d'Angers et du Mans.

Il paroît qu'il se trouve en plusieurs lieux de France des ossemens de *crocodiles*, soit de l'une des deux espèces précédentes, soit peut-être encore d'une troisième, car le petit nombre que j'en possède ou dont j'ai les dessins, ne me permet de rien affirmer à l'égard de l'espèce, excepté pour un seul morceau.

Je dois la plupart des dessins à M. *Mauny*, professeur de botanique au *Mans*.

L'un d'eux représente une portion de mâchoire qui contient six dents entières, coniques, aiguës, striées, légèrement arquées, portant, en un mot, tous les caractères de celles du *gavial*, et par conséquent aussi de notre animal d'Honfleur; Elles ont été trouvées dans une pierre calcareo-argileuse, des environs de *Ballon*, à trois lieues du *Mans*, département de la Sarthe.

Un autre représente une dent isolée, plus grosse que les précédentes, mais également striée et pourvue des deux arêtes tranchantes qui distinguent toutes les dents des crocodiles; son émail est teint en noir. Elle est dans une pierre calcaire blanche de la commune de *Bernay*, même département.

J'en possède moi-même une de cette forme et du même pays, qui surpasse en grosseur toutes celles que j'ai vues à des crocodiles vivans, et semble annoncer un individu de 3o pieds au moins. Sa gangue est un calcaire sableux. Quoique cassée aux deux bouts, sa hauteur est encore de 0,07; le diamètre de sa base de 0,035. Les stries de son côté concave sont remarquables par leur saillie tranchante et leur nombre de quinze ou seize. Du côté convexe, il n'y en a au contraire que trois très-écartées. L'émail est teint en brun-noirâtre.

Les dessins de M. Mauny présentent encore deux vertèbres lombaires, d'une carrière de pierre calcaire de *Chaufour*, près du Mans.

M. *Renault*, professeur d'histoire naturelle à *Alençon*, m'a fait remettre un morceau qui contient un atlas et un axis soudés ensemble. J'ai promptement reconnu que c'étoit le même que mon deuxième morceau de ce genre d'*Honfleur*. Il n'est donc pas douteux qu'il n'appartienne à l'une des deux espèces découvertes en ce lieu, quoiqu'il soit à-peu-près impossible de dire à laquelle.

Cette pièce a toujours le mérite d'apprendre que l'une des deux espèces d'*Honfleur* se trouve aussi en d'autres lieux de France, et il est fâcheux qu'on n'ait point de détails précis sur la couche où elle a été trouvée.

Nous la représentons, pl. I, fig. 7 et 8. En la comparant avec le premier morceau analogue d'*Honfleur*, pl. II, fig. 9, 10 et 11, on verra que l'axis y est plus long à proportion; qu'au lieu d'une seule carêne en dessous, il y a une face longue et plate qui fait de son corps un prisme quadrangulaire, etc.

Longueur totale des deux vertèbres . . . . 0,096.
Longueur particulière de l'axis . . . . 0,057.
Hauteur totale de l'axis 0,078

ARTICLE VI.

D'une portion de squelette de crocodile *trouvée en Angleterre, et décrite par* Stukely.

L'estimable anatomiste, *William Stukely*, a fait connoître dans le trentième volume des *Transactions philosophiques*, p. 963, une empreinte de squelette qui fut trouvée à *Elston*, près de *Newark*, dans le comté de *Nottingham*.

La pierre qui le portoit avoit servi long-temps près d'un puits à poser les vases de ceux qui venoit chercher de l'eau; l'empreinte, qui étoit en dessous, fut aperçue un jour qu'on retourna la pierre par hasard. C'étoit une pierre argileuse, bleuâtre, qui venoit probablement des carrières de *Fulbeck*, lesquelles appartiennent au penchant occidental de la longue chaîne de collines qui s'étend dans tout le comté de *Lincoln*, et récèle beaucoup de coquillages, et même des poissons.

Comme à l'ordinaire, on jugea ce squelette humain; mais *Stukely* s'aperçut bien vite du contraire, et le déclara d'un crocodile ou d'un marsouin.

Sa première conjecture étoit cependant seule plausible, puisqu'on voit des restes de bassin qu'un marsouin n'auroit

pas eus; aussi les descripteurs de fossiles, comme _Walch_ et
autres, parlent-ils de ce morceau à l'article du crocodile.

Je l'ai examiné avec d'autant plus de soin, que les carrières
qui doivent l'avoir fourni semblent avoir plusieurs rapport avec
celles dont on a véritablement tiré des animaux de ce genre.

On y voit une portion de l'épine qui contient seize vertèbres, dont les apophyses épineuses sont carrées et à-peu-
près égales; les six antérieures portent de grandes côtes. Il
y a de plus en avant les fragmens de trois côtes qui tenoient
à des vertèbres que la cassure de la pierre a fait perdre; tout
ce qui éto i au-devant est également perdu.

Les cinq vertèbres qui suivent celles qui portoient des côtes,
paroissent n'avoir que de grandes apophyses transverses; les
quatre suivantes n'en ont que de petites. L'os des îles vient
après la dernière de ces quatre, qui est la seizième en tout;
mais il est difficile de dire s'il n'a pas été déplacé, et l'on peut
très-bien croire qu'il étoit derrière la cinquième des vertèbres
à grandes apophyses transverses, qui seroient alors les vertèbres lombaires. Viennent ensuite douze traces qui semblent
avoir été les vestiges d'une partie des vertèbres de la queue.
Sur les côtés, sont deux os pubis de même forme que dans
le crocodile, et près de celui du côté gauche, deux empreintes
larges et courtes qu'on ne peut reconnoître.

A côté des côtes sont aussi de petits stilets osseux qui peuvent venir des os en chevron de la queue.

Tous ces caractères appartiennent aux _crocodiles_; les formes
des apophyses épineuses, des os des îles et des pubis leur sont
même exclusivement propres. Ainsi nul doute que cet animal
n'en ait été un; mais sa tête étant perdue, et les vertèbres n'ayant

pas été décrites avec assez de soin, l'on ne peut déterminer son espèce. Au reste, c'étoit un individu de taille médiocre; car les seize vertèbres entières n'occupent pas une longueur de 2 pieds anglais.

Article VII.

Du squelette de crocodile trouvé au bord de la mer près de Whitby *dans le comté d'*Yorck, *et décrit par* Chapman *et* Wooller (1).

Ce qui m'a fait d'abord mettre en doute l'assertion de *Camper* sur cet animal, c'est la ressemblance de son gisement avec celui de mes crocodiles d'*Honfleur*.

Il étoit à un demi-mille de *Whitby*, sur le rivage même, dans un schiste noirâtre, appelé *Roche alumineuse*, (sans doute parce qu'il contient de la pyrite) et qui peut s'enlever en feuilles. On y voit des cornes d'ammon dont l'intérieur est rempli de concrétions spathiques.

La marée haute recouvroit chaque fois ce squelette de cinq ou six pieds d'eau, et jetoit sur lui du sable et des galets qui l'avoient fort endommagé. Comme il n'étoit qu'à quelques verges du pied d'une falaise très-élevée, que la mer mine sans cesse, il n'y a point de doute qu'il n'ait été autrefois recouvert de toute l'épaisseur de cette falaise. Quand on le dessina, une partie des vertèbres et les os les plus minces de la tête avoient déjà été enlevés par la mer ou par les curieux; on en fit un

(1) Transact. phil. tome L, p. 688 et 786, pl. XXII et XXX.

dessin sur place, et on détacha ensuite les os, le mieux qu'on
put, non sans en briser plusieurs. Ils doivent être maintenant,
dans les cabinets de la Société royale.

Le dessin montre une colonne épinière contournée, longue
en tout de 9 pieds anglais, mais qui n'est peut-être pas complète, et une tête un peu déplacée, longue de 2 pieds 9
pouces.

Il ne reste en place que douze vertèbres de la *queue*, et
une série de dix autres vertèbres qui paroissent avoir formé
les *lombes*, le *sacrum* et la base de la *queue*; celles du *cou*,
du *dos* et du milieu de la *queue* n'ont laissé que leur empreinte;
mais il est impossible que l'espace que ces dernières occupoient
ait suffi à plus de huit, en sorte que la queue n'auroit eu
que vingt-deux ou vingt-trois vertèbres environ, si elle n'étoit
pas tronquée au bout. Par une raison semblable, on doit croire
que cette colonne épinière n'étoit pas complète en avant,
quand elle a été incrustée dans la pierre; car il n'y a pas, à
beaucoup près, la place nécessaire pour le nombre des vertèbres ordinaires aux *crocodiles*.

La tête est renversée, présentant sa face inférieure. On voit
en arrière le condyle occipital; aux deux côtés, les arcades
zygomatiques qui se terminent en arrière, comme dans tous
les crocodiles, en deux larges condyles pour la mâchoire inférieure, lesquels sont placés sur la même ligne transverse
que le condyle occipital.

Le crâne n'occupoit qu'un espace étroit; et l'intervalle entre
lui et les arcades n'étoit garni que de lamelles très-minces,
venant sans doute des lames ptérygoïdiennes.

En avant, la tête se rétrécit non subitement, mais par degrés, comme dans le crocodile d'*Altorf*, et probablement dans celui d'*Honfleur*, en un museau pointu qui étoit recouvert en certains endroits par des restes de la mâchoire inférieure. A ces endroits-là, on voyoit dans les deux mâchoires de grandes dents pointues, placées alternativement et se croisant étroitement; mais à ceux où la mâchoire inférieure avoit été emportée, les dents de la supérieure étoient aussi enlevées, et l'on ne voyoit que leurs alvéoles profonds, et placés aux mêmes distances respectives que les dents elles-mêmes, c'est-à-dire, à trois quarts de pouce. Vers la pointe, il y avoit des défenses plus fortes que les autres (*large fangs*). L'émail de ces dents étoit bien poli.

Les vertèbres paroissent avoir été placées sur le côté; nous en avons donné le nombre ci-dessus. Chacune d'elles avoit 3 pouces anglais de long; elles n'ont pas été décrites particulièrement, et il est impossible de juger par la gravure à laquelle de nos deux espèces d'*Honfleur* elles ressembloient davantage. Auprès de l'endroit où devoit être le bassin, l'on trouva, en creusant la pierre, une portion de l'os fémur, longue de 3 à 4 pouces; mais il n'y avoit que très-peu de chose de la partie des os innominés à laquelle ce fémur s'articuloit. Quelques fragmens de côtes se trouvoient aussi auprès des vertèbres dorsales. Des témoins dignes de foi qui avoient vu ce squelette avant que la mer l'eût autant altéré, assurèrent *Chapmann* qu'ils y avoient aussi observé des vestiges d'extrémités antérieures.

Cette description, tirée en partie du Mémoire de *Chapmann* et de celui de *Wooller*, et en partie de leurs deux figures, est plus que suffisante pour démontrer le genre de ce squelette et la figure de la tête; elle suffit même pour rendre son identité d'espèce, avec notre tête d'Honfleur, extrêmement vraisemblable.

Ce qu'il y a de plus étonnant, c'est que d'habiles gens s'y soient trompés.

Camper sans doute ne se souvenoit plus de toutes les circonstances énoncées dans les descriptions, lorsqu'il prononça que c'étoit une *baleine*; car la seule présence des dents aux deux mâchoires suffisoit pour réfuter son assertion, puisque les *baleines* n'ont aucunes dents. Aussi cet habile anatomiste ne donne-t-il aucune raison de son opinion, et l'exprime simplement en passant.

M. *Faujas* s'est expliqué avec plus de détails, et a voulu motiver le nom de *physeter* qu'il donne à ce squelette. « *Cet animal*, dit-il, *n'ayant point d'apophyses aux vertèbres*, » *et étant sans bras et sans jambes*, NE SAUROIT ÊTRE UN » CROCODILE, MAIS UN PHYSETER (1). » Mais l'extrême fatalité qui semble avoir poursuivi ce savant géologiste dans toute cette matière des crocodiles, l'a fait pécher ici dans tous les sens possibles.

1.° Cet animal avoit des apophyses aux vertèbres, des bras et des jambes, selon le rapport exprès de *Chapmann* et de *Wooller*.

2.° Quand même il n'auroit pas eu d'apophyses ni de bras, ce n'auroit pas été une raison pour qu'il fût un *physeter*; car les *physeters* en ont; c'auroit au contraire été une raison de plus pour qu'il n'en fût pas un.

---

(1) Essais de géologie I, p. 160.

3.° D'ailleurs la présence des dents aux deux mâchoires ne permettoit nullement de le nommer *physeter*, puisque le caractère des *physeters* ou *cachalots* est de n'en avoir qu'à la mâchoire inférieure.

4.° Enfin la présence d'un fémur et d'une portion de bassin l'exclut entièrement de l'ordre des *cétacés*, qui n'ont que de forts petits vestiges de pubis, et le reporte nécessairement parmi les *crocodiles*.

CONCLUSION.

De toutes ces recherches, il résulte :

1.° Que les bancs de marne endurcie, grisâtre et pyriteuse placés au pied des falaises d'Honfleur et du Havre, récèlent les ossemens de deux espèces de crocodiles voisines l'une et l'autre du gavial, mais toutes deux inconnues.

2.° Que l'une des deux au moins se trouve en d'autres lieux de France, comme à *Alençon* et ailleurs.

3.° Que le squelette découvert par la mer au pied des falaises de *Whitby*, dans un schiste pyriteux, étoit aussi d'un crocodile, et probablement de l'une des deux espèces d'Honfleur, celle dont on a la mâchoire entière.

4.° Que les portions de têtes du *Vicentin* paroissent aussi appartenir à la même espèce.

5.° Que les têtes et fragmens de têtes d'*Altorf* sont aussi incontestablement d'un crocodile différent du gavial, quoique voisin, mais que la longueur du museau ne permet pas de les rapporter à celui dont nous avons la mâchoire à *Honfleur*. Peut-être est-ce l'autre espèce de ce lieu.

6

6.° Le squelette décrit par *Stukely* est un crocodile aussi, mais d'une espèce indéterminable.

7.° Les prétendus crocodiles trouvés avec des poissons dans les schistes pyriteux de la *Thuringe*, sont des reptiles du genre des *monitors*.

8.° Enfin, tous ces quadrupèdes ovipares fossiles appartiennent à des couches très-anciennes parmi les secondaires, et bien antérieures même aux couches pierreuses régulières qui récèlent des ossemens de quadrupèdes de genres inconnus, tels que les *palæotheriums* et les *anoplotheriums* ; ce qui n'empêche pas qu'on ne trouve aussi avec ces derniers quelques vestiges de *crocodiles*, comme nous le disons dans l'histoire des couches gypseuses de nos environs.

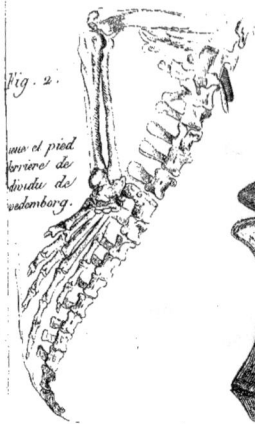

Fig. 2.

...ux et pied
...rrière de
...vidu de
...edemborg.

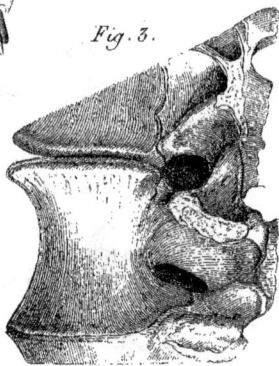

Fig. 3.

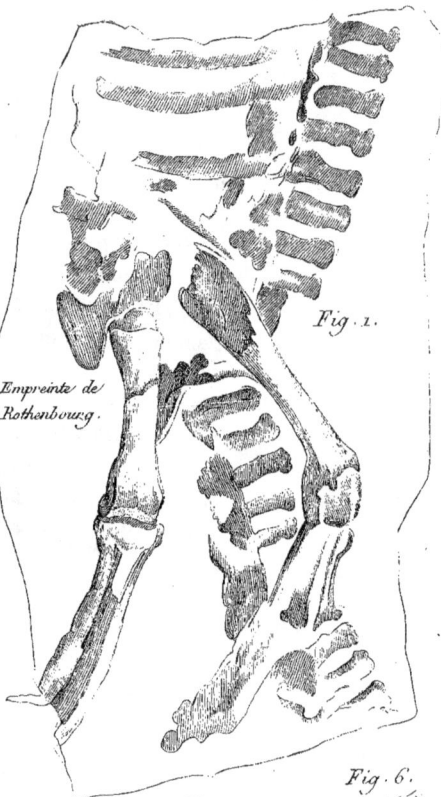

Fig. 1.

Empreinte de
Rothenbourg.

Fig. 5.

Fig. 4.

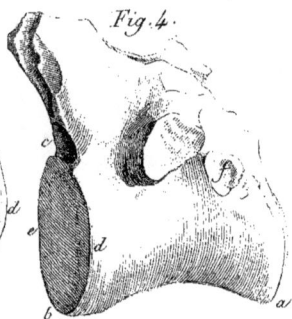

Fig. 9.

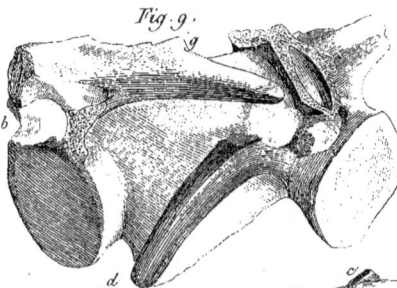

Fig. 8.

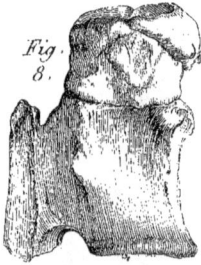

Fig. 7.

Fig. 6.

Fig. 12.

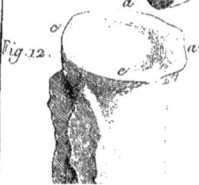

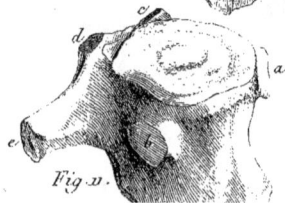

Fig. 11.

Fig. 10.

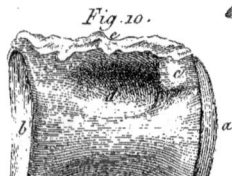

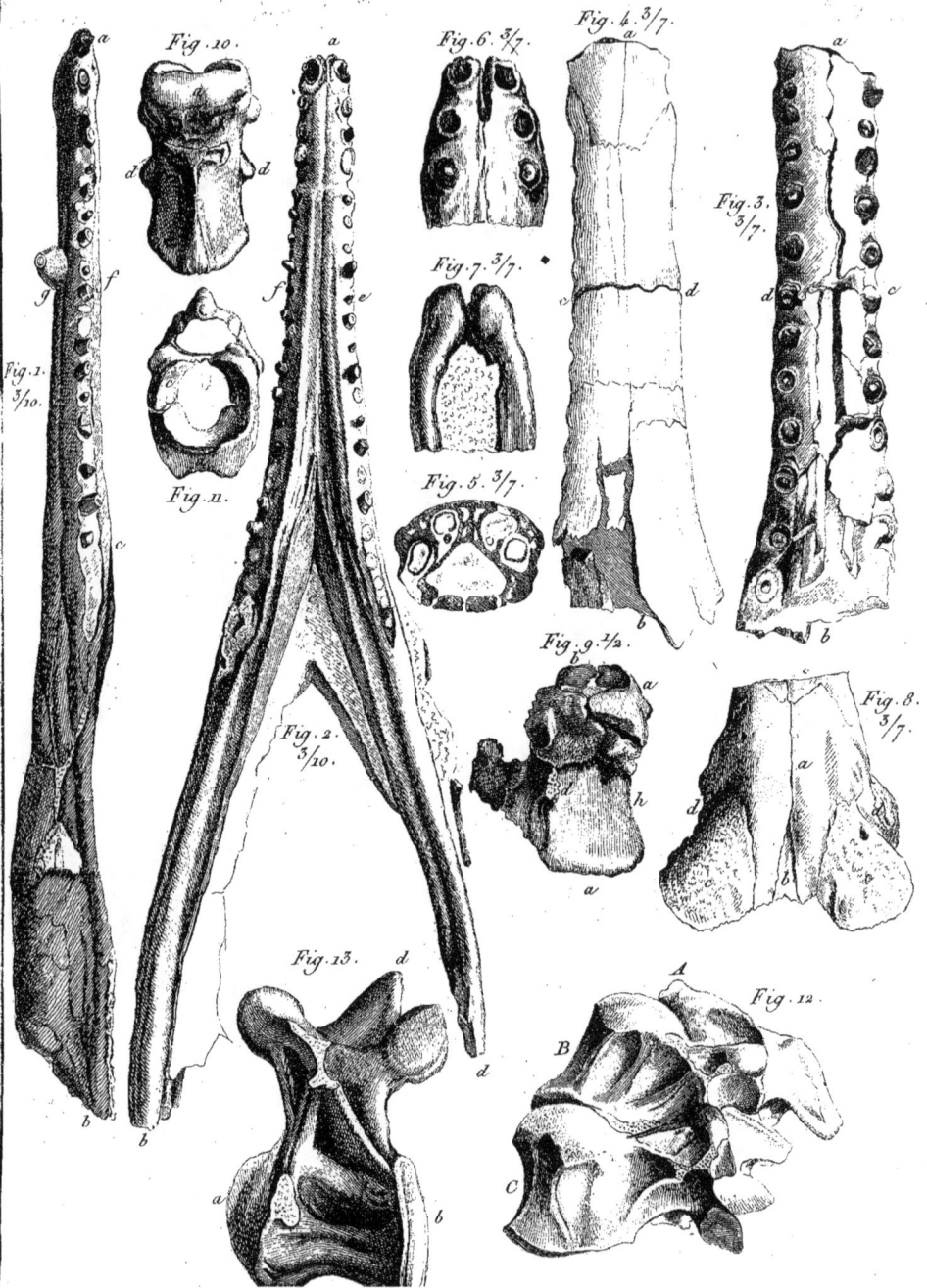

Fig. 1. 3/10.

Fig. 10.

Fig. 2. 3/10.

Fig. 6. 3/7.

Fig. 7. 3/7.

Fig. 5. 3/7.

Fig. 4. 3/7.

Fig. 3. 3/7.

Fig. 11.

Fig. 9. 1/2.

Fig. 8. 3/7.

Fig. 13.

Fig. 12.

LE GRAND ANIMAL FOSSILE

DES CARRIÈRES DE MAESTRICHT.

J'ai traité dans le chapitre précédent de la plupart des animaux fossiles qui ont été considérés à tort ou à droit comme
des *crocodiles*. Il me reste à parler du plus célèbre, du plus
gigantesque de tous, et de celui qui a occasioné le plus de
controverses, ayant été pris tantôt pour un *crocodile*, tantôt
pour un *saurien* de quelque autre genre, tantôt enfin pour
un *cétacé* ou pour un *poisson*.

On n'en a découvert jusqu'ici les ossemens que dans un seul
canton assez peu étendu, dans les collines dont le côté gauche
ou occidental de la vallée de la Meuse est bordé aux environs
de *Maestricht*, et principalement dans celle qui porte le fort
Saint-Pierre près de cette ville, et qui forme un cap entre
la Meuse et le ruisseau du Jaar.

Leur gangue est une pierre calcaire très-tendre, dont
beaucoup de parties se réduisent aisément en poussière, et

I

s'envoient en Hollande où on mêle cette poussière au terreau destiné pour la culture des fleurs. D'autres portions de cette pierre sont assez dures pour fournir des moëllons propres à bâtir, et ces deux usages en ayant fort étendu l'exploitation, les carrières en sont aujourd'hui très-vastes.

Celles du fort Saint-Pierre ont environ 25 pieds de haut; le massif calcaire au-dessus d'elles a été trouvé de 211 pieds, et l'on a creusé à 213 au-dessous, sans découvrir d'autre pierre. Tout est de même nature, à l'exception de 16 pieds environ d'argile ou de terre végétale qui couronnent la colline.

Ce massif calcaire a donc au moins 449 pieds d'épaisseur; on y trouve en beaucoup d'endroits des rognons de silex; et ce qui achève de montrer qu'il appartient à la formation crayeuse, c'est que la pierre se change par degrés en une véritable craie, quand on remonte à quelques lieues la vallée de la Meuse; elle contient d'ailleurs les mêmes fossiles que nos craies de Meudon et des autres environs de Paris; savoir, des dents de squales, des gryphites, des échinites, des bélemnites et des ammonites. Toutes ces coquilles se trouvent avec les os dans les parties inférieures de la masse qui sont aussi les plus tendres; les parties supérieures sont plus dures, et contiennent plus de madrépores, aussi n'a-t-on de ces derniers que lorsqu'il s'éboule quelques fragmens du haut de la montagne. Il y en a plusieurs de changés en silex.

Je dois cette description à l'amitié de M. le docteur *Gehler* de Léipzig, qui la tient lui-même de M. *Minkelers,* pharmacien à Maestricht, autrefois professeur à l'école centrale de la Meuse-Inférieure, et très-habile chimiste et naturaliste. On s'étonnera sans doute de la trouver si différente de celle que présente l'*Histoire naturelle de la montagne de Saint-Pierre*, par M. *Faujas*, p. 40, mais il paroît que mon savant collègue n'a connu la composition intérieure de la montagne que par une excavation qu'une mine avoit produite pendant le siége, et où tout étoit bouleversé; au lieu que la description de M. *Minkelers* résulte de fouilles régulières faites sous les ordres des ingénieurs françois, pour les travaux des fortifications.

M. *Faujas* n'a pas non plus exactement assigné la nature de la pierre, car il l'appelle (p. 41), *un grès quartzeux à grain fin, foiblement lié par un gluten calcaire peu dur.* M. *Loisel*, associé de l'Institut, qui a été long-temps préfet de la Meuse-Inférieure, m'ayant assuré qu'elle étoit entièrement calcaire, j'en ai fait l'expérience qui étoit d'autant plus aisée, que nous en avons ici de nombreux échantillons. En effet tout s'est dissout dans les acides; à peine est-il resté un peu de poudre siliceuse; la plupart des pierres calcaires et des craies de nos environs en laisseroient davantage.

Les produits multipliés de la mer, dont cette pierre est remplie, sont généralement très-bien conservés, quoiqu'ils soient rarement pétrifiés, mais que la plupart aient seulement perdu une partie de leur substance animale.

Les plus volumineux de tous ces objets, et ceux qui par leur forme extraordinaire ont dû frapper de préférence les yeux des ouvriers, et s'attirer davantage l'attention des curieux, ce sont les os de l'animal que nous allons examiner.

Il ne paroît pas cependant qu'on s'en soit beaucoup occupé avant l'année 1766, qu'un officier nommé *Drouin* commença à s'en faire une collection qui a passé depuis au *Muséum*

Teylérien à *Harlem*. Le chirurgien de la garnison, nommé *Hofmann*, marcha sur les traces de *Drouin*, et acquit un certain nombre de morceaux qui furent achetés après sa mort, arrivée en 1782, par l'illustre *Pierre Camper*, lequel fit hommage de quelques-uns au *Muséum britannique*.

Cependant la plus belle des pièces recueillies par *Hofmann*, qui étoit une tête presque entière trouvée en 1780, lui fut enlevée en vertu de je ne sais quels droits du chapitre de Maestricht, et passa dans les mains du doyen de ce chapitre, nommé *Goddin*, lequel, à l'époque de la prise de la ville par l'armée françoise, céda ce morceau pour le Muséum d'histoire naturelle, où il est encore aujourd'hui conservé avec plusieurs autres.

Les carrières creusées sous le fort Saint-Pierre de Maestricht, sont celles qui ont fourni le plus grand nombre de ces objets intéressans; mais on en trouve aussi dans toutes les autres collines, et dans ces derniers temps, le village de *Seichem*, placé à deux lieues au nord-ouest de la ville, en a donné un assez grand nombre, et entre autres plusieurs séries de vertèbres qui ont été aussi apportées au Muséum par les ordres de M. *Loisel*. Elles y avoient été précédées d'un excellent Mémoire de M. *Minkelers*, et de dessins aussi exacts qu'élégans, faits par M. *Hermans*, son collègue.

Tels seront les principaux matériaux que j'emploierai dans mes recherches.

Je ne manquerai pas non plus de secours littéraires.

Cinq auteurs ont traité avant moi de ce sujet curieux.

Le premier fut *Pierre Camper* qui porta sur les os de Maestricht cette même curiosité ardente, ce même coup-d'œil rapide qui lui ont donné matière à tant d'aperçus brillans, mais qui ne lui ont presque laissé approfondir aucun des sujets qu'il a si heureusement effleurés.

Dans un Mémoire imprimé parmi les *Transactions philosophiques*, en 1786, il déclara que ces os venoient de quelque *cétacé*.

M. *Vanmarum* vint ensuite et décrivit les objets du cabinet de *Teyler*, dans les Mémoires de la société qui porte aussi le nom de ce généreux bienfaiteur des sciences, année 1790. Il adopta entièrement l'opinion de son maître *Camper.*

Cependant les premiers collecteurs *Hofmann* et *Drouin* s'étoient figuré que leur animal devoit être un *crocodile*, et leur idée s'étoit répandue à Maestricht et ailleurs. *Camper* ne put les faire revenir à la sienne.

M. *Faujas*, qui, en sa qualité de commissaire pour les sciences dans la Belgique, à la suite de l'armée du Nord, avoit contribué à procurer au Muséum les pièces de la collection de *Godin*, et quelques autres qu'il recueillit pendant son séjour à Maestricht, commença, bientôt après son retour, à publier par livraisons un ouvrage intitulé : *Histoire naturelle de la montagne de Saint-Pierre*, où il fit graver de très-belles figures de tous ces objets. Il s'y attacha aux idées en vogue à Maestricht, et y donna constamment à notre animal le titre de *crocodile.*

Mais avant que son livre fut entièrement terminé, M. *Adrien Camper*, digne fils d'un grand anatomiste (1), examinant de nouveau les pièces laissées par son père, se convainquit qu'elles ne venoient ni d'un *cétacé*, ni d'un *poisson*, ni d'un *croco-*

_____

(1) Journal de physique, vendémiaire an IX.

dile, mais bien d'un genre particulier de *reptile saurien* qui a des rapports avec les *sauvegardes* ou *monitors* (1), et d'autres avec les *iguanes*.

Toutefois M. *Faujas* continua d'appeler cet animal *crocodile de Maestricht*, et même il annonça quelque temps après que « M. *Adrien Camper s'étoit rangé de son opi-* » *nion* (2), » quoiqu'il y ait bien loin du *crocodile* à l'*iguane* ou au *tupinambis*; car ces trois animaux, placés par *Linnœus* et par *Gmelin* sous le genre *lacerta*, diffèrent plus entre eux par les os, par les dents, par les viscères de la déglutition, de la digestion et de la génération, que le *singe* du *chat*, ou l'*éléphant* du *cheval*.

« Nous allons prouver aujourd'hui que M. *Adrien Camper* est le seul qui ait réellement saisi les caractères de cet animal, et en même temps nous allons donner une description aussi complète qu'il nous sera possible de l'ostéologie de ce monstrueux reptile : description que le grand ouvrage sur la *montagne de Saint-Pierre* n'a point rendue superflue; car on n'y donne que des figures et quelques dimensions, sans aucune comparaison, ni rien qu'on puisse appeler ostéologique.

Mais avant de développer notre sentiment, qui est parfaitement conforme à celui de M. *Adrien Camper*, il est convenable d'examiner en peu de mots les raisons sur lesquelles s'appuient les sentimens opposés.

---

(1) L'animal que M. Camper appelle *dragonne* dans sa dissertation, et qui est en effet le *lacerta dracœna* de Lin., est du genre *monitor*; c'est même très-probablement le *monitor* d'eau d'Egypte, *ouaran* des *Arabes*, et le *lacerta nilotica* de Lin,

(2) Essais de géologie, I, p. 168.

Celles de *Pierre Camper* (1) sont au nombre de sept dont voici l'exposé fidèle.

1.º *Tous les objets qui accompagnent les os de Maestricht sont marins et non fluviatiles.*

2.º *Les os sont polis et non rudes.*

3.º *La mâchoire inférieure a en dehors plusieurs trous pour l'issue des nerfs, comme celle des dauphins et des cachalots.*

4.º *La racine des dents est solide et non pas creuse.*

5.º *Il y a des dents dans le palais, ce qu'on voit dans plusieurs poissons, mais non pas dans le crocodile.*

6.º *Les vertèbres n'ont point de suture qui sépare leur partie annulaire de leur corps, comme il y en a toujours dans les crocodiles.*

7.º *Il y a des différences entre les phalanges et les côtes fossiles et celles des crocodiles.*

Ces raisons, excepté la première qui n'est pas de grande valeur, prouvent en effet d'une manière démonstrative que l'animal en question n'est pas un *crocodile*; mais aucune ne prouve que ce soit un *cétacé* plutôt qu'un *reptile*; car plusieurs reptiles, et notamment les *monitors* et les *iguanes* ont les os polis, des trous nombreux à la mâchoire inférieure, la racine des dents osseuse et solide, et des vertèbres sans suture.

Il y a plus : le cinquième caractère, celui des dents dans le palais, démontreroit à lui seul que ce n'est ni un *crocodile*, ni un *cétacé*; ni les uns ni les autres n'ont des dents au palais, et *Camper* a été induit à employer ce motif, parce

(1) Voyez les Trans. phil. pour 1786, vol. LXXVI, p. 443 et suiv. et dans la traduction françoise des Œuvres de *Camper*, tome I, p. 357.

qu'il confondoit alors les *cétacés* sous le nom et l'idée commune de *poissons* avec les *poissons à branchies*, dont plusieurs ont en effet ce caractère.

Peut-être m'opposera-t-on le *cétacé* appelé *butskopf*, dont
M. *de Lacépède* a fait son genre *hyperoodon*; mais on ne
connoît la dentition de cet animal que sur le rapport d'un
officier de marine d'*Honfleur*, nommé *Baussard*, qui n'étoit
point naturaliste, et dont voici les termes :

« *Il n'avoit* (le jeune) (1) *ni ouies, ni barbes, ni dents.*
» *Le dedans de la mâchoire supérieure et le palais sont*
» *garnis de petites pointes dures et aiguës d'une demi-ligne*
» *d'élévation et un peu inégales.* » Et plus loin, en parlant
de la mère. (2) « *Le museau étoit aussi sans dents à l'une*
» *et l'autre mâchoire; le dedans de la mâchoire inférieure*
» *et le palais étoient garnis de petites pointes, mais plus*
» *longues et plus fortes que celles du jeune.* »

On voit qu'il s'agit là de pointes cartilagineuses ou cornées,
adhérentes à la peau du palais, comme dans ce quadrupède
épineux de la Nouvelle-Hollande que j'ai appelé *échidné* (*or-
nithorhynchus histrix* de Home, de Shaw, etc.), et non pas
de véritables dents implantées dans les os palatins, et c'est
aussi avec l'*échidné* que M. *de Lacépède* compare à cet égard
son *hyperoodon*.

Nous trouverons d'ailleurs par la suite une infinité d'autres
raisons pour enlever notre animal à la classe des cétacés, et
M. *Adrien Camper* en a déjà indiqué plusieurs.

Pierre Camper avoit donc mal placé son animal, mais il

---

(1) Journal de physique, mars 1789, tome XXXIV, p. 202.
(2) Ib. 203.

sembloit avoir très-bien prouvé que *Hofmann*, *Drouin* et
Goddin n'avoient pas été plus heureux que lui, et puisque
M. *Faujas* vouloit soutenir l'opinion de ces habitans de Maestricht, on auroit dû s'attendre qu'il chercheroit à réfuter les
argumens contraires de *Camper*, et à fournir de nouveaux
argumens favorables.

Or il ne dit pas un seul mot qui tende à renverser les premiers, qu'il ne rapporte même pas ; et quant aux seconds, j'ai
eu beau lire et relire son grand ouvrage sur la *montagne
de Saint-Pierre* et ses *Essais de Géologie*, je n'ai jamais
pu y en trouver qu'un seul qu'il n'a développé nulle part,
quoiqu'il le rappelle en beaucoup d'endroits, et qu'il semble
y mettre beaucoup de confiance.

« *L'illustre Camper*, dit-il (1), *s'appuyoit sur le système*
» *particulier des dents de l'animal dont il est ici question,*
» *pour soutenir qu'il ne pouvoit pas être de la famille des*
» *crocodiles. La conformation de ces mêmes dents nous ser-*
» *vira à nous d'indice pour regarder au contraire l'animal*
» *de Maestricht, comme plus rapproché des crocodiles que*
» *des physeters.* »

Et il représente en effet sur deux planches différentes les
dents des crocodiles et celles de cet animal, pour faire saisir
leur ressemblance.

« *Un fait des plus remarquables et des plus instructifs,*
» dit-il ailleurs (2), *est celui qui a rapport à la structure des*
» *dents. — On reconnut, en tirant quelques-unes des dents*
» *de cet amphibie* (le CROCODILE), *que d'autres petites dents*

---

(1) Montagne de Saint-Pierre, p. 73.
(2) Essais de géologie, I, 146 et 147.

» *se montroient dans le fond des alvéoles. Ce caractère qui*
» *m'a été si utile pour déterminer dans quelle classe il fal-*
» *loit ranger l'animal inconnu de Maestricht*, etc. »

Voilà le seul et unique motif apporté par M. *Faujas* pour soutenir l'opinion des habitans de Maestricht. Or, j'ose affirmer que la dentition de cet animal n'a rien du tout qui soit propre au *crocodile*; que tout ce qu'elle a de commun avec cet amphibie, lui est aussi commun avec une infinité de poissons et de reptiles; enfin qu'elle a plusieurs choses que le crocodile n'a point, et qui distingueroient par conséquent à elles seules notre animal de cet amphibie, quand même on ne trouveroit pas encore entre eux toutes les différences alléguées par les deux *Camper*, et la foule de celles que nous y ajouterons.

Nous avons vu, dans notre ostéologie du *crocodile*, que dans cet animal la dent en place reste toujours creuse; qu'elle ne se fixe jamais à l'os de la mâchoire, mais y reste seulement emboîtée; que la dent de remplacement naît dans le même alvéole; que souvent elle pénètre dans le creux de la dent en place, et la fait éclater et tomber, etc.

L'*animal de Maestricht*, au contraire, n'a les dents creuses que pendant qu'elles croissent, comme le sont alors celles de tous les animaux; elles se remplissent à la longue, et on les trouve le plus souvent entièrement solides; elles finissent par se fixer à la mâchoire au moyen d'un corps vraiment osseux et fibreux très-différent de leur propre substance, quoiqu'il s'y unisse fort intimément; la dent de remplacement naît dans un alvéole particulier qui se forme en même temps qu'elle; elle perce tantôt à côté, tantôt au travers du corps osseux qui porte la dent en place; en grandissant, elle finit par détacher ce corps de la mâchoire avec laquelle il étoit

organiquement lié par des vaisseaux et par des nerfs; il tombe
alors par une espèce de nécrose, comme le bois du cerf, et
fait tomber avec lui la dent qu'il portoit; petit à petit la dent
de remplacement et son corps improprement appelé sa racine
osseuse, occupent la place que l'ancienne dent a quittée, etc.

Mes lecteurs pourroient voir la plus grande partie de ·ces
différences dans les planches mêmes de l'ouvrage de M. *Faujas.*
Celle de l'existence d'une racine solide, osseuse et fibreuse,
liée organiquement à la mâchoire, au côté ou dans l'épaisseur
de laquelle s'ouvre quelquefois l'alvéole de la dent de remplacement, y est surtout très-frappante.

Pierre Camper, qui s'étoit fort bien aperçu de ce mode de
dentition, n'avoit garde de le comparer à celui du *crocodile.*
Il paroît même qu'il en fut extrêmement frappé.

« *La dentition est si singulière*, dit-il, *dans ces mâ-*
» *choires fossiles, qu'elle mérite une description particu-*
» *lière* (1).— *Une petite dent secondaire est formée tout-à-*
» *la-fois avec son émail et sa racine solide dans la subs-*
» *tance osseuse de la dent temporaire.* — *En continuant à*
» *croître, elle semble former par degrés une cavité suffi-*
» *sante dans la racine osseuse de la dent primitive, mais*
» *il m'est impossible de décider ce qu'elle devient ensuite,*
» *ni de quelle manière elle tombe* (2).

Tout l'embarras de cet habile homme venoit de ce qu'il
n'avoit pas étudié la dentition des *poissons·osseux*, ni celle
des *monitors* et de plusieurs autres *reptiles sauriens* ou *ophidiens* : car elle est la même que dans notre animal.

---

(1) Œuvres de Camper, trad. franç., I, 366.
(2) *Ib.* 367.

J'ai déjà exposé l'histoire de cette dentition dans mes *Leçons d'anatomie comparée*, III, 111, 113, etc.; mais j'y ai aussi commis l'erreur d'appeler *racine* cette partie celluleuse et osseuse qui s'unit à l'os maxillaire. J'ai reconnu depuis que c'est simplement le noyau de la dent qui, au lieu de rester pulpeux comme dans les quadrupèdes, jusqu'à ce qu'il se détruise, s'ossifie et fait corps avec son alvéole. La dent n'a point de vraie racine, mais elle adhère fortement à ce noyau qui l'a sécrétée, et elle y est encore retenue par le reste de la capsule qui avoit fourni l'émail, et qui en s'ossifiant aussi et en s'unissant et à l'os maxillaire et au noyau devenu osseux, enchâsse ou sertit la dent avec une nouvelle force. On conçoit très-bien que ce noyau identifié avec l'os maxillaire puisse subir les mêmes changemens que lui; que l'alvéole de la dent de remplacement puisse pénétrer sa solidité; que la compression puisse le détacher, soit en le cassant, soit en oblitérant les vaisseaux qui le nourrissent; en un mot, qu'il soit exposé à des révolutions analogues, comme je l'ai dit, à celles du bois des cerfs, mais très-différentes de celles qu'éprouve la dent qui est toujours un corps mort et devenu étranger à l'animal qui l'a sécrété, ainsi que je l'ai démontré après *Hunter*, dans mon chapitre sur les *éléphans vivans et fossiles.*

Les *cétacés* n'offrent rien de semblable, non plus que les *crocodiles* ; les dents des cétacés se remplissent, il est vrai, avec l'âge, et deviennent solides; mais loin d'adhérer à l'alvéole par une pièce osseuse intermédiaire, elles n'y sont que foiblement retenues par la substance fibreuse de la gencive, une fois qu'elles sont remplies de la substance de l'ivoire, et que leur noyau pulpeux s'est oblitéré.

On ne peut donc hésiter sur la place de notre animal,

qu'entre les *poissons osseux* et les *iguanes* et *tupinambis*, ou *monitors*. Un examen attentif de ses mâchoires mettra bientôt fin à ce doute, en même temps qu'il confirmera l'exclusion donnée aux *cétacés* et aux *crocodiles*.

Pour y procéder plus facilement, nous avons encore fait dessiner et graver, fig. 1, la grande tête de notre Muséum, qui l'a déjà été si souvent, mais toujours assez incorrectement et sans explication ostéologique (1).

Cette tête, un peu en désordre, présente,

1.º le côté gauche de la mâchoire inférieure bien entier, et vu à sa face externe, *a b* ;

2.º Le côté droit, vu à sa face interne, *c d*, dont la partie postérieure, un peu masquée par les palatins, se continue jusqu'en *e* ;

3.º L'os maxillaire supérieur droit, vu par sa face interne et par le palais, conservant à-peu-près sa situation naturelle relativement au précédent ;

4.º Un fragment de celui du côté gauche, déplacé et tombé sur la mâchoire inférieure *h*, *i* ;

---

(1) Il y en a une gravure grossière dans les *Dons de la nature*, par *Buchoz*, pl. 6.
Une autre, qui ne l'est guère moins, dans le *Magasin encyclopédique*, première année, tome VI, p. 34.
Une troisième, où elle est représentée à rebours, *Hist. de la mont. de Saint-Pierre*, pl. IV.
Une quatrième, très-belle, d'après *Maréchal*, mais mal terminée dans le haut, *ib.* pl. LI.
Une cinquième, qui n'est que la réduction de la précédente, *Essais de géol.*, I, pl. VIII *bis*.
Enfin M. *Vanmarum* donne les os palatins séparés, *Mém. de la soc. Teylérienne*, an 1790, pl. II, et M. *Adrien Camper*, la partie postérieure de la mâchoire inférieure, *Journ. de phys.*, vendémiaire an 9, pl. II, fig. 4.

5.° et 6.° Les deux os palatins, k, l, m, et k', l', m' o, déplacés et jetés l'un sur l'autre, et sur la partie droite de la mâchoire inférieure.

Il y a encore dans le morceau original une pièce osseuse fracturée, posée de m vers p, et une autre en q, que j'ai fait omettre dans le dessin, parce qu'elles sont mutilées et indéchiffrables, et qu'elles masquent les pièces instructives.

La mâchoire inférieure nous montre d'abord quatorze dents de chaque côté, toutes conformées, ainsi que nous l'avons dit, à la manière de celles des *monitors*; mais les *monitors* n'en ont que onze ou douze; les *crocodiles* en ont quinze, mais très-inégales : celles-ci sont égales ou à-peu-près.

On y voit des trous grands et assez réguliers, au nombre de dix à douze. Il y en six à sept dans les *monitors*; les *crocodiles* en ont une infinité de petits et d'irréguliers; un *dauphin* n'en auroit que deux ou trois vers le bout.

Il y a en p une apophyse coronoïde relevée, obtuse, dont le bord antérieur est élargi comme dans les *monitors*. Aucun *crocodile* n'a rien de semblable : celle du *dauphin* est beaucoup plus petite et plus en arrière : dans l'*iguane* elle seroit plus pointue.

La facette articulaire r, est concave et très-près du bout postérieur, comme dans tous les *sauriens*; mais elle est plus basse que le bord dentaire, comme dans les *monitors*; dans les *crocodiles* et les *iguanes* elle est plus haute. Les *dauphins* l'ont convèxe et placée tout-à-fait au bout.

L'apophyse b, pour le muscle analogue du digastrique, est courte comme dans l'*iguane*; le *crocodile* l'a plus longue; le *monitor* encore plus.

Enfin la composition de cette mâchoire annonce de plus

grands rapports avec le *monitor* qu'avec aucun autre saurien, et exclut entièrement tous les *cétacés*, ceux-ci ayant, comme tous les mammifères, chaque côté de la mâchoire inférieure d'une seule pièce.

Pour bien entendre ceci, il faut comparer la mâchoire inférieure du *monitor* (1), fig. 2 et 3, à celle du *crocodile* donnée dans l'ostéologie de ce genre, pl. I, fig. 3 et 4.

Les mêmes os composent l'une et l'autre; mais dans le monitor l'os *angulaire v*, beaucoup plus court et plus étroit, et le *coronoidien x*, ne laissent point entre eux de grand trou ovale; *x* est coupé carrément en avant, pour s'unir au dentaire *u*. L'apophyse coronoïde est formée par l'os que, dans le crocodile, j'ai nommé *en croissant, z*. L'articulaire *y*, forme seul l'apophyse postérieure; et à la face interne il va rejoindre l'os en croissant, et reporte au bord supérieur de l'os, l'ouverture si grande dans le crocodile, pour l'entrée du nerf maxillaire; enfin, il n'y a pas non plus d'ouverture à la face interne, entre l'*operculaire* &, et l'*angulaire v*; mais il y en a une petite dans l'*operculaire* même, et une plus grande entre lui et le *dentaire*.

On voit dans notre animal, soit par la grande tête, soit par les portions de mâchoires publiées par MM. *Camper* et *Vanmurum*,

1.° Qu'il n'y avoit pas de grand trou ovale à la face externe;

2.° Que l'apophyse coronoïde étoit aussi un os à part, analogue à *z*;

---

(1) J'ai choisi l'espèce appelée en Égypte *ouaran aquatique*, qui paroît le *lacerta nilotica*. C'est aussi celle que représente Séba dans la planche que Linnæus cite sous son *lacerta dracœna*. J'y ai joint à côté la mâchoire de l'*iguane cornu de Saint-Domingue*.

3.° Que l'os articulaire faisoit à lui seul l'apophyse postérieure, et repoussoit l'angulaire fort en avant;

4.° Que le coronoïdien se joignoit carrément avec le dentaire;

5° Qu'il y avoit une petite ouverture dans l'operculaire.

Ainsi à tous ces égards, c'est du *monitor* que notre animal
se rapproche le plus; il s'en rapproche même plus que de
l'*iguane*, tant par la mâchoire inférieure, que par la structure
des dents, leur figure et leur insertion, quoiqu'il ait aussi eu
ce point quelque chose de particulier.

En effet, dans le *monitor* comme dans l'*iguane*, les dents
adhèrent simplement à la face interne des deux mâchoires,
sans que les os maxillaires se relèvent pour les envelopper
dans des alvéoles; mais ici les pieds ou noyaux osseux qui
portent les dents, adhèrent dans des creux ou vrais alvéoles
pratiqués dans l'épaisseur du bord de la mâchoire.

La mâchoire supérieure de notre tête fossile porte onze
dents; mais comme l'os intermaxillaire paroît avoir été enlevé, et qu'il pouvoit fort bien en avoir trois, comme dans
les *monitors*, il y en auroit eu le même nombre en haut qu'en
bas. Le *monitor d'eau d'Égypte* en a aussi quatorze en haut,
mais seulement douze en bas.

Dans l'animal fossile, toutes les dents sont pyramidales,
un peu arquées; leur face externe est plane, et se distingue
par deux arêtes aiguës, de leur face interne qui est ronde, ou
plutôt en demi-cône.

Une partie des *monitors* a les dents coniques; une autre les
a comprimées et tranchantes; tous les *iguanes* et même les
lézards et ameïva, parmi lesquels il faut compter le pré-

tendu *tupinambis* ou *monitor d'Amérique*, les ont à tranchant dentelé (1).

Jusqu'ici notre animal de Maestricht seroit donc plus voisin des *monitors* que des autres sauriens ; mais tout d'un coup nous trouvons dans ses os palatins un caractère qui l'en éloigne pour le porter vers les *iguanes* ; ce sont les dents dont ces os sont armés, qui constituent ce caractère.

Les *crocodiles*, les *sauvegardes* ou *monitors*, parmi lesquels il faut compter la *dragone* de M. de Lacépède, aussi bien que le *dracœna* de Linnæus, qui en est fort différent ; les *ameïva* et les *lézards* ordinaires, les *dragons*, les *stellions*, les *agames*, les *basilics*, les *geckos*, les *caméléons*, les *scinques* et les *chalcides* ont tous le palais dépourvu de dents. Les *iguanes* et les *anolis* seuls, parmi les *sauriens*, partagent avec plusieurs *serpens*, *batraciens* et *poissons* cette armure singulière.

Mais les *serpens* la portent à leurs os palatins antérieurs et postérieurs ; les *grenouilles*, les *rainettes* aux antérieurs et sur une ligne transversale ; les *iguanes* et les *salamandres*, aux postérieurs et en long ; *plusieurs poissons*, tels que les *gades*, les *saumons* et les *brochets* les ont aussi en long, et c'est ce qui avoit fait quelque illusion à *Pierre Camper* et à M. *Vanmarum.* Mais si nous comparons les os qui les portent

---

(1) Nous avons dit ailleurs quelle est l'origine du nom *tupinambis* ; celui de sauvegarde ou monitor est le nom propre que les colons hollandois donnent à l'espèce d'Amérique, laquelle n'est pas même tout-à-fait du même genre que les nombreuses espèces de l'ancien continent, que l'on a long-temps cru identiques avec elle ; car elle se rapproche beaucoup plus des lézards ordinaires par ses dents dentelés, par les écailles carrées de son ventre et de sa queue, etc. Voyez la figure qu'en a donnée mademoiselle *Mérian.*

3

eux-mêmes, nous verrons bientôt qu'ils sont de *reptiles* et non pas de *poissons*.

Pour cet effet, nous avons fait graver la tête d'un *monitor*, fig. 3, et celle d'un *iguane*, fig. 2, vues en dessous. L'*os* que M. Geoffroy nomme *palatin postérieur*, et que je crois analogue à l'apophyse ptérygoïde interne, n'est plus, comme dans le crocodile, soudé au sphénoïde, ni élargi en une grande plaque triangulaire. C'est ici un os à quatre branches dont une *k*, se porte en avant et s'unit au *palatin antérieur B*; la seconde *o*, va de côté se joindre à l'os *A*, appelée *alaire* par M. Geoffroy, lequel s'unit lui-même à l'os maxillaire supérieur *D*; la troisième *m*, appuie, par une facette garnie d'un cartilage, sur une apophyse de la base du crâne; enfin la quatrième *l*, se porte en arrière, et donne attache à des muscles, mais ne s'articule à aucun ós.

C'est sur le bord de la branche antérieure *u*, qu'est implantée la série de dents qui caractérise les *iguanes*. Les *anolis* ont cet os plus large dans toutes ses parties, et la branche postérieure *l*, plus courte, mais du reste à-peu-près comme les *iguanes*. Les *monitors*, au contraire, ont toutes les parties de l'os plus grêles, et n'y portent point de dents, comme on le voit par la figure.

Que l'on jette maintenant les yeux sur les os palatins de notre animal fossile, et l'on y reconnoîtra sur-le-champ les parties que nous venons de décrire. Celui qui paroît en dessus, *k*, *l*, *m*, est celui du côté droit. Son apophyse externe *o*, se trouve cachée; mais la postérieure *l*, quoique cassée au bout, montre qu'elle devoit être aussi longue, à proportion, que dans l'*iguane*.

L'autre *o'*, *k'*, *l'*, *m'*, est celui du côté gauche. Il montre ses quatre apophyses bien distinctes. La principale différence spécifique qu'il offre, c'est que l'interne *m'* est plus longue à proportion que dans les deux genres que nous lui comparons.

Il n'y a pas ici le moindre rapport de forme avec l'os palatin des poissons.

Cet os paroît avoir porté, dans notre animal fossile, huit dents qui croissoient, se fixoient et se remplaçoient comme celles des mâchoires, quoique beaucoup plus petites.

Les autres petites pièces qui sont placées dans ce grouppe, sont, comme je l'ai dit, malaisées à reconnoître, surtout à cause de la pierre qui les encroûte encore en partie; je crois pourtant y avoir distingué les os analogues aux *carrés* des oiseaux, ou qui suspendent la mâchoire inférieure.

Au reste, nous en avons à présent assez pour assigner avec précision la place de notre animal. Sa tête le fixe irrévocablement, comme nous l'avons dit, entre les *monitors* et les *iguanes*. Mais quelle énorme taille en comparaison de celle de tous les iguanes et monitors connus. Aucun n'a peut-être la tête longue de plus de cinq pouces, et la sienne approchoit de quatre pieds.

Voici les dimensions de toutes les pièces restées dans ce beau morceau.

Longueur de la demi-mâchoire inférieure, *a*, *b* 1,34
Hauteur à l'endroit de l'apophyse coronoïde, *s*, *t* 0,257
——— à l'endroit de la dernière dent, *q*, *u* 0,17
——— vers la troisième, *x*, *y* 0,07
Dimension de l'os palatin postérieur, *k'*, *m'* 0,495
——————— *k*, *l* 0,53
———————— *k'*, *o'* 0,16

En *zoologie*, quand les dents et les mâchoires d'un animal sont données, tout le reste l'est à-peu-près, du moins en ce qui regarde les caractères essentiels ; aussi n'ai-je point eu de peine à reconnoître et à classer les vertèbres, quand une fois j'ai bien connu la tête.

Pierre Camper en avoit dessiné une isolée, qu'il prétendit comparer à celle d'un cétacé. M. *Faujas* en a représenté quatre grouppes (*Mont. de Saint-Pierre*, pl. VII, VIII, IX et LII) ; mais il n'a songé à les comparer à rien : car s'il l'eût fait, il se fut aisément aperçu qu'elles n'avoient point d'analogie avec celles du crocodile ; il n'en donne même aucune description détaillée.

Les découvertes faites à *Seichem*, et le Mémoire de MM. *Minkelers* et *Hermans* qui les expose, me procurent aujourd'hui l'heureuse facilité, non-seulement de décrire chaque sorte de ces vertèbres en particulier, et de les comparer à leurs analogues dans les animaux vivans, mais encore d'indiquer avec beaucoup de vraisemblance, leur succession et le nombre de chaque sorte dans l'épine.

Toutes ces vertèbres, comme celles des *crocodiles*, des *monitors*, des *iguanes*, et en général de la plupart des *sauriens* et des *ophidiens*, ont leur corps concave en avant et convexe en arrière, ce qui les distingue déjà notablement de celles des *cétacés* qui l'ont à-peu-près *plane*, et bien plus encore de celles des poissons, où il est creusé des deux côtés en cône concave.

Les antérieures ont cette convexité et cette concavité beaucoup plus prononcées que les postérieures.

Quant aux apophyses, leur nombre établit cinq sortes de ces vertèbres.

Les premières, pl. II, fig. 1, ont une apophyse épineuse supérieure, longue et comprimée ; une inférieure, terminée par une concavité ; quatre articulaires dont les postérieures sont plus courtes et regardent de dehors, et deux transverses, grosses et courtes : ce sont les dernières vertèbres du cou et les premières du dos. Leur corps est plus long que large, et plus large que haut ; les faces sont en ovale transverse, ou en figure de rein.

D'autres, *ib.* fig. 2 , ont l'apophyse inférieure de moins, mais ressemblent aux précédentes pour le reste ; ce sont les moyennes du dos.

Il en est ensuite, *ib.* fig. 3., qui n'ont plus d'apophyses articulaires ; ce sont les dernières du dos, celles des lombes, et les premières de la queue ; et leur place particulière se reconnoît à leurs apophyses transverses qui s'allongent et s'aplatissent. Les faces articulaires de leur corps sont presque triangulaires dans les postérieures, telles que celle de la figure 4.

Les suivantes ,fig. 5, ont, outre leur apophyse épineuse supérieure et les deux transverses , à leur face inférieure deux petites facettes pour porter l'os en chevron. Les faces articulaires de leur corps sont pentagonales.

Puis il en vient, fig. 6, *A* et *B,* qui ne diffèrent des précédentes que parce qu'elles manquent d'apophyses transverses. Elles forment une grande partie de la queue, et les faces de leurs corps sont en ellipses, d'abord transverses, et ensuite de plus en plus comprimées par les côtés, comme celle de la figure 7. L'os en chevron n'y est plus articulé, mais soudé ; et fait corps avec elles.

Enfin les dernières de la queue, fig. 8, finissent par n'avoir plus d'apophyses du tout.

A mesure qu'on approche de la fin de la queue, les corps des vertèbres se raccourcissent, et presque, dès son commencement, ils sont moins longs que larges et que hauts. Leur longueur finit par être moitié moindre que leur hauteur.

Cette suite de vertèbres donne lieu à plusieurs remarques importantes.

La première est relative à l'os en chevron et à la position de son articulation. Sa longueur et celle de l'apophyse épineuse qui lui est opposée, prouvent assez que la queue étoit très-élevée verticalément.

L'absence des apophyses transverses sur une grande partie de la longueur de la queue prouve en même temps qu'elle étoit fort aplatie par les côtés.

L'animal étoit donc aquatique et nageur à la manière des *crocodiles*, faisant agir la rame de sa queue à droite et à gauche, et non pas de haut en bas, comme les *cétacés*. Les *monitors* ont la queue plus ronde, et les apophyses transverses y règnent beaucoup plus loin.

Dans les *crocodiles*, les *iguanes*, les *basilics*, les *lézards*, les *stellions*, et en général dans tous les *sauriens* que je connois, excepté les *monitors*, et même dans les *cétacés* et dans tous les quadrupèdes à grande queue, l'os en chevron est articulé sous la jointure, et se trouve commun à deux vertèbres. Les *monitors* seuls ont sous le corps de chaque vertèbre deux facettes pour le recevoir comme notre animal; seulement le corps de leurs vertèbres étant plus allongé, ces facettes sont au tiers postérieur. Dans le fossile qui a les vertèbres fort courtes d'avant en arrière, les facettes sont presque au milieu.

Mais je ne connois aucun animal où l'os en chevron se soude et fasse corps avec la vertèbre comme dans celui-ci, pour toute la partie postérieure de la queue, ce qui devoit beaucoup en augmenter la solidité.

Un autre caractère qui distingue notre fossile et des *moni-*

tors et des autres *sauriens*, c'est la prompte cessation des apophyses articulaires des vertèbres qui manquent dès le milieu du dos, tandis que dans la plupart des animaux elles règnent jusques très-près du bout de la queue.

Les *dauphins* montrent ce caractère, et c'est probablement ce qui, joint à la brièveté du corps des vertèbres, aura fait illusion à *Pierre Camper*.

Les vertèbres dorsales ont leurs apophyses transverses courtes et terminées par une facette bombée et verticale qui porte la côte; en conséquence celle-ci ne s'y attache que par une seule tête. C'est un caractère des *monitors* et de la plupart des *sauriens*, excepté les seuls *crocodiles* dans lesquels précisément il n'a point lieu, si ce n'est aux trois dernières côtes. Aussi peut-on regarder comme l'une des grandes singularités de l'ouvrage de M. *Faujas*, qu'il ait fait graver, pl. LII, une partie de dos trouvée à *Seichem*, ajoutant, p. 248, «*que ce des-* » *sin prouve mieux que tout ce qu'il pourroit dire, que l'ani-* » *mal de Maestricht a appartenu à un crocodile;* » tandis que cette pièce à elle seule nous mettroit en état de prouver le contraire.

Quant aux vertèbres antérieures qui portent un tubercule ou apophyse épineuse inférieure, il y en avoit sûrement une partie au cou; mais comme on ne trouve dans aucune les deux tubercules qui, dans le crocodile, portent la petite fausse côte de chaque côté, c'est encore une preuve que notre animal n'est pas un *crocodile*, et qu'il avoit plus de liberté que cet *amphibie* pour porter sa tête de côté. Les apophyses épineuses inférieures sont bien dans les *crocodiles*; mais elles sont aussi dans les autres *sauriens* et dans beaucoup de *serpens*; il y en a même dans les *ruminans* et dans les *chevaux*.

Quant aux *cétacés*, la briéveté de leur cou, la fréquente réunion de leurs vertèbres cervicales en une seule, ne leur permettent pas de montrer la moindre apparence de ces tubercules.

La figure et la position de cette apophyse inférieure varie; la plupart des genres de sauriens l'ont comprimée et au bord postérieur ; les *crocodiles* l'ont ronde et au bord antérieur : notre animal fossile l'a ronde, tronquée, et au milieu de la vertèbre.

Il s'agit à présent de déterminer le nombre absolu des vertèbres de chaque sorte. C'est en replaçant dans leur ordre les vertèbres trouvées récemment à *Seichem*, et qui paroissent y avoir formé une seule et même épine, que nous y parviendrons; et c'est ici que nous trouvons surtout des secours précieux dans le Mémoire de MM. *Hermans* et *Minkelers*.

L'un de ces morceaux qui a été gravé isolément dans l'ouvrage de M. *Faujas*, pl. LII, en montre déjà onze qui occupent une longueur de 0,77, avec des portions ou des empreintes de douze côtes qui y adhéroient. C'étoient donc autant de vertèbres du dos; les deux premières seulement ont des apophyses articulaires.

Cependant la première des onze vertèbres n'ayant pas de tubercule inférieur, devoit encore être précédé de quelques autres vertèbres dorsales.

En effet, on a encore trouvé à *Seichem* cinq de ces vertèbres à tubercules inférieurs, qui étoient probablement en avant de ces onze. Mais un morceau du cabinet de Camper, cité dans la dissertation de son fils (1), prouve que le véri-

(1) Journ. de phys. vendémiaire an IX.

table nombre de cette première sorte étoit au moins de six.

Trois autres vertèbres trouvées à *Seichem* devoient encore se trouver entre ces cinq et les onze mentionnées d'abord : car elles avoient des apophyses articulaires très-marquées, et manquoient d'apophyses inférieures.

Enfin il y en a neuf, toujours du même lieu, qui, par la forme de leur corps et l'absence des apophyses articulaires devoient venir à la suite des onze, mais dont une partie portoient encore des côtes, à en juger par leurs apophyses transverses.

Ce seroit donc vingt-neuf vertèbres en tout pour le cou, le dos et les lombes, sans compter l'atlas et l'axis ; et si l'on suppose que les deux dernières de ces vertèbres ont porté le bassin, ce seroit vingt-sept, nombre précisément le même que dans les *monitors*, chez lesquels quatre au cou et deux aux lombes ne portent point de côtes. Il y a donc dans les *monitors* vingt-trois paires de côtes vertébrales, tandis que les *crocodiles* n'en ont que dix-sept, même en comptant les cinq petites fausses côtes cervicales. Il est fort probable que notre animal en avoit aussi vingt-deux ou vingt-trois pour le moins.

La longueur totale de ces vertèbres cervicales, dorsales et lombaires, est de 1,76, ou de 5 pieds 5 pouces, toujours sans compter l'atlas et l'axis.

On a trouvé de plus à *Seichem* deux séries qui faisoient suite l'une à l'autre, et dont l'une est encore aujourd'hui encastrée dans la pierre. Elles constituent une portion de queue de soixante-onze vertèbres.

Les vingt premières ont l'apophyse épineuse, les transverses et les deux facettes pour l'osselet en chevron.

4

Les quarante-quatre suivantes manquent des apophyses transverses, et deviennent de plus en plus comprimées et petites. Les sept dernières, qui terminoient évidemment la queue, sont fort petites, et n'ont plus d'apophyses du tout.

Ces deux séries forment ensemble une longueur de 2,65, ou de 8 pieds 2 pouces.

Mais elles ne composoient pas toute la queue, et il s'en est trouvé encore une autre série de vingt-six, dont les six dernières seules ont des facettes inférieures. Les vingt qui n'en ont pas, mais qui sont plus grandes et qui ont leurs apophyses épineuses et transverses, devoient être à la base de cette queue.

La longueur de ces vingt-six est de 1,6. Ce seroit donc pour la totalité de la queue, 3,25, ou 10 pieds divisés en quatre-vingt-dix-sept vertèbres.

Nous voilà bien loin du nombre du *crocodile*, qui n'en a que trente-cinq; mais nous surpassons de bien peu celui des *monitors*.

Je compte soixante-dix-neuf vertèbres caudales au plus complet de mes squelettes de ce genre, et il lui en manque encore quelques-unes.

Si nous récapitulons maintenant ces différentes séries, en classant les vertèbres d'après leurs formes et le nombre de leurs apophyses, nous trouverons que l'épine de notre animal se composoit de,

L'atlas . . . . 1 long de
L'axis 1
Six vertèbres avec l'apophyse inférieure, les articulaires, les
    transverses . . . . 6 ——— 0,42
Cinq id. sans l'apoph. infér . . . . 5 ——— 0,32
Dix-huit id. sans apoph. artic. . . . . 18 ——— 1,2
Vingt id. de la queue . . . . 20 ——— 1,2
Vingt-six id. avec les deux facettes inférieures pour l'os en
    chevron . . . . 26 ——— 1,3
Quarante-quatre id. sans apoph. transv. . . . . 44 ——— 1,65
Sept sans aucune apophyse . . . . 7 ——— 0,15

                        Total 128 ——— 6,24

Ce nombre de vertèbres est plus que double de celui du *crocodile* qui n'en a que soixante, mais s'accorde bien avec celui des *monitors* où j'en compte cent dix, quoique la queue de mon individu en ait perdu quelques-unes.

Cependant le grand nombre des vertèbres de la base de la queue qui n'auroient point porté d'os en chevron, tandis qu'il n'y en a qu'une ou deux de telles dans les *monitors* aussi bien que dans les *crocodiles*, m'a causé un instant quelque doute. En vain aurois-je voulu placer le bassin plus en arrière : car alors j'aurois multiplié les vertèbres des lombes, et je me serois écarté des *monitors* pour la structure du tronc qui est naturellement plus constante que celle de la queue. J'ai donc fini par croire que c'est ici l'un des caractères propres et distinctifs de notre animal, qu'il ne partage point avec d'autres sauriens, et qui contribuent à en faire un genre particulier. Sa queue étoit donc très-vraisemblablement cylindrique à sa base, et s'élargissant dans le sens vertical, seulement à quelque distance, en même temps qu'elle s'aplatissoit par les côtés, elle ressembloit à une rame, beaucoup plus encore que celle des *crocodiles*.

Ce qui contribue à rendre cette multiplication des vertèbres caudales sans osselets en chevrons dans le squelette de notre animal assez vraisemblable, c'est qu'on en rencontre beaucoup de cette sorte isolées ou en grouppe de cinq ou six dans les pierres des carrières.

Au reste, il ne faut point oublier, qu'excepté la série des vingt-six caudales et celle des onze dorsales avec leurs côtes, toutes ces vertèbres sont aujourd'hui détachées de la pierre, et que les ouvriers qui les ont rassemblées peuvent en avoir égaré ou mutilé quelques-unes, qu'ils peuvent aussi en avoir ajouté qui ne s'étoient point trouvées tout-à-fait dans l'alignement des autres; mais ces altérations ne peuvent pas avoir été considérables, vu l'accord remarquable qui se trouve entre les nombres et ceux du genre le plus analogue.

M. *Faujas* qui a profité, comme moi, du Mémoire envoyé de Maestricht, en a tiré un résultat bien différent, car il annonce (*Mont. de Saint-Pierre*, p. 247), « *une épine* » *dorsale de 3 pieds 9 pouces, et une queue de 4 pieds 9* » *pouces ou de cinq pieds 4 pouces;* » mais c'est qu'il n'a pas fait attention que ce qu'il nomme épine dorsale appartient aussi à la queue, et qu'il néglige de faire entrer en ligne de compte plusieurs morceaux, et notamment celui d'onze vertèbres avec les côtes.

Mon énumération résulte d'une comparaison attentive des notes contenues dans le Mémoire, avec les objets mêmes que j'ai maintenant sous les yeux, et l'on peut y avoir d'autant plus de confiance, qu'elle est parfaitement d'accord avec les rapports naturels.

Dans cette longueur commune du tronc et de la queue de
6,24, ou 19 pieds 5 pouces, nous ne comprenons point l'atlas
ni l'axis, parce qu'ils étoient sans doute placés entre les deux
apophyses postérieures de la mâchoire inférieure, et qu'ils
ne contribuoient point à la longueur totale du corps.

La mâchoire ayant 3 pieds 9 pouces, l'animal entier devoit
être long de 23 pieds ou à-peu-près, et sa tête faisoit presque
un sixième de sa longueur totale, proportion assez semblable
à celle du *crocodile*, mais fort différente de celle des *monitors*
où la tête forme à peine un douzième. Aussi M. *Adrien Camper*
étoit-il parvenu à deviner à-peu-près cette longueur en cal-
culant d'après la proportion du *crocodile*.

La queue ayant 10 pieds est au reste du corps comme 10
à 13, et au tronc comme 5 à 9 et demi. Elle est donc encore
plus courte que dans le *crocodile* où elle surpasse d'un septième la longueur du reste du corps, et à plus forte raison
que dans les *monitors* où elle a moitié en sus. La briéveté
extrême du corps des vertèbres fossiles est ce qui rend cette
queue si courte.

Elle devoit être fort robuste, et la largeur de son extrémité
devoit en faire une rame très-puissante et mettre l'animal en
état d'affronter les eaux les plus agitées, comme l'a très-bien
remarqué M. *Adrien Camper*. Aussi n'y a-t-il nul doute, par
tous les autres débris qui accompagnent les siens dans les carrières, que ce ne fût un animal marin.

Il faudroit maintenant rétablir les pieds ; mais nous y
trouvons deux difficultés.

La première, qui est insurmontable pour le moment, c'est
que l'on n'en a presque recueilli aucune partie ; la seconde,
qu'on peut éviter en y apportant quelque soin, c'est la crainte

de prendre pour des os de pieds de notre animal, ceux des grandes tortues marines dont on trouve les débris pêle-mêle avec les siens.

Déjà M. *Faujas* a pris et fait représenter, pl. XVII, une épaule de tortue très-reconnoissable, *pour un bois de cerf ou de tout autre animal du même genre*, et donné, pl. XV et XVI, des portions de plastrons de tortues, pour des *empaumures d'un quadrupède de la famille de l'*ELAN; et deux os du carpe, toujours de tortue, sur la même pierre, pl. XVI, lui ayant paru un *pubis* et une *clavicule de crocodile*, il s'écrie (p. 106) « *Ainsi l'on voit sur la même pierre les restes d'un* » *animal terrestre, ceux d'un amphibie et une coquille ma-* » *rine. De pareils faits en histoire naturelle, sont dignes* » *sans doute d'être recueillis, et peuvent servir de maté-* » *riaux pour constater les diverses révolutions qu'a éprouvé* » *le globe terrestre.* »

La vérité est que dans ces trois planches tout est de tortue, excepté la coquille.

Revenons à notre animal.

La rareté de ses os d'extrémité, la facilité avec laquelle on pouvoit avoir cru en trouver, tandis qu'on n'en auroit eu que de tortue, m'avoit fait mettre un moment en doute s'il n'étoit pas dépourvu d'extrémités; mais j'ai été détrompé en reconnoissant un os de bassin qui ne peut être qu'à lui.

Il est gravé (*Mont. de Saint-Pierre*, pl. XI) sous le nom d'omoplate, mais c'est un *pubis*, et un pubis presque entièrement semblable à celui d'un *monitor*. Ils ont tous deux la même courbure, la même articulation, une échancrure semblable au bord antérieur; seulement celle du fossile est plus profonde. On peut s'en assurer en comparant notre figure 10;

planche II, qui représente ce pubis fossile, avec la figure 12, qui représente celui du *monitor*.

J'ai trouvé aussi, parmi les morceaux envoyés de *Seichem*, une portion d'une véritable *omoplate*, très-semblable par sa grande largeur, par la courbure, la grosseur et la brièveté de son cou, à cette même partie dans les *monitors*, mais très-différente de l'omoplate étroite du *crocodile*, et même de celle de l'*iguane*. Nous donnons l'omoplate fossile, fig. 9, pl. II, et celle du *monitor*, fig. 11.

Quant à l'os donné pour un *fémur* (*Mont. de Saint-Pierre*, pl. X), ce n'est autre chose que l'humérus d'une grande tortue vu par le côté de sa petite tubérosité, et dont la grande est détruite ou cachée dans la pierre. Nous le représentons, pl. II, fig. 13.

Voilà tout ce qui est venu à ma connoissance touchant les os des extrémités de l'animal de Maestricht. MM. Camper père et fils parlent bien d'os du carpe et de phalanges, mais ils ne les ont ni décrits, ni représentés. Je ne puis donc dire ni quelle étoit la proportion des jambes, entre elles et avec le corps, ni quel étoit le nombre des doigts et leur grandeur relative. Ces détails sont réservés à ceux qui feront des recherches ultérieures dans les carrières ; mais les rapports de ses dents et de ses vertèbres avec celles des *monitors*, me font présumer qu'il avoit cinq doigts à chaque pied, tandis que sa qualité d'animal nageur et marin me donne à croire que ses doigts et ses pieds de derrière n'étoient pas à beaucoup près aussi allongés que dans ces reptiles, en grande partie terrestres.

On voit donc, en dernière analyse, que cet animal a dû former un genre intermédiaire entre la tribu des *sauriens* à langue extensible et fourchue qui comprend les *monitors* et

les *lézards ordinaires*, et celle des sauriens à langue courte,
et dont le palais est armé de dents, laquelle embrase les
iguanes, les *marbrés* et les *anolis*; mais qu'il ne tenoit aux
crocodiles que par les liens généraux qui réunissent toute la
grande famille des *sauriens*.

Sans doute il paroîtra étrange à quelques naturalistes de voir
un animal surpasser autant en dimensions les genres dont il se
rapproche le plus dans l'ordre naturel; et d'en trouver les
débris avec des productions marines, tandis qu'aucun saurien
ne paroît aujourd'hui vivre dans l'eau salée; mais ces singularités sont bien peu considérables en comparaison de tant
d'autres que nous offrent les nombreux monumens de l'histoire naturelle du monde ancien. Nous avons déjà vu un tapir
de la taille de l'éléphant; le mégalonix nous offre un paresseux de celle du rhinocéros; qu'y-a-t-il d'étonnant de trouver
dans l'animal de Maestricht un *monitor* grand comme un *crocodile*.

Mais ce qui est surtout important à remarquer, c'est cette
constance admirable des lois zoologiques qui ne se dément dans
aucune classe, dans aucune famille. Je n'avois examiné ni les
vertèbres, ni les membres, quand je me suis occupé des dents
et des mâchoires, et une seule dent m'a, pour ainsi dire,
tout annoncé; une fois le genre déterminé par elle, tout le
reste du squelette est en quelque sorte venu s'arranger de soi-
même, sans peine de ma part, comme sans hésitation. Je ne
peux trop insister sur ces lois générales, bases et principes de
méthodes, de découvertes, qui, dans cette science comme
dans toutes les autres, ont un intérêt bien supérieur à celui
de toutes les découvertes particulières quelque piquantes
qu'elles soient.

Fig. 1.

Fig. 2.

Fig. 3.

Fig. 4.

Fig. 5.

Fig. 6.

Fig. 7.

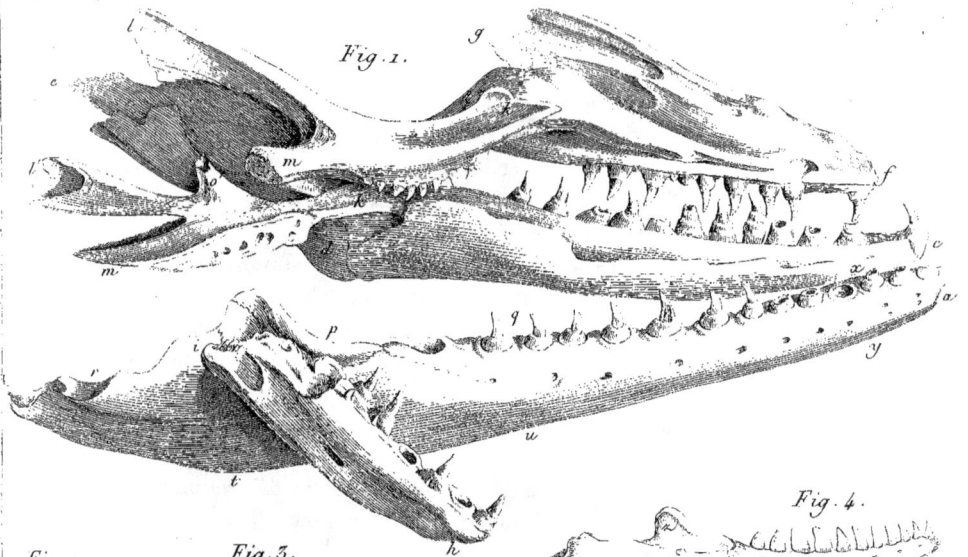

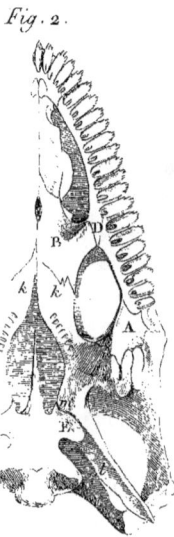

ANIMAL DE MAESTRICHT. PL. I.

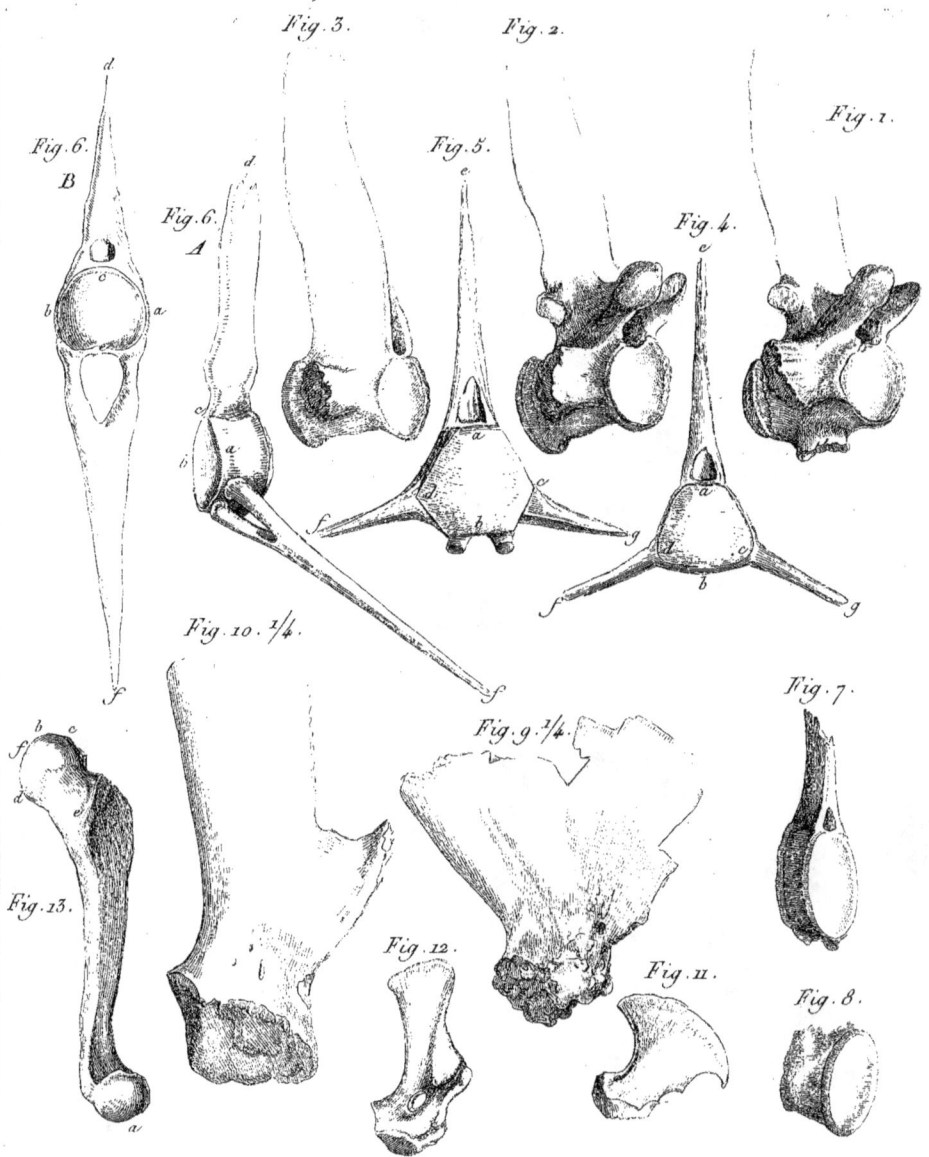

Fig. 6. B

Fig. 6. A

Fig. 3.

Fig. 2.

Fig. 5.

Fig. 1.

Fig. 4.

Fig. 10. ¼.

Fig. 9. ¼.

Fig. 7.

Fig. 13.

Fig. 12.

Fig. 11.

Fig. 8.

ANIMAL DE MAESTRICHT. PL. II.

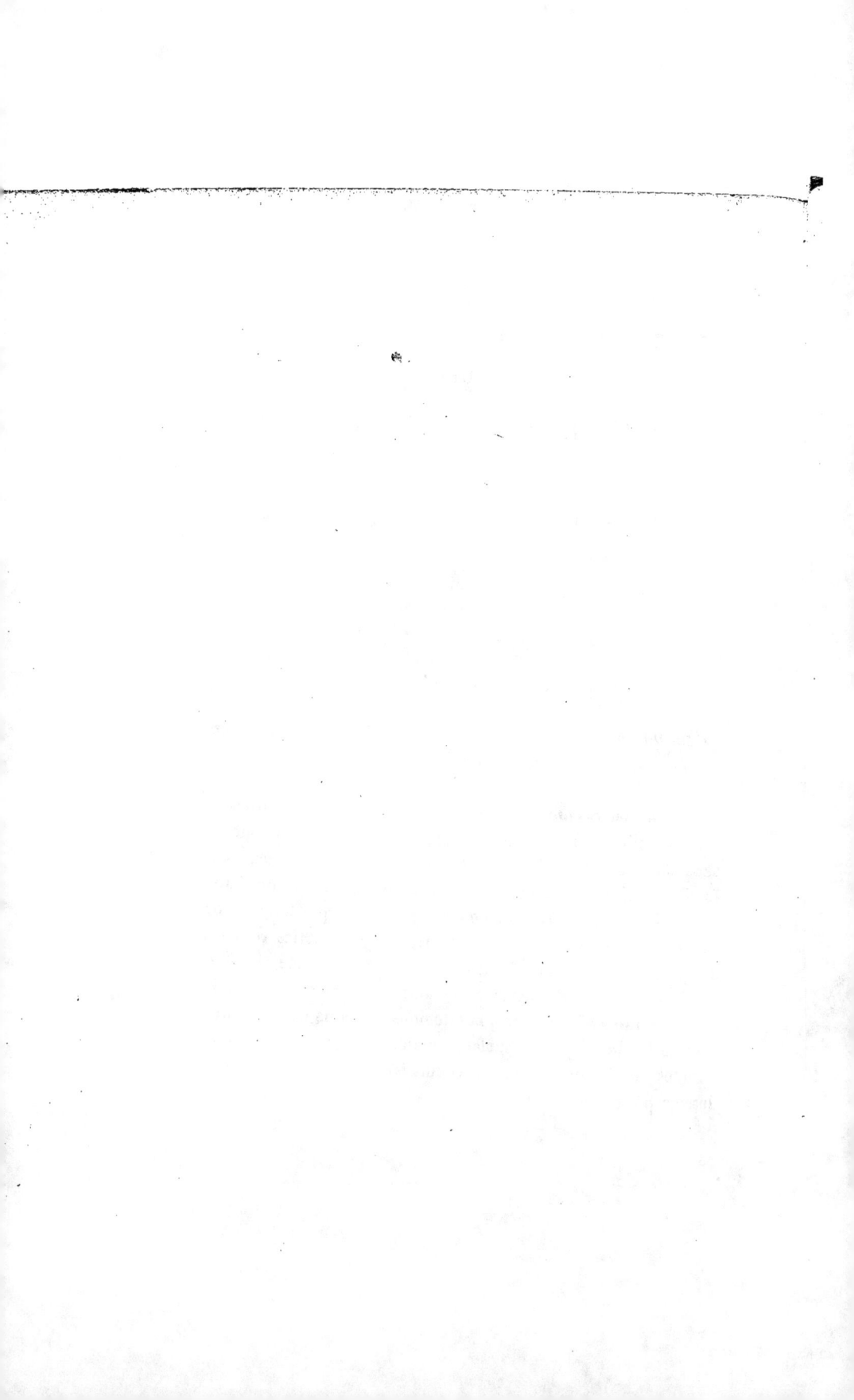

QUADRUPÈDES OVIPARES FOSSILES

CONSERVÉS

DANS DES SCHISTES CALCAIRES.

ARTICLE PREMIER.

Observations générales, et description des carrières qui ont fourni ces fossiles.

LES animaux enfermés dans les schistes y étant presque toujours plus ou moins écrasés, leurs caractères ostéologiques seroient beaucoup plus difficiles à déterminer que ceux des fossiles ordinaires, dont les ossemens ont conservé toutes leurs dimensions, si ce n'étoient heureusement presque toujours de petites espèces qui ont gardé leurs diverses parties réunies, et qui fournissent par là aux naturalistes des facilités d'un autre genre. Ils en donneroient davantage encore si nous possédions les morceaux mêmes, et que nous pussions y rechercher avec le burin les petites surfaces articulaires qui sont restées intactes; mais nous avons été réduit à des gravures ou à des dessins pour lesquels on n'avoit pas pris cette précaution, où

I

la forme des os est même fort mal terminée; de sorte que nous n'avons d'autre ressource que la configuration générale et les proportions des parties; nous ne pouvons donc attribuer à nos recherches en ce genre la même certitude qu'aux autres. Au reste, si nous tombons dans quelque erreur, les naturalistes n'auront rien à nous reprocher; car ils n'ont jamais procédé d'une manière plus vague, ni ne se sont permis des conjectures plus hasardées que précisément sur ces corps organisés comprimés dans les schistes; négligence d'autant plus impardonnable, que les innombrables espèces de plantes, d'insectes, de crustacés, et de poissons de mer et d'eau douce dont cette sorte de pierre fourmille en beaucoup d'endroits, et qui forment le cabinet le plus complet et le plus instructif pour l'histoire naturelle de l'ancien monde, ont été recueillis avec beaucoup de soin par les curieux de nos jours, et qu'il ne s'agiroit plus que d'étudier ces objets avec l'attention nécessaire, et en y appliquant les règles de l'anatomie comparée.

On sait qu'il y a deux classes principales de ces schistes à pétrifications; les noirs, ou schistes bitumineux pyriteux, que l'on exploite pour en tirer le cuivre, dans une grande partie de l'Allemagne; et les blancs ou les gris, qui ne sont qu'une marne ou une pierre calcaire feuilletée, et plus ou moins endurcie.

Il faut encore ajouter aux uns et aux autres diverses sortes d'ardoises ou schistes argileux qui ont été moins exactement classées, comme sont celles de Glaris et de quelques autres endroits.

Les premiers de ces schistes qui constituent, selon M. Werner, une des plus anciennes formations des terrains secondaires, offrent des quantités immenses de poissons, que l'on prétend tous d'eau douce; des coquilles, et quelques reptiles du genre des *monitors*, dont nous avons parlé au chapitre des *Crocodiles fossiles*.

Les schistes blancs ou gris, non pyriteux, paroissent appartenir à des formations plus diverses et recéler des fossiles plus variés, selon les lieux; l'étonnant amas de poissons de mer enfoui dans les carrières du *Mont-Bolca*, celui de poissons d'eau douce dans les schistes fétides d'*Œningen*, les singulières espèces d'écrevisses de *Pappenheim*, le reptile volant d'*Aichstedt*, etc. ne peuvent guère être du même système de couches, ni avoir été ensevelis à la même époque; mais combien ne faudroit-il pas d'observations comparatives pour reconnoître les rapports de superposition entre des couches si éloignées? combien n'en faudroit-il pas même pour déterminer avec précision tant d'espèces qui appartiennent à des classes dont l'ostéologie est si peu avancée? Je ne parlerai pas des applications vagues de noms faites par les *Scheuchzer*, les *Walch*, etc. à une époque où il auroit été difficile aux plus habiles gens d'en donner de meilleures; mais encore tout récemment M. de *Razoumowsky* et M. *Karg* assurent, d'une manière positive, que tous les fossiles d'*Œningen* sont des espèces vivantes dans le pays; et, pour le soutenir, il faut qu'ils adoptent, à l'égard du prétendu homme fossile de *Scheuchzer* qui vient de ces carrières, l'opinion de M. *Jean Gesner*, que c'est un *mal* (*silurus glanis*); tandis que l'éditeur du Mémoire de M. Karg (comme nous le faisons voir plus bas) réfute déjà fort bien cette opinion, et donne tous les moyens de prouver que cet animal est un *proteus* ou une *salamandre*, à peu près dix fois plus grande qu'aucune de celles que nous connoissons.

Je le demande! Croira-t-on aisément que tous les êtres ensevelis avec celui-là aient encore conservé leurs espèces dans le pays, tandis que celui-là seul auroit disparu de l'Europe et du globe? Comment accorder d'ailleurs cette assertion avec le catalogue des poissons d'*OEningen*, donné par M. *Lavater* à *Saussure*, et publié par celui-ci en 1796 (Voyages des Alpes, III, pag. 336)? catalogue où, avec dix-sept espèces de *cyprins*, deux espèces de *loches*, le *brochet*, la *truite commune*, l'*anguille* et la *lamproye*, on voit aussi le *hareng*, l'*alose*, le *turbot*, le *malarmat*, et d'autres poissons de mer. Est-ce que le *turbot* et le *hareng* habiteroient le lac de Constance?

Je ne doute donc pas qu'un examen anatomique attentif ne fasse découvrir encore beaucoup d'espèces inconnues ou étrangères parmi les poissons d'*OEningen* aussi bien que parmi ceux du *Mont-Bolca* (dans la détermination desquels on n'a pas été non plus très-heureux jusqu'à présent), comme on en a déjà trouvé plusieurs à Aichstedt et à Pappenheim. Je ne désespère pas de m'essayer un jour sur cette ostéologie des poissons fossiles, et je m'y prépare dès aujourd'hui, en étudiant celle des poissons vivans; mais ce sera l'objet d'un autre ouvrage, si mes forces me permettent de l'entreprendre.

Je ne me suis engagé à examiner dans celui-ci que les restes de quadrupèdes, et je ne m'aperçois déjà que trop combien cette tâche est difficile, surtout en l'étendant aux quadrupèdes ovipares, comme j'ai cru nécessaire de le faire.

Nous avons déjà traité, au chapitre des *Crocodiles fossiles*, de quelques squelettes de *monitors* conservés dans les schistes bitumineux pyriteux de la *Thuringe*. Il s'agit ici d'animaux de la même classe, mais plus extraordinaires par leur forme et par leur grandeur, que recèlent les schistes calcaires ou fétides de quelques autres contrées; l'un d'eux, le prétendu *antropolithe* de *Scheuchzer*, est célèbre depuis long-temps en géologie; un autre, le *reptile* volant de *Collini*, mériteroit bien de l'être plus qu'il ne l'a été jusqu'à présent, tant il offre de considérations nouvelles et curieuses aux naturalistes. Ils sont tous deux au nombre des restes les plus précieux et les plus singuliers de l'ancienne population animale de nos climats, et nous ne pouvons que nous féliciter de les voir si entiers, que l'anatomiste n'a presque rien à faire pour les rétablir.

Le premier de ces animaux n'ayant jamais été trouvé qu'à *OEningen*, c'est ici le lieu de dire un mot des célèbres carrières qui l'ont fourni.

Elles ont été décrites en abrégé, en 1776, dans une note des *Lettres sur la Suisse* d'*Andreæ*, pag. 56: le comte *Grégoire Razoumowsky* en a donné une autre notice, dans son Mémoire sur l'*Origine des parties basses de la Suisse et de la Bavière*, inséré en 1788 parmi ceux de l'*Académie de Lausanne*. M. de *Saussure* en a fait une description sur les lieux, et l'a fait entrer dans le troisième volume de ses Voyages aux Alpes, imprimé en 1796; enfin M. *Karg*, médecin de *Constance*, les a décrites tout récemment, et dans le plus grand détail, dans un Mémoire exprès, publié dans le premier volume de la *Société des naturalistes de Souabe*, p. 1. Ces quatre ouvrages, mais surtout le dernier, nous ont fourni ce que nous allons dire.

On sait que le Rhin, après avoir formé le lac de Constance, et s'être rétréci près de la ville du même nom, se dilate encore pour former le lac appelé *Zellersee*, et ne reprend l'étroitesse ordinaire de son lit qu'auprès de la petite ville de *Stein*.

C'est sur la rive droite, un peu au-dessus de *Stein*, qu'est le village d'*OEningen*, appartenant autrefois à l'évêque de *Constance*, et soumis aujourd'hui, comme le reste de l'évêché, au grand duc de *Bade*.

La carrière des ichtyolithes est à trois quarts de lieue de là, sur le penchant méridional d'une montagne appelée *Schiener-Berg*, et *au moins à cinq cents pieds* au-dessus du niveau du lac (1). Un petit ruisseau coule le long de son côté oriental; la partie élevée de la montagne est d'un grès micacé tendre, et l'on trouve dans les champs des granits roulés rouges et verts.

La carrière est ouverte sur deux cents soixante-dix pieds de longueur et sur trente de profondeur, mais le fond en est souvent plein d'eau. Sous la terre végétale se trouve d'abord une marne bleuâtre friable, de deux pieds d'épaisseur, que l'on emploie, faute de bonne argile, à faire des tuiles et des briques. Sous cette marne sont plusieurs pieds d'un premier schiste, gris-jaunâtre, tendre, à lames très-minces, rempli d'empreintes végétales. Vient ensuite une seconde marne bleuâtre, semblable à la première, épaisse d'un demi-pied, et sans corps organisés. Toutes les couches suivantes sont calcaires, et répandent, quand on les raie, une odeur de pétrole plus ou moins forte. On les distingue en plusieurs bancs; le premier est nommé par les ouvriers le *gros banc* ou la *pierre soufrée*; il a de deux à six pieds, et ne se divise point en feuillets. Le deuxième s'appelle *ardoise blanche*; il est épais de quatre pouces, très-argileux, tendre, et se divise en lames très-minces. On y voit des plantes, des insectes, et les premiers poissons.

---

(1) Karg, pag. 2.

Un autre schiste le suit, nommé *petits morceaux*, épais de deux pieds, divisible en feuillets minces, composé en grande partie de débris de végétaux, et renfermant beaucoup de coquilles bivalves, excessivement petites, rondes et nacrées.

Le banc suivant se nomme *gros morceaux*; c'est un calcaire feuilleté, épais de deux pieds, montrant à peine quelques traces de végétaux détruits.

On trouve ensuite deux lits, à peine de deux pouces de haut, nommés *plaques noires*, qui paroissent aussi teints par des débris de végétaux.

La *première plaque blanche* les suit. On en fait des dales pour les appartemens, et l'on y voit quelques grands poissons, quoique en petit nombre, et de belles dendrites. Elle a trois pouces de haut, et se divise en gros feuillets.

Enfin vient la *plaque poissonneuse*, qui tire son nom de la grande quantité de poissons qu'elle recèle avec de petits *limnées*. C'est un calcaire blanc, à grain fin, à feuillets minces, d'une dureté médiocre.

Sous elle est la *petite peau*, très-mince, d'un gris noirâtre; puis la *troisième plaque noire*, haute de deux pouces et demi, que suit la *pierre à cordons ou pierre d'indienne*. Celle-ci est un schiste gris, à gros grains, piqueté et rayé de blanc et de jaune, rempli de poissons, et d'autres empreintes animales et végétales. On la recherche beaucoup, et son épaisseur est de quatre pouces.

La *pierre aux moules*, est un calcaire micacé, noirâtre, plein de débris de végétaux, de petits limnées, et de fragmens encore nacrés de moules; elle est épaisse d'un pied.

Le *dill strecken*, schiste calcaire, un peu micacé, à gros

feuillets, d'un gris blanchâtre, épais de dix pouces, n'a point de fossiles.

La *petite peau blanche*, schiste calcaire, tendre, à feuillets minces, est d'un pouce de hauteur.

La *petite pierre aux moules*, schiste calcaire, à gros grains, sec, jaunâtre, contient une quantité innombrable de petits limnées, diverses autres coquilles d'eau douce, ou leurs noyaux, et des empreintes végétales.

La *grosse plaque*, schiste gris, d'un demi-pied, à feuillets épais, ne contient que quelques fibres végétales.

La *plaque blanche*, schiste calcaire, à gros grains, est très-riche en pétrifications et en empreintes de toute espèce, et l'on y retrouve rapproché tout ce qui existe séparé dans les les autres couches.

Enfin la *pierre de chaudière* est le dernier banc où l'on puisse arriver, encore dans les grandes sécheresses seulement; c'est un schiste gris ou roussâtre, à feuillets minces, contenant d'innombrables limnées et de très-belles empreintes de feuilles de diverses couleurs.

Elle repose sur un grès grossier, bleuâtre, qui forme généralement les bords du Rhin dans cette contrée, où l'on voit quelques veines de houilles, et quelquefois de nombreuses moules, que l'on assure être d'eau douce.

A un petit quart de lieue au-dessus de la carrière d'OEningen, du même côté, et plus près du lac, est une autre carrière qui appartient au village de *Wangen*, et où l'on voit les mêmes pétrifications, à ce qu'il paroît, dans des couches analogues.

M. *Karg*, partant de la supposition que tous les animaux de ces couches sont les mêmes que dans les eaux environnantes, a cherché à faire voir qu'elles ont dû se former assez récemment, dans un étang qui se sera vidé ensuite par quelque accident arrivé à ses digues, et cette hypothèse l'a empêché, sans doute, de nous donner plus de renseignemens sur leur position par rapport aux couches voisines, et de nous mettre en état de juger de leur ancienneté relative; mais son opinion n'est point celle des plus savans géologistes, et M. de Humboldt et M. Reuss s'accordent à regarder les schistes d'OEningen comme appartenans à une formation ancienne et régulière; le dernier paroît même les croire de sa troisième formation calcaire.

Nous voudrions pouvoir décrire les carrières de la vallée de l'*Altmühl*, près d'*Aichstedt* et de *Pappenheim*, qui ont fourni le reptile volant, avec autant d'étendue que celles d'*OEningen;* mais nous n'en avons pu trouver de relation aussi détaillée : en revanche nous avons de bien meilleures notions sur leur position relative. M. *Reuss* les rapporte (Géognosie, II.ᵉ vol. pag. 468), comme celles d'*OEningen*, aux couches supérieures de la troisième formation calcaire de *Werner*, nommée par ce minéralogiste *calcaire coquillier*, et cependant plus ancienne que notre calcaire coquillier grossier (1) des environs de Paris, plus ancienne même que notre craie, par conséquent bien antérieure à nos gypses.

M. de *Humboldt*, qui a examiné par lui-même ces carrières, les fait encore plus anciennes que M. *Reuss*, et les rapporte à la formation du *calcaire caverneux*, autrement nommé *calcaire du Jura;* il s'est même assuré que les couches où

---

(1) On voit, par les ouvrages géologiques de l'école de M. Werner, que les minéralogistes allemands ont peu connu nos couches, et les ont rapportées un peu au hasard aux leurs,

sont creusées les grottes de Franconie, si riches en ossemens d'ours, sont supérieures à celles-là, et qu'il se trouve un grès interposé entre elles.

Les plus célèbres de ces carrières sont situées près de *Solenhofen*, entre *Pappenheim* et *Aichstedt* : exploitées à ciel ouvert sur plus de trois cent cinquante pieds de hauteur, elles ont leur sommet couronné d'une belle forêt de hêtres. Selon *Reuss* (*loc. cit.*) le haut est formé de couches extrêmement minces, que l'on emploie à couvrir les maisons; à mesure que l'on descend, les couches s'épaississent, et finissent par perdre leur nature schisteuse; en même temps, au lieu de *poissons*, l'on trouve des *ammonites*, etc. Cette pierre est compacte, ferme, d'un jaune grisâtre, ou d'un brun de foie. Au-dessous est un autre calcaire à grain feuilleté, assez épais, que l'on nomme sauvage, parce qu'on ne peut l'employer aux couvertures.

L'identité de cette formation (ajoute M. *de Humboldt* dans la note qu'il a bien voulu me remettre), est facile à reconnoître dans les régions du monde les plus éloignées, à Vérone, dans les Apennins, sur les côtes d'Afrique, où elle renferme aussi des poissons pétrifiés. C'est un calcaire compact, divisé en couches minces, blanc-jaunâtre, quelquefois rouge de chair, à cassure unie, passant à la cassure conchoïde aplatie, et reposant en plusieurs endroits sur du gypse ancien, abondant en sources salées.

En remontant vers le nord, et en se rapprochant de la chaîne primitive du Thüringer-Wald, on trouve que cette formation est successivement recouverte par le calcaire caverneux de *Gaylenreuth*, *Muggendorf*, etc. par une formation de grès d'ancienneté moyenne, contenant des veines de houille

et des couches argileuses avec des empreintes de fougères et
de scitaminées. Sur ce grès repose souvent du gypse récent,
fibreux, mêlé d'argile, sans aucun sel marin; et sur ce gypse,
le calcaire coquillier, que l'on regarde en Allemagne comme
le plus récent. Quand on a passé le Thüringer-Wald, et qu'on
redescend en Thuringe, on retrouve les mêmes couches, excepté que le calcaire caverneux y manque quelquefois.

Si nous avions des observations du même genre sur les environs des carrières d'*Œningen*, nous saurions mieux à quoi
nous en tenir sur l'époque, ou du moins sur l'ancienneté relative de leur origine; mais il paroît que l'on a toujours négligé
de les considérer dans leurs rapports avec ce qui les environne.

ARTICLE II.

Sur le prétendu HOMME FOSSILE *des carrières d'*ŒNINGEN,
décrit par SCHEUCHZER, *que d'autres naturalistes ont re-*
gardé comme un SILURE, *et qui n'est qu'une* SALAMANDRE,
ou plutôt un PROTÉE, *de taille gigantesque et d'espèce*
inconnue.

Il étoit naturel que ceux qui attribuoient toutes les pétrifications au déluge, s'étonnassent de ne jamais rencontrer,
parmi tant de débris d'animaux de toutes les classes, des ossemens humains reconnoissables.

Scheuchzer, qui a soutenu cette opinion avec plus de détail
et de suite qu'aucun autre, étoit aussi plus intéressé à trouver
des restes de notre espèce; aussi accueillit-il, avec une sorte
de transport, un schiste d'*Œningen*, qui lui sembla offrir
l'empreinte du squelette d'un homme; il décrivit ce morceau

en abrégé dans les *Transactions philosophiques* pour 1726
(tom. 34, pag. 38). Il en fit l'objet d'une dissertation particulière, intitulée l'*Homme témoin du déluge* (*homo diluvii
testis*) (1) : il le reproduisit dans sa *Physique sacrée*, pl. 49,
assurant, pag. 66, « qu'il est indubitable — et qu'il contient
» une moitié, ou peu s'en faut, du squelette d'un homme; —
» que la substance même des os, et, qui plus est, des chairs
» et des parties, encore plus molles que les chairs, y sont
» incorporées dans la pierre; — en un mot, que c'est une des
» reliques les plus rares que nous ayons de cette race maudite,
» qui fut ensevelie sous les eaux ».

Les naturalistes n'élevèrent, pendant plus de trente ans,
aucun doute que ce ne fût-là un véritable antropolithe, et M.
Jean Gesner le cite encore pour tel dans son Traité des pétrifications, imprimé à Leyde en 1758. Il paroit cependant
que ce savant, devenu propriétaire d'un morceau semblable,
fut ensuite le premier à élever des doutes sur l'espèce qui
l'avoit fourni, et à conjecturer que ce pouvoit bien n'être
qu'un *mal* ou *salut* (*silurus glanis*, Lin.) (2), opinion adoptée
ensuite par tous les naturalistes (3), et encore aujourd'hui

---

(1) *Homo diluvii testis, et theoskopos.*

Tiguri, 1726, in-4.°, avec une figure en bois, de grandeur naturelle, qui est encore la meilleure représentation que l'on ait de ce morceau.

Celle de la *physique sacrée*, copiée dans *Dargenville* et ailleurs, est moins nette.

J'en dois aussi un beau dessin à M. *van Marum*, qui l'a fait copier sur l'original,
aujourd'hui déposé au *Muséum de Teiler* à *Harlem;* mais il paroît que quelques
fragmens sont tombés dans le transport.

(2) *Andreæ*, Lettres sur la Suisse, pag. 52.

(3) *Vogel*, Mineral system. pag. 242.

Razoumowsky, Acad. de Lausanne, tom. III, pag. 216.

Blumenbach, Manuel. éd. de 1807, pag. 728; et Magasin de *Voigt*, tom. V, p. 22.

Karg, Mém. de la Société des naturalistes de Souabe, t. I, pag. 34 et 35, etc. etc.

dominante, quoiqu'elle ne soit guère plus fondée que l'autre.

Pour mettre nos lecteurs à même de suivre nos raisonnemens, nous avons fait copier la gravure de *Scheuchzer*, fig. 2,
au sixième, de la grandeur naturelle. Nous avons fait placer
à côté le dessin d'un autre morceau plus complet que ceux
de *Scheuchzer* et de *Gesner*. Il appartient au docteur *Ammann*, de *Zuric*, et a été publié par M. *Karg*, dans les
Mémoires de la Société de Souabe, pl. II, fig. 3. Notre copie
est aussi réduite au sixième de la grandeur naturelle (1).

Le premier morceau, à lui seul, auroit déjà pu, si on l'eût
examiné avec attention, désabuser de l'idée que c'étoit un
antropolithe.

Les proportions des parties offrent déjà de grandes différences. La grandeur de la tête est bien à peu près celle d'un
homme de moyenne taille; mais la longueur des seize vertèbres est de quelques pouces plus considérable qu'il ne faudroit:
aussi voit-on que chaque vertèbre, prise séparément, est plus
longue à proportion de sa largeur que dans l'homme.

Les autres différences qui se tirent de la forme des parties
ne sont pas moins frappantes. La rondeur de la tête, qui
aura été la principale cause de l'illusion, n'offre cependant
qu'un rapport éloigné avec celle de l'homme. Qu'est devenue
toute la partie supérieure, tout ce qu'il devroit y avoir de
front? Et si l'on suppose que le front a été enlevé, la rondeur
totale ne sera plus qu'un effet du hasard, qui ne prouvera
rien.

Comment les orbites sont-ils devenus si grands? que la

---

(1) Outre les morceaux de Scheuchzer et d'Ammann, et celui de Jean Gesner
qui n'a pas été publié, il en existoit, dit-on, un quatrième dans le cabinet du couvent
d'Augustins d'Œningen, qui n'a pas été publié non plus. (Razoumowsky, *loc. cit.*).

tête ait été comprimée d'avant en arrière, ou qu'il n'y en ait
qu'une coupe verticale, cette grandeur d'orbites est également
inexplicable. Plus on enfoncera la coupe, plus les orbites y
deviendront petits.

L'intervalle des orbites est garni d'os entiers, qu'une suture
longitudinale distingue. Où est l'analogue de cette structure
dans l'homme? Pourquoi ne voit-on ni les os ni la cavité du
nez, et s'il n'y a que des restes de la partie postérieure, comment cette suture s'y est-elle formée?

Comment dans une tête, soit comprimée, soit coupée,
n'est-il pas resté trace de dents, tandis que les dents sont
toujours la partie qui se conserve le mieux dans les fossiles.
Scheuchzer suppose que les os placés aux deux côtés de la
première vertèbre sont des restes de la mâchoire inférieure :
mais où est la ressemblance, et pourquoi toujours ce manque
de dents?

Ces motifs et beaucoup d'autres sont sans doute ce qui a
fait chercher à ce fossile un autre type que l'homme; mais,
au lieu de le chercher par une comparaison directe, on aura
employé la voie du raisonnement. Les carrières d'*Œningen*,
aura-t-on dit, fourmillent de poissons d'eau douce, qui paroissent tous des poissons d'Europe. C'est donc parmi les poissons, parmi les poissons d'eau douce, et parmi les poissons
d'Europe, que nous trouverons notre animal. Or, quel est
parmi ces poissons l'espèce assez grande pour avoir fourni ce
squelette? On se sera souvenu alors que le *silurus glanis*
atteint souvent une très-grande taille, et que sa tête présente
à l'extérieur un contour arrondi, et l'on aura cru le problème
résolu, sans qu'il fût nécessaire d'établir une comparaison plus
immédiate.

Ce qui est fort singulier, c'est que M. *Karg* ait encore adopté cette opinion, après avoir observé et fait dessiner l'échantillon de M. *Ammann*, dont la ressemblance avec une salamandre est si frappante, et qu'il ait dit, en termes exprès, «qu'il ne » doute pas que le fossile ne soit un *silure, et qu'on y voit* » *la tête et les nageoires avec une netteté remarquable* » (*loc. cit.* pag. 36).

Son éditeur, M. *Jæger*, que j'ai déjà eu occasion de citer, comme m'ayant donné d'excellens documens pour mon ouvrage, a pris un moyen bien simple pour le réfuter; il a fait dessiner à côté du fossile le squelette d'un *silurus glanis*.

Nous avons imité M. *Jæger*, en faisant aussi le squelette du *silurus glanis*, et en le faisant dessiner à côté des squelettes fossiles de *Scheuchzer* et de M. *Ammann*, sur une échelle telle, que sa tête fût à peu près aussi grande que les têtes fossiles. On voit mieux de cette manière l'impossibilité absolue de la supposition généralement reçue.

Dès le premier coup-d'œil on remarque,

1.° Qu'à grandeur égale de tête, le *silure* n'auroit pas plus des deux tiers de la longueur du squelette fossile de M. *Ammann*, lequel n'est pas encore complet;

2.° Que, dans le même espace où l'épine du silure contient quinze vertèbres, celle des deux squelettes fossiles n'en offre pas plus de cinq ou six;

3.° Qu'il n'y a aucun rapport de forme entre les vertèbres encore plus courtes du reste de l'épine du silure, et les vertèbres plus longues que larges des fossiles, et que la totalité de l'épine du silure est de soixante-dix vertèbres, tandis que l'on n'en peut compter que trente ou trente-deux dans l'épine beaucoup plus longue du fossile;

4.° Que les fossiles n'offrent aucun vestige des longues apophyses épineuses de la queue du silure ;

5.° Que c'est par un pur hasard qu'il y a des os d'extrémité au *fossile*, vis-à-vis de l'endroit où sont attachées les nageoires ventrales du *silure ;* mais que la correspondance est illusoire ; car, dans le *fossile*, c'est l'extrémité antérieure ; dans le *silure*, c'est la postérieure ;

6.° Que l'extrémité postérieure du fossile est fort loin en arrière, et que, vis-à-vis du point où elle est attachée, la queue du *silure* est prête à se terminer ;

7.° Que ces deux extrémités du fossile présentent des os solides, cylindriques, semblables à ceux des jambes des quadrupèdes et des reptiles, et nullement des rayons articulés ni épineux, comme ceux des nageoires des poissons ;

8.° Que le *silure* ne montre rien de semblable aux petites côtes répandues des deux côtés de l'épine dans l'individu de M. *Ammann ;*

9.° Enfin si l'on compare la tête, qui a probablement donné lieu à toute la supposition, on n'y trouve de ressemblance ni dans les contours généraux, ni dans les détails.

Le contour du *silure* est beaucoup moins arrondi, et encore cette rondeur est due à la mâchoire inférieure, tandis que, dans le *fossile*, les branches latérales paroissent appartenir presque entièrement à l'arcade zigomatique.

Les parties, placées derrière l'orbite, n'ont pas à beaucoup près la largeur qu'elles devroient avoir dans le *silure*.

Depuis long-temps cette figure arrondie de tête, avec ses deux grands orbites, me frappoit, comme singulièrement ressemblante à une tête de *grenouille* ou de *salamandre*, et je n'eus pas plutôt jeté les yeux sur la figure de l'échantillon d'*Ammann*, donnée par M. *Karg*, que j'aperçus dans les vestiges de pieds de derrière, et dans la queue, une démonstration en faveur du dernier genre.

J'appris avec grand plaisir, dans la note jointe par M. *Jæger* au Mémoire de M. *Karg*, que mon savant ami, M. *Kielmeyer* avoit eu, de son côté, la même idée, et je ne pus que me confirmer dans la mienne sur une autorité aussi respectable.

Prenez en effet un squelette de *salamandre*, et placez-le à côté du *fossile*, sans vous laisser détourner par la différence de grandeur, comme vous le pouvez aisément, en comparant le dessin de *salamandre* de grandeur naturelle, fig. 1, avec les dessins des fossiles réduits au sixième, fig. 2 et 3.

Tout s'expliquera alors de la manière la plus claire.

La forme arrondie de la tête, la grandeur des orbites, la suture dans le milieu de leur intervalle, la partie anguleuse du temporal pour l'articulation de la mâchoire inférieure, la longueur des vertèbres par rapport à leur largeur, les petites côtes attachées à leurs deux côtés, les restes d'extrémités antérieures très-sensibles dans les deux squelettes fossiles, ceux d'extrémités postérieures, qui le sont encore davantage dans l'un des deux (celui de M. *Ammann*) où l'on voit les fémurs, une partie des tibia, et quelques fragmens du bassin; tout en un mot forme preuve pour la famille des *salamandres*, et exclut toutes les autres.

Je suis persuadé même que, si l'on pouvoit disposer de ces fossiles et y rechercher un peu plus de détails, on trouveroit des preuves encore plus nombreuses dans les faces articulaires des vertèbres, dans celles de la mâchoire, dans les vestiges des très-petites dents, et jusque dans les parties du labyrinthe

3

de l'oreille. Je ne puis qu'inviter les propriétaires, ou les dépositaires de ces beaux morceaux, à procéder à cet examen.

A la vérité, les *salamandres* portent leur bassin attaché à la quinzième vertèbre, et le fossile paroît l'avoir porté à la dix-huitième ou dix-neuvième; mais c'est là une différence spécifique très-peu importante; l'*axolotl* du Mexique porte le sien suspendu à la dix-septième, et le *protée* de la Carniole vis-à-vis de la trente-unième.

Notre animal est donc de la famille des *salamandres;* mais à quel genre appartient-il?

Nous trouvons encore moyen de répondre à cette question dans les os placés aux deux côtés de la première vertèbre, et dont il y a des traces dans les deux échantillons, quoique celui de Scheuchzer les montre beaucoup plus complétement. Nous les avons marqués *a a* dans les deux figures.

J'ai long-temps cherché à les expliquer, et je n'en ai trouvé la solution que lorsque j'ai eu disséqué les *reptiles douteux* sur lesquels j'ai donné un Mémoire, inséré dans les *Observations zoologiques* de mon célèbre confrère M. de *Humboldt*, pag. 149 et suiv.

Les *sirènes*, les *protées*, les *axolotl*, en un mot tous les reptiles qui conservent des branchies avec leurs poumons, sont munis d'osselets pour porter les premiers de ces organes et les faire jouer; et ces osselets, comme les arcs branchiaux des poissons, s'articulent en dessous avec l'os hyoïde, et se rapprochent plus ou moins en dessus, de l'occiput ou de l'épine.

Il y a toute apparence que les os que nous voyons derrière la tête de notre animal contribuoient à former de semblables arcs, et par conséquent qu'il portoit des branchies : il appartenoit donc à ces genres particuliers, qui ont été nommés pendant quelque temps *reptiles douteux;* et puisqu'il étoit quadrupède, c'est parmi les *protées* qu'il doit être rangé. Il avoit des rapports très-particuliers avec le *protée du Mexique* ou *axolotl;* mais la grandeur de ses orbites, qui annonce celle de ses yeux, devoit rendre sa physionomie plus semblable à celle de notre *salamandre terrestre.*

Quant à sa grandeur absolue, il devoit avoir trois pieds, ou à peu près, depuis le bout du museau jusqu'à l'extrémité de la queue; il étoit donc encore un peu plus grand que la *sirène;* il étoit surtout plus gros à proportion; la longueur de sa tête étoit de quatre pouces, et sa plus grande largeur, qui déterminoit à peu près le diamètre de son corps, de six pouces trois lignes.

Il est difficile de donner au juste la longueur de ses membres, et à peu près impossible de fixer le nombre de ses doigts; mais ses extrémités de devant étoient éloignées d'environ quinze pouces de celles de derrière, et la longueur de sa queue étoit au moins d'un pied.

Nul doute qu'il ne fût aquatique, et qu'il ne vécût avec les innombrables poissons dont les dépouilles accompagnent les siennes, dans cet ancien lac qui a déposé les schistes d'*OEningen*, et qui étoit à peu près à cinq cents pieds au-dessus du niveau actuel du lac de Constance.

Ces poissons étoient-ils aussi semblables qu'on le dit à ceux qui habitent encore à présent les lacs et les rivières voisines? C'est sur quoi je ne me permets pas encore de prononcer; je trouve seulement bien extraordinaire que les mêmes eaux aient pu nourrir nos *carpes*, nos *brochets*, et des *protées* comme celui-ci, et que leurs rivages aient été fréquentés par un *ron-*

geur, tel que celui que j'ai décrit dans un de mes chapitres précédens.

Article III.

Digression sur deux vertèbres prétendues humaines, décrites par Scheuchzer.

Je ne crois pas hors de propos de montrer, par un autre exemple, avec quelle légèreté des naturalistes, d'ailleurs habiles, ont attribué à l'espèce humaine des os fossiles ou pétrifiés. Ce que je vais dire servira en outre de supplément à mon Mémoire sur les *crocodiles fossiles*.

Scheuchzer, se promenant un jour dans les environs d'*Altorf*, ville et université du territoire de *Nuremberg*, avec son ami *Langhans*, alla faire des recherches au pied du Gibet. *Langhans*, qui avoit pénétré dans l'enceinte, trouva parmi les pierres un morceau de marbre cendré, qui contenoit huit vertèbres dorsales teintes en noir, et d'un aspect brillant ; *saisi*, dit toujours *Scheuchzer*, *d'une terreur panique*, *Langhans* jeta cette pierre par-dessus le mur, et *Scheuchzer* l'ayant ramassée, en garda deux vertèbres, qu'il considéra comme humaines, et qu'il fit graver dans ses *Piscium querelæ*, pl. III. Il fait tout ce récit à *Bayer*, à l'occasion de deux vertèbres semblables, et probablement du même lieu que celui-ci avoit fait représenter dans son *Oryctographia norica*, pl. VI, fig. 32, et *Bayer* fit imprimer la lettre de *Scheuchzer* dans les supplémens à cette Orictographie, qui font suite à la description de son cabinet (1).

_____

(1) Joh. Jac. *Bayer, Sciagraphia musei sui.* Norimb. 1730, pag. 30,

Ces vertèbres, copiées par *Dargenville* (1), et citées par *Walch* (2), et par beaucoup d'autres descripteurs de pétrifications, ont passé depuis pour humaines jusqu'à ces derniers temps, où l'on n'en a plus parlé du tout.

Il n'est cependant besoin que des plus légères notions d'ostéologie, ou mieux encore de la présence d'un squelette, pour voir que ces vertèbres, dont nous copions les figures à moitié grandeur, fig. 6 et 7, ne viennent pas d'un homme. Leurs corps n'auroient pas ce creux d'une face et cette saillie de l'autre, et l'on ne verroit pas à la surface cylindrique ces côtes longitudinales; il resteroit quelques vestiges de leurs apophyses articulaires, etc. Il y a bien plus d'apparence que ce sont des vertèbres de crocodile; et comme nous avons déjà vu qu'il s'est trouvé des mâchoires fossiles de ce genre dans les environs d'*Altorf*, tout doit porter à croire que ces vertèbres leur appartiennent également, d'autant que leur couleur est précisément celle qui s'observe dans les autres os fossiles de crocodiles du dessous des craies.

ARTICLE IV.

Sur un animal du genre de la GRENOUILLE, *retiré des carrières d'*OENINGEN, *et conservé dans le cabinet de M.* LAVATER *à* ZURIC.

On ne le connoît que par une figure gravée dans les lettres d'*Andreæ* sur la Suisse, pl. XV, fig. 6, dont nous donnons

---

(1) Oryctologie, pl. XVII, fig. 2.

(2) *Monumens de Knorr.* II, sect. II, pag. 143.

une copie réduite de moitié, fig. 5. L'original, outre les os qui composent le squelette, montre une masse arrondie brune qui les entoure, et qui pourroit bien être l'empreinte du corps. D'après cette forme, on a jugé que ce devoit être un *crapaud*, et MM. *Razoumowsky* (1) et *Karg* (2) disent qu'il est si bien conservé, qu'on y voit même *les côtes et les fausses côtes*. Cette description seroit faite pour rendre ce morceau bien suspect, car les crapauds et les grenouilles n'ont jamais de côtes vraies ni fausses; mais la figure n'en montre non plus aucune, et il est impossible d'y méconnoître un squelette bien conservé du genre *rana*. Reste donc à en distinguer l'espèce.

Cette forme ronde ayant pu être donnée au ventre par la compression que l'animal a éprouvée quand il fut saisi par la matière du schiste, ne suffit pas pour démontrer que ce soit un *crapaud*, et surtout que ce soit précisément notre *crapaud commun*.

Il y a cependant un autre caractère qui prouve que c'est un crapaud, et il consiste dans la largeur et dans l'aplatisse‹ ment des apophyses transverses du sacrum. Les grenouilles les ont simplement arrondies, et guère plus grandes que celles des autres vertèbres.

Parmi nos crapauds, il n'y en a même qu'un seul qui ait ces apophyses précisément de la forme du fossile; c'est le *crapaud à bande longitudinale jaune sur le dos* (*bufo câlamita*), celui qui répand une si forte odeur de foie de soufre. Le *crapaud commun* les a plus étroites; le *crapaud brun des marais* (*bufo Rœselii*), le *crapaud à ventre couleur de feu*

---

(1) Acad. de Lausanne, III, pag. 217.
(2) Natur. de Souabe, I, 28.

(*bufo bombinus*), les ont plus larges d'avant en arrière que transversalement, ce qui leur donne la figure d'un fer de hache.

J'ai vérifié ces caractères sur les squelettes mêmes, et ceux qui n'auroient pas les squelettes sous les yeux peuvent consulter les figures de l'ouvrage de *Rœsel*, où toutes ces différences sont fort bien exprimées.

Un second motif en faveur de la même espèce seroit la brièveté du tibia du fossile, attendu que le *bufo calamita* porte aussi cet os plus court, à proportion, que les autres crapauds de notre pays.

Mais si l'on passe à l'examen des vertèbres, on trouve bientôt qu'elles ont des apophyses tranverses, plus longues et plus pointues que le *bufo calamita*, et que la seconde, qui devroit avoir ces apophyses plus courtes que la troisième et la quatrième, et dirigées en avant, paroît au contraire, à en juger par le dessin, les avoir plus longues, et dans la même direction que les suivantes.

Si ces traits sont fidèles, ce que le propriétaire du morceau original peut seul vérifier maintenant, je ne doute point que ce crapaud ne soit différent des nôtres; mais il faut avouer qu'à une époque où l'on croyoit fermement que tous les fossiles d'*OEningen* venoient d'espèces encore vivantes dans les environs, il étoit permis de ne pas examiner celui-ci avec tant de scrupule.

ARTICLE V.

Sur le squelette fossile d'un REPTILE VOLANT *des environs
d'*AICHSTEDT, *que quelques naturalistes ont pris pour un
oiseau, et dont nous formons un genre de* SAURIENS, *sous
le nom de* PTERO-DACTYLE.

Feu M. *Collini*, directeur du cabinet de l'électeur Palatin
à *Manheim*, qui avoit de l'esprit et de la sagacité, mais peu
de connoissances positives d'histoire naturelle et d'anatomie
comparée, a cependant rendu des services essentiels à ces deux
sciences, en publiant les objets les plus intéressans du dépôt
confié à sa garde; attention que tant d'autres conservateurs
de riches collections devroient bien imiter; car le seul mérite
réel d'un cabinet, le seul but raisonnable des gouvernemens
qui en font recueillir, est de fournir des accroissemens aux
sciences, en offrant des sujets de méditation à ceux qui les
cultivent.

Dans un Mémoire inséré parmi ceux de l'*Académie pala-
tine* (*partie physique*, tom. V, pag. 58 et suiv.), *Collini* décrivit les os fossiles de ce cabinet, notamment ceux d'*hyène*,
de *rhinocéros* et de *crocodile* dont j'ai parlé ailleurs, et le
squelette entier qui fait l'objet de notre présent Mémoire.

Il avoit été trouvé, dit l'auteur, dans une de ces pierres
marneuses, feuilletées, grises, et quelquefois jaunâtres,
d'*Aichstedt*, qui abondent en dendrites et en pétrifications
animales.

On sait qu'*Aichstedt* est dans la vallée de l'*Altmühl*, un
peu au-dessous de *Solenhofen*, village du comté de *Pappen-*

heim, célèbre depuis long-temps parmi les amateurs de pétrifications, par ses schistes abondans en *poissons*, en *crabes*
et en *écrevisses*, en grande partie inconnus, et offrant quelquefois jusqu'à des animaux du genre du *crabe des Moluques* (*monoculus polyphemus*, Lin. *limulus Fabr.*). Il est
donc probable que notre squelette appartenoit à la même
formation, et que l'animal qui l'a fourni vivoit à la même
époque, et dans la même région que ceux qui l'accompagnent.
Sa figure extraordinaire m'ayant beaucoup frappé, j'aurois
bien désiré pouvoir observer ce morceau par moi-même ;
mais il paroît qu'il s'est perdu lorsque le cabinet de *Manheim*
a été transporté à *Munich;* du moins M. le baron de *Moll*,
minéralogiste célèbre, à qui je m'étois adressé, et qui en a fait
la recherche avec toute l'obligeance qui le caractérise, n'a-t-il
pu le retrouver.

Il faut donc nous contenter de la figure et de la description
de *Collini*, qui heureusement sont mieux faites et plus détaillées
qu'il n'arrive d'ordinaire, et peuvent suffire pour déterminer
la classe de l'animal, et pour en caractériser le genre.

Je donne d'abord la description, et j'y ajouterai ensuite mes
remarques.

Voici les termes mêmes de feu M. *Collini.* Sa figure est
copiée dans notre planche II.

« C'est un petit animal de la longueur de dix pouces et
» quatre lignes, avec une fort grande bouche armée de dents,
» avec un long cou, avec une queue, avec des pates et des
» pieds de derrière garnis de griffes, et qui, à la place de bras
» ou de pates de devant, a des corps fort longs, qui se plient,
» étant composés de sept morceaux articulés. Son cou et son
» corps se sont tellement pliés et courbés, que l'endroit où est

4

» l'anus touche presque la partie postérieure du crâne, comme
» on le peut voir sur la planche, qui représente l'animal de
» grandeur naturelle. Relativement à son corps, sa bouche
» est considérable. Je la désignerai dans cette description par
» le nom de bec.

  » La tête avec son bec (AB) est une des parties remar-
» quables de cet animal : elle s'est trouvée enfermée dans cette
» pierre de profil; elle est plus longue que le cou et le corps
» pris séparément, et a quatre pouces de longueur, depuis le
» bout du bec jusqu'à la partie postérieure du crâne. La figure
» circulaire, assez grande, qu'on voit en C, paroît marquer la
» place de l'œil; l'ouverture de la bouche, AD et ED, qui fait
» la longueur des mâchoires, a trois pouces et trois lignes de
» longueur. Cet animal, en périssant, est resté avec la bouche
» tellement ouverte, qu'entre le bout de la mâchoire supé-
» rieure A et le bout de l'inférieure E, il y a une distance de
» deux pouces et dix lignes. Ce bec est épais, droit, et de
» forme conique; on voit à la mâchoire inférieure son arti-
» culation et sa charnière en D. La supérieure à la base du
» bec et à côté de l'œil, a six lignes de hauteur latérale, et va
» en décroissant jusqu'à son extrémité antérieure A, où elle
» n'a de hauteur qu'environ une ligne, et où elle est un peu
» courbée en en-bas. La mâchoire inférieure, dans toute sa
» longueur, paroît être d'une largeur égale, qui est de près de
» deux lignes; mais elle est un peu plus épaisse à sa partie an-
» térieure; et son extrémité E est un peu courbée en en-haut.
  » Chacune de ces mâchoires est armée d'une rangée de
» petites dents pointues, toutes d'égale grandeur, et un peu
» courbées en arrière : ces dents n'occupent que la partie an-
» térieure des mâchoires. Dans celle du dessus, les deux tiers

» de cette longueur, à commencer depuis la base du bec, sont
» sans dents, et on en compte onze dans l'autre tiers, jusqu'à
» l'extrémité de cette mâchoire. Dans celle du dessous, plus
» de la moitié de sa longueur est garnie d'une suite de dents.
» On y en compte dix-neuf; mais la plupart n'ont laissé que
» leur empreinte sur la pierre.

» Le cou est dirigé en en-bas, tel que le cou d'un oiseau;
» mais il a pris sur la pierre une situation forcée, étant courbé
» en demi-cercle F G. En suivant cette courbure, il a environ
» trois pouces de longueur; il paroît partagé en six morceaux
» articulés, mais qui sont unis si étroitement, qu'on ne peut
» distinguer la liaison par laquelle l'un s'articuloit avec l'autre;
» ils forment seulement autant d'angles saillans à la circonfé-
» rence du cou ainsi plié. La première de ces vertèbres, celle
» qui tient à la tête, est la plus courte, et a environ trois lignes
» de longueur. La seconde est plus longue du double que la
» première; les deux du milieu sont les plus longues de toutes,
» et ont sept lignes; les deux suivantes ont la longueur de la
» seconde.

» Le diamètre de ces vertèbres est, en général, de deux
» lignes; mais elles sont un peu plus minces à l'endroit où
» elles se rejoignent à la tête, et ont un peu plus de deux lignes
» de diamètre à l'endroit où se fait leur réunion avec le corps.

» Quoique cet animal, en se trouvant engagé dans les terres
» au milieu desquelles il a laissé sa carcasse, ait pris une situa-
» tion forcée, cependant son corps tient encore au cou. Ce qui
» prouve combien cette situation a été forcée, c'est que le
» corps de la partie inférieure, où se trouve le cou en G,
» s'est élevé verticalement vers la supérieure, et est remonté
» vers la tête; de sorte que l'anus H se trouve à côté de la

» partie postérieure du crâne; il n'a que deux pouces et cinq
» lignes de longueur. Il est composé de plusieurs petites ver-
» tèbres, qui forment l'épine du dos, et qui ont conservé leur
» ordre et leur union, quoiqu'un peu confusément dans quel-
» ques endroits, ce qui empêche d'en déterminer au juste le
» nombre. J'ai pu en compter dix-neuf à vingt : chaque ver-
» tèbre a environ une ligne et un tiers de longueur.

» De chacune des vertèbres dorsales sortent autant d'arètes
» fort minces, qui forment les côtes de l'animal; huit de ces
» côtes ont conservé leur situation et leur ordre naturel, J J.
» D'autres traits qui leur ressemblent, et qui sont répandus
» sur la pierre, font présumer que le reste de ces côtes s'est
» dégagé.

» L'extrémité du corps, depuis l'anus, est suivie d'une queue
» mince H K, composée de plusieurs vertèbres, et longue de
» dix lignes; quelques-unes de ces vertèbres, vers l'endroit où
» elles s'articulent avec celles de l'épine du dos, ne sont pas
» clairement visibles. J'en ai ensuite distinctement compté
» treize qui se suivent en une rangée, et qui diminuent suc-
» cessivement de grosseur jusqu'au bout de la queue, où elles
» sont aussi minces que la pointe d'une épingle; leur épaisseur,
» vers la naissance de la queue, est d'une ligne. La longueur
» de la plupart d'entre elles est d'un peu plus d'une demi-ligne,
» excepté les dernières, qui sont extrêmement petites.

» L'extrémité du croupion est distinctement marquée dans
» cet animal pétrifié par deux os, qu'on peut appeler l'os sa-
» crum et le coccyx. Tel est cet os large L, qu'on peut com-
» parer par sa forme à l'os sacrum; tel l'autre en forme de
» bec M, qui est au bout de l'os sacrum, et qui peut mériter
» le nom de coccyx.

» Cet animal a des jambes de derrière assez longues. Il en
» subsiste une entière, composée de trois morceaux articulés,
» à l'extrémité desquels il y a le pied. Le premier de ces mor-
» ceaux N s'emboîte dans une cavité qui se trouve à l'extré-
» mité du corps, entre l'épine du dos et l'os sacrum; il a un
» pouce et trois lignes de longueur. Le second O, qui est le
» plus long des trois, a un pouce et dix lignes. Le troisième
» P a neuf lignes; par conséquent cette jambe, qui étoit la
» gauche de l'animal, a près de quatre pouces de hauteur.

» Le pied Q est joint à ce dernier morceau par des articu-
» lations dont on ne voit pas le mécanisme; car on n'aperçoit
» point dans cet endroit aucune trace qui puisse faire présu-
» mer l'existence d'un tarse ou d'un métatarse. Les phalanges
» des doigts succèdent immédiatement à ce dernier morceau;
» et l'articulation se faisoit probablement par différens liga-
» mens. Le pied a six lignes de longueur; il a quatre doigts
» articulés, armés chacun à son extrémité d'un ongle ou cro-
» chet pointu. Les phalanges s'étant dérangées, on ne peut en
» fixer le nombre. On pourra s'en faire une idée plus claire,
» en examinant deux autres pieds détachés, qu'on voit encore
» sur cette pierre. Celui qui est marqué de la lettre R est plus
» effilé, plus long, et a bien conservé l'union des phalanges
» de ses doigts. L'autre, qui se trouve sous la lettre S, est
» plus défectueux; il n'a que trois doigts, et la plupart de ses
» phalanges manquent; mais il est plus court et un peu plus
» gros. Tous les deux sont également armés de crochets ou
» de griffes au bout de leurs doigts. On ne peut pas savoir si
» ces deux pieds, de proportion différente, ont aussi appar-
» tenu à cet animal, ou si ce ne sont pas les débris d'autres
» animaux de la même espèce. Ce qui paroît clairement, c'est

» que ces deux pieds n'appartiennent pas à la place où ils se
» trouvent, mais que ce sont des parties détachées et éloignées
» de leur place naturelle. On a fait représenter à la figure 2
» le pied de la lettre R, comme mieux conservé, d'une pro-
» portion plus grande. Trois de ses doigts sont composés
» chacun de trois articles, dont les premiers, qui tiennent à
» la jambe, sont passablement longs. Le doigt le plus court
» n'a que deux articles; mais il faut observer que les crochets
» qui sont au bout de ses doigts, paroissent leur être égale-
» ment attachés par des articulations. Quelques-unes des arti-
» culations de ces doigts sont composées d'apophyses en forme
» d'anneaux.

　　» L'autre jambe de derrière, qui est la droite, s'est déran-
» gée, et presque entièrement perdue; il en subsiste seulement
» le premier morceau T, qui tient encore à l'endroit de son
» insertion, à l'extrémité de l'épine du dos, comme dans l'autre
» jambe le morceau correspondant N. Cette portion d'os dé-
» taché, qu'on voit en U près de ce premier morceau, paroît
» en avoir formé le second. Ce sont là les seuls vestiges de
» cette jambe qu'on trouve sur cette pierre.

　　» Ce qui achève de rendre remarquable cet animal pétrifié,
» ce sont deux corps longs, qui ont leur origine et leur inser-
» tion de chaque côté de la poitrine, ou plutôt des épaules;
» ce sont deux instrumens situés à la place où l'on pourroit
» supposer des jambes de devant : on peut les regarder comme
» les bras de l'animal. Chacun de ces bras est d'une longueur
» considérable, relativement à la taille de l'animal, ayant dix
» pouces et trois lignes de long. Il est partagé en sept mor-
» ceaux articulés, qui vont en diminuant d'épaisseur depuis
» le premier, qui a son insertion aux épaules, et dont le dia-

» mètre est de trois lignes, jusqu'au dernier, dont l'extrémité
» est aussi mince que la pointe d'une épingle. Ils sont resté
» dépliés de différente manière à la mort de l'animal, et sont
» marqués sur la planche des deux côtés, depuis le n.° 1 jus-
» qu'au 7.

» Les deux premiers articles de chacun de ces bras (1 et 1)
» manquent en partie sur la pierre sur laquelle ils ont distinc-
» tement laissé leur empreinte. L'épaisseur du second article (2)
» est de trois lignes, comme le premier. Chacun de ces articles
» est plus épais à l'endroit de l'articulation qu'au milieu de
» sa longueur; cette longueur varie dans chaque article.

» Le second paroît être le plus long, et a un pouce neuf
» lignes de longueur. Les plus courts sont le premier et le
» dernier (1 et 7) qui ont un pouce et une ligne de longueur.
» Chaque article d'un de ces bras, d'un côté de l'animal, ré-
» pond parfaitement, pour l'épaisseur et pour la longueur,
» au même article du côté opposé. Selon le mécanisme de ces
» bras, ils pourroient aussi porter le nom de *pates pliantes:*
» peut-être l'animal a-t-il pu les mouvoir en divers sens.

» Il ne me reste enfin qu'à parler de deux os détachés;
» l'un, marqué de la lettre X, se trouve près de l'endroit où
» le cou se rejoint au corps. Par la forme de cet os, on peut
» présumer que c'étoit une espèce de clavicule propre à fermer
» et à lier cette partie qui est entre le cou et le corps, et à
» fortifier cet endroit pour qu'il pût résister aux efforts qu'ont
» dû nécessairement faire dans leurs différens mouvemens les
» deux bras dont je viens de parler. L'autre os, qui se trouve
» près de la jambe de derrière et de l'os sacrum, et qui est
» marqué de la lettre Y, est en forme de poire ».

Collini termine sa description par quelques recherches sur

le genre de cet animal; et après avoir fait remarquer que ce n'est ni un oiseau ni une roussette, il se demande si ce ne seroit point quelque amphibie, et finit par conclure qu'il faut en chercher l'original parmi les animaux marins.

Avant de dire nous-mêmes notre sentiment, nous devons faire quelques remarques sur la description de *Collini*, et y relever quelques erreurs qui pourroient influer sur la détermination.

Nous croyons d'abord que la seconde jambe de derrière n'est ni aussi dérangée ni aussi mutilée qu'il le dit; on peut, au contraire, en suivre, selon nous, toutes les parties. T est le fémur, U est le tibia, et R le pied, dont la jonction avec le tibia ne se distingue pas bien, parce qu'elle est cachée par l'épine du dos.

Ce pied R étant plus développé que l'autre, nous fait apercevoir une seconde erreur, qui est d'avoir pris pour un seul os le métatarse P, qui est au contraire composé de plusieurs, mais jetés les uns sur les autres.

Le pied R ne venant point d'un autre animal, et n'étant point détaché de sa place naturelle, il n'y a pas de raison pour croire que le pied S le soit. Il nous semble voir en S trois doigts d'un pied de devant, attachés au bout d'un long métacarpe, et accompagnés d'un quatrième doigt 4, 5, 6, 7, beaucoup plus long que les autres. Le carpe se trouve alors en 8, où l'on distingue en effet plusieurs osselets. Les deux os 2,2 forment l'avant-bras, 1 est l'humérus; les os X et G sont les clavicules, et les os 9 et 9, dont *Collini* ne parle pas, les omoplates.

Nous ne releverons pas la légère inadvertance d'avoir appelé *coccyx* l'os M, qui n'est qu'un *ischion;* mais nous ferons remarquer que l'os détaché Y n'est autre qu'un pubis, d'une forme particulière, qui achève de déterminer la classe, comme nous l'allons dire tout à l'heure.

Une dernière remarque que nous ferons, c'est que *Collini* n'a pas bien compté les phalanges du pied R, et que sa figure en montre clairement deux au premier doigt, trois au second, et quatre aux deux suivans, sans compter les os du métatarse; les mêmes nombres exactement s'observent à ceux du pied de devant.

Enfin, quand nous aurons encore porté l'attention du lecteur sur le petit os cylindrique marqué Z, qui va du crâne à l'articulation des mâchoires, nous serons munis de tout ce qui nous est nécessaire pour classer ostéologiquement notre animal.

D'abord ce n'est pas un oiseau, quoiqu'il ait été rapporté aux oiseaux palmipèdes par un grand naturaliste (1).

Un oiseau auroit des côtes plus larges, et munies chacune d'une apophyse récurrente; son métatarse ne formeroit qu'un seul os, et ne seroit pas composé d'autant d'os qu'il y a de doigts.

Son aile n'auroit que trois divisions après l'avant-bras, et non pas cinq comme celle-ci.

Son bassin auroit une toute autre étendue, et sa queue osseuse une toute autre forme; elle seroit élargie, et non pas grêle et conique.

Il n'y auroit pas de dents au bec; les dents des *harles* ne tiennent qu'à l'enveloppe cornée, et non à la charpente osseuse.

Les vertèbres du cou seroient plus nombreuses. Aucun oi-

---

(1) *Blumenb.* Manuel d'hist. nat. éd. de 1807, pag. 731.

seau n'en à moins de neuf; les palmipèdes, en particulier, en ont depuis douze jusqu'à vingt-trois, et l'on n'en voit ici que six, ou tout au plus sept.

Au contraire, les vertèbres du dos le seroient beaucoup moins. Il semble qu'il y en ait quinze ou seize, et les oiseaux en ont de sept à dix, ou tout au plus onze.

Feu *Hermann*, qui m'avoit rendu attentif à cet animal, le supposoit un mammifère, et s'étoit même amusé à le dessiner entier, revêtu de son poil.

« Je voulois depuis long-temps publier un Mémoire sur » cette pièce (m'écrivoit-il) et montrer que l'animal doit » avoir formé une espèce plus intermédiaire encore que les » chauve-souris entre les mammifères et les oiseaux ».

Malgré l'autorité de cet habile homme, je pense qu'il y a encore de fortes raisons pour ne point admettre son idée.

Il n'y a d'abord aucune analogie entre la structure des ailes de l'animal fossile, et celles des chauve-souris qui ont tous les doigts allongés, excepté le pouce, tandis qu'il n'a point de pouce, et que son dernier doigt seul est allongé; les dents du fossile, toutes pointues et uniformes, ne pourroient être comparées qu'à celles des dauphins, dont il diffère infiniment pour tout le reste; le nombre inégal des phalanges dans des doigts d'ailleurs parfaits et terminés par des ongles, n'a pas non plus d'exemple dans les quadrupèdes, qui ont toujours deux phalanges au pouce, trois aux autres doigts, et où, de plus, le pouce manque toujours le premier; enfin la structure de la tête, et particulièrement du bec, ne peut se comparer à rien de ce que l'on connoît dans les mammifères.

Au contraire, tous ces caractères trouvent des exemples analogues dans la classe des *reptiles*, et plusieurs circonstances

de ce squelette, qui auroient pu paroître insignifiantes par
elles-mêmes, deviennent des caractères évidens et nécessaires,
du moment où l'on admet qu'il s'agit d'un *reptile*, ou plutôt
d'un *quadrupède ovipare*, car le nom de *reptile* convient aussi
peu à notre animal qu'au *dragon volant*.

Beaucoup de *quadrupèdes ovipares*, comme le *gavial*, divers *monitors*, etc. ont des dents uniformes et toutes pointues.

C'est dans les *reptiles* seulement, et non dans des mammifères, que l'on observe cette structure de tête, cet immense
orbite, et que ce grande vide peut avoir été produit en avant
de l'orbite, en enlevant une partie de l'os maxillaire. Dans les
mammifères, il seroit encore resté toute la charpente osseuse
de l'intérieur du nez.

L'osselet marqué Z, qui joint le crâne à l'articulation de
la mâchoire inférieure, est encore un caractère distinctif des
reptiles. Il répond à ce qu'on nomme l'os carré dans les oiseaux; mais il n'a cette forme cylindrique que dans les reptiles.

Le nombre de six vertèbres au cou se rencontre encore
dans plusieurs reptiles, notamment dans plusieurs *monitors*.
Les *monitors*, et beaucoup d'autres *lézards*, ont aussi ces
côtes grêles et filiformes qui caractérisent notre fossile. Les
mammifères les ont tous plus fortes.

Ce n'est que dans les reptiles que l'on voit avec des os du
métacarpe et du métatarse distincts, des nombres croissans
de phalanges aux doigts; celui de 2, 3, 4, 4, au pied de derrière, est justement celui du *crocodile*.

Enfin ce pubis détaché, élargi en avant, Y, est encore précisément un caractère de reptile, et sa configuration est encore
ici, à peu de chose près, la même que dans le *crocodile*.

J'avois jugé cet animal *reptile* au premier coup-d'œil, d'a-

près la forme de l'osselet qui porte l'articulation des mâchoires,
et je m'en étois expliqué ainsi avec *Hermann;* c'est avec un
plaisir extrême que j'ai vu ensuite, dans un examen plus approfondi, cette classification se confirmer par tous les détails
de l'ostéologie, et les lois générales de coexistence, qui font
la base de l'anatomie, recevoir dans cet habitant d'un monde
si différent du nôtre, leur pleine et entière application, comme
dans les animaux de nos jours.

Cependant ce reptile, ce quadrupède ovipare, a aussi ses
caractères génériques particuliers; mais la nature, fidèle à sa
marche ordinaire, les a produits seulement en allongeant ou
en raccourcissant quelques parties; le raccourcissement de la
queue, l'allongement du museau, du cou et des quatre membres, et surtout l'excessif prolongement du quatrième doigt
de la main, forment ces caractères génériques, et n'ont rien
de plus extraordinaire que l'allongement du bec du *gavial,*
celui des côtes du *dragon,* et celui de quatre des doigts de
la *chauve-souris.*

Il n'est guère possible de douter que ce long doigt n'ait
servi à supporter une membrane qui formoit à l'animal, d'a-
près la longueur de l'extrémité antérieure, une aile bien plus
puissante que celle du dragon, et au moins égale en force à
celle de la chauve-souris. Notre animal voloit donc autant
que la vigueur de ses muscles le lui permettoit; il se servoit
ensuite des trois doigts courts et armés d'ongles crochus pour
se suspendre aux arbres; ce n'est que dans le vol et dans la
suspension que ce cou et cette tête, plus longs que ses pieds,
pouvoient ne le pas gêner; ses dents ne lui permettoient point
d'entamer des végétaux, et sa taille ne lui permettoit guère
de poursuivre que des insectes; enfin la grandeur de ses orbites

doit faire juger de la grandeur de ses yeux, et celle-ci doit faire croire que c'étoit un animal nocturne. Aucun naturaliste ne doutera qu'un tel être n'ait appartenu à l'ordre des sauriens, et par conséquent n'ait été couvert d'écailles. Ainsi, à ses couleurs près, nous le connoissons aussi bien que si nous l'avions observé vivant.

Il reste à savoir si quelqu'un a jamais vu rien d'approchant dans la nature vivante. Je ne crois pas du moins que les naturalistes aient rien décrit de semblable.

Hermann me rappella une peinture chinoise, gravée dans le Journal intitulé *Natur-forscher*, VII.ᵉ cahier, pl. C, fig. 4.

Cette figure grossière, tirée d'un livre d'histoire naturelle chinois, que l'on conserve dans la bibliothèque de *Trew* à *Altorf*, représente une chauve-souris, avec un bec d'épervier, et une longue queue de faisan. C'est une image fabuleuse; et quand elle seroit vraie, elle n'auroit point de rapport avec notre animal.

Fig. 1. Fig. 2. Fig. 3. Fig. 4.

Fig. 5.

Fig. 6.

Fig. 8.

Fig. 7.

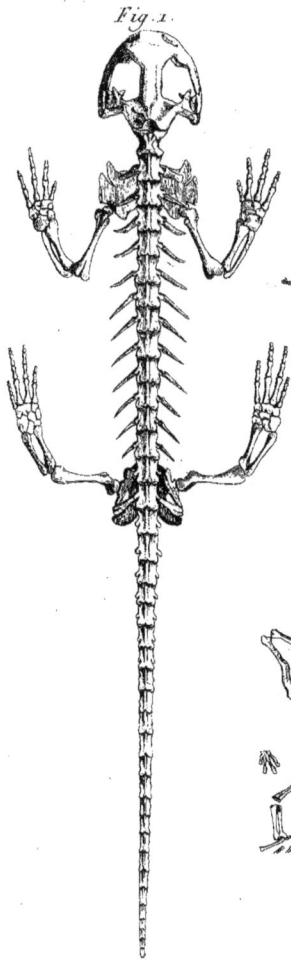

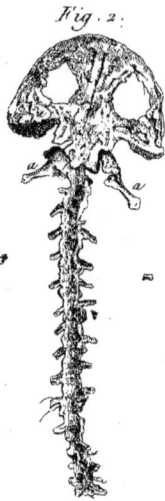

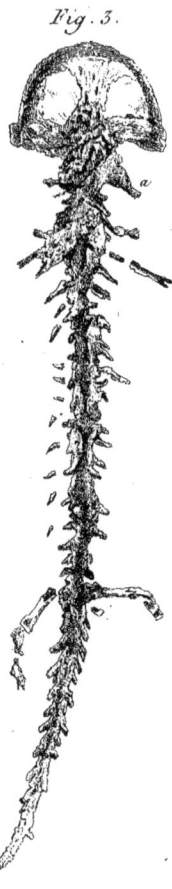

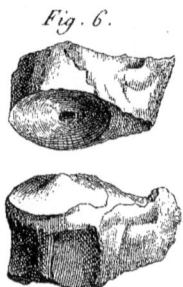

PROTEUS et GRENOUILLE d'Œningen.

REPTILE VOLANT d'Iчchstedt.

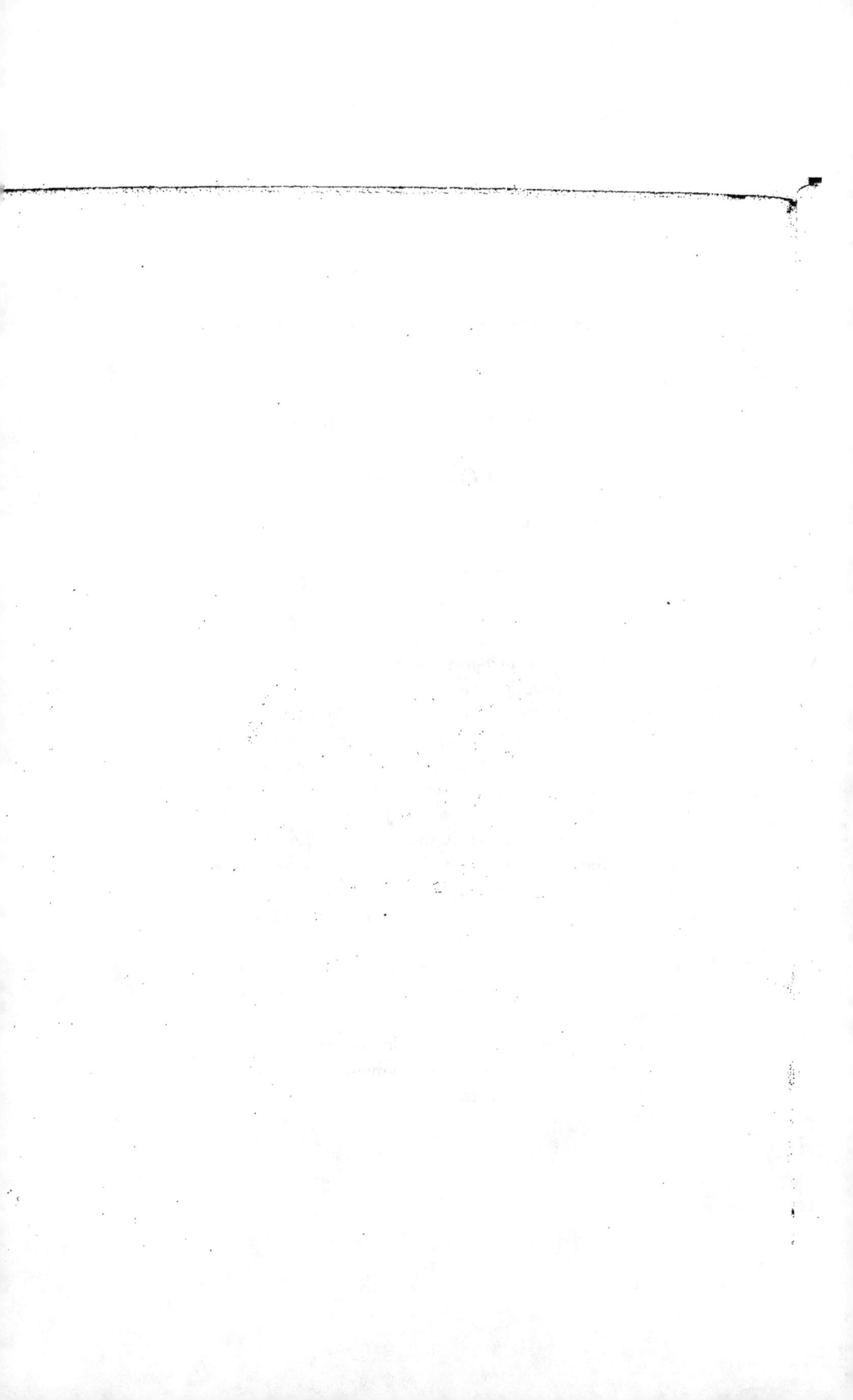

LES OSSEMENS FOSSILES

DE TORTUES.

J'ai hésité long-temps à entreprendre ce chapitre, tant je voyois de difficulté à distinguer, par des caractères précis, les espèces de tortues, une fois qu'elles sont dépouillées de leurs écailles, et qu'il ne reste plus que la charpente osseuse de leurs boucliers; m'apercevant cependant qu'il est au moins possible d'en déterminer les sous-genres avec assez de certitude, par la seule ostéologie, et ces sous-genres ayant chacun un séjour particulier, j'ai pensé qu'il seroit toujours agréable aux géologistes de savoir en quelles circonstances on trouve sous la terre des dépouilles de tortues de mer, de tortues de terre et de tortues d'eau douce; et comme mes recherches à ce sujet ont bientôt confirmé les résultats que j'avois obtenus par d'autres voies sur l'origine des divers terrains, j'ai cru qu'elles pourroient devenir encore une partie assez importante de mon ouvrage.

Avant de décrire les morceaux fossiles de ce genre, il est nécessaire de rappeler ou de faire connoître les caractères ostéologiques de ses différentes tribus.

I

On sait qu'en général la carapace des tortues est formée par leurs huit paires de côtes, et par les portions annulaires de leur neuf vertèbres dorsales, qui s'élargissent au point de se rencontrer, et de se réunir par des sutures en un seul bouclier.

Leur plastron est un deuxième bouclier formé par le sternum, qui, dans les tortues, est composé, d'après les remarques de M. Geoffroy, de neuf os, commençant par neuf centres d'ossification, mais ne se rencontrant pas toujours en assez de points pour former une surface continue.

En effet, dans les *tortues de mer* (*chelone*, Brongniart), et dans les *tortues molles* (*trionyx*, Geoffroy), le plastron est représenté par des pièces distinctes, diversement configurées et dentelées, suspendues dans l'épaisseur de la peau.

Dans les autres *tortues*, le plastron, plus ou moins échancré à ses quatre angles, selon la grandeur des membres qu'il doit laisser passer, ne forme cependant qu'une plaque ou au plus deux battans composés de pièces réunies par des sutures, comme celles de la carapace.

Les *tortues de mer* qui ont des rapports avec les *tortues molles* par leur plastron, ressemblent davantage aux tortues ordinaires par un autre point; savoir, que tout le pourtour de leur carapace est ceint d'une rangée de pièces osseuses engrenées les unes aux autres, et avec les extrémités des côtes. Ces pièces, généralement au nombre de onze de chaque côté, forment, avec une impaire devant et une autre derrière, un total de vingt-quatre. Trois de ces pièces répondent à la première côte, deux à la dernière, et six aux six côtes intermédiaires.

Ces pièces que M. Geoffroy compare à la partie sternale

ou cartilagineuse de nos côtes manquent aux *tortues molles*, ou du moins y restent toujours cartilagineuses. ou membraneuses, de sorte que le milieu seulement de leur carapace est soutenu par un disque osseux, tel que le représente la fig. 5, pl. I.

Si l'on ajoute à ces caractères, pris de la composition du bouclier, ceux que fournit sa figure, toujours ovale et pointue en arrière dans les tortues de mer, elliptique et bombée dans les tortues de terre, elliptique et plus ou moins déprimée dans les tortues d'eau douce, et sa surface raboteuse et chagrinée dans les tortues molles, relevées en différentes bosses dans les chelydes et dans la serpentine, enfin plus ou moins lisse dans toutes les autres, on éprouvera peu d'embarras pour reconnoître à quel genre appartient un test osseux quelconque.

Les pieds, vus séparément, peuvent aussi fournir des caractères, étant très-allongés et à doigts très-inégaux dans les tortues de mer, à doigts excessivement courts dans les tortues de terre, à doigts médiocrement longs et à peu près égaux dans celles d'eau douce et dans les chelydes, et trois de ces doigts seulement portant des ongles dans les tortues molles

La tête même se feroit reconnoître : celle des chelydes par son aplatissement et par ses mâchoires transverses; celle des tortues de mer parce que la région temporale y est couverte d'une voûte osseuse; celle des tortues molles par son chamfrein allongé et arqué.

A ces remarques, en partie déja publiées dans divers ouvrages, il faut ajouter celle que l'ossification des intervalles des côtes ne se fait qu'avec le temps, et se termine beaucoup plus tard que celle des côtes mêmes, et que, dans le plus grand nombre cette ossification va en avançant de la région moyenne vers le bord. Ainsi, dans la carapace de *tortue de mer*, représentée fig. 2, et tirée d'un jeune individu, les côtes sont encore séparées l'une de l'autre à leur bout extérieur, dans près de moitié de leur longueur, tandis que dans la même espèce adulte, les côtes antérieures sont totalement réunies, et les intermédiaires ne laissent de vide que le sixième ou le huitième de leur longueur.

La figure 1, qui est la carapace d'une *tortue d'eau douce* (*test. serrata*), montre encore un petit espace vide vers le bord, entre les côtes et les pièces du contour; mais d'autres carapaces plus âgées, de la même espèce que je possède, n'en montrent plus du tout.

Il n'y en a point non plus dans la carapace de tortue de terre adulte de la fig. 4, mais j'ai lieu de croire que dans ce sous-genre l'ossification va en travers, d'une côte à l'autre, et à peu près également sur toute leur longueur.

Une observation qui peut encore être utile, est que les côtes des tortues de terre vont le plus souvent en s'élargissant, et en se rétrécissant alternativement vers leur bout externe, comme on le voit fig. 4, tandis que la plupart des autres conservent à peu près la même largeur partout.

Après ces détails préalables, nous pouvons nous occuper des os fossiles découverts jusqu'à ce jour, et qui sont en assez petit nombre.

Il nous paroît qu'il n'y a de suffisamment décrits pour être susceptibles de quelque détermination, que ceux de *Maestricht*, ceux des environs de *Bruxelles*, ceux d'*Aix* en Provence, ceux de *Glaris*, et ceux des plâtrières des environs de Paris. Ces derniers ayant été suffisamment décrits dans notre mémoire sur les reptiles et poissons fossiles de nos environs, nous ne traiterons ici que des autres.

I. *Tortues des environs de Bruxelles.*

Elles se trouvent dans les carrières de calcaire marin gros-sier, du village de *Melsbroeck*; M. de *Burtin* en représente une carapace, vue à son côté interne dans son *Oryctogra-phie de Bruxelles*, pl. 5, et dit en avoir possédé une autre qu'il donna à *Pierre Camper*.

M. *Faujas*, dans son *Histoire de la montagne de Saint-Pierre*, en cite encore quatre, savoir : deux que M. *Burtin* avoit acquises depuis la publication de son ouvrage; une du cabinet de l'académie de Bruxelles; et une de celui du prince d'Anhalt.

M. de *Burtin*, *Oryctogr.* p. 94, avoit soupçonné que ses tortues pourroient être de l'espèce nommée *corticata* par *Rondelet*, qui est le *caouane* de MM. *Lacépède* et *Daudin* (*test. caretta*, Lin.). M. *Faujas* dit plus affirmativement que ce sont des *tortues franches* (*test. mydas.*).

J'ai encore le malheur de ne pouvoir être ici de l'opinion de M. *Faujas.* Ces tortues sont bien des *tortues marines;* mais ce ne sont point des *tortues franches;* ce ne sont non plus aucune des tortues de mer que nous connoissons, et comme nous n'en connoissons pas beaucoup, la chose est facile à prouver.

Pour cet effet j'ai fait copier, pl. 1, fig. 8, le dessin donné par M. *Burtin*, de la face concave d'une carapace fossile de 13 pouces de long, et fig. 2 et 3 celle d'une tortue de mer franche de même taille. Comme ce naturaliste assure avoir fait dessiner toutes les sutures avec le plus grand soin, on peut y avoir une entière confiance; et en effet, les pièces verté-

brales et costales, ainsi que celles du contour ont bien les
mêmes caractères que dans les *tortues de mer* en général;
car il faut se représenter que les corps des vertèbres et les
deux extrémités des côtes qui se détachent dans toutes les
tortues du corps de la capace, ont été enlevées, et qu'il n'est
resté que la partie moyenne des côtes.

Si l'on veut maintenant rapprocher cette carapace de celle
de la *tortue franche* de même grandeur, on sera sur-le-champ
frappé d'un caractère spécifique fort marqué; c'est que la
tortue fossile a les intervalles de ses côtes complètement ossifiés, et qu'il ne reste aucun vide entre eux et les pièces du
bord, lesquelles sont aussi beaucoup plus larges à proportion
que celles de la *tortue franche.*

Dans celle-ci, à l'âge où sa carapace n'a encore que 13 ou
14 pouces de long, il reste entre les côtes un vide non ossifié
qui égale presque la moitié de la longueur de la côte, comme on
peut le voir dans les fig. 2 et 3. Une partie de ce vide subsiste
encore, comme je m'en suis assuré, dans un individu dont la
carapace a trois pieds et demi de longueur. J'en ai aussi vérifié
l'existence sur plusieurs individus de taille intermédiaire.

Il est donc de toute impossibilité que les tortues fossiles
de *Melsbroeck* soient des *tortues franches.* Par la même
raison ce ne peuvent être ni des *carets* (*test. imbricata*), ni
des caouanes (*test. caretta*), ni des *tortues flambées de la
mer des Indes* (*test. virgata*, Dumer., Bruc. *Voyage en
Abyss.* V, pl. 42); car je me suis assuré que l'ossification ne
va pas plus vite dans ces espèces que dans la *franche.* Ce ne
peuvent non plus être des *luths* (*test. coriacea*), car leur
carapace est plus large à proportion et n'a point les trois
lignes saillantes qui distinguent celle du *luth.* Or, ces cinq

espèces étant les seules *tortues marines* que nous connoissions distinctement, la *cepedienne* et la *ridée* de *Daudin* étant encore douteuse, et rien n'annonçant d'ailleurs qu'elles aient le caractère en question, je puis bien soutenir que les *tortues* de *Melsbroeck*, comme tant d'autres animaux fossiles, sont d'une espèce inconnue.

J'ai lieu de croire que si j'avois pu en examiner par moi-même des échantillons, j'y aurois découvert encore quelques caractères spécifiques; mais ceux de M. de *Burtin*, qui ont été déposés pendant quelque temps au Muséum, ont été depuis rendus à ce naturaliste et reportés à Bruxelles.

II. *Tortues des environs de Maestricht.*

On les trouve dans des carrières d'une sorte de craie grossière et d'apparence sablonneuse, creusées dans la montagne de Saint-Pierre, et elles y sont pêle-mêle avec des productions marines de tant de sortes, et avec les os de *monitor* gigantesques qui ont rendu cette montagne célèbre en géologie. Le chirurgien *Hofmann* fut le premier qui en recueillit; *Walch*, *Camper* et *Burtin* en ont parlé, mais en abrégé et vaguement; *Buchoz*, dans sa collection de planches, et M. Faujas, dans l'histoire qu'il a publiée des fossiles de ces carrières, sont les premiers qui aient donné de bonnes figures de quelques tests de ces tortues.

Nous en donnons d'autres prises sur nature, pl. II, fig. 1 et 2, qui ne représentent que des portions incomplètes du test supérieur ou *carapace*.

Le savant géologiste que je viens de citer, frappé de la saillie que forme de chaque côté la partie antérieure du bord de ces carapaces, a conçu de leur structure, dans l'état parfait, une idée véritablement singulière, et que je ne puis m'empêcher de rapporter dans ses propres termes.

« Cette partie supérieure, dit-il (*Hist. de la montagne de* » *Saint-Pierre,* pag. 86) — ressemble assez au haut d'une cui- » rasse militaire, qui seroit munie d'avant-bras, et annonce » que les pates de devant — étoient recouvertes en partie d'é- » cailles adhérentes au bouclier; *ce qui constitue* INCONTES- » TABLEMENT *un caractère tranchant, bien propre à former* » *un genre particulier.* — Aucune des tortues vivantes que » nous connoissons ne nous a encore offert ce caractère ».

Il répète cette idée dans ses Essais de géologie (tom. I, pag. 183). « *Elles diffèrent des tortues ordinaires par deux* » *espèces d*'AVANT-BRAS *formés de trois pièces, qui se prolon-* » *gent de côté comme une manche d'habit* ».

Il n'y a cependant à ces prétendus *avant-bras* rien d'extraordinaire, et qui ne se retrouve dans toutes les tortues de mer, aussi bien que dans celles de terre et d'eau douce, les seuls *trionyx* exceptés, et M. *Faujas* s'en seroit convaincu lui-même, s'il eût comparé, comme il étoit naturel de le faire, ses tests fossiles avec des tests dépouillés de leurs écailles, et réduits à leur charpente osseuse, et non pas avec des carapaces encore recouvertes de leur enveloppe extérieure.

Il auroit vu que ce qu'il nomme *avant-bras* n'est que le commencement du bord qui entoure la carapace, et qui est ordinairement formé, comme nous l'avons dit, par vingt-quatre pièces osseuses. Deux ou trois de ces pièces seulement étoient restées à ses échantillons, les autres étoient tombées. L'échancrure qui sépare ce commencement de rebord du disque de la carapace, est produite par l'espace non ossifié qui reste dans les tortues, et surtout dans celles de mer, jusqu'à une époque plus ou moins avancée, comme nous l'avons dit plus haut, et comme nous le montrons dans nos figures 2 et 3.

Voilà tout le mystère.

Ainsi les tests de tortues fossiles de Maestricht, représentées dans l'*Histoire de la montagne de Saint-Pierre*, autant que l'on peut en juger par ce que l'on en voit, n'annoncent point un nouveau genre; ils ne montrent aucune partie qui ne soit dans les tests de toutes les tortues, ni rien qui ne ressemble aux tortues de mer, et l'on pourroit aisément dessiner ce qui a été emporté du rebord, dont la portion conservée a donné lieu aux conjectures que nous venons de relever. Nous indiquons le commencement de ce dessin par des points dans fig. 2, pl. II.

M. Faujas, dans un autre ouvrage, va bien plus loin encore; non content d'avoir établi ce premier genre, il en établit encore un autre, ou du moins une autre espèce, toujours avec ces tortues de la montagne de Saint-Pierre, mais avec des échantillons mutilés autrement.

Camper avoit dit qu'il possédoit *le dos entier d'une tortue de cette montagne, long de quatre pieds et large de seize pouces* (1); et un chanoine de Liége, irlandois de naissance, nommé le comte *de Preston*, en avoit un dans son cabinet, à peu près de la même grandeur, que *Buchoz* a aussi fait graver.

M. Faujas regarde cette disposition singulière comme « te-» nant à une espèce particulière et inconnue (2) », et quelques

---

(1) Trans. phil. pour 1786.
(2) Essais de géol. I, 182.

2

lignes plus loin il ajoute « *que les trois individus* du muséum
» *offrent deux autres espèces bien distinctes* ».

Il nous paroît, et il paroîtra sans doute de même au lecteur,
que les deux échantillons de Camper et de Preston avoient simplement perdu la totalité de leur bord, en ne conservant pas
même ce commencement resté dans les autres, et nommé
avant-bras par M. Faujas, tandis qu'il leur étoit resté la partie
dorsale complète, mais c'est là un pur accident d'où l'on ne
peut tirer aucun caractère.

Cependant, tout certain qu'il est que les tortues de Maestricht, dans tout ce que nous en connoissons, portent les caractères génériques des *chélonées* ou *tortues de mer*, il est
certain aussi qu'elles appartiennent à une espèce très-différente de toutes les chélonées connues.

Les chélonées de cette taille auroient leurs côtes ossifiées
presque jusqu'au bout, tandis qu'elles sont à peine ossifiées
sur le tiers de leur longueur, ce qui réduit en effet la partie
osseuse continue de leur carapace à une largeur moindre que
dans les autres espèces, même en prenant celles-ci assez jeunes,
comme on peut le voir par nos figures 2 et 3, pl. I.

On voit toutefois que, dans ces tortues comme dans les
autres, l'ossification faisoit des progrès avec l'âge ; car, dans
le grand individu de la fig. 1, pl. II, la pièce impaire s'est déjà
élargie au point de toucher la deuxième pièce du bord par
une assez grande suture, tandis qu'elle en est encore éloignée
dans l'individu moindre de la fig. 2.

L'examen des seules carapaces nous donne donc déjà ce
résultat, que les tortues de Maestricht sont du genre des *tor-*
tues de mer, et d'une espèce inconnue.

En partant de ce principe, nous pouvons avancer plus sûrement dans l'examen de leurs autres os.

Nous avons dit ci-dessus que les *tortues de mer* ont les pièces de leur plastron irrégulièrement lobées et dentelées, et nous avons fait représenter, fig. 6 et 7, pl. I, les plastrons de la *tortue franche* et du *caret*, pour montrer à la fois leur caractère générique, et jusqu'où peuvent aller leurs différences spécifiques.

Les plastrons des tortues de *Maestricht* paroissent avoir ressemblé beaucoup à celui du *caret*, à en juger du moins par les fragmens que l'on en a, et que nous donnons pl. II, fig. 3. Ce sont ces fameux morceaux que M. Faujas avoit pris pour des *bois d'élan*, et représentés pl. 15 et 16 de son *Histoire de la montagne de Saint-Pierre*; mais en examinant avec attention les pierres qui les contiennent, et en en retournant une, nous nous sommes apperçu qu'elles se rejoignent entre elles et avec une troisième, donnée aussi par M. Faujas, pl. 10, et qu'elles présentent alors le grouppe dessiné dans notre fig. 3, où l'on peut remarquer que les deux pièces dentelées se rejoignent pour n'en faire qu'une qui est analogue à la pièce latérale supérieure du plastron du *caret*. Le lecteur s'en convaincra s'il veut comparer ce morceau *a b*, fig. 3, pl. II, avec la partie *a b*, du plastron du caret, fig. 7, pl. I.

La pièce *c d*, fig. 3, est une partie du bord inférieur de ce même plastron, analogue à *c d* du caret; *e* et *f*, sont des os du carpe; *g h i*, qui, dans la séparation des morceaux avoit presque entièrement disparu, se trouve être un humérus, et *k l*, un fémur, parfaitement semblables à leurs analogues dans les tortues de mer.

Quant au morceau de notre fig. 6, pl. II, que M. Faujas a donné aussi dans sa pl. 17, pour un bois de cerf ou d'élan, nous avons déjà dit ailleurs, que c'est un fragment des trois

os dont la réunion forme l'épaule de la tortue, et nous le prou-
vons ici, en dessinant à côté fig. 5, les mêmes os pris d'une
tortue de mer dans leur entier. Il faut seulement faire attention que l'articulation humérale *a* est casséedans le fossile, ainsi
que l'extrémité de l'omoplate *b*, et des deux os claviculaires *c*
et *d*; mais dans tout ce qui est conservé, l'identité est parfaite.

III. *Tortues des ardoises de Glaris.*

Auprès de *Glaris*, dans la montagne appelée *Plattenberg*
ou *montagne des Feuillets ou des Plaques*, est une carrière d'ardoise, à lits inclinés au midi, que l'on exploite de
temps immémorial pour faire des tables et d'autres objets
utiles. Cette ardoise est riche en impressions de différens poissons, dont *Scheuchzer* et *Knorr* ont représenté quelques uns,
mais d'une façon peu caractéristique, et telle, qu'il est difficile
de dire s'ils sont de mer ou d'eau douce.

La tortue dont il va être question paroît s'être trouvée
dans la même carrière. Déposée dans le cabinet de *Zoller*,
elle fut représentée assez mal, pour la première fois, dans
l'ouvrage de *Knorr*, tome 1, pl. 34. *Andreæ* en donna, dans
ses lettres sur la Suisse, pl. 16, une figure meilleure que nous
avons fait copier en petit, dans notre pl. II, fig. 4.

Ceux qui ont cherché a en déterminer l'espèce, l'ont prise
pour *tortue commune d'eau douce* (*testudo europæa de Schneider*). C'est ainsi que la nomme *Andreæ*, en ne manquant pas
d'observer qu'il y avoit autrefois de ces animaux dans les lacs
de la Suisse; comme si la formation des montagnes d'ardoise
pouvoit avoir rien de commun avec les lacs actuels de la Suisse.

Pour moi, je ne doute pas que ce ne soit une *tortue de*

mer, et j'en tire la preuve de l'allongement, et surtout de l'allongement inégal de ses doigts. Dans les tortues d'eau douce, les doigts sont de longueur médiocre, et à peu près égaux; dans celle de terre, ils sont à peu près égaux et tous très-courts; dans les tortues de mer, ils sont fort allongés, et ceux de devant forment une nageoire pointue, parce qu'ils vont en croissant du pouce au médius, et ensuite en décroissant. Or, c'est précisément ce qu'on observe dans la tortue de *Glaris;* mais elle est du reste trop mal conservée pour que l'on en détermine l'espèce, ni même pour que l'on puisse dire si c'est ou non une espèce connue, quoique la forme arrondie de sa carapace en arrière, ne le rende pas vraisemblable.

IV. *Tortues des environs d'Aix.*

Elles ont été représentées en 1780 par feu *Lamanon*, dans le Journal de physique, tome XVI, p. 868, pl. III, mais les figures en sont si imparfaites, qu'à peine peut on y reconnoître le genre, et toutefois, si ce sont des tortues, comme nous sommes à la fin obligés de le croire, leur carapace est trop bombée pour qu'elles soient autre chose que des tortues de terre.

On les avoit prises d'abord pour des têtes humaines; *Guettard* imagina que c'étoient des nautiles; *Lamanon* fut le premier qui les reconnut pour ce qu'elles sont. Nous donnons des copies des figures de cet auteur, pl. I, fig. 9, 10 et 11.

Il paroît, d'après les termes de Lamanon, que ce sont des noyaux qu'il a décrits. « Toutes les lames et sutures ne parois-» sent dans la tortue pétrifiée qu'après avoir enlevé ce qui » reste de l'écaille. » — « La matière du rocher étant encore » molle a pris la place de l'animal, et formé un noyau sur

» lequel on distingue parfaitement toutes les parties de l'é-
» caille. » Du reste l'auteur décrit assez bien les sutures, quoiqu'il faille quelques commentaires pour l'entendre. « *Il y a*
» *huit lames de chaque côté* (les côtes), elles sont très re-
» courbées, et aboutissent à de petites pièces qui sont rangées
» longitudinalement (les plaques vertébrales), et séparées par
» un sillon assez profond. » (C'est que la saillie des corps des
vertèbres s'étoit imprimée en creux sur le noyau).

Lamanon donne ensuite un caractère qui se joint à la grande
convexité pour prouver qu'il s'agit *de tortues terrestres.*

« — Les lames ne sont pas de la même largeur dans toute
» leur longueur : elles vont en se rétrécissant, et s'emboîtent
» les unes dans les autres, de façon qu'après une base vient
» un sommet, et ainsi de suite. » (C'est précisément ce que
nous avons observé ci-dessus, dans le squelette de la carapace d'une tortue de terre.)

La hauteur de ces tests étoit de sept pouces sur une largeur
de six, convexité aussi grande qu'il y en ait dans aucune tortue de terre.

On les trouva, selon Lamanon, en 1779, à quatre ou cinq
cents toises d'Aix, dans un rocher calcaréo-gypseux, mêlé
de grains de quarz roulé, situé au pied de la petite montagne,
dans laquelle sont creusées les plâtrières de cette ville, le long
du chemin d'Avignon, et il est très-probable que la couche
qui les contenoit appartient à la même formation que celles
que l'on exploite pour en tirer le plâtre, et où l'on trouve
de nombreux poissons et des feuilles de palmiers.

Ce rocher contenoit aussi (dit toujours Lamanon) « des
» ossemens de toute espèce, comme des tibia, des fémurs,
» des côtes, des rotules, des mâchoires et des dents. — Quel-

» ques fémurs sont trop longs et trop gros pour avoir appartenu
» à des hommes. — Il y a aussi des ossemens plus petits encore
» que ceux de la souris. — Quant aux rotules, aux mâchoires
» et aux dents, elles sont entièrement semblables à celles que
» M. Guettard a fait graver à la suite d'un Mémoire, qui est
» le troisième de sa collection » (la plupart tirées de Montmartre).

    Lamanon, qui connoissoit *Montmartre*, ne put manquer
d'être frappé de cette ressemblance entre les carrières à plâtre
d'Aix et celles des environs de Paris, où l'on trouve également
des ossemens d'animaux terrestres, des squelettes de poisson,
des tortues et des restes de palmiers, et il parle expressément
de ces rapports singuliers.

    Il est malheureux que ni lui ni les autres descripteurs des
plâtrières de Provence n'aient poussé plus loin les recherches
comparatives, ou n'aient donné du moins des figures exactes
des autres restes des corps organisés qu'elles recèlent.

    On peut compter cependant, parmi ceux qui en ont parlé
après lui, trois hommes habiles, *Darluc, Saussure* et M.
Faujas; mais quoique les deux derniers aient indiqué avec
plus ou moins de détail les divers bancs de marne qui recouvrent ceux de gypse, ils n'ont parlé des poissons que d'après
Darluc. Or, celui-ci dit d'abord qu'on y trouve « l'empreinte
» de petits poissons rouges avec la tête un peu large, le bec
» effilé et le corps formé en losange, dont les arêtes, l'épine
» du dos et la queue sont attachés à la pierre par le suc lapi-
» difique, qu'on les prendroit, au premier aspect, pour au-
» tant de petites dorades, mais qu'on en feroit plutôt des
» *malarmats* ou *galinetos*, dont les analogues ne sont point
» dans nos mers » (1).

---

(1) Darluc, Hist. nat. de Provence, I, 49.

Certainement c'est là un discours inintelligible; car il n'y a nulle ressemblance entre une petite dorade, soit que l'on entende par-là le *cyprinus auratus*, ou le *sparus auratus*, ou le *coryphena hippuris*, et le *malarmat* (*trigla cataphracta*); d'ailleurs, le *malarmat* n'est rien moins qu'étranger aux mers de Provence.

Lors donc que *Darluc* ajoute : « qu'on y voit aussi des » *mulets barbus*, de *grandes dorades* et des *loups*, et qu'il y a » observé un *merlan* qui se mordoit la queue ». On peut bien révoquer en doute l'exactitude de sa nomenclature.

On pourroit même suspecter la *murène*, dont parle d'après lui *Lamanon*.

Saussure y découvrit une empreinte qu'il jugea de feuille de palmier. (1). M. *Faujas* en ayant rapporté une autre, M. *Desfontaines* l'a regardée comme venant de quelque grande espèce de graminée étrangère à nos climats (2).

M. *Faujas* nous a donné les hauteurs des divers lits. Celui qui renferme les poissons, est à 37 pieds de profondeur; le premier banc de plâtre exploité, à 6 pieds, et le second à 39 pieds plus bas. Celui-ci, qui a cinq pieds d'épaisseur, repose sur un plâtre feuilleté qui contient encore des petits poissons (3).

Si les poissons supérieurs sont en effet marins, la ressemblance des plâtrières d'Aix avec celles Montmartre sera complète, puisque l'on retrouvera dans les premières comme dans les autres, des produits de la terre surmontés à une grande hauteur par des produits de la mer.

(1) Voyage dans les Alpes, tom. III, pag. 330.
(2) Annales du Muséum, tom. VIII, pag. 226.
(3) *Loc. cit.* pag. 225.

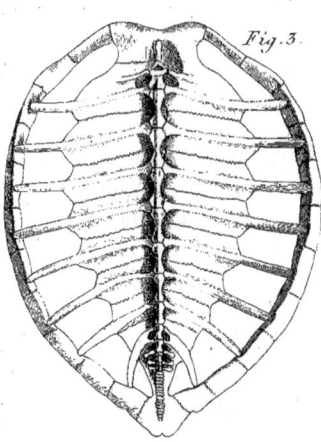

Fig. 3.

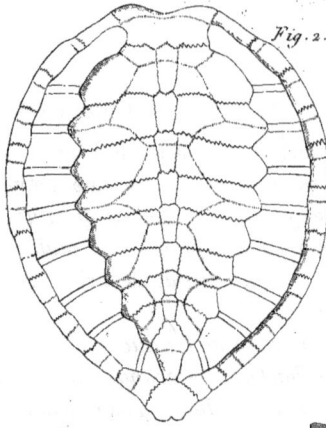

Fig. 2.

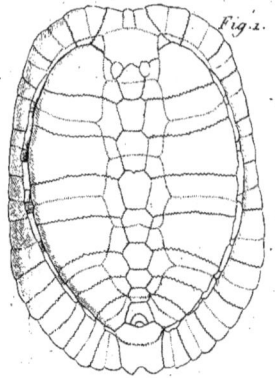

Fig. 1.

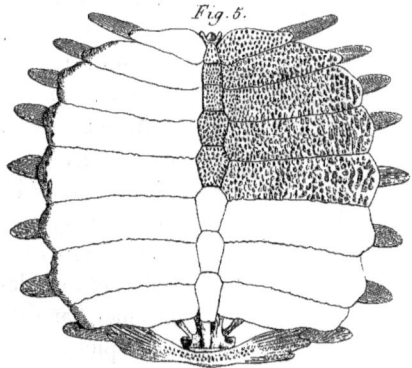

Fig. 5.

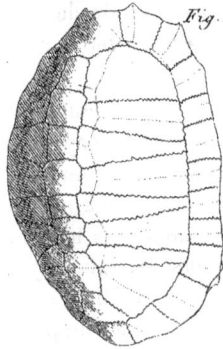

Fig. 4.

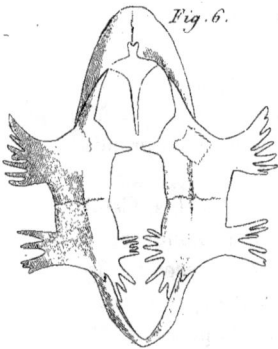

Fig. 6.

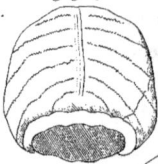

Fig. 9. ⅖

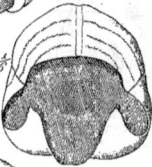

Fig. 10. ⅘

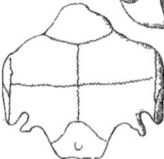

Fig. 11. ⅘

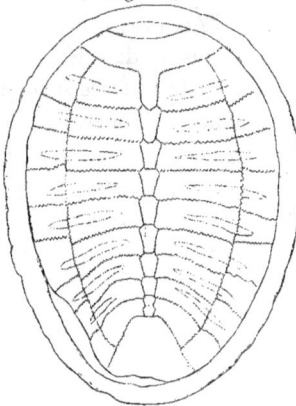

Fig. 8. ⅔

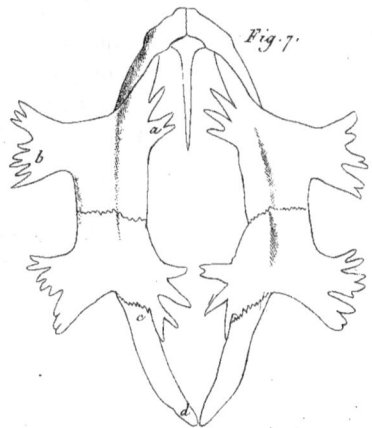

Fig. 7.

TORTUES. PL. 1.

Dien sculp.

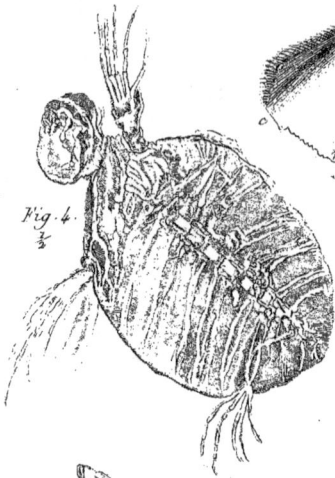

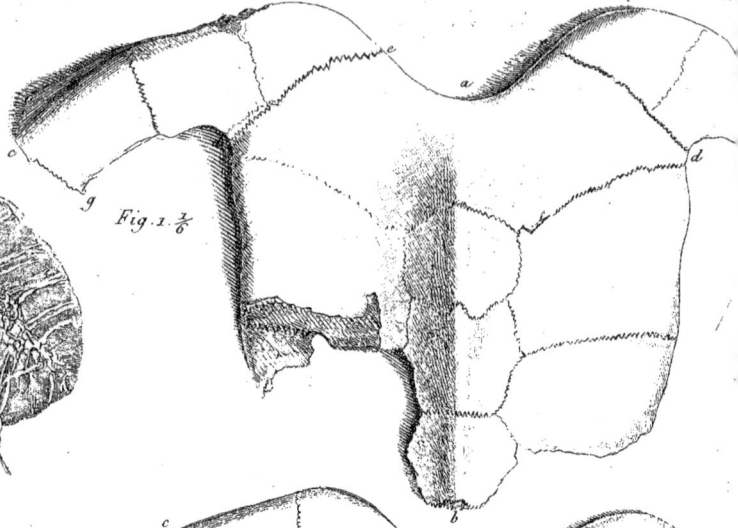

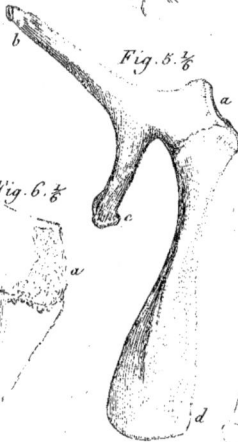

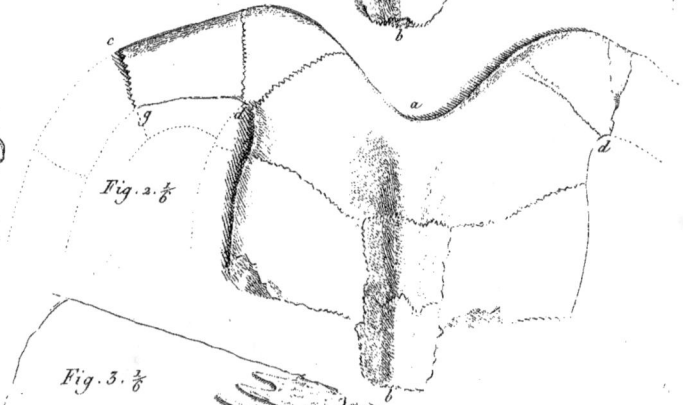

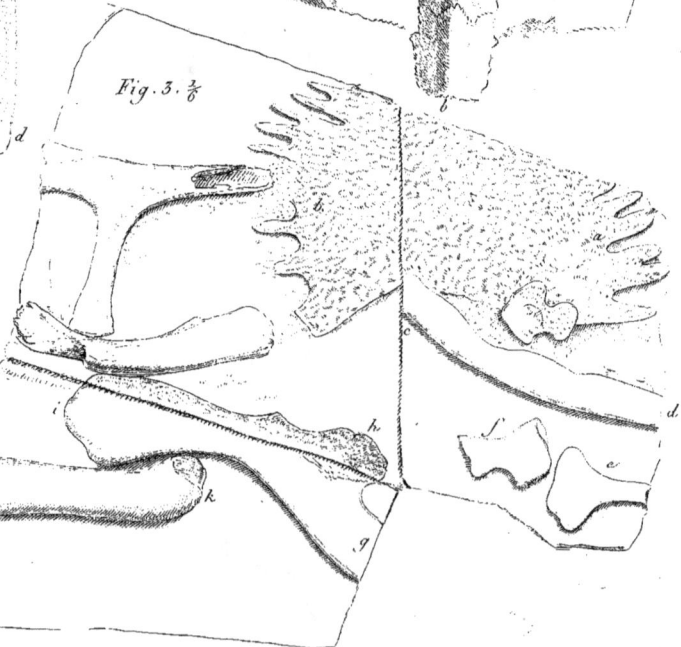

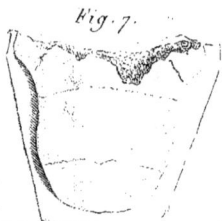

Fig. 4.
$\frac{3}{5}$

Fig. 1. $\frac{2}{6}$

Fig. 5. $\frac{2}{6}$

Fig. 6. $\frac{2}{6}$

Fig. 2. $\frac{2}{6}$

Fig. 3. $\frac{2}{6}$

Fig. 7.

TORTUES. PL. II.

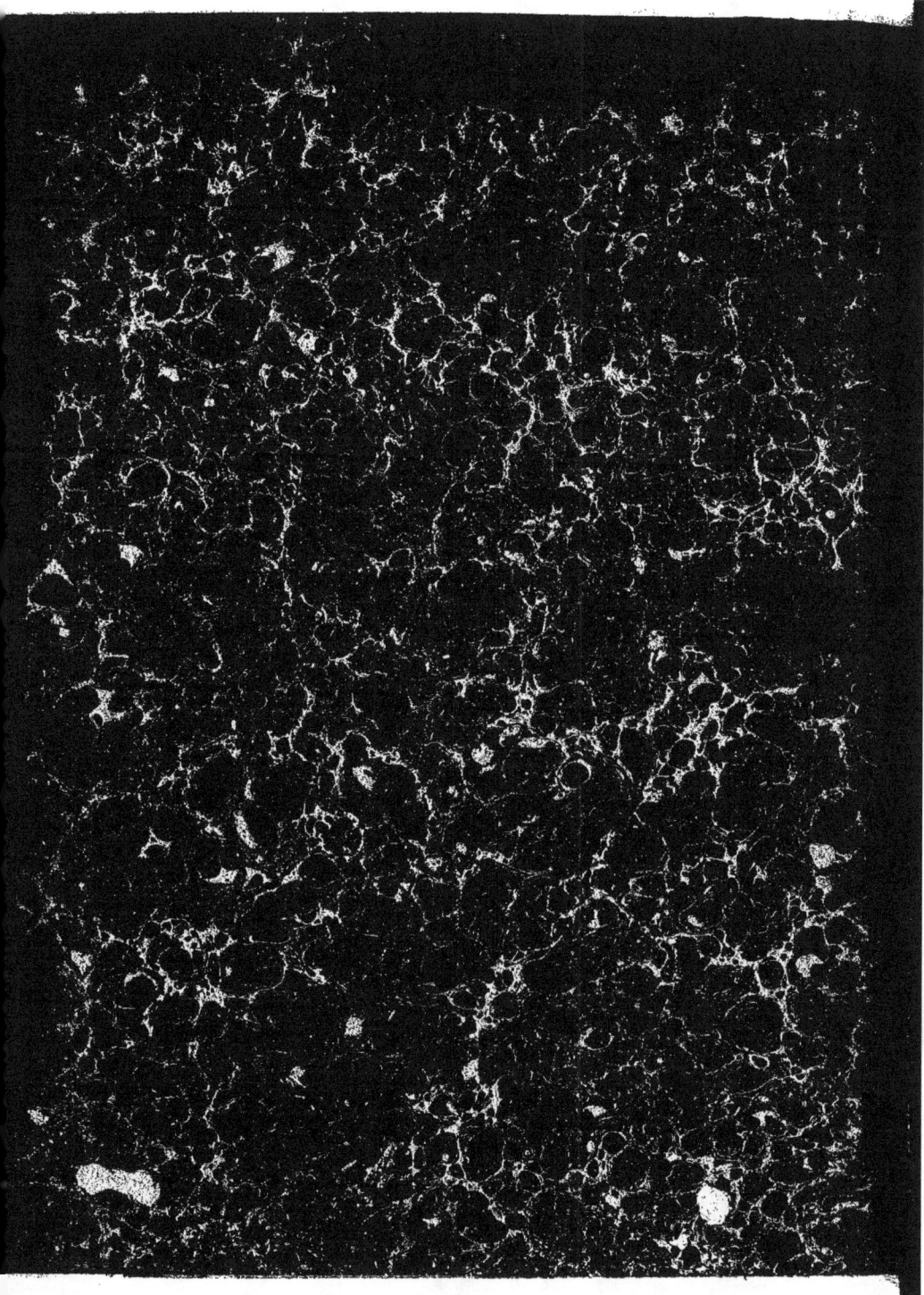

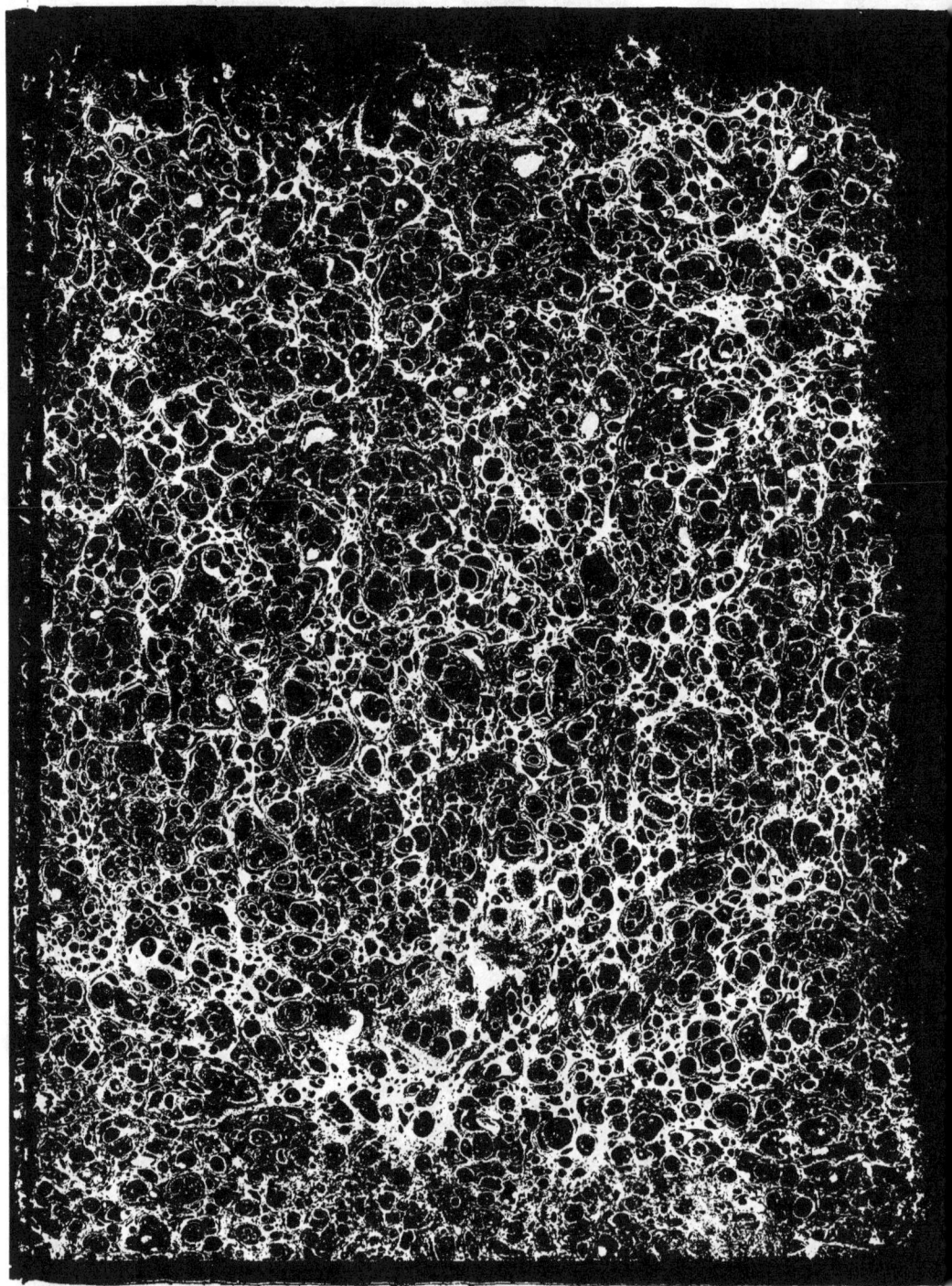

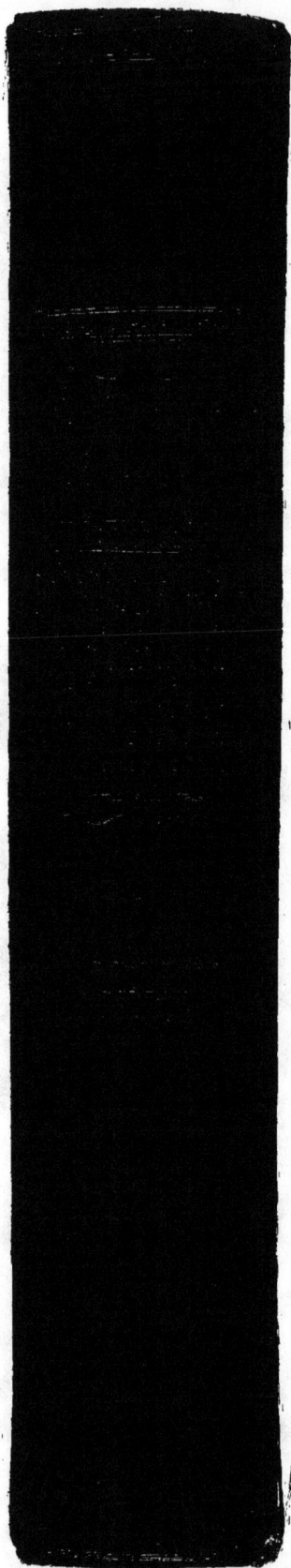

www.ingramcontent.com/pod-product-compliance
Lightning Source LLC
Chambersburg PA
CBHW061938220326
41599CB00016BA/2083